21 世纪公安高等教育系列教材·法学（本科）

中国法制史

（第二版·2011）

主　编　萧伯符　唐若雷　叶晓川

副主编　易江波　陈　博　姜　虹　周　蕊

撰稿人　（以姓氏笔画为序）

马忠泉　叶晓川　张　勇　陈　博

周　蕊　易江波　郑　智　郑　璐

姜　虹　唐若雷　常光玮　萧伯符

蔡士良

中国人民公安大学出版社

·北　京·

图书在版编目（CIP）数据

中国法制史·2011/萧伯符，唐若雷，叶晓川主编．—2版．—北京：中国人民公安大学出版社，2011.8
21世纪公安高等教育系列教材．法学：本科
ISBN 978-7-5653-0526-9

Ⅰ．①中… Ⅱ．①萧… ②唐… ③叶… Ⅲ．①法制史—中国—高等学校—教材 Ⅳ．①D929

中国版本图书馆CIP数据核字（2011）第150187号

中国法制史（第二版·2011）
主 编 萧伯符 唐若雷 叶晓川

出版发行：中国人民公安大学出版社
地 址：北京市西城区木樨地南里
邮政编码：100038
经 销：新华书店
印 刷：北京蓝空印刷厂

版 次：2005年1月第1版
2011年8月第2版
印 次：2011年8月第3次
印 张：25.75
开 本：787毫米×1092毫米 1/16
字 数：527千字

书 号：ISBN 978-7-5653-0526-9
定 价：58.00元

网 址：www.cppsup.com.cn www.porclub.com.cn
电子邮箱：zbs@cppsup.com zbs@cppsu.edu.cn

营销中心电话：010-83903254
读者服务部电话（门市）：010-83903257
警官读者俱乐部电话（网购、邮购）：010-83903253
教材分社电话：010-83903259

再版说明

在本教材第二版即将出版之际，我们首先特别感谢中国政法大学法律史学研究院名誉院长、中国政法大学终身教授张晋藩先生给本书的修订赐文为序。

本教材自2004年出版后，受到使用院校师生的广泛好评，被许多专家学者充分肯定。2011年，我们在广泛听取意见的基础上，在中国人民公安大学出版社的大力支持下，对本教材进行了修订，一方面，根据教学的需要，适当调整了个别章节的内容；另一方面，把近年来的一些研究成果融入书中，以适应研究与学习的需要。

此次修订，由萧伯符、唐若雷、叶晓川担任主编，易江波、陈博、姜虹、周蕊担任副主编，由叶晓川统稿。在原有十三章的基础上调整了部分章节，考虑到五代和宋的相承关系，以及辽金西夏元法律制度的民族特性，将“五代的法律制度”从“隋唐”一章移到“五代宋朝法律制度”一章，原“宋辽金元的法律制度”中的“辽金元”部分独立出来另成一章，并补充了西夏的法律制度内容，形成新的“辽金西夏元法律制度”一章，至此，在具体分工上，绪论部分、第一章由易江波执笔修订，第二章、第三章、第五章、第六章、第七章由叶晓川执笔修订，第八章、第九章、第十章由陈博执笔修订，第十一章由张勇执笔修订，第十二章由常光玮执笔修订，第十三章由郑智执笔修订，最后由主编萧伯符、唐若雷、叶晓川共同审定。

此外，在体例结构上，在各章篇首设“导读”，其内容主要由三部分组成：一是这一时期的历史背景；二是这一时期的法制发展特点简介；三是本章的学习重点。在章后的练习题中增设“分析题”，以案例为导引，引导学生对这一时期的代表性法律现象进行思考。

由于本教材参加编写的人员个人撰写风格和水平不尽一致，因此书中难免存在不足与缺憾，敬请读者批评、指正。

编　者

2011年6月1日

编者的话

《中国法制史》是公安高等院校法学专业本科系列教材之一，也是全国高等学校法学专业14门核心课程教材之一。我们在总结以前教材编写经验的基础上，根据教育部颁行的《全国高等学校法学专业核心课程教学基本要求》的规定进行编写，并结合公安法学教育的实际，在每章有关“行政法律制度”的内容中，专门介绍了治安管理制度和警察制度。这亦可以视作本教材较之于其他同类教材的创新之处。

本书主要用做公安高等院校法学专业本科生的教材，也可以作为高等学校法学、历史学、社会学等专业和相关学科的学生学习中国法制史的教材以及一切有志趣学习中国法制史的人们的参考读物。

本书由萧伯符、唐若雷任主编，姜虹、周蕊任副主编，各章撰稿人（以撰写章节先后为序）为：

萧伯符　绪　论、第四章；

姜　虹　第一章、第二章；

郑　璐　第三章；

易江波　第五章、第十二章；

马忠泉　第六章、第七章；

周　蕊　第八章、第九章；

唐若雷　第十章、第十一章；

蔡士良　第十三章。

本书编写过程中：参考了目前国内同类教材以及相关论著，不敢掠美，特将参考书目附录于书后；得到了中国人民公安大学出版社和湖北警官学院院办、法律系、教务处的大力支持；中南财经政法大学屈永华博士应邀参与了本书的统稿并倾注了大量的心血；湖北警官学院法律系2002级本科生吴忠谋、杨雷同学在文字处理等方面付出了辛勤的劳动，谨此一并致谢！

本书的作者多为中青年教师，囿于时间和水平，书中错漏恐难避免，敬请各位专家和广大读者不吝赐教，以便我们再版时修正。

编　者

2004年9月26日于汉口

解读中华法系的本土性

(代修订序)

张晋藩[①]

一、中华法系与传统国情的内在联系

中华法系源远流长，经历数千年发生、发展、转型的过程，而迄未中断，故其沿革流变非常清晰。不仅如此，中华法系是产生于中华民族文化土壤上的原生法系，从未受到外来法系的影响，既具有独立性，也具有典型性，其丰富的内涵不仅适合于中国的国情，也适合于相邻国家日本、朝鲜、越南等国的国情，故而有可能奉中华法系为母法，成为中华法系系统内的成员。

中华法系与传统国情的内在联系与相互关系可以概括如下：

(一) 中华法系与农本主义的经济型态

中国古代以农业立国，小农自然经济结构始终居于统治形态，而且自商鞅变法奖励耕战以后，农本主义更成为历代奉行的国策。中国所处的内陆性的地理环境也为农本主义政策的实施提供了客观条件。

中国古代的重农主义，一是足食足兵的需要，二是稳定封建专制制度的需要。商鞅说："大民之亲上死制也，以其旦暮从事于农。"[②] 至于抑商的着眼点，除去避免妨害务本之外，更重要的是维护专制主义的统治。在统治者看来流动的工商业者比起被牢固地束缚在土地上的农民更难于控制和更易于玩忽法令。如同《吕氏春秋·上农》篇所说："民舍本而事末利则好智，好智则多诈，多诈则巧法令，以是为非，以非为是。"

农本主义的经济型态，对中国古代法律体系乃至司法均有深刻的影响。在中国古代立法中，保护与管理农业生产一直是重要的内容。出土的公元前四世纪的《秦律·田律》便规定："春二月，毋敢伐材木山林及雍（壅）堤水。不夏月，毋敢夜草为灰，取产荔，麛□（卵）□，毋□□□□□□□毒鱼鳖，置穽罔（网），到七月而纵之。惟不幸死而伐绾（棺）享（椁）者，是不用时。邑之□（近）皂及它禁苑者，麛时毋敢将犬以之田。百姓犬入禁苑中而不追兽及捕兽者，勿敢杀追兽及捕兽者，杀之。河（呵）禁所杀犬，皆完入公；其它禁苑杀

---

① 张晋藩，中国政法大学法律史学研究院名誉院长，终身教授，博士生导师。

② 《商君子·农战》。

者，食其肉而入皮。"《秦律》"仓律"、"厩苑律"中也有农业管理方面的立法。

隋唐以后，颁布的《均田令》、《农桑课令》、《垦荒令》、《种植农桑法度》、《农桑条画》、《推广农林简明章程》等。都体现了运用法律的形式保证农业生产的进行，成为立法中的重要组成部分。

与农业生产密切相关的历法早在夏朝便已形成。夏朝历法称为"夏正"。古书中说"行夏之时"，表明夏代历法对后世的深远影响。商代制定了比夏历先进的阴阳历，有了明确的春夏秋冬之分，并设专官掌管历法。秦时，第一次颁行了全国统一的历法《颛顼历》。汉代，在历法上的杰出成就是制订了《太初历》。其后，南北朝著名的科学家祖冲之制定了《大明历》。唐代有《戊寅元历》和《大衍历》。元代有《授时历》。明代有《大统历》。清代康熙年间聘请西方传教士制定《康熙永年历》，并由著名历算家梅文鼎著成《古今历法通考》。

中国古代历法不仅起源早而且具有相当的科学性，在当时世界天文历法史上居于先列。这是和农业起源早，并以农为立国之本的国情分不开的。正因为如此，历代对私造时宪历者均处以重刑。

在司法上，从周朝起便重农时，春夏之季非刑事案件司法机关不受理诉讼。《礼记·月令》所载："仲春之月，…… 命有司，省囹圄，去桎梏，毋肆掠，止狱讼。"可以说是后世"务限"法的渊薮。唐《杂令》中规定："诸诉田宅、婚姻、债负，起十月一日，至三月三十日检校，以外不合。若先有文案，交相侵夺者，不在此例。"至宋代，《宋刑统·户律》特设"婚田入务"门，并引唐《杂令》，并附"参详"："所有论竞田宅、婚姻、债负之类，取十月一日以后，许官司受理，至正月三十日住接词状，三月三十日以前断遣须毕，如未毕，具停滞刑狱事由闻奏。如是交相侵夺及诸般词讼，但不干田农人户者，所在官司随时受理断遣，不拘上件月日之限。"可见宋代于农历每年二月初一开始"入务"，至九月三十日"出务"，在务限期内不得受理民事诉讼，以免妨碍农事。

至清代，《大清律例》关于务限的规定更为具体："每年自四月初一日至七月三十日，时正农忙……其一应户婚、田土等细事，一概不准受理。自八月初一以后，方许听断。若农忙期内受理细事者，该督抚指名题参"①。但《大清律例》"条例"也作出以下变通规定"州县审理词讼，遇有两造俱属农民，关系丈量踏勘有妨耕作者，如在农忙期内，准其详明上司，照例展限至八月再行审断。"②在非放告期内，"若查勘水利界址等事，现涉争讼清理稍迟必致有妨农务者，即令各州县亲赴该处审断速结……"③ 此外，如发生抢亲、赖婚、强娶、田地界址、买卖未明等纠纷，"若不及早审理，必致有争夺之事"，影响社会秩序，则不受"受理期间的限制"④。这说明清朝统治者从实践中认识到细故如不及时解决，

① 《大清律例》卷三十，《刑律·诉讼·告状不受理》。
② 《大清律例》卷三十，《刑律·诉讼·告状不受理》。
③ 《大清律例》卷三十，《刑律·诉讼·告状不受理》。
④ 黄六鸿：《福惠全书》卷二十。

也会酿成事端。因此凡告“婚姻、田宅等事不受理者，各减犯人罪二等，并罪止杖八十。受财者计赃，以枉法从重论。”[①] 同时也禁止州县官于隆冬岁暮之际，“照农忙之例，停讼展限…… 违者照例揭参”。

(二) 中华法系与稳固的血缘地缘关系

中国古代是沿着由家而国的途径进入阶级社会的，因此宗法血缘关系对于社会和国家的许多方面都有着强烈的影响。西周时期宗法与政治高度结合，无论国家组成、政治结构与国家活动，都以血缘与政治的二重原则为依据。进入封建社会以后，宗法制度虽然不直接体现为政治制度，但宗法的原则、精神和规矩却广泛渗透于社会每个家庭。随着儒家思想被确认为统治思想，儒家所倡导的伦常关系更赋予宗法制度以新的权威。尊祖敬宗的观念不仅是维护宗族的精神力量，也是支撑社会的道德支柱。

在中国封建的法律体系中，调整以父权为核心的家族间权利义务关系的伦理法，占有十分重要的地位，其实质在于通过维护家长权进而巩固君权。中国古代家族本位的伦理法，具有高度的稳定性是其它法系所不具备的特点。除此之外，唐宋以来在较大的家庭中多制订家法族规，成为规范族人的行为准则。家法族规的宗旨与内容，不外孝顺父母、尊敬长上、友爱兄弟、和睦相处、遵守国法、缴纳课赋等等，因此国家承认家法族规的合法性，是国法的补充形式。

除血缘关系外，在封建式的自给自足的小农经济基础上形成了安土重迁的观念，这是维系农业再生产的必要条件，也是国家安全的要求。由安土重迁发展成和睦相处的乡村社会的地缘关系。早在儒家经典《春秋左传·隐公六年》中就有:“亲仁善邻，国之宝也”的记载。从政治治理的角度看，要达到一个有序的和谐社会，自然离不开百姓居住生活的和睦相处。《春秋左传·僖公十三年》说:“救灾恤邻，道也。行道有福。”宋理学家王豫《蕉窗日记》有云，“治家严，家乃和；居乡恕，乡乃睦。”邻里之间不仅共同承担弥盗安民的政治责任，在财产的转移中法律也明文规定买卖田宅先族亲次邻右的人优先权。

在稳定的血缘地缘关系的作用下，古代司法中盛行调处息讼。调处息讼早在秦汉时期便适用于民事诉讼。至唐代调解蔚然成风，高宗时元让以太子右内率府长史任岗还乡，“乡人有所争讼，不诣州县，皆就(元)让决焉。”[②] 由于调处息讼具有良好的社会效果，因此受到最高统治者的倡导。从顺治的《圣谕六条》、康熙的《圣谕十六条》，到雍正的《圣谕广训》，都含有“和乡党以息争讼”的内容。

在流行的家法族规中也要求族内成员不得轻易告官涉讼。安徽桐城《祝氏宗谱》规定:“族众有争竞者，必先鸣户尊、房长理处，不得遽兴讼端，倘有倚分逼挟恃符欺弱及遇事挑唆者，除户长禀首外，家规惩治”。江西南昌《魏氏宗

① 《大清律例》卷三十,《刑律·诉讼·告状不受理》。
② 《旧唐书》卷一八八,《孝友·元让传》。

谱》规定:“族内有口角小愤及田土差役帐目等项,必须先经投族众剖决是非,不得径往府县诳告滋蔓”。

清朝是末代封建王朝,就调解制度而言达到了相当完备的程度。清代调处分为州县调处与民间调处。州县调处是在州县官主持下对民事案件及轻微刑事案件的调处,是诉讼内调处,带有一定的强制性。根据档案材料,在当事人“吁请”息讼的甘结中,双方均需申明“依奉结得”,即遵命和息。州县官还通过“不准”状的办法,促成双方和解,所谓“善批者可以解释诬妄于讼起之初。”[①]

由于调处息讼是州县官的治绩,和“大计”(考察地方官)的重要指标,因此州县官对于自理案件,首先着眼于调处,调处不成时,才予以审决。康熙时陆陇其任河北灵寿县知县,每审民事案件,则传唤原告、被告到庭,劝导双方:“尔原被(告)非亲即故,非故即邻,平日皆情之至密者,今不过为户婚、田土、钱债细事,一时拂意,不能忍耐,致启讼端。殊不知一讼之兴,未见曲直,而吏有纸张之费,役有饭食之需,证佐之友必须酬劳,往往所费多于所争,且守候公门,费时失业。一经官断,须有输赢,从此乡党变为讼仇,薄产化为乌有,切齿数世,悔之晚矣”[②]。除州县官当堂调处外,民间调处是诉讼外调处,其主要形式即宗族调处、乡邻调处及基层组织调处,而以宗族调处最为普遍。以血缘关系为基础的宗族内纠纷一般先由族长剖决是非,不得轻易告官涉讼。安徽桐城《祝氏宗谱》规定:“族众有争竞者,必先鸣户尊、房长理处,不得遽兴讼端,倘有倚分逼挟侍符欺弱及遇事挑唆者,除户长禀首外,家规惩治”。

可见,民间发生的大量民事纠纷,在告官兴讼之前,往往在家族内部经由族长调处化解。但由于宗族内部成员在身份上有严格的尊卑之分,又有远近亲疏的支派之别,特别是门房的人丁财势有强弱,嫡庶之间法定的权力有高下,因此族内成员在接受调处时,往往因其在族内的地位而处于不平等的状态,既无法抵制族长的意志干预,又不得不忍受某种偏袒。如一味坚持己见,则会被斥为目无尊长,因此宗族调处也带有某种强迫性。至于乡邻调处,植根于悠久的、强固的地缘关系,因此一旦发生争讼,也可以起到一定的作用。

清代调处,经过漫长的发展过程,形成了一套严整的规则。如调处的范围是民事案件和轻微的刑事案件,超出此范围即为法律所不允许;调处是在国家权力机构的制约下进行的,通过诉讼外的调处,调动了各种社会力量投入到调处息讼中来。凡参与调处的乡邻、宗族,都要本着息讼止争、利国利民的目的,不得借机挑讼,从中渔利;调处的基本依据是国法,由于清代民事法律渊源的多样性,家法、乡规、民约都可作为法律渊源选用,但与国法相悖者无效。因此,尽管调处盛行,却并没有影响法律的统一适用。但调处的着眼点重在息讼,忽略查明纠纷的事实真相,分清责任。而又常常借势压服一方,损害了当事人的正当权益。

---

① 白如珍:《论批呈词》,见《牧令书》卷一八。
② 吴炽昌:《续客商前话》卷三。

更有甚者，每当调处不成，当事人坚持告官审理时，便被指斥为“刁民妄滋兴讼成习”，轻则训戒，重则板责，然后再审。由此在民间滋长了普遍的畏讼、厌讼心理，缺乏依法保护自己权益的法律意识。这是中国古代调处息讼的消极影响。

（三）中华法系与专制主义的政治制度

中华法系是在君主专制背景下孕育成长、发展的，因此它服务于专制主义中央集权的政治制度。自公元前221年，秦灭六国建立统一的封建中央集权的国家以后，专制主义的政治制度一直沿着螺旋上升的轨迹不断强化，在中华法系的法律框架下，皇权是至高无上的，凌驾于法律之上，成了所有中华法系国家中一个共同的特色。自秦统一以来，立法权便高度集中于中央，集中于皇帝。皇帝“命为制，令为诏”，出言为法，不存在拥有立法权或者主管立法事宜的国家机关。法典的编纂均由皇帝遴选或者指定官员主持，以至于贯穿整个封建时代的重要立法，都以“钦定”的名义颁布。为了给皇帝立法披上一层神圣的外衣，历代法典都标榜圣人，则天作法，《唐律疏议》名例说：“天垂象，圣人则之”，于是“观雷电而制威刑，睹秋霜而有肃杀”。

为了保护皇权，自隋唐起历代法典都规定“十恶”之罪。凡犯有“谋反、谋叛、谋大逆”等罪，不仅本人“决不待时”施以酷刑，而且诛连甚广。由于重公权轻私权，因此国家刑法发达，而涉及民间田土钱债的民事行为则视为细事，缺乏应有的法律调整。

皇帝又是国家最高行政权力的握有者，他通过诏、令、制、敕指挥国家的行政活动；召集朝议、朝会决定大政大狱，并通过耳目之司的监察官监督百官，以发挥官僚系统的职能，并由皇帝掌握最高的司法权与死刑的最后裁判权。这是行政干预司法、司法权附庸于行政权最集中的体现。除皇帝外，朝廷中的行政高官也握有不等的司法权，明清时期参与九卿会审的大员多为行政官员，而九卿会审却是死刑复核的最后程序。地方州县临民之官，既是行政长官也是司法长官，二者合二而一。省虽设专职司法机关，但非最高审级，最高审级仍为最高行政长官，总督、巡抚。可见中国古代司法与行政不分是由专制主义的政治制度决定的。司法权依附于行政权的结果，总体上丧失了应有的独立性，也没有专职的职业法官，刑名幕吏只不过是长官的佐治，而非司法官员。

由于法律是安民立政、禁暴惩奸的治世之具，因此有作为的皇帝是重视甚至亲自主持立法的。明太祖朱元璋，便命李善长等“日具刑名条目以上”，“吾亲酌议焉”[①]。洪武三十年大明律成，负责修律的刘惟谦在《进明律表》中说：“每一篇成，辄缮书上奏揭于西庑之壁，亲御翰墨为之裁定…… 圣虑渊深，上稽天理，下揆人情，成此百代准绳。”

在司法方面，唐太宗于贞观初期坚持“人有所犯，一断于法”，为历代所称道。即使末代封建王朝的清朝，康乾之世皇帝也力求司法公正，以维持社会的安

① 《明史·刑法志》。

定。康熙二十二年（1683 年）康熙帝曾就秋审下谕："人命事关重大…… 情有可原，即开生路。"① 康熙四十年（1701 年）康熙帝在诏书中再次表露了他对秋审的重视和对刑部的批评，"朕详阅秋审重案，字句多误，廷臣竟未察出一二，刑部尤为不慎，其议罚之。"② 雍正三年（1725 年）五月二十七日雍正帝在上谕中自称："临御以来，钦恤刑狱，每遇法司奏谳，必再三复核，惟恐稍有未协。"③ 乾隆十四年（1749 年）乾隆帝下谕，改秋审三复奏为一复奏，强调指出："各省秋审亦皆三复奏，自为慎重民命，即古三刺三宥遗制，谓临刑之际，必致详审不可稍有忽略耳，非必以三为节也。朕每当勾决之年置招册于傍，反复省览，常至五六遍，必令毫无疑义，至临勾时，犹必与大学士等斟酌再四，然后予勾，岂啻三复已哉。若夫三复，本章科臣匆剧具题，不无亥豕，且限不时日，岂能逐本全览，嗣后刑科复奏，各省皆令一次。"④

为督励官员公正司法，监察机关以司法监察为重点。早在秦统一后便于郡设置专职监察官——郡御史，驻郡监郡。唐朝御史台设监察御史，作为皇帝耳目之司，每巡按地方，则以纠视刑狱列为首项，大者奏裁，小者覆审立决。由唐迄清所颁布的监察法规中，司法监察均为核心内容，但是封建时代的司法监察是专制制度下的一种机制，往往受制约于皇帝的意志，因而其积极作用是有限的。

（四）中华法系与儒家学说的统治地位

春秋战国时期百家争鸣、诸说并存，至汉武帝"罢黜百家、独尊儒术"，儒家学说占据统治地位。在儒家文化影响下的中华法系具有以下特点：

其一，以法律的形式确立"三纲六纪"。

所谓"三纲"，即"君为臣纲，父为子纲，夫为妻纲。"所谓"六纪"，一为诸父、二为兄弟、三为族人、四为诸舅、五为师长、六为朋友。这不仅涵盖了主要的社会关系，并且规范了人与人相处的法则和礼数。因此，季羡林先生曾评论说："因为自有社会以来，必然要有一种规则来维系，不然的话社会就会乱七八糟……《白虎通》的'三纲六纪'把当时社会所有的人际关系都规定了。"⑤ 在中国古代法律中，三纲六纪法律化为法典的基本内容，表现了中华法系儒家化的基本倾向。

其二，蕴涵"天下归仁"的人本主义思想。

中国古代人本主义是一种相当理性的思维方式，其在法律上表现是为强烈的人文主义关怀。

（1）德主刑辅，明刑弼教。"明德慎罚"是西周治国的基本理念。由于"天命靡常"，"惟德是辅"，故提倡明德、尚德、敬德。至于"慎罚"则在于爱惜民

---

① 《清史稿·刑法志》。
② 《清史稿·圣祖本纪》。
③ 《大清律例通考》卷一。
④ 《钦定台规》卷一四。
⑤ 季羡林："略论中国文化及其特点"，载季羡林：《阅世心语》，陕西师范大学出版社 2007 年版。

命，使刑罚得中。这一理念经过数代儒家推演，发展至汉代，形成了完整的“德主刑辅，明刑弼教”的法制指导思想，并得到历代统治者的高度认同。其原因就在于通过以德化民，将人们的思想、行为纳入德治的轨道，借以预防犯罪。同时，彰显法律自身潜在的教化作用，即所谓明刑弼教。如同儒家大师荀子所说：“明礼义以化之，起法正以治之，重刑罚以禁之。”[①]《唐律疏议》进而将德礼与刑罚界定为“本”、“用”关系，并以自然现象比喻其相互关联密不可分：“德礼为政教之本，刑罚为政教之用，犹昏晓阳秋相需而成者也。”德礼重在导民向善，所谓“禁于将然之前”，刑罚重在禁人为非，所谓“禁已然之后”。明太祖朱元璋从统治经验中认识到“礼乐者治平之膏梁，刑政者救弊之药石”，惟有“以德化天下”，兼“明刑制具以齐之”[②]，才能使国家长治久安。

(2) 法致中和，宽猛相济。《礼记·中庸》：“喜怒哀乐之未发，谓之中，发而皆中节谓之和，中也者，天下之大本也，和也者，天下之达道也，致中和，天地位焉，万物育焉。”可见，在儒家经典中，中和是最高的道德标准，达到“致中和”的境界就会产生“天地位焉，万物育焉”的神秘效果。中和表现在司法上含有执法公平、准确、宽猛合于法度之意。《荀子·王制篇》说：“故公平者，职之衡也，中和者，听之绳也。”杨琼注曰：“中和，谓宽猛得中也”。“听”泛指处理政事、执法断案，所谓“以五声听狱讼。”为使法“致中和”，必先兴礼乐，孔子说：“礼乐不兴，则刑罚不中”，又说：“政宽则民慢，慢则纠之以猛；猛则民残，残则施之以宽，宽以济猛，猛以济宽，政是以和。”[③]汉时董仲舒还运用阴阳五行之说，阐明刑罚不中所带来的后果：“刑罚不中，则生邪气，邪气积于下，怨恶蓄于上，上下不和，则阴阳缪熬而妖孽生矣，此灾异所缘而起也。”[④]

法致中和，除追求司法公正、宽猛适度，进而达到人际和谐、社会和谐之外，还追求人与自然的和谐。儒家提出的“天地之大德曰生”[⑤]，表明作为个体的人是和生生不息的自然界联系在一起的。儒家通过“天人合德”的论述，进一步阐明了人与自然和谐的伦理道德基础。宋儒张载强调“儒者则因明致诚，因诚致明，故天人合一。”[⑥]他所说“穷天人之际，穹古今之变。”就在于如何建立自然与人的和谐关系。汉以后实行的秋冬行刑都旨在使司法顺阴阳、则五行、合天时，实现与自然的和谐。

(3) 慎刑、恤刑、重惜民命。所谓慎刑，即不“乱罚无罪、杀无辜”，以免“怨有同，是丛于厥身。”[⑦]这是周初从商末滥刑肆杀，招致亡国的历史教训中所总结出的，对于后世极有影响，历代的开明之君多以减少死刑，重惜民命相标

---

① 《荀子·礼论》。
② 《明太祖实录》卷一六二。
③ 《左传·昭公二十六年》。
④ 《汉书·董仲舒传》。
⑤ 《二程集·遗书》
⑥ 《正蒙·诚明》。
⑦ 《尚书·康诰》。

榜。隋文帝时鉴于地方州郡县滥用死刑，激化社会矛盾，故而规定：“诸州囚有处死，不得驰驿行决”；“诸州死罪不得便决，悉移大理案覆，事尽然后上省奏裁”[1]，从此将死刑的执行权收归朝廷，由皇帝亲自掌握，成为一项定制。贞观初期，《贞观律》虽以《隋律》为基础，但减死罪92条，并且创行死刑复核程序，擅自执行者治罪。《唐律疏议·断狱》：死刑“奏画已讫，应行刑者，皆三复，奏讫，然始下决”，“不待复奏报下而决者，流二千里。”后又改三复奏为五复奏，并下诏：“自今门下复理，有据法合死而情有可宥者，宜录状奏。”由于唐初采取了重民命、慎刑罚、援法治等一系列措施，造就了贞观之治的盛世。唐以后，宋元明清各朝基本沿袭唐制。清朝死刑执行前实行秋审会审制，对于保护人命、纠正错案起到了一定的作用。乾隆三十年湖南官犯饶佺，以回护已过被判处死刑，但浙江省知府黄象震也以承审回护判处军台效力，二者同罪异罚，对此乾隆皇帝“急谕湖南巡抚将饶暂停处决，令刑部查明两案情节不同，始行明谕处分。”嘉庆七年秋审时拟将广东斗殴杀人犯姚得辉，由“缓决”改判“情实”，援引乾隆十八年“一命必有一抵之旨”为据。对此嘉庆帝御批如下：“一命一抵原指械斗等案而言，至寻常斗殴，各毙各命，自当酌情理之平，分别实缓，若拘泥‘一命必有一抵’之语，则是秋谳囚徒，凡杀伤毙命之案，将尽行问拟情实，可不必有缓决一项，有是理乎，命仍照原拟入缓。”[2]

（4）矜老恤幼，宽宥废疾。儒家经典《礼记·礼运》篇中所描述的“使老有所终，壮有所用，幼有所长，鳏寡孤独皆有所养”的大同社会景象，在中华法系中也有所体现。汉以后法律都给予鳏寡孤独、老疾废疾等弱势群体以特殊的矜恤。《唐律疏议》：“诸年七十以上，十五以下及废疾，犯流罪以下，收赎”；“八十以上，十岁以下及笃疾，犯反、逆、杀人应死者，上请；盗及伤人者，亦收赎”；“九十以上，七岁以下，虽有死罪，不加刑”。还特别规定：“诸犯罪时虽未老、疾，而事发时老、疾者，依老、疾论”；“犯罪时幼小，事发时长大，依幼小论”。“妇人犯流者，留住、收赎”，“妇人年六十及废疾，免流配。”

另据《唐令拾遗》“残”分为三类：“诸一目盲、两耳聋、手无二指、足无三指、手足无大拇指、秃疮无发、久漏下重；大瘿瘇，如此之类，皆为残疾。痴症、侏儒、腰脊折、一肢废，如此之类，皆为废疾。恶疾、癫狂、两肢废、两目盲，如此之类，皆为笃疾。”凡废疾、笃疾犯罪或听收赎，或奏闻取旨。以《大清律例》为例：“……废疾，犯流罪以下，收赎……笃疾，犯杀人应死者，议拟奏闻，取自上裁。盗及伤人者，亦收赎，余皆勿论”。“凡老幼及废疾犯罪，律该收赎者，若例该枷号，一体放免；应得杖罪仍令收赎。”[3]

此类保障特殊人群的法律不仅形成早，而且历代辗转相承，具有连续性和一贯性，这在同时期世界法制史上是少有的，突出地显示了中华法系的文明特质。

---

① 《隋书·刑法志》。
② 《清史稿·刑法志》。
③ 《大清律例卷五·名例律下》。

在中国古代法律中存留养亲，免死承祀的规定，也最能体现儒家亲伦精神与人道主义原则。所谓留养承祀，指按法应处死者是独子，或犯人父母老病无人奉养，可免死，使之回家奉养父母，不致绝嗣。《唐律疏议》中规定："诸犯死罪非十恶，而祖父母、父母老疾应侍，家无期亲成丁者，上请"①，这条规定被明清律所继承。

(五) 中华法系与统一多民族的国家构成

中国自秦汉以来便形成了统一多民族的国家，"中华民族"作为一个整体，不仅有着同源的文化，而且在漫长的发展过程中，不同程度地进行着交流与融合，正是超越一种一族的民族精神造就了绚烂多彩的中华文明，凝聚成厚重的"中华魂"。中华法系也如同中华民族发展历史一样，由众多支流汇集成滚滚长江。

史载上古时期，华夏族以外的苗民，便已开始制定法律，所谓"苗民弗用灵，制以刑……爰始淫为劓、刵、椓、黥，越兹利刑并制，罔差有辞"②。其后黄帝灭其族而用其刑，使苗民的刑制发展成为整个夏商周三代通行的奴隶制五刑：墨、劓、刖、宫、辟，并沿用至汉初。南北朝时期，少数民族相继在广大的中原地区建立了政权。同时根据统治广大中原地区的需要，结合本民族的习惯，制定了适用范围不同的法律，丰富了中华法文化的内容，甚至创造了为隋唐律所直接取法的法律范本。

唐朝统治者对少数民族的法律和习俗持认同态度，《唐律疏议》在处理化外人相犯时就提出这样的原则："诸化外人，同类相犯者，各依本俗法，异类相犯者，以法律论。"在此条律文的疏议中特别提到："'化外人'谓蕃夷之国，别立君长者，各有风俗，制法不同。其有同类自相犯者，须问本国之制，依其俗法断之。"③ 由此开创了在统一多民族国家中，不同的民族在特定条件下可以适用本民族法律的先河。这条规定也从一个侧面反映了各族法律的发展状况，以及在互相交流中不断地得到演进的历史事实。

在宋朝统治期间，契丹族、党项族、女真族先后崛起，建立了辽、西夏、金等国，分别制定了既吸收中原地区传统法律文化，又具有各民族特色的辽《重熙新定条例》、金《泰和律义》、西夏《天盛改旧新定律令》等。辽金律已佚，只有西夏国天盛年间制定的《改旧新定律令》保存完好。④ 《天盛改旧新定律令》"是中国历史上第一部用少数民族文字印行的法典…… 其详细程度为现存中古法律之最。法典总计二十余万，没有注释和案例，全部是律令条文，其内容包括刑

① 《唐律疏议·名例》。

② 《魏书·刑法志》。

③ 《唐律疏议》卷六"化外人相犯"条。

④ 史金波、聂鸿音、白滨译注：《天盛改旧新定律令》，法律出版社2000年版，原文献藏于俄国科学院东方研究所圣彼得堡分所。

法、诉讼法、民法、经济法、军事法，多方位地反映了西夏社会生活的各个方面。”①

至元代，在蒙古族的统治下，天下又合而为一。元朝统治的疆域空前辽阔，其法制的民族性、创造性更加明显。目前存留的《大元通制条格》既是中华民族法制史上重要的一部法典，又是蒙古族法制文化所达到的高度的代表。②

清朝在关外开国肇基时期，便采用“参汉酌金”的立法路线，创造了民族特色鲜明而又迅速封建化的关外法制。入关以后，更将“参汉酌金”的路线推向全国。顺治三年制定的《大清律集解附例》其实是大明律的翻版。随着汉满法文化交流的深化，至乾隆五年修订的《大清律例》，除某些确认满族权益的特殊规定外，实质上已经成为与唐明律相同的正统封建法典。

清朝还设立了理藩院作为专管民族事务的机关，是中央政府的重要行政部门之一，为民族管理的法制化、规范化提供了组织保证。清朝政府除制定《理藩院则例》外，还根据民族特色和地域条件，制定了专门适用于某些少数民族地区的基本法和单行法，如《蒙古律例》、《西宁青海番夷成例》、《西藏章程》、《回疆则例》等。《大清会典》里也汇编了有关适用于少数民族的诉讼、审判、定罪、量刑等方面的律例近百条。这都标志着民族立法进入了前所未有的辉煌时期。

以上可见，自从中华民族进入文明时起，在中华大地上便孕育了包括汉族在内的众多的民族。尽管它们在不同的时代，由于文化、经济、政策发展的差别而处于不同的历史地位，对于缔造中华法系所起的作用也有所不同，但无论如何，中华法系是各族人民共同缔造的，凝聚了各族人民的法律智慧，是各民族的法律文化与法制经验相互交流与吸收的结果。

除少数民族政权制定法丰富了中华法系之外，流行于少数民族间的习惯法，也是中华法文化的组成部分。其历史悠久，特色鲜明，密切联系社会生活，服务于社会生活，具有深厚的群众基础和较高的权威，在各民族中实际起着相当有效的调整作用。它们的存在有其必要性与合理性，是中华法文化的组成部分，由此不难理解中华法系是以汉族为主体，中华民族共同缔造的。

二、中华法系在当今形势下继承和创新的意义

通过总结分析中华法系与传统国情的内在联系，不仅可以准确地抽象中华法系的特点，而且也为在当今形势下继承和创新中华法系提供明确的方向——摒弃曾经为专制社会所固有的法律与制度，传承和发展为中华土壤所生长并具有突破时空价值的民主性因素。

需要指出，为以巩固中央集权专制主义为最终归宿的中华法系已经随着专制

① 史金波、聂鸿音、白滨译注：《天盛改旧新定律令》（前言），法律出版社 2000 年版。

② 《大元通制条格》是有元一代典章《大元通制》的主要部分，另外的《断例》、《指挥》已佚，但仅仅看条格部分，即可知元代法制的完善与独创性，目前比较好的点校本有方龄贵校注的《通制条格校注》（中华书局 2001 年版）以及郭成伟点校的《大元通制条格》（法律出版社 2000 年版）。

时代的终结总体上消亡了，无论重塑还是复兴中华法系，都决不是以唐律为代表的旧中华法系的复兴。

近代以来，我国法律的发展，基本上是与传统中华法系渐行渐远的过程，清末法律改革自觉不自觉地选择了全盘西化的途径。即经由日本、吸收了欧陆法律文明。但是随着法律在社会生活中的运用，外来法律与本国生活实际出现了越来越多的不适应性，曾经被推崇备至的西方法律文化，其实也并不是最完备最理想的。一位富有中国文化涵养又久居海外的学者余英时观察到："但是西方的基本文化内涵并不限于这两项（指民主与科学），其中如过度发展的个人主义、漫无限制的利得精神、日益繁复的诉讼制度、轻老溺幼的社会风气、紧张冲突的心理状态之类，则不但未能一一适合于其他非西方的社会，而且已引起西方人自己的深切反省。在现实世界中我们找不到任何一个具体的西方现代生活十全十美、足供借镜的（例子）。"[①] 可见，即使是西方本土，也发现自己文化中存在着难以克服的弊端。因此，在我们睁眼看世界，借鉴吸收外来法律文化的同时，也需要回头看，检索中华民族宝库中的具有超越时空的法律文明要素。

当然，我们传承的，不是僵化的古代法律制度条文，而是发源于中华民族本土上的，体现中华民族伟大创造力的理性思维的法律成果。譬如，以人为本，肯定人的价值的法理念与法律规定；人与社会、人与自然和谐的社会观、天道观、法律观；以礼为核心，礼、乐、政、刑综合为治的政治导向；法与道德相互支撑，情理法三者统一的伦理法制；援法断罪、罚当其罪的平等观与法治观；保护鳏寡孤独、老幼妇残等社会弱势群体的恤刑原则等等。这些不仅有利于防止社会矛盾的激化，达到社会的和谐，从某种意义说来，也有助于摆脱余氏所描述的西方法律文化的困境。

当今的法律变革，从总体看，源自西方的法律思维与制度依然占据主流地位，但是为了建设具有中国特色的社会主义法制，纯粹的西方化法律发展模式已经难以实现这一历史任务。我们需要返本开新，走中华民族独立创新自主的路。季羡林先生说得好："西方形而上学的分析已快走到尽头，而东方的寻求整体的综合必将取而代之。以分析为基础的西方文化也将随之衰微，代之而起的必然是以综合为基础的东方文化。取代不是消灭，而是在过去几百年来西方文化所达到的水平的基础上，用东方整体着眼和普遍联系的综合思维方式，以东方文化为主导，吸收西方文化中的精华，把人类文化发展推向一个更高的阶段，这种取代，在21世纪中就可见分晓。"[②] 由此，在当前形势下，研究如何传承与发展中华法系的合理内涵便具有十分现实的意义。在中央强调中华民族伟大复兴之际，复兴中华法系绝不是复旧，绝不是保守，而是在旧有合理基础上的伟大创新，把适合于中国传统国情的本土文化融入到现实的法制建设中来，找到中国与世界、历史与

① 余英时著：《中国思想传统的现代诠释》，江苏人民出版社2003年版。
② 季羡林："21世纪：东方文化的时代"，载季羡林：《阅世心语》，陕西师范大学出版社2007年版。

现实的契合点，这是一个十分艰巨的科学研究的任务。需要我们继续踏踏实实地探索，研究其生成的规律，实事求是地总结其历史价值。一句话，只有把握中华法系的精髓，才能使复兴中华法系不流为空谈。

目　录

绪论

一、中国法制史的内涵及其研究对象

中国法制史是一门史学与法学的交叉学科，它既是史学领域中的一门专史，同时也是法学领域中的一门独立的基础学科。一切历史课题都可以归结为两类：人怎样创造历史和人怎样书写历史。通过研究人怎样创造历史，可以指导人们具体地去认识历史现象并从中总结出历史发展的规律；通过研究人怎样书写历史，可以帮助人们对认识历史的方法亦即研究活动本身进行思考与批判。中国法制史的内涵相应地可以从这两个方面来理解：一是中国历史上曾经存在过的法律制度，它是一种客观存在，不因我们主观认识的改变而改变；二是我们应当怎样认识这种客观存在，通过教材的内容、结构的安排和史料的取舍实际上反映了研究所采用的方法。本教材力求做到这两个方面的有机统一。它以辩证唯物主义和历史唯物主义的立场、观点和方法为指导，揭示中国历史上各种类型的法律制度的本质、特点、作用及其起源、发展和变化的规律。

简言之，凡中国历史上出现过的一切法律现象都是中国法制史研究的对象，具体地讲，主要包括以下几个方面：

（一）中国法律的源流及传承

本教材研究的时间段是从原始社会末期到中华人民共和国成立以前。对于这长达数千年的法律制度，本教材不仅要阐明其历史沿革，也要阐明其变化发展，尽量以简明扼要的表述生动、客观地再现中国法律发展的历程。

（二）中国传统法律制度发展的特点及其在世界法制文明中的地位

在鸦片战争以前，中国法制是在一个相对独立的环境中自我形成与发展的，其发展历程具有悠久性和连贯性。中国传统法制对周边国家曾产生过深刻的影响，形成了独树一帜的中华法系。

（三）中国各个时期的立法活动

重点阐述立法的主要参与者、立法的过程、立法的成果以及各个时期主要的法律渊源，并阐明每一时期的立法成果对前代法律的继承与变革的主要表现。

（四）中国各个时期法律制度的主要内容

从部门法的角度阐明中国各个时期的行政法、刑法、民法、经济法等的主要内容以及司法制度和司法活动。考虑到公安法学教育的特殊性，本教材还在各个朝代有关“行政法律制度”的内容中专门介绍了治安管理与警察制度，此乃本教材较之于其他同类教材的特点之一。而这里所谓“法律的主要内容”不仅包括国家正式制定的成文法，而且也包括习惯法、契约、判例和家法族规等在司法活动中产生实际作用的规范。

（五）中国各个时期具有重要影响的法律思想

法律思想虽非本教材的重点研究对象，但由于它和各个时期法律制度的形成、发展和变化具有非常密切的关系，因此是全面、正确把握法律制度必不可少的组成部分。对于法律思想的研究，重点阐明法律思想产生的社会根源和历史根源、代表性人物、主要内容以及对法律制度发展的指导意义和影响。

二、中国法制史的基本线索

中国是世界四大文明古国之一，拥有长达四千余年且从未中断的文明史，法制文明是中华文明的重要组成部分。早在传说中的黄帝时代，随着私有财产的出现和氏族、部落之间的相互争夺与兼并，法的胚芽就已经出现。公元前21世纪，“禹传子启”，标志着中国国家与法的正式形成，从而揭开了中国法制发展的历史篇章，启动了中国法制文明的进程。中国悠久而连贯的法制文明体现了深厚的历史积淀，它是以华夏汉族为主体的各民族创造力与智慧的共同结晶。中国四千余年的法制发展，主体脉络和历史源流是非常清晰的，同时，在不同的时期又呈现出各自不同的发展特点。中国法制史的基本线索，可以从以下几个时期中得以显示：

（一）夏商西周时期

夏商西周（公元前21世纪到公元前771年）是中国法律的起源与早期发展时期。这一时期的法制，一方面显示了世界法制文明早期发展的一般性特点，例如，习惯法与不成文法在国家法律中占有重要地位，法律保持着秘密状态，并由奴隶主阶级垄断，神权思想对国家的法律活动具有重要影响，等等；另一方面也形成了与中国特定的地理环境及历史条件相适应的独特的法律形式和主体内容，并对中国法制文明后来的发展具有深远的影响。

由于中国是一个内陆型的农业本位国家，因此，在从原始社会向阶级社会转化的过程中，血缘的纽带并没有松弛。从夏朝起，历代王朝都是以“家天下”的形式出现在历史舞台上的，宗法等级制度和政治等级制度相结合，从法律内容上来看，宗法性质特征突出。原来适用于氏族和部落内部的“礼”和主要用来调整对外战争关系的“刑”，在进入阶级社会后其内容得到进一步的扩充与丰富，发展成为具有普遍适用性的两种最基本的法律形式，二者相互配合，共同为维护统治秩序服务。从对违法行为的制裁手段来看，刑罚被通用于法律关系的各个领域。刑罚的种类除了最基本的“五刑”，即墨、劓、剕、宫、大辟，还有鞭、扑、流、赎等。同时，在政治法律领域，假借神意而推行“天罚”、“神判”。

值得指出的是，西周的法制在继承夏、商法制的基础上有很大的发展与创新。在国家的建制上，西周沿用并发展了源于夏、商的宗法制、分封制，“亲贵合一”与“世卿世禄”是它的基本表现形式。西周统治者为了适应新的形势，在继续推行神权政治的同时，还着重提出了“以德配天”、“明德慎罚”的“德治”法律思想，同时在“亲亲”、“尊尊”的“礼治”思想指导下，总结了一整套法律原则，如矜老恤幼、罪疑从赦、罪责自负、世轻世重等，这些法律思想、法律原则，以及其他许多具体的制度，对后世整个封建法制的发展都具有深远的影响。因此，西周的法律制度是学习中国法制史的重点之一。

（二）春秋战国至秦汉时期

这一时期（公元前770年到公元220年）是中国封建法制的确立时期，其中的春秋战国是中国历史上第一次社会大动荡、大变革的时期。在春秋战国时期，政治上诸侯异政（割据）、思想文化上百家异说（争鸣），法律领域则破旧立新。为了在激烈的竞争中谋求生存与发展，进行法制变革以促进自身的强大便成为各诸侯国所面临的首要问题。与加强王权，实行更加有力和有效的政治统治的需要相适应，分封制开始向郡县制转化，官僚制度取代了世卿世禄制度。同时，反对“罪刑擅断”，要求公布成文法的法制变革运动也蓬勃兴起，郑国子产“铸刑书”、晋国“铸刑鼎”及邓析著《竹刑》等，则是其代表性成果。战国时期，魏文侯相李悝在参考诸国法律的基础上编撰而成的《法经》，是中国历史上第一部比较系统的封建法典，在中国法制史上具有里程碑的意义，标志着成文法发展到一个较为成熟的阶段，因此，《法经》也就成为中国封建法典之源头。自此，早期习惯法、秘密法转变为成文法、公开法，强调法律的公开性与统一适用性也就成为不可逆转的历史潮流。同时，在整个中国古代社会中影响最大的儒、法两大学派的主要政治法律思想也成熟并发挥广泛影响。

战国后期，商鞅携李悝《法经》入秦，改“法”为“律”，作为秦的法律颁行。秦通过商鞅等法家所主持的变法，从偏居一隅的小国一跃而为七国之首，并最终由秦始皇于公元前221年统一中国，建立了中国历史上第一个中央集权的专制王朝。经过历代君王的修订与补充，秦律的内容得到了不断地丰富与完善。1975年湖北云梦睡虎地出土的秦简[①]显示出秦律对社会关系的调整非常之广泛，同时也印证了史书所称秦“皆有法式”的说法。

秦厉行法家之治，虽然在诸侯纷争的局势下能收富国强兵的一时之功效，但严刑峻法终非长久之计。秦朝统治者焚书坑儒，推行“以法为教”、“以吏为师”的文化专制政策，同时，法网密布，“重刑轻罪”，其结果非但没能达到法家所设想的“以刑去刑”的目的，反而激起了大规模的农民起义，导致了秦朝统治的速亡。

---

① 经过睡虎地秦墓竹简整理小组的整理，秦简的主要内容被收录于《睡虎地秦墓竹简》一书，并由文物出版社于1978年11月出版。为免烦冗，下引秦简之内容，皆只注明《秦简》以及篇名或律名等。

代秦而起的汉朝在中国历史上是一个具有重要地位与影响的朝代，在法律上也有许多创建与发展，这突出地表现在废除肉刑的刑制改革与儒法合流的初步发展。

汉初的法律制度主要沿承秦法，虽然史家言“汉承秦制”，但是在立法思想上汉初统治者全面贯彻黄老“无为而治”思想，推行“与民休息”，又使得汉初法律带有明显不同于秦法的特征。汉初统治者一方面注重吸取秦亡的教训，实行轻徭薄赋、约法省禁的休养生息政策，另一方面也继承了秦朝法制的成果。作为汉朝的基本法典《九章律》，是在《法经》六篇（盗、贼、囚、捕、杂、具）的基础上增加户、兴、厩三章而形成的，并且从出土的《秦简》来看，后三章的篇目与内容在秦时就已经基本形成。此外，西汉统治者制定了《傍章律》18篇，《越宫律》27篇，《朝律》6篇，与《九章律》合为60篇，最终形成汉律的基本体系。而文、景时期废除肉刑的刑制改革则是汉初“约法省禁”法律政策的延续与发展，也为奴隶制五刑向封建制五刑的过渡奠定了基础。从西汉中期起，经过改造的儒家思想成为国家的正统思想，与此相应，在法制领域，开始了法律儒家化的进程。它主要是通过两种方式进行的：一是在司法实践中倡行《春秋》决狱；二是赋予运用儒家经义注解现行法律规范的“诸儒章句”以法律效力。这种做法虽然为法律的儒家化奠定了重要的基础，但毕竟是立法的滞后所造成的，并且在实践中导致了司法的滥酷与法律的繁杂，产生了严重的消极影响。

（三）三国两晋南北朝时期

这一时期（公元221年到公元581年）是中国封建法制的发展时期，也是中国历史上第二次社会大动荡、大变革时期。它在中国传统法制发展中的地位与作用是“变秦汉而启隋唐”。其一是法律编纂技术有了很大的发展，法典编纂在体例上更加科学，将相当于现代刑法总则的《名例》篇置于律首，同时调整了法律的篇目及各篇的内容，到《北齐律》确立为十二篇的基本体例；其二是在法律形式上，律、令、格、式在这一时期都已经出现，为隋唐时法律形式的确定奠定基础；其三是以律学为代表的法律理论有了明显发展，明确了一系列法律概念、法律规则、法律原则的具体内涵；其四是司法机关、司法制度、刑罚制度在这一时期都得到发展，基本奠定了“封建五刑”的基础；其五，也是这一时期最突出的成就，是法律的儒家化进入一个新的阶段，创立了儒家化的法典，“准五服以制罪”、“重罪十条”，以及“八议”、“官当”等体现儒家“尊尊”、“亲亲”基本原则和精神的制度已经确立。这一时期的法律成就直接为隋唐所师承，为隋唐时期中国封建法制的成熟和完善奠定了基础。

（四）隋唐时期

这一时期（公元581年到公元960年）是中国封建法制的成熟、定型时期。隋文帝时期制定的《开皇律》以《北齐律》为蓝本，并汲取南北之长，在立法上取得了很高的成就。隋朝的立法成就为唐律所继承。唐高宗永徽年间制定的《永徽律》体系完整，内容详备，文字简约，刑罚适中，是中国封建法典的成熟形态。而稍后编撰的《律疏》则对律文作了进一步的阐释、说明和补充，与律文并刊，具有同等法律效力。在这一时期，确定了德刑并用、礼法合一的法律思想，形成了以律令格式为中心的有序法律体系，完成了刑罚制度的封建性改造，完善了司法机构和诉讼制度，实现了中国法制封建法律的全面“儒家化”，使得礼法、德刑实现有机结合。《永徽律疏》（即《唐律疏议》）“一准乎礼，而得古今之平”，无论从内容上还是从形式上都称得上是中国传统法律的典范之作，不仅为后世所效法，而且也对周边国家的法律产生了深刻的影响，在中国和世界法制史上都占有重要地位。《唐律疏议》的制定，标志着中华法系的正式形成。因此，《唐律疏议》是学习中国法制史的重点之一。

（五）宋元明清时期

这一时期（公元960年至1840年）是中国封建法制走向极端专制的时期。由宋至清，其法律基本上是对唐朝法律的沿袭，同时也有一些新的变化，这种变化主要体现在法律对君主专制政权的维护进一步加强，对危及君主专制政权的行为的处罚较前代法律更加苛酷，而对“事关典礼及风俗教化”的违法行为的打击相对放宽。当然，这一时期的法律也有一些新的发展，如两宋的民事立法相对发达；明朝《问刑条例》的编撰，创立了以例辅律的法律编撰体例与适用方式；清朝在管理少数民族地区的民族立法方面也取得了前所未有的成就，等等。但总的来看，这些变化发展丝毫也没有改变传统法律的基本特点和性质，只不过是传统法律在不同历史时期的一些具体表现而已。

（六）中国法律的近现代化时期

自1840年起，中国开始了法制的近现代化时期，亦即中国传统法制的变革时期。鸦片战争以后，随着民族危机的日益加剧和国人对西方社会了解的逐步深入，越来越多的中国人认识到，仿效列强诸国的法律进行变法是中国救亡图强最为切实有效的方法。清末的变法修律虽然囿于阶级与时代的局限性，存在许多可供批判的地方，但它毕竟迈出了中国法律近代化的第一步，使得中国辗转相承数千年的传统法律至此一变，中华法系也出此而解体。对此，我们在学习时要加以注意。

辛亥革命推翻了满清王朝的统治，也宣告了封建君主专制制度的破产。辛亥革命后创立的中华民国临时政府颁布的《临时约法》，是中华民国宪政的重要基础，表明了一些民主革命的先觉们在中国建立民主共和政治的态度和决心。在北洋政府和南京国民政府时期，为了适应各种需要，进行了一系列的立法活动，并最终形成了“六法”体系。仅从立法上看，中国法律近现代化的发展成就还是应该肯定的。

同时，我们也应当看到，法律的近现代化不仅仅是法律条文的近现代化，更为关键的，在于法律的适用及其所产生的社会效果。由于历史的影响和现实的原因，无论从政治、经济，还是从文化上说，中国法律近现代化的基础还相当薄弱，而各政治派别对此又缺乏明确而一致的认识。正因为如此，作为民主共和政治象征的议会及其所制定的宪法往往只能成为军阀、政客们手中的玩物，法律条文的近现代化并没有对社会产生应有的积极作用。

五四运动后成立的中国共产党领导中国人民进行新民主主义革命，并在革命根据地进行了一系列的法制建设，创立了人民民主法制。它以马克思主义法学理论为指导，集中体现了人民的意志和利益，开创了中国法制史上崭新的法制类型。根据地的法制建设为人民民主政权的确立和发展起了重要的推动和保障作用，并提供了许多宝贵的经验和教训。人民民主法制成为中华人民共和国成立后的社会主义法制的前身和渊源。

三、中国古代法制的基本特征

中国几千年的法制发展，沿革清晰，内容丰富，自成体系，无论是具体法律制度还是法律指导原则，都曾经位居世界先进之列。在法律思想、立法体例、法律制度、司法程序上都具有鲜明之特色。其中作为法制建设成熟标志的唐律，更是对整个东亚及东南亚国家产生了深远影响，并在此基础上形成了世界公认的五大法系之一的中华法系。为世界法制文明的发展作出了积极贡献。

中国古代法制作为一个独立的法律系统，其特点可以归纳为以下几个方面：

（一）维护君主专制是法律的首要目标，君主是最高立法者和审判官

君主专制在世界其他国家都存在过，但中国君主专制统治的时间之长、范围之大和权力之集中是其他任何国家都无法比拟的。中国从公元前21世纪第一个王朝夏到近代西方入侵以前，尽管朝代的改换和政权的更迭不断发生，但君主专制一直是国家政治法律的核心，并且呈现出明显的不断强化的趋势。秦灭六国，第一次在如此广袤的地域内建立起统一的多民族国家，同时，“海内为郡县，法令由一统”，以君主专制为核心的中央集权统治也得以确立和发展。尽管西汉中期以后儒家法律思想逐渐居于主导地位，并逐步实现了引礼入法、儒法合流的转变，但君主专制这一核心并未转变。儒家“礼乐征伐自天子出”[①] 和法家“权者，君之所独制也”[②] 的理论在维护君主专制上有异曲同工之妙，这也是儒法合流的契合点。纵观中国传统法律的发展历程，维护君主专制这一首要原则始终未变，法律的变化发展是围绕着如何更有效地在实践中贯彻这一原则来进行的。

君主是最高的立法者，不仅一切立法活动都必须处于君主的严格控制之下，而且君主的命、诰、训、誓本身就是具有最高效力的法律。同时，君主又是国家的最高审判官，对一切大狱重囚的判决握有最终决定权，对于涉及贵族高官的案件司法机关必须事先奏闻，候旨定夺，君主认为必要时，可以直接操纵任何案件的任何一个审判环节。

---

① 《论语·季氏》。
② 《商君书·修权》。

(二) 引礼入法，礼法结合

礼起源于氏族社会末期的祭祀活动，进入阶级社会以后，统治阶级将其改造成以家族伦理为基础的一套调整社会关系的行为规范，并赋予其法律效力。礼的核心原则是“尊尊”和“亲亲”的宗法制度，“尊尊”以君为首，“亲亲”以父为首，因此，它体现的是对君权与父权的渲染与保护。“内则父子，外则君臣，人之大伦也。”① 礼的基本功能在于“别”，即根据人们之间亲疏贵贱关系的不同而确立其各自所应遵循的行为规范，所谓“贵贱有等，长幼有差，贫富轻重皆有称者也”②。

礼作为一种社会规范，不仅起源早，而且贯穿于中国整个传统社会。礼与法的结合，规定着中国传统法律的基本精神和主体内容，制约着中国传统法律发展的方向。礼与法的结合在历史上有其合理性与先进性。“礼者禁于将然之前，而法者禁于已然之后。”③ 礼所强调的是道德教化的功用，侧重点在于对犯罪的预防，而法（即刑）所追求的是国家暴力的威慑力量，侧重于对犯罪行为事后的惩罚。礼与法的结合表现在：“礼之所去，刑之所取，失礼则入刑，相为表里者也”④。礼和法综合为治，在一个广袤的地域内有力地维持着社会秩序的相对稳定和民族文化的绵延不绝，这在前工业化的世界中是绝无仅有的。

与此同时，我们更应该看到，礼与法相互结合的理论与实践不仅促进了专制政治的稳步发展，而且也阻碍了法律自身的发展和社会的进步。礼所强调的是一种固定而刻板的秩序，因此，以对礼的维护作为自己主要目标的法律是谈不上实质性发展的。同时，礼法结合的目的不仅仅是维护政治上的专制，而且也是实行思想文化上的专制。以法律的手段去全面干预道德上的事务，实际上是压制了人的个性与思想自由发展的空间，其结果不仅不能建立儒家所设想的道德理想国，反而扼杀了社会发展所必需的精神动力。

(三) 以刑为主，诸法合体

刑法发达，民法、经济法相对滞后是中国传统法律的一个重要特点。在中国传统法律中，刑、法、律的含义是相通的，都是指以刑罚作为制裁手段的法律规范，各个时期的主要法典，尽管其名称或冠以“法”、或冠以“刑”、或冠以“律”，如《法经》、《唐律疏议》、《宋刑统》等，但都是指刑法典而言。并且，对于民事法律关系、经济法律关系和行政法律关系的调整，也大都以刑罚作为制裁手段。

当然，我们并不能据此认为中国传统法律只有刑法而没有民法、经济法等其他法律规范。社会关系的复杂性和多样性决定着法律调整手段的复杂性和多样性，中国传统法律中同样存在民法、经济法、行政法等法律规范。虽然传统社会

① 《孟子·公孙丑下》。
② 《荀子·礼论》。
③ 《汉书·贾谊传》。
④ 《后汉书·陈宠传》。

的代表性法典都是指刑法典，但这只是在法典的编撰体例上采取了“诸法合体，民刑不分”的方式，其中实际上还包含许多刑法以外的法律规范。此外，在其他单行法或习惯法中也存在大量的民事、经济等其他种类的法律规范，也就是说在法律部门上是“民刑有分”的。法典编撰上的“诸法合体，民刑不分”，只是立法者主观的立法经验和立法技术的产物，而不是法律体系本身。

（四）行政权支配司法权

在中国古代，中央虽然设立了专门的司法机关，但由于专制王权和中央行政机关的存在，司法机关并不能独立地行使职权。秦汉时，以廷尉为中央司法机关，但廷尉的判决要由皇帝和丞相最后决断。西汉中期以后，尚书台所属的三公曹、二千石曹也握有司法权，从而侵夺廷尉的司法权。自唐宋至明清，重大案件由多部门会同审理的制度日趋完备，这一方面是为了慎刑，而更重要的一方面是为了加强行政对司法的控制，通过中央各部门的相互牵制有利于皇帝从中取便。

至于地方的司法则一直由行政机关兼领，地方的行政建制和司法审级是相同的，行政长官同时兼任司法长官。

（五）中华法系是中华各民族共同缔造的

中国自古以来就是一个多民族国家，中华法系的形成与发展固然以汉民族为主导，但其他少数民族也同样作出了自己的贡献。据《尚书·吕刑》所说，夏朝的刑法就是在苗民刑法的基础上发展而来的。到南北朝时期，北朝的各少数民族政权在继承汉族政权法律的同时也对其予以丰富和发展，如《北齐律》无论在结构上还是在内容上都为隋唐的法律奠定了重要的基础。

自从中华民族进入文明时起，在中华大地上便孕育了包括汉族在内的众多的民族。尽管它们在不同的时代，由于文化、经济、政策发展的差别而处于不同的历史地位，对于缔造中华法系所起的作用也有所不同，但无论如何，中华法系是各族人民共同缔造的，凝聚了各族人民的法律智慧，是各民族的法律文化与法制经验相互交流与吸收的结果。①

四、学习中国法制史的意义、方法及应注意的问题

《中国法制史》是教育部确定的全国高等院校法学专业本科生必修的14门法学核心课程之一。学习中国法制史，对于承担着我国社会主义民主法治建设和中华民族伟大复兴重任的法科大学生来说，具有重要的意义。“浩瀚而宝贵的历史知识既是人类总结昨天的记录，又是人类把握今天、创造明天的向导。一部人类文明史就是人类不断在以往历史的基础上有所发现、有所发明、有所创造、有所前进的历史”②。中国法制史亦如是。学习中国法制史，不仅有利于我们正确认

① 张晋藩：《解读中华法系的本土性》，载《政法论坛》2010年第5期。

② 《胡锦涛在中共中央政治局第九次集体学习时强调进一步认识把握社会历史发展规律增强推进改革发展的自觉性主动性》，载《中国教育报》2003年11月26日。

识和运用中国法制发展的客观规律，吸取法律历史的智慧和法律文化的精华，为推进中国社会主义法制和先进法律文化的建设服务，而且也有助于我们对那些在历史发展中形成的，并仍然制约着我国当前民主与法治建设的消极因素有更深的理解与认识，从而使我们在实践中更好地克服消极因素，为推进依法治国、建设社会主义法治国家的进程服务。同时，学习中国法制史，对于我们树立正确的世界观、人生观、价值观和增强法治意识、法治观念有重要意义。李大钊曾指出："历史中有我们的人生，有我们的世界，有我们的自己。"他主张"向历史中寻找人生、寻找世界、寻找自己的兴趣"[①]。通过中国法制史的学习，我们可以认识什么是历史发展的大势，什么样的法律是先进的，什么样的法律是落后甚至倒退的，我们应该做一个什么样的法律人，如何才能最有意义地度过自己的一生。此外，学习中国法制史，对于我们拓宽视野，夯实专业基础，完善知识结构等，都具有重要意义。

中国法制史是一门带有历史学与法学双重特点的交叉学科，对它的学习与研究也就相应有着双重的难度与要求。在学习与研究的过程中，必须以马克思主义的基本原理为指导，运用科学的方法，尤其应该注意以下几点：

（一）坚持辩证唯物主义与历史唯物主义的立场、观点和方法。这是本学科成为真正科学的根本保证，也是学习与研究本学科最基本的方法

运用经济基础决定上层建筑，上层建筑反作用于经济基础的基本原理，从总体上把握中国传统法律的基本精神和主体内容及其变化与发展的特点与趋势。中国传统法律对君主专制和家族伦理的维护是建立在以农为本的经济基础之上的。秦汉以降，"重农抑商"的经济政策为历代王朝奉行不替，究其实，也是一个重要的政治目标，是维护君主专制政治的需要。"民农非徒为地利也，贵其志也。民农则朴，朴则易用，易用则边境安，主位尊"[②]。相反，"民舍本而事末则好智，好智则多诈，多诈则巧法令，以是为非，以非为是"[③]。由于国家从各个方面对商业进行限制，从而使得小农经济在中国传统社会呈现出超稳定的状态。小农经济的稳定又正是君主专制政治发达的根本原因。小农是一个个分散的、封闭的生产与生活单位，这些生产与生活单位始终是历史发展的首要障碍，"始终是东方专制制度的牢固基础，它们使人的头脑局限在极小的范围内，成为迷信的驯服工具，成为传统规则的奴隶，表现不出任何伟大的作为和任何历史首创精神"[④]。同时，由于小农之间无法建立一种普遍的、稳定的社会联系，因此，"他们不能代表自己，一定要别人来代表他们。他们的代表一定要同时是他们的主宰，是高高站在他们上面的权威，是不受限制的政府权力，这种权力保护他们不受其他阶级侵犯，并从上面赐给他们雨水和阳光。所以，归根到底，小农的政治

① 李大钊：《史学要论》，转引自萧致治：《历史研究与现实》，载《求是》2004 年第 13 期。
② 《吕氏春秋·上农》。
③ 《吕氏春秋·上农》。
④ 《马克思恩格斯选集》（第 1 卷），人民出版社 1995 年版，第 765 页。

影响表现为行政权力支配社会”①。

（二）在学习的过程中，还要注意运用辩证的、历史的、系统的方法，紧密结合历史实际，探索中国传统法律的内在本质及其变化发展的规律

“人们自己创造自己的历史，但是他们并不是随心所欲地创造，并不是在他们选定的条件下创造，而是在直接碰到的、既定的、从过去承继下来的条件下创造。”② 中国传统法律文化乃至其中某种具体的法律制度，是当时具体的历史条件下的产物，有其历史合理性，同时也有其历史局限性，对其全盘肯定或全盘否定都难免会失之偏颇。因此，我们应该辩证地、历史地对待传统法律，将其置于当时特定的历史条件下，具体问题具体分析，以做到取其精华，去其糟粕，而不应该用我们今人的眼光与标准去苛求古人。历史上任何一种法律制度都是统治阶级意志和利益的体现，因而，我们在分析某一特定的法律制度的时候，必须将它与那个特定的阶级联系起来，只有这样，我们才能透过现象看清其本质，发现和把握中国法制历史发展的内在规律。任何一种法律思想和法律制度都不是孤立地存在着的，因而，我们在对其进行分析时，必须从历史实际出发，联系当时社会的经济、政治、文化乃至地理环境等诸因素进行系统的分析与研究，只有这样，才能得出科学的结论。

学习和研究中国法制史，要做到史论结合，即在充分占有史料的基础上，运用马克思主义的基本原理去分析与甄别史料，阐明各种史料之间的内在联系，从而得出正确的认识。离开了基本的史料，就会犯以主观臆断代替客观历史事实的错误。同时，要注意结合法理学和部门法学的基本原理、基本知识进行学习与研究。只有这样，我们才能更好地分析、理解和把握历史上出现的各种法律制度，真正做到法史学与法理学、部门法学学习与研究的相互促进、共同提高。

（三）要正确处理批判与继承、历史与现实的关系

对待中国传统法律文化，采取虚无主义或国粹主义的态度，割断历史之间的有机联系，都是错误的，正确的态度是将批判与继承统一起来，要批判地继承中国传统法律文化中的有益成分，摒弃其封建性的糟粕。学习与研究中国法制史，不仅仅是要了解中国历史上某一个时期颁布了哪些法律，这些法律的具体内容是什么，更重要的，是要在此基础上，将法制的变迁同它所依托的经济、政治、社会文化背景结合进行考察，揭示其内在的关联性和变化发展的客观规律性。既要注意把握法制发展的本质特征，也要注意揭示其在不同阶段所存在的时代特征。与此同时，要正确处理历史与现实的关系。从本质上说，历史与现实是息息相关的。历史是过去的现实，现实是未来的历史。因此，我们学习中国法制史，要将历史与现实结合起来，做到“古为今用”，总结历史的经验和教训，为我国当前的民主和法治建设服务。虽然中国传统法律主要是为君主专制政治服务的，但在

---

① 《马克思恩格斯选集》（第1卷），人民出版社1995年版，第678页。

② 《马克思恩格斯选集》（第1卷），人民出版社1995年版，第585页。

法制发展的历史长河中，也形成了许多能够超越时空界限，可资当代借鉴和吸收的优秀成果。尤其是自维新运动以来，法律近代化改革的倡行者肩负起“会通中西”这一时代重任，在如何继承传统法律文化和吸收西方法律文化方面进行了多方面的积极探索，取得了许多具有开创意义的成就，值得我们借鉴。同时，历史的发展具有连续性，尤其是对中国这样一个具有悠久而连贯的法制发展历史的国家来讲更是如此。历史上形成的那些影响我们当前民主和法治建设的因素仍然在不同程度上、以不同的方式影响着我们。对于这些因素，通过法制史的学习和研究，探求其形成的历史原因和根据，不仅可以提高我们在理论上的认识，而且将更有利于我们在实践中加以克服。

第一章　夏商法律制度

导读：公元前21世纪到公元前16世纪的夏朝，是中国奴隶制国家的形成时期。自从殷墟甲骨文证实《史记》商代谱系的可靠性后，司马迁在《史记》中所记载的夏朝谱系，也为大多数学者所接受。夏朝从启到桀共传十四世、十七个王，是中国早期法律制度的形成或建立阶段，其法律思想、法律内容和司法制度等各方面对中国法制的发展都有较大贡献。

商朝是中国历史上第一个有文字可考的王朝。商朝从公元前16世纪到公元前11世纪共存五百多年。传说中商族始祖契为其母吞玄鸟蛋所生。“天命玄鸟，降而生商”。① 商族在夏朝建立后成为夏的一个属国，到公元前16世纪，汤即位后，商国力不断加强，当时夏“桀不务德，而武伤百姓，百姓弗堪”②，于是汤伐桀，取代夏朝建立政权，至公元前11世纪武王伐纣商政权灭亡，共历十七世、三十一个王。商朝是奴隶制社会的发展时期，强调王权神授，“天命”、“天罚”的神权法色彩浓厚，体现了法律发展早期的神权法特点。

夏商时期是中国古代法律的起源和形成时期，其法律思想和法律制度犹如中国古代法制的胚胎，其“礼”、“刑”之分及法律的道德伦理特点，对后世中华法系的最终形成有着关键性的影响。

本章应重点理解我国国家与法起源的基本规律与特点；掌握夏商法制的主要内容。

第一节　中国法的起源

一、国家与法起源的基本理论

马克思主义法学理论认为，法律不是从来就有的，也不是永恒存在的，而是人类社会发展到一定历史阶段的产物，它和其他社会现象一样，有其产生、发展乃至消亡的规律，尽管世界各地人类社会的国家和法律的形成有着不同的特点，但是仍然有它自身发展的共同规律可循。

---

① 《诗·商颂·玄鸟》。
② 《史记·夏本纪》。

原始社会时期，氏族内部形成的民主传统和习惯是氏族全体成员公认的，它是调整人们相互关系的准则和指导人们行为的规范，这些习惯包括原始的道德规范、习俗礼仪、宗教戒律等，尽管这些习惯源于采集和渔猎的低生产力水平，现在看来可能是简单和幼稚的，但它具有普遍的约束力。如果发生违反氏族共同生活规则的行为，要受到全体氏族成员的谴责和制裁。正如恩格斯所言："一切问题，都由当事人解决，在大多数情况下，历来的习俗就把一切调整好了。"[①] 当时的人们只需凭借氏族的公共组织和习惯的约束，便可以正常地进行生产和社会活动，这些社会规范对于维系人们的血缘关系、促进原始社会的发展起过重要的作用。

随着劳动生产率的提高，产品有了剩余。由于一些氏族和部落首领利用职权比一般社会成员多占一部分产品，从而产生了私有制的萌芽。随着生产力水平的不断发展，氏族内部不可避免地产生贫富差距和阶级分化，以公有制为基础的氏族组织也不可避免地趋于瓦解；劳动力的不足使得部族战争后的战俘不再被杀掉而沦为了奴隶，"天下为公"的原始社会不复存在，取而代之的是"家天下"的阶级社会。随着阶级的出现，人们的善恶观念、是非观念和思想感情均发生变化。奴隶主阶级依照自己的意志，经过精心筛选，对原始习惯进行取舍，将其中适合统治阶级需要的加以认可，并注入阶级的内容，上升为国家意志，演变为不成文的习惯法，同时将一些新的社会关系加以归纳，以命令的形式强迫人们遵守。奴隶主阶级把每天重复着的生产、分配和交换产品的行为用一个共同规则概括起来，设法使个人服从生产和交换产品的一般条件。这个规则首先表现为习惯，后来便成了法律。可见，法的产生同国家的产生密切相联。在阶级社会中，奴隶主阶级与奴隶阶级的对抗性，需要有一种凌驾于社会之上的公共权力加以调控。统治者管理国家的需要、惩治犯罪的需要以及制定实施统治方略的需要，便是法产生的主观条件。

世界各国法的起源虽因各自历史条件不同而具不同形式，但仍有共同的原因和一般规律可循。马克思主义法学理论认为，法是社会发展到一定阶段上，随着私有制、阶级和国家的出现而产生的。只有产生了国家政权，才会有法的存在。这是法产生的根本原因或本质原因，是法产生的共同规律之一。法产生的第二个基本规律是，法的产生过程有一个从习惯法到成文法的过程。这是一个长期的、渐进的发展过程。法律产生的第三个基本规律是，法产生的过程受宗教、道德的影响极大，因此，刚刚产生的法几乎总是带有浓厚的宗教色彩和道德痕迹。[②]

二、中国国家与法的起源

（一）中国国家与法的起源及其依据

中国和世界上其他民族一样，经历了漫长的没有阶级、没有国家和没有刑罚

---

① 《马克思恩格斯选集》（第4卷），人民出版社1995年版，第95页。

② 曾宪义主编：《中国法制史》，中国人民大学出版社2000年版，第19页。

的氏族社会。原始社会中存在的诸如集体生产、平均分配、禅让选贤的习惯、群居杂婚到族外婚的习惯以及血亲复仇的习惯、祭祀鬼神的习惯等，都是靠人们习以为常地自觉遵守、氏族首领的崇高威望和舆论的影响而保证执行的，氏族成员之间形成"不独亲其亲"、"不独子其子"的平等局面。

大约至六千年前，我国历史翻开了由原始氏族社会向文明国家过渡的一页，部落联盟正是这种过渡形态的具体体现。那时我国历史上存在着华夏、东夷和苗蛮三个部落联盟。这些部落联盟是不同族姓的血缘氏族部落通过战争或联合而逐渐融合形成的。历史上部落联盟之间发生的著名战役有共工蚩尤之战、黄帝蚩尤之战、黄帝炎帝之战、夏与有扈氏之战等。黄帝、炎帝、尧、舜、禹等先后作为当时部落联盟首领中的佼佼者，得到众多联盟首领的拥戴。禹作为当时最后一位联盟的首领，凡事"以为民先"，以自己的德行赢得联盟成员的尊敬。但是，在禹死后，他的儿子启却凭借着禹的威望联合"友党"，打败了原为继承人的东夷联盟首领伯夷，通过暴力手段夺取了政权，把整个社会都当成自己个人的私产，而成为凌驾于一切、控制一切的专制君王。正如马克思所言："世袭继承制度在凡是最初出现的地方，都是暴力（篡夺）的结果，而不是人民的自动许可。"①打破传统的氏族血缘界限、按地区划分居民、建立凌驾于社会之上的公共权力，是一切国家形成的特征。夏朝亦如是。

《史记·夏本纪》中记载了夏王朝世系相传的历史，从禹传位于启到桀的灭亡，夏王朝共传位十四世，十七个王，历时四百余年。自此，原始社会民主选举首领的禅让制被废除，开启了我国父死子继、兄终弟及的世袭制度，以夏宗族血缘关系为基础的国王统治确立。其间虽然经历了太康失国、后羿代夏、寒浞篡位等变故，但是，到少康中兴，家天下的制度最终被稳固。王位世袭制的确立，不仅是私有制和阶级形成在上层建筑上引起的巨大变化，而且是国家产生的一个重要标志，是国家形成的基本特征之一。

国家与氏族组织不同的显著特征就是按照地区来划分它的臣民。《虞人之箴》记载："茫茫禹迹，化为九州"，这说明禹时已经开始突破以血缘关系为基础的部落界限，按照地理情况将管理区域一分为九。夏启即位后，以夏禹治水时划分的九州为基础统治其臣民。传说，夏启曾经征用九州的铜，铸造了九鼎代表九州，以纪念禹的功绩，后来鼎就成为国家权力的象征。夏启设"九牧"为九州的地方行政长官，构筑了早期国家的统治架构。九州作为行政区单位的存在，标志着夏朝已不再以血缘关系来划分社会集团，而是运用国家建立的公共权力，按照地理特点划分它的管辖范围，并对每一个管辖区内的民众行使统治权力，这种行政区划的创设标志着夏朝国家管理机构的建立。

夏朝国家产生的另一个标志是，建立了凌驾于社会之上的公共权力机构，包括行政管理机关、军队、监狱等，这是国家与氏族组织的重要区别点。夏启继承

① 马克思：《摩尔根〈古代社会〉一书摘要》，人民出版社1965年版，第123页。

王位以后，以夏禹治水时划分的九州为基础，设官分职，建立其各级政权组织机构。《礼记·明堂位》记载："夏后氏官百"，这里的百官并非指当时的官职有百种，它只是泛指。例如，当时夏朝在中央设立了六卿、在地方设立州牧等管理百姓的行政机关。作为公共权力的重要组成部分的武装力量，在夏朝不仅具备，而且数量较多。《史记·集解》引孔安国云："天子六军，其将皆命卿。"（天子有"六军"之众的军队，其将领都是由受爵命之人担当）为了加强统治，夏朝已使用囚禁的办法，《史记·夏本纪》中有关于夏桀囚禁商族首领汤于夏台（今河南禹县境内）的记载。监狱的产生，是国家运用法律武器行使国家镇压职能的基本保证。为了养活官吏群、军队以及满足奴隶主贵族的奢侈生活，夏朝有了捐税、贡赋的征收。"自虞夏时，贡赋备矣"，"夏后氏五十而贡"①（即耕种五十亩地，其中五亩土地上的收获物要作为贡赋上交）。贡赋的出现对于论证夏朝国家的形成具有重要意义。

国立而政令行。既然有了国家，掌握国家权力的统治阶级，为使自己的统治具有神圣不可侵犯性，需要制定或认可一种不同于原始氏族社会的习惯，体现统治阶级意志的规则，保障国家机器有效地运转，这种规则就是法律。法律和国家一样，都是历史发展到一定阶段的产物。但是，法律作为一种独立的社会现象，又有其自身的演进轨迹。

原始氏族成员举行祭祀鬼神、向先祖求福活动中适用一套礼仪规范被正式纳入国家的活动中。在夏朝建立之后，统治者根据氏族社会崇拜神灵的意识和心理，将自己的意志神化，使人间的君主作为法律认可的神的代言人，统治集团将礼改造成为阶级统治的法律手段，把君主的令作为执行的强制力，从而使奴隶制的王权蒙上一层神学的色彩，借助神讨天罚来惩罚犯罪。《尚书·甘誓》中记载："有扈氏威侮五行，怠弃三正，天用剿绝其命，今予惟恭行天之罚。"这段话的大意是：有扈氏上不敬天，下不敬大臣，上天要断绝其天命，故今天我恭奉天意施行上天的惩罚。在这种形势下，任何触犯现存政权和法律的行为，都被视为悖逆鬼神天帝的大罪，刑杀行为即为合法。被统治阶级改造过的原始氏族的习惯法虽然在形式上还具有习惯法的特征，但从本质而言，这套礼仪规范的性质发生了变化，被赋予阶级性和一定的法律意义，成为调整人们行为的准则，是统治阶级实现国家统治的基本工具。与此同时，夏朝统治者通过建吏制、定历律、明礼法、行赋税、规量器、严刑狱等途径，完善了夏朝的法律内容。

（二）中国国家与法的起源的各种观点

1. 刑源于苗民说。该观点认为，苗民是先进部落，最早制定了劓、刵、椓、黥等肉刑。《尚书·吕刑》中记载："苗民弗用灵，制以刑。惟作五虐之刑曰法，杀戮无辜。"即苗人不遵守天命，他们制定了管理臣民的"五虐之刑"，犯了大罪，因此，大禹亲自率兵用战争惩罚三苗。苗民之所以战败，是因为"恃刑不

① 《孟子·滕文公上》。

道”，因而削弱了自己的力量。这些都是关于苗民制刑的记载，夏在征服了苗族之后，为了统治沦为奴隶的苗民，遂沿用了苗族原有的肉刑以对其进行统治。

2. 刑源于尧舜时代说。该种观点的主要依据为二：一是《尚书·吕刑》所载：“伯夷降典，折民惟刑。”即伯夷当时执掌教化，为尧制定了礼法制度，以此判断下民案情，该礼法便为“刑”。二是《竹书纪年》所载：“帝舜三年，命皋陶作刑”，意为帝舜三年时，命皋陶（传说为中国历史上最古老的法官）编造律典。

3. “刑起于兵”、“兵刑合一”说。这是中国古代先秦时期流传的关于法律起源的最有影响的一种观点。该观点认为，中国古代不仅法与刑不分，兵与刑也不分。刑是指武力杀戮，兵是指兵器，引申为战争。氏族社会的血亲复仇、讨伐异族、迫使战俘归顺等均需要使用武力。由于兵刑同制，故部落领袖既是最高军事统帅，也是最高的军法官、司法官，即司法与兵政的掌管者一身二任，司法官称为“士”、“司寇”、“廷尉”等就是这种历史的体现，因此，他们主张用战争征伐来论证法律的起源。这种观点对秦汉以后也产生了深远的影响，《汉书·刑法志》就是先记载兵事，再记载刑事，“大刑用甲兵，其次用斧钺；中刑用刀锯，其次用钻凿；薄刑用鞭扑。”①

4. 起源于原始社会末期说。这种理论认为，早在原始社会就存在调整人们之间关系的习惯法，这些习惯法大致涉及财产及财产继承、婚姻、选举、氏族或部落内的人身侵害及复仇、部落间的关系等，越是接近原始社会的彻底崩溃，这些习惯法越多，便越深刻地显现出阶级剥削与阶级压迫的内容。奴隶制社会初期，奴隶主阶级认可上述习惯法，同时加进新的内容，以便对奴隶实行更加残酷的压迫和剥削，并用国家的暴力保证其施行，法律的阶级性便日益体现出来。

5. 起源于黄帝时代说。《商君书·画策》：“神农既没，以强胜弱，以众暴寡，故黄帝作为君臣上下之义，父子兄弟之礼，夫妇妃匹之合，内行刀锯，外用甲兵。”认为在黄帝时期已经有刑罚和礼制。《管子·任法》：“黄帝之治天下，其民不引而来，不推而往，不使而成，不禁而止。故黄帝之治也，置法而不变，使民安其法也。”此说同样认为在黄帝时期就已经拥有法制。

6. 起源于夏朝说。这是目前法制史学界通行的观点。这种观点的理论基础是，中国奴隶制的国家形成于夏朝，中国有阶级的社会从夏朝开始，与此相适应，中国古代的法律制度也源于夏朝。

（三）中国古籍对“刑”、“法”、“律”的释义及其运用

“刑”字的出现反映了中国法起源的基本状况。刑字在我国历史上出现得较早，如《竹书纪年》称：“帝舜三年，命皋陶作刑。”古籍中将中国奴隶制时代的法律总称为刑，如夏朝的禹刑，商朝的汤刑，西周的九刑。春秋战国时期，各国法律多数称为刑。这时的刑字一般是指法，也就是法的同义词，而只是到了近

① 《汉书·刑法志》。

代以来，一般把刑字解释为刑法或刑罚。

刑字起源较早，在西周的青铜铭文中，已经发现有刑字。在青铜铭文中，刑字与“井刂”相同，在西周的散盘铭文中有出现，在战国时期的子禾釜铭文中也有出现。但是更早见的刑字是用“井”字，在甲骨文中就已经出现了。到秦汉时仍然同时有“刑”、“井刂”两种字体。《说文解字》把刑放在“井”字部，“井刂，罚罪也，从刀，从井”。井刂旁从井，井有条理、秩序之意，井井有条、井然有序都是这个意思；刑字从刂，刀是古代的兵器，有切、割、剖之意，表示用刑。本义中就具有征伐杀戮之义，同古代早期社会“兵刑不分”观念相承。《牧簋铭》记载：“不用先王作井”，“先王作明井用”。这里的“井”为名词，意为模型、模范之意，是铸器之范的象形，后逐渐发展为动词化，表示遵循、以为典范之意，引申为法。《尔雅·释诂》中记载：“刑，常也，法也。”《玉篇》：“刑，法也，罚总名也。”这里的“刑”被赋予两层含义：一是惩处犯罪、规范秩序的法；二是刑罚，包括处刑方式等含义。

“法”字的变化过程体现了中国法制水平的发展。“法”字古代本来的写法是“灋”。《说文解字》中对“灋”的解释最为著名：“灋，刑也。平之如水，从水，廌所以触不直者去之，从廌去。”它的组成部分有三：第一，“水”。表明执法要像水一样的平。第二，“廌”。该字的象形写法是“豸”，是古代传说中的一种兽，它只有一个角。所以打官司的时候，用它进行裁决，不直者、不公者就会被它用独角触到。第三，“去”。就是要把不直者去掉。公平裁判，明断曲直，是古人对法字最初含义的理解。法也有限制和强制的意思。《释名·释典艺》中记载：“法，逼也，人莫不欲从其志，逼正使其有所限也。”也就是说，法对人的行为起着约束作用。相对于“刑”字强调的刑罚杀戮之意而言，“法”字已经体现出了正义和规范的含义，随着历史的进步，人们对法律规范作用的认识有了进一步提高，因此，从春秋时期起，各国用“法”而不用“刑”，当时最著名的一部法为魏国的《法经》，是由“盗法”、“贼法”、“囚法”、“捕法”、“杂法”、“具法”六篇组成；晋国有《被庐法》、楚国有《茆门法》，等等。

“律”字的出现表明中国法制水平的提高。“律”最早源于乐器，《说文解字》中记载“律，均布也”，是古代调定音乐的竹管、玉管或铜管。“律”从而具有了调定音乐的功效，后又衍生出规范不一而从一的含义。换言之，即将各个不同的规范统一为适用范围更为广泛的规则，要求人们的行为整齐划一，知道什么是合法行为、什么是非法行为，应该做什么、不应该做什么，以期达到执法均一的目的。在中国古代，律什么时候开始在法律意义上使用并不是很明确，法学界目前的通说认为始于战国时商鞅改“法为律”[①]。此后，“律”基本为历代沿用，如汉律、秦律、唐律、明律、清律。“律”是比较稳定的行为规范，《太平御览》六三八卷中引用杜预《律序》对律的注解：“律以正罪名，令以存事制”，

① 《唐律疏议》卷一,《名例》疏议。

意思是说，律是用以定罪量刑的固定性规范；令是用以规定一时一事暂时的制度。总之，律是规定刑名和定罪科刑的依据，其本义具有标准、行列、规矩之意，含义比法或刑更加广泛，强调了法律的平等适用价值和规范价值，从这一角度来看，“律”字在法律意义上的运用应该和法家思想的广泛传播有密切关系。

三、中国国家与法起源的基本规律与特点

（一）保留了浓厚的氏族血缘关系

中国地处东亚大陆的中心，这里是一个近乎封闭的空间。以中原地区为中心的中华民族以农业为主体，形成了以自给自足的自然经济为主的农业型国家。农业生产必须以土地为基本生产资料，从事农业生产的以血缘关系联结起来的人们不能离开土地而轻易流动。这种特定的社会、历史条件，决定了中国在进入文明社会以后，被固着在土地上的人们之间的血缘关系非但没有松动、解体，相反却越来越牢固。在自然经济的社会中，因血缘关系而形成的宗法组织像一张巨大的网，通过血缘、姻亲的纽带，把一个个封闭的部落联结起来，进而形成国家，且国家混合在家族之中。在统治阶级内部，无论是从思想观念上还是从国家组织形式上，仍按血缘关系的亲疏远近来确定人们的社会地位，并按原有氏族的传统统治方式组织和管理社会。以血缘为纽带的氏族宗法统治关系也没有瓦解，国家组织的发展，不过是基于血缘关系的亲疏尊卑关系而日益制度化、法律化的反映。这个过程始于夏，历经殷商至西周趋于完备，西周宗法制即这种历史的必然产物。

（二）部落联盟首领权威加强，形成家长制的统治模式

农业生产需要多方面的经验与知识，人们需要具有经验和能为他们谋福利的权威人士执掌事务。在从氏族部落向文明社会进化的过程中，先民们对具有丰富社会经验、为民着想、颇得众望的英雄人物更是崇拜，部落联盟首领之权威也随着氏族解体向国家过渡的过程而日益加强。但由于物质条件的发展，私有财富的拥有使得他们“为公”的观念越来越淡漠乃至最终消失。据记载，舜以禹为继承人便仅是他个人的决定。至于禹，则其权威更大，他为部落联盟首领时就已显现出破坏民主运用权威的行为。在一次部落首领会议上，“防风氏后至，禹杀而戮之”①。

夏王朝是早期奴隶制国家。尽管按地域将原有的部落划分为九州，但它并未破除贵族宗法统治的关系，家国相通、亲贵合一的夏王朝沿袭了家长制的集权统治模式：君主启成为所有臣民的最高家长、国家最高统治者，各贵族不仅是各家族的家长，并兼有官职，从而形成君臣对整个社会的家长制的管理模式。此后几千年中国的政治体制，一直以家长专制集权制度贯穿始终。

① 《国语·鲁语下》。

（三）习惯逐渐演变成为法律，伦理观念大量存在

中国奴隶制的法律制度在形成中吸收和改造了许多原始的习俗与惯例。礼是由部落氏族的习惯转化而来的。部落的习俗惯例是氏族成员在长期共同生活中自然而然形成的规范，靠该氏族成员自幼所受的教育、部落首领的权威与表率、公共舆论等来维持。[①] 礼最初的含义是为祭祀而举行的仪式。早在原始社会末期，由于氏族贵族垄断祭祀，政权与神权合一，原始状态的礼就已被改造，并逐步以个别大家族内部的利益而非氏族全体成员意志体现的“家族法”形式出现，逐渐取代了氏族社会的习惯。夏王朝建立后，统治者陆续增补某些适应统治需要的行为规范，使被改造的习惯既用于区别人们在血缘关系中的亲疏尊卑，又有别于在国家组织中的等级地位，维护原有宗法关系的氏族习惯，也相应地转化为维护奴隶主贵族的习惯法。

由于夏王朝在形成之初就大量存在浓厚的血缘关系和相应的伦理观念，为了统治的便利并提高法律的威慑力，统治者同时将法律、刑罚和伦理道德规范当做调节社会的基本手段而结合使用。夏王朝一建立，统治者便把礼摆到重要位置，无论在民事法律关系方面，还是在婚姻家庭关系方面，礼都起到了民事法规的实际调整作用。特别是西周时期，礼已成为无所不涉及的行为规范。因此，在中国早期社会中，法律与道德之间缺乏明确的分界，二者互为表里，这一特点对中国传统法律制度中伦理化特征的形成无疑有着重要影响。

（四）刑事法律相对发达，民事法律相对落后

频繁的战争进一步加强了氏族首领的权力，在这种社会条件下产生的夏代法律，也必然肩负兵刑合一、军法与法律合一的职能。与此同时，传统经济又是“以农为本”，自给自足的自然经济随着生产力的提高而稳步发展，但奴隶制时期工商业的发展从观念到社会环境都受到相当大的阻碍，“重农抑商”政策直接导致商品经济发展的相对落后。因而在夏朝法律中，民事法律规范不可能像古罗马市民社会的民事法律那样发达，这部分法律居于次要地位，没有发展到相应的水平。此外，依靠宗法关系网络和沿用已久的传统习惯性的“礼”，使统治者找到了凭借强大精神力量禁锢臣民的有效方法，他们将这种“礼”与刑事法律密切结合，并赋予其法律的效力，礼与刑结合后的国家法律，其作用的发挥已基本辐射社会生活的各个层面。为更有效地镇压被奴役的贫民和奴隶的反抗，以夏王为代表的宗族奴隶主阶级十分重视习惯法中刑事法律的内容，并陆续颁布了一些简单的刑事规范，用以稳固奴隶制国家政权，这使得刑事法律的内容在夏代法律中居于重要地位。例如，在《倗匜》铭文中记载了下级贵族因为对方侵占了自己5名奴隶而向上级贵族起诉的事件，对此类现代看来为纯粹的民事侵权行为，最终还是以将对方当事人处以鞭笞一千这种刑事处罚手段来处理的。

① 张晋藩主编：《中国法制通史》（第一卷），法律出版社1999年版，第118页。

第二节 夏朝的法律制度

一、奉天伐罪的神权法制观

夏朝作为我国历史上第一个专制集权的国家政权，仍处于生产力不发达、自然条件相对恶劣的社会文明发展初期，其政治法律制度也处于初创阶段。原氏族社会信奉的天地鬼神观念对其还有着深刻的影响。此时，人们对天、对自然仍有一种敬畏之情，他们把天视为万物的最高主宰，是一切的本源，认为天地之间万事万物皆由天安排和支配。夏朝的统治者利用宗教鬼神观，把自己的统治说成是天的意志，“有夏服天命”①，将自己的立法、司法说成是禀受天命而行，把法律说成是神意的体现，并将这种天道观演变为他们适用法律、实施刑罚、镇压反抗的基本依据。统治者声称，他们是奉上天之命统治人间，为治理天下而制定法律，因而法律的实施就是“恭行天罚”。

从文献记载看，夏朝的立法指导思想是“天讨”、“天罚”的神权法思想。他们假借天意发布王命，实行所谓的“天讨有罪”。《尚书·甘誓》中记载：夏启“赏于祖”、“戮于社”，即夏启对作战人员赏罚时，行赏是在“祖”（供奉启的祖先的神位）之前，行罚是在“社”（土地神）之前。在鬼神面前实行赏罚，以示禀承天命行事。《礼记·表礼》也有记载说：“夏道尊命，事鬼敬神而远之。”这充分说明夏朝法律制度与神权思想的结合，同时“祖”字的出现，从一个层面反映了夏朝是“家天下”的历史。

二、《禹刑》与中国古代最早的军法

夏朝虽然是我国文献所载的第一个奴隶制国家，但由于年代久远，其相关史料极其匮乏，现有的研究主要依赖于先秦乃至汉以后学者的有关著作，所以有关夏人的资料真伪难辨，但是在现有的情况下，这些资料仍然是我们研究夏朝法律制度的重要文本，但是与之对应的是，我们也必须注意到这些资料是不能全然相信的。

夏朝最主要的立法是《禹刑》。《禹刑》仅见于《左传·昭公六年》：“夏有乱政，而作禹刑”，即夏朝时存在违反政令的行为，为此制定了《禹刑》。对于《禹刑》的理解，目前通行的解释是：它是夏朝法律制度的名称，是后人为了纪念夏的先祖而用禹的名字命名的。用禹的名字命名，也是为了增强法律的威慑力。学术界对《禹刑》的性质有所争执：有人认为，《禹刑》是夏朝法律制度的

---

①《论语·泰伯》。

总称，既包含刑事法律规范，同时也包含民事法律规范；还有人认为，《禹刑》是启及其后继者根据氏族晚期习俗陆续积累的习惯法；另有人认为，《禹刑》仅为夏朝的刑事法律规范，这也是目前较为通行的观点。由于夏朝是中国历史上第一个奴隶制国家，其法律不可避免地相对简陋和粗略。由于夏朝历史资料的匮乏，《禹刑》的具体内容现已无法考证，现在尚无法确切地说明夏朝法律制度的具体情况，我们只能从零星的文献记载中探寻夏朝法律的基本概况。

从史料记载看，夏朝已经有了车兵和步卒组成的军队，夏王就是这支军队的最高统帅。为了保证作战的胜利，启在《尚书·甘誓》中宣布了一条文献记载最早的军法，他告诫兵士们："左不攻于左，汝不恭命；右不攻于右，汝不恭命；御非其马之正，汝不恭命。用命赏于祖，不用命戮于社，予则孥戮汝。"古代战争以战车为主，每车配备甲士三人，一居左，主射；一居右，主刺；一居中，主驾驭战马；三人必须相互配合进攻。这条军法的大意是指：在战车左边的战士，在战车右边的战士，不按规定作战的，都是不服从命令；凡是努力奉行命令的就要在祖庙前奖赏；不执行王命的则要在社坛前杀掉，或罚为奴隶。这是一条具有强制力和最高法律效力的军事法律规范。

三、行政法律制度

"氏族和部落到处都杂居在一起，到处都有奴隶、被保护民和外地人在自由民中间居住着"①，这样，按地域而不仅仅是按血缘关系来划分居民就成为自然而然的事情了。夏启继位后，将全国分为九州，地域的划分直接关系到中央行政权力的分设与执行、臣民的管辖等。"夏后氏官百"，反映了以夏王为中心的各种复杂机关的设置。按《尚书·立政》及孔颖达的注疏，这些管理机关大致为：宅乃事（事），即掌管中央职事的"六卿"；宅乃牧（牧），掌管地方九州的牧民官；宅乃准（准），主理刑法、狱政的士官。此外，夏朝还在地方上设置官吏，他们都是从中央派出的官员，负责地方的行政事务。例如，管理畜牧的官职为"牧正"；管理车辆的官职为"车正"；安排王室膳食的官员为"庖正"；负责宣布政令之官为"遒人"等。《尚书·胤征》载：每岁孟春，夏朝宣令之官遒人以木铎（木铃）徇（巡行）于路，宣布教令，要求臣民奉行常法。"先时者，杀无赦，不逮（及）时者，杀无赦"。由于夏朝对农业生产的重视以及对鬼神的崇拜，因此，祭祀鬼神和从事农耕都必须严格按时辰、季节和气象的变化，或早或晚都要受到严厉的惩罚。

四、刑事法律制度

（一）罪名

昏、墨、贼罪。《左传·昭公十四年》中记载："昏、墨、贼，杀，皋陶之

① 《马克思恩格斯选集》（第4卷），人民出版社1995年版，第168页。

刑也。”据叔向的解释，昏罪是“恶而掠美”，即自己做了坏事而窃取他人的美名；墨罪是“贪以败官”，即贪得无厌，败坏官纪；贼罪是“杀人无忌”，即肆无忌惮地杀人。犯了这三种罪都应当依法被处死。

不孝罪。《孝经·五刑章》说：“五刑之属三千，而罪莫大于不孝。”夏朝时期氏族社会的遗风还具有相当的影响，人们崇拜祖先、对长者的尊重与敬意体现在日常的行为规范中，在统治者看来，若不孝则会影响家庭和社会的稳定，为巩固贵族统治，惩治不孝的行为是完全必要的。

威侮五行、怠弃三正罪。这是夏启借以征讨有扈氏的罪名，五行，是金、木、水、火、土，泛指天象；怠弃，怠慢、放弃；三正，一般认为它是对大臣、官长的泛称。有扈氏如此上不敬天，下不敬大臣，夏启当然要奉行天意而讨伐之。可见，战争是当时最大的刑罚，主要用于征讨敌对部族。

（二）刑罚原则

“与其杀无辜，宁失不经”①，“辜”即“罪”，“不经”指“不用常法”，意思是：宁可不用或少用刑罚，也不得错杀无罪者。这样做的目的是，在司法工作中能体现出上天好生之德，人们心悦诚服后就不会再干违法的事情了。这条原则体现出在夏朝已初步具有区别对待罪犯、谨慎用刑的思想。该原则应当是适用于夏朝内部的疑罪。

（三）刑罚方式

最早记载劓、刵、椓、黥、大辟五刑的是“有苗氏”。《尚书·吕刑》中记载了夏启因“苗民弗用灵，制以刑。惟作五虐之刑曰法，杀戮无辜”的事件。夏启在灭苗之后，便在“五虐之刑”的基础上稍事损益，将刵改为剕；将椓改为宫，形成了墨、劓、剕、宫、大辟。《魏书·刑法志》中记载：“夏刑大辟二百，劓辟三百，宫辟五百，髌、墨各千，殷因于夏，盖有损益。”

墨刑，又称黥刑，是在犯罪人的面上或额头上刺文字，再染上黑色，待刺痕痊愈后墨色也随之沉入皮下，无法去除。这种刑罚在五刑中属最轻。它既毁人肌肤，同时也使人蒙受耻辱。目前通说认为，因为夏朝尚无文字，故夏朝的墨刑是在犯罪人面部刺以特殊的标志。

劓刑，即割去犯人的鼻子，该种刑罚不仅使受刑人的器官受到损伤，而且对受刑人构成羞辱。这是一种重于墨刑的刑罚。

剕刑，断足之刑，使人丧失行走的能力，但凿去人的膝盖骨（膑）、砍去人的手（刖）也是古代先民们常用的处罚方法。这些处罚方式使受刑人既承受肉体上的痛苦，且部分地丧失了劳动能力。

宫刑，即破坏人的生殖器，对男子为去势，对女子则为幽闭。这是仅次于死刑的酷刑。

大辟，是死刑的总称，但具体执行死刑的方式多种多样，从历史记载看，夏

---

①《尚书·夏书》。

朝实行死刑方式较多的是：诛、杀、戮等。

夏朝之初，五刑适用于俘虏和奴隶，对同族人一般仅适用流（流放）、赎（用青铜赎买刑罚）、鞭（鞭打）、扑等方式，也就是说，对同族人犯罪仅处以鞭扑，从宽处理，以流代死，甚至可以用青铜赎罪。值得指出的是，尽管在以木石器为主要生产工具的夏朝已出现了青铜的冶炼技术，但青铜仍属于非常贵重的物品，只有高级贵族才可能用青铜赎罪。因此，关于赎刑的规定从另一个层面反映出夏朝的法律注重保护的是奴隶主贵族利益。随着阶级矛盾的发展，五刑逐渐扩及沦为被统治地位的同族人。

五刑和赎刑在夏朝的出现表明，中国古代刑事法律在发展之初，无论在适用对象上、刑种的设置上，还是在体系的完备上都已具有较高的水平。五刑制度（严格地讲为旧五刑制度）肇始于夏，发达于商、周，影响直至三国两晋南北朝时期，在中国历史上延续了两千余年。

五、民事、经济法律制度

"天下为公"的社会因国家的建立而瓦解。随着奴隶制国家的建立，夏王成为国家的象征，因此，主要的生产资料——土地亦为王权所有，除土地外，奴隶和牛马也是奴隶主阶级的主要财产。

为保证统治的需要，夏王朝制定了征收田赋的法令。《禹贡》记载，夏王朝在直接统治的区域内，实行"咸则三壤，成赋中邦"的法律，即根据肥瘠，将土地分为上中下三等，再按等级和收成征收贡赋。

根据《逸周书》记载："禹之禁，春三月山林不登斧，以成草木之长；夏三月，川泽不网罟，以成鱼鳖之长。"这是夏朝关于春天禁止上山伐木、夏天禁止到湖泊捕捞鱼鳖的规定，它从一个层面反映出中国在法律形成之初就已经注意到资源保护的问题。

六、司法和监狱制度

夏朝的司法官在中央称为"大理"，总理王国的法律、司法事务；在地方称为"士"或"理"，"士"、"理"下设有"正"、"史"等官职，处理具体的司法事务。但在夏朝，司法机关没有形成体系。

监狱是国家暴力机器的典型象征。监狱的历史由来已久。传说早在舜时，就有"皋陶造狱"。因而中国古代一直将皋陶奉为狱神。夏朝的监狱成为"圜土"，因为当时的监狱是在地下挖成圆形的土牢，或在地上围起圆形的土墙，以监禁犯罪者。《竹书纪年》载："夏帝芬三十六年作圜土"，芬是夏朝第七代王，圜土即夏朝监狱。《史记·夏本纪》中记载了夏桀曾将商汤"囚之夏台"。夏在都城阳翟（现河南省禹县）设有中央直接管辖的监狱。夏朝监狱的建立，表明夏朝的国家体制逐步成熟。

第三节 商朝的法律制度

一、商朝的神权政治法律观

"殷人尊神，率民以事神"①，"天讨"、"天罚"的神权法律思想在商朝发展到了巅峰。商朝时期生产力仍然低下，人们对自然现象仍不能完全理解与解释，氏族社会原始的宗教信仰依然强烈地影响着人们的生活，统治者自身也对上苍充满了敬畏。出于控制思想、稳定社会秩序、强化王权的需要，许多神的全部自然属性和社会属性都转移到一个万能的神身上，这样就产生了一神教。商朝奴隶主阶级将由来已久的神权政治发展到极致：一方面统治者虚构出一个称为"帝"的所谓无所不能的神，把对神的崇拜和对王室祖先的崇拜结合起来，称"帝"是王的祖宗神，王是"帝"的嫡系子孙，从而为奴隶制的贵族政治涂抹上一层神秘的色彩；另一方面他们将自己的权力解释为受命于天，"天命玄鸟，降而生商"②。但由于商人与"帝"之间没有血缘关系，因此，凡国家大事都需要通过占卜的途径向"帝"请示，由人间的"王帝"通过主掌占卜的神职人员向"帝"转告。所以，人们应当虔诚地听天命、听王命、听祖命。为了假托神意，商王几乎无事不卜，无日不卜，当然定罪量刑也需要占卜。这样做的目的不外乎：若违背王命，不但获罪于天，而且被列祖列宗所不容；国家所作出的惩罚，都是奉天行罚或代天讨伐。这种做法在生产力水平不发达，人们普遍迷信的社会中，具有相当的欺骗性，"敬鬼神，畏法令"③ 正是当时社会情况的真实写照。这种王权与"帝"合而为一的天道观，进一步发展和丰富了我国古代的神权政治的思想，且对后代封建法制也产生了重要影响。

二、《汤刑》及商代的主要法律形式

（一）商代的立法概况

1.《汤刑》。"商有乱政，而作汤刑。"④ 对《汤刑》的理解，有两种不同意见：一部分人认为，《汤刑》是商代法律的泛称，是一部没有公开的商朝法律规范，因为奴隶主贵族崇尚"刑不可知，则威不可测"的原则。《竹书纪年》载："祖甲二十四年，重作汤刑。"所谓重作，可能是指在《汤刑》的基础上，重新修订，内容更加完善，以适应不断变化的社会需要。这是一种较为通行的观点。

① 《礼记·表记》。
② 《诗经·商颂·玄鸟》。
③ 《礼记·曲礼》。
④ 《左传·昭公六年》。

另一部分人认为，《汤刑》仅为商代刑事法律的总称。

此外，文献中还有“太甲颠覆汤之典刑，伊尹放之于桐”[①] 的记载，《史记·殷本纪》也说：“帝太甲既立三年，不明，暴虐，不遵汤法，乱德，于是伊尹放之于桐宫。”从这些记载可以看到，在商汤在位期间曾经制定过法律。所谓“汤之典刑”、“汤法”应该都是指《汤刑》。此外，文献还记载了“刑三百，罪莫重于不孝。”[②] 东汉高诱注为：“商汤所制法也。”也就是《汤刑》条文有三百条，其中最重的是“不孝”罪。

《汤刑》是体现奴隶主阶级利益的一部基本法律，通行于整个商代，以汤的名字命名，既是对以大禹之名冠名法律的效仿，也是对商族杰出领袖和开国之君的怀念。

2.《官刑》。除《汤刑》之外，在商代还制定了一部惩治国家官吏犯罪的单行刑事法规——《官刑》，带有行政法的性质。《尚书·伊训》提及“制官刑，儆于有位”，儆即为戒备，警告；位，即为官爵。商汤制定《官刑》的目的就在于惩戒百官，对犯有狂舞、酣歌、殉于货色、经常巡猎、侮圣言、逆忠直等罪行者，必须匡正，予以刑事制裁。此外《墨子·非乐上》也有记载：“先王之书，汤之官刑有之。曰：其恒舞于宫，是谓巫风，其刑，君子出丝二卫，小人否。”可见商代已经有了带有行政法律性质的立法。

（二）商代的主要法律形式

商王是全国最高的统治者，亨有最高立法权。商代法律主要是以制定不公开的刑书，商王发布的命令、誓、诰以及训等形式出现。

使法律处于秘密状态是奴隶主阶级垄断法律的体现。从史书中对《汤刑》、《官刑》内容的记载看，商朝确实存在没有被公开的法律规范，具有相对的稳定性。荀子所言的“刑名从商”[③] 是对商朝存在的不公开刑书的一个佐证。

王的命令就是法律。现保存下来的甲骨文和青铜铭文中所记载的王命、王令就是商王针对某一重大或具体的事件作出的决定。誓是商代君主在战时发布的紧急军事命令，如《尚书·汤誓》中记载了商汤发布攻打夏桀时的动员令——誓，其内容主要偏重于出兵作战前对臣下服从命令的要求，以保证臣下忠于王室。诰则主要是国王对大臣及诸侯们的训诰、训诫。商王所发布的命令是立法活动的一种，即为“临事议制”，具有最高的法律效力。

商朝时期，权臣依据王的意志而发布命令，当时被称为“训”，同样具有较高的法律效力。

三、行政法律制度

商朝通过征服战争建立了政权，为保证战争中的各种需要和新建国家管理职

① 《孟子·万章上》。
② 《吕氏春秋·孝行》。
③ 《荀子·正名》。

能的实现，商汤首创了内外服的官制。《尚书·酒诰》记载：“越在外服，侯、甸、男、卫、邦伯；越在内服，百僚、庶尹、惟亚、惟服、宗工，越百姓、里居(君)。”

所谓内服，是指商朝直接统辖的地区，分为中央和地方两类不同的区域。在内服为官者被称为朝官，也就是中央政权的官吏，他们辅佐商王处理重要事务。划分为辅佐政务官、一般政务官、宗教祭祀官、经济官和军事官五类，包括“百僚”、“庶尹”、“惟亚”、“惟服”等官位设置，其中政务性管理机构的官吏统管社会的各项事务，当然包括一定的社会治安管理职能；军事性的管理机关主要责任是掌管征伐事宜和保卫王朝的使命，同时也具有一定的社会治安管理职能。

在商王朝直接统辖的地方，设立了“百姓”和“里居（君）”两个不同的管理系统。“百姓”即百官，是与商王同姓或异姓的世袭贵族的官职，很得商王重视；“里居（君）”是基层行政区域的官职，他们的职责中也包含了一定的治安管理职能，但这不是专门的、纯粹的治安管理机关。①

所谓外服，是指中央管辖地区以外的边境地区，主要是被征服地区。外服官吏被称为“侯”、“甸”、“男”、“卫”及“邦伯”，他们是分管边境地区的官员，属于地方官。他们的任务主要是：守卫边防，随王出征，向王供奉，为王服役。

四、刑事法律制度

（一）罪名

1. 不吉不迪罪。《尚书·盘庚中》记载：“乃有不吉不迪……我乃劓殄灭之。”这是盘庚迁都之前所宣布的罪名，也就是说在迁都一事上，若有人行为不善，不按照盘庚所说的正道行事，不仅本人要被处以死刑，全家都要被灭绝。

2. 颠越不恭罪。《尚书·盘庚中》记载：“……颠越不恭……我乃劓殄灭之。”这是盘庚向他的臣民们宣布的罪名。如果有人敢狂妄放肆，违法乱纪，不服从国君的命令，就要被处以死刑，而且要灭绝全家。

3. 暂遇奸宄罪。《尚书·盘庚中》记载：“……暂遇奸宄……我乃劓殄灭之。”这仍是盘庚向他的臣民们宣布的罪名。暂意为欺诈；遇为意奸邪；奸宄意为违法作乱，其中在内为奸，在外为宄；此罪是指凡有欺诈、奸邪、犯法作乱的行为，一律被处死，并灭绝全家。该罪名被后世分解为：诈伪、内乱、谋反等罪名。

4. 不从誓言罪。《尚书·汤誓》记载：“尔不从誓言，不用命。予则孥戮汝，罔有攸赦。”这是商汤在灭夏的动员中宣布的誓：如果不遵从我的命令，我就杀了你和你的妻子儿女，决不宽赦。

5. 乱政、疑众罪。《礼记·王制》中记载：“析言破律，乱名改政，执左道

① 陈智勇著：《中国古代社会治安管理史》，郑州大学出版社2003年版，第7页。

以乱政，杀。”又记载“行伪而坚，言伪而辩，学非而博，顺非而泽，以疑众，杀。”此罪的表现方式有：破坏法制，使用邪术以扰乱政治，用奇异的事物、矫揉造作、貌似博学、狡黠诡诈的言行和装神弄鬼的手段动摇、蛊惑民心。这些行为，一为“乱政”；另一为“疑众”；无论具有前述哪种行为，都会对统治者的统治形成威胁，因此，该罪为统治者的大忌，非杀不可。这是中国惩治思想犯罪的滥觞。

6. 弃灰于道罪。《韩非子·内储说上》记载：“殷之法，刑弃灰于公道者，断其手。”该罪是指向公道上扬灰。孔子认为这种行为容易引起路上其他人的不满甚至发怒，可能导致互殴事件的发生，因此必须加以重处。

7. 三风十愆罪。《尚书·伊训》记载：“敢有恒舞于宫，酣歌于室，时谓巫风，敢有殉于货色，恒于游畋，时谓淫风。敢有侮圣言，逆忠直，远耆德，比顽童，时谓乱风。惟兹三风十愆，卿士有一于身，家必丧；邦君有一于身，国必亡。臣下不匡，其刑墨，具训于蒙士。”

巫风罪，凡经常在庭内起舞，在室内沉溺于酒歌，荒废政事，就是玩忽职守，构成侮职罪；淫风罪，凡职官在其任职期间，贪恋财物、经常外出狩猎而不从事自己分内的正当工作，由此而造成的失职行为。它近似于现在的渎职罪；乱风罪，即官吏对天子的诏令采取不严肃的态度、顶撞忠言和直言、远离年高望重的前辈及庇护小人等非君子行为，这些都属于犯上作乱。

由于巫风、淫风和乱风导致形成十罪，即恒舞于宫，酣歌于室，殉于货、色，恒于游、畋，侮圣言，逆忠直，远耆德，比顽童，这些是当时官吏最主要的犯罪行为，如果有人敢以身相试，家必丧，而一国之君为之国必亡。可见当时把三风十愆罪看成是关系到国家存亡的重大犯罪，因此对此类犯罪行为的处罚也比较严厉：或处以墨刑，或放逐，如伊尹放逐破坏商朝法制的太甲于桐，就是按照《官刑》的规定执行的。

（二）刑罚方式

商朝的刑罚制度已初具规模，并以严刑酷法著称。商朝也规定了墨、劓、刵、宫、大辟五刑制度，这些内容我们从甲骨文中都能找到对应的字型。此外另据文献，商朝的死刑处决方式很多，如炮格刑，《史记·殷本纪》记载：“于是纣乃重刑辟，有炮格之法。”就是在铜柱上涂油，下面架火将铜柱烧热，然后令犯罪人在铜柱上行走，因其无法耐热而坠入炭火中被活活烧死①。醢刑，《史记·殷本纪》记载：“九侯有好女，入之纣。九侯女不憙淫，纣怒，啥之，而醢九侯。”即把人杀死后将其捣成肉酱。脯刑，《史记·殷本纪》记载：“醢九侯，鄂侯争之强，辨之疾，并脯鄂侯。”即将罪犯处死后晒成肉干。劓殄刑，《尚书·盘庚中》记载：“乃有不吉不迪，颠越不共，暂遇奸宄；我乃劓殄灭之，无遗育，无俾易种于兹新邑。”也就是不仅处死本人，而且还要处死所有的后代，

① 《史记集解》引《列女传》：“膏铜柱，下加之炭，令有罪者行焉，辄坠炭中。”

也就是后世的族诛。这些死刑的方法虽然不是法定的，但它确实在商朝发生过，是非人性的酷刑。

除此而外，《官刑》中还有对于官吏犯罪的一种专门适用的处罚方式，被称为罚丝，即被判犯罪的官吏向官府交纳一定数量的丝以代刑罚。① 对于"弃灰于道者"还有"断手"之刑。② 另外还有适用于本族成员的流放刑。③

五、民事法律制度

(一) 所有权制度

商朝时期实行土地奴隶主贵族国有制，商王是最大的土地拥有者。贵族、官僚的土地是靠国王依照血缘的亲疏和贵族地位的高低分封与赏赐而得来，他们对土地享有的只是占有权、使用权，没有处分权。因此，他们对土地不享有完全的所有权，更没有买卖的权利，同时还要承担缴纳贡赋的义务。在商朝的奴隶只是会说话的工具，作为私有财产属于奴隶主所有。

(二) 婚姻制度

商朝占统治地位的婚姻形式为一夫一妻制。从史籍和甲骨文中有关商王祭祀时的卜辞记载看，在商朝的31个帝王中，绝大多数是实行一夫一妻制的。但这种一夫一妻制却以纳妾制作为补充，换言之，这种制度只是对女子而言的一夫制，奴隶主贵族可以不加限制地纳妾，即是对男子的一妻多妾制。据甲骨文记载的统计，商王武丁就有妾64人。

此外，在奴隶主贵族间还盛行姊妹随嫁的媵嫁制。

(三) 继承制度

继承制度是私有制的产物，它与血缘和婚姻制度有着密切的关系。而在奴隶制时期，继承制中身份继承的意义远远高于财产继承。在商朝早期，王位继承实行的是兄终弟及与父死子继并行的方式，但以兄终弟及为主，无弟才传位给子。但这种继承方式时常导致两代之间尖锐矛盾的发生，又因商王妻妾众多，儿子成群，王位继承之争更加复杂。为了避免统治者内部因多妻多子而加剧继承上的矛盾，巩固世袭特权的传统，同时也为划清家庭内部妻妾地位，自商朝第十一代王武丁开始，基本确立了嫡长子继承制，即政治权力和物质财富由嫡长子继承。

六、司法制度与监狱

(一) 司法机构

商朝国王拥有最高的审判权。商王盘庚"听予一人之作猷"。猷，音由，谋

---

① 《墨子·非乐》。
② 《韩非子·内储说上》。
③ 《尚书·太甲》。

划，也就是说，国家内的一切大事小情都是由盘庚一人决定，商王掌握了最高的立法和司法权。甲骨文卜辞中就有大量商王卜问定罪量刑的记录。

商王之下设立的中央司法官为司寇，协助商王审判和裁决重要的案件，掌握全国的司法行政。司寇下设正、史等审判官。地方设士和蒙士，他们直接隶属于司寇，分别管理辖区内的狱讼案件。

此外，甲骨文中还出现了“御廌”一词，廌是传说中可以明断案件的神兽，因此“御廌”一职，很可能是掌管审判事务的司法官吏。

（二）审判制度

商朝的审判制度带有浓厚的神权审判色彩。商朝统治者在司法实践中频繁地使用占卜，一方面显示其“敬鬼神”，占卜是使人神沟通的一种手段；另一方面也是商王假借天意体现自己意志、进行裁判的方式。例如，甲骨文卜辞记载有：“贞，王闻惟辟?”“贞，王闻不惟辟。”其中，贞就是占卜之人，辟就是刑，这就是官吏奏闻商王是否用刑的记录。

（三）监狱制度

商朝时已经有了监狱。甲骨文中有“圉”字，它的象形写法就是手戴桎梏的人被囚禁在土牢里。《史记·殷本纪》中记载：“纣囚西伯羑里。”西伯即周文王，羑里，即“牖里”，本指监狱的小天窗，实指代监狱。河南安阳殷墟遗址中曾发掘出一个长1.6米、宽1.1米、深2.7米的地牢，它是迄今为止发现的中国最早的监狱。

分析题：

《尚书·舜典》：“象以典刑，流宥五刑，鞭作官刑，扑作教刑，金作赎刑。眚灾肆赦，怙终贼刑。钦哉，钦哉，惟刑之恤哉！流共工于幽州，放欢兜于崇山，窜三苗于三危，殛鲧于羽山，四罪而天下咸服。”

《尚书·舜典》：“帝曰：皋陶，蛮夷猾夏，寇贼奸宄。汝作士，五刑有服，五服三就。五流有宅，五宅三居。惟明克允！”

结合上述舜帝制刑的传说，分析中国法律的起源及其依据。

思考题：

1. 简述对“刑”、“法”、“律”的理解。
2. 简述夏朝法律的主要内容。
3. 简述商朝的神权法思想。

第二章　西周法律制度

导读：从公元前11世纪末到公元前8世纪，是中国历史上的西周时期。据《史记》记载，周的始祖姓姬，名弃，善农耕，死后被奉为“农神”，就是传说中的“后稷”。后姬族迁至周原定居，建立国家“周”，成为商王朝的属国。到文王姬昌时，周国势力已经强大，到公元前11世纪，经“武王伐纣”的商周革命，推翻商王朝建立了西周政权。至公元前770年，因幽王乱政，引发犬戎入侵，后幽王之子平王东迁洛邑，是为东周。从武王灭商到平王东迁，西周共传十一世，十二个王。

西周是我国早期法律的完备时期。在法律思想上，周初统治者在反思夏商神权法思想的基础上，发展出了“以德配天”、“明德慎罚”的“德治”思想；在制度上，以商礼为基础发展出了“亲亲”、“尊尊”的“礼治”制度，并形成了礼刑并用的法律体系；在法律内容上，形成了一系列法律原则，完善了司法诉讼制度，提出了“世轻世重”的刑事政策。西周作为我国奴隶制社会的鼎盛时期，其法律制度体现了我国早期法律发展的成熟，是中华法系形成的奠基时期。

本章应重点掌握西周在立法指导思想上的发展；西周时期礼与刑的关系；宗法制度对西周法律的影响；西周法律适用原则、宗法制度、婚姻家庭继承制度、诉讼制度的主要内容及其对后世的影响等。

第一节　西周法律思想的发展

一、“以德配天”、“敬天保民”

应当说，西周的统治者并未从神权桎梏中解放出来。基于对大自然认识的限制，“天”在人们头脑中仍是万物的最高主宰，所以周天子仍然自称为“天子”。西周统治者在灭商之后，继承了夏、商时期神权法的思想，仍然把天命视为巩固统治的精神支柱：一方面宣称他们是“受天之命”取代商朝来实行统治的；“天道观”仍然是当时统治者适用法律、实施刑罚的最强有力的依据。利用天道神权观念来论证自己统治地位的合法性仍是最为现实和行之有效的方式。但另一方面，他们又需要研究：为什么“上帝”不再保佑商王而“授命于周”？作为原商朝的一个属国，周何以推翻“受命于天”的商王的统治？作为一个相对落后于商的周族又何以治理一个文化底蕴深厚的国土？面临上述种种难题，西周的统治者不得不从更深的层次去思考如何治理国家、管理民众。前车之鉴使得周朝统治者在宣扬“以德配天”的同时，必须要对该理论进行一番重大的修改和补充。

以周公为代表的西周奴隶主贵族认为，“天”或“帝”不是哪一族独有的神，而是天下各族共有的神；“天命”属于谁，就看谁有能使人民归顺的“德”。“天命靡常”①，“皇天无亲，惟德是辅”②，也就是说，“天命”不是固定不变的，只有有“德”者配享“天命”；人间的君主一旦失去了“德”，也就会失去上天对他的保佑与庇护，所承受的“天命”也就会消失或转移。商的先王有“德”，故“天命”归商，但后来商王不知“敬德”，滥施刑罚，招致天怒人怨，所以“早坠（失去）厥（其）命”。正是因为周王有“德”，“上帝”才将“天命”授予他。这种观念的提出，一则利用殷商遗民的原有天命观，使之恭顺地臣服于自己的统治；二则也是在为周取代商寻找理论依据，同时在客观上也时刻告诫自己要“聿修厥（其）德”③，因为“天唯时求民主”④，即天总是寻求能够为民做主的统治者，统治者只有“敬德”、“明德”、“以德配天”才能真正保有“天命”。尽管西周统治者标榜的“敬天”最终是落在“保民”上的，但是，为“祈（求）天永命”⑤、为保证“有德”，西周统治者提出，必须注重“修德”，而“修德”的基本要求就是“敬天、敬宗、保民”，换言之，在畏敬天命的同时，要恪守祖先的遗训和教诲，更要体察民情，要重视民心向背。可见，西周统治者适应形势的发展，已将夏、商时期单纯“敬天”的思想发展成为“敬天保民”，并对自己提出“德”的要求，表明深谙统治之术的西周统治者，在治国问题上不仅对理论有所发展，且开始将这种理论运用在实践中。

二、“明德慎罚”

“以德配天”、“敬天保民”的治国方略运用于法制方面的要求就是“明德慎罚”：“明德”就是崇尚德教，尤其是最高统治者，应当具备德行节操，天子敬德如敬天，而敬天的本质因素是保民，应以身作则，为臣民的表率，以德教民，视刑罚为教化的辅助手段；“慎罚”就是要求运用刑罚时审慎、宽缓，应当根据时势的变迁，根据不同的对象和地区，运用不同的刑罚方式，从而使罪与刑相符，以防止滥用刑罚、草菅人命。

“明德慎罚”的法律思想，要求统治者彰明德治，慎重刑罚，以教化为主，先教化后用刑。例如，对于不了解周人禁止群饮法令而犯罪的殷商遗民，“勿庸

① 《诗经·大雅·文王》。
② 《左传·僖公五年》引《周书》。
③ 《诗经·大雅·文王》。
④ 《尚书·多方》。
⑤ 《尚书·召诰》。

杀之，姑为教之"①，但"慎罚"又绝不是削弱或放弃刑罚，而是要求在适用刑罚时，应考虑犯罪人的主观心态，注意考量犯罪人是否为惯犯等因素，应尽量缩小株连的范围；但如果出现臣民不接受"德教"触犯统治者权益的行为时，则要严刑处罚，绝不宽赦。例如，同样是饮酒，对于周族人则毫不留情，"群饮，汝勿佚，尽执归于周，予其杀"②。

"明德慎罚"这种注重教化、德刑并用的思想原则的形成和实行，标志着西周奴隶制国家和法趋于成熟，是西周统治者恩威并用在法律思想上的体现，"德"作为一种怀柔策略，奠定了中国古代法律思想中"重民"、"重德"、"仁政"的传统，促进了中国古代法律向文明方向的发展进程。

第二节 西周时期的立法概况及礼刑关系

一、西周时期的立法概况

（一）西周的主要立法活动

1.《九刑》。制定《九刑》是西周初年一次比较大的立法活动。《左传》记载："周有乱政，而作九刑。"③《逸周书》也有记载："维四年孟夏，王命大正正刑书。太史策刑书九篇以升授大正，大正举书乃中降，再拜稽首。太史乃藏之盟府，以为岁典。"④ 此外《周礼》、《汉书·艺文志》等史籍中也有"周法九篇"、"刑书九篇"等记载。按清末沈家本《历代刑法考》的考证，《九刑》应当是周初成王时期制定，是不向社会公开的成文法令。⑤

《九刑》在先秦时期就已经失传，之所以命名为《九刑》，可能是整部刑书是以刑名统篇，以墨、劓、剕、宫、大辟、鞭、扑、流、赎九种刑罚命名的九篇体例，这也符合当时以刑统罪的立法、司法特点。

2.《吕刑》。《吕刑》是周穆王时命吕侯所作的刑书。西周中叶，"王道微缺"，到穆王时，出现了"文武之道缺"，"诸侯有不睦者"。⑥ 为了挽回颓势，稳定周王室的统治地位，周穆王推行了一系列改革。其中在法律上，接受了大臣吕侯的建议，重新修订法令。吕侯又称甫侯，所以《吕刑》又被叫做《甫刑》。《史记·周本纪》记载："甫侯言于王，作修辟辞，命曰甫刑。"《尚书·吕刑》也说吕侯建议周王"训夏赎刑，作吕刑"。

---

① 《尚书·康诰》。
② 《尚书·酒诰》。
③ 《左传·昭公六年》。
④ 《逸周书·尝麦解》。
⑤ 《历代刑法考·律令一》。
⑥ 《史记·周本纪》。

《吕刑》具体内容已经无法考证，但是在今文《尚书》中有《吕刑》一篇，虽然不是法典，但是也反映了吕侯对周穆王立法建议的主要原则和立法的大致情况。从总体上来看，《吕刑》继承了周初“明德慎罚”的思想，实行“轻重诸罚有权”，恢复了夏的赎刑制度，明确了用刑原则和刑罚种类，是西周时期一部重要的成文刑书。

3. 周公制礼。西周建国之初，对夏商以来的礼制进行了系统化的整理，相传这一活动由周公姬旦主持，“先君周公制周礼”①，被称为“周公制礼”。周公姬旦是西周初年著名的政治家，他在摄政期间，对以往的宗法传统习惯进行了整理补充，制定了一整套通行全国的比较系统的礼制，这就是一般所说的“周礼”。

“周礼”的具体内容已经佚失，它与后人伪托周公之名而编纂留传至今的《周礼》有很大的区别，但其内容应该非常庞杂，包括政治、军事、经济、文化、教育、宗教、婚姻家庭等方面，融国家典章、风俗习惯、法律道德等为一体，现在仅能在先秦史料中发现个别内容。

（二）西周的法律形式

西周的基本法律形式为礼、刑。此外君王所发布的诰、命、誓及部分被援引有效的殷彝也是西周重要的法律形式。

礼，是西周的基本法律形式之一，传为周初周公所制，其内容涉及国家政治制度、社会经济制度和人们的日常行为规范、礼节、仪式等，其目的在于维护宗法等级制度，可以说是西周社会的根本大法。

刑，主要指以《九刑》、《吕刑》为代表的刑书，也是西周的基本法律形式之一。

诰、命、誓，是指君王所发布的命令，在西周也是重要的法律形式。诰是周天子对诸侯、官吏的训诫，如《尚书》中的“大诰”、“康诰”、“洛诰”等；命是周王或诸侯国的国君就某一具体事项所发布的命令，是一种特殊法令；誓属于军令，是军队出征时的誓师之辞，典型的如保留在《尚书》中的“牧誓”。

殷彝，是指遗留自商王朝统治时期的法律制度和商族的风俗习惯，《尚书·康诰》记载了周公告诫康叔在治理时要正确判断商人的法令习俗，取其宜于时者用之，说明商彝在商人比较集中的区域仍有一定法律效力。

二、礼制的基本原则

（一）礼的渊源与发展

“礼”最早源于氏族时代的祭祀风俗。在甲骨文中，“礼”被写做“豊”，象征着将两串美玉放在专门的器皿中供奉神明，以示隆重和虔诚。礼原来是祭神灵和祭人鬼的器具，后来供祭的酒也叫礼，再后来，凡是进行祭祀的一切活动都通

① 《左传·文公十八年》。

称为礼。《说文》将礼解释为："礼者，仪也，所以祀神致福也。"基于祭祀自然后产生了一定的仪式和禁忌，是人们自觉自愿遵守的习惯，后逐渐发展成为调整氏族社会生活各方面的风俗习惯。礼作为一种社会规范，其种种内容，如目的、意识、程序、场合以及参加祭祀的人员等，都体现着人与人之间的关系，在这些祭祀活动的背后，也反映着当时的各种社会关系和观念。经过千百年的传承和洗礼，随着私有制的产生和发展，掌握权位者在占有财富的同时，也逐渐垄断了祭祀活动的主祭权。一些祭祀仪礼以及相关的观念被逐渐注入了反映尊卑亲疏的内容。在阶级分化、国家形成之后，一部分反映等级差别和专制要求的精神原则逐渐从具体的仪礼形式中被抽象、概括出来，形成了一系列指导阶级社会生活的原则和规范。

礼作为统治阶级统治的手段，在夏朝已经形成，在商代人们以敬鬼神而著称，征战、会盟、用刑、宴饮等活动都需要请示上天，占卜祭祀。迄今出土的甲骨文碎片和大量的祭器，可谓商代频繁进行祭祀活动的见证。周人也非常重视祭祀，举行祭祀的仪式颇为隆重，有舞有乐，无论是国家大事，还是婚丧嫁娶等生活细节都有不同的仪式。"周公摄政，六年致太平，述文武之德而制礼。"[①] 周初，在周公旦的主持下，以周族的习惯法为基础，吸收夏、商两代的习惯法，特别对其中的礼仪制度进行整理、补充，厘订出一整套以维护宗法等级为核心内容的行为规范和相应的典章制度，将人们的社会生活准则纳入其中，内容十分庞杂，涉及政治、经济、军事、教育、行政、司法、宗教祭祀、婚姻家庭、伦理道德等各个方面，无所不包。制礼的目的在于全面确立与维护西周奴隶主贵族的利益，使礼成为"守其国，行其政令，无失其民"[②] 的有效工具。从而礼便成了作为中国社会长期存在的、旨在维护宗法血缘关系和等级制度的一系列精神原则和言行规范的总称，那些带有象征意义的各种礼仪，在社会制度以及生活的各个层面都发挥着无法忽视的调节作用。

（二）"亲亲、尊尊"，礼的基本原则

在西周人看来，礼是治理国家的唯一准绳。[③] 礼一方面继承了一个群体内部秩序规定的传统，另一方面发展成为各种具体的行为规范和各种人际关系的行为仪节。[④]《礼记》载："先王之立礼，有本有文。""本"是指礼的精神原则，是治国之本；"文"是指礼节仪式，是对礼精神原则的实践。

礼的精神原则，即所谓"亲亲、尊尊"。

"亲亲"，即亲爱自己最亲的亲属，特别是以父权为中心的尊亲属。"亲亲"要求的是"父慈子孝，兄爱弟恭，夫和妻柔，姑慈妇听"[⑤]，它主要调整的是人

① 《礼祀·明堂位》。
② 《左传·昭公五年》。
③ 曾宪义主编：《中国法制史》，中国人民大学出版社 2000 年版，第 34 ~ 35 页。
④ 马小红著：《礼与法》，经济管理出版社 1997 年版，第 24 页。
⑤ 《左传·昭公二十六年》。

们在家庭中的关系，其核心就是孝。“亲亲”以孝为首，旨在维护父在家庭及社会中的地位。国家把不孝、不友的行为设为最为严重的犯罪行为，要严惩不赦。

“尊尊”，即尊崇比自己地位尊高的人，即下级必须尊敬和服从上级，特别是一国之君。“尊尊”要求“君令臣共”，君仁臣忠，下级贵族尊奉上级贵族，所有贵族听命于周王，它主要是调整人们在国家和社会生活中的关系，其核心是忠。“尊尊”是以君为首的等级原则，旨在维护君主权威。凡是犯上作乱，叛君悖命、不敬上级的行为，都是“非礼”、“出礼”的行为，要被处以重刑。

“亲亲”、“尊尊”都是为巩固宗法等级制服务的。“亲亲”、“尊尊”二者互为表里，相辅相成，“其为人也孝悌，而好犯上者鲜（少）矣，不好犯上而好作乱者，未之有也。”[①] 也就是说，在家孝亲人的人没有几个在外能犯上作乱的，这样就可以达到在国忠于君的目的。只有社会上的所有人都做到“亲亲”、“尊尊”，才能使忠、孝结合，才会出现君臣、父子、夫妇、兄弟各安其位、各守其分、下不犯上、贱不妨贵的和谐社会秩序。

三、礼与刑的关系

（一）礼的性质与作用

在西周时期，在分封制、宗法制的社会体制之下，整个社会都被纳入一种独特的组织结构中。这种组织结构，被统称为“礼制社会”或“礼制秩序”。第一，礼是用以明关系、定身份、固定不平等地位的社会规范。礼确认了当时各等级的社会地位，确认了奴隶主贵族内部不同等级之间的不同权利和相互关系，也确认了各等级所必须遵守的礼仪，界限分明，不得逾越。例如，祭祀时，王室贵族在宗庙，可配用高级盛器和大牲口甚至奴隶；庶民则只允许在家门口行礼。孔子曰：“非礼勿言、非礼勿听、非礼勿视、非礼勿动。”[②] 第二，礼体现出西周奴隶制国家的意志。周公制礼不是一次个人行为，而是在作为国家权力核心成员的周公的主持下进行的，是以奴隶主宗法等级为依托的一次国家行为。周礼不是周族传统习俗的简单延续，是在前代礼制基础上厘定的，“殷因夏礼，所损益可知也；周因于殷礼，所损益可知也。”[③] 礼在制定后，在全国范围内颁行，在西周时期，维系这个社会的核心，保证国家机器和社会秩序正常运转的主要规范就是礼。第三，礼的执行具有强制性。章太炎说：“礼者，法度之通名，大别则为官制、刑法、仪式也。”这说明，礼法之义相通，法划分权利义务规范的总和，而礼划分了等级权限的范围。任何违背礼的行为，都会导致刑罚的处罚。礼的具体

① 《论语·学而》。
② 《礼记·曲礼》。
③ 《论语·为政》。

形式根据其调整对象不同，有“五礼”、“六礼”、“九礼”之说[①]，但无论哪种说法都对婚丧嫁娶的礼制和程序进行了规定，一个人若在婚嫁中没有按照“六礼”的程序进行，以“不以义交”论处，处以宫刑。[②]《礼记·王制》中记载：“山川神祇，有不举祭者为不敬，不敬者，君消以地；宗庙有不顺者为不孝，不孝者，君绌（黜）以爵；变礼乐者为不从，不从者，君流之；革制度衣服者为畔（叛），畔者，君讨。”由此，我们可以看出，西周时期的礼，实际上对全社会起着一种法律的调节作用，完全具备法的性质。

周礼渗透到各个社会领域，“经国家，定社稷，序民人，利后嗣”[③]，对社会生活的各个方面起着调节作用，特别是使尊卑贵贱亲疏长幼各行其礼，上下有别，等级明确，每一个人都必须在礼为自己规定的范围内活动。同时礼作为一种社会规范，其作用还体现在预防犯罪上。有了礼，人们就可以趋善避恶，绝恶于未萌，在潜移默化的教化中，使社会秩序安定，天下太平。

（二）礼与刑的关系

如上所述，礼与刑是西周法律的两个基本组成部分，礼以教化，刑以镇压，软硬兼施，共同维护着西周的政治统治秩序。二者既有联系又有区别，分工合作，相互配合。

礼与刑并非并重的。荀子曰：“礼者，法之大分，类之纲纪也。”[④] 即礼是纲，刑是目，礼为本，刑为目；刑体现礼的基本精神原则，受礼的约束；礼指导刑的运用，是刑的统帅。礼是积极的正面性的规范，禁恶于未然；刑是消极的制裁性的处罚，惩恶于已然。凡是礼之所许，刑则不禁；礼所不容，刑则必禁，所谓违礼则违法，违法亦违礼。由于礼主要属于道德性规范，只是部分地兼及法律规范，礼主要是靠舆论的力量使人就范，因此，为强化礼的作用，必须借助于刑的强制力为后盾，故而，刑是礼的必要补充，“为下不礼，则不免于刑”[⑤]，即所谓出礼则入刑。

“刑不上大夫”、“礼不下庶人”[⑥] 是礼与刑适用的一项等级原则，对其理解必须全面。一则，礼与刑作为奴隶主调整社会秩序的两种手段，其适用对象各有侧重。等级身份不同自有不同的礼：对贵族而言，礼是享有特权的标志，凡适用于贵族的礼，如祭庙、车乘、宴会、朝觐等礼制，庶人没有资格享用，其主要是用以调整贵族内部秩序的行为规范。礼作为一种社会规范，对庶民而言，礼是辨

---

① “五礼”包括吉（祭祀）、嘉（冠婚）、宾（迎宾）、军（行军作战）、凶（丧葬）五个方面的礼仪；“六礼”是指冠（成年之礼）、婚、丧、祭、乡饮酒（序长幼、睦邻里之礼）、相见六个方面的礼仪；“九礼”包含冠、婚、朝（诸侯朝觐之礼）、聘（诸侯聘享之礼）、丧、祭、宾主、乡饮酒、军旅九个方面的礼仪。

② 郑秦主编：《中国法制史教程》，法律出版社1998年版，第27页。

③ 《左传·隐公十一年》。

④ 《荀子·劝学》。

⑤ 《韩诗外传》。

⑥ 《礼记·曲礼》。

明身份的制度，在统治者看来，庶民因为贫穷，故不具备礼所要求的物质条件，但是，庶人也有与其身份相适应的礼，它对庶人也具有普遍的约束力。以殡葬之礼为例，庶人三日而殡，三月而葬。又如，祭祀仅限于家门口，送礼仅限用家鸭等。礼并非不及庶民，对庶民所适用之礼，主要是为防范和治理，僭礼越轨便是犯上作乱。二则，“刑不上大夫”并不等于大夫犯罪不受惩罚。历史上即出现了周公旦兴兵杀掉了犯上作乱的武庚和管叔，放逐了蔡叔。因而，尽管刑主要是用于惩罚危害统治秩序的庶民的作乱和造反，但一旦统治阶级内部出现了离宗叛祖之事，出现了破坏整个统治秩序的严重犯罪而危及整个阶级的利益时，礼与刑之间不是不可以逾越的，刑依然是最好的镇压手段。三则，贵族犯罪虽然要处刑，但处罚时并不与庶民相同，主要体现在：第一，对贵族定罪量刑掌握灵活；第二，刑杀的方式有所不同：“命夫命妇不躬坐狱讼”①，即贵族及其妻犯罪可以不亲自出庭受审，而由其属吏代理参加诉讼；贵族及有爵位者，罪无论轻重，均按轻罪处理；第三，王族无宫刑；第四，贵族犯罪可采用一定的铜或丝来赎罪；第五，贵族的死刑执行方式与庶民不同，可由专门的机关秘密处决，避免公开受刑杀。

礼刑并用是西周的首创，也是西周法律制度的一大特点。礼刑互用，表明西周的法律制度较夏、商有了明显的进步，同时这是中华法系礼法结合的渊源，也是中华法系有别于西方法律文化的特征之一。

第三节 宗法制与行政法律制度

一、西周时期的宗法制

宗法制是按照血统远近以区别亲疏的制度，早在原始氏族时期宗法制就有所萌芽，经过夏、商两代发展，到了西周时期形成了一整套以血缘关系为纽带，以父家长为中心，结合了家族组织和国家政权制度，以维护贵族世袭统治秩序、巩固国家政权的制度。宗法制是中国奴隶制政治、经济制度的基础，和西周的法律制度有着密不可分的关系，它对中国社会结构形式的形成具有深远影响。

西周建立之初，鉴于商朝属国时服时叛的窘况，为加强王室对诸侯属国和其下属封地的控制，巩固以周王室为中心的全国政权，为有效地控制新占领的广阔疆域，为克服因王位继承而带来的统治集团内部的纷乱，解决王位继承问题，统治者确立了系统的宗法制，通过分封诸侯，拱卫周王室的国策。周王按照宗法血缘的亲疏，把他的兄弟叔侄、同姓贵族、异姓嫡亲、开国重臣元老封往各地，在全国建立起大大小小的诸侯国，统治着新占领的地区，构成众多诸侯王国拱卫王

① 《周礼·秋官·小司寇》。

室的统治体系。据史料记载，周初共分封了大小诸侯国71个，周武王、周平王之后，分封仍在继续。平王东迁洛邑后，分封了护驾有功的秦、郑二国。

宗法制是以宗族血缘为纽带，与国家制度相结合，维护贵族制世袭统治的制度。按照西周的宗法制度，宗族有大宗、小宗之分，周王自称是上帝的长子，是周族之王，故为天下之大宗；同姓诸侯对天子而言则为小宗，但在自己的封国内又是大宗，卿大夫则为小宗；卿大夫又是所在采邑中的大宗。无论是君位、诸侯位以及卿大夫位，都是由嫡长子继承，因此，贵族的嫡长子（又称宗子）总是不同等级的大宗，地位在各自的宗族中为最尊。不仅如此，为保障奴隶主贵族统治基础的稳固，尊崇“同姓不婚”的原则，宗法制对有功的异姓贵族通过联姻的方式成为甥舅，分封诸侯。各等级贵族之间非宗即亲，从而组成了一个庞大有序的、血缘层次复杂的、井然有序的政治实体，大宗率小宗，小宗率群臣，宗法制不仅确立了各级贵族间的地位，而且把宗族结构与国家政权融为一体，周天子、各级诸侯王、卿大夫、士等相互间的支配和依赖关系，形成了层层相依的等级结构，构成了政治、血缘的双重关系网，从而实现封邦建国的谋略。

第一，宗法制与国家权力分配密切相联，亲贵合一，家国一体。被分封的各诸侯国，在经济、军事上都有相对的独立性，所有贵族间既是同一宗族系统的成员，同时也是国家的各级官吏。上级对下级负有保护之责；下级服从上级，对上级负有纳贡、遵守盟誓、服从裁判、接受军事调遣和指挥的义务；任何不从或违抗王命、僭越制度等行为均构成犯罪，“犯王命必诛”①。

第二，在宗法制这种统治模式中，国家管理与各级行政机构的选拔和设立，完全采用“任人惟亲”的原则，依照血缘关系的亲疏远近、与上一级领主的关系来确定。由于卿大夫是各封国的主体官员，故诸侯国的主要官职首先要由显要的卿大夫家族成员所世袭。为保证宗法继承制上的稳定性和贵族血统的纯洁性，必须严格区分嫡、庶，只有嫡妻所生之长子才是嫡长子。《公羊传·隐公元年》记载：“立嫡以长不以贤，立子以贵不以长。”嫡长子死后，不能立庶子，应该立嫡长孙，其目的是保护奴隶主私人财产，避免内讧。

在宗法统治之下，家族组织与国家制度合二为一，家族观念、家庭家族间的伦理道德与国家的法律规范结合在一起，“亲亲、尊尊”在宗法制中得以完备、严格地体现，成为宗法制的精神支柱，由此也形成了西周法律制度的一些显著特征：如保证君王家长式统治的权威，家族伦理与国家法律相融合，礼仪教化与刑事镇压相辅相成，等等。

宗法制度对中国法律传统影响深远，进入封建社会以后，宗法制度虽然不直接体现为政治制度，但宗法的原则、精神和规矩却广泛渗透于社会每个家庭。随着儒家思想被确认为统治思想，儒家所倡导的伦常关系更赋予宗法制度以新的权

① 《国语·周语》。

威。尊祖敬宗的观念不仅是维护宗族的精神力量，也是支撑社会的道德支柱。[①]

二、行政法律制度

（一）国家行政机构

周王是周族的宗主，也是国家的最高行政首脑，他除主持祭祀、分封诸侯外，还享有对国家行政事务最后的决定权。

周王之下设立辅弼周王处理重大军政事务的“三公”，即太傅、太保、太师，他们通常是由大贵族担任，是西周王朝最有影响力的执政贵族，但经常是因人而设，“官不必备，惟其人”[②]。

周代的主要官僚系统是：以周王为中心，由太史寮和卿事寮组成的中央官僚机构。

太史寮的长官为太史，主管祭祀、制禄、历法、占卜、记史等。实际上是负责日常事务的管理以及宫廷的保卫与杂务。太史寮近侍王侧，传播王命，对周王具有相当大的影响。

卿事寮的长官为卿事，卿事寮是周王室的参谋部和政务部，负责四方诸侯与治民事务，负责政治、军事、法律等各项国家重大事务和活动的安排，是中央政务机关。在卿事寮所辖的机构中，司徒、司马、司寇具有一定的社会治安管理职责。《周礼·地官·司徒》中记载：大司徒“以乡八刑纠万民：一曰不孝之刑；二曰不睦之刑，三曰不姻之刑，四曰不弟之刑，五曰不任之刑，六曰不恤之刑，七曰造言之刑，八曰乱民之刑”，对这八种较为严重的危害社会治安的行为，要予以制裁。其中情节较轻者，由有关的治安机构处理，重者交司寇处理。在司徒之下，设有担负治安管理职能的机构——司寇、调人、师氏、保民。其中调人是专门负责治安调解的机构。根据《周礼》的记载，调人的职责是“掌万民之难而谐和之。凡过而杀伤人者，以民成（和解）之。鸟兽，亦如之。”可见，调人负责执掌因过失杀伤他人和他人畜产的行为，这种调解机构的设立以及对此类案件的调解，对社会治安的稳固和维护起到积极的作用。司寇负责管理司法，在中央设立专门的司法机关是从西周开始的[③]，司寇治安的职能根据《周礼·秋官·司寇》的记载，可分为制定和颁布有关治安法规和禁令；受理有关治安案件；制裁严重危害社会治安的行为等内容。

西周地方的行政区划主要有国、都、鄙、野、邑等，而乡是最基层的行政组织。地方行政机关与中央的行政组织类似，但规模要小得多。国是国都；都属于大邑；鄙、野、邑是最小的邑。《左传·襄公三十年》中记载：“君子居国，小人居野。”

---

① 张晋藩：《解读中华法系的本土性》，载《政法论坛》2010年第5期。
② 《尚书·周官》。
③ 张晋藩主编：《中国法律史》，法律出版社1995年版，第31页。

总之，西周的行政机构设置与宗法制紧密相连，无论是大宗、小宗之间的领属关系，还是各宗内部的分工，都较为协调，有利于强化王权，巩固社会统治秩序。

（二）官吏管理制度

1. 官吏的选任。西周时期的官吏虽然与宗法等级制密切相关，中央高级官吏实行世卿世禄制度，这层官吏与选拔制度无缘。但为显示周王的“敬德”，能够取得民心，国家仍然十分重视按一定条件将有贤德的人选拔为低级地方官吏，从而形成了高级官吏的世官制与低级官吏的选士制两套系统，形成了一套较为完备的选任制度。

周人选拔官吏的标准具体是“六德”、“六行”和“六艺”。“六德”，是指知、仁、圣、义、中、和；“六行”，是指孝、友、睦、姻、任、恤；“六艺”，是指礼、乐、射、御、书、数。凡是具备了这些标准，将被视为贤能者，他们可以担任各级地方官吏，从而形成了选拔官吏的法定标准。

对于地方基层官吏的选拔需要经过一定的程序，首先是时间条件，要经过3年，其次是程式条件，即通过举荐、考试两种途径，由乡到国的推进方式，由“选士”到“俊士”再到“造士”，最后成为“进士”。

2. 职官的考绩。考绩，是指针对官吏的政绩进行考察的制度。西周在夏商的基础上，对群臣考核实行“大计”之法，考察的标准是“六计”：廉善、廉能、廉敬、廉正、廉法、廉办，即审查官吏是否把政务做好、是否能严格推行政令、是否真正做到公正廉直。“大计”不仅考核群臣的政绩，而且通过“大计”决定诛赏。

对于地方六乡四郊的管理则实行“三年大比”之法。一般大比由乡师负责，大比的内容是：教育、政事、井田的数目、民人六畜以及兵器等。就考核的内容看，主要是负责人口调查、考察德行道义、选拔贤能者，一般不涉及土地和收入。

诸侯对天子的朝觐也可视为考绩的形式之一，诸侯“不朝”则会受到贬爵、削地、军队讨伐等处罚。

从上述考绩的方式和内容看，周朝对官吏的管理是相当严谨的，通过考绩制度，不仅可以留用有贤德之人，同时也加强了中央与地方、大宗与小宗之间的联系，有助于政权的稳固。

（三）治安管理制度

随着社会不断发展，行政管理机构需要不断完善以适应公共事务、社会秩序管理的需要。在周代，国家机关的职能分工相对细化，管理的触角深入社会治安层面。《周礼》中有如下记载：“司民”掌万民之数目；“司市”管理市场；“司暴”、“司稽”管理治安和辅助捉贼；“司烜”、“司爟”掌火禁政令与消防；“司厉”、“司隶”、“司圜”、“掌囚”、“掌戮”管理罪犯，看守监狱和行刑；“司险”平时主管道路、桥梁维护，国家遇外敌入侵或国内发生非常事件时，则架设路障和守卫，等等。这些记载中的内容使后人了解到西周社会在户籍管理、道路交通管理、消防管理和社会治安秩序管理方面已有所建树，但因资料的相对匮乏，还有待其他史实佐证。

第四节 刑事法律制度

一、主要罪名

（一）不孝不友罪

西周宗法制的确立使得不孝罪成为重要的罪名之一。因为在以血缘关系为基础的宗法制度下，孝道是宗法伦理的最基本要求，也是宗法体制的最核心的内容。与此相适应，还出现了“不悌”、“不睦”、“不敬祖”等罪名，并将这些行为归结为“元恶（罪过）大憝（憎恶）”，这种行为不仅使家庭伦理和亲情关系，破坏了以“亲亲”、“尊尊”为原则的宗法等级制，而且会造成整个社会政治体制和秩序的紊乱，所以，对于“不孝”及其相关行为的处罚，很自然成为西周时期刑事打击的一个重点，被视为最严重的犯罪加以处罚，要“乃其速由文王作罚，刑兹无赦”①，即迅速依照文王所制定的法律，严惩不贷。

（二）违抗王命罪

在西周宗法制体制下，周天子的地位是至高无上的，周王通过各种形式发布的王命具有最高的法律效力，不仅如此，王命还被赋予了天的权威，因此，全体臣民必须绝对遵守。违抗王命是对“亲亲”、“尊尊”礼制原则的破坏，是对上天的不敬。对于此种行为必须重罚。《尚书·多方》记载：“乃有不用我降尔命，我乃其大罚殛之。”即如果四方诸侯不服从王命，则要受到最重的处罚。正是因为“犯王命必诛，故出令不可不顺也”②。

（三）放弑其君罪

《周礼·夏官·司马》载：“放弑其君则残之。”放就是放逐，弑就是杀害，残就是分身裂尸。在宗法制度下，国君乃一国之尊，根据等级制度的规范，他不仅受到臣子的拥戴，而且臣子负有服从、贡赋等义务。宗法体制下的君主是血缘、家族和政治权势多重保障的尊长，若臣子放逐、弑杀自己的君王则是“逆天理”的恶行，对此类侵害君王人身安全的犯罪，必处以极刑——残，即将人以分身裂尸的方式处死，多数情况下还有株连家属。“凡弑君者杀其人，坏（杀）其室，污（玷污）其宫（宗庙）而汙（毁坏）焉。”③

---

① 《尚书·康诰》。
② 《国语·周语》。
③ 《礼记·檀弓》。

（四）变更等级名分罪

对于在宗法等级制下建立起的分封制国家，大宗、小宗各自的地位具有严格要求，周天子、诸侯、卿大夫各有与其名分相适应的礼制，“礼乐征伐自天子出”，不得恣意变更。私自“变礼易乐者，为不从（王命），不从者君流（处于流刑）”①。“革制度衣服者为畔（叛），畔者君讨”，即凡是擅自变动制度，变乱礼仪的，都是背叛的行为，该行为要受到国君的征讨。

由于分封制的实行，周初形成了大小不等的若干封国，封国对周天子以及封国之间负有法定的义务，封国若不履行相应的义务，便会受到征讨。例如，《左传·隐公九年》中记载：“宋公不王，郑伯……以王命讨之。”

（五）寇攘奸宄罪

《尚书·康诰》记载：“凡民自得罪，寇攘奸宄。”“寇攘”与“奸宄”为同义词，寇意为贼，攘意为夺，奸意为盗，宄意窃宝。二者合二为一即为盗贼，类似于现在的盗窃罪和抢夺罪。这种侵犯财产性的犯罪，实际是对私有财产所有权的严重威胁，不严惩，不足以维护宗法制度下应有的等级特权，不利于社会秩序的稳定。因此，《广雅·释诂》中载：“决关梁，逾城郭而略盗者，其刑膑……奸宄盗攘伤人者，其刑劓。”

对于诱窃他人牛马臣妾者，用常刑处罚；对于侵夺他人山林、盗猎他人禽兽者，由掌管田野山林的官吏——野虞进行教育。西周时期还禁止伤害放牧的牛马，要求关闭捕兽工具，填塞陷阱，伤了牛马要处刑。

（六）杀人越货罪

“越”是指抢劫，“货”是指财物；杀人越货，是指为获取财物而杀人的图财害命行为，类似于现代的抢劫罪。对于私有财产的保护是西周统治者必不可少的任务。对于抢劫杀人者，要“踣（陈尸）诸于市”。《尚书·康诰》中载：“杀人越货，愍（担忧）不畏死，罔弗憝（怨恨）。”

（七）“五过之疵”

随着官吏权利的不断扩大，尤其是官吏掌握了处理诉讼和民间纠纷事务的权力后，在处理案件时，人们为了达到某种目的往往对官吏行贿。西周统治者为了杜绝此种现象的出现，把惩治国家官吏犯罪视为维护政权的一项要政，因此，告诫司法官吏要审慎、严明地执行刑罚，并明确规定了“五过”制度：（1）“惟官”，畏惧权势或依仗权势而枉法；（2）“惟反”，借用职权、报私怨而枉法；（3）“惟内”，为亲属裙带关系，审理案件时曲解案情而徇私；（4）“惟货”，敲诈勒索、贪赃受贿而枉法；（5）“惟来”，受私人请托而枉法。凡是官员有这五种情形之一的，就要受到法律的惩处，惩罚的原则是“其罪惟均”，即主审官和犯人受同样的惩罚。其中自然也渗透着“明德慎罚”的思想，不仅对一般刑事

① 《礼记·王制》。

犯罪适用该原则，对司法官吏的犯罪亦适用。

(八) 群饮罪

西周初年，周公等西周统治上层在总结殷商灭亡的经验教训时认识到，殷商王朝统治阶层酗酒废事，是导致政治腐败、社会混乱的一个重要诱因。为此，周公曾再三告诫、予以禁止，目的是为了防止庶民聚众闹事。但为了体现统治者的明德和慎刑，对于殷商遗民的此类行为，周公要求采取另一类策略——广泛的教育。因此，此类犯罪，周族人群饮者，斩；殷商遗民，先教后罚。

(九) 失农时罪

周朝以农业立国，农耕是其最主要的生产生活方式，为保证农业生产的正常进行，西周统治者强调为农以时，有失农时者需治罪。《礼记·月令》中记载："仲秋之月，乃劝种麦，毋或失时，其有失时者，行罪无赦。"即周代的农业生产，有严格的耕作时间规定，臣民农耕时不得失误农时，如有耽误，要严肃追究刑事责任，决不宽恕。

二、刑罚制度的发展

西周时期的刑制在"明德慎罚"思想的指导下，总结了夏商时期的经验，克服了商末滥杀无辜的现象，将刑罚制度进一步完备化。

周朝将夏商时期的五刑进一步系统化、制度化。西周刑罚基本上沿用了前朝的五刑，其中的墨、劓、剕、宫等残害人肢体的肉刑依然存在，大辟执行的方式与前朝有所不同，其主要的执行方法有：(1) 磬，即缢死，是对王的同族或有爵位的贵族适用，相当于以后的自缢，可以保留全尸。(2) 斩杀，又称"灭顶"。郑玄对《周礼·秋官·掌戮》中"斩杀"的注解为："斩以斧钺，若今腰斩也；杀以刀刃，若今弃市也。"(3) 膊，赤身肢解，然后曝尸。(4) 焚，即将人用火烧死，一般用来惩治杀害父母亲者。(5) 踣，陈尸，即将人杀死后再陈尸三日。

除上述夏商时期就已存在的法定刑外，西周时期还适用鞭刑、扑刑、流刑和赎刑，与墨、劓、剕、宫、大辟合称九刑。鞭刑是惩罚做官的人不法犯罪；扑刑只适用于掌管教化的人，其中带有很大的传说成分。流刑，即流放，这是一种适用于奴隶主贵族的流放刑罚，对一般的士庶不适用。赎刑，是指对证据不实的疑案可以采用赎金（当时为铜）代替或抵消刑罚的一种制度。根据《偞匜》铭文，周代确实存在赎刑："罚女（汝）三百锊"，以代黜䵦。一般的赎金数额为：墨刑，罚铜六百两；劓，罚铜一千二百两；剕，罚铜三千两；宫，罚铜三千六百两；大辟，罚铜六千两。如此巨大的罚铜数额，一般臣民是无法承担的，因此，赎刑实际上是奴隶主贵族的一种特权。

西周时期为了补充五刑的不足，在司法实践中，实行"圜土之制"和"嘉石之制"以缓和阶级矛盾。

西周时期在“慎刑”思想的作用下，对有罪过的人施以何种刑罚，一定要注重发挥“明德慎罚”的原则。因此，对那些有罪过、但行为没有触犯刑律，不致判徒刑的人适用“嘉石之制”。嘉石是一种有纹理的大石头，相传西周时立于朝门的左侧。“嘉石之制”，是指对有罪者施以刑具，使之坐在官府门外的这种带有纹理的大石头上思过，坐日满后去掉刑具，送至司空监督其服一定期限的劳役的刑罚制度。根据罪过的大小，坐嘉石的时间分为五等：最长13天，最短3天。坐满日后，取刑具在司空监督下劳动的时间也对应地分为1年、9个月、7个月、5个月、3个月不等，劳役期满后，由当地人担保释放回家。嘉石之制属于治安管理的一种措施，它与犯罪后被处罚的含义不同，受处罚程度明显低于犯罪人。可以说，这种刑罚方式是中国劳役刑的开端。

西周时期，徒刑制度也有所完善。西周时期的徒刑中的一种被称为“圜土之制”。西周时期的徒刑没有被纳入五刑之中，但徒刑制度确实是一种对犯人的刑罚。“圜土之制”的使用对象有两种：一为虽危害了社会但尚未构成犯罪者，如那些无身份证明的无业游民、流浪汉、乞丐等对社会治安有潜在威胁的人；二为已经构成犯罪，但罪行较轻，尚未达到必须处以五刑处罚者，这些人为过失犯罪，如酗酒、斗殴、抽拔兵器误伤他人等。对于这些人应当施以教化，在圜土内强制服劳役，期间不能佩带成年人正常的冠带，以示侮辱，但可以不受肢体刑，服役的期限分为三年、二年和一年，当然期限的划定是有条件的，即能改恶从善，若在“圜土”内想潜逃者要被处以死刑。对于那些该改恶从善者，重罪三年、中罪二年、轻罪一年即可被放出“圜土”而回家。这种有期限的圜土之制是我国古代最早的有期徒刑。

圜土之制与嘉石之制开创了中国有期限的劳役刑制度，体现了西周“明德慎罚”、重视教化以使罪犯改恶从善的思想，这与一味地使用残酷的肉刑或死刑镇压相比，是刑法制度史上一个显著的进步。

徒刑制本身是对五刑制的完善，它从“慎刑”的原则出发，在惩治犯罪时，考虑到利用教化改造违法犯罪行为人的思想，并将其设计为具体的刑罚制度，这不能不说是历史的进步。

三、刑罚原则及刑事政策

（一）刑罚世轻世重原则

《汉书·刑法志》记载：“昔周之法，建三典以刑邦国……一曰刑邦，用轻典；二曰刑平邦，用中典；三曰刑乱邦，用重典。”其中典即刑罚。这段史料是对西周“轻重诸罚有权，刑罚世轻世重”的追述，也就是说，决定刑罚的轻或重，既要有一定的准则，做到罪刑相适应，又要根据不同时期、不同地区的社会情况的不同而灵活掌握，不可拘泥于某一具体的法律。三典分别适用于：对于新征服的地区要以安抚为主，以轻典治理；对一般的诸侯国以常刑对待；对反叛的乱国和地区则不惜用中典治之。《左传·定公四年》记载了周公旦指示封于殷墟的康叔和封于奄国的伯禽，要“启以商政，疆以周索”，指示封于夏墟的唐叔，要“启以夏政，疆以戎索”，这就是区别国情、援法用刑的具体史证。

西周统治者为巩固既得疆土、稳定统治秩序、保证国家机器正常运转，在对复杂的社会现实分析基础上提出了刑罚世轻世重原则，该原则的提出丰富了前代的政治统治策略和用刑经验，成为中国传统政治智慧的精华，西周的统治者不仅将该项原则提升为刑罚的指导原则，而且用它指导司法实践，说明西周统治者统治之术的高明，这项原则对后世封建帝王用法、用刑的理论都具有重大影响。

（二）老幼犯罪减免刑罚

《礼记》载：“八十、九十曰耄，七年曰悼，悼与耄，虽有死罪不加刑焉”，即八十、九十岁以上的老人以及7岁以下的年幼者犯罪都可以减免刑罚，这是西周时期“明德慎罚”指导思想和“亲亲”、“尊尊”礼治原则在刑法中的具体体现。西周时期有“三赦”之法：“一曰幼弱，二曰老耄，三曰蠢愚[①]”，可赦免其罪。同时该项原则虽然尚未完全形成刑事责任年龄的理论，但是在刑罚适用过程中根据犯罪人的行为能力以示区别的做法，对后世立法有着重要的启示。

（三）区分故意与过失、惯犯和偶犯

这是西周初年周公极力主张的刑法原则。《尚书·康诰》记载：“敬明乃罚。人有小罪，非眚（眚：过失；非眚，故意），乃惟终（惟终：惯犯），自作不典，式尔，有厥罪小，乃不可不杀。乃有大罪，非终（非终：偶犯），乃惟眚灾，适尔，既道极厥辜，时乃可不杀。”这段话的大意是：一定要慎重、严明地对待刑罚。有人罪过虽小，但因是故意或一贯犯罪不可不杀；反之，有人犯了大罪，但是由于过失或偶犯，也可不杀。西周统治者在定罪量刑时能够注意到罪犯的主观动机，凡故意犯罪及惯犯都要从重处罚，过失犯罪以偶犯则可以减轻处罚。这一原则表明，西周时期在刑事立法的观念上和技术上已经注意到区分人的主观恶意和由此而导致的惯犯和偶犯问题。周朝统治者之所以要考虑犯罪人的主观动机以及是否为惯犯的问题，是因为统治者已确立了“敬天保民”、“明德慎罚”的立法指导思想，而慎罚的前提一定是对犯罪人犯罪动机和行为惯性有了明确的分析，且这个前提的实现一定要建立在对罪犯主观恶性的区别有较为清楚和深刻认识的基础上，通过史料的记载可以看出，当时的统治者和司法官吏对此已有了明确的认识。西周时期的“三宥”，即可以宽宥的三种行为是“一曰过失，二曰弗知，三曰遗忘”。

总之，区分故意与过失、惯犯和偶犯的原则表明西周时期在刑法理论水平上已达到相当高的程度，已经懂得需要根据当事人的主观恶性来确定刑事责任，这在当时的世界刑法史上也是罕见的，在中国法律史上具有进步意义。

---

① 《周礼·秋官·司刺》。

（四）罪疑从轻、罪疑从赦

这是司法实践中对于重大疑难案件的处罚原则。《尚书·吕刑》记载："五刑之疑有赦，五罚之疑有赦"，五罚，即为赎刑，换言之，就是若处以五刑有疑者，可以罚罪犯出铜赎罪。《吕刑》规定："墨辟疑赦，其罚百锾（一锾为六两）；劓辟疑赦，其罚惟倍；剕辟疑赦，其罚倍差；宫辟疑赦，其罚六百锾；大辟疑赦，其罚千锾。"无论犯可处墨、劓、剕、宫、大辟等罪的行为，只要情有可疑，均可交相应数量的赎金。"罪疑从轻、罪疑从赦"原则的具体含义是：当对犯罪人按五刑进行处罚又情疑者，可以减等按五罚处理；如以五罚论处仍有可疑者，则处以赦免。在具体掌握时应当采取"附从轻，赦从重"的原则，即定罪量刑时，若其罪在轻重之间，刑罚可轻可重者则处以轻刑，若所犯之罪因人故意而被入重罪时，在赦免时可以从重罪之上而赦之，以示对疑罪的宽宥。该原则的制定，是周朝统治者对前代"与其杀不辜，宁失不经"[①] 优秀慎刑传统经验的汲取，是"明德慎罚"思想在定罪量刑方面的体现。

（五）同罪异罚

在严格的宗法等级制度中，同罪异罚是一项重要的刑罚原则。《周礼·秋官·小司寇》有"以八辟丽邦法"的记载。辟原意为排除，八辟即免除对亲、故、贤、能、功、贵、勤、宾这八种人适用常法；丽意为附着，即适用法律。《周礼》关于"八辟丽邦法"是宗法等级制度中"刑不上大夫"的具体体现，它公开赋予具有特定身份的犯罪人享有减刑或免刑的特权，这也是后世"八议"制度的滥觞。

此外，同罪异罚还体现在对奴隶主贵族有不同的刑罚处罚，他们享有不同于庶民的处罚方式的特权。例如，大夫以上的贵族高官，有罪可以不亲自出庭受审，大夫的宗亲有罪当处宫刑者免，贵族如需处死，有特定的、秘密的行刑地点，免受示众之辱，等等。

（六）宽严适中

《尚书·吕刑》从立法到司法通篇都强调"中"字，要求制定刑法和适用刑罚都要慎重，力求不偏不倚，不轻不重。《尚书·立证》中记载周公曰："兹式有慎，以列用中罚"，即刑当其罪，不轻不重。这是"明德慎罚"思想的具体体现。周人称之为中罚或中刑，因为用刑要谨慎，故要设置宽严适中的刑罚，这是一项很高的司法要求，说明统治者在统治策略上的成熟。当然，该项原则仅适用于贵族。

（七）罪人不孥、罔厉杀人

针对夏商时期"罪人以族"的原则，周文王在灭商斗争中提出了"罪人不孥"的主张，是西周统治者在吸取商人刑罚严苛残酷，动辄灭族，以致天下反叛

① 《尚书·大禹谟》。

的教训基础上提出的，反对族诛连坐，主张罪止一身。周公继承并发展了这一原则，提出“父子兄弟，罪不相及”,[①] 明确“父不慈，子不祗，兄不友，弟不恭，不相及也。”[②]

此外周公还提出“罔厉杀人”[③] 的主张，告诫康叔在执政中不要杀无罪的人，主张不乱罚无辜，有罪刑相应的意义。

第五节 民事法律制度

一、物权制度

现代意义上的物权，是指公民、法人依法享有的直接支配特定物并对抗第三人的财产权利。[④] 物权作为一个法律范畴，是由法律确认的主体对物依法所享有的支配权利。对物权理论的研究是在社会产生私有制后出现的，而对物的占有、使用、收益、处分权的归属，构成了物权理论中最为核心的问题。西周奴隶制是一个以财产私有为基础的社会制度，统治者建立了一套与分封制、宗法制政治制度相适应的经济制度和社会秩序，从而也有相应的调整物之所有的法律规范，与夏商时期相比，涉及物权的民事法律规范也有所发展。

西周的宗法制造成了西周时期对土地、臣民的特殊所有权形式。周代，主要的生产资料是土地，主要的生产力是奴隶，因而，奴隶和土地是财产所有权的核心，也是物权的核心。“溥天之下，莫非王土，率土之滨，莫非王臣”[⑤]，既是对中国古代社会最高统治者所拥有的极端权力的充分概括，也是西周时期历史的真实写照。换言之，天下最为重要的两项社会资源——土地与臣民，在理论上都是属于周王所有，卿大夫的采邑也不例外，尽管这些土地他们可以世袭享有，但严禁私相授受，更不允许买卖，即“田里不鬻”[⑥]，因为土地的所有权并不随周王的赏赐而发生转移。诸侯国的封臣们虽然名义上占有土地并使用这些土地，但并非拥有所有权，他们不能处分之，周天子有权收回诸侯国的土地，史称“消地”。《大簋》铭文记载了这样一个事实：周懿王将赏赐给贵族的土地改赐给大，命令膳夫将此事通知，只好说：“余弗敢贪。”

西周中叶后，随着地方经济的发展和诸侯势力的扩大，以周王为代表的最高所有权观念发生了变化。周王只是对王畿范围内的土地享有所有权，随着地方势

① 《左传·昭公二十年》引《尚书·康诰》。
② 《左传·僖公三十三年》引《尚书·康诰》。
③ 《尚书·梓材》。
④ 王利明著：《物权法研究》，中国人民大学出版社 2002 年版，第 4 页。
⑤ 《诗经·北山》。
⑥ 《礼记·王制》。

力的强化，诸侯们开始役使奴隶开垦私田，并占为己有，宗族开始领有土地和土地以外的其他财产，土地可以出租或用来行赏或赔偿。根据《鬲攸从鼎》的铭文记载看，攸卫牧租了鬲从的土地，他违背约定不交田租，因此被告到周王处，法官进行了审理，要攸卫牧立誓，如果再不交田租，将受到放逐的惩罚。这是将土地出租获取收益的例证。根据《卫盉》铭文的记载，矩伯以田为代价，同担任司裘的卫进行了两次交换：第一次是以一千亩土地交换了瑾璋，第二次是以三百亩地换来了两件赤色虎皮、两件牝鹿皮饰和一件杂色的短围裙，并由伯邑父等执政大臣参与验收地、物的交换事宜，这是以土地作为自己的所有物进行交换的例证。根据《曶鼎》铭文的记载，奴隶主匡季带人抢了另一个贵族曶的禾十秭，曶也告到了东宫，东宫命匡季加倍赔偿，匡季用七百亩地和五名奴隶作为赔偿。这是奴隶主之间侵占他方财产必须承担相应法律责任的例证。

除土地外，奴隶和牛马也都是奴隶主阶级的主要私有财产。奴隶主对奴隶享有绝对的占有、使用和处分的权利。例如，《伯格簋》铭文中记载：一乘良马可以换耕地三十亩；《曶鼎》铭文中记载：五名奴隶可以换匹马束丝。这些史料表明，在西周奴隶制时代，物权的范围不仅包括土地，而且包括了奴隶和牛马，奴隶只是作为一种财产被奴隶主所占有。

此外，对于动产的所有权，一般有作为民事法律关系主体的男系家长掌管，子女及家属不得掌管，家庭财产属于家庭成员共有，法律不承认个人对家庭财产享有所有权，故《礼记·曲礼》记载："父母在……不有私财。"

从上述历史记载看出，西周中叶以后，原有政治和血缘双重保证实施的宗法制的根基发生变化，土地王有逐渐流于形式，王室独尊的局面面临挑战，土地所有权的形式也打破了"公田"一统天下的局面，具有实力的诸侯真正享有了土地的所有权，私有观念得以强化，从而使与私有制密切相关的债权制度逐步发展起来。

二、债权制度

债权反映的是财产流转过程中特定的当事人之间的权利义务关系。在私有制度下，伴随商品经济的进一步发展，西周时期债权逐步形成，一些基本的生活资料和生产资料、动产和不动产（包括被看做物产的奴隶），各级奴隶主乃至自由民，都拥有完全的所有权，可以进行自由的交换、买卖。由此也就产生了与私有财产制度密切相关的债和契约，尽管这些内容制度尚处于幼稚阶段。

西周时期通过各种各样的契约形式对债权债务关系进行调整，从而使得西周社会的债权行为不仅仅是臣民间的个人行为，官府也作为债权人开始与私人缔约，而且在缔约过程中，周王为体现自己地位的尊贵和一国之长的权威，对于重要的契约订立或大宗的财产转移，周王都要派人参加。债权制度的出现，是西周时期商品经济进一步发展的见证。

（一）买卖契约

“质剂”是西周时期进行交易的契券。牲畜和奴隶是买卖关系的主要客体，但因为西周中后期私田的出现，土地也逐渐成为买卖的标的物。根据西周法律的规定，民间交易要通过官府的质人签订买卖契约，书之于简札上，一分为二，双方各执一份，出卖人根据“质剂”将财产转移给买方，买方则依据“质剂”的约定将价金付给出卖人。西周的买卖分为“大市”和“小市”，“大市以质，小市以剂”，“听买卖以质剂”①。质剂即买卖契约。大市是以交易人、牛马等为主，大市上制造的是“质”；小市是以交易兵器珍异之物为主，小市上制造的是“剂”。凡是在交易过程中或交易后双方发生纠纷，只有双方各执附有“质剂”的一半的契券，官府才可以受理这一债务纠纷。

（二）借贷契约

“傅别”是西周时期的债券，签订借贷契约的书面形式。“听称责（债）以傅别”，合卷为傅，分卷为别。为保障债务的履行，“傅别”上要将债的标的和借贷关系人双方的权利义务书写清楚，一剖为二后，债权人执右券，债务人持左券。一旦因借贷关系发生争讼时，审判官将“傅别”视为民事诉讼中最有力的证据。若当事人违背双方订立的契约要承担赔偿责任，严重时会被处以墨刑。

（三）租赁契约

西周中后期，承租他人土地和通过出租土地从中渔利的情况日益增多，租赁契约也相应产生。例如，周厉王时期的《鬲攸从鼎》铭文记载了攸卫牧向鬲从租种土地，但因不交付租金而引发争讼的事件，结果鬲从胜诉，官吏命攸卫牧立誓，如果不向鬲从交租金，愿受流放之罚。

三、婚姻家庭及继承制度

在宗法制度条件下，婚姻和继承制度也打上了等级的烙印，由于宗法制是一种内涵广泛的政治制度，代表着一整套生活方式，所以，婚姻、继承制度在西周时期往往带有婚姻、继承以外的政治含义。

（一）婚姻制度

西周统治者非常重视婚姻问题，为加强对婚姻关系的管理，专门设置了掌管婚姻事务的机关——媒氏以“掌万民之判”②。判即为判和，男女婚配。

原始社会末期以来，随着私有财产的出现和人类文明的进步，婚姻形态已实现了一夫一妻制。但在重宗族、别嫡庶的宗法制度下，婚姻的目的主要是“上以事宗庙，下以继后世”③，而按照礼和宗法制的要求，嫡妻只能有一个。为了完成繁衍后世的任务，西周严格强调一夫一妻多妾制。从天子到诸侯到平民，一个

① 《周礼·天官·小宰》。
② 《周礼·地官·媒氏》。
③ 《礼记·昏义》。

男子只能有一个“妻子”，除正妻之外，男子还可以合法地拥有数量不等的侧室，即妾。正妻所生的孩子是“嫡系”。其他妾所生之子则为“庶出”。正妻及其子女，与妾及所生子女在家庭中有着明显不同的地位。这种嫡庶之分，是为了保证家族延续和维持正常家庭关系的需要，对于维护和延续宗法制度有着重要的意义。

为了保证一夫一妻制（实质意义上的一夫一妻多妾制）的合法化、制度化，在奴隶主贵族间还规定了媵嫁制度，即诸侯娶妻时，以随去的其他女子为妾。可见，西周时期实行的一夫一妻制较夏商更多了等级制的色彩。

除遵循“一夫一妻多妾制”外，西周时期的婚姻制度还有两个重要的原则：

第一，同姓不婚。目的有二，一是为了保证整个家族甚至是整个民族的素质发展。当时的人们虽然没有认识到优生学这样深奥的理论，但通过生育现实人们已经意识到近亲婚配的不利，发现了“男女同姓，其生不蕃（茂盛）”的生育规律，因此凡同姓之间不问亲疏远近，一律不得通婚。二是为了通过联姻的方式，严格维护宗族内的伦常关系，在政治上更好地与外姓贵族结盟，以便更好地维护既有的统治秩序。换言之，婚姻就是异姓诸侯之间百年好合的一种纽带，以期“附远厚别”。“附远”就是通过联姻与血缘关系远的异姓贵族建立姻亲关系；“厚别”意为严格别于同宗，以防紊乱伦常。

第二，“父母之命，媒妁之言。”在宗法制度之下，婚姻的终极目的，除繁衍后代、承嗣家族以外，就是“合二姓之好”（在两个家族间建立亲属关系），因此，它绝非是男女当事人个人的事情，必须由家长决定、主持和操办。而且受西周礼制的影响，“男女非有行媒，不相知名”。[①] 这种要求完全剥夺了婚姻关系当事人的个人意志，要求男女双方严格遵照父母的意志，使婚姻完全成为政治或生育的工具。

上述婚姻制度是西周时期结婚的实质性要件，除必须符合这些实质要件外，当时婚姻的缔结还必须合乎一定的礼仪，也就是“六礼”，即按照西周礼制所规定的、婚姻成立的六道程序：（1）纳采，男方请媒氏携带礼物（大雁）到女方家提亲；（2）问名，在女方家长答应议婚后，男方请媒氏问明女子的生辰、身份，并卜于祖庙以问凶吉；（3）纳吉，在卜得吉兆之后，男家携带礼物至女家确定缔结婚姻；（4）纳征（纳币），婚姻的实质阶段，男家送彩礼到女家，正式缔结婚姻；（5）请期，男家携带礼物至女家，确定婚期；（6）亲迎，在确定之日，新郎到女家迎娶。

西周时期的婚姻六礼，对以后各朝婚姻成立的形式要件产生了重要的影响。直至中国近代乃至现代，在一些地区，缔结婚姻的形式仍然可以看到婚姻六礼的明显痕迹。

在西周礼制社会中，除婚姻的成立需要符合法定的礼仪程序外，婚姻的解除

① 《礼记·曲礼》。

也并非毫无条件与限制。同婚姻的缔结必须要遵守“父母之命”完全相同，婚姻解除的决定权也完全操纵在男方家长手中。在西周时期，解除婚姻关系的被称为“出妻”或“休妻”。解除婚姻方面有一套完整的制度，称为“七出”、“三不去”。周礼规定，丈夫可以以七种理由休弃妻子，故称为“七出”，七出是解除夫妻关系的法定理由，即“无子、淫佚、不事姑舅（公婆）、口舌、盗窃、妒忌、恶疾”；“三不去”是不允许离婚的法定理由，即“有所取无所归不去（无娘家可归不得休弃），与更三年丧不去（曾为公婆守孝三年的不得休弃），前贫贱后富贵不去”①，“三不去”的规定尽管是为了维护宗法家庭伦理道德，体现出夫妻关系实质上的不平等，但是该原则对稳固婚姻关系起到了一定的积极作用。

（二）家庭制度

西周的家庭制度是与宗法制紧密联系在一起的。父权至上、夫权至上是西周家庭制度的明显特点。

家庭是社会的细胞，家庭关系的稳定直接关系到社会与国家政权的稳固与否，因此，西周统治者制定法律的终极目标就是要对家国的稳定形成合力。为贯彻“亲亲”、“尊尊”原则，保障人们在社会关系网络中找准自己的位置，西周社会推行父权家长制，其尊君的目的不言而喻。父亲为一家之长，在家族中居至尊地位，因此，家长可以任意处罚子女，甚至有生杀予夺的大权。除此而外，在推行夫权制的西周社会，在家庭和社会中，妇女地位低下，妇女从小到老都没有地位，所谓在家随父，出嫁随夫，夫死随子。丈夫死后，妻子必须从一而终，不得再嫁。这种家庭制度明显地体现出男女的不平等性。

（三）继承制度

西周时期，尽管实行的是一夫一妻制，但在奴隶主贵族中仍然盛行一妻多妾制，因此，在宗法制下形成的嫡长子继承制，即以各级奴隶主贵族的宗祧继承为核心，“立嫡以长不以贤，立子以贵不以长”，但此继承主要是君王、贵族政治身份的继承，土地、财产的继承则是其次。换言之，王位的继承必须是妻子所生长子，无论其贤与否；如妻无子，则不得不立贵妾之子，不管其年龄如何。建立这种继承制度的目的是，避免奴隶主贵族内部因继承发生争端，用以保持宗法制度的长期稳定。应当强调的是，在这种继承制度中，女子没有继承权。因此，嫡长子继承制是西周宗法制度的一个重要支柱，它既调整了奴隶主阶级内部权力的再分配，同时也巩固了以王室权力为中心的等级秩序。

与此同时，西周时期，妇女无论在身份、土地还是其他财产上，均无继承权；因为奴隶是法律关系的客体，因此，他们也无继承权可言，他们唯一能继承的就是父辈的奴隶身份。

---

① 《大戴礼记·本命篇》。

第六节　西周的司法制度

一、司法机关

与西周严密的行政管理机构相适应，西周的司法机关也较夏商更为完备，不仅具备了起诉、审理、判决、执行等必经的诉讼程序，还建立起一套基本的审判制度。

（一）中央的司法机关

西周时期的中央司法机关共分为三级：周王、大司寇、小司寇。这种制度的设计是与西周实行的宗法等级制的内部等级划分协调一致的，体现了家国一体的特点。

周王掌握最高司法审判权，《周礼·秋官·掌囚》记载："及刑杀，告刑于王，奉而适朝"，说明诸侯间的法律纠纷，也由王裁决。

周王之下，设大司寇（六卿之一）一人，为中央最高的司法长官，全面负责全国范围的司法事务，"掌建邦之三典，以佐王刑邦国，诘四方"。同时还"以五刑纠万民"，"以两造禁民讼，以两剂禁民狱"，"以圜土聚罢（疲）民"，"以嘉石平罢民"，"以肺石达穷民"。大司寇不仅听狱讼，而且还主持制定刑事法令等，如周穆王时，大司寇吕侯就受命而著《吕刑》。

大司寇下设小司寇二人，作为其辅助长官，职掌"以五刑听万民狱讼"[①]，负责审理宗周直辖地区的案件。

小司寇下设士师、司民、司刑、司刺、司约、司圜、掌囚、掌戮、司隶等官，属官有六十余名，各司其责，其中士师是大小司寇下面最为重要的司法官吏。掌管中央禁令和审查地方案件的处理，解释法律，左右刑罚[②]，主管审判事宜。与此同时，从《曶鼎》铭文中可见，东宫也执掌裁判贵族纠纷的司法权。

但是，随着西周中期后王室力量的衰微，周天子所代表的中央政府对各诸侯国和地方的实际控制权力逐渐减弱，周王逐步失去了对司法的实际控制权。

（二）地方的司法机关

在地方，各诸侯国的司法结构与中央的大体相同，但规模较小。各诸侯在其各自的封国内拥有相对独立的司法管辖权，诸侯、卿大夫在封地内享有最高裁判权，在等级制度下，下级贵族间的争讼，必须听从上级贵族的裁判。《曶鼎》铭文记载了上级贵族井叔对下级贵族曶与限之间发生纠纷进行处理的事件。这种由上级贵族对下级贵族间争讼审理的制度对后世产生一定影响。此外，贵族家族的

---

① 《周礼·秋官·小司寇》。
② 《周礼·秋官·士师》。

族长对所属成员拥有审判和刑杀大权。

地方上掌管司法的官吏也依中央官吏的性质与职掌权限而设，只是名称有所不同。地方官员主要为：乡士、遂士、县士、方士、讶士和朝士六种。前四种负责国王管辖区内的刑事和民事案件，后两种负责处理诸侯国的司法案件。在基层的轻微的刑事案件或民事纠纷案件首先由前六种地方官吏下设的乡大夫或邑宰处理，一般可以就地处理，同时在地方还设有“调人”调解民间纠纷案件以减少诉讼；重大案件才由“士”审理；重大疑难案件经地方初审后上报司寇复审，最后由周王协同三公共同作出裁决。

二、诉讼审判制度

（一）诉讼程序

西周时期已经开始根据案件的不同特征对刑事诉讼和民事诉讼进行区分，也就是一般所说的“狱”、“讼”之分。《周礼·秋官·大司寇》记载：“以两造禁民讼”，“以两剂禁民狱”。郑玄注解说：“讼，谓以财货相告者”，“狱，谓相告以罪名”。《吕氏春秋》对《周礼》此条的解释更为简单：“争财曰讼”，“争罪曰狱”。

另外，从文献记载及出土的青铜铭文资料来看，西周时的诉讼程序也已经开始系统化。

1. 告诉。西周时期，凡有争讼之事，须由当事人起诉。《周礼·秋官·司寇》中记载：“以两造禁民讼，入束矢于朝，然后听之。”“以两剂禁民狱，入钧金三日，然后致于朝，然后听之。”“两造”指原、被告双方；“束矢”指一百支箭；“禁”指原、被告双方必须到庭，坐在地上对质；“剂”指记录起诉请求的诉状；“钧金”是指青铜三十斤。从中可看出，在西周时期，无论是民事诉讼还是刑事诉讼，都需要当事人（受害人）自己提起诉讼，轻微案件的起诉一般采取口头陈述的方式，重大的案件则需要提出书面诉状。当事人只要提起诉讼，就必须交纳一定的费用，一方面可以将此作为政府的一项收入，同时也是为了防止滥诉，若讼不实，则诉讼费没收入官，从而起到了惩罚的作用。

为了维护“亲亲”、“尊尊”的社会秩序，基于尊卑等级名分不能逾越的礼制的要求，西周时期不仅对诉权有所限制，且对贵族明确规定了在讼诉中的特权：子告父或下告上都是不被允许的，“君臣、父子，无狱讼”①，这仅是对平民诉权的限制。但西周法律同时也规定了“路鼓”和“肺石”② 两种直诉制度，多适用于无法申诉的贫困之人，通过击鼓或立于肺石前的方式直接鸣冤，这有利于

① 《国语·周语》。

② “路鼓”之制，是指申诉人与路寝门外挝鼓鸣冤；“肺石”，是指设于朝廷门外的赤色似肺的石头，“肺石”之制，是指申述人在“肺石”前站立三日，由士听其辩辞，然后再上告的一种制度。

加强对司法的监督，成为后世登闻鼓的渊源。此外，贵族大夫若成为诉讼当事人，则无论案件的轻重都享有特权，他们都可以不必亲自到场，以维护他们的尊严。

2. 审理。缴纳诉讼费后，刑事案件需要经三日才能到庭审理，民事案件没有规定具体时限。诉讼一旦被提起，审判官对于双方当事人的陈述都必须听取，不可偏听偏信，而且要“察辞于差”，即仔细观察，分析双方的诉讼理由，以免诉讼中诬告或冤枉发生；诉讼中若一方故意不到庭，就以该方败诉论。

3. 证据。司法实践证明，西周时期基本上形成了以“盟诅”、物证、人证、书证和口供为内容的证据制度体系。

在西周时期，司法审判开始重视双方当事人的陈述——口供，并将其视为最好的证据，以此作为断案的依据。如果当事人不供，可以采用刑讯的方式以“肆掠”取口供，所谓“以五刑听万民之狱讼”。当然，采用察言观色的审判方法取得的口供可更好地确定口供的真实性，所谓“五声听狱讼，求民情”[①]。可以说，以口供为主要形式的证据制度，取代了夏商时期的神明裁判，表明中国的诉讼制度开始进入一个新起点。

西周在重口供的同时也不排除其他证据的运用。西周时期实行“有旨无简不听”的标准，即有动机而无事实根据的不论定为罪，因此，在一般的民事诉讼中，因财货引起的诉讼以“傅别”和“质剂”为证；因土地而发生纠纷的，应“以图证之”[②]。同时，当事人之间的盟誓也常常被作为重要的证据使用。“有狱者，则使之盟诅”[③]，盟诅就是当事人当众对天发誓，而且应当将盟誓铸之于鼎，铸于鼎的盟誓既是一种证据，同时也表明现实当事人对诉讼的重视程度，若违背盟约的要受处罚。为了调查证据，西周时期已经开始采用现场勘查和法医鉴定等手段。“孟秋之月，命理瞻伤、察创、视折、审断，决狱讼，必端平”，[④] 这就是理刑之官进行调查并对受伤的程度进行判断和鉴定的记载。

4. 判决、宣告。起诉、审理后的另一个程序就是判决。但在西周时期，案件审理后并非马上判决，而是“要囚，服念（音为应）五六日，至于旬时，丕蔽要囚”[⑤]，即对犯人的供词还要仔细审查，考虑五六日甚至十日后才能作出判据。有些案件还要经过“三刺”方能定案，即为体现“慎刑”，案件要公开，向群臣、万民听取意见，由他们决定或杀或宥。而法律又明确规定可以宽宥的是：不知道而导致过错、过失犯罪、遗忘而误的三种人，史称“三赦”。这样做有利于防止冤狱的发生，同时也是西周时期立法指导思想的体现。

判决一定要有法律依据，其依据主要是可依据的判例。判决要由司法机关制

① 《周礼·秋官·小司寇》。
② 《周礼·地官·小司徒》。
③ 《周礼·秋官·司盟》。
④ 《礼记·月令》。
⑤ 《尚书·康诰》。

定法律文书，判决书在金文中称为“成劾”，判决书要当众向当事人宣读，史称“读鞫”。在宣判后，若当事人不服或认为有冤屈，允许要求重新审理，成为“乞鞫”。根据地区的不同而有不同的“乞鞫”期限。上级机关接到上诉书后，应当开庭再审，遇有重大疑难案件，司寇也参与审理，最后作出断决。

（二）审判制度

1. “五听”制度。通过对长期以来司法经验的总结和提炼，西周时期形成了审理案件的“五听”制度，这是审判案件时判断当事人陈述真伪的五种观察方法：其一是辞听，“观其出言，不直则烦”，即听当事人的陈述，如果理屈则言语混乱；其二是色听，“观其颜色，不直则赧然”，即观察当事人的表情，如果理亏，就会面红耳赤；其三是气听，“观其气息，不直则喘”，即听当事人陈述时的呼吸，如果他没有理，就会紧张地喘息；其四是耳听，“观其听聆，不直则惑”，即审查当事人的听觉反应，若没理，就会紧张地听不清审判官的问话；其五是目听，“观其眸子，不直则眊然”，即观察当事人的眼睛，如果他没理，他的眼睛就会失神，或混浊不清。这种察言观色的方法尽管有些唯心的成分，但从“五听”的具体内容可以看出，西周时期已经开始注意到心理学的一些问题，并能够运用司法心理学的一些经验审理案件。在距今近三千年前的西周时代，就已经有这样系统而且细致的判案方法，也从另一个侧面说明西周时期的文化，特别是法律文化已经达到了相当高的水平。

2. 定罪量刑注意犯罪情节。在“明德慎罚”思想的指导下，西周在审判过程中，开始注意区分故意和过失，同时要求司法审判人员应根据案件事实，犯罪情节，比照法律的规定进行揣摩，尽量使判决做到正确无误，在法律条文没有明确规定的情况下，可以“上下比罪”，[①] 以达到刑罚适中的目的。这种做法可能是我国最早开始的“法律类推”，这种在定罪量刑时将犯罪行为区别对待、运用比照法定规则进行定罪的做法，在西周司法实践中出现，不能不说是一种历史的进步。

三、狱政管理

西周时期的狱政管理由大司寇负责。西周时期的监狱仍称为“圜土”，也称“囹圄”。关于监狱的拘押、监禁等在西周时期都有相应的规定。《周礼·秋官》记载：“凡囚者，上罪梏，拲而桎，中罪梏桎，下罪梏，王之同族拲，有爵者桎，以待弊罪。”其中，梏，木制手铐；桎，意为束缚犯人脚的刑具；拲，意为双手共械，两手铐在一起。使用何种刑具，是由狱政机关根据罪行的轻重来决定，同时刑具的使用也由身份来决定。

---

① 《尚书·吕刑》。

分析题：

《卫盉》铭文："唯三年三月，既生霸壬寅，王爯旂于豊，矩白庶人取瑾璋于裘卫。才（裁）八十朋，厥贮，其舍田十田。矩或取赤虎（琥）两、两鞈（韦合）一，才（裁）廿朋。其舍田三田。裘卫乃雉（矢）告于伯邑父，荣伯，定伯，亮伯，单伯，乃令（命）参（三）有司，司徒，微邑，司马单舆，司工（空）邑人，服遝受田。燹、（走甫）、卫小子瑶逆者（诸）其卿（飨），卫用作朕文考惠孟宝盘，卫其万年永宝用。"

该铭文记载了周恭王三年，一个名叫矩伯的奴隶主向裘卫分两次索取了觐见天子的东西，即价值八十朋的玉质礼器和价值二十朋的皮裘礼服，矩伯分两次付给了裘卫1300亩农用土地，作为索取礼品的代价。裘卫把这件事情报告了执政大臣，得到了大臣们的认可，还进行了授田仪式，从而确认了转移土地归属的合法手续。

结合文献记载，分析西周中期土地制度的变化。

思考题：

1. 试述西周立法思想的发展。
2. 简述西周礼与刑的关系。
3. 试述西周刑事法关于定罪量刑的主要原则及其对后世的影响。
4. 试述西周婚姻法律制度的特点、内容及其对后世的影响。
5. 简述西周宗法制度的基本原则。
6. 简述西周的司法制度。

第三章 春秋战国时期法律制度

导读： 从公元前770年平王东迁到公元前221年秦始皇统一六国，是中国历史上的春秋战国时期。“春秋”得名自鲁《春秋》一书，通常指东周前期从公元前770年到公元前476年的这段时间。“战国”得名于七雄征战年代，一般指从公元前475年到公元前221年秦始皇统一天下的这段时间。

春秋战国时期是中国历史上一个大动荡、大变革时期。从生产力到生产关系，由经济基础到上层建筑，整个社会的各个领域都发生了巨大变化，奴隶制社会逐渐瓦解，封建生产关系得以确立。这种剧烈的社会转型，刺激了法律思想的大发展和大辩论，同时伴随宗法制度衰落，法制逐渐取代礼治，成文法得以公布，变法活动频繁，中国的法律制度开始从奴隶制形态向封建制形态转变。

本章应着重掌握春秋时期成文法公布的背景、有关的争论及意义；李悝《法经》的内容及其本质；商鞅变法的主要内容及意义。

第一节 “礼崩乐坏”与“百家争鸣”

一、春秋战国时期的社会变迁

春秋时期是孔子所说的“礼崩乐坏”的时代，西周时所构建的以“礼乐”制度为核心的宗法社会和等级制度开始全面崩溃，在社会生活各个方面都出现了对传统的怀疑、否定和背叛。春秋战国时期是一个社会大动荡、大变革的时期，这主要表现在以下几个方面：

（一）生产力的发展引起生产关系的变化

在春秋战国时期，铁器的应用，牛耕的普及，加之水利、施肥等技术的应用大大促进了生产力的发展。生产力的进步引起了生产方式的变化，过去的奴隶制集体劳作方式逐渐瓦解，以一家一户的小生产和个体经营为特色的小农经济发展起来。私有的土地不断增多，封建的依附关系开始发生，与此相对应的却是“公田”的荒芜。为了继续维护自身的利益，一些奴隶主主动转换剥削方式，实行更适应生产力水平的地租剥削。公元前685年齐国“相地而衰征”，公元前654年晋发展“作爰田”，这是当时改变田制的开始。公元前594年鲁国实行“初税亩”，承认了土地的私有，并按照土地好坏，分等级按亩数收取赋税。这就说明，奴隶制社会的经济基础——井田制已经走向没落，封建土地私有制即将取而代之。

（二）诸侯争霸引起政治力量对比关系的急剧变化

平王东迁以后，周天子的地位一落千丈，虽然周天子名义上是天下共主，原来的“礼乐征伐自天子出”，逐渐演变为“礼乐征伐自诸侯出”、“自大夫出”，最后甚至由“陪臣执国命”。同时，各诸侯国为了争夺土地和资源，扩充本国的实力，不断地进行兼并战争。春秋期间，正如司马迁《史记·太史公自序》所说“弑君三十六，亡国五十二，诸侯奔走不得保其社稷者，不可胜数”。到战国时期，七雄中仅燕国的王姓为姬姓，说明西周分封制下的政治格局已被完全打破。

（三）实力竞争引起政治法律制度的巨大变革

各诸侯国为了在激烈的相互争夺中谋求更大的发展空间，延请有能之士进行变法以实现富国强兵成为首要任务，原来以血缘关系作为官员任命的标准被打破。春秋时期，齐国任命管仲为相进行变法从而率先确立其霸主地位，此后，其他诸侯国也先后委任有能之士为官。西周所确立的世卿世禄制度逐渐为封建官僚制度所取代，与此相应，西周实行的分封制也逐渐被郡县制所取代。为了进一步削弱旧贵族的势力以巩固改革的成果，春秋时期进行的公布成文法的活动不仅对新的统治秩序的建立起了非常重要的作用，而且对于法律自身的发展具有深远的意义和影响。到战国时期，法家之士在各诸侯国的变法运动中起了举足轻重的作用，李悝的《法经》成为中国封建法典之源，商鞅在此基础上制定了秦律，从出土的《云梦秦简》可以看出，战国时期的法律无论在编撰体例上还是在内容上都表明了封建法律的发展达到了相当高的层次。

二、“百家争鸣”中各家的法律思想及其学说

由于周王室的衰微和政局的动荡，原来由国家垄断思想文化教育的局面被打破。同时，诸侯争霸使得人才受到空前重视，以致当时流行“得士者得天下”的说法，这极大地刺激了具有特殊知识与技能的“士”作为一个新的社会阶层的崛起。也正是在这样一种背景下，形成了春秋战国时期思想文化领域中“百家争鸣”的局面。面对社会的大动荡，许多士人从不同的角度出发来阐发自己的政治法律主张，从而形成道家、儒家、墨家、法家、阴阳家等诸子百家，其中，对当时及后来的政治法律影响最大的当属儒家和法家。

（一）儒家的法律思想

古代所谓“儒”，是指掌握一定文化知识，懂得周礼，以“相礼”为业的人士。孔子早年曾从事这一职业，因此他创立的学派被称为儒家。儒家的代表性人物除孔丘外，最重要的当属孟轲，以至后人往往称儒家学说为“孔孟之道”。至于战国后期的荀况，其政治法律思想在继承儒家理论的基础上有了新的突破，实

际上是儒、法合流在理论上的先行者。儒家对政治法律理论的阐发突出地表现在以下三个方面。

1. “为国以礼”。面对春秋战国时期“礼崩乐坏”的局面，儒家以复兴周礼为己任，大力倡导“以礼让为国”[①]。礼的基本功能是“别”，即从亲疏贵贱之别出发，对人们的社会地位及其所遵循的行为准则作出严格的规定，不得僭越。礼是富有差异性的，是因人而异的，尊卑贵贱不同地位的人所遵循的礼是不同的。“名位不同，礼亦异数。”[②] 同时，礼所涵盖的范围从国家的建制到人们的日常生活琐事，几乎是无物而不在礼。“非礼无以节事天地之神也，非礼无以辨君臣、上下、长幼之位也，非礼无以别男女、父子、兄弟之亲，婚姻疏数之交也。”[③]通过礼的规范，人们的行为也就能做到“贵贱有等，长幼有差，贫富轻重皆有称者也”。[④]

礼的核心原则是“尊尊”和“亲亲”，强调对君权与父权的维护，“内则父子，外则君臣，人之大伦也”[⑤]。在君臣关系上，儒家主张从国家政治到日常生活都要严格按照等级名分行事。孔子极力主张“礼乐征伐自天子出”[⑥]，因而对鲁国大夫季氏越礼使用只有天子才配使用的乐舞队列勃然大怒：“是可忍也，孰不可忍也。”[⑦] 在家族伦理上，儒家强调“笃于亲”[⑧]，以孝悌为本。

2. “为政以德”。儒家反对“导之以政，齐之以刑”的统治方式，而极为推崇“导之以德，齐之以礼”[⑨] 的统治方式。面对“礼崩乐坏”的社会现实，儒家力求发挥道德的感化作用来缓和各种社会矛盾和挽救礼治。孔子认为统治者实行仁德之治比暴力镇压与威慑更有利于维护统治秩序，“为政以德，譬如北辰，居其所而众星共之”[⑩]。

孟子继承和发展了孔子以“仁”为核心的德治思想，使之成为比较系统的“仁政”学说。孟子认为民心的向背是决定统治最为关键的因素，提出“民为贵，社稷次之，君为轻”[⑪] 的论断。在此基础上，孟子进一步提出，对于夏桀、商纣这样的暴君，人民不仅可以指责他，而且也可以将其当成独夫民贼进行讨伐。

3. “为政在人”。儒家特别看重一个君子所具有的社会感染力，“君子之德，风；小人之德，草。草上之风，必偃”[⑫]。儒家对这种感染力的重视几乎到了有

---

① 《论语·里仁》。
② 《左传·庄公十八年》。
③ 《礼记·哀公问》。
④ 《荀子·礼论》。
⑤ 《孟子·公孙丑下》。
⑥ 《论语·季氏》。
⑦ 《论语·八佾》。
⑧ 《论语·泰伯》。
⑨ 《论语·为政》。
⑩ 《论语·为政》。
⑪ 《孟子·尽心上》。
⑫ 《论语·颜渊》。

点迷信的地步，认为统治者“其身正，不令而行”[1]。当季康子向孔子询问为政之道时，孔子回答道：“政者，正也。子帅以正，孰敢不正”；当季康子问及如何才能够制止盗贼时，孔子的回答是：“苟子之不欲，虽赏之不偷。”[2] 也就是说，统治者德行的好坏与国家的治乱有着直接的因果互动的关系。认识到这一点，我们就能进一步理解儒家根深蒂固的人治情结。

儒家特别强调统治者个人的贤能与否对于治理国家的重要意义，“其人存则其政举，其人亡则其政息”[3]。孟子认为，只有仁德之人才配居于统治地位，当梁惠王问孟子什么样的人能够统一天下时，孟子回答：“不嗜杀者能一之。”[4] 荀子虽然将礼与法并称为治理国家之纲要，但同时也提出“有治人，无治法”[5] 的论断。他认为，一种良好的法律从制定到实施都取决于人，同时，法律本身所具有的不能临事应变的局限性也必须靠人来克服，因此，荀子认为“有良法而乱者，有之矣；有君子而乱者，自古及今未尝闻也”[6]。

（二）法家的法律思想

和儒家不同，法家没有共同的宗师，其主要代表人物都是半路出家的，如李悝师子夏，吴起师曾参，申不害、慎到、商鞅学本黄老，韩非、李斯师荀子。在春秋战国时期也没有“法家”这一称谓，“法家”一词最早是西汉的司马谈在《论六家之要旨》中正式提出的，只是由于他们的政治法律主张有着大致相同的理论基础和主体内容，并与其他诸家迥然有别，因此后人习惯于将其归入法家。

法家立足于现实、因时变法和奖励耕战、富国强兵的政治主张非常合乎时局之需要，因此，各诸侯国纷纷利用法家人士进行变法，无论对当时的社会思潮还是政治实践都产生了极其深刻的影响。把握法家的法律理论，重点应注意以下几个方面：

1. 法家的法律观。法家从两个方面来界定法的含义：一是从法律自身的属性上，认为法是公平、正直的标准，“法者，国之权衡也”[7]，“尺寸也，绳墨也，规矩也、衡石也、斗斛也、角量也，谓之法”[8]；二是从法律所具有的国家意志的属性上，认为法律是一种确定赏罚的规范，“法者，宪令著于官府，赏刑必于民心，赏存乎慎法，而罚加乎奸令者也”[9]。

相应地，法律的功能也分为两个方面：即“定分止争”和“兴功惧暴”[10]。法家认为法律是社会发展到一定阶段才出现的，最初“人民少而财有余，人民不

---

① 《论语·子路》。
② 《论语·颜渊》。
③ 《礼记·中庸》。
④ 《孟子·梁惠王上》。
⑤ 《荀子·君道》。
⑥ 《荀子·王制》。
⑦ 《商君书·修权》。
⑧ 《管子·七法》。
⑨ 《韩非子·定法》。
⑩ 《管子·七臣七主》。

争”，因此没有制定法律的必要，后来由于“人民众而财货寡，事力劳而供养薄，故民争”①，因而就有必要制定法律来定分、止争。关于这一点，慎到曾有一个非常形象的例子：“一兔走，百人逐之，兔积于市，过而不顾，非不欲兔，分定不可争也。”② 同时，法律通过规定赏罚措施达到“兴功惧暴”的目标，具体来讲，“兴功”，是指通过奖励耕战富国强兵，“惧暴”，是指通过严刑峻法使人不敢犯法。

2. “事断于法”，“刑无等级”。在法家看来，法律就像规矩和尺子一样，再笨拙的工匠，如果能够严格按照规矩和尺子的度量，也可以万无一失；如果离开规矩和尺子，再高明的工匠也难免发生错误。同样地，一个平庸的君王能够严格依照法律来治理国家，“举措而已矣”③，相反，如果“释法术而心治，尧不能正一国”④。因此，法家认为君主和臣民的一切言行都要合乎法律的规定。“言不中法者，不听也；行不中法者，不高也；事不中法者，不为也。”⑤

为了更好地发挥法律在维护君主专制统治中的作用，君主自己也要带头遵守法律，“不为君欲变其令，令尊于君”⑥。同时，商鞅还提出了“刑无等级”⑦ 原则，坚持定罪量刑一视同仁，“自卿相将军以至大夫庶人，有不从王令，犯国禁，乱上制者，罪死不赦。”⑧ 韩非也强调“法不阿贵”，要求“刑过不避大臣，赏善不遗匹夫”。⑨

3. “重刑轻罪”，“以刑去刑”。鉴于诸侯争霸带来的战乱动荡，法家代表人物坚持对轻罪也实施重刑的原则，企图以此达到抑制犯罪、消灭刑罚的目的。法家认为趋利避害是人的本性，“人性好爵禄而恶刑罚”⑩。人的这种本性不仅不会妨碍统治秩序的建立，相反，它是统治秩序得以建立的根据，“人情者，有好恶，故赏罚可用，则禁令可立而治道具矣”⑪。也正因为这一点，商鞅认为：“禁奸止过，莫若重刑。”⑫ 重刑不仅可以惩罚犯罪者本人，而且能产生威慑力量，收到杀一儆百的效果。“行刑，重其轻者，轻者不至，则重者无从至矣。”⑬ 韩非子也持相同观点：“重 奸之罪，而止境内之邪，此所以为治也。”⑭ 并且，韩非子还针对儒家“重刑伤民”的责难，提出“轻刑伤民”的理论，“今轻刑罚，民必易

---

① 《韩非子·五蠹》。
② 《意林》卷2引《慎子》轶文。
③ 《韩非子·有度》。
④ 《韩非子·用人》。
⑤ 《商君书·君臣》。
⑥ 《管子·法法》。
⑦ 《商君书·赏刑》。
⑧ 《商君书·赏刑》。
⑨ 《韩非子·有度》。
⑩ 《商君书·错法》。
⑪ 《韩非子·八经》。
⑫ 《商君书·赏刑》。
⑬ 《商君书·说民》。
⑭ 《韩非子·六反》。

之。犯而不诛，是驱国而弃之也；犯而诛之，是为民设陷也”①。

第二节　春秋末期成文法的公布及历史意义

一、公布成文法的主要成果

（一）各诸侯国的立法概况

在春秋以前，主要靠习惯法调整各种社会关系，后来虽然出现了成文法律，但是并不公布，而是藏之于官府，不让人们知道什么行为是犯罪，犯了什么罪，应该受怎样的刑罚。统治者之所以要这样做，目的是便于他们为所欲为地统治。春秋初期，各诸侯国基本沿袭这种做法，但是春秋中晚期，社会政治、经济、文化都发生了重大的变革，新兴地主阶级要求把法律条文公布出来，根据法律条文的规定来保护自己的权益。这时，有些开明的旧贵族，也感到按照原来的旧模式也不能继续统治下去了，于是顺应这种形势的发展，各诸侯国陆续公布了以保护私有财产为核心的成文法。这是中国法律制度上的一个重大变革和飞跃，但具体到各诸侯国来说，情况千差万别，发展颇不平衡，按照时间顺序，各诸侯国的立法活动先后有：

1. 楚国的立法活动。从文献记载来看，楚国在春秋时曾有两次立法活动。第一次是楚文王时（公元前 689 年至公元前 677 年）制定了搜捕逃亡的奴隶和罪犯的《仆区之法》。其中规定：严禁奴隶逃亡，有逃亡者要大力搜捕；同时规定隐匿盗所得器物者，与盗同罪。

第二次是楚庄王时（公元前 613 年至公元前 591 年）制定了有关楚王王宫宫禁的《茅门之法》。其中规定：群臣、大夫、诸公子入朝时，车不得进入雉门之内，马不得践踏积水；违者，砍断车辕，处驾车者死刑。

2. 晋国的立法活动。春秋时期的晋国，自文公之后，曾有四次大的立法活动。第一次是在晋文公称霸时，即公元前 633 年制定了《被庐法》，具体内容不详。

第二次是公元前 621 年制定的“常法”。《左传》文公六年记载，赵宣子（即赵盾）“始为国政，制事典，正法罪，辟狱刑，董逋逃，由质要，治旧洿，本秩礼，续常职，出滞淹。既成，以授大傅阳子与大师贾佗，使行诸晋国，以为常法”。所谓“常法”包括如下内容：按犯罪者罪行轻重予以处断；设置司法官吏受理未经决断之案件；追捕惩治因犯罪而逃亡者；根据契书来裁断民事纠纷；治理污秽；提拔贤能人才等。

① 《韩非子·六反》。

第三次是范宣子制定的刑书。范宣子在晋平公（公元前557年至公元前531年在位）时，任晋国执政，曾制定刑书。

第四次是公元前513年，晋国大臣赵鞅、荀寅将该国法典铸在铁鼎上，公布于众。这是新势力在晋国取得政权后采取的一项重大措施，但遭到了孔子的反对。

3. 郑国的立法活动。春秋时期，郑国的立法活动曾有两次。第一次是郑简公三十年（公元前536年），郑国执政子产“铸刑书于鼎，以为国之常法”①。这是中国古代第一次公布法律。此举遭到晋国大夫叔向的抨击。

第二次是公元前503年，郑国执政驷颛杀邓析而用其《竹刑》。《左传》定公九年（公元前503年）记载，“郑驷颛杀邓析，而用其《竹刑》。”杜预注：“邓析，郑大夫。欲改郑所铸旧制，不受君命而私造刑法，书之竹简，故言《竹刑》。”《竹刑》原为郑国大夫邓析所私自编撰，并无法律效力，后经国家认可，才具有法律效力。

（二）郑国和晋国公布成文法所引起的争论

春秋前期各诸侯国的立法活动，虽然增加了反映时代潮流的新要求，但并没有公布于众。春秋后期郑国子产“铸刑书于鼎”（公元前536年）和晋国的赵鞅“铸刑鼎”（公元前513年）吹响了中国历史上公布成文法的号角。

郑国和晋国公布成文法的举措在当时引起了强烈的反响。由于将法律铸于象征国家权力的鼎上予以公布，打破了以前法律由少数统治者掌握的秘密状态，势必剥夺旧贵族在司法活动中任意擅断的特权，因此招致了他们的激烈反对。当子产率先公布成文法的时候，晋国大夫叔向随即差人送书给子产予以批驳：“昔先王议事以制，不为刑辟，惧民之有争心也……民知有辟，则不忌于上，并有争心，以征于书，而侥幸以成之，弗可为矣。”② 然而，在子产“铸刑书”的23年后，叔向自己的国度里也发生了类似的事情，大夫赵鞅“铸刑鼎”，公布了范宣子所编纂的刑书。孔子得知后，批评说：“晋其亡乎？失其度矣……今弃是度也而为刑鼎，民在鼎矣，何以尊贵？贵何业之守？贵贱无序，何以为国？”③ 叔向、孔子对子产、赵鞅公布成文法的非难，原因是他们死守周礼中秘而不宣的刑法原则，目的是要制造“刑不可知，则威不可测”④ 的恐怖状态，以维护即将没落的奴隶主贵族的统治。

叔向和孔子把郑、晋两国公布成文法的举动看做是一个关系国家政权存亡的大事，可见在此之前，中国的法律并不是公开发布的，郑国和晋国“铸刑鼎”的做法开创了中国成文法公布的先河。之所以选择将律文铸在鼎上，是因为鼎在古代中国是国家权力的象征，是王权的象征，因此在公布成文法的时候，为了体

① 《左传·昭公六年》杜预注。

② 《左传·昭公六年》。

③ 《左传·昭公二十九年》。

④ 《左传·襄公三十年》。

现法律的权威性和震慑力，选择了将新的法律铸在鼎上，也由此可见“铸刑鼎”在当时也是国家政权的一件大事。

然而，公布成文法是顺应社会进步的历史潮流，并不会因反对派的责难而停步不前，继郑国和晋国之后，各诸侯国纷纷公布成文法的现实很好地说明了这一点。

二、公布成文法的历史意义

春秋时期成文法的公布是中国法制史上一件具有划时代意义的法律事件，不仅在一定程度上限制了旧贵族的特权，而且也为法律自身的发展提供了重要的条件。

第一，它打破了奴隶制社会森严的等级制度，是对宗法制和礼教秩序的一大冲击。成文法的公布在一定程度上限制了旧贵族在法律上的特权，有利于巩固新兴地主阶级的权力。

第二，它宣告了“刑不可知，则威不可测”的中国奴隶制法律形态的结束和封建法制的建立，打破了法律的秘密状态和神秘色彩，摧毁了旧贵族垄断法律的特权，使法律内容走向公开化。虽然统治者依然凌驾于法律之上，但是对于多数的犯罪和刑罚毕竟有了一个统一的标准，这不能不说是中国法制的一大进步。

第三，它拉开了春秋战国成文法运动的帷幕。战国时期，各诸侯国新兴地主阶级纷纷登上历史舞台，进行变法改革，公布法律。于是掀起了一场轰轰烈烈的成文法运动。在成文法运动的发祥地三晋地区，产生了成文法运动的丰碑——魏国李悝的《法经》。成文法运动对后世封建法制的影响更是不言而喻的，为历代封建王朝法制的发展奠定了基础，成为秦汉以后封建法制的滥觞。

总之，春秋后期成文法的公布，剥夺了旧贵族世袭特权，动摇了宗法等级制度的社会基础，为新社会制度的孕育和发展提供了法律依据。

第三节　战国时期法制的发展及《法经》

一、各国的变法和立法活动

战国时，各国内部新旧势力之间的斗争日益激烈。在外部环境上，周天子名存实亡，没有能力控制天下，因此社会更加动荡，各国的争战也更加激烈。原来一百多个诸侯国，到战国只剩下二十多个，其中最强大的有秦、齐、楚、燕、韩、赵、魏，史称“战国七雄”。这种局面促使了各国统治者寻求出路，以摆脱积贫积弱的局面，从而在激烈的动荡和争战中站稳脚步。

中原的韩、赵、魏诸国继承了春秋公布成文法以来的法律文化，相继制定了具有国家大法性质的法律法规。例如，赵国公仲连于公元前403年实行改革，以选廉举贤、任官使能、改革法制为指导思想和主要内容，由此产生了成文法《国律》。

齐国于公元前357年任用邹忌为相，进行改革，邹忌提倡“谨修法律而督奸吏”等措施，他的改革使齐国有了较大的进步。

韩国韩昭侯用郑国人申不害为相，于公元前335年进行改革，申不害教昭侯以驭臣下之“术”，使国君操其权柄。他的思想后来成为法家思想理论的重要内容。其后，韩国产生了《刑符》，这是史籍中记载的唯一的一部韩国法典。

公元前402年，楚声王被杀，楚悼王继位后，楚国又屡次被以魏国为首的三晋联合力量打败，丧失了大片国土。在这种情况下，楚悼王决定任用吴起实行变法。吴起变法的主要内容是：废除世卿世禄制度，凡封君子孙已传三代以上的，收回爵禄；又规定，疏远的公族，一律削除公族籍；无关紧要的官职和无能之官，一概裁免；削减官吏的俸禄，节约开支，用以抚养将士。楚国地广人稀，吴起强令旧贵族去充实那些人口稀少的地区，变相地收回他们原有的土地。这是在政治上和经济上对奴隶主贵族的沉重打击。为了防范奴隶主贵族作乱，吴起禁止他们相互勾结，干预国家政令；同时禁止有碍富国强兵的议论，“明法审令”，大力推行新措施。

在各国的变法活动中，魏国的李悝变法和秦国的商鞅变法在当时有较大的影响，在我国古代的法学理论和法制实践中都占有重要地位，将在下面予以专门阐述。

二、李悝变法与《法经》的制定

（一）李悝的变法活动

春秋末年，晋国的新旧势力之间展开了激烈的斗争，经过长期反复的争夺，原来的卿大夫中，只剩下了韩、赵、魏、智四家。韩、赵、魏三家共同灭掉了智氏，瓜分了晋国的土地。周威烈王二十三年（公元前403年），韩、赵、魏三家被周天子和各国承认为诸侯。这三个国家的新兴地主阶级在取得政权之后，都运用国家政权的力量，实行过不同程度的社会改革，破除奴隶制的旧制度，发展新的经济制度和政治制度。

周贞定王二十四年（公元前445年），魏文侯即位。他任用李悝为相，并用吴起、西门豹、乐羊等一批封建政治家、军事家和思想家，实行社会改革，使魏国成为战国初年一个头等强盛的封建国家。李悝（公元前455年至公元前395年）是战国时代法家的始祖，曾受业于子夏，《汉书·艺文志》列有《李子》三十二篇，但已失传。李悝任魏相后，对于加强魏国新兴的封建制度作出了重要的贡献。魏文侯在他的建议下在政治经济上大举改革，其主要措施是：

1. 废除世袭禄位制度，剥夺那些腐朽无能的奴隶主贵族的政治经济特权，按照“食有劳而禄有功，使有能而赏必行”[1] 的原则赐给对于封建国家有功劳的人。他制定并严格执行对犯罪者“罚必当”的措施，打破“刑不上大夫，礼不下庶人”的旧传统。李悝所实行的一系列改革，对旧贵族起到了打击和限制的作用，为新兴地主阶级登上政治舞台创造了有利的条件。

2. 在经济上实施“尽地力之教”。[2] 以一家一户为生产单位的个体小农生产，是封建统治的经济基础。魏国在实行按封建等级分配土地制度，发展封建土地所有制的基础上，加强对农业的管理和地力的开发，派农官督责农民加紧发展生产，增产者赏，减产者罚，以保证国家增加农业收入。为了把农民固着在土地上，防止农民在荒年饥岁四处离散或起来造反，李悝还创“平籴”法，好年成由国家以平价购进粮食，坏年成则以平价出售。由于实行了上述措施，魏国很快富强起来。

3. 在政治、经济改革的同时，李悝也很重视军事改革和军备训练。魏国的军队主要由武士组成，武士要经过严格的训练，按规定标准进行考核，“中试则复其户，利其田宅”，[3] 给予优厚的待遇。训练合格的武士，身穿甲胄，背负重弩，手执利兵，疾行而前，颇有战斗力。

4. 为了保证变法的实施，同时也是为了巩固变法取得的成果，维护新生的经济关系和政治制度，李悝总结各诸侯国的立法经验，编著了《法经》，用法的形式把它巩固下来。可以说，《法经》的出台适应了日益发展的新生的经济关系，也是政治变法的迫切要求，因此李悝的《法经》既是变法的重要内容，也是变法顺利进行的重要保证。

（二）《法经》的主要内容

李悝撰写的《法经》早已湮没失传，其详细内容已不得而知，但从《晋书·刑法志》、《唐律疏议》和明代董说《七国考》转引的西汉桓谭《新论》等文献中，可了解其主要篇目和部分内容。据《晋书·刑法志》记载：“秦汉旧律，其文起自魏文侯师李悝。悝撰次诸国法，著《法经》。以为王者之政，莫急于盗贼，故其律始于盗、贼。盗贼需劾捕，故著网、捕二篇。其轻狡、越城、博戏、借假不廉、淫侈、逾制以为杂律一篇。又以具律具其加减。是故所著六篇而已，然皆罪名之制也。”《法经》共有六篇，即《盗》、《贼》、《囚》、《捕》、《杂》、《具》六篇。从其内容上分析，《法经》包括正律、杂律、减律三个组成部分。

1. 正律包括《盗》、《贼》、《囚》、《捕》四篇。《七国考》引《新论》曰：“魏文侯师李悝著《法经》，以王者之政莫急于盗贼，故其律始于盗、贼。”“正律略曰：杀人者诛，籍其家，及其妻氏；杀二人，及其母氏。大盗戍为守卒，重

① 《说苑·政理》。
② 《汉书·食货志》。
③ 《荀子·议兵》。

则诛。窥宫者膑，拾遗者刖，曰为盗心焉。”说明惩治盗贼犯罪，保护地主阶级官私财产与人身安全，维护新兴的封建统治是封建法制的首要任务。“盗贼须劾捕，故著《囚》、《捕》二篇。”可见，《囚》、《捕》二篇是有关诉讼方面的规定。

2. 杂律即《杂》一篇。主要内容是惩治盗贼以外的其他犯罪，“其杂律略曰：夫有一妻二妾，其刑聝，[①] 夫有二妻则诛；妻有外夫则宫，曰淫禁。盗符者诛，籍其家；盗玺者诛；议国法令者诛，籍其家及其妻氏，曰狡禁。越城，一人则诛，自十人以上夷其乡及族，曰城禁。博戏罚金三币，太子博戏则笞，不止则特笞，不止则更立，曰嬉禁。群相居一日以上则问，三日、四日、五日则诛，曰徒禁。丞相受金，左右伏诛；犀首以下受金则诛；金自镒以下罚，不诛也，曰金禁。大夫之家有侯物，自一以上者族”。

3. 减律即第六篇《具》，相当于现代刑法中的总则部分。“其减律略曰：罪人年十五以下，罪高三减，罪卑一减；年六十以上，小罪情减，大罪理减。”

从以上所引内容可以看出，《法经》在我国早期封建社会的法制建设中具有明显的特色，这对以后的法律思想文化和法律制度建设都产生了重要的影响。

（三）《法经》的特点

第一，《法经》的目的是维护和巩固封建政权，保护地主阶级经济利益，是新兴地主阶级意志的体现。它以惩罚盗贼作为根本的指导思想，所谓“王者之政莫急于盗贼。”[②] 根据《荀子·修身》：“窃货曰盗，害良曰贼”，显然盗贼是指侵犯他人财产、人身以及破坏社会秩序的行为。凡属严重危害封建统治与君主的行为，如窥宫、盗符（兵符）、盗玺、越城、群相居等，不仅本人处重刑，甚至夷族夷乡。同时还严刑惩治议论国家法令者，以确保政策法令的贯彻和思想的统一。在封建刑法中，以思想言词论罪，可以说始于《法经》。

第二，《法经》体现了早期法家所主张的“不别亲疏，不殊贵贱，一断于法”的法治原则，反对奴隶主贵族的等级特权制度，主张打破礼和刑不可逾越的界限，规定太子犯法要受笞刑，丞相受贿左右伏诛，将军受贿本人处死。当然，《法经》在反对旧有的奴隶制等级制度的同时，又正式确认了新的封建等级制度，明确规定大夫之家如有诸侯享用的器物，便属逾制之罪，判处最严重的族刑。

第三，《法经》也体现了法家重刑主义的思想原则，对于轻微的反抗或违犯封建秩序的行为，都要予以严刑镇压。例如，窥视宫殿者要去膝骨，路上拾遗者要断趾。这种重刑主义的思想对于以后的商鞅、韩非都产生了极大的影响，以至成为法家理论的重要组成部分。例如，商鞅就将这种思想发展成“以刑去刑”的理论。见于《法经》的刑罚手段有笞、诛、膑、刖、夷族、夷乡等。商鞅的重刑思想亦是源自《法经》，商鞅实行的“连坐法”就是《法经》中“徒禁”

① 音 guo，古代战争中割掉敌人的左耳计数献功；也指割下的左耳。
② 《晋书·刑法志》。

的进一步发展。

（四）《法经》的历史地位

《法经》在我国法制史上具有重要意义，是我国历史上第一部初具体系的封建法典，是集春秋后期新兴地主阶级主持下的各国立法之大成。它改刑为法，先列罪名，后定刑制，对于封建法典体例的创制具有重要的作用。战国时期改刑为法，不是简单的字词上的改变，而是由奴隶制过渡到封建制在法律制度上的反映。刑，注重刑罚，强调的是处置；法，颁布的是一种标准，要求人人皆知，事事守法。因此，新的成文法与保持秘密状态、以习惯法为主要形式的奴隶制法相比，封建制法具有成文、公开和相对同等适用的特点。这种新型的法典对以后的法制建设产生了很大的影响。《唐律疏议》还具体阐述了《法经》对封建法律发展的影响："周衰刑重，战国异制。魏文侯师于李悝，集诸国刑典，造《法经》六篇……商鞅传授，改法为律。汉相萧何更加悝所造户、兴、厩三篇，谓九章之律。"可见，秦律及汉《九章律》都是沿着这个脉络发展下来的，它对我国秦汉时期的封建法律制度产生了直接的影响。

第四节　商鞅变法与秦国法制的发展

一、变法的简要经过与主要内容

商鞅（公元前390—公元前338年），卫国人，姓公孙，名鞅，故称卫鞅或公孙鞅。后因在秦国变法有功，被封于商地，又称商鞅。商鞅"少好刑名之学"，[①] 曾为魏相公叔痤之中庶子。公元前361年秦孝公发布求贤令，商鞅携《法经》入秦，受到孝公赏识，被拜为左庶长主持变法。他变法的基本纲领就是"变法修刑，内务耕稼，外劝战死之赏罚"，[②] 即用法律手段推行农战政策。商鞅变法的主要内容有以下几个方面：

（一）改"法"为"律"，制定秦律

商鞅变法首先在李悝《法经》的基础上，从名称上改"法"为"律"。在中国古代，"法"、"律"两字均有法律的含义，但又不尽相同。《说文解字》对两者的解释是：法，平之如水；律，均布，即法主要强调的是内容方面的公平与公正；而律则侧重于法律规范在适用上的普遍性和统一性。春秋时期，新兴地主阶级刚刚登上历史舞台，他们为反对奴隶主贵族的法律特权，强烈要求颁布"一刑"的成文法典，为人们的行为树立明确的是非标准，因而格外看重法的公平与正直。到商鞅时，成文法的公布早已成为事实，法律的实施与适用便又随之成为

① 《史记·商君列传》。
② 《史记·秦本纪》。

焦点，成为商鞅等地主阶级改革家改革事业成败与否的关键。商鞅改“法”为“律”，原因正在于此。

商鞅对《法经》的改革，除名称上改法为律之外，还结合秦国的实际，在《法经》内容的基础上，增加连坐、垦草、分户、军爵等内容，制定了秦律。

（二）废井田，开阡陌

秦简公承认了私田的合法性而征收租税，但原先的井田仍然不能买卖。商鞅“为田开阡陌封疆，而赋税平”，[①] 即在秦国范围内废除了井田制，从法律上废除旧的奴隶主土地所有制，进一步承认所有的土地都可以私有和买卖，由国家统一收税。这是一项划时代的变革，它标志着秦国封建土地所有制的确立。

（三）废除旧的世卿世禄制度

新法规定：“宗室非有军功论，不得为属籍”，“有军功者，各以率受上爵。”[②] 即实行依军功授田宅的办法，宗室贵戚凡是没有立军功的，不得列入宗室属籍，根据军功重新制定尊卑爵秩的等级。有军功的可以显示尊荣，没有军功的人虽然富有也不能逾制芬华，奴隶主贵族的特权因此受到了沉重的打击。秦国的军功爵共分为二十级，各级都规定有相应的政治经济特权，如做官、占有田宅和奴婢，享有特定的衣服车骑等。凡斩得敌国一个甲士首级的，就赐爵一级，田一顷，宅九亩；要做官的可以授五十石俸禄的官。军功爵比较高的，除授田宅外，还赐予封邑。立大功的可以享受数百家直到数万家以上的食邑，衣食其租税。这种措施彻底瓦解了旧的奴隶制等级制度，大大加强了新兴的军功地主阶级的社会地位。

（四）重农抑商、发展农业生产

为了巩固封建统治的经济基础，保证封建国家的财源和兵源，商鞅颁布了《分户令》，其中规定“民有二男以上不分异者倍其赋”。[③] 又把百步为亩的旧制改为二百四十步一亩，奖励开垦荒地，耕织收入多的，免其徭役。禁止游手好闲，弃农从商，凡从事末业和因不事生产而贫困破产的人，罚作奴隶。为了增加秦国的兵源，秦采取优惠政策诱使三晋的奴隶和无地少地的农民逃到秦国，给他们田宅，免其三世的徭役，改变这些奴隶的身份。土著秦民可以专门当兵，而让新来的移民供应粮草。[④] 这样既解决了秦民当兵和务农的矛盾，又达到了削弱三晋的目的。

（五）取消分封制，普遍推行县制

把全国的乡里邑聚统一规划为四十一县。县设令、丞，由国王任免。县以下有乡、里，里之下便是什伍组织。五家为伍，十家为什。奖励告密，实行连坐

① 《史记·商君列传》。
② 《史记·商君列传》。
③ 《史记·商君列传》。
④ 《通典·食货志》。

法。告“奸”的按斩敌首同等给赏，不告“奸”的腰斩，匿“奸”的以降敌论处。人民不能自由迁徙。旅店不得留宿没有官府凭证的旅客，违者店主连坐。禁止私门请托和私通列国。

二、变法对秦国法制及后世中国传统法制的影响

（一）商鞅变法后的秦国

商鞅变法从政治上和经济上给奴隶主贵族以沉重的打击，剥夺了他们的特权，同时又为大批军功地主开辟了仕途。以太子师傅公子虔、公孙贾为首的旧贵族，故意唆使太子犯法，商鞅对他们进行了严厉的惩处。商鞅变法顺应了当时历史的新形势，促进了新的封建生产关系的成长，受到秦国人民的欢迎和拥护。变法“行之十年，秦民大说［悦］”，“民勇于公战，怯于私斗。乡邑大治”。[①] 当变法取得了初步成果时，商鞅连续出兵攻魏，夺回大片土地。秦孝公于是封商鞅为彻侯，食商、於（今陕西商县）十五邑。

秦孝公在位24年死去，子惠文王继位。这时商鞅威望极高，家家户户都知道商鞅之法。惠文王对他有所猜忌，公子虔等人就乘机诬告商鞅谋反。商鞅被迫出走，想到魏国去，但魏国不让他入境。他回到自己的封邑，举兵抵抗，结果失败，被车裂而死。商鞅虽死，但秦国的统治者仍然沿用改革后的新法。

由于实行了社会改革，秦国上下形成了崇尚耕战的风气，政府法令统一，官吏办事效率提高。新的生产关系促进了社会生产力的发展，“夫商君极身无二虑，尽公不顾私，使民内急耕织之业以富国，外重战伐之赏以劝戎士，法令必行，内不阿贵宠，外不偏疏远，是以令行而禁止，法出而奸息”，[②] 从而为秦完成统一六国的大业奠定了基础。此正如《新序》所论：“秦孝公保崤函之固，以广雍州之地，东并河西，北收上郡，国富兵强，长雄诸侯，周室归籍，四方来贺，为战国霸君，秦遂以强，六世而并诸侯，亦皆商君之谋也。”东汉的王充也说：“商鞅相孝公，为秦开帝业。”[③] 所以说，秦统一大业的完成与商鞅变法以及他的法律思想有着直接的关系。

（二）商鞅变法对中国传统法制的影响

1. 法律平等思想的影响。商鞅作为法家杰出的代表人物，高举平等的大旗，凝聚了渴望平等的民众，成为秦国富国强兵的先声。值得提出的是，虽然法家打破了“刑不上大夫”的贵族司法特权，但同时又树立了“明尊卑爵秩等级”的封建特权。可见，法家所倡导的只是法律适用上的平等，而在立法上不仅不提倡反而反对平等。

---

① 《史记·秦本纪》。
② 《史记·商君列传》。
③ 《论衡·书解》。

尽管如此，相对于当时的历史条件来说，这种法律平等思想依然是一个巨大的历史进步，对后世有着深远的影响。每当阶级矛盾激烈，社会矛盾难以调和之际，法律平等的口号往往是最具号召力的，而且也会被统治阶级中有远见的政治家们提出来，作为挽救社会败局的一剂良方。

2. 重刑主义的影响。虽然重刑主义不是商鞅的首创，但商鞅对重刑主义推崇到了无以复加的地步，他沿袭夏商西周五刑制度，不惜动用残酷的肉刑、死刑和族刑、连坐等严刑峻法手段，使野蛮的刑罚传统继承延续下来，影响到后世两千多年刑罚制度的发展方向。

3. 重农抑商思想的影响。商鞅借助国家暴力将“重农抑商”思想强行付诸实践，对后世产生了极坏的影响。韩非在思想上与商鞅一脉相承，而在理论上则有总结和发展，他直接将农业称为“本务”，工商称为“末作”。使这股形成于战国时期的思想潮流，以其内在精神与中国传统的经济形态和价值准则相吻合而获得了强大的生命力，制约和影响了整整一部中国古代史。

4. 郡县制和什伍连坐制的影响。商鞅变法后对整个社会的控制之严密，是前代及春秋战国时期任何一个政权所不能比拟的，这种制度也最符合统治者的利益和统治期望，因而也成为后世统治者积极效法的典范。什伍连坐制因而成为中国治安制度史上最重要的治安防范和户籍管理制度。

第五节　春秋战国时期的行政法律和治安制度

一、春秋战国行政法律体系的形成和变化

（一）各诸侯国官僚体制的确立

1. 关于工权的法律制度。春秋初期，各国的诸侯叫“国君”，掌握一国的政治、军事、司法、经济大权，权力最大。所以当时人就说：“赏庆刑威曰君。”杜预说：“作威作福，君之职也。”① 各封国中央机关的卿大夫和其他官吏皆仿效西周制度按血缘的亲疏，分别担任不同的官职，世代相袭，所以叫“世卿”制度。然而到了春秋中后期，各诸侯国由于争战和称霸的需要，国君开始选用有才能的官吏担任文臣武将，形成以将相为首的封建官僚体制，从而打破了西周以来按血缘宗法关系世代相袭的世官制度。公元前651年齐桓公在“葵丘会盟”的盟词上说：“士无世官”，② 宣布了对世卿制的废除。

① 《左传·昭公二十八年》。
② 《孟子·告天下》。

战国时各诸侯国的国君，为提高自己的地位，都先后改称为王。公元前 334 年魏国三国君称王。此后，中原各国国君纷纷称王。“王”表示他是一国的统治者，位尊权重。公元前 288 年，秦国还与齐国相约称“帝”。“帝”是天上具有最高权能的神，表示比其他国家的王高一等。

国君称号的改变，不但反映了各诸侯国不再居于从属周王室的附庸地位，而且也反映了各诸侯国内部国君权力的加强。

2. 中央官僚体制的确立。战国时期，随着世卿世禄制度的彻底崩溃，各诸侯国的国体也发生了重大变化，分封制体系下的卿大夫们已不复存在，取而代之的是国王直接任命的各级各部门的官吏，国王和他们一起形成了一整套君主专制的中央政体。国王下面建立了一套以丞相和将军分别为文武首脑的管理机构。

丞相（或称相、相邦、相国），是“百官之长”，协助国王处理全国行政事务，职位最高，职权极大。但是丞相的职位也非世袭，而是由国王任意任免，充分体现了专制君主至高无上的权威。

有的诸侯国有时也设左、右相，以右相为正。七国之中楚国比较特殊，它的最高行政长官叫令尹，吴起在楚国变法就是以令尹的身份主持的。秦国设相较晚，商鞅在秦国主持变法时曾由左庶长升为大良造，大良造便相当于相。秦国正式设相是在公元前 309 年。

将军（或称将），是武官之长，地位略次于相。同样七国之中仅楚国未设“将”，相当于“将”的职务为“柱国”，秦国设“将”也较晚。

在中央机关中，除将相以外的其他重要官职有：

尉，春秋时晋国在将军下面就设有尉，是次于将军的武官。到战国时期，各诸侯国都设有尉，但称呼不一，有中尉、国尉、都尉等，负责军事行政和人事。

御史，由以前的史官发展而来，掌管外国使臣的“献书”。史书记载，国王宴会群臣时，往往“执法在旁，御史在后”。① 一次，齐威王在宴会上，因御史在侧，不敢放肆饮酒，可见这时的御史已具有监察的职能。

尚书，或称“主书”，是国王左右掌管文书、章奏的官吏，又称“章书”。

郎中，国王的侍从武官，统帅保卫国王的禁军，是宫廷中的重要官职。

廷尉，最高司法官。

上述战国时期的这些官职，后来基本上都为秦汉乃至秦汉以后的封建王朝所沿袭。

（二）官僚体系的运作

1. 玺符制度。玺、符是国王在任命官吏和将帅时颁发的一种凭证，以表示国王授予的一定权力，所以玺、符是官职的凭证、权力的象征。不同级别的玺印大小、形状、质地均有差别。官吏的玺印是国家颁发的，是代表国家行使权力的凭证，因此丢失官印，私刻、盗用等行为都要受到法律的制裁。

---

① 《史记·滑稽列传》。

符即兵符，形状一般为虎形，所以又称虎符。符上刻有文字，分为两半，右半由国王掌握，左半由将帅掌握。用兵50人以上的，必须由国王发给兵符，到指定地方去合符。没有国王的那半个兵符，任何人都不能调动军队。但如果遇到外敌入侵，边塞点燃烽火之类的紧急情况，没有国王的右半个兵符来勘合也可以行动。

国王对官吏任命是以玺为凭的，对于将帅的调遣和发兵是以符为凭的。官吏、将帅当权在职，玺、符带在身边，免职或辞退时则把玺、符交还国王；国王颁发命令或官府之间往来公文，都必须用玺或印加盖于简束的封泥之上，作为凭信，否则便不能生效。玺符制度的普遍建立，反映了中央集权的君主专制制度的确立和加强。

2. 秩禄制度。秩禄制度，就是封建国家根据官吏职务的高低付给其一定数量的粮食作为报酬的制度。其作用就是使封建君主能以俸禄驾驭各级官吏，使受禄之臣为君主尽职效力。秩禄制度是封建等级制度和雇佣制度在官僚体制中的表现。

在各诸侯国中秦国的秩禄制度比较完备，它的官品秩禄与二十级爵制紧密挂钩，不同等级的爵位享有不同的特权，乃至田宅、奴隶。除了固定的秩禄，国王也常对官吏进行额外赏赐，以表彰管理的治绩。对于违反法规的官吏，就要"赀"罪，除按刑事处罚外，往往也使用减除俸禄的办法来处罚，以此体现"爵禄者人主之所以使吏治官"的思想。

3. 上计制度。上计制度是封建国家考核官吏政绩的制度。计，指计簿。所谓上计，就是中央要求地方行政长官每年年终将施政情况编为簿籍，呈送朝廷。朝廷根据汇报情况决定对地方官吏的奖惩、任免。

战国时，各诸侯国大多已实行上计制度，户口、垦田、赋税以及地方的支出和地方治狱情况都是上计的重要内容。国王对各级官吏进行考核时，如果成绩不佳，往往当场收玺免职；成绩优异则能升迁。高级官吏对于下级官吏的考核也采取同样的办法。

综上所述，玺符制度、秩禄制度和上计制度是战国时期封建官僚机构运作的基本方式，也是封建官僚制度的基本内容。这些制度贯穿着专制主义中央集权的精神，对于废除世卿世禄制度，巩固封建的经济基础都具有重要的作用。

（三）行政管理体制的变革

1. 文武分职。在我国古代职官的发展史上，文武比较明显的分职是从战国开始的。西周时期各诸侯国的公卿因为是受土封田，既管民又参与国政，他们既是土田的管理者又是所有者，土田辖区的军政等一切大事都由受封者处理，因此也就不易产生分工明确的官职。到了春秋末期及战国，国王手下的官僚机构日益庞大，管理的分工也就成为必然，加之随着兼并战争的频繁，军队数量的激增和军事技术的发展，设立专职的武职和专门的军事管理机构也就成为客观的需要，故由相与将分掌文武二柄。以秦国为例，商鞅任大良造时，还是文武不分，设相以后，大良造就成为专门的武职。在这种条件下，从春秋晚期开始，就产生了很多中国历史上的军事家和军事理论家，如孙武、孙膑、白起等。

文武分职，不仅削弱了相权，而且将和相还可以相互牵制，以便于国王对他们的控制。

2. 郡县制的演化。西周时期，在土地的归属和管辖制度上，实行的是分封制和采邑制，所谓“天子之地曰畿，诸侯之地曰国，大夫之地曰采”。[①] 这既是土地归属问题也是周人等级制度的体现。分封制的特点是封君在其辖地之内，独立地享有各种大权，而且世代相袭。到春秋中后期，由于土地私有制的发展和按亩征收赋税的执行，原来的采邑制度和世卿世禄制度已成为社会发展的障碍，因此从中央到地方需要建立一套崭新的行政管理体制。有的新兴贵族在兼并战争中对占领的地区设立郡、县，采用由国君直接管辖的新的地方行政管理体制。这时的郡大抵设于边境地区，地位比县低。杜预说：当时是“千里置县，县有四郡”。所以公元前493年，晋国赵鞅同邯郸赵氏作战，在誓师大会上宣布：“克敌者，上大夫受县，下大夫受郡。”[②] 这是我国历史上在地方行政管理体制中实行郡县两级制的开端。到战国时郡已居于县之上了。

县的设置不仅是名称的改变，而且是基层政权机构性质的改变，由原来的私邑改变为直接由国家统领的地方组织机构。春秋时，县的长官叫大夫，战国时期，大都改称县令，令下有丞。凡县皆设立了一套从属于中央政府的官僚组织和征收赋税、征发兵丁的制度。县令对县内重大的事项必须报国王决定，无权擅自处理。

秦在商鞅变法时，虽然普遍设县，但并未设郡，秦的郡都是从邻国夺来的，一般都在边境，以军事为主，并且大都由武官充当长官，所以一郡之长叫做“守”。秦始皇灭六国，统一全国后，“以诸侯为郡县”，郡下设县，以为定制，并被后代所承袭。

郡县地方制度的确立和普及，有利于封建经济的发展和加强国王的集权统治。

总之，西周时期的政权统治形式是“授民授疆土”的分封制，其职官的承继方式必然是世卿世禄制。对于这种相对独立的“王国”，靠宗法制度和礼仪文化来维护表面上的“一统”。历史进入东周以后，随着分封制的瓦解，宗法礼仪的破坏，职官的世卿世禄制也受到了冲击，文武开始分职，郡县制逐渐确立，与此相适应的统治手段也发生了变化。各诸侯国为了维护其政治、经济利益，强化国家机器，相继建立了由国王掌握的封建官僚政府，并以全新的方式进行运作，初步形成了封建专制主义中央集权的国家制度。

---

① 王国维《观堂集林》卷十，《殷周制度论》。
② 《左传·哀公二年》。

二、春秋战国的治安制度的变化

一方面由于诸侯争霸导致社会极其动荡不安，另一方面随着分封制向郡县制的转化，国家必须填补因各级旧贵族权势的衰落而导致的地方管辖权的空白，因此，由国家建立统一的治安管理制度无论是对君主专制统治秩序的维护还是对社会的生产与生活的保障来说都是非常必要的。也正是在这个背景之下，春秋战国时期的治安管理制度有了很大的发展，并且其中的许多管理原则和具体制度对于后世产生了非常深远的影响。

（一）治安管理体制的发展

春秋战国时期治安制度最大的发展，并且也是对后世影响最为深远的是形成从中央到地方系统而严密的治安管理体制。

齐国的管仲创立了“三国五鄙”① 治安管理体制。他将“国”分为二十一个乡，其中“工商之乡六”，“士乡十五”，其具体编制是：“五家为轨，轨为之长；十轨为里，里有司；四里为连，连为之长；十连为乡，乡有良人焉。”② 十五个士乡又平分为三：五个乡由国君亲自统帅，五个乡由上卿国子统帅，五个乡由上卿高子统帅，这就叫“叁（三）其国”。所谓“五鄙”，是将“鄙”划分为五个区域，分别由五个大夫为行政长官，其具体编制是：“三十家为邑，邑有司；十邑为卒，卒有卒帅；十卒为乡，乡有乡帅；三乡为县，县有县帅；十县为属，属有大夫。”③ 通过这种严密的地方及基层组织网络，加强了对地方治安的控制，并对后世的邻里保甲制度产生了重要影响。

郑国的子产也对治安体制进行了改革，将全国划分为“都”与“鄙”两类行政区域，整顿地方组织，把农民按照“伍”的组织进行编制，严加管理。“使都鄙有章，上下有服，田有封洫，庐井有伍，人之忠俭者从而与之，泰奢者因而毙之。”④

齐国和郑国的这种治安管理体制取得了非常明显的成效，并纷纷为其他诸侯国所效仿。战国时期继承并进一步发展春秋时期的治安管理体制。

以秦国为例，不仅从中央到地方设置了较为完备的、多层级的治安管理机构，而且它们的职能也更加明确。

在中央的治安管理机构及其职掌主要是：廷尉，掌刑狱及司法审判；郎中令，掌国君侍卫，统领保卫君主人身安全的卫戍部队；卫尉，掌宫廷警卫，这是王宫内的治安机构；中尉，是京师的治安机构。

同时，全国统一规划，把全国人民都编入什伍组织，五家为“伍”，十家为

---

① 城郊以内称为“国”，城郊以外称为“鄙”。
② 《国语·齐语》。
③ 《国语·齐语》。
④ 《左传·襄公三十年》。

“什”，互相监督。在地方设置四十一个县，以县令为行政长官，县丞分管民政，县尉主管维护社会治安。此外，还有“令史”等佐吏处理具体的治安事务，据秦简里的《封诊式》记载：“爰书：某里士五（伍）甲告曰：甲亲子同里士五（伍）丙不孝，谒杀，敢告。即令令史已往执。令史已爰书：与牢隶臣某执丙，得某室。”说明“令史”与其下属“牢隶臣”都具有逮捕罪犯的职责。

县以下的基层治安组织及主管人员为：乡，有乡啬夫等主管人员；亭，有亭长、亭啬夫等人；里，里是乡管辖下的治安组织，以“里典”为主管人员。基层治安组织的主要职责是协助调查刑事案件，追捕盗贼；负责户籍登记、管理及征发徭役等事项。此外，秦简中《内史杂律》还记载：“毋敢以火入藏府、书府中。吏已收藏，官啬夫及吏夜更行官，毋火，乃闭门户。”说明啬夫等官吏还有防火防盗的职责。

这一时期治安机构的主要职能，体现在维护以君主为首的统治政权的安全；治安保卫的重点，也在于君主所在的京师特别是君主居住的王宫。形成对君主、王宫、京城的三级保卫制。这一做法，对后世封建王朝中央治安机构的发展及职能体现，具有十分重要的影响。

（二）户籍管理

春秋战国时期各诸侯国的户籍管理制度大都以管仲所建立的“五家为轨，十轨为里”的户籍管理制度为基础，战国时期的秦国在此基础上有了进一步的发展。秦国于秦献公十年（公元前375年）“为户籍相伍”。商鞅以当时中原普遍实行的制度去改变秦人聚居的旧俗，战国时的中原各国基本上已普遍实行了别籍分居的制度。因此，秦经商鞅变法之后，普遍确立了以一夫一妻为单位、以成年男子别籍分居为原则的户籍制度。在《云梦秦简·封诊式》中的爰书登录的户口，就反映了这一情况。

春秋战国时期对户籍的管理，采取的是自下而上的办法，由里典等基层负责人主管一里的户籍，再上报至乡、县、郡等地方机构，最后汇总于中央。由于当时条件的限制，战国时尚未形成严密的户籍登录与统计的管理制度。但是，当时也已经注意到运用法律手段对户籍进行管理。除秦国以外，在现存《云梦秦简·法律答问》的最后，还节录了魏国的《户律》，这说明战国时确有专门的户籍管理法律存在。

（三）城市与边境治安

春秋战国时期，诸侯兼并战争频繁。诸侯国为了自身的生存与安全，不断完善城防设施。当时，各国以“国”——都城为主，国外有郊，又有“郛”或“郭”的外城。除国都以外，“邑”虽然大小不等，或有城，或无城，但即使是小邑，也往往筑有卫墙，即“保”，以防止邻国及邻邑的侵扰。由于建城就是为了防卫，所以对于城门都严加戒备。各门均有专官守卫，称为门尹或监门。监门和抱关职在守卫，所以夜间击柝以示警。由此可知各城门击柝守卫的具体情况。除击柝警戒外，夜间各城门都要关闭上锁，城门都是朝开夕闭，夜间上锁。

同时，在边境及各要塞，设置了“关”作为专门的治安机构。关的主要职能，就在于维护边境及要塞的治安管理，防止外来侵略及国内不法之徒的骚扰。此外，春秋时的一些诸侯国中，还设有“封人”一职，专门负责“关”的管理，具有维护边境治安之责。

随着商品交换的发展，城市的商业性日趋显著，为了适应这一变化，对市场的治安管理也日趋严密和专门化。为了便于管理，以垣墙圈围，四面设门，以供出入，入市交易，必须由门出入，门则有固定的开启时间，并设有专门的市场管理人员。市场管理人员随时巡查商贾列肆以检查其是否有违法行为，商贾必须在出售的商品上明码标价，防止商贾任意抬高物价，也便于市场管理人员收取管理费（市租）。对于外邦来的客商，必须向市场管理人员提交有关的证明文件，才能在市场上从事贸易活动。

（四）交通驿传

春秋时期，由于商业的发展和战争的需要，交通驿传制度得到很大的发展。道路交通已北通燕蓟，南至吴楚，东达齐鲁，西抵关中。虽然还未达到大邑均通驿的程度，但至少在诸侯国内，基本上实现了国都与大邑、边鄙之间有驿道相连。与此相适应，对驿道的治安管理也不断完善。《国语·周语》：“列树以表道，立鄙食以守路，国有郊牧，疆有寓望。”在驿道沿线，设有“传舍”、“客馆”，供过往的客人休息，也供传马的换替。

战国时期，随着商业的发展和战争规模的扩大，城市与野外的道路交通得到很大的发展，各城市之间一般都有道路相连接。交通的发展，使驿传及相应的管理制度也得到发展。

（五）消防管理

春秋战国时期的消防管理也有较大发展，已开始实行专人管理、分工负责的做法。关于春秋战国时期的消防管理，举两例略作说明。

《左传·襄公九年》记载，宋国发生大火时，“乐喜为司城，以外政。使伯氏司里，火所未至，彻小屋，涂大屋，陈畚挶，具绠缶，备水器，量轻重，蓄水潦，积土涂，巡丈城，缮守备，表火道。使（司徒）华臣具正徒，令隧正，纳郊保，奔火所……”从这些记载看，当火灾发生时，以及在救火的过程中，一切行动都井然有序，如果事先没有一套制度及措施，是很难做到这一点的。同时，在救火的过程中，司马、司寇与司空各司其责，将消防与维持治安融为一体。

另外，在《左传·哀公三年》也记载了鲁国发生火灾时的情形：“司铎火。火逾公宫，桓、僖灾。救火者皆曰：顾府。南宫敬叔至，命周人出御书，俟于宫，曰：庀女而不在，死。子服景伯至，命宰人出礼书，以待命，命不共，有常刑。校人乘马，巾车脂辖。百官官备，府库慎守，官人肃给。济濡帷幕，郁悠从之，蒙茸公屋。自太庙始，外内以悛，助所不给。有不用命，则有常刑，无赦……”在救火过程中使用消防器械、消防的方法是济濡帷幕（用沾湿的帷幕在火场附近的建筑物上覆盖）以阻止火势蔓延；去表之藁，道还公宫（搬去火势前的易燃物，开辟火道），对于在救火过程中不尽责或失职的，则要予以严厉的处罚。

第六节 春秋战国时期司法制度的变化

一、司法机关

春秋初期，各诸侯国基本上沿用西周的法律，推行司法专制。中叶以后，随着经济的发展，阶级关系的变化及各诸侯国的割据一方，对司法制度进行相应的变革。

春秋时代各诸侯国的司法组织基本上沿袭西周，保留了乡遂制度，如齐国分为二十一乡，五属（相当于“遂”）；鲁国分为三郊（即乡），五遂等。但各诸侯国对法官的称谓却有所不同，鲁国称为“司寇”，齐国称“士”，晋国称“士”或“理”，楚国、陈国则称法官为“司败”。

战国时，变化最大的是秦国，在商鞅变法后秦的司法机构逐步完善，中央司法机关主要有：廷尉，掌管刑狱和司法审判；郎中令，掌国君侍卫，统领保卫君主人身安全的卫戍部队；卫尉，掌宫廷警卫，这是皇宫内的治安机构。

二、司法管理体系

（一）起诉制度

春秋时代的起诉形式，有自诉、控告外，还有自控。自控也叫自拘、自系，相当于现代的“自首”。例如，“李离过听杀人案”、“石奢纵父自戕案”中的李离、石奢都属于自控。

（二）审判制度

春秋时期是社会大变革时期，众多的诸侯国争霸、兼并，战争频繁。诸侯国内臣弑其君，子弑其父，争权夺利，自相残杀。尽管各诸侯国根据需要制定《常法》或公布成文法，但其审判制度基本上沿用西周而有所发展。

春秋时期的审判制度大致是：案件由两位法官主审；开庭时要求原告、被告同时到庭；按照周礼命夫命妇不躬坐狱讼，可以由代理人出庭受审；允许现职法官（治狱官）充当辩护人；原告、被告可以在法庭上进行辩论；法庭辩论结束后，由两位主审法官合议定罪；宣判后，立即执行；对辩护人可以处刑，甚至处以死刑；对命夫命妇法官无权审判，得移送京师，请国王裁决等。

春秋时期的法官责任制，明显地受着西周的影响，对应负的罪责执行得更加严肃、更加自觉。西周时期对于法官的五过之疵，其责任是其罪惟均。春秋时期法官判了错案，错杀无辜，或者下吏办了错案，法官都要承担死罪的责任。例如，晋文公时，晋国法官李离因下吏办了错案，结果错杀无辜，李离自拘当死。晋文公开脱说：“官有贵贱，罚有轻重。下吏有过，非子之罪也。”李离说：“臣居官为长，不与吏让位；受禄为多，不与下分利。今过听杀人，付其罪下吏，非所闻也。”晋文公又说：“子则自以为有罪，寡人亦有罪邪?”李离说：“理有法，失刑则刑，失死则死。公以臣能听微决疑，故使为理。今过听杀人，罪当死。”终于拒不接受晋文公的赦免令，伏剑而死。司马迁评论说：“李离过杀而伏剑，晋文以正国法。”①

（三）监狱

春秋时期监狱有较大规模的发展。齐景公时代就有“籍重而狱多，拘者满国，怨者满朝”② 的记载。监狱除称圜土、囹圄外，亦称“狴犴”。“孔子为鲁司寇，有父子讼者，夫子同狴执之。”③ 狴，狴犴也。俗传龙生九子不成龙，四曰狴犴，形似虎，有威力，立于狱门，故称监狱为狴犴。

春秋时期的狱官，各国有所差异，鲁国为司寇主狱，晋国为士弱氏主狱，郑国为尉氏主狱，“归死于尉氏”④。

春秋时期，战争频繁，社会动荡，各国诸侯亟须兵源与劳动力，因此，在众多的监狱中服刑的是以劳役刑为主体，这种监狱制度既是西周圜土、嘉石监狱制度的继承与发展，又是符合各国统治者的意志与利益的，因为他们急需有众多的无偿劳动力服役为其增添财富，又需要大量的兵源后备力量。春秋末期，不少诸侯国已逐步废除宫刑和刖刑，由原有的以肉刑为中心的刑罚体系向以劳役刑为中心的刑罚体系的转变，是春秋监狱的重要特征。这个转变是符合当时的特定历史条件，也符合监狱制度的发展规律的，在诉讼制度史上无疑是进步的一页。

分析题：

《左传·昭公六年》：“三月，郑人铸刑书。叔向使诒子产书，曰：始吾有虞于子，今则已矣。昔先王议事以制，不为刑辟，惧民之有争心也。犹不可禁御，是故闲之以义，纠之以政，行之以礼，守之以信，奉之以仁，制为禄位以劝其从，严断刑罚以威其淫。惧其未也，故诲之以忠，耸之以行，教之以务，使之以和，临之以敬，莅之以强，断之以刚。犹求圣哲之上，明察之官，忠信之长，慈惠之师，民于是乎可任使也，而不生祸乱。民知有辟，则不忌于上，并有争心，以征于书，而徼幸以成之，弗可为矣。夏有乱政而作《禹刑》，商有乱政而作《汤刑》，周有乱政而作《九刑》，三辟之兴，皆叔世也。今吾子相郑国，作封洫，立谤政，制参辟，铸刑书，将以靖民，不亦难乎?《诗》曰：‘仪式刑文王之德，日靖四方。’又曰：‘仪刑文王，万邦作孚。’如是，何辟之有?民知争端

① 《史记·循吏列传》。
② 《晏子春秋·内篇》。
③ 《孔子家语·始诛篇》。
④ 《左传·襄公二十六年》。

矣，将弃礼而征于书。锥刀之末，将尽争之。乱狱滋丰，贿赂并行，终子之世，郑其败乎！肸闻之，国将亡，必多制，其此之谓乎！复书曰：'若吾子之言，侨不才，不能及子孙，吾以救世也。既不承命，敢忘大惠？'"

从郑国铸刑鼎事件，分析争论的实质是什么，并阐述公布成文法意义何在。

思考题：

1. 简述春秋时期法律制度变化的原因。
2. 试述《法经》的内容、本质及其对后世的影响。
3. 商鞅变法的主要内容及对后世的影响。

第四章 秦朝法律制度

导读：秦国原地处西陲，发展缓慢，到献公、孝公时开始了改革图强，公元前356年开始的商鞅变法使秦国实力大增，从公元前230年开始到公元前221年，秦先后灭掉韩、魏、楚、赵、燕、齐，完成统一，建立了中国历史上第一个中央集权的封建专制王朝。秦朝的统一对于政治、经济、文化的发展起了积极的推动作用，但秦朝统治者统治手段过于残暴，又劳役民力过度，终于激起民变，结果秦朝仅传二世，到公元前206年，秦王朝灭亡。

秦国自商鞅变法以来，一直以法家思想作为统治的指导理论，坚持先秦法家的“法治”、“重刑”原则，厉行法治，主张“法令出一”，即建立统一的政治法律体系。推行郡县制，统一货币和度量衡，实行重农抑商政策，注重思想文化的统一。秦朝作为一个以法家思想为指导思想的王朝，其以法为本、严刑峻法的法律体系，在中国古代法制史上独具特色，其维护专制主义中央集权的法律精神与制度对后世产生了深远的影响。

本章应重点掌握秦朝法制的指导思想及其特点；主要的法律形式；刑罚制度和刑法原则；司法制度的发展。

第一节 法家与秦朝的法治

一、法家思想的指导作用

秦的崛起得益于法家治国理论的运用，自孝公起秦的几代国君均笃行法家的治国理论。秦始皇对于集法家之大成的韩非子极为推崇：“寡人得见此人与之游，死不恨矣”①，而与韩非子师出同门的李斯则是秦始皇最重要的辅政者。因此，秦朝的法律都打上了深深的法家思想的烙印。

（一）海内为郡县，法令由一统

君主专制是法家思想的一个重要内容，秦朝的统治者将这种思想发展到极端。作为秦始皇最重要的辅臣，李斯在第一次与秦始皇谈话时就力主其“灭诸侯，成帝业，为天下一统”，后又极力向秦始皇主张推行极端的君主专制，鼓吹

① 《史记·老子韩非列传》。

君主应当“身尊而势重”，“独制于天下而无所制”，“独擅天下之利”。[①] 在秦朝刚刚统一全国之际，李斯就和丞相王绾、御史大夫冯劫一起“议帝号”，创立了皇帝制度。在国家体制上，李斯力排众议，坚决反对实行分封制而主张实行郡县制，得到秦始皇的首肯。同时，在秦始皇称帝以后，采取了在全国统一法律的措施，即废除了六国原有的法律，把战国时秦国的法律统一适用于整个秦帝国的范围内，且不断制定新的法律，明定最高立法权属于皇帝，“法出于一”。秦始皇本人即一个极端专制的皇帝，“始皇为人，天性刚戾自用，起诸侯，并天下，意得欲从，以为自古莫及己。专任狱吏，狱吏得亲幸。博士虽七十人，特备员弗用。丞相诸大臣皆受成事，倚办于上”。“天下之事无小大皆决于上”[②]。经过秦始皇和其辅臣的努力，建立了中国历史上第一个“海内为郡县，法令由一统”[③]的君主专制中央集权的国家政权。

（二）以法为教，以吏为师

法家的商鞅与韩非等人都提出过以国家政令维护思想统一的重要性。商鞅提出“壹教”，即取缔一切不符合法律，不利于耕战的思想言论；韩非则更明确地指出：“明主之国，无书简之文，以法为教；无先王之语，以吏为师。”[④] 而李斯将此予以继承和发展，并向秦始皇力陈：“今皇帝并有天下，别黑白而定一尊。私学而相与非法教，人闻令下，则各以其学议之；入则心非，出则巷议，夸主以为名，异取以为高，率群下以造谤。如此弗禁，则主势降乎上，党与成乎下。禁之便。臣请史官非秦记皆烧之。非博士官所职，天下敢有藏《诗》、《书》、百家语者，悉诣守、尉杂烧之。有敢偶语《诗》、《书》者弃市，以古非今者族。吏见知不举者与同罪。令下三十日不烧，黥为城旦。所不去者，医药、卜筮、种树之书。若欲有学法令，以吏为师。”[⑤] 李斯的这一建议被秦始皇欣然采纳，随后发布了《焚书令》并进行焚书坑儒，在思想文化领域实行了极端的专制统治。

（三）深督轻罪，专任刑罚

李斯继承了商鞅、韩非子的重刑理论，并将其予以发挥和运用到实践中。他认为：“彼唯明主为能深督轻罪。夫罪轻且督深，而况有重罪乎？故民不敢犯也。”[⑥] 君主只有用烦苛的刑罚来监视督察臣民，才能树立自己的绝对权威和维持统治秩序的稳定。“群臣百姓救过不给，何变之敢图?”[⑦] 重刑主义对秦法制影响深远，秦统治者有“专任刑罚”、“以刑杀为威”的评价正是因此。《史记·秦始皇本纪》记载的“断劓盈车”、“所割男子之势积如山”是对此问题的最直接的表现。可以说重刑是秦朝法制的基本特征，不过秦的重刑主义并没有实现其目

---

① 《史记·李斯列传》。
② 《史记·秦始皇本纪》。
③ 《史记·秦始皇本纪》。
④ 《韩非子·五蠹》。
⑤ 《史记·秦始皇本纪》。
⑥ 《史记·李斯列传》。
⑦ 《史记·李斯列传》。

的，反而激起了民众的普遍反抗，并最终导致了秦王朝的迅速灭亡。

二、云梦秦简与秦朝法律的主要形式

云梦秦简是1975年12月在湖北省云梦县睡虎地11号秦墓中发掘出土的一大批秦代竹简，统称为“睡虎地秦墓竹简”，简称《秦简》。这批竹简总计1155支（另有80支残片），其主要内容分为《编年记》、《语书》、《秦律十八种》、《效律》、《秦律杂抄》、《法律答问》、《封诊式》、《为吏之道》八个部分。其中大部分是墓主喜出于工作需要，个人对秦律的摘抄，它虽非秦律全部，但内容极为丰富，涉及社会生活的各个方面，反映了秦统一前后的法律制度的概况。云梦秦简是迄今我国发现的最早的法律文书，为我们研究秦代法制提供了第一手珍贵资料。

从秦简和相关典籍的记载中可以推断出秦朝的法律形式有以下几种：

（一）律

自商鞅改“法”为“律”以后，律便成为秦最主要的法律形式。云梦秦简中所记载的秦代的律有《秦律十八种》、《效律》、《秦律杂抄》三种，其中所见律名就有29种之多：《田律》、《厩苑律》、《仓律》、《金布律》、《关市律》、《工律》、《工人程》、《均工律》、《徭律》、《司空律》、《军爵律》、《置吏律》、《效律》、《传食律》、《行书律》、《内史杂》、《尉杂律》、《属邦律》、《除吏律》、《游士律》、《除弟子律》、《中劳律》、《藏律》、《公车司马猎律》、《牛羊课》、《傅律》、《敦表律》、《捕盗律》、《戍律》；并且，睡虎地《秦简》所反映的应该只是秦律的一部分。总的来看，秦朝的律虽然种类繁多，涉及面广，但在律的编撰上尚未成熟，大多带有一事一律的特点，离法典化还有相当的距离。

（二）令

令是律的重要补充形式，是君主或皇帝针对一时之事而以命令形式发布的法律文件，如秦始皇颁布的《焚书令》、《吏见知不举令》、《以古非今偶语诗书令》等。秦建立皇帝制度后，为显示皇帝至高无上的权威，改皇帝的命令为制、诏。命为制，制以宣示百官；令为诏，诏以布告天下。令的适用范围虽不如律，但它是最灵活的法律形式，并且具有最高的法律效力，往往具有废止、替代律中某些条款的效力。但在秦代，律令的界限尚未严格划分。《秦简·语书》中经常将法、律、令并提，如“修法律令”，“法律令已具”，“法律令已布”。

（三）式

式即程式、格式，是朝廷统一颁布的规定官吏审理案件的准则以及书写法律文书的程式的法律文件。式作为一种法律形式最早见于秦，如秦简的《封诊式》即关于审判原则以及对案件进行调查、勘验、审讯、查封等方面的规定和文书程式。

(四)《法律答问》

《法律答问》是朝廷或地方主管司法的官员以问答的形式对秦律某些术语及律文的立法意图、诉讼程序中的某些问题所作的解释和说明，目的在于保证法律得到统一的贯彻实施，与法律条文一样具有普遍的约束力。秦简中所记载的《法律答问》共有187条，是对秦朝律令条文的重要补充。《法律答问》开创了后世注疏法律的先河。

(五)廷行事

廷行事是律的补充形式之一。“廷”指宫廷；“行事”即已行之事，指判案成例，它是司法官员在审案量刑时参考的依据。秦简的《法律答问》中有十多条直接以“廷行事”为依据，由此可见司法官员此前审理案件的某些成例也是法律的补充形式。

(六)法律文告

法律文告是秦朝各级官员在其辖区内发布的具有法律效力的文告。秦简的《语书》就是秦王政（始皇）二十年（公元前227年）南郡的郡守腾颁发给该郡各县、道的一篇法律文告。

(七)程

程是关于官营手工业劳动者生产管理的规定。秦于边陲起家，却以强兵闻名，其中拥有器械之利是主要原因之一，这和秦朝严密的手工业管理是分不开的。秦简中的《工人程》就是关于生产定额方面的法规。《商君书·定分》中记载：“不中程，为法令以罪之。”也表明了当时有“程”这种法律形式，只是后世不见。

(八)课

秦简中还有《牛羊课》之条：“牛大牝十，其六毋子，赀啬夫、佐各一盾；羊牝十，其四毋子，赀啬夫、佐各一盾。”说明课是一种官吏考核法规，是一种有关行政管理的法律形式。

三、秦朝法制的主要特色

秦朝的法律是在法家思想的指导下创建的，因此，重刑轻罪和法网密布是秦朝法律的基本特色。

(一)重刑轻罪

法家认为，只有重刑轻罪才能以刑去刑，维护君主专制的统治秩序。这一点在秦朝的法律中得到了充分的体现。在《秦简·法律答问》中记载有这样的案例：“或盗采人桑叶，赃不盈一钱，何论？赀徭三旬。”偷采别人的桑叶，虽赃不满一钱，也要处以服徭役三十天之罚，足见对轻罪的重罚精神。《法律答问》：“五人盗，赃一钱以上，斩左趾，黥以为城旦。”五人偷窃一钱以上即被砍左趾，并处黥为城旦苦役之罚，体现了共犯从重和重刑轻罪的法律原则。根据典籍记载，由于执行劓刑所割人之鼻可用车载，因执行宫刑而所割男子之势堆积如山，乃至于“赭衣塞路，囹圄成市”①。

（二）法网密布

仅云梦秦简所载法律的内容就涉及政治、经济、军事、司法、文化等诸领域，充分印证了秦朝对各种社会关系的调整“皆有法式”的说法。甚至连穿鞋之类的琐事法律都予以规定。例如，《秦简·法律答问》中记载：“‘毋敢履锦履’。‘履锦履’之状何如？律所谓者，以丝杂织履，履有文，乃为‘锦履’。”难怪后人评价“秦法繁于秋荼，而网密于凝脂”②。

第二节 行政法律制度

一、皇帝制度

皇帝制度是封建专制制度的核心，是中央集权的必然结果。秦统一六国前，国家最高统治者叫“王”、“帝”、“君”。秦统一天下后，秦王政“自以为德兼三皇，功过五帝”，号曰“皇帝”，其命曰“制”，令为“诏”，自称为“朕”，臣民称其为“陛下”。皇帝驾临曰“幸”，所在曰“行在所”，所居曰“禁中”，皇帝死曰“崩”。在官文书中还建立抬头、避讳等制度，以示皇权的独尊，即遇有“皇帝”、“始皇帝”、“制曰可”等字样时，要顶格书写，如涉及皇帝名字则需要避讳。从此，皇帝的名号成为封建时代最高统治者的共同尊称。秦王政还废除旧有的“谥法”③，他“为‘始皇帝’。后世以计数，二世三世至千万世，传之无穷”。④

皇帝拥有至高无上的权力，凡行政、立法、司法、官吏任免、统帅军队、征收赋税、重大工程营造等，均由皇帝总揽。为了发挥官僚辅政的作用以便更好地行使皇帝的权力，秦朝建立了朝议和朝会制度。秦始皇虽然权力至高无上，但涉及军国大事，则实行朝议。诸如帝号、分封、郊祀、禁私学等，均下其议于群臣，最后由皇帝裁决。朝会制度，是指皇帝临朝听政大会群臣的制度，朝会有法定的日期。此外，还建立了皇帝行使权力的凭证制度以及后宫制度、宗庙陵寝制度。自此之后这些制度以法律形式固定下来，并对中国几千年的政治文化产生了重大而深远的影响。

皇帝制度的建立，使天下大权集于中央，中央大权集于皇帝。皇帝制度的每

---

① 《汉书·刑法志》。

② 《盐铁论·刑德》。

③ “谥法”传说是周公旦制定的。是有关帝王和贵族死后，由其子弟和大臣根据其生前的功业和品德，评定一个称号，所谓“褒善贬恶”。后世用于士大夫。

④ 《史记·秦始皇本纪》。

一项内容都体现了君主专制统治这一基本精神，渲染皇帝的绝对权威。

二、行政机构

（一）中央行政机构

秦朝的中央行政机构主要由三公九卿组成。三公为中央行政中枢机构，由丞相、太尉和御史大夫组成。丞相，为百官之长，负责督率百官、总揽国政，是皇帝之下的国家最高行政长官。但在君主专制政治中，丞相实际上只能承旨办事而无决定权。太尉，由战国时的国尉发展而来，负责军政和作战，是最高的军事长官。御史大夫，由战国时的御史发展而来，原在国王身边主要管记事。秦统一后设御史大夫为最高监察官，地位相当于副丞相，可参与商讨军国大事，主要负责纠察百官的违法行为，管理图籍、章奏并兼理司法审判。

三公之下设有九卿具体掌管祭祀、礼仪、军事、行政、司法、文化教育等事务。九卿的名称及其职掌分别是：奉常，掌管礼仪和祭祀；郎中令，负责皇廷保卫，统辖皇帝侍从警卫；卫尉，统率“宫门卫龙兵”，负责宫廷警卫；太仆，负责管理宫廷车马和马政，皇帝出行，亲为皇帝御车；廷尉，负责司法，掌管刑辟，系中央最高司法机关；典客，负责国家外交和少数民族事务；宗正，掌管皇族事务；治粟内史，负责国家租税赋役与财政收支；少府，掌管皇室财产，兼理山海池泽税赋。此外，还设有列卿。

（二）地方行政机构

早在战国时代，就已经出现了郡与县。秦统一后，在全国范围内实行郡县制，以郡辖县，形成郡县两级地方政权。秦始皇二十六年（公元前219年）分天下为36郡，其后又陆续增设九原、南海、桂林、象郡、闽中五郡。

郡的最高长官是郡守，郡守由朝廷任命，直接受朝廷节制。郡守之下设郡丞，协助郡守处理事务，主要是治狱断案等司法事宜；设郡尉掌管军政。此外，郡内还有由朝廷派来的监御史专职负责监察。

郡下设县，县的行政长官为县令（长），万户以上的县称县令，不足万户的县称县长。县令（长）掌管一县行政事务，兼理司法审判工作。县令（长）之下设县丞，协助县令掌管县内事务；设县尉，掌军事、治安。秦朝还在少数民族地区设置道，作为县级行政机构，其长官叫啬夫，啬夫也由中央任免，并向中央负责。

县以下有乡、亭、里。乡是县下级的地方基层组织。乡设“有秩”，掌行政；设“三老”，掌教化；设“啬夫”，掌辞讼和赋税；设“游徼”，掌治安。“亭”同“停”，是过路人休息的地方，主要负责接待过路官员、传递信件以及捕盗贼。沿道路十里设一亭。亭设亭长，主一亭之事。里为最小的地方行政管理单位，里内居民按什伍编制，里设“里正”（后为避秦始皇“政”之讳，改称为里典，又称里啬夫），负责本里的事务。

三、吏治制度

秦朝厉行法家学说，在官吏管理方面将韩非关于“明主治吏不治民”①的主张落到实处，建立了一套严格且行之有效的官吏选任、考课及奖惩制度。

（一）官吏选任的标准与限制

秦朝在官吏的选任上，主要标准是“明法律令”、德才兼备，注重实绩。主张“因能而授官，循名而责实”②。同时强调“审民能，以任吏”③。

1. 必须“明法律令”。秦朝实行“以法为教，以吏为师”，要求官吏通晓法律令，并以是否“明法律令”作为区分良吏与恶吏的标准，因而“明法律令”自然是官吏选任的重要标准。

2. 必须具备“五善”。所谓“五善”，即“一曰中（忠）信敬上，二曰精（清）廉毋谤，三曰举事审当，四曰喜为善行，五曰龚（恭）敬多让”。④ 亦即要忠于皇上、廉洁奉公、审慎履职、愿做好事、恭敬谦让。

同时，秦朝也规定了任官的限制条件，主要有：不得任用已被撤职永不叙用的废官；所任属吏必须是30岁以上的壮年；长吏调任新职，不得带走原有佐吏，等等。

（二）官吏选任的方式与程序

秦朝中央和地方长官均由皇帝任免，长官可以自选属吏。选任方式主要有察举、征召、任子几种。所谓察举，是指由下而上举荐人才为官，由朝廷或主管官员进行考察的制度。所谓征召，是指朝廷对各地有名望的人士采取自上而下的方式征召到官府做官的制度。所谓任子，又称葆子，是指高级官吏保举自己的子弟为官的制度。为了防止官场上可能出现的各种徇私舞弊现象，确保官员的素质，秦朝规定了“保任连坐”制度。“秦之法，任人而所任不善者，各以其罪罪之。”⑤

至于选任程序，根据《秦简·置吏律》的规定，地方文、武官吏，须经正式任命后才能到职视事，如不当任用而敢先行行使职权，以及私相谋划而派往就职的，依法论处。另据《秦简·法律答问》，官吏一经正式任命，就必须听从调遣，不得拒绝。

（三）官吏的考课与奖惩

秦朝以对官吏的考课严谨、赏罚分明著称。对官吏的考课，分为每年定期的地方对中央的上计制度和对负责具体事务的官吏的定期或不定期的考课两种。上计制度要求郡守在每年年终，在所属各县县令（长）呈报的有关情况的基础上，

---

① 《韩非子·外储说右下》。
② 《韩非子·心度》。
③ 《秦简·为吏之道》。
④ 《秦简·为吏之道》。
⑤ 《史记·范雎蔡泽列传》。

将本郡的人口、垦田、各种税收、粮食收入及治安状况等写成上计报告，呈报中央进行考核。可见，上计制度的考核方法是在郡守和县令（长）每年“上计”时，检查他们一年的政绩。中央考核郡守，郡守考核县令（长）。对于负责具体事务的官吏的考核则根据具体职掌确定标准，如对负责厩苑事务官员的考核，《秦简·厩苑律》规定：每年“以四月、七月、十月、正月肤（即评比）田牛。卒岁，以正月大课之”。考课的结果分为“最”和“殿”两类，“最”者奖励提升，“殿”者则受笞罚。有关官吏考课及奖惩的规定，在秦简中比比皆是，尤以《田律》、《厩苑律》、《仓律》、《效律》、《除吏律》、《牛羊课》等为多。秦朝将官吏的考课结果与其奖惩升降直接挂钩，直接起到激励或警示官吏的作用，表现出统治者厉行法治、严肃吏治，是为了达到提高官吏队伍的统治效能、维护封建国家机器正常运转的目的。

四、治安管理制度

秦朝是中国古代治安管理制度基本成型的时期，在治安管理体制、治安管理机构与职官的建制及业务活动等方面，均已有法律令加以规定，并初具规模。

（一）治安管理体制、机构及职官

秦朝确立了封建专制主义中央集权制，即皇帝总宰下的朝廷（中央）——郡县（地方）——基层（包括乡、里、亭、什、伍、族、家等）的三级治安管理体制。与此相适应，在治安管理机构与职官的建制上，也可分为三个层次：

1. 中央。位居三公之一的丞相“掌丞天子助理万机”，而治安管理当然是其重要职责。太尉主管国家军事与治安并节制郡县尉；御史大夫也兼有治安管理之责。九卿中的郎中令、卫尉等均有治安之责。而列卿中的中尉（执金吾）则掌京师治安、巡警奸滑等事宜，是极为重要的治安职官；詹事掌皇后与太子宫中之事，包含治安。上述中央治安管理机构与职官的首要任务是宫廷禁卫，其保卫对象主要是皇帝以及皇太子、皇太后与皇后等皇族人员。

2. 地方。地方治安由郡县政府负责。郡守、县令（长）全面负责本郡县的行政、军事与治安管理。作为长官的助手，郡尉（都尉）主管本郡武装训练及巡逻、缉捕等治安事宜，并负责指挥各属县县尉的治安业务，郡丞率领所属的郡功曹分头承办全部的刑狱、治安等各项业务；县尉主管一县军事训练、搜捕盗贼等事务，县丞率县功曹承办县内刑狱与治安业务。

3. 基层。乡之“游徼”是专职的治安官吏，他巡行于一乡境内，以禁盗贼。亭之亭长、求盗，里之里正（典），什之什长，伍之伍老等，其主要职责均是维护治安。另外，族有族长，家有家长，都承担有相应的治安管理职责。《秦简·法律答问》中有相关的记载：“贼入甲室，贼伤甲，甲号寇，其四邻、典、老皆不存，不闻号寇，问当论不当？审不存，不当论；典、老虽不存，当论。”说明在当时的基层官吏是负有治安管理责任的，对其境内发生的治安事件负有直接责任。

（二）几种具体的治安管理制度

1. 户籍管理制度。户籍即登记居民户口的册籍。秦从战国时就开始建立户籍制度。商鞅变法时强调："民有二男以上不分异者，倍其赋"，"令民为什伍，而相收司连坐"。[①] 为增加国家的赋税，破除儒家所主张的大家庭制，而代之以一夫一妻为主的个体家庭，进一步完善了户籍制。同时，商鞅还把户籍与什伍连坐制度结合起来，强化了户籍制度的治安功能。

根据史料，秦朝的户籍制度主要有以下内容：（1）"生者著""名籍"。"四境之内，丈夫女子皆有名于上，生者著，死者削。"[②] 凡境内居民，不论男女，一旦出生就要将其姓名登记在户籍本上，取得户籍，也叫"名籍"。（2）"令男子书年"[③]，即在户籍上载明男子的年龄。此种做法始于秦始皇十六年（公元前231年）。（3）标明婚姻关系，即男女之间合法的婚姻关系必须在同一户籍上登记。（4）标明籍贯、有无爵位以及属于何种身份，如"编户"、"宗室属籍"、"宦籍"等。（5）"更籍"，即居民迁徙，必须报官办理户籍迁移手续。（6）"死者削"，即人死亡后，要在户籍上削除其姓名。如果战士在战争中失踪，经有关关系人证明其战死，可宣告其死亡，并由宣告死亡人的继承人继承其战功、爵赏；一旦此人后来被证明未死，则夺爵并惩罚证明人。如果系逃亡，则在户籍上注明逃亡，以备往后追究其法律责任。（7）"同居连坐"。"户为'同居'"，户中人相互负有连带责任——"同居所当坐"[④]。如家庭成员中有人犯罪，家长"不先告"，也要依法论处。此外，依《傅律》规定，户籍由居民所在的乡、里掌握，如果隐匿实际年龄或登记残废不实者，作为欺诈的居民和知情不举的官吏以及同伍之人都要受罚。

2. 关梁查验管理制度。"关"指关门关口，"梁"指津要桥梁，皆为水陆交汇之处。秦朝在全国各县和各交通要津设置关卡，保证合法通行，限制非法穿越。其通行证件或叫"传"、或叫"符"、或叫"验"。某人如没有通行证件，就既过不了关卡，也没有人敢收留其住宿。《史记·商君列传》中的记载即可证明："商君之法，舍人无验者坐之。"对于伪造公文证件企图蒙混过关的，或没有通行证件而逃亡即"阑亡"之人，或沿途关卡的官吏失察的，均要受处罚。秦在边境贸易上的管理也很严格，根据《秦简·法律答问》记载，要求外来客商必须"布吏"，即"诣符传于吏"。否则，不能进行交易。

3. 驿传客店治安管理制度。秦朝的驿传制度比较完备，为保证官府驿站为来往官吏提供必要的食宿条件，秦颁布了《传食律》，统一规定了不同等级的生活标准；还颁布了《行书律》，对及时、安全传递公文的一系列问题做了细密的规定。秦还实行限制私人经营旅店的"废逆旅令"，取消民间客店。

---

① 《史记·商君列传》。
② 《商君书·境内》。
③ 《史记·秦始皇本纪》。
④ 《秦简·法律答问》。

4. 城市街区和商业区的治安管理。《秦简·法律答问》中有一例，说市南街亭的求盗发现亭旁有人盗衣服和马，即将其捕送官府。秦代还有禁止聚众饮酒的法令："三人以上无故群饮者，罚金四两。"① 目的是防止居民借酒闹事，其治安意义明显。秦朝的商业活动主要集中在城市由官府管理的商业区即"市"中进行。从秦简上看，秦朝有管理商业的《关市律》。禁止非法商业和非法经营，如禁止居民酿酒售酒，禁止官吏利用职务之便进行商业活动等。凡从事非法营业活动的均为"奸市"，如被发觉则罪重至死，而稽查"奸市"乃市吏之职责。秦律还规定，凡在"市"内经营者，须具特殊的户籍即"市籍"，管理商业区的市吏掌管这种户籍簿册，并对商人征收市租。对合法进行交易的商人，由"市"内将他们编制"什伍"，市场上有官吏巡查，以维护治安，检举不法；而商贾伍人之长也负有检举之责。此外，"市"还是"弃市"，即公布执行死刑的地方，因此，市吏当然也要对此负有治安责任。

5. 消防管理制度。秦律对官府和仓库的消防尤其是防火有严格的制度规定。据《秦简·内吏杂律》的规定，要求粮仓修筑要远离居民区，且须与饲草仓分开，四周要以高墙围起来。在仓库内，无关人员不得居住，仓吏夜间关门时应灭掉附近的火源，并严加守卫。对因违反法令而致失火者，不但直接责任人要处以重罚，而且其上级官员也要承担责任。对于收藏器物的府库和放置文书的机要室，更不准带入任何火种。夜间由负责官员和属吏轮流值守，在确保无任何火险时才能关门。白天由吏令带人在府库周围巡察。《秦简·法律答问》云：在居民区，如果居民因失火烧及里门的，处罚一盾；如果烧毁城门的，则要处罚一甲。

6. 追捕逃犯的管理。秦律严厉打击犯罪，因而对犯罪者的出逃也必须要全力通缉和追捕。秦朝官吏都有拘捕逃犯的义务，秦简中有关于"有秩吏"本身具有追捕逃犯的义务因此不能得到奖赏的记载。相对应地，对于普通百姓追捕逃犯，则要给予奖赏，秦简《法律答问》中有记载："夫、妻、子五人共盗，皆当刑城旦，今甲尽捕告之，问甲当购几何？人购二两。"此外秦律还规定逃亡后如能自首的，可以减轻刑罚；监管官吏失职使犯人逃亡的，本应负法律责任，但是如果能自行抓捕犯人或者由其亲友代为抓回犯人，可以免罪。

第三节　刑事法律制度

一、罪名

据史料记载，秦朝的罪名达几十种之多，其中主要的和较有特色的有：

---

① 《汉书·文帝纪》注。

（一）危害中央集权方面的犯罪

1. 谋反罪，即反对皇权和中央政权的犯罪。李斯因获此罪而受诛，并夷其三族。

2. 以古非今罪，即借用古代学说非难当朝政治的行为。秦始皇三十四年（公元前213年），因儒生攻击中央政权，秦始皇接受李斯的建议下令焚书，并说今后“有敢偶语《诗》、《书》者弃市，以古非今者族，吏见知不举者与同罪”。①

3. 诽谤罪，即发表讥评皇帝过失的言论。秦始皇三十五年（公元前212年），侯生、卢生等议论秦始皇“乐以刑杀为威”，始皇以此罪坑杀诸生四百六十余人于咸阳。②

4. 不敬皇帝罪，不仅指对皇帝本人有失尊敬，还包括对皇帝命令有所怠慢的行为。《秦简·秦律杂抄》记载：“听命书……不避席立，赀二甲，废。”也就是听皇帝诏令时候，如果不下席站立以示恭敬，就要被处罚二甲，并且撤职永不再用。

5. 妄言与非所宜言罪，“妄言”系指发表对朝廷不满或攻击朝廷的言论。《史记·郦生陆贾列传》载：“秦法至重也，不可以妄言，妄言者无类。”“无类”，即灭绝族类，满门诛杀。“非所宜言”，是指说了不该说的话。当然，这种不该说的话应是对统治者不利的话。此罪始见于秦二世时：“陈胜起山东，使者以闻”，二世“尽问诸生，诸生或言反，或言盗。于是二世令御史案诸生言反者下吏，非所宜言”。③ 至于“非所宜言”的具体内容为何，法无明文，故为统治者任意出入人罪开了方便之门。

6. 泄露皇帝行止罪，《史记·秦始皇本纪》载：“行所幸，有言其处者，罪死。”泄露皇帝行止，可能会对皇帝人身构成威胁，故立此罪。

7. 投书罪，是指投递有害于封建统治秩序，或发泄私愤陷害无辜于罪的匿名信。《秦简·法律答问》云：“有投书，勿发，见辄燔之；能捕者购臣妾二人，系投书者鞫审谳之。”

（二）侵犯人身和财产的犯罪

1. 杀人罪。秦简中杀人分贼杀（故意杀人）、牧杀（谋杀）、盗杀（因盗杀人）、擅杀（指尊杀卑，主杀奴，如擅杀子）四类。根据杀人情节和伤势情况，量刑各有轻重。

2. 伤害罪。秦律中的伤害罪比较常见，规定也很具体，伤人已经有了贼伤和斗伤的区别。《秦简·法律答问》记载：“甲贼伤人，吏论以为斗伤人，吏当论不当。”斗殴中“噬断人鼻若耳若指若唇”者，一律处于耐刑。“缚而尽拔其

---

① 《史记·秦始皇本纪》。
② 《史记·秦始皇本纪》。
③ 《史记·刘敬叔孙通列传》。

须眉”者，处完城旦刑。对伤害的程度也规定了标准并分别量刑。

3. 盗罪。秦律对盗罪惩治严厉，被列为重罪，“或盗采人桑叶，赃不盈一钱”，也要罚“赀徭三旬”①。盗罪里除了一般意义上的盗窃，还包括共盗、群盗，惩治尤为严厉，“五人盗，赃一钱以上，斩左趾，黥以为城旦”。② 此外关于知情者的刑事责任，《秦简·法律答问》说：“甲盗，赃值千钱，乙知其盗，受分赃不盈一钱，问乙何论？同论。”知情者虽分赃不足一钱，也要和盗千钱者同样论处。

（三）逃避赋役的犯罪

1. 匿户与匿田罪，是指隐瞒户口、田地或在户口登记上弄虚作假、隐瞒成童，申报废疾不实等行为。打击匿户与匿田，主要是为了保证国家税收，控制居民流动，维护社会治安。

2. 乏徭与逋事罪，是指逃避徭役的行为。秦律规定，凡应服徭役并已得到通知而不去报到的为逋事；已到服徭地点而逃跑的为乏徭。乏徭与逋事均要受刑事处罚。

3. 违背农时不耕作罪，这被视为严重的犯罪行为，甚至被处死刑。

（四）官吏职务犯罪

1. 犯令与废令罪。《秦简·法律答问》：“令曰勿为，而为之，是谓‘犯令’；令曰为之，弗为，是谓‘废令’也”。犯令与废令是渎职行为，故应受惩处。

2. 不直与纵囚罪。凡司法官吏故意重罪轻判或轻罪重判为不直，而故意放纵犯人使其免受刑罚处罚的为纵囚。均须受处罚。

3. 见知不举罪。指官吏发现犯罪而不举报的，要同罪并处。秦《禁书令》规定：“有敢偶语诗、书者，弃市。以古非今者，族。吏见知不举，与同罪。”

二、刑名

秦朝奉行法家重刑主义，构建了一个比较严密的刑罚体系，刑法手段残酷，但无主刑、附刑之分。其刑罚种类和刑名主要有：

（一）死刑

死刑是剥夺罪犯生命的刑罚，又叫生命刑，据《秦简》和文献记载，秦的死刑执行方式有二十余种之多，其野蛮残酷的程度令人发指。

1. 戮，据秦律解释，戮，包括两种含义：一是生戮，“戮之已乃斩之谓也”③，即先予刑辱，然后斩首；另一种是戮尸，《史记·秦始皇本纪》载：始皇八年“王弟长安君成虫乔 将军击赵，反，死屯留，军吏皆斩死，迁其民于临洮。将军壁死，卒屯留、蒲高鸟 反，戮其尸”。

① 《秦简·法律答问》。
② 《秦简·法律答问》。
③ 《秦简·法律答问》。

2. 磔，“谓裂其肢体而杀之”[1]。据《秦简》规定，犯有教唆未成年人犯罪、盗、贼三罪的，处此刑。

3. 枭首，即将犯人的头砍下，悬于木杆上示众的刑罚。《史记·秦始皇本纪》载，始皇九年将参与作乱的二十余人皆枭首。

4. 弃市，《资治通鉴》胡省三注：“秦法，论死于市，谓之弃市。”弃市即在人众聚集闹市执行死刑，以警示世人。《秦简·法律答问》载：“同母异父相与奸，何论？弃市 。”

5. 车裂，即将受刑人的头和四肢拴在五辆马车上，然后驱马朝五个方向奔驰，以肢解其身体而杀之。

6. 族诛，即一人犯罪而诛灭其亲族的刑罚 。早在秦文公二十年，“初有三族之罪”。商鞅变法“造三夷之诛”，将族诛写进刑律。

7. 具五刑，这是一种肉刑与生命刑合施的酷刑。《汉书·刑法志》载：“当夷三族者，皆先黥、劓、斩左右中趾，笞杀之，枭其首，菹其骨肉于市。其诽谤詈诅者，又先断舌，故谓之具五刑。”具五刑为后世凌迟刑的萌芽形式。

此外，还有腰斩（斩腰）、囊扑（囊盛其人，扑而杀之）、凿颠（凿脑壳）、抽胁（抽胁骨）、镬烹（锅煮）、赐死等死刑执行方法。

（二）肉刑

肉刑又称“身体刑”，源于奴隶社会。其特征是“斩人肢体，凿其肌肤”，给受刑人在生理上造成终身残废。秦律规定的肉刑执行方式主要有四种，即黥刑、劓刑、斩左右趾、宫刑，并且将肉刑与劳役刑结合起来使用，如黥劓城旦等。

1. 黥刑。该刑罚在秦朝广泛适用，如据《史记·商君列传》载，太子犯法，商鞅下令黥其师公孙贾。

2. 劓刑。《秦简·法律答问》：“不盈五人，盗过六十钱，黥劓以为城旦。”

3. 斩左、右趾。主要适用群盗及赦免后的群盗再犯罪。

4. 宫刑。秦时受宫刑的人很多，秦始皇曾发“隐宫徒刑者七十万人”修阿房宫及骊山墓。

（三）劳役刑

劳役刑，又称作刑、徒刑，是指限制受刑者的自由并强迫其服劳役的刑罚。

1. 城旦舂。这是秦时最重的劳役刑，据《汉旧仪》：“凡有罪，男髡钳为城旦，城旦者，治城也；女为舂，舂者，治米也。”可见，男犯为城旦，主要罚服筑城等苦役；女犯为舂，主要罚服舂米等杂役，以供犯人的口粮，故统称“城旦舂”。城旦的刑期一般分为五年、四年。凡加肉刑的，如黥劓为城旦者，皆为五年劳役；凡不加肉刑的，为四年劳役，又叫完城旦。

2. 鬼薪、白粲。这是轻于城旦舂的劳役刑 。据《汉旧仪》：“鬼薪者，男当

[1] 《史记·李斯列传》“十公主石乇死于杜”注《索引》。

为祠祀鬼神伐山之薪蒸也；女为白粲者，以为祠祀择米也。皆作三岁。”鬼薪是强制男犯去山林砍柴，以供宗庙祭祀使用；白粲是强制女犯择米以供祭祀使用。因为男为鬼薪，女为白粲，故二者常连用。

3. 司寇、作如司寇。是强迫犯人到边地服劳役，兼备防守。据《汉旧仪》：“司寇，男守备，女作如司寇；皆作二岁刑。”

4. 罚作、复作。指强迫男犯到边地戍守叫罚作，女犯到官府服劳役叫复作，刑期皆三个月至一年。

5. 隶臣妾。是将犯人或家属罚作官府奴婢，为国家服各种劳役或杂役。《汉书·刑法志》颜师古注曰：“男子为隶臣，女子为隶妾。”

（四）财产刑

财产刑，是指剥夺受刑者一定财产的刑罚。秦的财产刑主要有赀、赎、没和收几种。

1. 赀。是判处受刑者缴纳财物或以力役抵偿的刑罚，属于剥夺犯人财产的刑罚。秦时适用极为广泛，大致有赀布、赀甲、赀盾、赀戍、赀徭等名目。

2. 赎。是允许缴纳法定财物以代替已判刑罚的制度。秦时赎刑种类繁多，不仅可以用金赎，还可以用劳役赎，有赎耐、赎黥、赎宫、赎死，等等。

3. 没和收。“没”，即没收罪犯财产以充官的刑罚。“收”分为没收财物和没收人口两种。

（五）身份刑

身份刑是剥夺违法犯罪者的爵位或官职等政治身份的刑罚。主要有：

1. 夺爵。即剥夺爵位的一种刑罚。在秦朝爵位是任官的条件，且爵位的高低还直接决定了官位的高低，因此夺爵实际上就剥夺了做官的权利和政治上的特权地位。

2. 废。一种撤职的刑罚。在秦朝，官吏一旦被废，将永不叙用。受废刑免官者为废官，如“任废官为吏”则要受到“赀二甲”的处罚。

（六）流刑

流刑，即将受刑者强制遣派指定地区服役落户，不准擅自迁回原处的刑罚。流刑包括：“迁”，即把犯罪者发配到边远地区的刑罚，适用迁刑时，家属必须随迁；“谪”，指由于政治上的某种需要将犯人遣送边地；“逐”，即将非秦籍的人驱逐出境的一种处罚。秦朝迁刑适用于官吏与民，谪和逐刑主要适用于官吏。

（七）耻辱刑

耻辱刑，即对犯罪者人格加以侮辱的刑罚。秦时主要有髡、耐。“髡”是将受刑者的头发和鬓须剃除，以示耻辱的刑罚；“耐”是只将受刑者的鬓毛和胡须剃去，而保留头发的刑罚。秦律中耻辱刑往往与劳役刑结合适用，如“髡钳城旦舂”，“耐为鬼薪”。

三、刑法原则

（一）刑事责任年龄

秦律规定，凡属未成年人犯罪，不负刑事责任或减轻刑事责任。因此确定是否未成年人对刑事责任的是否负担具有重要意义。据《秦简》记载，秦律对成年人与未成年人的确定是以身高为标准的，即男高六尺五寸以上，女高六尺二寸以上为成年。《周礼》贾疏云“七尺谓年二十，六尺谓年十五”。男身高六尺五寸，约十六七岁；凡在此身高以下的为未成年人。

（二）区分有无犯罪意识

秦律以有无犯罪意识作为认定罪与非罪的重要依据。《秦简·法律答问》：“甲盗，赃值千钱，乙知其盗，受分赃不盈一钱，问乙何论？同论。”“甲盗钱以买丝，寄乙，乙受，弗知盗，乙论何也？毋论。”

（三）区分故意与过失

秦律规定，行为人实施犯罪时主观上不论是故意还是过失，都要追究刑事责任，但前者从重、后者从轻。秦律中故意称“端”，过失称“不端”。例如，官吏治狱，凡故意出入人罪的定为“纵囚”罪；凡过失出入人罪者，则为“失刑”罪。

（四）诬告反坐

故意捏造事实以陷害他人的行为，秦时称为“诬告”。秦律规定对诬告者实行反坐，即按其所诬告的罪名对诬告者处罚。《秦简·法律答问》：“当耐为司寇而以耐为隶臣诬人，何论？耐为隶臣。”“完城旦，以黥城旦诬人，何论？当黥。”

（五）犯罪连坐

连坐，指本人无罪，因他人犯罪受牵连而入罪。秦广泛实行连坐，主要有同居连坐、什伍连坐、职务连坐、军伍连坐，等等。

（六）共犯加重

共犯，是指两人或两人以上所实施的犯罪。共犯的社会危害性较大，故处刑较重。《秦简·法律答问》：“五人盗，赃一钱以上，斩左趾，黥以为城旦；不盈五人，盗过六百六十钱，黥劓以为城旦。”可见，秦律是以五人以上合伙犯罪为共犯并加重处罚的。

（七）累犯加重

秦律区分初犯与累犯，累犯加重处罚。《秦简·法律答问》载：“当耐为隶臣，以司寇诬人，何论？当耐为隶臣，有（又）城旦六岁。”

（八）教唆同罪，教唆未成年人加重

《秦简·法律答问》载，甲教唆成年人乙行盗，虽未遂，两人均被判处赎黥

之刑。甲教唆15岁未成年人乙盗杀人，乙不论罪，甲被判处磔刑，剥夺生命。

（九）合并论罪

《秦简·法律答问》载："诬人盗值廿，未断，又有它盗，值百，乃后觉，当并赃以论。"某人犯诬告他人盗窃二十钱之罪尚未判决时，又发现其还有盗窃一百钱之罪，故应合并论罪。

（十）自首从轻

自首在秦律中称"自出"、"自告"，《秦简·法律答问》载："司寇盗百一十钱，先自告，可（何）论？当耐为隶臣，或曰赀二甲。"被判处司寇刑的犯人盗窃获赃一百一十钱，本应除服司寇刑外，还应服耐为隶臣刑，但因其自首，所以改耐为隶臣为赀罚二甲，从轻处罚。

（十一）规定了刑罚时效

秦律中规定了对犯罪者追究刑事责任的法定有效期限。罪发时如果犯罪者已经死亡则不再追究其刑事责任，也不再牵连家属，"甲杀人，不觉，今甲病死已葬，人乃后告甲，甲杀人审，问甲当论及收不当？告不听。"此外如果在赦令颁发前发生的犯罪也不再追究，"或以赦前盗千钱，赦后尽用之而得，论何也？毋论"。说明在秦律中已经有了某种意义上的"法不溯及既往"的原则。

第四节　民事、经济法律制度

一、民事主体制度

民事主体，即参加民事法律关系享有权利和承担义务的人。在秦朝法律中，尚无民事主体的概念，但却有类似于今日民事主体的规定，即有关系人及其身份的规定，如本章第二节之"四"所述及的户籍管理制度中的"名籍"制度。在秦律中，取得"名籍"，即在民事关系中被认为是享有权利和承担义务，具有权利能力的人。人因出生而取得"名籍"，具有民事主体地位；因死亡而消灭名籍，失去民事主体地位。具有民事权利能力人只有达到一定的年龄才能依法取得民事行为能力。而依秦制，则非以年龄而以身高来确定人的行为能力的有无；身高"未盈六尺"属小，无行为能力。

以上是就秦的"名籍"制度和身高标准，一般而论秦的民事主体制度。但在实际中，在具体的民事主体的确认上，秦律根据不同的政治、经济和血缘关系，把人区分为不同的身份，在民事关系中也就具有不同的地位。例如，皇帝是最完全的民事主体，他可以支配国家的财产；有爵者、士伍、百姓是完全的民事主体；商贾、赘婿、后父等是有限制的民事主体，他们虽可具有一定的民事权利，但本人及其子女不得私有田地、不得衣丝乘车等；隶臣妾虽有一定的人身权利和法定的财产权利，但却是不完全的民事主体；邦客和游士是民事主体，享有与百姓同样的人身、财产、婚姻、家庭权利；而人奴妾和官奴婢则没有人身自由和任何民事权利，不具民事主体资格。

二、物权、债权制度

（一）物权

物权，是指直接管领并排除他人侵害的权利。而所有权既是物权中最具重要地位的权利，又是秦朝民事法律关系的基本内容，故这里只讲秦朝的所有权制度。它主要包括官私土地及其他官私财产的所有权。土地是最为重要的所有权。秦始皇三十一年（公元前216年）“使黔首自实田”，[①] 允许官民自行垦占土地，因而土地私有制被正式法定化。而此前，主要是土地国有制。秦律对官私土地所有权均加以严格保护，如《秦简·法律答问》中就有对“盗徙封”即私移他人田界标记这种侵犯他人土地所有权的行为作为犯罪而处以赎耐刑的记载。此外，对侵犯其他官私财产所有权的行为，尤其是盗窃行为，均予以严惩。例如，据《秦简·法律答问》，对盗采他人桑叶之人即使其盗窃所得不满一钱，也要处以服三旬徭役的刑罚。在主要利用刑罚手段保护所有权的同时，秦律也采取一些必要的民事保护措施，如确认所有权、返还原物、赔偿损失、排除妨害以及不当得利等。

（二）债权

秦朝的债权分为国家债权和私人债权两种。国家债权主要因赋税、罚款、损坏或丢失公物等情况而发生，凡属国家债务采取强制手段迫使债务履行。例如，债务人欠官府债务无力偿还时，可以劳役抵偿；在职官吏无力偿还时，可从其俸禄中扣除，等等。私人债权主要因契约、侵权行为、损害赔偿等情况发生。其中，私人之间因契约而发生之债，则是债的主要形式。就契约之债而言，又有买卖契约、借贷契约和雇佣契约三种主要形式。例如，《秦简·封诊式·告臣》中记载了一份完整的奴隶买卖契约：某里士伍甲将自己的男奴丙捆送至官府，并欲卖之于官，双方经过讨价还价，最后在证人县丞面前成交。至于借贷契约，主要表现为百姓向官府借铁犁、公车、公器等，借期届满归还官府。而雇佣契约则可以从《史记·陈涉世家》中得到印证：“陈涉少时，尝与人佣耕。”

此外秦朝禁止使用人质抵押方式，根据《秦简·法律答问》的记载，无论是强索人质为抵押，还是双方同意以人质为抵押，都要处以“赀二甲”的惩罚。

三、婚姻家庭与继承制度

（一）婚姻

1. 结婚。结婚的实质条件和形式条件有三：一是同姓和近亲不得为婚。《秦

① 《史记·秦始皇本纪》于秦始皇三十一年之正文下有裴骃《集解》：“徐广曰：使黔首自实田也。”

简·法律答问》有“同母异父相与奸……弃市”的规定。同姓不婚实际上是限制近亲结婚；二是必须达到结婚年龄。根据秦简，女子六尺二寸成年方许婚配；三是须经官府登记。结婚只有到官府登记，才受法律保护。据《秦简·法律答问》，某妻私自逃离家庭，如果她与其夫的婚姻关系曾经官府登记认可，那么就要对她依律论罪，否则不加论处。此外，秦律还规定禁止“娶人亡妻”，即娶人逃亡之妻，否则要处以黥刑；还禁止“弃子而嫁”，即寡妇抛弃子女改嫁他人。

2. 离婚。秦时要求解除婚姻关系须经官府登记批准，否则，将构成“弃妻不书”罪。《秦简·法律答问》中载有夫妻因私自离婚未向官府报告而构成“弃妻不书”罪，双方均被罚二甲。

（二）家庭

秦律保证作为家长的夫或父在家庭中的统治地位和对子女在政治、经济上的支配权，甚至生杀予夺的大权。例如，据《秦简·法律答问》，实体法规定：“擅杀子，黥为城旦舂。”但程序法却规定“擅杀、刑、髡、其子”为“非公室告”，即使告发了，也不受理；如果“而行告，告者罪”。而在夫妻关系上，则因受儒家礼教影响较小，秦律在保证夫权的前提下，给妻以相对平等的权利。例如，据《秦简·法律答问》：“夫有罪，妻先告”，妻子不但不会被籍没为官婢，还可以保有其陪嫁的“臣妾、衣器”不被没收。在家庭关系中，秦律规定夫不得殴妻，即使妻悍，夫殴妻也要处以耐刑。在道德上，秦律要求夫妻双方相互忠贞，“禁止淫佚”，若犯禁都要受到处罚。“夫为寄豭，杀之无罪”，[①] 即夫有婚外性行为，妻子杀之，不受法律制裁。

另外赘婿社会地位低下，既不能独立户口，也不能继承田宅，即使三代以后的子孙做官也要表明其曾祖曾经是赘婿的身份。

（三）继承

秦时继承标的分爵位官职和财产两类。自商鞅变法废除世卿世禄制度后，除保留史、卜等具有专门知识的官职世袭外，均实行选任制。至于爵位的继承按《军爵律》，立有军功但未拜而死者，其继承人又未犯废、耐、迁以上罪的，可继承死者爵位。财产的继承包括房屋、树木、衣器、牲畜、奴隶等。秦行《分户令》，子壮或“出分”或“出赘”，留在家里并最终继承财产的只是幼子。债权债务也可以作为遗产加以继承。

四、自然资源保护与农工商管理制度

（一）自然资源的保护与利用

秦朝非常注重对自然资源的保护和利用。例如，据《秦简·田律》的规定，春二月（农历）正是万物生长的时候，不准进山砍伐树木，但因人死做棺材而

① 《史记·秦始皇本纪》。

需砍伐者不受此限；此时田地干旱且正是播种季节需要水，因而不得堵塞水道。不到夏天不准取草烧灰，以免影响幼草生长；不准采摘刚发芽的植物；不准捉取幼兽、幼鸟和鸟卵；不准毒杀鱼鳖；不准设置陷阱和网罟捕捉鸟兽。这条规定说明，秦朝统治者对自然资源保护的认识已达较高水平，其施禁、开禁的时间规定和所采取的保护措施是符合自然法则的。

（二）农业生产管理

秦奉行以农为本的国策，通过法律令规定采取多种措施加强农业生产管理。《秦简》之《田律》、《仓律》、《厩苑律》等法律令分别对掌握农情、保证种子的质量和数量、保证从事农业生产的劳动力和时间、发展和奖励农耕及防止水土流失等都作了详细规定。同时，要求各级官吏必须及时了解并向上报告有关农业生产各方面的情况。

（三）官营手工业管理

为保证官营手工业作坊为国家和皇室提供符合质量和数量要求的各种手工业产品，据《秦简》，秦朝制定了《工律》、《均工律》、《工人程》等法律令。例如，《工律》规定，产品规格要一致，凡制作同一种器物，其大小、长短和宽窄必须相同。为保证产品质量，还建立了生产责任制和产品检查评比制度。为便于追究产品生产责任，要求在生产的器物上刻上制作官署名或工匠名。每年进行一次产品检查评比，对被评为下等不合质量标准者，罚工师一甲，丞和曹一盾；连续三年被评为下等的，主管官吏夫不仅要受到赀二甲的惩罚，而且要被撤职永不叙用。《工人程》还按照冬天三个劳动日相当于夏天两个劳动日的标准，根据劳动者工种、性别、年龄、熟练程度等用不同的折合办法，对工人应完成的生产定额作了规定。

（四）市场贸易管理

为维持正常的市场贸易秩序，秦律对商品的价格、货币比价、度量衡误差限度等作了规定。《秦简·金布律》规定："有买及卖也，各婴其价。"即要求在商品上贴上明码实价的标签。并对当时通行的三种货币即钱、布、金规定了统一的规格和比价："钱十一当一布。其出入钱以当金、布，以律。""布袤八尺，幅广二尺五寸。布恶，其广袤不如式者，不行。"《秦简·效律》对度量衡误差限度作了规定："衡石不正，十六两以上，赀官啬夫一甲；不盈十六两至八两，赀一盾。"当时衡制的统一标准一石是120斤，合1920两。如果误差超过8两的，主管官吏要赀罚一盾，超过16两以上者罚一甲。

第五节　司法制度

一、司法机关

（一）中央的司法机关

在司法上，封建专制主义中央集权制的表现就是皇权至高无上，皇帝享有最高司法审判权，全国所有的司法机关均要对皇帝负责。

皇帝之下，秦朝的中央司法机关为廷尉，属九卿之一。据《汉书·百官公卿表》颜师古注："廷，平也，治狱贵平，故以为号。"其下设正和左右监等属官，协助廷尉处理具体事务。廷尉负责审理皇帝指定的案件，以及地方上报的重大和疑难案件。不过，廷尉只是皇帝任命，丞相直接领导下的分掌司法事务的行政官员，完全不同于近代独立于政府之外的司法机关。

御史大夫贵为三公之一，位比副丞相，是中央最高的监察长官。除行使监察职权外，御史大夫常参与审理重大政治案件。秦始皇三十五年（公元前 212 年）的坑儒案，就是御史大夫察问的，故秦廷尉、御史大夫皆戴法冠。

（二）地方司法机关

地方司法机关依行政建制分为郡、县两级。郡县长官兼理司法，一般案件自行判决，重大疑难案件报请中央廷尉处理。郡县长官之下，在郡府列曹编制中，设辞曹掾史和决曹掾史，县则设有辞曹掾史和狱掾，协助郡县长官审理案件。乡、里也有一定的司法权。乡设啬夫，负责本乡民事案件与轻微刑事案件的调解工作，但结果必须上报到县。里正（典）负责本里的治安，以及一般的民事案件的调解工作。

二、诉讼审判制度

（一）起诉制度

《秦简·法律答问》有"辞者辞廷"的规定。所谓"辞者"就是提起诉讼者；"廷"，原意是指廷尉，后来郡府县府也称"廷"。"辞者辞廷"，即诉讼者须到郡、县廷去起诉。《秦简·封诊式》中有"告子"、"告臣"、"甲告"、"丙告"、"自告"，就是向司法机关提起的控告或报告。简文中的"缚诣告"，是官吏或受害人把犯罪者直接扭送到司法机关。

秦时，根据犯罪的性质和诉讼当事人的身份，把诉讼分为自诉和公诉、公室告和非公室告等。

1. 自诉和公诉。自诉是受害人向官府控诉。据《秦简·封诊式》记载，某里士伍甲控告自己的亲生子同里士伍丙不孝，请求处以死刑。官吏当即命令史已前去捉拿。对于自诉案件，秦律允许地位高的有爵者指派他人代为诉讼。公诉，是指国家官吏主动纠举犯罪，由官吏代表官府对罪犯提起诉讼。秦各级官吏包括基层小吏，如乡之游徼、亭之亭长、求盗等，均负有维持社会治安、追捕盗贼、起诉罪犯的职责。此外，秦鼓励告奸，故告奸也是一种特殊的起诉形式。

2. 公室告和非公室告。秦的诉讼还有公室告和非公室告之分。《秦简·法律答问》曰："'公室告'何也？'非公室告'何也？贼杀伤、盗它人为'公室'；子盗父母，父母擅杀、刑、髡子及奴妾，不为'公室告'。""子告父母，臣妾告主，非公室告，勿听。""而行告，告者罪。"可见，"公室告"，是指控告同自己无血缘关系的他人犯有盗窃、杀人、伤害等罪行的案件。凡公室告案件，司法机关必须受理，不得拒绝。而非公室告则是指子女盗窃父母的财产或家长刑杀伤害子女奴妾等行为的案件。凡属非公室告案件，司法机关不予受理；如当事人坚持控告，则告者有罪。此外，对于"州告"，官府也不予受理。秦律对于控告他人犯罪不实，又以其他罪控告的，称为州告。对此官府不仅不受理，还要以所告不实对告者论罪。

（二）调查与勘验

据《秦简·封诊式》，司法机关受理案件后，一方面通知被告人所在基层组织的里典，令其将被告人的姓名、身份、籍贯、有无前科等写成书面报告；另一方面派县丞等前往调查或勘验，然后作出笔录，称为"爰书"。需要查封的还要查封，称为"封守"，"封"指查封财产，"守"指看守家属。"封守"要有详细记录，如被查封的房屋、牲畜、人口、衣物等，均须写清回报到县。秦注重证据收集，认真进行现场勘查和有关检验。《秦简·封诊式》提供了四个文书案例：一是《贼死》（凶杀）；二是《经死》（吊死）；三是《穴盗》（掘洞盗）；四是《出子》（流产）。《贼死》爰书记录了发案现场的地点、方位、受害人位置、衣着、性别、年龄、肤色、身长、发式特征、尸体刀伤部位、深度、长度、流血状况、对尸体的临时处置措施、呈送上级的物证、讯问证人的内容等。诸如此类记载在其他案例中也可看到。这都表明当时的司法鉴定工作达到了相当高的水平。

（三）审判程序

在审判程序上，秦朝司法机关一般采取如下步骤：首先，听取当事人的口供，并加以记录。而且要使受审者各自陈述，尽管知其撒谎也不要马上诘问。其次，就受审者在口供中的矛盾之处和不清楚的地方提出诘问并将其辩解的话记录下来，再看其还有无其他不清楚的问题，继续进行诘问。再次，对多次改变口供，不老实认罪服罪者，施加刑讯。最后，对案件进行判决。判决强调以法律规定为主要依据，在律令所不及的情况下，也可援引判例。判决须向当事人当面宣读，即"读鞫"。宣判后，当事人如果不服，可以请求再审，称为"乞鞫"。乞鞫可由当事人提出，也可由他人代为提出。

秦时在审理过程中主张慎用刑讯，在通常情况下不主张司法官吏动用刑讯。秦时审讯效果分为上、下、败三类。其中"能以书从迹其言，毋笞掠而得人情为上”，“笞掠为下”，也就是能不动刑讯查明案情是最好的，动用刑讯才能弄清案情是属于能力低下，并且认为“有恐为败”，认为用恐吓的方式审理是失败的。

此外，与司法制度有关的还有行刑与监狱制度。秦重视判决的执行和监狱管理。在行刑方面，除死刑实行四季行刑外，受其他刑事处罚者均要服劳役。罚金或赎刑必须在法定期限内缴纳，否则要给予定期的拘留。秦监狱亦称囹圄，中央设有廷尉狱，地方设有郡县狱。狱中设有“署人”和“更人”，负责对囚犯的严格看管。秦律还对囚犯的饮食，衣着的供应标准，服劳役的办法，是否加戴什么种类、什么规格的刑具，不同等级身份的囚徒的不同待遇，对违法狱吏的制裁等作了明确规定。秦时刑徒数量极多，是重大工程与手工业生产的承担者，他们遭受沉重的劳役和种种非人的待遇，因而不断掀起反秦暴政的斗争。秦末农民大起义的主干部分就是刑徒。

三、监察制度及其影响

秦朝的中央监察机关为御史台。“御史”之称系借用西周“御史”之名，只不过西周御史的职责只是掌管文书，而秦之御史则是拥有监察百官大权的中央监察机关。

在御史台中，御史大夫为御史之长，其下设有御史中丞，御史中丞除掌管朝廷图籍外，还兼察殿中违法官员。御史大夫位高权重，位列三公之一，其职责一是掌法令，监督法律令的实施；二是对违法官员进行弹劾；三是参与重大案件的司法审判。在地方，负责监察的官员称“监御史”，其职责是察举各地的违法事宜，但他不是地方官，而隶属于御史台。可见，秦朝从中央到地方的监察机构大体完备且具有一定的科学性。

至于有关监察的法律令，则从秦简《语书》、《为吏之道》等中可见一斑。《秦简·语书》规定了察吏细则。例如，辨察恶吏有六条标准：一是不明法律令，不称职；二是苟且懒惰，不廉洁；三是爱搬弄是非，口出恶言，侮辱他人，缺乏公正之心；四是靠说假话，显示虚假的治理方式；五是爱说违背事理的话，装作愧悔无知，以此显示能够自我约束；六是自高自大，蛮横无理，卖弄自己的才能。

总而言之，秦朝的监察制度虽不十分完备，但在实际上开了中国古代监察制度之先河，其后历朝历代均沿袭了这一制度，在中国法制史上产生了深远的影响。

分析题：

《秦简·法律答问》：“士五（伍）甲，以得时直（值）臧（ ），臧（ ）直（值）过六百六十，吏弗直（值），其狱鞫乃直（值）臧（ ），臧（ ）直（值）百一十，以论耐，问甲及吏可（何）论？甲当黥为城旦；吏为失刑罪，或端为，为不直。”

《秦简·法律答问》："士五（伍）甲，以得时直（值）臧（ ），臧（ ）直（值）百一十，吏弗直（值），狱鞫乃直（值）臧（ ），臧（ ）直（值）过六百六十，黥甲为城旦，问甲及吏可（何）论？甲当耐为隶臣，吏为失刑罪。甲有罪，吏智（知）而端重若轻之，论可（何）（也）？为不直。"

结合材料，分析秦朝法律中有关故意和过失的刑事原则。

思考题：

1. 秦朝法制的特点。
2. 《秦简》的主要内容及秦朝法律的主要形式。
3. 秦朝吏治的特点。
4. 秦朝户籍制度的内容与历史意义。
5. 秦朝的刑法原则。

第五章 汉朝法律制度

导读：汉朝分西汉和东汉两个时期，公元前202年，刘邦打败项羽统一中国，建立汉朝，定都长安，史称西汉。到西汉末年，社会矛盾激化，外戚王莽篡位，建立“新”朝。王莽在位17年，后被绿林赤眉起义军推翻。公元25年，汉室宗亲刘秀称帝，重建汉朝，定都洛阳，史称东汉。后东汉政权在黄巾起义中衰败，公元220年，东汉灭亡。

汉朝是中国封建社会早期发展中的一个重要阶段，这一期间中央集权的政治体制得以加强，经济上铁制农具和牛耕的出现促进了生产力的提高，思想文化上经学发展，儒家学说逐渐取得统治地位。反映在法律制度上，一是汉承秦制，秦律为汉代法律制度提供了基础，同时汉朝统治者又在总结秦亡的经验教训基础上对秦律进行了积极的改造，减轻或废除了秦朝的苛酷刑罚，尤其是文景时期废除肉刑的政策具有重大的意义和深远的影响。二是武帝后儒家思想日益渗透到法律制度中，法律儒家化初步发展，出现了“春秋决狱”和引经注律，律学比较发展。《明史·刑法志》记载：“历代之律，皆以汉九章律为宗，到唐始集其成。”说明了汉朝法律为后世的封建法制建设奠定了坚实的基础。

本章应重点掌握了解汉初立法思想的变化及主要立法活动；刑制改革的背景与内容；刑法原则及特点，“独尊儒术”的过程及法律儒家化的原因与意义；“《春秋》决狱”及其意义，监察制度的发展及其影响。

第一节 法律思想的演变与立法概况

一、汉初的社会背景与“无为而治”

汉在秦的废墟上立国，由于战乱连年，社会生产惨遭破坏。经济凋敝，国库空虚，土地荒芜，粮食匮乏，这使统治者自身亦处于窘困境地，“自天子不能具钧驷，而将相或乘牛车”。[①] 天子的车仗，配不齐纯色的马，将相也只能乘坐牛车。汉朝的统治者大多出自社会下层，亲身经历了秦的暴政，因而能清醒地认识到朝廷的横征暴敛与刑罚的苛酷将会导致严重的社会后果。为不再重蹈前秦覆

① 《史记·平准书》。

辙，针对这种社会现状，汉初统治集团在治国模式与法律思想方面明智地改弦易辙，采用黄老学说，奉行无为而治。

黄老是道家的支派。黄老是黄帝与老子的合称。该学派自称以黄老之言为指导思想，故称“黄老”。该学说作为一个具有完备思想体系的学说，形成于战国中期。黄老学派在思想上综合了道家与法家理论，既重视法律在治国中的作用，又主张法令减省，刑罚轻缓。“清静无为”是黄老思想的核心。“清静无为”的具体化，即要求统治者因势利导，推行轻徭薄赋、约法省禁等政策以求百姓安定，社会秩序稳定。这种“无为”，不是无所事事，无所作为，而是指勿违背形势，勿恣意妄为，认为这样才能达到“无为而无不为”、“无治而无不治”的效果。汉初遵行黄老学说的代表人物，有吕后、文帝、窦太后、陈平、曹参等。黄老学说在政治上的实践，是宽简刑罚、削除烦苛。惠帝、吕后时期，“衣食滋殖，刑罚用稀”，“刑罚大省，至于断狱四百，有刑措之风”①。在经济上的体现，即轻徭薄赋，与民休息。到武帝即位时，社会经济的恢复与发展已达到较高的水准，府库里粮食充盈，从官仓中溢出，钱币富足，以至于串钱的绳索已经烂断。经济改善，阶级矛盾也大大缓和。黄老思想在汉初的盛行，有统治集团成员的个人偏好的影响，但根本原因则在于黄老思想在统治实践中适应了当时社会实际状况的需要。

在“清静无为”的基础上，黄老又肯定了法治的作用，提倡“君无为而臣有为”，指出“夫法者，天下之准绳也，人主之度量也，悬法者，法不法也，法定之后，中绳者赏，缺绳者诛，虽尊贵者不重其赏，卑贱者不重其刑”②。主张君王应以法来驾驭臣下，而臣子应依法行事，主张通过制定能够明确名分、等级、职责的法律体系来实现国家治理，汉初的主要立法活动正是在这一指导思想下进行的。

二、“独尊儒术”与法律“儒家化”的开端

（一）“独尊儒术”的成因与过程

汉初黄老之术的推行，成效显著。然而随着时间推移，局势变化，黄老之术在实施和操作中的走样或失当的情形也愈多，以“无为而治”应对复杂的斗争情势，难度愈来愈大，所生的弊端愈积愈深，如君主专制的中央集权与地方割据之间的矛盾加剧。“黄老”治术下的经济发展，也导致了各分封诸侯国实力的增强。诸侯仗势自尊，尾大不掉，这一情形危及皇帝的极权地位。经济的发展也带来了土地兼并盛行的后果，商人、地主与农民之间的矛盾也开始尖锐化。汉与匈奴之间的民族矛盾问题，不再是沿用“和亲”策略即可敷衍。这些情势要求统治者调整政策，以应时弊。经过董仲舒等人改造的儒家学说极力倡导和维护“大

① 《汉书·刑法志》。
② 《文子·上义》。

一统”的专制皇权，得到汉武帝的青睐。正是在国家权力的扶持下，儒家获得了独尊的地位。“独尊儒术”标志着儒家思想作为中国传统社会正统法律思想地位的确立。

儒术的独尊经历了艰难的斗争过程。文帝时，儒生贾谊即主张以儒术为国策。但贾谊被当时推崇黄老之术的统治集团指斥为“欲使一朝之间尽弃其旧而谋其新”。① 贾谊的主张未被采纳，其本人亦郁郁早逝。武帝即位初期，因重用儒生，与摄政的崇尚黄老的窦太后之间频发冲突。窦太后去世后，武帝才得以大兴儒家。董仲舒在上奏武帝的“天人三策”中提出：“诸不在六艺之科、孔子之术者，皆绝其道，勿使并进。”② 此即“罢黜百家，独尊儒术”。武帝采纳了这一建议。当时，丞相卫绾也积极响应董仲舒的建议，奏言将精通且宣扬法家、纵横家思想以致扰乱国家政事的官员全部罢免。于是，其他各家的博士都被罢免，儒家思想定于一尊，成为官方统治思想。此后，朝廷正式开办太学，设置《五经》博士，讲授儒家经典，成绩优秀者可以提拔为郎中。自此，儒家经典广泛流行，习儒成为做官的门径与阶梯。

为“群儒之首”的董仲舒，是西汉中期儒家最重要的代表人物。董仲舒创造的新儒学已不同于先秦的儒学，它以儒为主，儒法合流，吸收道家、阴阳五行家等各种有利于维护封建统治的思想因素。董仲舒是西汉儒家《春秋》公羊派的大师，其法律思想包括以下几个方面。首先是大一统思想，即主张实行中央集权、君主极权，使政治、经济、思想诸方面的一切权力集中于皇帝。其次是以阴阳五行学说中的“天人感应”论为基础，论证了君权天授、法自君出。最后是维护封建等级制度的“三纲五常”论。董仲舒根据儒家的伦理纲常、仁义道德思想，以及“阳尊阴卑”的阴阳五行学说，提出了一套维护封建等级制度的“三纲五常论”。所谓“三纲”，即君为臣纲、父为子纲、夫为妻纲；所谓“五常”，是指“仁、义、礼、智、信”，它们是处理君臣、上下关系的准绳，是调整统治者与被统治者关系的基本准则。另外，董仲舒提出以“阳德阴刑”强化“德主刑辅”论，即德刑并用，软硬兼施，符合天道，是维护封建统治的有效手段。董仲舒认为，天道宇宙是由阴阳二者变化而成的，二者缺一不可，但阳为主，阴为辅。就阴阳二者与德刑的关系而言，阳为德，主生，阴为刑，主杀。根据天人感应学说，人世间的统治者须遵循天道治国，由此，须以教化为主，惩罚为辅，礼法结合，其实质是主张将儒家的伦理道德与纲常礼教作为调整各种社会关系的基本准则，达到民众“晓于礼谊而耻犯其上”③，即知晓并践行礼义之道、以犯上作乱为耻的效果。

（二）法律“儒家化”的开端

法律的“儒家化”同时也是儒家思想法制化的过程。“汉承秦制”，因此汉

① 《资治通鉴·第七十一卷第二十七》。
② 《汉书·董仲舒传》。
③ 《汉书·董仲舒传》。

初的法制蕴涵了大量的法家思想。随着立法思想的转型，汉朝法制中体现鲜明的儒家特征的法律越来越多，这主要体现在刑法原则方面。文景时期，已经有了对老弱孕残者区别用刑的法令，这与法家“一断于法”，不“法外开恩”的主张相异。可见，法律儒家化的开端，早于儒术独尊地位的形成。

汉武帝后儒家思想的指导性地位确立，儒家思想和当时主要体现法家思想的法律制度的矛盾冲突开始明显，在新的法律体系不能短期内形成的情况下，儒家思想开始了向法律制度的缓慢渗透：一是在司法过程中，直接引用儒家经典的微言大义作为判决的原则性依据，也就是所谓“春秋决狱”的出现；二是儒家学者开始了积极注释法律，通过注释的方式左右法律的具体应用，促进了中国律学的产生和发展，律学作为经学的一支发展迅速，到东汉时期，“叔孙宣、郭令卿、马融、郑玄诸儒章句，十有余家，家数十万言，凡断罪所当由用者，合二万六千二百七十二条，七百七十三万三千二百余言”，儒家的道德通过这种方式又被法律化，为后世的纳礼入律铺平了道路。

三、立法概括与主要法律形式

（一）立法活动

受统治阶级法律思想与当时政治情势、社会经济条件等方面影响，汉朝的立法活动大体可分为三个阶段。

1. 以“约法省禁”为原则的汉初六十年。约法三章。楚汉相争时，刘邦入咸阳，为笼络民心，即与关中父老“约法三章”，“杀人者死，伤人及盗抵罪，余悉除去秦法”。[①]“约法三章”保留杀人者偿命、伤害及盗窃者受罚这些事关人类朴素正义感及人身、财产基本安全的法律规范，废除秦朝的苛酷法律，顺应了民心，对刘邦统一全国起到了积极作用。

《九章律》。全国统一后，仅靠“约法三章”这样的政策性法令难以形成良好的统治秩序。“三章之法，不足以御奸”，刘邦命丞相萧何以秦律为基础，“取其宜于时者，作律九章”。[②]《九章律》远取《法经》，近袭秦律，除三夷连坐之法，增部主见知之条，在“盗”、“贼”、“囚”、“捕”、“杂”、“具”六篇之外，增加“户”、“兴”、“厩”三篇。《九章律》是汉初的核心与骨干。

《军法》与《章程》。前者是刘邦命韩信制定的军法，后者是刘邦命张苍制定的关于律历、度量衡和手工业管理的法规。

《傍章律》。惠帝命叔孙通所作，是关于礼仪方面的法律，共十八篇，“与律令同录，藏于理官，故曰傍章”[③]。

---

① 《汉书·高帝纪》。
② 《汉书·刑法志》。
③ 《汉书·礼乐志》。

2. 立法渐多、刑罚渐严的西汉中后期。《越宫律》。武帝命张汤所作，是关于宫廷警卫活动的法律，共二十七篇。

《朝律》。武帝命赵禹所作，是关于朝贺制度的法律，共六篇。

以上两律连同《九章律》、《傍章律》，共计六十篇，标志着汉律的基本体系形成。据史料记载，张汤、赵禹所制定的律条皆“务在深文”，[①] 反映了西汉中期以来在新形势下法律风格的变化。

西汉中后期，各类社会矛盾渐趋复杂、尖锐，武帝命张汤、赵禹等人“作见知故纵监临部主之法”，制定《沈命法》、“首匿之科”[②] 等，以至“律令凡三百五十九条章，大辟四百九条，千八百八十二事，死罪决事比万三千四百七十二事”[③]。记载法令的文书太多，堆满了楼阁，连专职的官吏也难翻阅尽净。

3. 立法再度由繁到简、由简到繁的东汉时期。东汉大体沿用西汉旧律，改变了王莽时期法律繁密的状况，史载“至天下已定，务用安静，解王莽之繁密，还汉世之轻法”[④]。东汉光武帝刘秀发下释奴、弛刑等一系列诏令。光武帝之后，东汉统治者又制定了三互法之类的法律，以加强中央集权统治。所谓三互法，是选任地方长官方面的法令，三互即“婚姻之家及两州人不得交互为官也”[⑤]。这对于防止地方人士相互串通，减轻“州郡相党，人情比周”的弊害有一定的作用。

但是实际上由于“光武承王莽之余，颇以严猛为政，后代因之，遂成风化”。[⑥] 到章帝时期已经是“宪令稍增，科条无限”[⑦] 了。后和帝采纳当时廷尉陈宠的建议“绝钻钻诸酷之科，解妖恶之禁，除文致之请谳五十余事，定著于令”。又“钩校律令条法千九百八十九事”，[⑧] 这是东汉一次较大规模的法律修订活动。汉献帝时，董卓之乱后，由应劭删定旧律制定《汉仪》，这是东汉时期最后一次较大的修律活动。[⑨]

东汉中后期，立法增多，又因为以儒家经义为基础所做的对法律的解释亦有法律效力，法网又显繁密，总的来说，其立法活动经历了由繁到简，又恢复到了由简到繁的一个过程。

（二）法律形式

1. 律。律是国家按照一定的立法程序制定的具有较高稳定性的法律，它调整基本的社会关系。律是法律体系的主干。除汉律六十篇外，汉朝的律还有《尉

---

① 《史记·酷吏列传》。
② 《汉书·梁统传》。
③ 《汉书·刑法志》。
④ 《后汉书·循吏传》。
⑤ 《后汉书·蔡邕传》注。
⑥ 《后汉书·第五伦传》。
⑦ 《后汉书·陈宠传》。
⑧ 《后汉书·陈宠传》。
⑨ 《后汉书·应劭传》。

律》、《酎金律》、《上计律》、《钱律》、《左官律》、《田租税律》、《尚方律》等。律以刑为主，兼有民事、经济、行政等方面的内容，从内容上来看，其所调整的社会关系极为广泛，内容庞杂："盗律有贼伤之例，贼律有盗章之文，兴律有上狱之法，厩律有逮捕之事，若此之比，错糅无常。"[①] 此外还有与律性质相同的《阿党附益法》、《沈命法》、《见知故纵法》等。

2. 令。又称诏，是皇帝根据形势需要发布的灵活性的法律，它的功能是补充甚至修正、变更律的内容。在汉代，令是律的一种重要补充，两者在界限上并无明确分工，"前主所是著为律，后主所是疏为令"[②]。"天子诏所增损，不在律上者为令。"[③] 汉令既多且广，内容比律更加庞杂，到汉宣帝时期不得不按时间顺序把令分为令甲、令乙、令丙等各篇，内容遍及经济、政治、军事、司法等社会生活方方面面，如《宫卫令》、《金布令》、《狱令》、《棰令》、《祀令》、《田令》、《缗钱令》等。

3. 科。又称"科条"或"事条"，由秦朝的"课"演变而成，是关于考核、处刑等具体事项的法律形式。"科谓事条。"[④] "科，课也，课其不如法者罪责之也。"[⑤] 例如，"宁告之科"，规定官吏退休事宜，"首匿之科"，旨在惩治交结朋党、隐匿和包庇罪犯的行为。汉朝科的数量非常多，有"科条无限"的说法，是当时一种重要的法律形式，直到北朝时期"以格代科"，科才失去其作为一种独立法律形式的地位。

4. 比。也称"决事比"，即比附，是指在律无正条时，以既有判例为断案依据，据《礼记·王制》的注解："已故行事，曰比。"比与秦的廷行事相似。比能补充律令的不足，因其灵活方便，故被广泛采用，汉时规定："若今律其有所事，皆依旧事断之；其无条，取比类以决之。"[⑥] 武帝后，比作为一种法律形式在司法中被广泛运用，甚至成为奸吏破坏法制的手段，在司法实践中出现了"奸吏因缘为市，所欲活则傅生议，所欲陷则予死比"[⑦] 的情形，在客观上成为汉代中后期司法黑暗的重要原因之一。

5. 章句。即法律解释，一般由官员或学者作出，经朝廷认可而有法律效力。章句是儒家学者运用儒家思想及其精神，根据社会现实对具有法家性质的律令所作的解释，这样的著作如果得到皇帝的认可，就可以成为司法审判的依据，如东汉时郑玄章句被皇帝批准成为唯一认可的注本。章句依儒家思想而为，在汉朝法律的儒家化过程中起着重要的作用。

---

① 《晋书·法志》。
② 《汉书·杜周传》。
③ 《汉书·宣帝纪》注。
④ 《后汉书·桓谭传》注。
⑤ 《释名》。
⑥ 《九朝律考·汉律考》。
⑦ 《汉书·刑法志》。

第二节 行政法律制度

一、行政管理体制

（一）皇帝制度

儒家思想在汉代的发展，为皇帝制度提供了系统的理论支持，亦使君主专制与政权的意识形态基础更加坚实。正统儒家用阴阳五行学说论证皇帝制度的合法性。"受命之君，天意之所予也"；"皇天右而子之，号称天子"①。君权天授，具有"自然法则"的性质。另外，儒家主张"正名"，有关皇帝的事物，被赋予法定称谓，以此凸显皇权至尊，维护皇帝的威严，如"汉天子正号曰皇帝。自称曰朕，臣民称之曰陛下，其言曰制诏，史官记事曰上，车马衣服器械百物曰车舆，所在曰行在，所居曰禁中（后曰省中），印曰玺，所至曰幸，所进曰御，其命令一曰策书，二曰制书，三曰诏书，四曰戒书"②。

（二）中央行政体制

1. 三公九卿制。所谓"三公"，即丞相、太尉、御史大夫。西汉初期，三公以丞相为尊。西汉中期以后，大司徒、大司马、大司空并称三公。大司徒负责民政，大司马负责军事，大司空负责土木兴造，三公互不隶属，地位平等，在皇帝的统率下行使各自职责。汉朝亦沿用了秦的九卿制，但某些职官称谓有所变化，如掌宗庙礼仪的奉常改称太常；掌宫廷警卫之事的郎中令改称光禄勋；掌外交的典客改称大行令、大鸿胪；掌财政的治粟内史改称大农令、大司农，等等。

2. 六曹尚书制。武帝以后，汉朝的中央官吏有了内朝官与外朝官的区分。内朝官是侍从皇帝的文武官员，可以出入禁中。外朝官是执行国家具体政务的官员，不能随便出入禁中。尚书令原是掌管皇帝文书的内朝小官，隶属于九卿中的少府，后其权力因皇帝信任而扩大。至东汉光武帝时，下设六曹，其中三公曹掌地方官的考课，吏部曹掌官吏的选任，民曹掌手工业及工程建造，客曹掌朝贺觐见活动，二千石曹掌诉讼，中都官掌水火灾害的治理及捕拿盗贼事宜。原为内朝小官的尚书一职的权力的演变，表明处理国家政事的权力逐渐归由皇帝亲信侍从组成的内朝官把持，三公九卿之类的外朝官的权力大幅度缩小。内朝官凌驾于外朝官之上，"虽置三公，事归台阁"。③ 汉朝六曹尚书制的形成，标志着三省六部行政体制的萌芽。

汉朝的中央行政体制，经历了三公九卿与尚书职能的转换。通过内朝与外朝

---

① 《春秋繁露·深察名号》。
② 《独断》卷一。
③ 《西汉会要》卷四十。

的划分，通过抑外朝、扬内朝的权力分配，君主极权得到加强。管理国家政务的权力从朝廷转移到宫廷，其结果是“家天下”的色彩更重。这种中央行政体制虽然抑制了一般大臣擅权的可能性，却又造成了宗亲、外戚、宦官专权的更大危险，形成汉朝政局中的种种乱象，汉朝兴亡的过程即与这一行政体制的演进有关。

（三）地方行政体制

1. 西汉早期的郡国并存制。汉初统治者认为，秦的速亡，原因之一是没有分封子弟为诸侯，充当拱卫中央的屏藩，汉室应吸取这一教训。又由于秦亡后存在按军功瓜分胜利果实、分配政治权力的形势需要，刘邦采取了分封异姓王与分封同姓王相结合、郡县与诸侯国并存的政策。为加强刘氏王朝的中央集权，韩信、黥布之类的异姓王被先后剪灭。而同姓诸侯在休养生息、清静无为的文景之治中实力渐增，不断地在各方面挑战和对抗中央，终于在景帝时爆发了吴楚等刘姓诸侯参与的七国之乱。七国之乱被平定后，汉朝力行削藩政策，如施行酎金律、推恩令等，至汉成帝时，各诸侯国的地位与权力和郡大致相同。

诸侯国最初的权力，包括直接统治所辖区域，自行任免除相以外的官吏，决定财政、税收甚至能保有军队、掌理断狱治安事务。诸侯王实行嫡长子继承的方式，诸侯国的政治、经济、军事等都有一定的独立性。

汉的郡县组织与职权，与秦大致相同。郡设郡守，通称“二千石”，有处理辖区内的兵刑钱粮等事务以及任命属官的权力，但郡守直接对中央负责，并不具有独立的地位。县设县令，与郡守一样，亦由朝廷直接任命。县以下设乡里等基层组织，乡官为啬夫，里官为里正，里以下按什伍编制居民。置郡县比分封诸侯更有利于中央对地方的控制。

2. 东汉的州、郡、县三级制。汉武帝时期，全国被划分为十三州部，作为地方监察区，每部设刺史一人掌监察。至东汉末年，为了便利于镇压黄巾起义，原来只是监察区，不属于地方一级地方政权的州被确立为地方最高一级政权，形成了州、郡、县三级制。州的长官为州牧，有的仍称为刺史，握有地方行政、监察、军事、司法等大权，统率郡、县。州牧与刺史往往与地方豪强势力相勾结，逐渐发展为割据一方，常与中央相抗衡的军阀势力集团，实际上其地位与诸侯相似。

二、吏治制度

（一）任官

察举是汉朝任官的主要方式。察举，是指皇帝下诏责成中央和地方各级长官选贤举能，向朝廷推荐优秀人才为官。惠帝和文帝时期规定，公卿郡守以及王侯，每年要向中央选荐“贤良方正”，“孝廉”和“直言极谏之士”，但选荐范围，一般仅限于二千石以上官僚或富豪的子弟。武帝时期，采纳董仲舒的建议，令郡国每年按二十万人口举一人的比例进行察举，送中央备用，选荐的范围扩大到有特别才干的人，并使这种方法成为一项经常性的制度。同时又规定选举的贤能之士要首先通过乡里代表人物的评议，被选荐的“贤良”还要通过皇帝亲自的策试，即“对策”、“射策”。汉朝察举的名目，主要有贤良方正、孝悌力田、茂才异等和孝廉。察举制度事实上在秦时已有。汉代察举与秦代察举的差异，最基本之处是汉朝的察举标准明显地强调儒家德行的具备。

除察举外，汉代任官的方式还有征辟、考选、任子、荫袭、赀选等。征辟，即聘任士人为官，皇帝直接聘任士人为征召，大臣聘任士人称辟召。任子和荫袭指二千石以上官吏任满三年即可保举子弟一人为郎。赀选始于武帝，即出卖官职。汉朝还对不得为官的情形做了规定，如“市井子孙亦不得为官吏”。①“贾人、赘婿及吏坐赃者，皆禁锢不得为吏。”②“巫家不应为吏。”③

官吏的法定待遇，除按品级高低享有国家俸禄外，还免除其各种赋役。六百石以上的官吏，除军赋外免除全家人一切徭役，颇有“一人得道，鸡犬升天”的意味。至于下级官吏和太学学生、博士弟子，则其本人可终身免役。

（二）考课

《上计律》是汉代考核官吏的专门法律，所谓“上计”，即郡守在年终时派上计掾和上计吏各一人，把本郡的农业生产、户口增减及社会治安等方面的情况写在计簿上，向中央汇报。对考核后认定政绩优异者，予以升迁，加俸行赏；政绩差劣者则降官削爵，减俸受罚。汉代的考绩，一般每年一小考，称为常课；三年一大考，称为大课。大课时由丞相、御史府共定考核的等第，以优者为“最”，劣者为“殿”，称为会课。为防止舞弊，考核采用公开评议方式，逐级汇总，依次上报。在考绩中，如发现贪赃枉法或疲软不称职的官吏，则分别予以罢免或制裁。凡被罢黜的官吏，不得擅自到京师。

（三）致仕

致仕，即官吏退休制度。按照汉律规定，官吏年七十，耳目不聪，腿脚不便，须致仕，因疾病亦可请求致仕。致仕的本义，即“还禄位于君”④，这体现了封建时代视官职爵位为皇帝私有物的观念。二千石以上官吏致仕后，可享受原俸禄的三分之一，其他官吏致仕后无俸禄。致仕制度的推行，有利于减少官僚机构的暮气，维持官僚机构运转的效能。

三、治安管理制度

汉代在治安行政方面并无统一的法典以供一体遵行，也没有上自中央、下到

① 《汉书·食货志》。
② 《汉书·贡禹传》。
③ 《后汉书·高凤传》。
④ 《公羊传·宣公元年》。

基层的贯通一气的系统化的官僚机构予以专门的管理。有关治安行政的法规，或者散见于法典各篇，如“盗”、“贼”、“囚”、“捕”、“杂”等篇中的内容，或者以单行法的形式出现。司掌治安的职官，在中央与地方均有较多种类。统治者对治安管理的重视程度由此可见一斑。

（一）京师的治安管理

1. 专门负责保卫皇帝及宫室成员的警卫机构。

（1）郎中令。郎是帝王的侍从官，其长官称郎中令。武帝时改称光禄勋。郎官中的中郎负责掌管对各宫殿的警卫及皇帝出巡时的警卫事宜，武帝时又增设期门军和羽林军扈从皇帝。

（2）卫尉。是专门负责统领宫门卫兵的官吏，设有丞一人。汉武帝时为加强皇帝直接控制的禁军的实力，扩充其数量与门类，禁军成员皆是选自西北诸郡的所谓良家子弟。汉朝除了位列九卿的卫尉外，还有守护皇太后宫的长乐卫尉，守护甘泉宫的甘泉卫尉，守护建章宫的建章卫尉等，并不归属于九卿卫尉，各自有其独立性，也承当了大量警卫工作。

2. 皇帝直接控制以卫护京师治安的机构。

（1）执金吾。原为中尉，武帝时改成执金吾，是督巡三辅治安的长官，统率拱卫京师的警卫部队北军，“掌宫外戒司非常水火之事，月三绕行宫外，及主兵器”。[①] 是和卫尉“相为表里”的重要警卫力量。

（2）司隶校尉。创设于武帝时期，原是皇帝处理大案、要案的特使，捕拿以巫蛊手段犯罪者，监视与督察奸猾的大臣。司隶校尉不仅可以纠察丞相，弹劾三公，而且有权直接逮捕百官，后成为专门负责纠察京师百官及京师附近地方官的监察官。

3. 京师的一般治安机构。

（1）长安令。既负责行政、司法，也直接掌管治安工作。下设县尉一职，另设专门负责巡逻的县游徼若干名。由于县令官职卑小，权力有限而长安城官贵云集，故令的压力较大。汉初即规定，长安所在地区的内史也有权管理治安。

（2）京兆尹。武帝时，设三辅，分京兆尹、右扶风、左冯翊三个行政区。长安由京兆尹负责。京兆尹一职的人选，多来自富有经验的郡国二千石。但由于京师社会关系复杂，各类矛盾尖锐，京兆尹的任职难度较高，因此官员的更迭极为频繁。

（二）地方的治安管理

汉代地方社会治安一般由各级行政长官负责，即郡守主管该郡治安，县令主管一县治安，乡一级的治安由啬夫主管，里的治安由里正负责管理，郡、县、乡各级设有专门负责治安的职官，协助各级行政长官工作。汉太守的属吏中，有贼捕掾一职，县有县尉，县、乡还设有游徼，负责巡逻、查奸，维护地方社会秩

---

① 《后汉书·百官志》。

序。县还在驿道、关津、街坊以及市场设置专门的警察机构“亭”，有亭长一人，亭卒若干，负责禁捕盗贼，盘查过客，调解民间纠纷，接待过往官员，负责邮传以及管理工商秩序等。亭作为官僚组织的基层，事务繁多，责任重大。

汉代的地方政府可以“自设条教”，也就是可以因地制宜制定一些补充性治安立法，一些好的条教皇帝还可以把它推行全国。[①] 要巡行辖区，督课治安，禁备盗贼，维持地区治安；还要诛杀豪强，平息叛乱，监护诸侯王，治安管理方面的职责重大。

（三）治安管理方面的若干基本手段

1. 户籍制度。汉代很重视户籍问题，它事关封建国家的信息统计、社会控制，是实施统治技术的重要一环。汉代每年八月进行户口登记，称为“八月案比”。[②] 汉代的户籍册称为“版”或“户版”，居民要详细登记年龄、性别、籍贯、社会关系、财产状况以及身高、肤色之类的个人外貌特点。从中央到地方，设有掌管户籍的职官，可见户籍制度在中国传统治国经验中的重要地位及其成熟度。另外，汉代沿用什伍制。“什主十家，伍主五家，以相检察。民有善恶事，以告监官。”[③] 什伍制有利于分化民间力量，加强国家官僚系统对基层社会的控制力度。

汉代时，如果脱离户籍逃亡即为“亡命”，帮助他人脱逃户籍的为“舍匿”，汉朝对“亡命”和“舍匿”都要严加惩处，“亡之诸侯，游宦事人及舍匿者，论皆有法”。[④] 同时户口增减还是考核官吏政绩的重要指标。

2. 通行凭证制度。进出宫殿，过往关津，均须出示有关凭证。汉代宫殿门悬有“籍”或“门籍”，上载经批准出入宫殿门者的姓名、年龄、相貌特征，来者与之相符，则可入内。“籍者，为二尺竹牒，记其年纪、名字、物色，悬之宫门，案省相应乃得入也。”[⑤] 无籍妄入称为“阑”，应治罪。“天子宫门曰司马，阑入者为城旦，殿门阑入者弃市。”[⑥]

汉代的通行凭证还有符、传、过所等。符的使用范围主要限于军事，与普通木简相似，有齿纪数，写持符者的姓名，分为两半，合符即能验证是否合法。汉代的传主要是一般吏民出入关津的身份证明，木质，长方形，无齿，不纪数，不写人名，持传即能通行。过所，即手书的过路凭证。出入关津的人员不仅要有身份凭证，还需要向守关登记身份、姓名、事由和出入时间，以备核查。另外边关还要查禁“阑出财物”，特定物品不能携带出关，如“律：胡市，吏民不得持兵器及铁出关”。[⑦]

---

① 《后汉书·循吏传》所载秦彭事迹，“诏令以其所立条式，班令三府，并下州郡”。
② 《周礼·地官·小司徒》贾公彦疏。
③ 《后汉书·百官志五》。
④ 《汉书·淮南王传》。
⑤ 《汉书·元帝纪》应劭注。
⑥ 《新书》。
⑦ 《汉书·汲黯传》。

3. 城市治安管理。汉朝城市居民以里为单位，每个里有围墙，里有门称“闾”，要设置警卫监视出入。汉代的城市管理措施多是以此为基本单位施行。

汉朝在闾里设有“街鼓”，一旦闾里发生治安事件，击响街鼓后，全体居民都要出动追捕盗贼。① 在通衢路口设置“缿筩”，接受居民检举高密，用举报来维持治安。② 县城衙门设有“建鼓”，白日召集号令，夜间可作居民报警之用。

实行酒禁，禁止群饮酒。汉时，除皇帝下诏特许外，不得聚众饮酒，“汉律，三人以上无故群饮酒，罚金四两。”③ 汉代还在京师实行宵禁，即禁止夜间游荡、通行，违者甚至受格杀勿论的重惩。

4. 商业治安管理。汉朝的商业活动只允许在官府管理的“市”里进行，设有市令（长）、市丞、市掾、市啬夫等专职官吏进行管理。市设市亭一座，是市场官员办公所在，又可以借以监控市场商业活动秩序。

汉朝商业市场的管理活动主要包括：严防斗殴盗窃事件发生，市门的开启和关闭都有定制；禁止非法经营，汉朝实行盐铁酒等物品的官营，如是非法经营发现最高可处死刑；实行准入管理，商人必须获得“市籍”后才能在市内进行经商活动，商人在经营时要缴纳百分之二十的市租；监督物价，对商品价格进行管理；处理市场纠纷等。

5. 消防管理。汉朝皇宫的消防管理主要有负责管理宫廷的少府，负责宫廷警卫的郎中令和卫尉承当。

京城的消防管理由执金吾土管，同时尚书台里的“贼曹”，掌“中都官水火”，总管京师各个官府机构的消防事务。

此外，汉朝城中的“街鼓”和“建鼓”都可以作为消防报警之用。

第三节 刑事法律制度

一、罪名与刑名

（一）主要罪名

1. 谋反之类危及皇权的犯罪。谋反主要有两种，一种是统治集团内部成员图谋颠覆皇权的行为，另一种是被压迫阶级的反抗活动。

谋反之类的犯罪行为是封建王朝刑法打击的首要对象。谋反是罪名之一。“淮阴侯韩信谋反长安，夷三族。”④ 谋反者通常是拥有一定政治势力的官僚

① 《汉书·张敞传》。
② 《汉书·赵广汉传》。
③ 《汉书·文帝纪》注。
④ 《汉书·高帝纪》。

大臣。

平民百姓对皇权统治的反抗行为，被称为“群盗罪”。武帝时加重了对群盗罪的惩处。武帝作“沈命法”和“见知故纵之法”，以严刑督责各级官吏恪尽职守，缉捕群盗，失职的官吏将受重罚。“沈命法”规定，地方官吏对聚众造反者若未能及时发觉，或者发觉后不能捕获满额，官吏皆应被处死。“见知故纵之法”规定，官吏得知他人犯罪而不及时告发者，须受严惩，而其上级官吏或主管官吏亦应坐罪。

汉代还规定了对“首匿”和“通行饮食”的刑罚处罚。武帝时，重首匿之科，严禁任何人隐藏谋反和大逆不道的罪犯，犯之者弃市，情节严重者夷三族，即使是王侯也不得免罪。为“群盗”通风报信、充当向导或供给饮食者，构成“通行饮食”的罪行，犯此者处以大辟。

2. 危及皇帝人身安全的犯罪。为从日常细节角度保护皇帝人身安全，汉律规定了如下罪名，如凡擅自进入皇帝居所的行为即“阑入”；守卫宫门的官吏对阑入者未能制止的行为即“失阑”；不尽职尽责守卫宫门者为“不卫宫”。

汉代还有“犯跸”的罪名，即因过失冲撞了皇帝出行时的车骑仪仗，对犯跸者依律应处罚金刑。

3. 损及皇帝权威的犯罪。这主要包括违反诏令罪和僭越罪。拒不执行诏令的行为称“废格”。诈称、伪造、篡改诏令的行为，称“矫制”或“矫诏”。按照后果的严重程度，矫制分为大害、害、不害三种。矫制大害处死刑，矫制害者弃市，但可赎免，矫制不害者免官。

“僭越”又称“逾制”，指僭冒名位，超越自身等级应享有的在衣、食、住、行方面的待遇，非法使用皇帝才能享用的称号、器物、车马、服饰、宅第，等等。西汉淮南王刘安被杀的罪名之一，即“不用汉法，出入称警跸、称制，自为法令，拟为天子。”①

4. 触犯皇帝威严的犯罪。关于此类犯罪，汉代有不敬、大不敬等罪名。“不敬”即“亏礼废节”，范围极广，如奏疏切直，辞不逊顺，引喻不当，失大臣体，触犯皇帝名讳，妄议先帝，奉诏奉使不敬，坐骑至司马门，对皇帝使用过的器物处置失当等。上述这类行为的情节较严重时，即为“大不敬”。

汉代还有“腹诽”的罪名，即虽无具体的言论，但能推定有对皇帝不敬的想法和念头。武帝时，大司农颜异在某次朝议时，对于武帝“盗铸诸金钱罪皆死”的法令并未做任何评论，只是嘴唇稍动了一下，与其有私仇的廷尉张汤即以“腹诽”的名目将颜异下狱处死。武帝肯认了这一罪名。

又如，诽谤妖言罪、非所宜言罪，指对皇帝有不敬的言论，说了不该说的话，这是对秦的苛法的搬用。在君主极权欲望的支配下，法律的形成及其内容随君主喜好而定，臣民动辄得咎。

---

① 《史记·淮南子列传》。

汉律中还有侮辱王杖主罪。王杖是汉朝皇帝赐予70岁以上老人的一种拐杖，拥有此杖者即为“王杖主”，享有一定特权。王杖作为皇权的象征，侵犯王杖主被认为是对皇帝威严的严重侵犯，殴打和侮辱王杖主的行为属于大逆不道犯罪，要处以死刑。1981年在甘肃武威出土的《王杖诏书令册》记载，对王杖主，“吏民有敢殴辱者，逆不道，弃市”。

5. 危害专制集权的犯罪。从景帝到武帝，汉朝陆续推行了一些削藩措施。在推行这些政治举措时，汉武帝时期还制定了一系列法律，规定了有关的罪名和刑罚。

左官。所谓左官，即擅自离弃皇帝而到诸侯麾下为官。左官律即处罚左官行为的法律。凡为左官者，将被依法处死。

附益。附益，即非法增加诸侯王国的财产与权势，使诸侯实力加强的行为。“附益，言欲增益诸侯王也。”① 主要针对的是朝廷大臣和诸侯王的勾结。

阿党。该法主要针对由中央派驻诸侯处的傅相。诸侯有罪，傅相不举奏，即为阿党。阿党法惩治派往诸侯王国的官员与诸侯王结党营私、互相包庇的行为，以限制诸侯政治势力的扩张。

事国人过律。是禁止诸侯王役使其封地内吏民超过法定额度的法律。凡违反该法律规定者，一律免爵降为庶人。

出界律。是诸侯王擅自越出封国疆界。犯此罪的，轻者耐为司寇，重者诛杀。

又如酎金律中的规定，依汉制，每年八月在汉室宗庙饮酎大祭，诸侯王及列侯均须贡献黄金助祭，称为酎金。若贡金成色或分量不合格，则要受到削地夺爵的惩罚。汉武帝时，常借此时机削夺王侯们的封地、爵秩，以达到削弱地主割据势力的目的。

6. 职务犯罪。汉朝统治者较重视吏治，规定了许多和职务有关的罪名，以促使官吏勤于公职。

选举不实罪，即在察举制度的执行过程中，大臣不举荐人才者有罪，举荐人才不当者或不实者亦有罪。“岁贡各二人以给宿卫，且以观大臣之能，所贡贤者有赏，所贡不肖者有罚。”②

贪赃受贿罪。汉武帝下诏：“吏坐受赇枉法，守县官财物而即盗之，已论命复有笞罪者，皆弃市。”③ 接受贿赂或监守自盗者均处以弃市的重刑。

故不直与故纵罪。司法官吏在审理案件时，故意使有罪之人得以减免刑罚为故纵，故意使无罪之人受刑罚或使轻罪之人受重罚为不直。汉武帝时期，对犯故不直的处罚较轻，对犯故纵的处罚较重，且不允许赎死。这种处罚方式使司法官吏在司法过程中宁可冒不直的风险，也不敢轻易判处嫌疑人罪轻或无罪，由此助

---

① 《汉书·高五王传》颜师古注。
② 《汉书·董仲舒传》。
③ 《汉书·刑法志》。

长了武帝一朝的酷吏风。

欺谩罪。官吏欺骗君主的犯罪，主要包括：呈报计簿时弄虚作假；战场上多报斩获首级；向皇帝上书所言失实；虚报田亩数据等。犯此罪的，轻者免官，重者处死。

在职务犯罪方面，还有“泄漏省中语”的罪名，即泄漏中央决策机构情报信息。在军职方面，法律规定了逗留和失期（即未按期到达集结地）、失亡与逃亡（即兵士走散或故意开小差）、乏军兴（即延误军用物资的征集或调拨）、擅发兵（即无皇帝虎符相合而发兵）以及讨贼失利、虏获不实、争功冒赏等罪名。

7. 经济犯罪。有盗铸钱、私冶铁、煮盐等罪名，用来打击破坏封建国家管制经济秩序的行为。此类犯罪惩罚严重，重者可以处死。

（二）主要刑名

1. 死刑。汉朝的死刑与秦朝的死刑大致相同，有弃市、腰斩、枭首、具五刑、夷三族等。另外，汉朝有“殊死”的刑名，也即斩首。吕后曾缩小夷三族的株连范围，废除“具五刑”，但总体变化不大。

2. 肉刑。汉朝的肉刑主要有以下几种，即黥刑、劓刑、斩右趾与斩左趾、宫刑等。

3. 身体刑。有笞刑，是用竹木板责打犯人的刑罚方式，被广泛采用。

4. 耻辱刑。包括髡刑与耐刑。髡即剃去犯人的发须，耐即留发而剃须。将发须与名誉相联系，是因为发须是勇武的象征，亦符合儒家“身体发肤，受之父母”的孝道。耻辱刑常用作徒刑的附加刑。

5. 徒刑。指判处犯人服一定时期的苦役。其一是城旦舂，男犯守城，女犯为官家舂米，有四年期、五年期两种。其二是鬼薪、白粲，均为三年期，男犯服鬼薪，为宗庙砍柴，女犯服白粲，为官家择米。其三是司寇，为二年期，指罚罪犯到边疆服劳役与兵役。其四是罚作、复作，为一年期，前者指男犯罚作苦役，戍边，后者指女犯在官府服劳役。其五是候，即为边防部队执行前哨、侦察之类危险任务。

6. 迁刑。有两种，其一是徙，将犯人迁移到指定的艰苦地区，多用于减死一等的犯人，也用于被株连而坐罪的犯人。其二是七科谪。武帝时，始将七类人遣送到边境服役，即犯罪的官吏、逃亡者、赘婿、商人、有商人户籍的人、父母及祖父有商人户籍的人。

7. 财产刑。指罚金、赎刑。罚金适用于对社会危害不大，触犯刑律情节较轻的犯罪，赎刑有时却能用财产抵免死刑。金赎，指以货币抵罪。赀赎，指以实物抵罪。役赎，指以劳役抵罪。汉代有“女徒顾山”的刑罚，即女犯被定罪后可放其回家，令其家中每月出钱三百由官府雇人上山伐木，以代替女犯应服的劳役。

另外，汉代有夺爵、免官的刑名，适用于官吏犯罪，又设禁锢之科，禁止商人、赘婿乃至犯人亲属为官。

二、汉代刑制改革的背景、内容与意义

（一）背景

汉代刑制改革主要指废除肉刑的改革，发生在文景时期，它是汉初约法省禁、与民休息政策在法制中的体现。

肉刑的广泛适用，不仅是对社会生产力的严重破坏，而且使受刑者身上刻下犯罪的永久印记而有碍于其改过自新。汉承秦制也使秦的一些苛酷刑罚延续下来，这使改革肉刑成了时代的需要。文帝继位后，开始好转的经济形势，缓和的社会矛盾为刑制改革创造了适宜的社会环境。缇萦上书的事件则成为促成刑制改革的历史性契机。

据《汉书·刑法志》载，文帝十三年（公元前167年），分封的诸侯国齐国有太仓县令淳于意，因犯刑律，应受处罚。遵照皇帝的诏令，淳于意将被押解到长安。他有五个女儿，在他将被捕时，情急中训斥女儿们无力相助。他的小女儿缇萦，暗自悲泣，于是追随父亲到长安，向文帝上书说："我的父亲为官既清廉又公正，有很好的声誉，但现在因连坐而要受刑罚了。死者不能复生，受肉刑者也不能再完好如初，即使是罪犯有改过自新的打算，道路却很遥远了。我愿意罚做官婢，来赎我父亲的罪过与刑罚，让父亲得到自新的机会。"汉文帝深受感动，"怜悲其意"，认为"刑至断肢体，刻肌肤，终身不息"，是统治者"不德"的表现，于是下诏开始了废除肉刑的刑制改革。

（二）内容

汉文帝时期刑制改革的内容是："诸当完者，完为城旦舂；当黥者，髡钳为城旦舂；当劓者，笞三百；当斩左止者，笞五百；当斩右止者……弃市。"① 就是用徒刑、笞刑和死刑代替黥、劓和斩左右趾三种肉刑；将黥刑改为髡钳城旦舂，即五年劳役；劓刑改为笞三百；斩左趾改为笞五百；斩右趾则改为弃市。

汉文帝改革刑制，本意是要废除肉刑，宽缓刑罚，但实行起来却有明显缺陷。一是把原先斩右趾的刑罚上升为死刑，这是从轻改重；二是斩左趾及劓刑分别改处笞五百和笞三百，笞数既多，难保活命，往往是笞未毕而人已死。因此"外有轻刑之名，内实杀人。"② 需要进一步改革。

汉景帝即位当年，即下诏说："加笞与重罪无异。幸而不死，不可为人。"下令把斩左趾的笞五百减为笞三百，劓刑的笞三百减为笞二百。即使这样，仍有被打死的犯人。于是又下诏把笞三百减为笞二百，笞二百减为笞一百。至此，中国刑罚史上存在了两千年的肉刑，在法律上基本上为其他刑罚所取代。

行刑笞数虽已减少，然而所用刑具及行刑方法没有规制，用刑过重的情况仍难避免。景帝又命丞相刘舍和御史大夫卫绾制定《箠令》，对执行笞刑的刑具和

---

① 《汉书·刑法志》。
② 《汉书·刑法志》。

执行方法作了具体规定：箠长五尺，根头一寸，末梢半寸，材料用竹制，皆削平竹节；笞打的部位是臀部；行刑时中途不得更换人。《箠令》的颁布，使笞杖刑开始走向规范化的道路。

此外，文帝在废除肉刑的同时，还对劳役刑作了改革，“令罪人各以轻重，不亡逃，有年而免。”① 即决定将终身服役的劳役刑制度改为有期限的劳役刑制度。丞相张苍和御史大夫冯敬据此定出了各种劳役刑的刑期和对原已服刑者的减免方法，得到了文帝的批准。文帝“罪人有期”做法的影响是非常深远的。

（三）意义

文景二帝废除肉刑，顺应了历史发展的潮流，有利于保护社会生产力。尽管在刑制改革的过程中，局部范围内曾有过一定程度的反复，甚至有倒退；如斩右趾刑改为死刑弃市，由轻变重；宫刑本已废除，但后来又予以恢复等，但这些毕竟都属支流。废除肉刑使我国古代的刑罚手段由野蛮残酷变为较为人道，在一定程度上保护了劳动力，有利于社会生产力的发展。改革后的汉朝刑罚，除死刑外，主要是劳役刑和笞刑，这为封建制五刑的形成奠定了基础。因此，文景二帝改革刑制，是我国古代法制史上具有历史意义的事件，是由奴隶制五刑向封建制五刑过渡的重要标志。

三、刑法原则的发展

汉代刑法原则的发展，主要体现为儒家思想对刑法的渗透，体现为引礼入法过程的深入展开。

（一）上请原则

上请即贵族或官僚犯罪之后，司法官员无权擅自判决，必须奏请皇帝裁断。皇帝可以根据犯罪者的具体情况，如与皇室亲疏远近、官职大小、功劳大小等，自由地决定其判决结果。上请是儒家礼制“亲亲”、“尊尊”原则的体现。汉高帝七年（公元前200年），“令郎中有罪耐以上，请之”。② 标志着上请制度的确立。

汉朝上请制度实行的特点是适用面越来越宽。一是享有此项特权的人越来越普遍，由宫内到宫外，由京师到地方，由高层官员到低级官吏；二是此项制度适用的罪行也从重罪到轻罪，面越来越广。例如，西汉时期，享有上请的对象为郎中或六百石以上的官吏和公、侯及其子孙；适用上请的范围，一般为耐罪以上（二年徒刑以上），耐罪以下则通过赎免办法来免除其刑罚。东汉初期，光武帝下诏：“吏不满六百石，下至墨绶长、相，有罪先请。”③ 而据郑玄《周礼·秋官·小司寇》的注解，还包括宗室与廉吏。同时，应请之罪也不仅仅是耐罪以

① 《汉书·刑法志》。
② 《汉书·高帝纪》。
③ 《后汉书·光武帝纪》。

上，而是不论什么罪都可通过上请得到减免。

上请表明，汉朝比秦朝更加注重保护官僚贵族的特权和利益。上请的另一项功能，是确保和强化皇帝对司法权的控制，皇帝拥有最高与最后的司法裁断权。该原则在后世被一直沿用。

（二）恤刑原则

恤刑，是指对老人、小孩、妇女、残疾人等有特殊情况的人，在定罪处刑时给予特别宽宥的做法。先秦儒家继承了周初统治者“耄与悼，虽有罪不加刑焉”[①] 的思想，主张在适用刑罚时要矜老怜幼，以体现仁恕之道。

受此影响，汉朝在处刑问题上，对老、幼等人都有宽免规定，以标榜统治者的“仁慈”，亦被视为统治者恩惠与德政的表征。这类恤刑的规定包括以下几种情况，如除特殊的犯罪和诬告及杀伤罪外，符合年龄规定的老、幼犯一般罪都可免刑。汉律规定：“年未满八岁，八十以上，非手杀人，他皆不坐。”[②]《汉书·宣帝纪》载元康四年令：“自今以来，诸年八十以上，非诬告、杀伤人，它皆勿坐。”

例如，以生刑代替死刑，或以轻刑代替重刑。据《汉书·惠帝纪》：“诏民年七十以上，若不满十岁，有罪当刑者，皆完之”，以完刑替代肉刑；或对幼童杀人减免死刑，成帝洪嘉元年令“年未满七岁，贼斗杀人及犯殊死者，上请廷尉以闻”，这在一般情况下都可减死。

又如，服刑或羁押中免戴刑具。“年八丨以上，八岁以下，及孕者未乳，侏儒，当鞫系者，颂系之。”[③] 这是在监禁期间对老幼、孕妇等人给予免戴刑具的优遇。

（三）亲亲得相首匿原则

亲亲得相首匿原则指亲属之间可以相互首谋隐匿犯罪行为，不予告发或作证。在《论语·子路》中，已有“父为子隐，子为父隐，直在其中矣”之说。《秦简·法律答问》也禁止子女控告父母，奴婢控告主人，但不很严格。汉代标榜“以孝治天下”，董仲舒据《春秋》经义，肯定了“父为子隐，子为父隐”的合法性。至宣帝时，正式把“亲亲得相首匿”作为刑法原则确定下来。宣帝于地节四年下诏：“自今子首匿父母，妻匿夫，孙匿大父母（祖父母），皆勿坐。其父母匿子，夫匿妻，大父母匿孙，罪殊死，皆上请廷尉以闻。”[④] 这一规定，首先是限定在一家之内，即祖孙三代，夫妻之间；其次是卑幼首匿尊长一概不论，尊长首匿卑幼犯罪者，一般犯罪可不负刑事责任，死刑案件则上请廷尉，由其决定是否追究首匿者罪责。这个刑法原则不仅一直延续到清代，而且时有发展，成为中国法律传统中的重要组成部分，是中国古代道德观念法律化的重要表

---

① 《礼记·曲礼上》。

② 《周礼·秋官·司寇》郑玄注。

③ 《汉书·刑法志》。

④ 《汉书·宣帝纪》。

现之一。

汉代刑法原则的变化，其核心表现在于把儒家所提倡的伦理价值观纳入法律的调整范围之中，是儒家经典的法律化，法律把维护以“亲亲”、“尊尊”为核心的礼制秩序作为自己的首要任务，在实践中逐步确立了儒家思想在立法和司法中的指导性地位，对中国传统刑事法律制度的发展产生了深远影响。

第四节　民事与经济法律

一、民事法律

（一）民事主体

封建时代，社会主体在法律上的地位与其身份相联系，在民事法律关系中所享受的权利和所承担的义务，也有相应差别。诸侯王、官僚、地主是完全民事行为能力的人，可以独立地、完全地享有各种民事权利和承担民事责任。农民虽然也是民事法律关系的主体，但由于其依附于土地，常伴随地权的转移而归附新主，其人身往往是不自由的，他们享有的民事权利也因此受到限制，是不完整的。汉代推行抑商的政策，从高祖时起便规定：商人不得衣绣乘马，商贾子孙不得为官，不得名田；惠帝还曾下令对商贾倍算其赋。可见，商人的民事权利也受到一定的限制。赘婿与妇女虽有人身自由，但在民事法律关系上的权利受到诸多限制，因而是限制行为能力人。奴婢更是无民事权利可言，汉代虽然禁止主人随便杀死奴婢，但他们是主人的私有财产，被主人当做创造财富的工具，主人可以随意将其卖掉或转赠给别人，因此，奴婢是民事法律关系的客体。

（二）所有权

自秦商鞅变法允许民田自由买卖和继承以来，土地兼并盛行，出现了“富者田连阡陌，贫者亡立锥之地”① 的土地集中现象。这不仅使自耕农民失去土地，造成阶级矛盾的尖锐化，也不利于中央集权制国家基础的巩固。汉朝政府屡颁“限田”和“抑兼并”的诏令，但由于受到贵族豪强与大地主的抵制而无法实行。

除私有土地外，国家占有大量官田，官田禁止买卖，如盗卖官田处死刑。随着屯田制的正式确立，又使国家得以无限制地扩占土地。农民除向官府租佃土地外，更多的是以高额地租向地主租佃土地。

除了土地所有权之外，汉朝法律对其他财物的所有权也严加保护，凡侵犯私有财产所有权的都要处重刑，这从汉律对盗窃罪的惩处可以看出。汉律规定“无

---

① 《汉书·食货志》。

故入人室宅庐舍者，上人车船，牵引欲犯法者，其时格杀之，无罪”[①]。居延地区出土的汉简记载：“捕律：禁吏毋夜入人庐舍捕人。犯者，其室殴伤之，以毋故入人室律从事”，甚至对官吏进入私人宅舍都加以严格限制。

关于拾得遗失物，汉律规定要送到乡县地方官府以待失主招领，如果10日内无人认领，贵重物品由官府收为公有，小物件则归拾得人。

（三）债权

两汉时期，随着商品经济的发展，债的关系也很普遍。凡买卖、借贷、租赁等民事法律关系的建立，大都订立契约。契约的功能，主要在于充当法律关系、权利与义务之“凭证”，与近现代民法中契约注重当事人意思自治的特征不同。

1. 买卖契约。买卖契约在汉时称为“券”或“券书”，是各种契约形式中最普遍的一种。“券”和“券书”是买卖关系成立的合法凭证，若发生争讼，以此为凭据。如同郑玄所说：“若今时市卖，为券书以别之，各得其一，讼则按券书以正之。”[②] 各种买卖契约的格式大体一致，其中包括日期、标的、价钱、双方姓名、见证人等。

除盐、铁、军需物品等特定物品由国家控制外，买卖关系的客体非常广泛，包括生产资料、生活资料以及奴婢等私有财产。

2. 借贷契约。随着借贷关系的发展，不少商贾和贵族官僚通过放高利贷而大发横财。法律在调整借贷关系时，侧重于保护债权人的利益，逾期不偿者要负法律责任。为了保证债务的履行，汉承秦制设债务担保人，称为“任者”，也有见证人，称为“旁人”。债务担保，或者以物担保，或者以人为保，用以约束债务人履行债务。如债务已经清偿，要在原契约上注明。

汉代出借，往往是高利贷盘剥，利息之高，又使得债务人到期无法偿还，致使社会矛盾激化。朝廷为了缓和这种矛盾，曾多次明令限制利率，超过法定利率的行为叫做“取息过律”，要受到法律惩罚。但实际上高利贷一直存在。

3. 租佃契约。由于兼并盛行，土地日益集中在大地主手中，很多农民只得向官府或地主租种土地以维持生计，因此，租佃契约在汉代非常普遍。统治者为了缓和阶级矛盾，对租额有时也作出一些限制。例如，汉武帝曾因租额过高而诏令减轻：“今内史稻田租挈重，不与郡同，其议减。”[③] 另外，在出土的居延汉简中也有官府向屯田士卒收取地租的记载。

（四）婚姻家庭的继承

1. 婚姻。汉代仍实行一夫一妻多妾的婚姻制度，一妻多妾在贵族官僚中尤为盛行。婚姻关系的成立，须经父母之命，媒妁之言，并必须遵循“六礼”的仪式。至于婚姻的禁忌，除同姓不婚外，近亲与尊卑之间也禁止通婚，更不得娶

---

① 《通典》卷一六三。
② 《汉书·食货志》。
③ 《汉书·沟洫志》。

逃亡之人为妻，否则要处以刑罚。汉律允许男子入赘女家，由于赘婿既贫穷又无力娶妻，又不得承继本支宗祧，因而受到社会的歧视和法律上的不平等待遇。

汉朝法律没有明确规定结婚年龄的限制，但是汉初惠帝年间，有“女子十五以上至三十不嫁者，五算赋”。[①] 女子到15岁还不嫁就要缴纳5倍的人口税，说明汉代推行的是早婚制度。

婚姻的解除仍沿用“七去”、“三不去”的规定。婚姻的解除权在丈夫手中，丈夫可以用各种借口休妻，而妻子无论丈夫怎样恶劣，都无权解除婚姻关系。妻子如私自改嫁，或夫死未葬，而改嫁者，皆弃市；夫与人通奸，只处徒刑，而妻与人通奸，则处死刑。不过，丈夫提出离婚，法律允许女方将出嫁时的财物带走。

2. 家庭。董仲舒将父子、夫妇之间的亲属关系与君臣关系并列，提出“君为臣纲，父为子纲，夫为妻纲”。在家庭关系中，法律确认并维护父权与夫权的统治。法律对家庭关系的调整，除了规定丈夫在家庭中对妻子的支配地位外，还规定了家庭中尊长对卑幼的支配权。卑幼詈骂、殴打父母属于不孝，弃市；殴死父母枭首；杀父母以大逆论，处以腰斩；甚至在为父母守丧期间与人通奸也要处以死刑。同时，法律还规定，父母、祖父母在，子孙不得分家析产，否则也要处刑。

汉章帝时期还制定“轻侮法”，如果父母被人侮辱，子女杀死侮辱者不用承当法律责任，以体现统治者对孝道的维护。“建初中，有人侮辱人父者，而其子杀之，肃宗贳其死刑而降宥之，自后因以为比，遂定其议，以为轻侮法”，[②] 轻侮法的出现是汉代统治者强调孝道的典型立法。

3. 继承。在继承方面，汉律规定无论王位还是爵位的继承权都属于嫡长子。为了确保嫡子继承的宗法系统，汉律特别规定了“非正”罪与“非子”罪。凡非嫡系正宗继承爵位，为“非正”罪；凡非亲生之子继承爵位，为“非子”罪，犯者依律免为庶人。同时，为了确保宗法血缘的纯正性，不使异姓乱宗，禁止异姓承继宗祧。

对于财产的继承，实行诸子均分的原则。此外，汉代已经出现遗嘱继承，遗嘱称为“先令”。另汉顺帝时，“初听中官得以养子以后，世袭其爵”，[③] 说明汉代已经有了收养制度，并且养子可以继承养父的爵位。

二、经济法律

汉代的经济法多见于《九章律》，同时也有单行的律令，如《田律》、《均输律》、《关市律》和《金布律》等，还有关于盐铁专卖，以及禁止私铸钱币的

---

① 《汉书·惠帝纪》。
② 《后汉书·张敏传》。
③ 《后汉书·顺帝纪》。

法律。

（一）农业法

1. 限制“名田”。汉代的土地占有形式，一是官田，按律官田禁止买卖，盗卖官田者死罪，二是民田，民田按律可以自由买卖和继承。为了防止土地兼并，武帝时颁行“限民名田”的法令，限制豪强兼并土地，同时禁止商贾占田。

2. 重农的基本国策。景帝曾率皇后亲事农桑，以倡议天下重视农业生产。汉初实行的入粟拜爵、举孝悌力田，都意在奖励农业生产。为了实施重农的基本国策，国家积极进行立法。除《田律》外，还将临时发布的有关农事的诏令汇编成《田令》，并以农田水利管理的好坏，作为官吏考绩的主要内容。

（二）工商业法

工商立法的核心内容，其一是盐铁官营制度。严刑禁止私人铸铁、煮盐，敢有私铸铁器、私煮盐者，“钛左趾，没入其器物”①，将自然经济条件下最有利可图的盐和铁收归官营，不仅大大抑制了商业的发展，更为重要的是加强了中央集权制度的物质基础。

其二是均输平准制度。汉武帝采用桑弘羊的建议，在郡国设置均输官，郡国对中央的贡品除一部分由均输官上贡京师外，其余由均输官直接销售经营。同时又在京师设立平准机构，当市场上某种商品价格上涨时，便用国家的储备进入市场，以平抑物价；当市场上某种商品的价格过低，则将其收回，以充下次平抑市价之储备。这既使富商大贾无大利可图，同时也稳定了市场秩序和人民的生活。

（三）货币和赋税制度

1. 改革币制。汉初币制混乱，朝廷听任贵族、官僚和豪强自由铸钱而不能禁止，不仅严重扰乱了经济秩序，而且也直接威胁君主专制的国家政权。景帝时，将造币权收归朝廷，严禁私人铸钱。至武帝，为了加强朝廷对财政的控制，发行通用全国的五铢钱，禁止郡国铸钱，原郡国旧钱，下令销毁，如盗铸金钱，“罪皆死”。

2. 确定田租征收标准。汉初，实行“十五税一”的“轻田租”政策。景帝时田租减为三十税一，遂为定制。与此同时，要求农民必须按田土亩数如实向国家报告交租数额，即所谓占租率。如占租不实，则要受罚。

3. 税赋的征收。主要有口赋、算赋、户赋、更赋等。口赋是向未成年人征收的人头税，民7岁至14岁，每人每年收口赋20钱。算赋是向成年人征收的人头税，凡是15岁以上、56岁以下，每人出钱一算，即120钱。此外，每户每年交200钱作为户赋；更赋则是一种代役赋，即男子到服徭役的法定年龄如不去服役则可出钱代役。这是一般性的规定，不同时期的征收数额会有一定的变化。

算缗是向商人征收的财产税。汉武帝时颁布算缗令与告缗令。算缗令规定向

① 《汉书·食货志》。

商人、高利贷者征收财产税，按其自报的财产数目，每 2000 钱抽取一算（120 钱）；经营手工业的商人，以其产品价格计算，每 4000 钱抽取一算。告缗令规定，凡对自己财产隐瞒不报或呈报不实的，被人告发后，罚戍边一年，并没收其财产；对告发人则奖给没收财产的一半。算缗令是传统法律抑商政策的一个体现。

第五节 司法制度

一、司法机关与诉讼制度

（一）司法机关

1. 中央司法机关。西汉司法机关基本上沿袭秦制，皇帝拥有最高审判权，对重大疑难案件有最后裁决权。中央以廷尉（景帝、哀帝时一度改名为大理）为司法审判长官，汉朝廷尉的主要职能，一是负责审理皇帝直接交办的“诏狱”，二是受理并处断地方移送的重大疑难案件。廷尉之下设有正、监、左监、右监等属官，负责具体的司法工作。廷尉机构的加强，是汉代中央司法机关发展的重要内容。汉初时，丞相和御史大夫也享有审判权，东汉时罢丞相，改御史大夫为司空后，失去了审判权。

成帝时于尚书台中“置三公曹，主断狱”，也握有一定的司法权。东汉时，“事归台阁”，在尚书令、仆射以下分设六曹，其中二千石曹“主辞讼事”，是后世刑部的前身。

当遇有重大案件，丞相、御史大夫等高级官吏也参与审判，叫做“杂治”，“杂治”不是专任制度，是一种特殊情况下的审理方式，可以说是后世会审制度之滥觞。

2. 地方司法机关。汉朝地方司法机关与行政机关在组织、职能上是同一体系，司法审级也同政权的组织系统一致，由郡、县长官兼理司法。郡设“决曹椽”为专职司法官。汉时地方司法机关权力很大，“汉郡县守令皆有专杀权”，“刺史县令杀人不待奏”。[①] 一般案件均可自行处理，并握有死刑的处决权，仅遇有重大疑案始转呈廷尉，或由丞相及其他重要官吏共同审议，最后由皇帝裁夺决定。

汉初，封国也享有相对独立的审判权，由内史执掌。景帝以后，封国与郡县相似，封国丞相相当于郡县守令执掌司法。东汉灵帝时，州演变成地方最高政权机关，州牧握有司法大权，成为郡县的上诉审级。

---

① 《陔余丛考》。

(二) 诉讼审判制度

1. 诉讼的提起。汉代提起诉讼有两种形式：一种是由当事人自己或被害者家属直接到官府告发，称为“告”，官府记录告辞的文字或称“爰书”；另一种是由监察御史和司隶校尉“察举非法”、“举劾犯罪”，以及官吏之间相互纠举。

汉代在一般情况下，必须按司法管辖逐级告劾，但有冤狱，可以越级上书皇帝，叫“诣阙上书”。汉代有些诉讼是受限制的。根据“亲亲得相首匿”的原则，除大逆、谋反外，一般不准同居卑幼告尊长，否则按“干名犯义”论处。此外汉律还规定了连坐告奸制度，据《晋书刑法志》记载，获知犯罪发生而不告发的，与犯罪者同罪；疏忽大意没有举告的，可以纳金赎罪，以此强制人们控告、纠举。

2. 审判制度。根据汉律，对被告进行审讯，称作“鞫狱”。在审讯中被告的口供，是定罪量刑的主要根据。因此，进一步确立了封建的刑讯逼供制度。“捶楚之下，何求而不得”。[①] 在严酷的刑讯之下，犯人经常被迫认罪，取得口供三日以后再行审理，以视其供辞是否相同。进行判决时，要向被告宣读判词，叫做“读鞫”。判决之后，如罪犯不服，则允许其请求复审，即所谓“乞鞫”。如系二岁刑以上罪，家人也可以为之乞鞫。乞鞫须在一定期限内进行，一般以三月为限。

如果被告具有符合上请的特殊身份，则应依法上请，不得擅自审判。对于死刑案件，则须上报中央，得到批准后，判决才能生效。同时，对于重大疑难案件如不能决断，也应逐级上报。

此外，当事人在收到判词后不服可以上书，中央司法机关在接到上书后，可以对该案进行复审，叫做“覆案”，也叫“覆治”，这是一种审判监督制度。“覆案”制度对平反冤假错案，提高司法审判质量有一定的作用，对后世的司法审判制度有重要影响。

二、春秋决狱与律学

(一) 春秋决狱的内容与意义

春秋决狱，又称“引经决狱”、“经义断狱”，它是武帝时期董仲舒等儒士提倡的一种断狱方式，它以儒家思想为断狱指导思想，要求司法官吏在审理案件过程中，用儒家经典，尤其是《春秋》中的“微言大义”作为断案定罪依据。春秋决狱是汉代司法制度的重要内容。

春秋决狱在武帝时兴起，有其深刻的社会、历史原因。经过汉初的休养生息政策后，武帝时国力渐盛，这为武帝逞其雄心与权力欲望提供了条件。武帝的作为也激化了社会矛盾。为适应形势的变化，武帝以董仲舒等人所改造的儒家思想

① 《汉书·路温舒传》。

为正统。但此时的汉律，因以秦律为基础，故受法家思想的影响仍然很深，以儒家思想为指导的成文法尚难在短时间内完备地制定。这样，立法实践与治国思想之间出现了明显的不和谐。在这种情况下，春秋决狱适应了应对这种不和谐局面的需要。《春秋》是孔子修订的鲁国编年史，其基本精神是正名分、尊王室、诛乱臣贼子、推崇宗法等级制，特别是其文字隐晦，便于附会解释，灵活释义，颇适合统治者的需要。儒家的其他典籍，如《诗》、《书》、《易》、《礼》等，也常被用作决狱的依据。

从《春秋》这部儒家经典中引申而来，作为司法活动准则的精神主要有两类：一是“原心定罪”，即根据罪犯的主观动机来决定其刑罚，这也是《春秋》大师董仲舒所特别强调的：“《春秋》之听狱也，必本其事而原其志。志邪者不待成，首恶者罪特重，本直者其论轻。”二是“君亲无将，将而诛焉”。是指臣民之于君主，卑幼之于尊长，不得有将要犯罪之心，否则即诛之。这是儒家“尊尊”、“亲亲”思想的体现，到汉代发展为具有实际指导意义的司法原则。

《春秋》决狱对中国传统法律发展的影响具有积极的一面，为法律的儒家化提供了司法实践的经验与借鉴；同时，在定罪量刑时强调分析行为人的主观动机也具有合理的因素。而在另一方面，我们更应该看到《春秋》决狱的消极影响。以儒家经典的微言大义作为断案的根据，违背了法律所应有的稳定性与确定性，为司法的随意性提供了方便，导致了“奸吏因缘为市，所欲活，则附生义；所欲陷，则予死比”① 现象的产生。以犯罪人的主观动机作为定罪量刑的主导性因素，“志善而违于法者免，志恶而合于法者诛”，② 这实际上是以行为人的思想方式而不是以行为本身作为惩罚的对象。

春秋决狱在中国法制史上的意义，除了对律学的推动，对断案方式的改革外，更主要的是它促进了法律的儒家化，加快了引礼入法的进程。以儒学为核心的封建正统法律思想，通过春秋决狱等途径影响法律实践，反过来进一步确立了儒家思想在中国法律传统中的主流地位。

（二）律学的初步发展

律学是中国古代研究法律、解释法律的学问。古代律学的鼎盛时期在晋，其初步形成则在汉。汉儒根据儒家典籍中的语句、思想来诠释法律条文，是西汉中后期，尤其是东汉的习见景象，是在春秋决狱的基础上，在儒家思想对法律领域进一步渗透的过程中发生的法律现象。

随着秦朝“以法为教，以吏为师”旧制的衰落，汉代对私家讲习法律的禁令已经打破。儒术独尊后，德与刑相互为用，礼与律相互渗透，儒家经典与法律的关系更加紧密。西汉时，儒生解释法律是引经决狱的需要，律学主要与司法相联系。东汉时，由于法律渐繁，整理律令成为形势所需。东汉儒家解释法律的活

---

① 《汉书·刑法志》。

② 《盐铁论·刑德》。

动，除了与司法适用的关联外，还与整理律令相关。在东汉，许多经学大师如许慎、郑玄、何休等，均积极参与说经解律、引经注律。皇帝赋予郑玄的解释以正统的地位。在律学的初步发展过程中，出现了一些律学世家，如武帝时的御史大夫杜周和宣帝时的御史大夫杜延年父子俩，其律书被称为大杜律与小杜律。这种世代传承、薪火相继的家学，是早期律学发展的主干。两汉以来的律学，推动了法律儒学化进程，亦为魏晋律学的繁盛奠定了坚实的基础。

三、秋冬行刑与录囚

（一）秋冬行刑

秋冬行刑，是指中国古代将死刑的执行安排在秋冬两季进行的制度。这一做法起源于先秦。例如，《礼记·月令》中有"仲春之月……命有司，省囹圄，去桎梏，毋肆掠，止狱讼"和"孟秋之月，命有司，修法制，缮囹圄，具桎梏"的记载。先秦阴阳家的理论，是这种思想的最完整的体现。在阴阳家看来，春季气候温和，草木萌生，夏季炎热，万物茂盛，最适宜于犒赏庆祝之类的活动；秋季天气转凉，有肃杀之气，冬季寒冷，万物隐蔽蓄藏，正是施行刑罚、整顿监狱的大好时机。阴阳五行家的这种德刑时令思想，也为黄老学派所吸收，为汉代封建正统法律思想的确立提供了重要的理论根据，《黄帝四经》里也明确指出"春夏为德，秋冬为刑，先德后刑以养生"，认为"先德后刑，顺于天"。董仲舒吸收了这个观点并将阴阳五行说进一步扩展，认为天为本，人生于天，天人感应，两者之间有着必然联系，人们的任何行为都要符合天意。提出"庆为春，赏为夏，罚为秋，刑为冬……庆赏刑罚，当其处不可不发，若暖夏清寒，当其时不可不出也。"① 因此，主张秋冬行刑，刑杀应在秋冬进行。

秋冬行刑的制度，也与不误农时的考虑有关，秋冬一般为农闲季节，此时断狱行刑，有利于农业生产秩序，有助于封建统治的稳定。另外，那些对封建统治危害极大的严重犯罪，是可以随时行刑而不必受限制的。秋冬行刑制度一直沿用至明清。

（二）录囚

录囚是封建时代皇帝或上级司法机关通过对罪囚的复核审查，平反冤狱及督办陈案的司法制度。录囚制度始于西汉，最初限于州刺史或郡太守每年定期巡视辖区内的监狱，监督和检查司法机关的断狱情况，以平反冤狱为主要内容。武帝时，州刺史"常以八月巡行所部郡国，录囚徒"②。东汉时，皇帝亦亲自录囚，如东汉明帝"东驾自幸洛阳狱录囚徒，理出千余人。"③ 录囚制度是古代实行审判监督的方式之一，对改善狱政也有积极作用。至明清时，录囚被秋审、朝审等

① 《春秋繁露·四时之副》。
② 《后汉书·百官志》。
③ 《后汉书·寒朗传》。

制度代替。

四、监察制度的发展

汉初仍以御史大夫职掌中央监察权。成帝时，建立了“御史台”作为专门的监察机关。由于御史大夫改为大司空，故以原为属官的御史中丞为御史台长官。御史台的建立，是中国古代监察制度专门化的重要标志。

武帝时，还建立了专门监察京师与近都七郡官吏的司隶校尉。司隶校尉有权“纠皇太子三公以下，旁及郡国。”① 司隶校尉下辖众多属官，可直接逮捕人犯。每逢朝会，司隶校尉独居一席，与尚书令、御史中丞合称“三独坐”。

早在文帝时，各郡即设有常驻的“监御史”一人，负责监察郡内官吏。武帝为加强中央集权，划分全国为十三州郡，作为监察区，除京师所在的州的长官称司隶校尉外，其余十二州各派刺史一人为固定的监察官，直属御史大夫。刺史的职责，称为“六条问事”，“六条”的范围包括，强宗豪右田宅超过定制，且横行不法，以强凌弱；二千石官不尊奉诏书，不依法办事，背公徇私，欺凌百姓，贪贿敛财；二千石官不秉公执法，随个人喜怒滥施赏罚；二千石官选用下属欠公平，依个人喜好而任用官吏；二千石官的子弟仗势胡为；二千石官勾结地方豪强，结党营私，妨碍法制统一。以上六条为武帝钦定，监察的对象主要是郡守。凡六条之内，刺史均可上奏皇帝弹劾或处理。汉代中央监察机关御史台的建立与地方固定监察官的设置，利于整饬吏治、改良官场风气，也使中央集权得到了加强。

分析题：

甲夫乙将船，会海盛风，船没溺流，死亡，不得葬。四月，甲母丙即嫁甲，欲皆何论？或曰：甲夫死未葬，法无许嫁，以私为人妻，当弃市。议曰：臣愚以为《春秋》之义，言夫人归于齐，言夫死无男，有更嫁之道也。妇人无专制擅恣之行，听从为顺，嫁之者归也。甲又尊者所嫁，无淫之心，非私为人妻，明于决事，皆无罪名，不当处。②

甲有子乙，以乞丙，乙后长大，而丙所成育。甲因酒色，谓乙曰：“汝是吾子”，乙怒杖甲二十。甲以乙本是其子，不胜其忿，自告县官。仲舒断之曰：甲生乙，不能长育，以乞丙，于义已绝矣。虽杖甲，不应坐。③

结合材料分析汉朝的“春秋决狱”现象。

---

① 《太平御览·职官》卷四八。
② 《太平御览》卷六四零。
③ 《通典》卷六九。

思考题：

1. 汉朝立法思想的演进过程。
2. “上请”与“亲亲得相首匿”。
3. 刑制改革的背景、内容与意义。
4. “《春秋》决狱”、“录囚”、“秋冬行刑”。
5. 汉朝监察制度的特征。

第六章 三国两晋南北朝法律制度

导读：三国两晋南北朝时期上承秦汉，下启隋唐，共历360多年，是中国历史上自春秋战国后第二次社会大动荡、大分裂时期。东汉末年，在镇压黄巾起义过程中，各地豪强军阀势力快速发展，最终形成了魏、蜀、吴三国鼎立的局面，史称三国时期。此后曹魏强大，灭蜀汉，但大权旁落于司马氏。后司马炎夺魏灭吴，统一全国，史称“西晋”。西晋经“八王之乱”后，西北各少数民族乘机入侵中原，纷纷建立割据政权，他们之间斗争复杂，兴亡相继，直到公元439年北魏统一北方为止，历经120余年。参与这一斗争的民族主要有匈奴、羯、氐、羌、鲜卑，史称“五胡”；其建立的国家有所谓“十六国”，故这一历史阶段史称“五胡十六国”时期。后拓跋氏建立的北魏统一北方，其后分裂为东魏、西魏，不久又分别被北齐、北周取代，史称“北朝”。西晋残余力量迁都建康建立政权，史称“东晋”；东晋末年刘裕篡位建立宋，此后又被齐、梁、陈取代，与北方“北朝”相对应，史称“南朝”。

三国两晋南北朝时期，政治动荡，社会经济遭受严重破坏，但同时这一时期也是中国古代社会自秦统一后的一次民族大融合、思想大融合时期，整个时期内阶级斗争和民族斗争尖锐而复杂。各朝统治者都重视用法律来维护自己的统治。这一时期法律思想活跃，律学得到极大发展；立法活动频繁，立法技术发展迅速，从法律形式、法典体例、刑罚体系到法律原则制度方面都发生了重大变化；法律的儒家化进程全面展开，礼和律进一步融合，为中国古代封建法制的繁盛和完备奠定了基础。

本章应重点掌握三国两晋南北朝时期立法技术的发展；引礼入律的主要表现；律学的发展及其表现；刑罚制度的发展等。

第一节 三国两晋南北朝时期的立法概况

三国两晋南北朝时期，立法和法学研究都取得了很大的发展。立法的发展主要表现在形式上和内容上两个方面。法学研究的发展主要表现为律学的发展和法律解释的规范化。

这一时期，法律编纂技术日趋成熟完备，律典篇章体例结构改进创新，法律形式也日益走向规范。从《新律》到《北齐律》，完整地概括出包括总则在内的十二篇体例。法律形式上，格和式的出现使我国封建制法律形式从汉代的律、令、科、比过渡到唐代的律、令、格、式成为必然。

律学在这一时期得到了长足的发展，律学研究的对象也不再仅仅是对古代法律的起源、本质和作用的一般论述，而是侧重于对律典的体例、篇章逻辑结构和概念，以及定罪量刑等具体问题的研究。[①] 随着律学的发展，这一时期的法律解释也趋于规范化。尤其是张斐在晋律注中对《晋律》中20个名词的解释，多为后世法律所尊奉。其中对故意和过失的解释和今天我们的解释大同小异。法学研究的发展和立法的发展在三国两晋南北朝时期，可以说是相互促进，相得益彰。

一、三国时期的法制

（一）蜀汉和东吴的立法

蜀汉政权定都成都后，开始着手制定法律。由于刘备以继汉正统而自居，因而蜀汉政权在法制建设方面的基本原则是遵行汉律，但同时也根据蜀汉的实际情况，对汉律的具体适用进行了变通。史载在诸葛亮的主持下，由法正、伊籍、刘巴、李严等人“共造蜀科”[②]，但蜀科已经佚失，其内容不得考。另外，据《三国志》的记载，诸葛亮曾为蜀汉制定科令、军令、法检等一系列律令，史称其科教严明，“刑政虽峻而无怨者，以其用心平而劝戒明也”[③]，现除散见的部分军令外，其他法规内容也已佚失难考。

吴国的立法活动主要有两次。孙权在称帝前，曾受汉、魏的册封，所以也可以说是汉魏的属臣，因而吴国“律令多依汉制”[④]，沿用汉魏旧法。称帝后，仍未制定新律且用刑严苛，因而上下怨恨。因此到了黄武五年，以陆逊上书“劝以施德缓刑，宽赋息调”[⑤]，“于是令有司尽写科条……令损益之”[⑥]。第二次则是在嘉禾三年，孙权征新城，命孙登留守总理政务，“时年谷不丰，颇有盗贼，及表定科令”[⑦]。此外还有军令性质的“誓众之法”[⑧]，但也都失传。吴国法律由于孙权本人“性多嫌忌，果于杀戮”，因此体现了“重刑主义”的倾向，如“服三年丧”本是儒家基本礼制要求，但是由于东吴人力匮乏，因此东吴立法严禁在职官员私自奔丧，违者处以“大辟”。

（二）曹魏的立法

1. 甲子科。到三国时期，汉律经过四百多年的发展，显得十分庞杂而苛碎，其前后矛盾相互重复甚多，已经不能适应当时的社会经济发展的要求。在魏朝建

---

① 就这一时期律学的发展，详见本章第二节。
② 《三国志·蜀书·伊籍传》。
③ 《三国志·蜀书·诸葛亮传》。
④ 《文献通考》。
⑤ 《文选·辩亡论》。
⑥ 《三国志·吴书·吴主传》。
⑦ 《三国志·吴书·孙登传》。
⑧ 《晋书·姚兴开记》。

立之前，虽然曹操挟天子以令诸侯，汉天子只是徒有虚名，但其名义上仍是天下共主，曹操迫于汉臣的名分，无法对汉朝法制进行大规模的修改，只能以权宜之计进行修正。于是制定了“甲子科”①，颁行州郡与汉律并行。

甲子科的内容主要有两项：一是“犯釱左右趾者易以木械”。釱是刑具的一种，是脚镣，就是把原来钛刑所用的铁镣改为木械，是轻刑的一种措施；二是“依律论者得听科半，使从半减也”，就是把原来的依法律论罚减去一半进行处罚。由此可见“甲子科”是轻刑省罚的一项措施，对缓和当时的社会矛盾，巩固曹魏政权的统治有积极的意义。

2. 新律。魏明帝即位以后，于太和三年（公元229年）下令改革刑制，命司空陈群、散骑常侍刘劭等人参考汉律制定魏法，编成《新律》十八篇。《新律》是在汉代《九章律》的基础上，“都总事类，多其篇条”而成；“凡所定增十三篇，就故五篇，合十八篇”②。所谓“就故五篇”，系指沿用《九章律》的五篇旧目，即《盗律》、《贼律》、《捕律》、《杂律》、《户律》。而“定增十三篇”，则是指新增十三篇内容，即《刑名》、《劫略》、《诈伪》、《毁亡》、《告劾》、《系讯》、《断狱》、《请赇》、《兴擅》、《留律》、《惊事》、《偿赃》、《免坐》。《新律》为曹魏一代的国家基本律典，故一般称之为魏律。

由于《新律》的制定者很多为当时有名的大学者与律学家，因而具有一定的创建性，这在律典的篇章体例与逻辑结构上体现得尤为突出。概言之，《新律》的创建性主要体现为：

第一，删繁就简。曹魏在对汉朝的法律体系进行整理考订之后，进行重新归纳整理、分类合并，正式定为《新律》十八篇；而将那些不宜作为律，但仍适合当时需要的内容另行分门别类，编成《州郡令》、《尚书官令》、《军中令》、《邮驿令》、《变事令》等。《新律》经过这样删繁就简的改革，“于正律九篇为增，于旁章科令为省”，篇目的分类更为系统准确、条理规范。

第二，增加篇条。由汉律九篇增至十八篇，克服了汉律“篇少则文荒，文荒则事寡，事寡则罪漏”的严重缺陷，大大扩充了正律的内容，使其更加丰富全面而又简明扼要，突出了律典作为国家基本法的主导地位。因此，《新律》的制定表明在立法技术上较之汉律有重大进步。

第三，体例清晰。《新律》将《九章律》中的《具律》改为《刑名》，置于律首，起提纲挈领的作用。《九章律》将规定刑法总则的《具律》排在第六篇，既不在始，也不在终，无法突出此篇的重要地位，“不合篇章之义”③，《新律》对此作了调整。这种将叙述刑名、罪名、断罪原则的篇目放于律首的律典体例，一直为后世立法者所继承。

第四，刑罚规范。《新律》取消了汉律中的宫刑，减轻了对某些罪的处罚，

① 《晋书·刑法志》。
② 《隋书·刑法志》。
③ 《隋书·刑法志》。

将刑制定为死、髡、完、作、赎、罚金、杂抵罪七种，为旧五刑向新五刑的过渡创造了条件。

第五，“八议”入律。为了维护封建等级特权，《新律》将《周礼》中的“八辟”制度直接作为律条，纳入律中，开辟了礼律融合的新途径。

二、晋《泰始律》

魏元帝咸熙元年（公元264年），司马昭以魏律“烦杂”、“科网本密”为由，命贾充、杜预等重臣名儒14人对《新律》进行修订，于晋武帝泰始三年（公元267年）完成，次年颁行天下，是为《泰始律》，一般通称晋律。晋律制定以后，曾由张斐、杜预分别对其进行注释，以更好地阐明立法的精神，便于法律的准确适用。在立法技术上，《泰始律》主要体现了以下两点特征：

1. 增加篇目，完善体例。晋律以汉律为基础，参考魏律篇目体例结构，遵循“除其苛秽，存其清约，事从中典，归于益时”的原则，最终定为二十篇，620条。其中保留《九章律》的七篇，即《盗律》、《贼律》、《捕律》、《杂律》、《户律》、《厩律》、《擅兴》；新增或修改十三篇，即将《具律》改为《刑名》、《法例》二篇，《囚律》分为《告劾》、《系讯》、《断狱》三篇，《盗律》分出《请赇》、《诈伪》、《水火》、《毁亡》四篇，另设《卫宫》、《违制》、《诸侯》、《关市》四篇。

2. 增加律疏注释，明确立法意图。尤其应该指出的是，晋律制定以后，增加律疏注释，使法律的解释规范化。晋律律文简约，内容易生歧义，著名经学家与律学家张斐、杜预分别对律条进行了注解。张斐、杜预对立法的宗旨以及律典原则与精神进行阐发，明确诠释了许多法律概念和术语的含义与区别，这不仅为《泰始律》的适用提供了一致的标准，统一了人们对律条的理解，同时也弥补了律文内容的缺陷和不足。该注释完成后，经晋武帝审查批准，正式下诏颁行全国，成为与晋律条文内容具有同等法律效力的官方法律解释。后世把该注释与晋律本文合为一体，统称为“张杜律”，可见其重要的法律地位。

例如，他们阐明《刑名》的地位与作用。“《刑名》，所以经略罪法之轻重，正加减之等差，明发众篇之多义，补其章条之不足，较举上下纲领”；对《晋律》二十篇的结构安排的解释是：“律始于《刑名》者，所以定罪制也；终于《诸侯》者，所以毕其政也”，这样安排，体现了“王政布于上，诸侯奉于下，礼乐抚于中”的立法精神。

同时，这次注解对各种罪名的基本概念、相互区别已有比较清晰的界定和高度概括。例如，张斐在晋律注中简明扼要地解释了20个主要刑法概念的基本含义，其中罪名有五：谩、诈、不敬、不道、恶逆；其余的十五个刑法概念为：戏、斗、贼、盗、强、略、故、失、过失、戕、造意、谋、率、群、赃。具体解释为：“违忠欺上谓之谩，背信藏巧谓之诈，亏礼废节谓之不敬，逆节绝理谓之不道，陵上借贵谓之恶逆，两和相害谓之戏，两讼相趣谓之斗，无变斩击谓之贼，取非其物谓之盗，不和谓之强，攻恶谓之略，其知而犯之谓之故，意以为然谓之失，不意误犯谓之过失，将害未发谓之戕，唱首先言谓之造意，二人对议谓之谋，制众建计谓之率，三人谓之群，货财之利谓之赃。凡二十者，律义之较名也。”①

另外，在立法指导思想上，进一步引礼入律。《晋律》中礼律结合有了进一步的发展，最典型的表现是在法典中引进了“峻礼教之防，准五服以制罪”的原则，也就是把原属于礼制的血缘亲属关系规定体现在法典中，作为定罪量刑的基本原则。

《晋律》制定以后被东晋、宋齐沿用，至梁陈时期改修共沿承235年，是两晋南北朝时期行世最久的一部法典，对后世立法影响深远，其律典条文与注释合编的模式也直接影响了后来的《唐律疏议》，对封建法律和律学的发展有重要的促进作用。

三、南朝的法律

南朝统治者偏安江南，政治上无所作为，晋代律学至此已趋于衰败。在立法上，南朝统治者亦拘于晋制，无所建树。宋、齐两朝皆沿用《晋律》。自刘宋到南齐初的70年间，“江左相丞，用晋世张、杜旧律二十卷”。齐武帝永明七年(公元489年)，以晋律为基础制定了《永明律》，但并未改动晋律的正文内容，而是主要整理张、杜二人的注释，将其“集为一书”，以克服“张斐、杜预同注一章而生杀永殊”② 的弊病。这部《永明律》共二十卷，1532条，基本上是沿袭张杜律。且就这样一部法律，也因某些缘故而“事未施行，其文殆灭”③。永明九年（公元491年），廷尉孔稚珪等曾重修《永明律》，但并未进行大的改动，而且同样落得“事竟不施行”④ 的结果。梁武帝天监元年（公元502年），诏命蔡法度、沈约等10人制定《梁律》，次年修成，共二十篇，2529条。它因以《永明律》为基础，故其内容仍与晋律基本相同，只是个别篇目名称略有变化。陈武帝于永定元年（公元557年），也曾命范泉、徐陵等人“参定律令”，制成《陈律》三十卷。但它还是“参酌前代”法律编修而成，故其“篇目条纲，轻重简繁，一用梁法”⑤，所以，它实际上也与晋律大同小异。

总之，东晋南朝各代在立法技术、法律内容、律学理论等各方面成就不大。“是故自晋氏而后，律分南北二支”⑥，“其时中原律学，衰于南而盛于北”，“南朝诸律，实远逊于北朝”⑦。

① 《晋书·刑法志》。
② 《南齐书·孔稚珪传》。
③ 《隋书·刑法志》。
④ 《南齐书·孔稚珪传》。
⑤ 《隋书·刑法志》。
⑥ 程树德：《九朝律考》卷五。
⑦ 程树德：《九朝律考》卷四。

四、北朝的法律

北朝始自北魏建立，后北魏分裂为东魏、西魏，又由北齐取代东魏、北周取代西魏，最后北周灭北齐，直至杨坚以隋代北周。各个时期的统治者或为鲜卑贵族，或为鲜卑化了的贵族，为稳固统治，在进入中原以后，他们积极吸收汉族的先进文化，起用了没有南逃的大批汉族律学家，进行了大规模的法典编纂活动。与墨守成规的南朝相比，北朝在不断发展进步的社会变动中求生存，以兼收并蓄的学习态度对待立法，取得了法制建设的巨大成就，北朝法律融汉、魏、晋律为一体，继承魏晋以来的法律改革成果，为后来隋唐法律立法提供了蓝本，而这其中最具代表性的是《北魏律》和《北齐律》。

（一）《北魏律》

北魏统治者进入中原以前，既无文字，也无法律，所谓“魏初礼俗纯朴，刑禁疏简……决辞讼，以言语约束，刻契记事，无囹圄考讯之法，诸犯罪者，皆临时决遣”①。入主中原后，鲜卑人十分注意学习中原地区汉族政权先进的立法技术与法律文化，并迅速摒弃本民族的一些落后、野蛮的习惯法，开始走上了重视法制建设的道路。早在道武帝拓跋珪建立北魏政权初期，即下令王德等人“约定科令，大崇简易”②，决定制定成文法律，且以“纳礼入律”为编纂指导思想。此后，到孝武帝太昌元年诏议改条格的百多年间，大大小小的立法活动见于记载的有九次，其间著名汉族律学家崔浩、高允、游雅等数十人参与修律，甚至孝文帝本人“亲临决之”，并且亲自“润饰科旨，刊定轻重”③，到孝文帝太和年间，终于编成北魏一代重要成文法典《北魏律》，前后经历一个多世纪，是中国历史上修订最久的一部法律。该律共有二十篇，但唐代以前即已散失，目前仅存十五篇的篇目：《刑名》、《法例》、《宫卫》、《违制》、《户律》、《厩牧》、《擅兴》、《贼律》、《盗律》、《斗律》、《系讯》、《诈伪》、《杂律》、《捕亡》、《断狱》。

《北魏律》制定时间较长，前后直接参与者达数十人之多，其中不少人是著名的律学家。他们以汉律为主要依据，同时参考借鉴了魏晋法律，取得了令人称道的成就。著名史学家陈寅恪曾评价说：“北魏前后定律能综合比较，取精用宏，所以成此伟业者，实有广收博取之功”；“元魏刑律实综汇中原士族仅传之汉学及永嘉乱后河西流寓儒者所保持或发展之汉魏晋文化，并加以江左所承西晋以来之律学，此诚可谓集当日之大成者”④。近代法律史学家程树德也指出《北魏律》对后世的重要影响：“唐宋以来相沿之律，皆属北系，而寻流溯源，又当以元魏之律为北系诸律之嚆矢”⑤。

---

① 《隋书·刑法志》。
② 《隋书·刑法志》。
③ 《魏书·刑法志》。
④ 陈寅恪著：《隋唐制度渊源略论稿》，中华书局1963年版，第111～112页。
⑤ 程树德：《九朝律考》卷五。

(二)《北齐律》

北齐于文宣帝天保元年（公元550年），以东魏《麟趾格》尚未精细为由，“始命群官议造齐律”①，至武成帝河清三年（公元564年），在北魏律的基础上正式编定，史称《北齐律》。

《北齐律》的编撰前后历时10余年，参加者有数十人之多，其实际主持编纂工作的是在“久为法官，明解律令”的律学家封述等人。他们全面总结历代立法经验，在律典体例、篇章结构、律文内容等各方面都有所创新，使之成为当时具有最高立法水平的一部律典，在中国古代立法史上占有重要地位。其立法成就主要可概括为以下三个方面：

1. 开创十二篇的律典体例，精简了法律条文。在制定《北齐律》的过程中，立法者认真总结自《法经》以来律典篇目不断增多的利弊，经过“部分科条，校正今古，所增损十有七八”②，最终将其精简合并为《名例》、《禁卫》、《婚户》、《擅兴》、《违制》、《诈伪》、《斗讼》、《贼盗》、《捕断》、《毁损》《厩牧》、《杂律》，计十二篇，949条。这一篇目结构，是律典体例日趋成熟完善的结果，代表了当时律典编纂技术的最高水平。

《北齐律》在魏晋以来不断精简律条的基础上，在《北魏律》和《晋律》的基础上再度合并加工，将原来的近三千条律文缩减到949条，实现了“法令明审，科条简要”③ 的立法要求，使律典内容的取舍达到一个新的水平。

2. 首创《名例律》这一律典篇目。《北齐律》将魏晋以来创立和沿用的《刑名》、《法例》两篇合为《名例律》一篇，仍置于全律之首，作为总则统率其余11篇，进一步突出了其作为律典总则的性质和地位，也使律典的体例结构更加规范。这种以《名例律》为首统领律典的体例被后世隋唐以至明清法典沿承不变，影响深远。

3. 在内容上创设“重罪十条”。《北齐律》首次将严重危害封建统治秩序的重大犯罪归纳为“重罪十条”，这一立法改革，后来在隋代经修改确立为“十恶”，成为封建法典中的一项核心制度，一直沿用至明清律典。

在三国两晋南北朝各代的立法活动中，《北齐律》的立法水平最高，所取得的立法成就也最大，堪称此前历代立法技术与立法经验的结晶。正如程树德所概括的：“南北朝诸律，北优于南，而北朝尤以齐律为最。”④ 在中国古代法律编纂史上，它对后世影响极大。隋朝《开皇律》即以《北齐律》为蓝本，唐律又以《开皇律》为依据，而唐律又成为宋元明清各代的立法基础，并直接影响到周边亚洲其他国家法律制度的发展。

---

① 《隋书·刑法志》。
② 《北齐书·崔昂传》。
③ 《隋书·刑法志》。
④ 程树德：《九朝律考》卷六。

(三) 北朝其他立法活动

北朝其他政权也进行了各自的立法活动，东魏孝静帝兴和三年命群臣议定新法，天平年间由律学家高澄、封述主持制定新格，“以格代科，于麟趾殿删定，名为《麟趾格》，颁行天下”①。西魏文帝大统元年开始着手制定新法，至大统十年，由苏绰主持，在北魏相关法律的基础上，“以太祖前后所上二十四新制”②损益而成，编定《大统式》，“总为五卷，颁于天下”。③《麟趾格》和《大统式》的出现为隋唐时律、令、格、式法律形式的确立奠定了基础。

北周建国时沿用魏制，到周武帝保定年间完成了《周大律》和《刑书要制》，北周《大律》模仿《尚书》、《周礼》，脱离实际，有削足适履之嫌，史称其“大略滋章，条流苛密，比于齐法，烦而不要”④。陈寅恪先生曾评议：“北周制律，强摹周礼，非驴非马，与其礼仪、官制相同……故隋受周禅，其刑律亦与礼仪、官制登皆不袭周而因齐，盖周律之矫揉造作，经历数十年而天然淘汰尽矣。”⑤ 因而隋文帝虽承北周而建国，但却以《北齐律》为蓝本进行法制建设。

第二节 法制的主要发展

三国两晋南北朝时期是中国法制和律学研究的大发展时期。概括地讲，主要发展表现为四个方面——律学的繁荣和法典编纂体例的革新、封建制五刑刑罚体制的形成、礼法的进一步融合、治安管理机构和制度的完善。

一、律学的繁荣和法典编纂体例的发展

(一) 律学的繁荣

律学的繁荣是这一时期法学研究发展的主要表现。律学的发展直接促进了当时法制建设的发展。律学实质上是中国古代的法学，发轫于商鞅变法，兴起于汉，繁荣于魏晋，成熟于唐，衰微于宋元，复兴于明，至清而终结。

商鞅改法为律，为律学的产生和发展提供了载体。律学一发端就建立了官方解释之制。

秦朝以吏为师，云梦秦简中的《法律答问》就是官吏解释法律的物证。《法律答问》先引秦律原文，然后就律文中的术语、概念、定罪量刑原则与具体内容作出解释，其目的在于法律的准确适用。

汉代律学以引经注律为重要特征，适应了汉朝统治者大一统的需要。其中著

---

① 《唐六典》卷六注。
② 《隋书·刑法志》。
③ 《周书·文帝纪》。
④ 《隋书·刑法志》。
⑤ 陈寅恪：《隋唐制度渊源略论稿·刑律》。

名的律学家和代表作有：董仲舒的《春秋繁露·精华》、杜周的《大杜律》和杜延年的《小杜律》。

魏晋南北朝时期是中国传统律学的重要发展阶段，先后出现了陈群、刘劭、钟繇、傅干、丁义、曹义、王朗等一批著名的律学家。这一时期，律学得到空前的发展，并且具有鲜明的特点。第一，更集中于对现行律文注释，成为名副其实的注释律学。例如，张斐著《汉晋律序注》、《律解》；杜预著《律本》；贾充、杜预合著《刑法律本》等。其中张、杜的注释文本，被国家推崇为权威之作，颁行全国。第二，律学逐渐摆脱对经学的附庸地位，发展成相对独立的学科。注释内容趋于规范化、科学化，其重心不再是引经解律，而是着重研究立法技术、法律运用、刑名原理、科罪量刑原则以及法律概念与术语的规范化解释。杜预在《律本》中称，注释法律要"网罗法意"，即务求符合立法意图；"格之以名分"，即严格审查尊卑贵贱身份，"使用法者执名例以审趣舍"，体现了法与礼相统一的原则。张斐在《律解》中对一系列法律术语作出了明晰的解释。对这些术语的规范性解释长久地为后世注律者所沿用。第三，立法者直接参与法律注释，律学研究与立法活动同步进行。这一时期的注律大家如陈群、贾充、刘颂、张斐、杜预等，在身份上都是国家重臣，他们不仅是法律的制定者，而且是执行者，由他们来注释法律，不仅具有权威性，而且深得要领，洞悉渊源，既针对实际，又具有可操作性，容易博得国家的认可与推崇，使律学由私家注律复归于官方解释。第四，设置律博士，教授法律，保管法令，使律学立于官府，使研究后继有人。对此，清代律学家沈家本评论说，律博士之设，"上自曹魏，下迄赵宋，盖越千余年，此律学之所以不绝于世也"。

（二）法典编纂体例的发展

从《新律》、《泰始律》和《北齐律》的法典编纂体例的发展可以看出三国两晋南北朝时期法典编纂体例的革新与发展。

《新律》是在汉代《九章律》的基础上，"都总事类，多其篇条"而成，"就故五篇"，而"定增十三篇"。并将《九章律》中的《具律》改为《刑名》，置于律首，这是《新律》编纂体例上的最大创新。

《泰始律》以汉律为基础，参考《新律》篇目体例结构，遵循"除其苛秽，存其清约，事从中典，归于益时"的原则，最终定为二十篇。其中将《具律》改为《刑名》、《法例》二篇是法典编纂体例的又一次革新，也体现出对律典总则学理认识的进步。

《北齐律》在制定的过程中，总结了自《法经》以来律典篇目不断增多的利弊，经过"部分科条，校正今古，所增损十有七八"，最终将其精简合并为十二篇，做到了简明扼要，疏而不漏。最主要的是《北齐律》将魏晋以来创立和沿用的《刑名》、《法例》两篇合为《名例律》一篇，置于律首，进一步突出了律典总则的性质和地位，也使律典的体例结构更加规范。这一篇目结构，是律典体例日趋成熟完善的结果，代表了当时律典编纂技术的最高水平。至《北齐律》，我国封建法典总则分则分编、总则置于律首的十二篇的立法体例终于完成。

二、刑罚制度改革，初步形成封建五刑体系

三国两晋南北朝时期上承秦汉，下启隋唐，是中国刑罚制度发展史上一个重要的过渡阶段。自西汉文景刑制改革以来，奴隶制时期的族刑、肉刑、酷刑开始逐渐减少，而劳役刑与笞刑地位日益上升，成为刑罚制度的主体内容。肉刑进一步被劳役刑取代是封建制五刑形成过程中的特点，也是刑罚文明化的体现。经过三国两晋南北朝的继续改进，刑罚制度呈现刑罚逐步减轻、体系日益规范的趋势，到其后期，新的封建五刑体系初步形成，封建刑罚体系基本成型。

（一）完善徒刑和流刑

徒刑和流刑作为一种刑罚很早就已存在，徒刑作为一种限制自由强制劳动的刑罚在西周时就有记载，流刑在《尚书》中也有“流宥五刑”的记载。

文景时期刑制改革之后，徒刑开始广泛使用，但其刑期的规定并没有系统化。到北魏、北齐时期，“徒”正式成为一种主刑刑名，到北周时，徒刑的年限也日益规范，形成了徒刑一年到五年的五等制，徒刑五等制后来被隋沿用，只是刑期改为从一年到三年五等。

流刑在秦时有“迁”，汉时有“徙边”，但当时只是作为死罪减等之法，不属于常刑。这样，在很长的时间里死刑和徒刑之间缺少中间刑，因此也引发了长达数百年的肉刑存废之争。到北魏时，“赦死从流”的量刑原则得到确立，流刑作为法定刑得以确立地位，填补了死刑和徒刑之间的空白，适用于罪行重于徒而轻于死的罪犯，为后世封建五刑定型奠定了基础。到北周时，流刑开始制度化，创造了流刑五等之制，区别流放里程，以京师为标准，发配二千五百里至四千五百里，五百里为一等，为隋唐的二千里至三千里三等流刑奠定了基础。如沈家本所言：“开皇元年定律，流为五刑之一，实因于魏周，自唐以下，历代相沿莫之改也。”①

（二）改进鞭、杖、笞刑及其数额

鞭、杖、笞刑早已存在，但未被作为主刑适用。到北朝时，鞭、杖刑开始被列入主刑之中，北魏时定主刑为死、流、徒、鞭、杖五等，但鞭、杖刑的数额规定不见记载，可能尚未规范。

北齐沿用北魏五刑，鞭刑和杖刑的数目有了明确规定，鞭刑五等：一百、八十、六十、五十、四十，杖刑三等：三十、二十、一十，较北魏而言更为规范。

北周亦用北魏五刑，且刑制最为科学规范，五刑自轻至重排列为杖、鞭、徒、流、死。刑种前后衔接，刑制各有等级，鞭刑和杖刑以十为等，前后相承，分杖刑五等一十到五十，鞭刑五等六十到一百，确立了以十为差的鞭杖刑等级

① 沈家本：《历代刑法考·刑法分考》。

制，为后世笞杖刑以十为差奠定基础。隋《开皇律》在北朝刑制基础上，易鞭、杖为笞、杖，由此正式确立封建五刑为：笞、杖、徒、流、死。这一刑罚体系一直沿用至清末。

（三）废除宫刑

文帝刑制改革以来，墨、劓、剕刑已不见记载，但宫刑作为法外刑仍被保留下来，自两汉至北魏、东魏，宫刑时存时废，景帝时恢复宫刑作为替死之刑，曹魏曾禁止，但北魏又重新使用宫刑，至东魏亦有腐刑的记载，宫刑作为死刑减等之法在实践中屡见被用。宫刑的存废，和魏晋时期肉刑的恢复与废止的争论有密切关系，魏晋之际有人以“宽刑省罚”为理由主张恢复肉刑，一方面固然是对用酷刑来镇压反抗的眷恋，另一方面也是由于这时封建刑罚体系尚未完善，刑罚轻重未成完整体系，有轻者过轻，重者益重情况存在。

随着封建刑罚体系的完善和刑罚轻省改革趋势的发展，越来越多的人认识到肉刑制度的残酷性，主张彻底废除肉刑。至西魏大统十三年诏令“自今应宫刑者，直没官，勿刑”①，北齐天统五年诏令“诏应宫刑者，普免刑为官口”②，将应处宫刑者改成没官为奴婢，不再处以宫刑，宫刑作为法定刑从法律上被废除。后隋文帝也曾下诏废除宫刑，在此后的历史中，只有在辽代和明代还有使用宫刑的零散记载，宫刑从此不复为一种法定刑。

（四）缩小从坐范围

从坐是指一人犯罪而株连亲属，使之连带受刑的制度，又称“缘坐”、“随坐”、“连坐”，是一项古老的刑罚制度，在中国沿用数千年。夏商时就有“孥戮”、“劓殄”之刑，秦制有“族诛”、“夷三族”之法。秦汉时代曾广泛盛行连坐之刑，其中对女性而言，“父母有罪，追刑已出之女；夫党见诛，又有随姓之戮。一人之身，内外受辟。”③ 曹魏高贵乡公正元二年时，因毋丘俭谋反一案，经司录主簿程咸上书奏议，下诏改订律令，“在室之女，从父母之诛；既醮之妇，从夫家之罚”④，规定未婚女子从父母坐罪，出嫁妇女从夫家株连。曹魏《新律》中也缩小了缘坐从死的范围，规定“大逆不道，腰斩，家属从坐，不及祖父母、孙。”

晋律继续缩小族诛连坐范围，“减枭斩族诛从坐之条，除谋反适养母出女嫁皆不复还坐父母弃市”⑤，规定养子养女及出嫁女不再连坐亲生父母弃市之罪。晋怀帝永嘉元年，又曾明确废除夷三族刑。东晋明帝太宁三年虽又恢复此刑，但不再株连妇女。到南朝梁武帝时又进一步缩小范围，规定虽然谋反、降叛、大逆

---

① 《北史·西魏文帝纪》。
② 《北齐书·后主纪》。
③ 《晋书·刑法志》。
④ 《晋书·刑法志》。
⑤ 《晋书·刑法志》。

等罪虽然缘坐妇人，但“母妻姊妹及应从坐弃市者，妻子女妾同补奚官为奴婢”①。梁武帝在大同元年还诏令“自今犯罪，非大逆，父母、祖父母勿坐”②，但后来《陈律》又恢复了父母缘坐之条。

北魏前期有所谓“门诛”制度，从坐范围广泛，刑罚残酷，凡大逆罪犯的亲属，不分男女老少一律处斩，带有很强的游牧民族遗风。到太武年间改为大逆不道，本人腰斩，同籍处死；但十四以下男子该处腐刑，女子籍没为奴婢。到孝文帝时方有明显缩小，规定非大逆犯上罪，一律只处罚本人，废除“门诛”之刑。在延兴四年又下诏“非大逆干纪者，皆止其身。”③

总之，在这一时期，虽然族诛从坐酷刑没有彻底废除，在从法律规定上来说从坐株连的范围在不断缩小，符合了当时刑罚轻缓化的趋势要求。但是，虽然法律上有缩小的规定，在司法实践中，我们却仍可以看到很多扩大适用的趋势，是需要我们注意的。

三、礼法的进一步融合

礼法的进一步融合表现为引礼入律。例如，“重罪十条”、“准五服以制罪”、“八议”、“官当”在这一时期都相继入律，成为定制。

（一）重罪十条，维护封建纲纪

北齐修律时，总结了历代统治经验，将严重危害封建国家利益与违背封建礼教的言行归纳为十条，称为“重罪十条”，置于律典的首篇，强调这十种犯罪属于刑法重点镇压的对象。这十种犯罪行为分别是：反逆、大逆、叛、降、恶逆、不道、不敬、不孝、不义、内乱。凡犯有其中之一者，一律从重严惩，不得享有赦免、减刑或其他法律特权。④

应当明确的是，以上十种“重罪”并非北齐首创，在此之前的法律规定中早已有之，只是具体名称有别，量刑标准各异。汉代已有“不道”、“不敬”等罪名，“汉制九章虽并湮没，其不道不敬之目见存”⑤。其他如“非上”、“犯上”、“大不敬”、“大逆”、“降叛”、“禽兽行”等罪名，早见于秦汉以来的律令之中，至于“不孝”，则可追溯至法制文明开创之初。不过，其中不少罪名的界定比较抽象笼统，在操作上也往往是依主观臆断而任意比附。《北齐律》在总结历代立法经验的基础之上，首创“重罪十条”之目，并对各罪名的法律含义进行了明确的界定。十条之中，除了“不道”是针对严重侵犯他人生命安全的行为而设定的，其余九条基本上都是针对严重违背封建纲常伦理的行为而设定的，将侵犯君权与亲权的行为予以归纳与分类，作为最严重的犯罪予以最严厉的法律

---

① 《隋书·刑法志》。
② 《隋书·刑法志》。
③ 《魏书·刑罚志》。
④ 《隋书·刑法志》。
⑤ 《唐律疏议·名例》。

制裁。例如，反逆、大逆、叛、降、不敬等犯罪是专指直接危害君权及其专制统治的行为；恶逆、不孝、内乱等犯罪是专指违背家庭伦常关系的行为。因此，“重罪十条”将儒家礼的内容引入刑律，使之与法律结合起来，促进了礼、律二者的进一步融合，加速了法律的儒家化。隋唐直至明清，封建法典中规定的“十恶”即源于此。

（二）准五服以制罪和存留养亲

西晋《泰始律》以儒家思想为指导，首次确立了“峻礼教之防，准五服以制罪”① 的定罪量刑原则，这是引礼入律最明显的标志。

所谓“五服”，即根据血缘的亲疏规定丧服的服制，借以表示亲属间远近关系与尊卑，共分五等，即斩衰、齐衰、大功、小功、缌麻。服丧的期限也相应由三年到三月不等。“准五服以制罪”，是指对于有服亲属之间相互侵害的犯罪行为，要根据五服所表示的远近亲疏关系定罪量刑：以尊犯卑，服制愈近，亦即关系愈亲，处刑愈轻；服制愈远，亦即关系愈疏，处刑愈重。以卑犯尊则与此相反，即服制愈近处刑愈重，服制愈远处刑愈轻。在民事法律方面也同样适用，如财产转让时违反法律，则亲属关系越近，法律处罚越轻。这一原则确立以后历代沿用，明代时更是将服制图列于律首，为刑罚总则的重要组成部分。

“准五服以制罪”原则的实质是按儒家“亲疏有别”的亲亲理论，在家族范围内实施“同罪异罚”，也就是按照犯罪因双方当事人在家族内身份不同而适用不同轻重的刑罚。使得儒家伦理和法律适用完全结合，体现了“礼律并重”的特点，这一原则自西晋时入律一直沿用至清，其部分内容甚至在民国法律中也有所体现，是中国传统法律伦理化特征的代表性表现，对后世封建法律及司法实践都有极其重要的影响。

存留养亲制度是中国古代社会所独有的一项法律制度，也叫“留养”制度，是指在犯人直系尊亲属年老应该侍养而家无成丁的情况下，如犯死罪非十恶或应判处流、徒的罪犯，允许通过上请，流刑可免发遣，徒刑可得缓刑，将人犯留下以奉养老人，直至老人去世后再继续执行或予以改判。这项制度的规定最早见于《北魏律》：“诸犯死罪，若祖父母、父母年七十以上，无成人子孙，旁无期亲者，具状上请，流者鞭笞，留养其亲，终则从流，不在原赦之例”②。这一制度根源于中国传统文化中的“孝”道观念，在儒家伦理中，“孝”为百善之先，是伦理之本，为此国家在特殊的情况下暂时放弃惩罚权，以保护犯罪人完成孝养老人的基本义务，以此来加强人们的忠孝观念。这一制度是中国古代法律家族化、伦理化的具体体现，北魏确立，隋唐之际得到进一步补充，明清时期更是形成一整套留养制度，是中国传统法律伦理化的又一代表性特征。

---

① 《隋书·刑法志》。
② 《魏书·刑罚志》。

（三）八议、官当入律，保护贵族官僚特权

1. 八议入律。魏制《新律》时，以《周礼》中的“八辟”为依据，规定了“八议”制度，“八议”首次入律。自此，历朝历代相沿不改，“八议”成为封建法典的最基本内容之一。

所谓“八议”，即议亲（皇亲国戚）、议故（皇帝故旧）、议贤（德行修养高妙之圣贤）、议能（才能卓越者）、议功（功勋卓著者）、议贵（高级权贵）、议勤（勤谨辛劳者）、议宾（前代国宾）。根据“八议”制度的规定，上述八种特殊人物犯罪，不适用普通诉讼审判程序，一般司法官员也无权直接审理，必须上报皇帝进行议决，享有减刑或免刑的法定特权。

“八议”制度的确立是儒家“尊尊”、“贵贵”思想在法律上的具体体现，其结果是纵容了王公贵族与大官僚的犯罪行为，这不仅招致了民众的强烈反抗，也影响了国家与社会的稳定。北齐时，鉴于社会矛盾激化对国家政权的影响，限制了“八议”的适用范围，凡属严重危害国家利益与社会稳定的犯罪，不在“八议”之列。“八议”之制从曹魏确立时起一直沿用至清末，历时1600余年。

2. 官当入律。继曹魏时期“八议”制度正式入律之后，两晋南北朝法律又创立了“官当”制度。所谓“官当”，是指官僚犯罪后，允许其以官职或爵位抵罪并折当徒刑的一种制度。

汉代已有用削爵或免官来抵罪的做法，但多为权宜之计，未成定制。西晋虽无“官当”之名，但晋律已有以官职抵罪并折当劳役刑的规定。例如，“除名比三岁刑”、“免官比三岁刑，其无真官而应免者，正刑召还也”① 等律文内容，即允许以削除官籍或免除官职折抵三年的劳役刑，标志着“官当”正式入律。

北魏进一步扩大“官当”制度适用的对象范围，首创以爵位抵罪并折当劳役刑的制度。太武帝时明确规定：“王官阶九品，得以官爵除刑”；“五等列爵及在官品令从第五，以阶当刑二岁”②，即五等爵位或从五品以上官职，均可以爵或官折当二年劳役刑。北魏末期，适用官当的主体大为扩展，即使无官品、无禄恤的“中正”和宫廷禁卫等流外勋人，也可以以职当刑。

南朝陈的“官当”制度更为系统完备。《陈律》规定：“五岁、四岁刑，若有官，准当二年，余并居作；其三岁刑，若有官，准当二年，余一年赎，若公坐过误，罚金；其二岁刑，有官者，赎论；一岁刑，无官亦赎论”。③ 按照这一规定，每位官员的官职可以折当二年劳役刑。例如，判处五至四年刑者，未折当部分须服刑；但三年刑者，未折当的一年刑可以赎免；若属因公过失犯罪，则可缴纳罚金折抵刑罚；而普通人只限于一年刑方可赎免。

“官当”制度是典型的官僚贵族特权法，集中反映了统治阶级以法律形式维

---

① 《太平御览》卷六五一。
② 《魏书·刑罚志》。
③ 《隋书·刑法志》。

护自身利益的意志和要求。官当制度自魏晋南北朝时期形成以来，一直为隋、唐、宋各代所继承沿袭。但由于它与君主专制集权统治及专制君主对吏治的干预控制存在矛盾，因而为元、明、清三代法律所摒弃。

四、逐步完善的治安机构和户籍管理制度

（一）治安机构

1. 三国时期。

（1）京师治安机构。以魏为代表的三国时期，管理京师治安的机构，承沿汉制而设立了执金吾和司隶校尉，增设了城门校尉。执金吾负责巡视京师；司隶校尉掌察举百官及京师近郡犯法者，并领一州，称为司州；城门校尉掌京师城门。魏京师洛阳有市场，置市长，兼管市场治安。此外军队在京师治安中承当了重要职责，魏的中领军，蜀汉和东吴的中军，都是京师的重要警备力量。

（2）地方治安机构。三国的地方行政机构，为州、郡与县三级制。州的长官为刺史，郡置太守，大县置令，小县置长。郡太守之下置郡都尉，典兵禁，备“贼盗”。县令、长之下置尉一人，亦主军事和治安。此外，设市的城市有市令，主管市场兼管市场治安。比较特殊的是曹魏实行屯田制，因而典农校尉和屯田都尉也具有治安管理权力。

（3）基层治安组织。三国时县以下的基层组织沿袭汉制为乡、亭、里。乡为县以下的行政组织，有三老、有秩、啬夫、游徼。亭不是行政组织，是在县尉的指挥下专管治安的机构，设亭长或亭候以禁盗贼。里的组织是：百家为里，里有里魁，掌理百家事务。里以下为什伍，即五人为伍，十人为什。

2. 晋、宋、齐、梁、陈。

（1）京师治安机构。晋与宋齐梁陈不设执金吾。西晋时沿魏设司隶校尉，南渡以后裁撤。东晋与宋齐梁陈的京师治安，由京尹与京令兼管。西晋时，京师所在的洛阳县特设六部尉，南渡以后，建康也设六部尉，都是辅佐京令而掌军事的，与地方治安有密切关系。刘宋之后，重新设置了卫尉卿，掌管京师和宫城各城门，具有重要治安职能。此外，南朝时期，原来汉代的司隶校尉被扬州刺史取代，其下属的扬州都部从事是当时京师的重要治安官员。

（2）地方治安机构。晋与南朝地方行政机构因袭三国，为州、郡、县三级制。其时州的长官称刺史，郡的长官仍称太守，郡太守僚属里的录事参军“掌总录众曹文薄，举弹善恶”和司法参军“主刑法”，是负责治安的主要官员。县设县令、长。晋代县令、长之下仍置尉，掌军事。县组织机构中与治安工作有关的有户曹（掌户口等事）、法曹（掌罪法等事）、贼曹（掌巡捕盗贼）、贼捕掾（掌捕盗）。县还设置有狱令丞等典狱官。梁时还在交通要道处设置有津尉和游军尉，负责治安。

（3）基层治安组织。晋代县以下的基层组织为乡、里。每乡置啬夫一人，

百户置里吏一人。这些乡吏，都是佐县令执行政务的。宋制以五家为伍，伍长主之；二伍为什，什长主之；十什为里，里魁主之；十里为亭，亭长主之；十亭为乡，有乡佐、三老、有秩、啬夫、游徼各一人，其中游徼是专职负责治安的乡吏。齐、梁、陈各代，并沿宋制。所以终南朝之世，其基层组织，皆如秦汉。

3. 北魏、北齐、北周时期。

（1）京师治安机构。北齐多沿北魏之制，中央机构中与京师治安工作有关的为护军府。护军府的属官有长史、司马、功曹、五官、主簿、录事等。京尹、京令兼管京师治安。在北齐为清都尹（北魏为河南尹），其下有兵曹掾、骑曹掾、贼曹掾、法曹掾等管理治安工作。北周中央机构中管理京师治安工作的为夏官府所属的武环率与武侯率。武环率下设大夫二人，其下有武环率上士，掌“巡邦国（京师），搏谍贼”。又地官府所属有司门下大夫，小司门上士，掌授管匙，以启闭国（京师）门。京师的行政长官京兆尹，与其属下的长安、万年二县令，也兼理京师治安。北周中央六官所属，还有不少执行警察职能的官吏，例如，夏官府有司火中士、司火下士，秋官府有司烜中士、司烜下士，为掌管火政之官；秋官府有掌囚中士、掌囚下士，为执行刑事警察职能之官；有禁游中士，禁游下士，禁暴中士，为维持社会治安之官；有野庐中士，野庐下士，为管理交通秩序之官；有掌徒中士、掌徒下士，为管理监狱和行刑之官。

（2）地方治安机构。北魏的地方行政机关仍为州、郡、县三级。其与南朝所不同的是每州有三刺史，郡有三太守，县有三令、长。三者中一为皇室，二为异姓。北齐地方行政机构沿袭北魏，只是分级较细，州郡县各有上中下之分，共有九等。北周亦沿北齐之制，只是县的长官一律置令，未见有县长之名。州刺史下属的别驾从事史，郡部国从事史，祭酒从事史，都是重要的治安官员。郡下属的郡丞、录事参军、司法参军等都是重要的治安职官。北魏、北齐还设有行途尉，在县中大道上设置尉职，由县尉调度，是维护日常治安的重要官吏。

（3）基层治安组织。北魏为三长制，即五家设一名邻长，五邻设一名里长，五里设立一名党长。从秦汉时代一直沿续到魏晋时代的乡官，到北魏创设三长制以后，就由职官变成了职役。基层组织的管理人员的政治地位大为降低。北齐沿袭北魏之制，文宣帝时，定九等户制，以后又因地域上的关系，分为乡、坊两种组织。其中属于乡（农村）的，规定：十家为邻比，有邻长一人；五十家为闾，有闾正一人；百家为族党，有党长一人，副党长一人。属于城邑的称为坊，置里正二人，里史二人（里史不常置）；另有隅老（职责为管理城边四邻治安，每边各一人）四人，为民间自推，不属官府设置人员。北周又沿北齐之制。《周书·武帝纪》说，建德六年（公元 577 年）十一月，规定党长、里正如果隐匿户口至五户及十丁以上，隐匿土地三顷以上者，处死。这说明党长等基层管理人员有检察隐逃的责任。

（二）户籍管理制度

1. 三国时期的户籍管理制度。三国各个政权建立以后，都非常重视户籍管理，把惩罚脱籍“亡命”，充实增加在籍人口作为各级政权的主要任务。同汉代比较起来，三国时期户籍最大的不同是军人和家属专立户籍，在政府指定的地区集中居住，不归郡县管辖，而由军营加以管理。军民分治以后，一般民众入编户籍，而军人和家属入编士籍。三国时期还有宗室籍，专门登记皇亲贵戚。同时，和汉代相同，商人、官员也单独编入户籍。此外，三国时还设有吏籍，这种吏不是官吏，而是一种供官府世代役使的底层阶层，其户籍单列，全家充役。

2. 晋朝的户籍管理制度。西晋时，全国统一的正式户籍称为黄籍，凡是承担国家租税赋役的人都要按规定列入黄籍。东晋时，由于北方人口大量南迁，为了把南迁的“侨民”与南方的土著民区别开，南迁的北方“侨民”登记的临时户籍称为“白籍”，分别管理。但这种管理制度也出现了很多的漏洞，造成流亡人口和脱逃户籍人口的增多。所以，统治者实行土断，即让“侨民”按实际居住地编入当地居民的户籍中去。除大规模的土断外，东晋也经常令地方官员搜索不入户籍的各种隐漏之人，增加国家在籍人口的数字。此外晋代分士族和庶族两个不同的阶层，士族享有许多特权，因而具有专门的户籍，实行特别管理。

3. 南朝的户籍管理制度。南朝统一的户籍仍称黄籍，其登记内容包括家庭成员的姓名、年龄、籍贯、家族、家庭成分（士族还是庶族）、资历爵位、健康情况、服役情况及犯罪记录等内容。特殊的户籍有兵户、百工户、僧侣户、商户、宗室籍、杂户、吏户等。吏户人口有别于民户和兵户，其是承担官府杂役和耕种官府职田的一个被压迫阶层，身份世代相袭，地位低于一般民户，与兵户接近，身份不自由。由于士族特权，到梁、陈时，统治者基本放弃了对户籍的清理，这是南北朝政权在户籍上呈现的差异，也是造成后来的北强南弱，最后北方统一南方的一方面原因。

4. 北朝的户籍管理制度。北魏孝文帝时期颁布“定民户籍”的诏令，努力建设其户籍制度。其户籍制度和前代一样，按社会等级和职业分为不同的种类，主要包括：编户（正户），用黄纸书写，归地方各级政府管理。编户人口为农民和不享有特权的一般地主，他们都要依法向国家纳租服役。兵户，社会地位低于编户，归各级军府管理，与郡县不涉。杂户，入籍的是犯罪没官的百工技巧之人，为国家服工役，社会地位也低于编户。此外还有僧籍和寺户、宗室属籍和官籍户、屯田户、隶户、商户、胡户等。北朝户籍管理严格，如果擅自更改户籍内容，要依法论罪，最严重的情况要处以死刑。“出缩老小，妄注生死”，都要“并论如律”，如果“隐五户及十丁以上”，可以罪重“至死”。[①]

（三）城市治安管理

1. 三国时期的城市治安管理。三国时期战乱频繁，因而城市治安管理非常

① 《周书·武帝纪》。

重要，城门守卫职责重大，城门开启和禁闭都有定制，遇到紧急情况时，如果没有特定的通行证件，是不能放行的。纠举犯禁，严格检查车服、行止异制，如东吴在建业城内“开大道，使男女别行”。[①] 在消防方面，魏律中有“毁亡”一篇，其中对“毁伤亡失县官财物”的规定中就有关于失火的规定。

2. 晋朝的城市治安管理。晋朝在城门管理上设置有专门力量夜晚巡逻，在城市中设置尉职，尉下设置都亭长，如遇突发事件必须及时“赴变”，同时组织“徼者”夜晚巡视，管理宵禁。为维护等级制度，严格检查车服异制的情况。在消防方面，晋律中有“水火”一篇，是有关消防的专门立法，晋时中央的都官尚书郎负责京师消防，地方的金仓贼曹掾吏负责督管消防工作。

3. 南朝的城市治安管理。南朝城市居民实行里巷制，里司负责居民区的主要治安工作。实行鼓漏警夜制度，以报平安和警戒非常，还有报时的作用。城门警卫严格，京师的夜间城门开启，必须要有皇帝的旨令。消防的责任重要，具有职责的官员如果失职，轻者免官，重者处死。

4. 北朝的城市治安管理。北朝城市里设坊，坊有坊正，对辖区有“以司督察”的职责。北魏孝文帝时开始实行悬鼓报警制度，以鼓声来统一号令城门、坊门、市门的关闭，并用以集众援救水火劫盗，此项制度对隋唐的治安管理制度的影响深远。

第三节 司法制度

二国两晋南北朝的司法制度基本继承沿袭东汉，同时也出现了一些新的变化。主要表现为司法机关的扩大化、诉讼制度的完善化和以御史出巡制度为特点的地方司法监察制度的出现。

一、司法机关的扩大和演变

（一）中央审判机关由廷尉改为大理寺

中央最高审判机构大都仍叫廷尉。不过，其中也有一些新的变化。例如，孙吴曾设大理，北周改称秋官大司寇，北齐则改设大理寺，并扩大了机构编制，设卿、少卿、丞各1人为主官，下设正、监、平等属官各1人，并新设明法椽24人，槛车督2人，椽、司直和明法各10人。司法机关规模的扩大，表明了司法机关在维护国家统治秩序中的作用日益重要。

值得注意的是，自魏明帝时起，采纳卫觊建议，首次在廷尉中增设律博士一职，负责教授法律，培养司法人员，成为我国最早设置的专门从事法律教育的机

---

① 《初学书》，引《吴纪》。

构和官员。该项制度为西晋以后所继承，并在北齐时由 1 人的编制增至 4 人，表明当时的统治者比较重视法律教育，并开始注意对司法人员进行专业培养。

（二）刑部的前身——三公尚书、都官尚书

中央三省制的形成，尤其是尚书台脱离少府而独立，对司法机构的发展也产生了深刻的影响。此时虽尚无刑部，但尚书台之下均设置有负责司法行政与兼理刑狱的机构。曹魏承汉制，保留三公曹、二千石曹，又增设比部郎，“以司刑狱”；晋初以三公尚书掌刑狱，武帝太康年间废三公尚书，由吏部尚书取代；南朝宋由都官尚书管理京师的违法犯罪案件，并兼理刑狱；北齐时以尚书省六尚书分别统领各曹，其中殿中尚书掌“诸曹囚帐、断罪、赦日建金鸡等事”，都官尚书掌“诏令律令勾验之事”，都具有司法行政的职能，已初具后世刑部的性质。

中央行政机构兼领司法事务，反映了当时司法职能强化的趋势，标志着审判与行政既分离而又相互牵制，表明了传统司法机构完善与强化的趋势，为后世中央审判机关分成审判和复核两大体系的改革奠定了基础。

（三）地方司法机关的变化

从东汉末年起，州由原来中央划定的地方监察区域变为一级正式的地方行政机构，因此，地方司法审级也相应地改为州、郡、县三级，司法权由县令、郡太守、州刺史掌握，行政司法不分、行政机关兼理司法审判事务，地方官握有较大的司法权，一般案件都可自行审结，只有重大疑难案件才上报中央。

这一时期由于战事频繁，因而地方长官可以“军法从事”为借口擅杀部属平民，而不受通常司法约束。但到后期中央司法权力加强后，地方的司法权开始逐渐受到限制。

二、诉讼制度的发展

（一）皇帝直接审判、录囚

三国两晋南北朝时期，专制君主为了加强对司法审判权的控制，皇帝直接干预或亲自参加司法审判活动的现象非常普遍，魏明帝就常说：“狱者，天下之性命也”①。他不仅对立法活动极为重视，专门组织制定了曹魏一代的基本大法《新律》，而且对司法审判活动也十分关注，曾于太和三年（公元 229 年）特意把“平望观”改为“听讼观”，将其变成凌驾于廷尉之上的临时最高法庭，“每断大狱，常幸观临听之”②。南朝宋武帝也经常在华林园、延贤堂等处“听讼”决狱，仅据永初元年（公元 420 年）十二月至第二年十月的不完全统计，在不到 1 年的时间里就多达 6 次③。其后的宋文帝、宋孝武帝等也继承这一传统，常常在华林园、延贤堂、阅武堂等处“听讼”决狱。大明三年（公元 459 年），孝武

① 《三国志·魏书·明帝纪》。
② 《三国志·魏书·明帝纪》。
③ 《宋书·武帝纪》。

帝还下诏重申：今后凡重要案件，一律立即上奏，由皇帝亲自裁断，不得拖延[①]。北周武帝也常在正武殿“听讼”决狱，以至燃灯秉烛，夜以继日[②]。

为了加强对各级司法机关审判活动的监督检查，当时还普遍实行录囚制度，许多皇帝亲自参与审讯录囚活动。例如，大明七年（公元463年），宋孝武帝曾专门前往建康秣陵县、南豫州及江宁、溧阳、永世、丹阳等县“讯狱囚”[③]。不仅如此，皇帝也常派司法官员或亲近大臣前往各地审录囚徒。例如，梁武帝天监五年（公元506年）诏定：钦差大臣前往各地牢狱录囚，遇有疑情或延滞要随时奏报[④]。

通过以上皇帝亲自干预或直接参与审判录囚，加强了上级对下级、中央对地方、专制君主对各级机关司法审判工作的检察监督与集权控制。

（二）刑讯逼供的发展

三国两晋南北朝时期，在“刑乱国用重典”的思想指导下，在司法活动中，发明了重枷、测罚、测立等一些非常残酷的刑讯逼供手段。

北魏时期刑讯盛行，司法官员“欲免之则以细捶，欲陷之则先大杖，民多不胜而诬引，或绝命于杖下”。孝文帝时，重枷刑讯广为适用，“乃为重枷，大几围，复以縋石悬于囚颈，伤内至骨，更使壮卒迭搏之，囚率不堪，因以诬服”[⑤]。

南朝梁武帝时，创立“测罚”逼供之法，凡在押犯人，不招供者，“断食三日，听家人进粥二升，女及老小，一百五十刻乃与粥，满千刻止”[⑥]。这是用不让受审者进食的饥饿方式进行迫害的逼供之法。

陈武帝时，在“测罚”之法的基础上，又发明了更为野蛮的“测立”逼供酷法，即先对受审者分别鞭打20下，笞捶30下，再强迫其身负枷械刑具，站立于顶部尖圆仅容两足的一尺高小土垛上，以折磨逼供。根据具体情节，每次“测立”时间为七刻，当天上垛二次，每逢第三天、第七天反复上垛，每七天再度鞭打一次，直至杖满一百五十仍不招供者方可免死，结果是“重械之下，危堕之上，无人不服，诬枉者多”[⑦]。

这些刑讯逼供手段，反映了当时司法制度的腐败与黑暗，同时，这也是三国两晋南北朝时期社会形势极其复杂造成的。

（三）上诉制度的变化

曹魏时期，为了简化诉讼审判程序，减少狱讼麻烦，曾经一度改变汉代的上诉制度，特别规定：“二岁刑以上，除以家人乞鞫之制”[⑧]。晋代又恢复上诉制

---

① 《宋书·文帝纪》、《宋书·孝武帝纪》。
② 《周书·武帝纪》。
③ 《宋书·孝武帝纪》。
④ 《梁书·武帝纪》。
⑤ 《魏书·刑罚志》。
⑥ 《隋书·刑法志》。
⑦ 《陈书·沈洙传》。
⑧ 《隋书·刑法志》。

度，规定案件的判决须向当事人宣判，若有不服，允许罪犯或其家人上诉。北魏律则明确规定，对案件判决有疑问或诉说冤屈的，应重新审理复核："狱已成及决竟，经所管，而疑有奸欺，不直于法，及诉冤枉者，得摄讯治之"①。

（四）直诉制度的形成

除不断改进上诉制度外，一些政权还建立了直诉制度。直诉，即不依诉讼级别管辖的限制，而直接诉于皇帝或钦差大臣，是诉讼中的特别上诉程序。据说周代已有类似直诉的路鼓、肺石之制；汉代缇萦上书文帝，以己身赎父罪，也是一种直诉，但非定制。直诉作为一种定制形成于西晋，晋武帝在前堂外悬设登闻鼓，允许有重大枉屈者击鼓鸣冤，有司闻声录状上奏。北魏太武帝也在京城宫门外悬设登闻鼓，允许击鼓鸣冤直诉朝廷。南朝也有这项制度。这一制度经过改革，一直沿用至清朝。

直诉制度改变了以往不准越诉的规定，加强了上级司法机关对下级司法机关的检察监督，有利于及时发现或纠正冤假错案。同时，这项规定也促进了司法制度的集权化。

（五）完善死刑复奏制度

三国两晋北朝时期，为了慎重对待和处理死刑重罪，也为了使皇帝直接控制大案要案，开始逐步完善死刑复奏制度。曹魏明帝青龙四年（公元 236 年），曾下令廷尉及各级狱官，对要求恩赦的死罪重囚，要及时奏闻朝廷；南朝宋孝武帝大明七年（公元 463 年）规定，凡死刑重犯须上报朝廷；北魏太武帝也明确规定，各地死刑案件一律上报奏谳，由皇帝亲自过问，必须无疑问或冤屈方可执行。这一死刑复奏制度直接影响到后世的司法审判与刑罚执行制度，隋唐时期发展为死刑三复奏与五复奏制度。

（六）加强自上而下的监督

三国两晋南北朝时期，皇帝还通过案验制度监督检察各地的司法审判活动。根据刘宋以前的规定，县级机关作出的判决，由郡一级派督邮进行案验审核后即可执行。刘宋以后，因嫌督邮职位太低，改为由郡太守复核后方可执行。倘若郡太守难以裁断，还要逐级移送州刺史直至廷尉。这实际上构成了一套自上而下的逐级检察案验制度。

另外，各代还普遍施行特使察囚制度，以加强对地方审判的监督。

（七）妇女犯罪行刑上享有特殊规定

魏明帝时，为免对女犯用刑使身体裸露，改妇人加笞还从鞭督之例，以罚金代之。《晋律》规定："女人当罚金杖罚者，皆令半之"。《梁律》加以沿用，且扩大对女子的照顾，规定："女人当鞭杖罚者，皆半之"。"女子怀孕，勿得决罚"。《北魏律》则进一步明确："妇人当刑而孕，产后百日乃绝"。这其中有礼

① 《魏书·刑罚志》。

教因素，也是社会文明程度提高的结果。

分析题：

时安陆应城县民张江陵与妻吴共骂母黄令死，黄忿恨自经死，值赦。律文，子贼杀伤殴父母，枭首；骂詈，弃市；谋杀夫之父母，亦弃市。值赦，免刑补冶。江陵骂母，母以之自裁，重于伤殴。若同杀科，则疑重；用殴伤及骂科，则疑轻。制唯有打母，遇赦犹枭首，无骂母致死值赦之科。渊之议曰："夫题里逆心，而仁者不入，名且恶之，况乃人事。故殴伤咒诅，法所不原，詈之致尽，则理无可宥。罚有从轻，盖疑失善，求之文旨，非此之谓。江陵虽值赦恩，故合枭首。妇本以义，爱非天属，黄之所恨，情不在吴，原死补冶，有允正法。"诏如渊之议，吴免弃市。①

时淮南小中正王式继母，前夫终，更适式父。式父终，丧服讫，议还前夫家。前夫家亦有继子，奉养至终，遂合葬于前夫。式自云："父临终，母求去，父许诺。"于是制出母齐衰期。壶奏曰："就如式父临终许诺，必也正名，依礼为无所据。若夫有命，须显七出之责，当存时弃之，无缘以绝义之妻留家制服。若式父临困谬乱，使去留自由者，此必为相要以非礼，则存亡无所得从，式宜正之以礼。魏颗父命不从其乱，陈乾昔欲以二婢子殉，其子以非礼不从，《春秋》、《礼记》善之。并以妾媵，犹正以礼，况其母乎！式母于夫，生事奉终，非为既绝之妻。夫亡制服，不为无义之妇。自云守节，非为更嫁。离绝之断，在夫没之后。夫之既没，是其从子之日，而式以为出母，此母以子出也。致使存无所容居，没无所托也。寄命于他人之门，埋尸于无名之冢。若式父亡后，母寻没于式家，必不以为出母明矣。许诺之命一耳，以为母于同居之时，至没前子之门而不以为母，此为制离绝于二居，裁出否于意断。离绝之断，非式而谁！假使二门之子皆此母之生，母恋前子，求去求绝，非礼于后家，还反又非礼于前门，去不可去，还不可还，则为无寄之人也。式必内尽匡谏，外极防闲，不绝明矣。何至守不移于至亲，略情礼于假继乎！继母如母，圣人之教。式为国士，闺门之内犯礼违义，开辟未有，于父则无追亡之善，于母则无孝敬之道，存则去留自由，亡则合葬路人，可谓生事不以礼，死葬不以礼者也。亏损世教，不可以居人伦诠正之任。案侍中、司徒、临颍公组敷宣五教，实在任人，而含容违礼，曾不贬黜，扬州大中正、侍中、平望亭侯晔，淮南大中正、散骑侍郎弘，显执邦论，朝野取信，曾不能率礼正违，崇孝敬之教，并为不胜其任。请以见事免组、晔、弘官，大鸿胪削爵土，廷尉结罪。"疏奏，诏特原组等，式付乡邑清议，废弃终身。②

结合上诉材料分析南北朝时期"礼法结合"在法律中的表现。

---

① 《宋书》卷五四，孔季恭传附孔渊之传。

② 《晋书·卞壶传》。

思考题：

1. 三国两晋南北朝时期立法的主要成就。
2. 引礼入律的主要表现及其实质。
3. 律学的性质及其在此时得到发展的历史原因。

第七章 隋唐法律制度

导读：南北朝后期，北周灭北齐统一北方，公元581年，北周权臣杨坚篡位建立隋王朝，定都大兴（今西安），公元589年隋灭南陈，统一全国，结束了西晋末年以来的长期分裂局面。隋文帝前期，为重建统一的封建秩序，比较注重完善法制。但晚年公然毁法的情况愈来愈重。后炀帝滥施刑杀，终使隋两世而亡。隋朝虽然仅存在了37年，但是以《开皇律》为代表的隋朝法律，集魏晋以来立法之大成，开唐宋以降立法之先河，在中国法制史占有重要地位。

隋末众多反隋势力中以李渊、李世民父子为首的关陇集团的力量最为雄厚，公元618年李渊在长安称帝，建立了唐朝。唐初统治者以隋为鉴，励精图治，重视法制，经贞观、开元盛世，使中国封建社会进入了黄金时期。唐朝法律在继承隋代法律制度的基础上，进行了大规模的立法活动，制定了以《唐律疏议》为代表的一整套完备的封建法律制度，其在法律思想、法律体系、制度内容方面都体现了封建法律的最高成就和最成熟状态，实现了礼法全面结合，达到了“一准乎礼”，是中国古代法律成就最为辉煌的时期。唐律作为中华法系的代表性作品，不仅对后世封建立法产生了深刻影响，还超越国界影响到邻近亚洲诸国的封建立法，不仅在中国法制史上，在世界法律之林也具有极其重要的地位。

木章应重点掌握隋初《开皇律》的立法成就；唐朝法律的基本形式；律的基本制度与原则；唐律的内容；中国法律儒家化的形成。

第一节 隋朝的法律制度

一、法律思想与立法概况

（一）法律思想

隋初的统治者在总结此前长达四百年的分裂割据教训基础上，继承了自汉中期以来法律儒家化的成果，在强调法制建设、厉行“法治”原则的同时，在思想上确立了儒学在立法和司法上的指导地位，贯彻德主刑辅思想，奉行法令清简政策。

开皇初年，为稳定政权，隋文帝非常重视法制建设，即位之初就命令大臣高颎、郑译等人制定新律。在“法治”思想的指导下，他不仅非常重视国家的重要立法活动，而且十分注意建立健全司法程序和审判制度。他曾多次下诏“申敕四方，敦理辞讼”，除规定了“有枉屈县不理者，令以次经郡及州，至省仍不理，乃诣阙申诉。有所未惬，听挝登闻鼓，有司录状奏之”① 的直诉制度外，自己还“每季亲录囚徒，常以秋分之前，省阅诸州申奏罪状”②。为了实践“法治”原则，隋文帝特别强调以身作则、执法公正的重要性，明确提出：“居上莫能公道以御物，为下必踵私法以希时”。③要求维护法令的严肃性。

在重视法律制度建设的同时，隋文帝又明确指出“道德仁义，非礼不成；安上治人，莫善于礼”；“今四海乂安，五戎勿用，理宜弘风训俗，导德齐礼”。④提出“欲使生人从化，以德代刑”和“刑可助化，不可专行”⑤ 的立法指导原则。认为法律的最终目的是为了实现民众惧法而无犯，“先施法令，欲人无犯之心；国有常刑，诛而不怒之意。措而不用，庶或非远”⑥。认为德礼教化才是统治臣民的主要手段，刑罚镇压只能作为治理国家的辅助手段。

同时隋文帝非常注意根据社会形势的变化和时事政治的需要，随时改革修订国家的法律政令。在他统治期间，曾经多次颁布诏令反复强调：“帝王作法，沿革不同，取适于时，故有损益”；“国家事大，不可限以常礼”；“自古哲王，因人作法，前帝后帝，沿革随时。律令格式，或有不便于事者，宜依前敕修改，务当政要”⑦。在此基础上，隋文帝进一步提出“大崇惠政，法令清简”的原则，主张法令宽平，为“刑网简要，疏而不失”的《开皇律》的出现奠定了基础。

（二）立法概况

开皇元年，隋文帝便命令大臣高颎、郑译、杨素等人主持立法，制定新律，此即为《开皇律》。开皇三年，又命令大臣苏威、牛弘等人以《北齐律》为蓝本对《开皇律》进行修订，经修订后的《开皇律》共12篇，500条，就是历史上著名的《开皇律》的定本。《开皇律》继承了自秦汉以来中国封建法制的发展成果，在体例和内容上都有所改革创新，为唐代封建法律的鼎盛奠定了基础。

隋炀帝即位后，以“高祖禁网深刻，又敕修律令”⑧，于大业三年完成，称为《大业律》。《大业律》内容基本与《开皇律》相同，仍是500条，只是将原来《开皇律》的12篇调整为18篇；刑罚相对《开皇律》而言有所减轻，“五刑之内，降从轻典者，二百余条”⑨；废除了十恶之条。从表面看，《大业律》的内容确实比过往有所轻缓，但实际上隋炀帝并没有实际执行的意图，这从炀帝时期

① 《隋书·刑法志》。
② 《隋书·刑法志》。
③ 《隋书·高祖纪》。
④ 《隋书·高祖纪》。
⑤ 《隋书·高祖纪》。
⑥ 《隋书·刑法志》。
⑦ 《隋书·高祖纪》。
⑧ 《隋书·刑法志》。
⑨ 《隋书·刑法志》。

破坏法制的实践中可以得到证明。

二、《开皇律》的主要内容、特点及历史地位

《开皇律》是隋文帝时期立法重大成就的集中体现，也是当时法律改革的主要成果。隋文帝命高颎、郑译、裴政等人，酌取魏晋齐梁各朝法规，制定出《新律》，于开皇元年（公元581年）十月颁布。与以往法典相比，这部法典增加了许多“以轻代重，化死为生”的条目。新律施行后不久又于开皇三年（公元583年）命苏威、牛弘等人更定新律，这就是《开皇律》。①

《开皇律》是在以隋文帝确定的“以轻代重”、“尽除苛惨”、“取适于时，故有损益”的修律指导思想下，吸收魏晋南北朝以来法典编纂的经验，以《北齐律》为蓝本而制定的。其内容对唐律影响极大，并大多为唐律所吸收。《开皇律》在篇章体例和基本内容上的贡献主要有：

（一）体例上完善了十二篇的法典体例

《开皇律》在体例上吸取了《北齐律》科条简要的长处，进一步删减罪条，包括死罪81条，流罪158条，徒、杖等罪1000余条，最后定律500条，凡十二篇。仍定名例律为第一，其他经过分类整理按顺序分别设有卫禁、职制、户婚、厩库、擅兴、盗贼、斗讼、诈伪、杂律、捕亡、断狱各篇。② 与《北齐律》相比，改“禁卫”为“卫禁”，突出了对皇帝人身安全的保护；改“婚户”为“户婚”突出了对田制赋役制度的重视；分“捕断”为“捕亡”、“断狱”，并移到最后，使律典格局布置更加合理。《开皇律》的篇目和次序为唐律所沿，无大更改。③ 史称“刑网简要，疏而不失”④，标志着中国古代法典在篇目体例方面的成熟。

（二）刑罚上确定了封建五刑制度

《开皇律》在刑罚上，废除了前代的辗裂、枭首、鞭刑等酷刑，确立了死、流、徒、杖、笞的封建五刑制度，即死刑二等：斩、绞；流刑三等：一千里、一千五百里、二千里，分别服劳役二年、二年半、三年；徒刑五等：一年、一年半、二年、二年半、三年；杖刑五等：自六十至一百；笞刑五等：自十至五十。⑤ 这一刑罚体系经唐代改进，一直沿用到清末。

另外，隋代的赎刑与五刑相结合，也在前朝法律的基础上作了明确规定：“其品第九已上犯者，听赎。应赎者，皆以铜代绢。赎铜一斤为一负，负十为殿。笞十者铜一斤，加至杖百则十斤。徒一年，赎铜二十斤，每等则加铜十斤，三年则六十斤矣。流一千里，赎铜八十斤，每等则加铜十斤，二千里则百斤矣。二死

① 前后两次颁布的法典都称为《开皇律》，但多指后者。
② 关于12篇的排列顺序之原因，本章第三节中《唐律疏议》的体例结构特征部分将作解释。
③ 唐律中仅将《盗贼》篇改为《贼盗》篇，其他相同。
④ 《隋书·刑法志》。
⑤ 唐朝仅流刑三等每等多加一千里，其余全部和《开皇律》相同。

皆赎铜百二十斤”[①]。上述赎刑方法基本为唐所吸收。

（三）进一步扩大了封建贵族官僚的法定特权

为了笼络贵族官僚地主，调整统治阶级内部矛盾，隋将魏、晋、南北朝的“八议”、“官当”等列为定制，对贵族官僚的一般犯罪，均予以减免刑罚，使之分别享有议、请、赎、官当等优遇条件，保留和扩大了秦汉以来贵族官僚的特权。此外隋还首先创设了“例减”之制，“其在八议之科，及官品第七已上犯罪，皆例减一等”[②]。同时《开皇律》比照以官当徒，规定了以官当流的制度，“犯私罪以官当徒者，五品已上，一官当徒二年；九品已上，一官当徒一年；当流者，三流同比徒三年。若犯公罪者，徒各加一年，当流者各加一等”[③]。以官当流发展了官当制度，为违法犯罪的官僚贵族提供了更多的司法保障。

（四）进一步明确了封建刑律的打击重点

《开皇律》在《北齐律》“重罪十条”的基础上，改“重罪十条”为“十恶”，而颇有损益：一曰谋反，二曰谋大逆，三曰谋叛，四曰恶逆，五曰不道，六曰大不敬，七曰不孝，八曰不睦，九曰不义，十曰内乱。[④] 并规定：“犯十恶及故杀人狱成者，虽会赦，犹除名”[⑤]。与《北齐律》相比，隋朝将“反逆”、“大逆”、“叛”、“降”改为“谋反”、“谋大逆”、“谋叛”，强调了要将反、叛此类最严重的犯罪行为扼杀在谋划阶段，加强了打击力度；增加了“不睦”一条，强调了对封建宗法关系的维护，加强了对家族内容伦理道德关系的保护。《开皇律》把上述十种直接危及君主专制统治，违反封建纲常名教的行为，定为十恶不赦的大罪加以严厉打击的做法，一直为历代封建法典所沿袭。

综上，《开皇律》是隋初统治集团总结以往立法经验而制定的一部具有代表性的封建成文法典。它无论在篇章体例还是在基本内容上，较以前的封建法典均有显著改进，代表了隋朝的法律成就。它施行时间虽短，却在中国法制史上产生了较大影响，具有承前启后的作用。隋《开皇律》的主要内容，经过唐律的修订和确认，几乎全被纳入法典并加以完善，从而成为唐律的蓝本。

三、隋朝的治安管理制度

（一）治安机构

国家治安机构方面，隋朝承三国两晋南北朝时期的建制，其治安机构主要有以下一些设置。

---

① 《隋书·刑法志》。

② 《隋书·刑法志》。

③ 《隋书·刑法志》。

④ 《唐律疏议》中确定的“十恶”和《开皇律》相同，并对其含义作了明确的解释。参见本章第三节之“十恶”重惩原则。

⑤ 《隋书·刑法志》。

1. 京师治安机构。隋代中央机构中掌管京师治安的是左右武候府，执掌昼夜巡察，执捕奸非。大业三年（公元607年）改为左右武候卫，四年（公元608年）各增设察非掾二人，专门负责纠弹之事。唐代沿设，龙朔二年（公元662年）用汉代旧称，改为左右金吾卫。

两京的行政长官京兆尹、河南尹及其所属大兴、长安、洛阳令，也兼管京师治安工作。

2. 地方治安机构。文帝鉴于东晋以后，疆土日蹙（缩小），仍喜侨置州郡，于是州郡所辖之地日益缩小，至隋初，州郡级别虽不同，而辖境的大小，实无所区别，于是径直废去郡一级建制，以州统县，刺史成了太守的互名。有时改郡为州，则称为刺史，有时改州为郡，即谓之太守。

州制沿北周分为九等，州属职官中与治安工作有关的有司户参军，前代叫户曹掾，北齐以下叫户曹参军。司法参军，前代为贼曹，决曹或法曹、墨曹之职，主刑法。兵曹参军，主军事。市令、丞等。

县亦分九等，长官为令，丞、尉佐之。属官中与治安有关的为户、兵、法等曹佐及市令等员。

关津之处，北周末隋初有“关录事”之设。后定制，关置令、丞，其职任亦与治安有关。

3. 基层治安组织。隋代县以下的基层治安组织已很健全。据《隋书》记载，隋文帝受禅，颁新令，令五家为保，五保为闾，四闾为族，置保正、闾正、族正。畿外置里正，相当于闾正，党长相当于族正，以相检察。开皇九年（公元589年）依苏威奏请，改定百家为里，设里长一人（至唐代改称为里正）；五百家为乡，设乡正一人，处理本乡诉讼争议。后因乡正专理词讼，不便于民，并且乡正有爱憎、结党、受贿的事实，于是就取消了乡正管理词讼的制度。

从上面情况看来，隋唐县以下基层组织的系统是继承北朝发展而成的。

4. 边防治安机构。隋代沿设镇将、戍主。镇将亦分上中下三等，上从四品，中从五品，下正六品，其副职为镇副，属官有长史、司马与诸曹参军。戍主亦分三等，上正七品，中正八品，下正九品，其副职为戍副。

（二）治安措施

1. 禁止民间收藏制造兵器。开皇九年，隋文帝为了维持社会的安定，鼓励崇文风气，颁发了销毁兵器甲仗的诏令：“兵可立威，不可不戢，刑可助化，不可专行。禁卫九重之余，镇守四方之外，戎旅军器，皆宜停罢。世路既夷，群方无事，武力之子，俱可学文，人间甲仗，悉宜除毁。”① 此后文帝于开皇十五年，炀帝于大业五年又重申了此一法令，意图通过禁止民间收藏制造武器，达到消灭反抗，消除不稳定的因素，实现强干弱枝的目的。

2. 打击左道，禁止邪教。开皇十三年，隋文帝下诏，“私家不得隐藏纬候、

① 《隋书·高祖纪》。

图谶。”[①]“纬”相对于经而言，是指用以解释儒家经典的神秘的天人感应说法；“候”指与人事相感应的天象；“谶”指含有宗教迷信色彩的政治预言，常以简洁的口号或顺口溜的形式出现，并配有“图”。谶纬以隐晦的方式预言皇帝的休咎和国家的吉凶时，对国家统治会造成严重危险，因此需要严厉打击。

开皇十八年，隋文帝又诏令，“畜猫鬼、蛊毒、厌魅野道之家，投于四裔”。[②] 诏令所针对的猫鬼、蛊毒、厌魅野道都是通过诅咒或祈祷鬼神来实现不法目的的邪道行为，也是严重危害社会秩序的行为，因此要被驱逐出境。

3. 限制民间娱乐集会。隋文帝时，认为民间的娱乐集会活动有伤风化，不利治安，“秽行因此而生，盗贼由斯而起……非益于化，实损于民”[③]，于是下令禁止民间的娱乐集会，但这项措施到炀帝时期就不再施行。

四、隋朝法制的经验教训

《开皇律》在中国法制史上有着不可忽视的重要地位，隋文帝本人对《开皇律》的制定与实行也作出了较大的贡献。但是隋文帝在法制史上却是一个前后变化很大，毁誉参半的人物。隋文帝早年曾锐意求治，法制上多有建树，促进了封建法制的发展。然而，隋文帝个人的毁法专制，至迟在开皇十年以前已屡见不鲜。他常在廷中因怒重杖打人，甚至杀人。晚年用刑尤峻，喜怒无常，过于杀戮。对他自己制定的《开皇律》不但不继续实行，反而公然立法毁法。例如，开皇十五年（公元595年）规定，盗边粮一升以上皆斩，并籍没其家。更有甚者，开皇十七年诏令，对所谓“据律乃轻，论情则重”的案件，“听于律外斟酌决杖”。将律外可以施刑的权力下放。这种做法等于鼓励官吏不依法办事。此时《开皇律》则完全被束之高阁。凡此种种，皆为而后隋炀帝变本加厉地破坏法制和隋朝的覆亡植下了祸根。

公元605年，隋炀帝继位后，遂于大业三年（公元607年）修成《大业律》。以改革苛法酷刑为名的《大业律》与《开皇律》比较，应该说《大业律》无论在立法技术上还是在内容上，相对于《开皇律》都是一种退步。仅有刑罚的减轻稍显优点。更何况隋炀帝“好大喜功”，其另修新律不过是“欲袭制礼作乐之名，本无补弊救偏之意”。[④] 炀帝的倒行逆施，加速了隋王朝的灭亡。隋朝盛衰兴亡的原因，以及在法制建设方面留下的深刻的经验教训，令人深思。

---

① 《隋书·高祖纪》。
② 《隋书·高祖纪》。
③ 《隋书·柳彧传》。
④ 程树德：《九朝律考·隋律考》。

第二节 唐朝的立法概况

一、立法指导思想与主要立法成果

（一）唐初法制的指导思想

公元618年，唐朝建立。它是我国历史上一个著名的强盛朝代，也是封建法律制度发展史上影响巨大的一个朝代。

唐高祖李渊建立唐王朝后，就提出“安人静俗”[①] 的方针，进而采取了一系列休养生息的政策。唐太宗李世民更加认识到封建政权生死存亡的关键在于人心向背。他说：“天子者，有道则人推而为主，无道则人弃而不用。诚可畏也！”[②] 因此，“为君之道，必须先存百姓”[③]。唐太宗君臣还把君主和老百姓的关系比作舟和水的关系：“水能载舟，亦能覆舟”，时时提醒自己勿蹈“亡隋之辙”。在“先存百姓”的思想指导下，唐朝初期的统治者提出了“安人理国”[④] 的治国方针，为此实行了一系列与民休息的政策，并据此确定了法制的指导思想。

1. 德主刑辅，礼刑并用。“德主刑辅”自西汉中期以来，一直被统治者奉为正统的法制原则。它既是儒家一贯相传的法律思想，也是封建统治经验的历史总结。唐初几代统治者也继承和发展了“德主刑辅”这一封建正统法律思想，并在唐律中加以真正贯彻，使礼刑并用得以全面实现。

长孙无忌奉命修撰《律疏》，在《名例》篇疏议中指出：“德礼为政教之本，刑罚为政教之用，犹昏晓阳秋相须而成者也。”这句话的意思有两层，一层是指，治理国家必须兼有德礼和刑罚，如同一天当中有早、有晚，一年当中有四季一样，两者都不可或缺。另一层是指，德礼为治国之本，刑罚为治世之用，在实施政（治）教（化）中，德礼和刑罚之间的关系是“本”和“用”的关系。也就是把道德教化作为治理国家的根本方法，而以刑罚制裁作为治理国家辅助手段，两者缺一不可。

初唐统治者对礼刑的关系可以说是达成了共识。例如，唐高祖李渊曾指出：“禁暴惩奸，弘风阐化，安民立政，莫此为先”[⑤]，他把强调礼的教化职能与法的镇压作用的结合，看做安邦治国的首要任务。在《全唐文·薄葬诏》的诏书中，唐太宗李世民也说：“失礼之禁，著在刑书”，即把失礼的禁条规定在刑书里，违反了纲常礼教就构成犯罪，必受刑罚。从而明确了以礼为内容，以法为形式，

① 《全唐文·卷一·阅武诏》。
② 《贞观政要·政体》。
③ 《贞观政要·君道》。
④ 《旧唐书·太宗本纪》。
⑤ 《旧唐书·刑法志》。

融礼刑为一体，相互为用的思想。两者不可或缺，但道德教化为主，刑罚制裁为辅，先德后刑，大德小刑，不能相反，也就是所谓的“执御之有鞭策也……马尽其力，则有鞭策无所用”[①]。在这种一贯的、统一的思想指导下，唐朝的法律中包含了德礼的内容，而政教的实施也离不开刑罚。正因为如此，唐律才被后世称为“一准乎礼，而得古今之平”[②] 的一代盛典。

2. 律令宽简，连续稳定。宽指宽大，简指简约。宽大主要指立法内容方面，其基本点是轻刑，尽可能使人不致陷于犯罪，或者犯罪后得到较轻处理。反对严刑峻法，草菅人命，轻罪重罚，或者动辄得罪，以致人们无所适从。简约主要指立法形式方面，其基本点是简明，尽可能使百姓了解法律的内容，也使司法官便于掌握。反对法条烦琐、杂乱、前后重复，彼此矛盾。唐朝初建，高祖李渊就提出，立法要“务在宽简，取便于时”[③]。唐太宗更是反复强调：“死者不可再生，用法务在宽简”[④]，“国家法令，惟须简约，不可一罪作数种条。格式即多，官人不能尽记，更生诈，若欲出罪即引轻条，若欲入罪即引重条。数变法者，实不益道理，宜令审细，毋使互文”[⑤]。唐初的立法实践正是在宽简原则的指导下进行的，如李渊在太原起兵时，就宣布宽大之令，约法十二条；唐太宗即位后，把“绞刑之属五十条”改为斩右趾，再改为加役流。史书记载《贞观律》相继删除隋《开皇律》大辟九十二条，改流刑为徒刑者七十一条，其余削繁去蠹，变重为轻者，不可胜纪[⑥]。

与此同时，唐太宗还主张法令应保持相对的稳定性和连续性，也就是一旦立了法就要坚决执行，不能轻易改变和废止，如需更改，要十分慎重。就法律的稳定性，唐太宗曾说：“法令不可数变，数变则烦，官长不能尽记，又前后差违，吏得以为奸。”[⑦] 修律要慎重，法令如果经常变化，会使得执法者不知所措，人心不知所从，容易导致腐败，使得社会秩序混乱。《唐律疏议·职制》规定：“诸称律令式，不便于事者，皆须申尚书省议定奏闻；若不申议，辄奏改行者，徒二年”。因此唐代的法律比较稳定，自太宗制定《贞观律》以后，此后律文内容没有大的变动，即使是《永徽律疏》也只是增加了对律文的注释而已，对其条文和内容并无大的改动，《开元律》也只是结合社会形势的变化进行个别刊定而已。可以说唐代法律自贞观后基本保持不变，体现了唐代法律的稳定性和连续性。

3. 依律断罪，画一用法。早在贞观元年，唐太宗就下诏重申“人有所犯，

① 《贞观政要·公平》。
② 《四库全书总目·政书类》。
③ 《旧唐书·刑法志》。
④ 《贞观政要·刑法》。
⑤ 《贞观政要·赦令》。
⑥ 《旧唐书·刑法志》。
⑦ 《资治通鉴》卷一九四。

一一于法”。[①] 在司法实践中，唐初统治者强调要依律慎刑、上下守法和用法画一，以维护法制的权威。魏徵认为，“君私于上，吏诈于下，求细而忘大体”，会造成“行一罚而起众奸”的严重后果，只有做到“居人上者，其身正，不令而行；其身不正，虽令不从”，要求“公之于法”[②]。其具体要求是，用律断案务必郑重公正，尤其是死刑案件的处理，不仅要严格依律论罪，更要采取十分审慎的态度；君臣上下一体守法，君主自己率先守法，同时严格要求官吏奉法守法；反对任凭个人喜怒断罪，反对法外特权，坚持法律的统一适用，坚持秉公执法，以维护封建国家统治这个大局。《唐律疏议》专门有“诸断罪皆须引律令格式正文”条，以强调依法断罪量刑。立法划一的思想后来在《永徽律疏》中进一步体现，不但将律文统一，还将律条的解释统一。

唐初的统治者能够认真贯彻法不分亲疏贵贱，一律严格执法，因此社会矛盾趋于缓和。据史料记载，“贞观之初，志存公道，人有所犯，一一于法”[③]，出现了“天下贴然，人人自安”的状态。这种君臣上下严格守法的状态，促进了唐初经济社会的快速发展，社会秩序也比较稳定。据史料记载，贞观四年，全国仅29人被判死刑，证明了唐初法制的良好状态。

（二）主要立法成果

唐朝前期的立法活动主要是修律，兼及令、格、式；后期则主要是编敕和刑律统类。原因是到了唐朝后期，前朝制定的具有较大的稳定性的律、令、格、式这些法律形式不再适应解决现实中出现的急需解决的问题。而祖宗的旧制又不便更改，于是颁敕和编制便于使用的刑律统类，便成为最好的选择。唐代按其制定的年代顺序，最主要的几部法典包括：《武德律》、《贞观律》、《永徽律》及《律疏》、《开元律》及《律疏》、《唐六典》、《大中刑律统类》。

1. 《武德律》。在太原起兵反隋时，李渊曾约法十二条，唯制杀人、劫盗、背军、叛逆者死，其余隋朝的苛法一并揭除。唐朝建立后，于武德二年（公元619年）命刘文静等在隋朝开皇律令的基础上进行增删，制定53条新格。新格的内容不详，史籍记载的内容有“唯吏受赃、犯盗、诈冒府库物，赦不原。凡断屠日及正月、五月、九月不行刑”[④]。这是唐朝立法的开端。武德四年（公元621年），又诏尚书左仆射裴寂等人更撰律令，其内容大致以隋《开皇律》为准，只是将53条新格附入，于武德七年（公元624年）颁行，这就是唐朝开国后的第一部法典《武德律》。《武德律》是唐律的草创，共十二篇，500条。

2. 《贞观律》。唐太宗李世民即位（公元627年，即贞观元年）后，遂于当年诏长孙无忌、房玄龄等人以“德主刑辅”为修律指导思想更定《武德律》。至贞观十一年（公元637年）完成，仍为十二篇，500条，称《贞观律》。贞观令、

---

① 《贞观政要·公平》。
② 《魏郑公谏录》卷八。
③ 《贞观政要·公平》。
④ 《新唐书·刑法志》。

格、式亦同时颁行。《贞观律》仍然是以《开皇律》为蓝本，但作了较大的修改，主要包括：（1）增设加役流作为死罪的减刑。贞观初年，魏徵等人认为律令仍较苛重，建议将绞刑50条免去死罪，改为斩右趾，后经房玄龄等与大臣反复集议，确定用加役流作为宽恕死罪的刑罚。贞观六年，应处绞者，直接服加役流，即犯人流放三千里，在一般强制服一年劳役的基础上增加服役年限到3年，作为宽恕死刑的办法。这也为封建立法提供了死罪减刑较现实的办法。（2）区分两类反逆罪，缩小缘坐处死的范围。旧律规定兄弟虽然分居，其中如果有人谋反，则“连坐俱死，子孙配没”。唐太宗认为反逆有两类，一是“兴师动众”；二是“恶言犯法”，两者情节轻重不同，处理应当有所区别。召集大臣商议更改，确定实行“反逆者，祖孙与兄弟缘坐；恶言犯法者，兄弟配流而已”。[①] 缩小了旧律株连的范围。（3）确定了五刑、十恶、八议、请、减、赎，以及类推、断罪失出入、死刑三复奏、五复奏等断罪量刑的主要原则。

据《旧唐书·刑法志》载，《贞观律》使“比古死刑，殆除其半”，比隋代旧律“减流入徒者七十一条”，“消烦去蠹，变重为轻者，不可胜纪”。以后，唐代的律典均无大的变动，故《贞观律》实际上是唐律的奠基石。

3.《永徽律》与《永徽律疏》。唐高宗李治即位后，于永徽元年（公元650年）命长孙无忌、李谓、于志宁等修订律、令、格、式。次年完成并颁布《永徽律》，其篇目、条文与隋《开皇律》、唐《武德律》、《贞观律》大多相同，仍为十二篇，永徽令、格、式亦颁行。

《永徽律》颁布后，鉴于中央和地方都存在不少定罪量刑畸轻畸重等很不一致的情况，同时又因“律学未有定疏，每年所举明法（科举考试中的明法科）遂无凭准”，为了在这些方面使全国有统一的标准，唐高宗于永徽三年又命长孙无忌等人“修撰律疏”。长孙无忌等人以律文为经，按照十二篇的顺序，对律文逐条逐句进行诠解和疏释，剖析其内涵，并设置问答，辨异析疑，揭示要旨，以补充律文未周备之处。经唐高宗批准，于永徽四年（公元653年）颁行。当时称《律疏》，后人又称《永徽律疏》。《永徽律疏》的修订者以“网罗训诰，研核丘坟”为原则，结合了各家对律文的解说、注释，以儒家思想为基本的依据对律条进行逐条阐释，是唐律被认为“礼法合一”的主要原因之一。

《永徽律疏》的疏议部分同律文本身一样具有同等法律效力，此后各级司法机关在审理案件时，多引征律疏进行案件分析以确定罪名和刑罚，作用明显。《永徽律疏》的制定标志着唐律的完备和发展，成为永徽年间法制建设的最大贡献。同时律文和疏议结合的这种体例，也为后世封建立法所继承。永徽以后，唐律已有定本，基本不再改动。后经唐玄宗开元年间的刊定，唐律和疏议变得更加完备。

4.《开元律》及《开元律疏》。开元二十二年（公元734年），唐玄宗命李

---

① 《旧唐书·刑法志》。

林甫等刊定《开元律》十二卷，《开元律疏》三十卷，命、格、式等也有所刊定。《开元律》和《律疏》对于《永徽律》和《律疏》除了个别文字和个别律条稍有更动外，在实质性内容上改动不多，主要是在注解用语上及部分地名人名的修订。例如，将"十恶"中的大不敬条下的"盗及伪造御玺"改为"盗及伪造御宝"，是因为开元年间，"御玺"被叫做"御宝"，此外还扩大了御宝的范围，包括了皇太后、皇后的印信。

经开元刊定后，唐律及其疏议更加完备，其后到了元朝最终被定名为《唐律疏议》，流传至今，是我国至今保存最早的完整的古代法典文本。

5. 《唐六典》。《唐六典》是系统地规定唐朝官制的政书。唐玄宗于开元十年（公元722年）亲自书写六条：理典、教典、礼典、政典、刑典、事典，命大臣以《周官》为模式，修成唐朝政书。历经16载，终于于开元二十六年（公元738年）完成。

《唐六典》照唐代国家机关体系编纂，虽未正式颁行，但因它是排比唐现行令、式编成的，在唐代仍被视为一种法规，与律令格式相辅而行。该书系统地记载了唐朝的官制，其内容涉及唐代中央和地方国家机关的机构设置、人员编制、职责以及官员的选拔、任用、考核、奖惩、俸禄、退休制度等方面的规定。其在结构上分为正文和注文两大部分，正文记述唐代的官制，后面的注文叙述了官制的历史沿革。其资料浩繁，成为开元时期一个巨大的立法成就，也是封建法制趋于完备的标志之一。

《唐六典》不但承袭以往行政立法的经验而且有所发展，其创立了"官领其属，事归于职"的体例，礼制开始与刑律分离，此后，封建的行政管理方面的法规基本上从刑律中分离出来，自成一个法律部门。后人评价说，"讫唐有《六典》、《开元礼》，由是律始专为刑书，不统宪典之纲矣"。[①]《唐六典》后中国法律制度出现了刑律和行政法典既分离又相互影响的两大体系，对后世明清时期《会典》的独立编写产生了重大影响。

6. 《大中刑律统类》。唐宣宗大中七年（公元853年），左卫率府仓曹参军张戣等人修订律法，编成《大中刑律统类》60卷，宣宗诏令刑部颁行。《旧唐书·宣宗本纪》载，这部法典共1250条，分为121门，也称《刑法统类》。该书以"刑律分类为门，而附以格敕"，刑律被分类为门，附以有关的格、敕、令、式，按照事类进行分类。《刑律统类》在法典编撰上是一种新的形式，对于五代和宋朝的立法有直接影响。

二、法律形式及其相互关系

唐朝前期除编纂唐律外，还沿用了隋朝的法律形式，其法律形式主要有律、

① 章太炎：《检论汉律考》。

令、格、式四种，唐高宗说："律令格式天下通规。"①《唐六典》解释四者的区别是："律以正刑定罪，令以设范立制，格以禁违正邪，式以轨物程事。"

1. 律。"律以正刑定罪"，律是有关犯罪和刑罚的法律规定，它是对各种犯罪行为进行惩罚的量刑依据。狭义的唐律即专指它。当然其中也包含有一些民事和诉讼方面的规定。自商鞅改法为律以来，各朝各代制律不息。在唐朝，律是主要的法律形式，具有权威性和相对稳定性，也是实践中适用最广的法律规范，其调整范围广泛，在所有法律形式中地位最高，稳定性也最强，如《贞观律》、《永徽律疏》等。

2. 令。"令以设范立制"，令是国家组织制度方面的规定和行政命令，涉及的范围比较广泛，数量也很多。据《唐六典》记载多达1546条，其主要作用在于规范国家体制，严格尊卑贵贱秩序。

唐代的令，按编纂时间分，有《武德令》、《贞观令》、《开元令》等。按内容分则有涉及经济方面的《田令》、《户令》、《赋役令》等，涉及行政的《官品令》、《考课令》、《官制令》、《选举令》等，涉及司法的《捕亡令》、《狱官令》等，涉及治安的《关市令》、《宫卫令》等，涉及礼制的《衣服令》、《仪制令》、《乐令》等。

因令的内容根据形势需要经常变动，因此令的内容必然随着时间的推移而不断增加，因此为了保证令的统一性，修令也是唐代重要的立法活动。

3. 格。"格以禁违正邪"，格是皇帝临时颁布的各种单行敕令、指示的汇编，是律、令的补充形式。具有一种刑事和行政特别法的性质，效力常常大于法。唐格分两种：一种是关于尚书省诸曹的日常工作，留在本司内施行的，叫"留司格"；另一种是颁行天下，发至州县普遍遵行的，叫做"散颁格"。

唐代的定格活动，起源自武德二年的"制格五十三条"，到太宗年间，格的数量已经很多，贞观十一年，房玄龄等"删武德、贞观以来敕格三千余件，定留七百条，以为格十八卷"，这就是《贞观格》。其后永徽年间，武则天执政期间，开元年间又分别制定有《永徽留司格》、《永徽散颁格》、《垂拱留司格》、《垂拱散颁格》、《开元前格》、《开元后格》、《开元新格》等，到唐宣宗大中年间，又有《大中刑法总要格后敕》，修格活动的频繁，说明格的修订也是唐代的重要立法内容。

4. 式。"式以轨物程事"，式是国家机关的公文程式和办事细则，以国家机关的名称而分类定名。唐代编定的式又称为"永式"，它是带有行政法规性质的经常适用的法律规范。

贞观十一年，房玄龄等人删定《式》33篇，共20卷，是为《贞观式》。其后又有《永徽式》、《垂拱式》、《神龙式》、《开元式》各20卷。式在唐代具有相当的强制力，违反者不仅要承当相应的行政处罚，还可能因为构成"违式罪"

① 《旧唐书·刑法志》。

而受“笞四十”的刑罚制裁。

从以上史书记载可以看出，唐朝律、令、格、式并用，以律为主，构成了唐朝法律的多样性，形成了一个完备的法律体系。应当指出，在后来的实际执行中，格的地位十分突出。因为唐代的格是由皇帝的敕令转变而来，年代一久，敕令愈积愈多。到开元时，律令格式敕的总数为7026条，除律502条，令1500多条外，其余都是格、式和敕。由于重复、矛盾之处甚多，故每隔若干年必须整理修订汇编。到中唐以后，往往“格敕”连称，并能直接变更律令的规定，律令的地位开始明显下降。至五代时，编敕的立法形式更是日渐增多，到了宋代，编敕成为立法的主要形式。

第三节 《唐律疏议》的基本内容

今传《唐律疏议》，源起于《永徽律疏》之名，中经历代直至元朝，最终定名为《唐律疏议》，是我国现存最早的一部完备的封建法典。其内容和文字是永徽以后直至开元年间唐律多次修改的产物，并非永徽或开元一朝之典，其两种形式“律”和“疏”具有同等的法律效力，“疏”成为统一解释律文的法律依据。《唐律疏议》对后世及周边国家影响很大，被誉为中华法系的代表。

一、体例结构

《唐律疏议》共十二篇，502条。它的篇目设置、体例安排基本仿照《开皇律》，把类似于现代刑法总则的名例律置于律首，有关具体犯罪及其惩罚的卫禁、职制、户婚、厩库、擅兴、贼盗、斗讼、诈伪、杂律、捕亡、断狱十一篇类似于现代刑法的分则置于其后。

《唐律疏议》律文部分结构严谨，设置合理、逻辑性强；且律文与疏议有机地结合为一体，律疏同条、疏附于律，从立法技术方面看是中国古代立法史上的一个里程碑。

（一）《唐律疏议》结构严谨，篇目、律条的设置与排列比较合理

现存唐律共有502条，分别归入十二篇中。维护皇权、维护封建国家的统治是它的首要原则，这一点被精心地安排在唐律的结构中。首先从篇目来看，除第一篇名例律规定唐律的一般原则外，其余十一篇从卫禁律至断狱律，都是按照犯罪行为所侵犯的客体进行归类后确定篇目名称的。此外，篇目的排序均根据犯罪行为所侵犯的社会关系在整个社会关系中的地位来排列。唐律十二篇的结构告诉我们，除首篇名例律为原则性规定外，首重皇权，故有《卫禁》；次重官僚（明主治吏不治民），故有《职制》；皇权和官僚体制赖以维持的基础则在社会和经

济，故有《户婚》……归根到底，法律必须适用，故有《捕亡》和《断狱》两篇。另外，篇内的律条自然也按这一原则进行类似的排列组合，如卫禁律是关于警卫宫殿和关津要塞的法律，共33条，前23条包括非法进入宫、殿、庙、苑等，属于直接危害皇帝人身安全的犯罪行为及其处罚，自然置于篇前；后10条包括非法越过关津要塞等，属于有损国家安全的犯罪行为，则置于其后。其他各篇也都是如此。经过这样的组合，篇与篇之间、条与条之间，既有序又严谨，克服了以前篇目、律条混杂无序的状态，再也没有"盗律有贼伤之例，贼律有盗章之文，兴律有上狱之法，厩律有逮捕之事"① 的现象。

（二）《唐律疏议》律疏同条、疏附于律，创造了一种新的法典编纂方法

疏，指对古书分条作出的解释，或指对解释再做的注释。议指议处、议罪。疏议，简而言之就是法律解释。这种法律解释在中国古代早已出现，如秦的《法律答问》，汉代的引经注律，魏晋张斐的《律表》等。《唐律疏议》吸收了这种法律解释方法，在编排体例上，采取律疏同条、疏附于律的方式，在每一条文之后，附有对该条的释注疏文；在篇幅上，疏文约占总字数百分之八十；在内容上，疏文广引博征，既有儒学经典又有司法实践中的具体案例，还有典、令、格、式等其他法律形式中的相关内容。其目的在于：阐明唐律的指导思想，记述唐律条文、篇目以及主要法律制度发展沿革的历史和相互联系，解释唐律条文中的某些字词、句子以及注文的含义，区别某些容易混淆的罪名，以弥补法律条文的疏漏。

《唐律疏议》的制定，为唐代司法实践提供了统一的标准，为科举考试提供了统一的根据。通过注疏的形式，立法者对中国古代的法律理论进行了总结和研究，极大地推动了中华法系理论化的进展。《唐律疏议》这种律疏同文的立法方法，为后来的封建朝代所仿效，也对当时周边一些亚洲国家的立法产生了深刻的影响。

二、《名例律》的主要内容

北齐律首定以名例律为首，此后隋唐相继沿袭未改。但对名例律的总则性质作出确切说明解释的，却是《唐律疏议》。《疏议》解释说："名者，五刑之罪名；例者，五刑之体例"，"命名即刑应"，"比例即事表，故以名例为首篇"，就是说名例律置于律文的篇首，是因为它具体规定了各篇通用的刑名以及刑法适用的共同原则，从而把名例律的总则性意义作了清楚的表述。名例律体现了唐律的基本精神和原则，是整部法典的总纲。这些基本精神和原则在唐律中居于十分重要的地位，也是贯穿全律的大纲。具体包括：五刑、十恶、八议、请章、减章、赎章、官当、划分公罪与私罪、犯罪自首的要件、对老幼废疾者犯罪的减免等。

① 《晋书·刑法志》。

（一）五刑制度

所谓五刑，是指笞、杖、徒、流、死五种刑罚，又称封建制五刑。这一封建制刑罚体系由隋朝《开皇律》所确定，但在刑等和刑种的排列上唐律使其更加合理和科学，变得规范化、制度化。

1. 笞刑。是五刑中最轻的一种刑罚，《疏议》云："人有小愆，法须惩诫，故加捶挞以耻之"，即用两根荆条拧成的楚，名"笞杖"，打犯人的腿部和臀部。共分五等，由笞十至笞五十，每等加十。

2. 杖刑。用长三尺五寸的常行杖（又叫法杖）捶打犯人的背、臀、腿部，分五等，由杖六十至杖一百，每等加十。

3. 徒刑。《疏议》曰："徒者，奴也，盖奴辱之"，即在一定期限内强制犯人加戴刑具从事苦役，也分为五等，由徒一年至徒三年，每等递增半年。

4. 流刑。这是把犯人遣送到一定距离外的荒远地区，并强制其服一定期限劳役的刑罚，是仅次于死刑的重刑。《疏议》曰："书云：'流宥五刑。'谓不忍刑杀，宥之于远也。"流刑分为三等：二千里、二千五百里、三千里，统称"三流"，皆服一年劳役。唐太宗创制的加役流，为流三千里，服役三年，作为对某些死刑的宽宥处理，是一种特殊流刑。被处流刑者，妻妾子孙可随从，服劳役期满后，便落户于流配地，一般不得返回原籍。

5. 死刑。死刑分绞和斩两种。唐从儒家伦理观念出发，认为绞以致毙，仍可保全尸体，斩则殊刑，死后身首分离，故斩重于绞。

另外，唐律规定，五刑均可交铜收赎。其标准是，笞十赎铜一斤，至杖一百交铜十斤，每等加铜一斤；徒一年赎铜二十斤，至徒三年赎铜六十斤，每等加铜十斤；流二千里赎铜八十斤，至流三千里赎铜一百斤，每等亦加十斤；绞和斩均为赎铜一百二十斤。但唐律也对以铜赎罪规定了一些限制条件，如犯"十恶"之罪名，不能听铜收赎。

（二）"十恶"重惩原则

唐律所谓十恶，就是直接侵犯封建国家君主专制统治和封建伦理纲常的十种重大罪行的总称。"十恶"的渊源，《唐律疏议》解释为：自汉制《九章律》便已有某些罪名，北齐、北周则汇总为"重罪十条"；隋制《开皇律》时，完备了"十恶"之目，从而奠定了唐律"十恶"的基础。《唐律疏议》说："五刑之中，十恶尤切，亏损名数，毁裂冠冕，特标篇首，以为明诫。其数甚恶者，事类有十，故称'十恶'。"

《唐律疏议》对十恶的内容，进行了详细的解说：一曰谋反，"谓谋危社稷"，即图谋推翻封建王朝的行为。二曰谋大逆，"谓谋毁宗庙、山陵及宫阙"，即图谋毁坏皇帝的家庙、祖墓及宫殿的行为。三曰谋叛，"谓谋背国从伪"，即图谋叛国的行为。四曰恶逆，"谓殴及谋杀祖父母、父母，杀伯叔父母、姑、兄姊、外祖父母、夫、夫之祖父母、父母。"五曰不道，"谓杀一家非死罪三人，支解人，造畜蛊毒、厌魅"，即指灭绝人道，如杀死一家三口，而被杀者都未犯死罪；或用肢解的手段杀人；或传蓄剧毒之虫及以邪术来杀人的行为。六曰大不敬，“谓盗大祀神御之物、乘舆服御物（盗取帝王祭祀用品或皇帝御用器物）；盗及伪造御宝（皇帝印玺）；合和御药，误不如本方及封题误（如以丸为散，应冷言热之类）；若造御膳，误犯食禁；御幸舟船，误不牢固；指斥乘舆，情理切害及对捍制使，而无人臣之礼（指斥皇帝或无礼对待皇帝派来的使臣）”的行为。七曰不孝，“谓告言、诅詈（控告、咒骂）祖父母父母，及祖父母父母在，别籍、异财（另立户籍，分家析产），若供养有阙；居父母丧，身自嫁娶，若作乐，释服从吉（脱去丧服，改着吉服）；闻祖父母父母丧，匿不举哀，诈称祖父母、父母死”等行为。八曰不睦，“谓谋杀及卖缌麻以上亲，殴告夫及大功以上尊长、小功尊属”。九曰不义，“谓杀本属雇主、刺史县令、见（现）受业师，吏卒杀本部五品以上官长；及闻夫丧匿不举哀，若作乐，释服从吉及改嫁”等行为。十曰内乱，“谓奸小功以上亲、父祖妾及与和（与之通奸）者。”

由于十恶集中体现为危害皇权并危及封建国家的政治性犯罪，体现为威胁封建统治秩序的犯罪及破坏封建伦常关系等重罪，故对犯十恶罪者均予严惩，如对谋反、谋大逆、谋叛罪不仅株连家属，且可至死。而且，十恶“为常赦所不原”，贵族、官员犯十恶，不准享受议、请、减、赎、官当等特权，虽遇大赦，仍须革除官爵。

（三）贵族、官僚犯罪减免原则

为了维护封建官僚体制，巩固专制统治的基础。唐代统治者通过“议”、“请”、“减”、“赎”、“官当”、“免官”等方式，赋予封建贵族官僚以法律上的特权并制度化，形成了一整套完整的特权保障体系。

1. 八议。唐代沿袭曹魏以来的“八议”之制，[①] 对八类特权人物犯罪作了减免处罚的规定。按照唐律规定，享受“八议”特权的八类人犯罪，如是死罪，官吏必先奏明皇帝，并“议其所犯”，交皇帝裁处。按照通例，一般死罪可以降为流罪，流罪以下自然减刑一等。但犯有“十恶”罪的，不包括在此范围。“八议”入律不仅维护了封建等级制，而且使礼律进一步融合。

2. 请。请是低于“议”一等的法定优遇办法。唐律规定，三类人犯罪可以享有请的特权：一是皇太子妃大功以上亲；二是应议者期以上亲及孙；三是有五品以上官爵者。这三种人犯死罪，可上请皇帝望其有所宥免，一般司法官不得擅自决断；犯流罪以下减一等处理。但有一定限制：“其犯十恶，反逆缘坐，杀人，监守内奸、盗、略人（拐骗人口）、受财枉法者，不用此律”。与“议”不同的是，司法机关对于这类死罪案件，可以陈述依法应该判处绞刑或斩刑的意见，由皇帝决定。而对“议”的案件则“不敢正言绞斩”。

① 关于“八议”的具体内容参见三国两晋南北朝时期法律制度一章的魏《新律》部分。

3. 减。减，是指有一定身份的官吏及其亲属犯罪，可享受减罪一等的优遇，但只限于流刑以下的罪。适用“减”的对象有两种：一是六品、七品官员，二是应请者的祖父母、父母、兄弟、姊妹、妻、子、孙。其限制条件与“请”的限制相同。

4. 赎。凡属应议、请、减范围的人犯流罪以下皆可听赎。另外，官员得减者的祖父母、父母、妻、子孙；八品、九品官员；六品、七品官员的直系亲属和妻；五品以上官员的妾犯流罪以下也可听赎。但如果犯了“五流”的罪，即加役流、反逆缘坐流、子孙犯过失（杀祖父母、父母）流、不孝流及会赦犹流，则不得减、赎。此外，一些特定的徒、流罪，如过失杀伤尊亲属徒、故殴人至废疾流、男夫犯盗处徒以上刑及妇人犯奸，亦不得减、赎。

5. 官当。官当，是指以官品抵当刑罪。原则上，公罪比私罪抵当为多，官品高的比官品低的抵当为多。具体办法是：以官当徒的，其犯私罪者，五品以上，一官当徒二年；九品以上，一官当徒一年。如犯公罪，可以分别多抵当一年徒刑，五品以上可当三年，九品以上可当二年。以官品抵当流罪时，流刑三等均折算成徒刑四年。若一人有两种官爵的，如职事官与勋官，先以职事官当，次以勋官当；如果用这两种官抵罪不尽，还可以用历任的官职来当罪。凡以官当徒的，如果罪轻不尽其官，可以留官收赎；如果官小不尽其罪，余罪也可以收赎。因官当而抵罪去官的，一年以后仍可以降一等任用。

6. 免官。免官，指通过免除官职来抵当刑罪，分免官、免所居官两种。凡免官者“比徒二年；免所居官者（现职），比徒一年”。但“流外官不用此律”。可见，“免官”是对徒罪以下官吏所实行的宽宥措施。此外，唐律还规定，免所居官者，一年后，降原级一等叙用；免官者，三年后，降原级二等叙用。

唐代统治者通过“议”、“请”、“减”、“赎”、“官当”、“免官”等方式，将贵族官僚的特权法律化，形成了一整套完整的特权保障体系，以此来维护封建官僚体制，巩固专制统治的基础。不过应当指出的是，在封建君主专制之下，任何官僚贵族的特权都只具有相对的意义，并以不触犯皇权及地主阶级根本利益为限度，如若犯有“十恶不赦”之罪，则同样严惩不贷。

（四）老幼废疾减免刑罚

对老幼和残疾之人犯罪减免处罚的制度在我国夏商时期就已存在。《周礼·秋官》中就有“三赦之法”的规定。只不过唐律使之变得更加制度化、系统化。名例律规定：诸年七十以上、十五以下及废疾（如折一肢，瞎一目），犯流罪以下，收赎；八十以上、十岁以下及笃疾（折二肢、双目失明等），犯反、逆、杀人应死者，上请，盗及伤人者，亦收赎，余皆不论；九十以上、七岁以下，虽有死罪，不加刑，即将老人、小孩与残疾人按其年龄和病残程度分类三等，规定不同的刑事责任，犯罪以后给予减免刑罚。《疏议》称此是“爱幼养老之义也”。

实际上，这些老耄、幼小、残疾之人不可能对封建统治造成较大危害，对他们减免刑罚，既可博得哀矜老幼的“仁政”美名，又不致损害统治者的根本利益。

（五）以维护伦理关系为目的的几条原则

1. 同居相为隐。同居相隐是指同财共居者以及一定范围内的亲属有罪，相互之间可以容隐，不负或减轻法律责任。这一刑罚原则起始于汉朝宣帝时期，当时称为“亲亲得相首匿”的原则。唐律继承了这一原则，把容隐的范围扩大到了四代以内的亲属、部曲和奴婢。名例律规定：“诸同居，若大功以上亲及外祖父母、外孙、若孙之妇、夫之兄弟及兄弟妻，有罪相为隐；部曲、奴婢为主隐，皆勿论。其小功以下相隐，减凡人三等。”据此规定，上述同居之人，不仅相互间隐瞒罪行可不受追究，即使为犯罪者通风报信，使其隐避逃亡时，亦不负刑事责任。

相为隐既是权利，也是义务。如果卑幼告发容隐范围之内的尊亲属的话，告发者构成犯罪，被告发者反而因此可以免予处罚。唐律规定，凡是告发祖父母、父母的，构成“不孝”，无论所告是否属实，告发的子孙都要被处以死刑；如果是告发期亲尊长、外祖父母、夫、夫之祖父母等亲疏的，不论告发内容是否属实，都要处以徒二年的刑罚。但唐律也规定凡是犯谋反、谋大逆、谋叛三种罪的，亲属不得相隐不告，同样，对犯此三种大罪的，卑幼的告发也不受法律惩罚。

2. 亲属相犯，准五服论处。唐律继承《晋律》“准五服以制罪”的传统，并加以变通，全面、具体地明确入律。律条中直系血亲父母不分，祖父母及曾、高祖父母原则上与父母同，夫、妻、妾分别规定，妻、妾对夫大体上视同子对父母。旁系血亲分四等：期亲（父系亲属）、大功亲（祖父系亲属）、小功亲（曾祖系亲属）、缌麻亲（高祖系亲属）。母系亲属只及一世。亲属中辈分高者为尊长，辈分低者为卑幼。一种行为的罪与非罪以及罪行轻重，往往依据与相对人是否五服亲以及何等亲等而定。[①] 如同是殴人未致伤残，殴凡人为轻罪，殴缌麻尊长为重罪，殴夫及大功以上尊长、小功尊属，罪尤重，入“十恶”之“不睦”；殴父母、祖父母，罪特重，入“十恶”之“恶逆”。而祖父母、父母殴子孙，完全无罪。

3. 良贱相犯依身份论处。唐律对于良贱的区别十分严格。良人的主体是农民，也称为“凡人”、“百姓”或“白丁”等。贱民唐律分“官贱”和“私贱”两类。官贱有官奴婢、官户、工乐户、杂户、太常音声人等几种，均隶属官府。私贱有奴婢和部曲两种，是主人的家仆。唐律关于良贱之间和主贱之间同罪异罚的规定特别多；在婚姻问题上，良和贱的鸿沟不得逾越；在诉讼上，良贱之间更有严格区别。例如，“同居相为隐”的原则，在主人与部曲奴婢之间有了变通的规定。部曲奴婢须为主人隐罪，告发主人者绞（谋反、大逆、叛除外）。而主人

① “准五服以制罪”的原则参见三国两晋南北朝法律制度一章的介绍。

告部曲、奴婢犯罪，即使诬告，也无罪。

（六）关于量刑方面的几条主要原则

1. 自首减免刑罚。名例律规定："诸犯罪未发而自首者，原其罪"。"未发"是指犯罪未被官府发觉或未被他人告发，这是自首的前提。就自首，唐律还允许遣人代为自首，不限亲疏。如属于法律所允许的亲属相容隐范围的人代首或告发的，被告者也按自首处理。

对各种自首情况的处置办法有："轻罪虽发，因首重罪者，免其重罪"；在审讯中"别言余罪者"也同自首；如果自首不实及不尽者，以不实、不尽之罪罪之，至死者，听减一等；其知人欲告及亡叛而自首者，减罪二等坐之；犯罪后共同逃亡，轻罪能捕重罪者，及轻重相等能抓获半数以上而自首者，皆除其罪；盗、诈取他人财物后向财主自首缴赃者与向官府自首相同。自首以后，所有赃物仍须如数偿还。

对不得使用自首免罪原则的几种情况，唐律做了如下规定：被迫到官府听候处理的不得原罪；官府已判令立案追审的，虽欲自新也不得原罪；因盗故杀伤人或过失杀伤财主而自首者，盗罪得免，杀伤罪仍要处罚；已给人造成伤害及所盗之物已无法赔偿，以及事发逃亡、越度关口、奸良人妇女、私习天文的犯罪不在自首之列；对"常赦所不原"的犯罪，虽自首仍不得减免。

此外，唐律还规定了有关公罪的特殊自首，即自觉举。如果对公事失错或官文书稽程（公文误期），官吏能先自举发，一般能免罪。应连坐者，一人自觉举，余人亦原之。但是，"其断罪失错，已行决者，不用此律"。

2. 共同犯罪区分首从，首犯从重。唐律对二人以上的共同故意犯罪进行处罚时，在原则上分别首从定罪，"诸共犯罪者，以造意为首，随从者减一等"。造意即主谋，是首犯，随从者是从犯，其罪减首犯一等。但如果是家人共犯，则不论由谁造意，原则上只处罚同居的尊长。但家人共犯如系盗窃财物或斗殴杀伤之类，则按一般区分首从之规定论处，而不独坐尊长；外人与监临主守官吏共同犯罪，虽由外人造意，仍以监临主守官吏为首犯。对于严重的共同犯罪，如谋反、谋大逆、强盗、强奸等，则不分首从，均以正犯科刑。

3. 二罪以上俱发，以重者论。二罪以上俱发，指所犯二罪都在被告发之前；以重者论，指按其中一个重罪处刑，而将轻罪吸收于重罪，不得累轻以加重。如所犯数罪判处同样的刑罚，则只判处其中一罪即可；若一罪先发现，已经判决，以后又发现了先前别的犯罪，若二罪相等时，维持原判；如后发现的罪重于已判决之罪，则通记前罪，以充后数。若数犯赃罪，则不采"以重者论"的原则，一般是累计赃值，折半论处。

此条规定有一例外，就是因赃犯罪的，不得适用。唐律把因赃犯罪分为六种：强盗、窃盗、受财枉法、受财不枉法、受所监临、坐赃，适用的是"累科，倍论"、"重赃并满轻赃，倍论"原则。也就是犯赃罪的，犯同一赃罪的要累加赃数，在累加的基础上折半论罪；犯不同性质赃罪的，以较轻的赃罪为基础将较重赃罪的赃数算入轻罪中，再按“累科倍论”合并论处。

4. 更犯和累犯加重。更，连续也。更犯者，“犯罪已发及已配而更为罪”也。唐律对“更犯”采取“各重其事”的处罚原则，即将前罪与后罪通记一并处刑。但对最高刑有所限制。例如，对更犯流、徒罪者可以加役至四年，超过部分以杖刑代替，最多可加至二百；对更犯笞、杖罪者可以加笞、杖至二百。

唐律中的累犯，主要指盗罪，且是指三次以上犯徒罪或流罪而言。因其多次犯罪，屡教不改，危害很大，故唐律采用累犯加重可加至死的原则。贼盗律规定：“诸盗经断后，仍更行盗，前后三犯徒者，流二千里，三犯流者，绞”。一般更犯与累犯不同的是，更犯流罪以下者不得加至死刑。

5. 加刑和减刑的原则。唐律中因为当事人与被害人的特殊关系，或因案件的具体情节，经常会出现对罪犯量刑的加重或减轻处罚。唐律对加重和减轻在刑等和刑种上的变化有明确规定。唐律刑种有五：笞、杖、徒、流、死。每个刑种之中又各有刑等划分：笞杖徒各为五等，流三等，死刑二等。唐律中的量刑，原则上加罪是在原有刑等的基础上加一等处罚，减罪是在原刑等基础上减少一等处罚。但为了体现恤刑原则，死刑和流刑不论其内部分为几个刑等，一律按一个刑等对待。例如，原判死刑减一等的，一律减到流刑；原判流刑减一等的，则由流刑降到徒刑。

6. 官吏犯“公罪”从轻、犯“私罪”从重。唐律对官吏犯“公罪”或“私罪”作了明确的划分。所谓“公罪”，是指官吏“缘公事致罪，而无私曲者”，即职务上的过失犯罪。所谓“私罪”，是指“不缘公事，私自犯者”，如杀人、强奸等罪；而“虽缘公事，意涉阿曲，亦同私罪”，即借职务之便谋取私利，故比同私罪。对私罪的处罚要重于公罪，在以官抵罪时，同样的官职，公罪可多当一年徒刑。这一规定既可抑制官吏以权谋私的消极因素，又保护和调动了官吏工作的积极性，有利于提高统治效率。

7. 区分故意和过失，故意从重。唐律以行为人主观上是否有犯罪的动机和目的作为区分故意和过失的界限。量刑时故意加重，而过失一般轻于故意。但对性质和后果特被严重的犯罪，如《擅兴》篇“乏军兴”，则不论故意、过失，一律处斩。其“疏议”解释说：“兴军征讨，国之大事。调发征行，有所稽废……为其事大，虽失不减。”

（七）其他主要原则

1. 轻重相举原则。名例律规定：“诸断罪而无正条，其应出罪者，则举重以明轻；其应入罪者，则举轻以明重。”这一规定的基本精神是指对法律上没有明确规定的犯罪行为，允许适用性质相同的法律条文，比照处断。例如，贼盗律规定，夜间无故入人家，主人当时杀死者不论，即假如主人对夜入人家者有所折伤，比杀死为轻，自然无罪。这叫“举重以明轻”。又如贼盗律规定，凡谋杀期亲尊长者，皆斩，即只要有预谋，就处斩。如已杀、已伤，比预谋为重，自应处斩。这就叫“举轻以明重”。在法律没有明文规定的情况下，允许以类推的方法定罪量刑，且表述的语言如此简练，反映了唐律完善的立法水平。

2. 疑罪各依所犯以赎论。唐律《断狱》篇规定，“诸疑罪，各依所犯，以赎论。即疑狱，法官执见不同者，得为异议，议不得过三。”此处所指的“疑罪”指三种情况：一是指案件的正反两方面的证据相当；二是指疑似有罪却无旁证；三是指虽有旁证却其事不像疑似有罪。凡疑罪，审理时应以所疑之罪，令其依法收赎。法官对于疑罪可以各持己见，展开异议，但不得超过三次。

3. “本条别有制，与律不同者依本条”。这一原则是指，《卫禁》篇以下的各篇的律条就某种犯罪另有具体规定，而与《名例》篇的原则规定不同，此时应依据各篇中“本条”的具体规定处断。如《贼盗》篇规定，在盗窃财物的共同犯罪中，造意者如未实行盗窃，又未分赃，则应以实行盗窃活动的指挥者为首，造意者为从。这与《名例》篇所规定的“诸共犯罪者，以造意为首，随从者减一等”的原则是不同的。唐律的这一原则的规定，对于保持整部法律的协调和统一，具有重要作用，也体现了立法技术之高和理论认识之深。

4. 涉外案件的处理原则。《疏议》曰：“化外人，谓蕃夷之国，别立君长者，各有风俗，制法不同”。在这一认识的指导下，唐名例律规定：“诸化外人同类自相犯者，各依本俗法；异类相犯者，以法律论”。这说明，属于同一国家的外国人在唐朝领域内相犯，依该国法律处理；不同国家的外国人相犯，或唐朝人与外国人相犯，则依唐律处理。它反映了立法者尊重外国习俗和维护国家主权的法律意识。

三、其他各篇的主要内容

卫禁律，“卫者，言警卫之法；禁者，以关禁为名”①。该篇是有关警卫宫廷和保卫关津要塞的规定。宫殿是皇帝居住与朝臣议政的场所，边防关卡及城镇墙垣事关国家主权和城镇的安全，都具有特殊的重要意义，是法律重点保护的对象。该篇共二卷33条，主要规定了两部分内容，即侵犯宫殿庙社的犯罪和侵犯关津及边塞保卫的犯罪。

职制律，“言职司法制，备在此篇”②。该篇是关于惩治官吏违法失职的法律。唐朝建立了较为完备的行政法律制度，从机构设置、官吏职责，到行政程序、公文递送，都有明确的法律规定。该篇共三卷58条，包括三方面内容：关于职务方面的犯罪；违反驿传方面的犯罪；对官吏贪赃枉法的处理。

户婚律，定“户口、婚姻”。唐朝的土地分配、赋税征收及徭役摊派，均以户籍为依据。户婚律规定了对违反户籍、土地、赋税及婚姻家庭制度行为的处罚。该篇共三卷46条，内容涉及脱漏户口、逃避赋役、盗耕种公私田、违律为婚、立嫡违法等。

---

① 《唐律疏议·卫禁》。
② 《唐律疏议·职制》。

厩库律，“厩者，鸠聚也，马牛之所聚；库者，舍也，兵甲财帛之所藏”[①]。该篇共一卷28条，内容涉及公私牲畜饲养、管理和官府仓库管理方面的规定。在农业社会中，马牛等牲畜既是生产工具，又是重要的运输工具。因此，故杀官私马牛、乘官畜损伤或载私物以及损败仓库物品等，都要受到刑罚处罚。

擅兴律，“大事在于军戎，设法须为重防”[②]。擅为擅发兵，兴为兴造。擅兴律共一卷24条，内容涉及军事控制、指挥和工程兴造方面的规定。军队的控制与指挥，事关政权的巩固与社会的安定，擅自调兵遣将，兵马粮草和军事装备供应不足等，都属于违法犯罪行为。兴造工程，差遣丁夫，关系到整个社会人力物力的消耗，对违法兴造进行处罚，可避免社会矛盾激化。

贼盗律，是有关惩治严重危害封建政权和侵犯人身、财产等方面犯罪的法律规定，为唐律的重点内容，共四卷54条。战国时李悝著《法经》，即以“王者之政，莫急于盗贼”为立法宗旨。盗与贼是历朝法律的重点打击对象，唐代也不例外。贼盗律明确规定了对谋反、谋大逆、谋叛、造妖书妖言等政治性犯罪的处罚。同时，还规定了对谋杀、杀害、强盗、窃盗等重大刑事犯罪的处罚。

斗讼律，“首论斗殴之科，次言告讼之事”[③]。是关于殴斗伤人和控告申诉方面的法律。该篇共四卷59条，内容上分为两大部分：一为斗殴类，包括斗殴致伤、斗殴致死、不同身份者互相斗殴导致伤害及几种杀伤罪；二为告讼类，包括一般性起诉程序及对于特定犯罪、特定身份人的起诉规定。

诈伪律，诈即诈骗，伪即伪造，是关于惩治诈骗和伪造的法律，共一卷27条。内容上分为两大部分：一为涉及某些特定的欺骗行为，包括身份性欺骗和行为性欺骗；二为对皇权或政权产生直接危害的伪造行为，包括：伪造皇帝御玺及各级官印、伪造宫殿门符和发兵符等。

杂律，“拾遗补阙，错综成文，班杂不同”[④]。杂律共二卷62条，包括了不便归入其他篇目的规范内容，涉及市场管理、债权债务、犯奸失火以及其他一些轻微危害社会秩序和经济秩序行为的规范。

捕亡律，“若有逃亡，恐其滋蔓，故须捕系，以置疏网”[⑤]。该篇共一卷18条，内容涉及两个方面：一为捕捉罪犯时的违法行为，二为逃亡罪及容止、隐匿罪人的犯罪行为。除逃亡罪犯外，其他逃亡者包括：出征在营的兵士、服役的丁夫杂匠、入籍的官户官奴婢，甚至也包括无故私逃的现任各级行政官员。

断狱律，“狱者，确也，以实囚情”[⑥]。是关于司法审判和狱政方面的法律。该篇共二卷34条，内容涉及审判原则、法官责任、拷讯囚犯、刑罚执行以及监狱管理等方面的规定。

---

① 《唐律疏议·厩库》。
② 《唐律疏议·擅兴》。
③ 《唐律疏议·斗讼》。
④ 《唐律疏议·杂律》。
⑤ 《唐律疏议·捕亡》。
⑥ 《唐律疏议·断狱》。

第四节 唐律的基本精神、特点和历史地位

一、基本精神

唐朝法律的基本内容已如前述，《唐律疏议》作为一部封建时代的大法，代表性地体现出了唐朝法制的基本精神。

（一）维护以皇权为核心的封建专制主义中央集权的统治

唐朝法制的首要任务是保护皇权，保护以皇帝为核心的封建专制统治。唐律确立皇帝“奉上天之宝命”，“作兆庶之父母”的至尊地位，在许多条文中，都就皇帝对国家政务的最高处置权作了规定。这种权力不仅范围很广，涉及立法、司法、行政、军事等方面，而且具有无上权威，在任何情况下都不允许侵犯，否则便构成重罪。可以说，唐律规定死罪的律条中，有许多是为维护皇权而设置的。威胁到皇帝人身安全和有损皇帝尊严、危及皇权的行为，在唐律中处罚最为严厉。在“十恶”中，首列谋反、谋大逆、谋叛就是明证。其他如大不敬等也是危害皇权的罪名。这里以谋反罪为例，具体分析一下唐律在定罪与量刑方面对以皇帝为核心的封建专制统治的保护。

在定罪方面唐律将谋反分成三种情况：一是谋反未行，即同真反，“但谋即罪”，即只要有预谋就构成犯罪，而不必对客体有实际侵犯行为。而“谋”的本义，据晋朝张斐在《律表》中的解释是：“二人对议谓之谋。”《唐律疏议》也认为：“称谋者，二人以上。”但接着又称：“若事已彰明，虽一人同二人之法。”这就说明哪怕是一个人，只要有明显表现，亦可认为构成预谋罪。二是谋反已行即罪，不必有害。贼盗律规定：“即虽谋反，词理不能动众，威力不足率人者，亦皆斩。”说明只要谋反已行，即使无人响应或不能为害也都以实犯论处。三是虽无谋反实状，出言即罪。贼盗律规定：“诸口陈欲反之言，心无真实之计，而无状可寻者，流二千里。”说明此处行为仅有口头上的“狂悖之语”，既无预谋，又未行动，但也要处流刑。

在量刑方面，唐律对谋反之类的重罪有以下特别的考虑：一是规定“皆斩”、“皆绞”。疏议称：“言‘皆’者，罪无首从”，说明对这一类的犯罪，没有首从之区别，均科以同一刑罚。二是谋反者不但本犯皆斩，还要缘坐其亲属。贼盗律规定：“诸谋反及大逆者，皆斩（不分首从）；父、子年十六以上皆绞，十五以下及母女、妻妾、祖孙、兄弟、姊妹、部曲、资财、田宅并没官，男夫年八十及笃疾、妇人年六十及废疾者并免；伯叔父、兄弟之子皆流三千里，不限籍之同异”。三是“同居相为隐”的原则不适用于谋反等重罪，知者不论是谁都必须告发。四是对包括谋反在内的“十恶”大罪，不再适用议、请、减、赎等法定

特殊优遇，其他如老幼废疾减免刑罚的办法遇谋反罪亦另作处理，不再当然适用。

仅从上述内容，我们就可以看出唐律对君主专制统治的维护程度。这既是唐律的精神实质，也是唐代法制的基本精神。虽然后世对唐律有“一准乎礼”的评价，但对于谋反、大逆罪等可能触动以皇帝为代表的封建政权的根本的犯罪，“礼”所要求的“罚弗及嗣”，“优礼臣下”，“体恤老幼病残”等原则都可以统统置之度外。可见，维护以皇权为核心的封建专制主义中央集权的统治是唐律的核心精神。当然，各个封建王朝也都如此。

（二）维护以父权为中心的封建家庭制度

封建正统思想一贯主张家国相通，孝忠相维。家庭作为其社会基本组成单位，其家长就是君主在家庭中的代表。为更有效地忠君，唐律在周礼的亲亲原则和汉儒纲常之义的基础上，依据“父为子纲”及“孝以事亲”的伦常道德，将“供养有缺”、“丧期作乐”、“别籍异财”等不合于礼之行为，皆以事关伦常而入于“十恶”之不孝罪。同时将违背“亲亲”的“恶逆”、“不睦”、“不义”、“内乱”也置于“十恶”之列，给予严惩。

赋予尊长（主要是男性家长）在家庭中的绝对权力，从家庭婚姻方面维护封建纲纪伦常，是唐律的重要任务之一。封建家长权主要表现在三方面：一是财产权。唐律给予家长以处分家产的全权，借以巩固家长制的经济基础。户婚律规定：“诸同居卑幼，私辄用财者，十匹笞十，十匹加一等，罪止杖一百。”疏议解释其立法理由是：“凡是同居之内，必有尊长。尊长既在，子孙无所自专。”对于祖父母、父母在，子孙别籍异财者，更是视为大敌，要徒三年，还列入“十恶”之中。即使父母已亡，在丧期内兄弟之间也不许别籍异财，但如祖父母、父母令子孙异财，法律则予默许。二是教令权。唐律赋予家长以教诫子女的权力，如果子孙违犯了教令，要处二年徒刑。同时，家长既可将不孝和违犯教令的子孙向官府告发，不受“同居相为隐”的限制，又可自己任意打骂责罚，即使殴打致死，所负刑事责任也很轻，仅处一年半徒刑。三是主婚权。家长是子孙的法定主婚人，家长可按自己的意志命令子女与任何人结婚，也可令其离婚，子女不得违抗。如果子孙在外自行订婚，而家长在家里又为其做主定了亲事，只要尚未成婚，就要以家长的意志为准。在此情况下，如果卑幼拒绝尊长之命，要杖一百。为了维护家庭中尊长卑幼的等级次序，唐律对亲属相犯规定依五服制罪，实行同罪异罚的原则。对严重的亲属相犯行为，还根据情节分别列入“十恶”中的有关条款。

在婚姻关系中，唐律确认男尊女卑、夫主妻从的夫权统治，夫妻在法律上的地位是尊长和卑幼的关系，夫妻之间的违法行为，法律常常是按照尊卑相犯的原则处理。对于离婚，仍沿用汉以来“七出”、“三不去”的原则，但对妇女的规定更趋严苛，如“三不去”虽仍是“七出”的限制条件，但又规定，妇女“若犯恶疾及奸者，不用此律”。唐律还规定，夫背妻逃不受处分，且三年内不许其妻改嫁；妻背夫逃非但要受惩处，并听令其夫嫁卖。维护以父权、夫权为中心的封建家庭制度是中国封建法制的一大特色，唐律把这种精神体现得淋漓尽致。

（三）进一步全面确认封建等级特权

封建法律是等级特权法，唐律在本质上以维护封建等级制度为目的。唐律将皇帝之下的臣民划分为官和民两大类。官（包括贵族）按爵位官品高下分成不同等级，民也分为良人（凡人）和贱民两类。以上不同等级的人在法律上的地位不相同。不同身份等级的人，例如，良贱之间、主奴之间、上下官品的官员之间、亲属之间、官民之间如若相犯，都要同罪异罚。封建贵族官僚及其亲属犯罪，可分别享有议、请、减、赎的特权，在一般情况下，都可得到优待。良人犯罪，除符合法定的老幼废疾减免刑罚的条件外，无任何法律特权。而“奴婢贱人，律比畜产”。凡此种种，均在唐律的严格规定下，处于唐朝法制的体系中。从中可看出唐朝法制维护皇权之下的封建等级特权制度的基本精神。

（四）严格整饬吏治

唐律的另一重要任务是保证封建国家机器的正常运转，提高统治效能。为此严格规定官吏的行为和严厉惩治文武官员的违法失职和贪赃枉法，成为唐朝法制的一个重要组成部分。在唐律中，完全以官吏为对象和涉及官吏的条款占了大部分，职制律全篇都是以官吏为对象的，卫禁律、厩库律、擅兴律和断狱律中，针对官吏的律条也都占半数以上。

唐律整饬吏治的严厉程度，以处罚的广泛性和严厉性为特征。唐律对官吏贪污受贿罪的规定比前朝更为系统，其“六赃”有半数以上是规定处罚官吏贪赃受贿行为的，设禁之严密，法条之详尽，超过以往各代。“六赃”中受财枉法指官吏受人钱财而枉法裁判，不论其受赃是在事先还是事后，只要受财枉法，就按枉法论处；受财不枉法指虽然收受当事人钱财，但判决时没有枉法裁判的，无论有事无事，枉法不枉法，只要收受钱财就构成此罪；受所监临是指监临主司的主管官员收受所辖从属官员的钱财的，甚至包括娶其下属官员女为妻的，也构成违法；坐赃是指官吏或一般人利用不正当手段获取利益，也构成犯罪。

唐律中关于官吏贪污受贿犯罪的规定非常详细。例如，监临官在监临范围内接受被监临人的财物，向被监临人借财物，私自役使被监临的下属，做生意营利等，按情节轻重分别处以笞刑至徒刑。监临官还应约束其家人不得有上述行为，违者各比监临官本人减二等治罪。官吏出差，不得在执行公务之处接受礼物，索取或强要财物，违者分别情节，以坐赃论或坐赃减若干等论处。监临主守自盗所监守财物或盗取被监临人的财物者，比一般盗罪加二等，赃满三十匹绞。监临主司受财枉法者，以财物价值折算成绢数，计绢一匹杖一百，每多一匹加一等，满十五匹者绞（这与强盗罪的处罚相同）。正因为有这些严格的法律，才保持了唐朝初年“官吏多自清谨”，政纪比较严明的局面，在一定程度上促成了封建社会“太平盛世”的出现。这种治吏的精神成为唐朝法制精神的重要组成部分，亦成为后世法典的楷模。

（五）立法“一准乎礼”体现了维护封建纲常的基本精神

纲常礼教与封建法律的结合，自汉代开始以来，历经数百年的演化渗透和融合过程，至唐代臻于完善。唐律以儒家礼教纲常作为立法的指导思想和定罪量刑的理论依据，体现了封建伦理的基本精神。唐律作为封建纲常法典化的典型代表，实现了“礼”与“法”的合一，法律规范与道德规范的统一。

唐律的“一准乎礼”，是中华法系与其他法系相区别的主要特点，其具体表现在前述唐律内容中随处可见，此处简单归纳为如下三个方面：一是把礼作为立法指导思想。《唐律疏议》明示：“德礼为政教之本，刑罚为政教之用”，礼的核心——三纲五常便成为唐律的立法根据。二是以礼注释经典。唐律的疏议部分以概念准确、阐述详明、语言凝练、逻辑严谨著称，而长孙无忌等人注疏唐律，往往直接引证于礼。据粗略统计，唐律直接引证“三礼”疏律者达50余处，引其他儒家经典更超过此数。三是把礼作为定罪量刑的标准，凡是违背礼义规定的，都要严加惩处。祖父母、父母在，别籍异财，被列为“十恶”的“不孝”重罪，加以严惩；准五服以制罪原则维护了家长、族长等尊亲属的至上地位与相应的礼义伦理观念；“八议”对八种特权人物犯罪减免处罚的理论根据就在于周礼的“亲亲”、“尊尊”原则，而历史渊源则是周礼之“八辟”之法。

礼的精神融于唐律之中，这种融合使“礼”与“法”的形式完全合而为一，使法律成为推行礼教的工具，以巩固封建的宗法等级制度，谋求封建统治的长治久安。同时，也使延续数百年的引经决狱之风，因失去存在的必要而基本终结。从法律发达史来说，“一准乎礼”使唐律实现了历代法典的精神追求，其本身也成为唐朝法制发展的一个内在精神标准。

但对于后世对唐律“一准乎礼”的评价也不应拘泥。唐律中于礼无据，直接与儒家经义相抵触的规定，并非个别。例如，“罚弗及嗣”，即刑罚不株连罪人的子孙，乃是儒家倡导德治、仁政的题中应有之义。而唐律谋反、大逆罪则缘坐父子等亲属。对于被定为反逆罪者，优礼臣下，体恤老幼病残等，统统可以置之度外，无非是因为可能触动以皇帝为代表的封建政权的根本。

（六）用刑“得古今之平”，体现了封建刑罚的持平精神

在刑罚的适用上，唐律与历代刑律相比，表现出用刑持平的精神。从刑罚体系看，唐律刑制较为适中。唐律采用笞、杖、徒、流、死的封建制五刑。笞、杖均为独立刑种，且行刑规范；徒、流均有最高刑期，不是无期服役；死刑只用绞、斩，既无秦汉立法中的具五刑、腰斩，也无明清法律中的凌迟等酷刑。

从对死刑的规定看，唐律比前朝后代均有所减省。死刑条文有111条，比隋律减少了92条，比东汉时的汉律减少了500条，即使明、清律也不如唐律简省。唐律规定的死刑条款不仅相对减少，而且执行时也比较审慎，如规定死刑必须三复奏甚至五复奏等。

从量刑幅度看，唐律比前朝后代各律相对为轻。以谋反罪为例，对于本犯，秦、汉或具五刑或腰斩，明、清为凌迟，而唐律则为处斩；对缘坐家属，秦律夷

三族，汉律不分老少皆弃市，明、清是不论老疾，成年男子一概处斩，唐律处绞刑仅及其父和十六岁以上之子，其他则免死从流。

从上可见，唐朝较前后各代用刑更为客观、慎重。因此，唐律在封建法典中被认为是“得古今之平”，刑罚适中、罪刑相当的典型。这种典型当然是比较而言，但通过它，宣示了唐代法制不仅于内在精神上，而且于外在形式上也曾经达到了某种高峰。

（七）维护以小农经济为基础的经济秩序

小农经济是中国传统社会数千年中的主导经济形态，唐代的强盛繁荣是以其发达的小农经济为基础的，经济上的发达离不开唐律对经济的规范促进作用。唐律从小农经济发展需求出发制定了比较严密的经济保护促进措施。

唐初颁发了均田法和租庸调法，规定了户籍编制，农民赋税徭役负担的基本制度。从法律上明确规定了违犯相关制度的惩罚措施，如《唐律疏议·户婚》中规定“诸占田过限者，一亩笞十，十亩加一等……罪止徒一年”，规定了对占田过限的处罚；限制官吏占田，抑制土地兼并，《唐律疏议·户婚》规定：“诸在官侵夺私田者，一亩以下杖六十，三亩加一等……罪止徒二年”；严防赋役不均伤民，唐律规定“非法而擅赋敛，及以法赋而擅加益”的官吏，要“计所擅（赋敛的数量）坐赃论”。唐律还对脱户漏口、增减年貌、相冒合户、私入道等影响国家赋役徭役的行为规定了轻重不等刑罚，严厉打击。

重农抑商，鼓励农耕，惩戒可能伤害农业生产的行为。唐《选举令》规定：“身与同居大功以上亲自执工商家专其业者不得仕”。在服制车马制度上也明确规定了打击商贾的内容，从而实现“尊农卑商”。打击懈怠耕作的行为，唐律规定，部内田畴荒芜达到十分之一以上者，官吏要受到笞三十至徒一年的刑罚。不仅里正等乡官要受罚，连州县长官、佐职官员也要受罚。除罚官员外，也要罚户主。严厉打击“浮浪他所”逃避农作、逃避赋役的行为，重者至徒三年。通过这些规定促进小农经济的良好发展。

此外唐律对作为农业补充的手工业和商业也有明确的规定，对官有财产的官吏和使用也有详细规定，以此保证国家经济的良好运转。

二、主要特点

唐朝法律的特点可以从内容和形式两个方面来概括，内容上的特点也就是前面的基本精神部分所阐述的内容，其形式上的特点主要体现为两个方面：

（一）法律空前完备

以刑律及其注疏融合有关令、格、式为一体出现的《唐律疏议》作为唐律的主体，并辅以丰富的令、格、式，使唐律在中国法制史上堪称空前完备。对律、令、格、式四种法律形式作出明确界说，使之充分发展，并强调律是定罪断刑的准绳，更是唐人的贡献。唐律实体法和程序法均有长足进展，涵盖刑、民、行政、经济、诉讼、审判诸方面。空前完备的法律对唐朝的繁荣发展无疑具有重要意义。

（二）立法技术空前完善

唐朝立法充分吸取前代经验，技术相当完善。前述律、令、格、式四种法律形式有分工、有联系，并行不悖，相得益彰，体现了立法技术上的高度成就。唐律以《名例》篇为纲，其余十一篇为目，篇章结构井然有序，将人们各个方面不利于封建统治的种种行为，甚至可能设想的行为，尽量纳入。正如《名例》篇首疏议所说：唐律“章程靡（无）失，鸿（大）纤（小）备举”，而律文只有五百零二条，实现了唐太宗所要求的“简约”原则。

《名例》篇与其他各篇之间的律条相互呼应，纲举目张，在同一篇中各条之间，以及同一条中各项之间，彼此关照。全部律条紧密相扣，可以说基本上是“滴水不漏”。鉴于人们的行为千差万别，而律条毕竟有限，为了尽可能不放过任何犯罪，又使司法实际工作不致因无法可循而发生疑虑和处断失当，《名例》篇中关于“本条别有制”，“轻重相举”，以及《杂律》篇中关于“坐赃”、“违令式”、“不应得为”等规定，在当时条件下，都是比较可行、比较得当的。其设想如此周密，是立法技术臻于成熟的又一表现。

至于律条的文字简要，概念比较明确，用语比较确切，逻辑严谨，疏议的理论深度和文字功夫等，在中国古代法典上，无疑是空前的。后世的封建立法，有些地方有所改进，但也有不及之处。

三、历史地位

唐律集众律之大成，不仅对唐朝以后的各代立法有直接影响，而且对亚洲其他各国乃至世界法制史都有着深远的影响。

（一）对后世立法的影响

唐律在中国法制史上具有重要地位，既承袭了以往各代立法的成果，又进行了发展和创新。无论是立法思想、刑罚原则、篇章体例，还是法律内容（五刑、十恶、八议等），都是前朝立法之集大成者，也是唐朝法制精神的体现。它以“一准乎礼，而得古今之平”而著称于世。唐律不仅对唐代社会发展起到了巨大的促进作用，而且直接影响了后代中国封建法制的发展，成为后世封建立法的典范。元代人在《唐律疏议序》中说：“乘之（指唐律）则过，除之即不及，过与不及，其失均矣。”意即对唐律的修改，随意乘除增删不是有过就是不及，都将影响其完整性、严密性。唐律正是以其严谨的结构，详细的注疏，完备的内容，而被后世各朝奉为修法立制的楷模，沿用不废。五代各国立法都基本上取法于唐。《宋史·刑法志》也说：宋朝法制“因唐律、令、格、式而随时损益”；元代“参照唐宋之制”，修订《至元新格》；明初制律主张“宜遵唐旧”，明太祖曾下令臣下“日进二十条（唐律）”逐一讲解，作为修订明律的重要参考；清朝在

“详译明律”的基础上制定了大清律，沈家本在《重刻唐律疏议序》中说：“所载律条与唐律大同者四百一十有奇”，“与唐律合者，亦什居三四”。由此可见唐律对中国后世封建法制的影响。

（二）对周边国家的影响

唐朝法制对东南亚各国产生了重大影响。中国在唐代时作为强大的封建帝国，曾是亚洲政治、经济、文化中心，其先进的文化（包括法律），被来往于长安的外国商人、僧侣、留学生传播到四方，使唐朝法律成为东南亚各国封建立法的渊源。例如，日本“大化革新”以后，由僧曼等人编定的成文法典《近江令》，其篇目大都同于《贞观令》。公元701年颁行的日本封建法制史上具有划时代意义的《大宝律令》，其篇目、顺序与唐律不二，只在内容上作了部分简化，如改“八议”为“六议”（去议勤、议宾），改“十恶”为“八虐”（去不睦、内乱）等。朝鲜法制在高丽王朝统治的四百余年中，基本上沿袭唐制。杨廷福先生在《唐律初探》中说：“考查高丽王朝的法律共七十一条，其实是在《唐律》的五百条上抽取六十九条，从唐《狱官令》中摘录二条而成。”又据《历朝宪章类志·刑律志》载：安南的李朝颁布《刑法》，陈朝颁布《国朝刑律》，究其根源大体“遵用唐宋之制”。而黎朝“参用隋唐”，折中宋、元、明诸律制定的《鸿德刑律》成为安南“历代遵行”的成宪。

唐律作为唐朝法制精神的代表，其对国内外封建立法的广泛影响，不仅表明其特有的典型价值，而且也表明它在世界法制史中当然具有的辉煌地位。如同罗马法是奴隶制法典的典型、法国民法典是资本主义法典的典型，唐律无疑是封建制法典的典型，它同样是具有世界意义的著名成文法典。

第五节 唐朝的治安机构和治安管理

唐代的治安机构，在京师，中央有专营巡警京师的机构，中央的某些部门也有负责京师治安的官吏。京师的行政长官也兼管治安，并有一些分管治安工作的机构。这些机构担负的治安职责，各有分工，共同负责。地方治安工作，基本上由各地方行政长官负责，下面也有一些与治安工作有关的机构和官吏。在基层，有负责治安的职役，并实行严密的户籍制度。所以，唐代治安机构的特点，仍是政警不分，军警不分，没有形成统一的治安体系。治安工作分散于中央与地方许多行政与军事部门之中。

一、京师的治安机构与治安管理

（一）左右金吾卫

唐代中央机构中专门掌管京师治安的机关是南衙十六卫中的左右金吾卫。唐代左右金吾大将军、将军的职掌，可以溯源到秦代，当时叫做中尉。汉武帝时改名执金吾。汉代制度，以卫尉巡行宫中，执金吾徼巡宫外，相为表里。曹魏时又改称中尉。晋、宋、齐、梁、陈诸代不设此职。北魏虽有中尉的职任，但改名御史中丞。北周置武环率、武侯率下大夫各二人，以当中尉之职。至隋，置左右武侯府，各有大将军一人，将军三人，"掌车驾出入，先驱后殿，昼夜巡察，执捕奸非，烽候道路，水草所宜。巡狩师田，掌其营禁"①。唐代沿置，更名金吾卫，置上将军各一人，大将军各一人，将军各二人。其职掌与隋略同：掌管宫廷和京城的巡警，兼营烽候、道路、水草的事宜；皇帝带兵田猎之时，掌管皇帝身边左右营的警卫，十六卫将军以下军官担任警卫任务的，都由它来分配任务；京城兴建大型工程时，与御史共同执行巡察的任务。工程剩余的废旧的幕布、毛毡，由它分发给需要修缮的城坊。

（二）御史台派出的左右巡使

唐制，京城以承天门朱雀街为界，分左右巡，设左右巡使，常以殿中侍御史或监察御史掌之，察其所巡地区不法之事。太和五年（公元831年）七月，左右巡使奏请禁止坊中住户向街开门。文宗依从之。大中三年（公元849年）六月，右巡使就"义成军"节度使韦让有意违敕，于怀真坊西南角亭子西，侵街造屋九间之事，奏报宣宗。宣宗即敕令拆毁。明清两代的巡城御史，即源于唐代的左右巡使。

（三）门下省所属的城门郎

汉代有城门校尉，掌京城诸门开闭之节。隋改校尉为城门郎，员额四人，从六品。唐制承隋置城门郎，隶门下省，员额品秩如隋之旧。下设令史一人，书令史二人，门仆八百人（门仆，晋代始置，唐代隶城门局，分番上下，掌送管钥）。城门郎掌京城、皇城、宫殿诸门开闭之节，出纳管钥。城门开闭有一定时间，不在规定开闭时间内要求开闭城门，须报奏皇帝。

（四）京师的行政长官兼管治安

唐代京师的行政长官——京兆尹，以及所属长安、万年两县令也兼管京师治安工作。《旧唐书·地理志》说："都内，南北十四街，东西十一街。街分一百八坊。坊之广长，皆三百余步。皇城之南大街曰朱雀之街，东五十四坊万年县领之。街西五十四坊，长安县领之。京兆尹总其事。"京府与京县中与治安有关的机构和官吏，与地方州、县同。

（五）坊市管理与宵禁制度

坊市的治安管理是京师治安管理的重要内容。唐长安的坊是长方形的居民区，每个坊都修有围墙，设置出入大门，大门由门吏按规定开启封闭，实行封闭式管理。坊区内的居民按编组管理，由保长、坊正、里正等负责治安管理，到唐

① 《唐六典·诸卫》"左右金吾卫"条。

宪宗时还规定连保制度。市是贸易区，同样修有围墙大门，由门吏按规定开启封闭。唐代法律明确规定了市里的交易时间，“凡市，日中击鼓三百以会众，日入前七刻，击钲三百而散”①。市内由果毅周行管理秩序，《唐律疏议》中“在市人众中惊动扰乱”条明确规定了对在市场制造混乱扰乱秩序的惩罚。

唐律对居民昼夜行止也有严格规定，贞观年间开设“六街鼓”，以“动心骇耳防非”，以此指挥京师城门启闭。居民夜间只能在坊内活动，不许出坊，违者要笞二十。设置左、右巡使和左、右街使巡视街道，在城门和坊角设置武侯铺，维持治安。

二、地方的治安机构与治安管理

（一）兼管地方治安的行政机构和分管治安工作的官吏

唐代的地方行政机构，分府州与县两级。至于州以上再分为道，则只是一种监察区域。贞观初，依据山河形势之便，分全国为十道。开元二十一年（公元733年）增为十五道，置采访处置使，派遣朝官分赴各道访察州县官吏功过及民间疾苦，其职任与汉代的刺史相同。安史之乱以后，节度使统辖州县，未设节度使的道，就以观察使为道的最高长官，主民政而兼管军事。

府与州是同级的行政区划。唐以前，地方行政区划，只有州郡，没有“府”的名称。“府”的称号始于唐。初本限于京师，因京师为首善之区，特隆重其名称，尊称之为府，以别于其他州郡。到后来，陪都及类似陪都的重要州郡，也援例称之为府。唐代除京兆、河南（东都所在）两府之外，还有太原、凤翔、河中、江陵、兴元、兴德诸府。以后宋、元、明、清以府作为普通州郡之称，即起源于此。府的行政长官为府尹，少尹为之副。与治安工作有关的属官有户曹参军（掌管户籍计帐、追收拖欠租税等事）、兵曹参军（掌管武官，选兵甲器仗，及管理门禁管钥等事）、法曹参军（掌管决狱、定刑、督捕盗贼、没收赃贿等事）。州的行政长官为刺史，别驾为之副。与治安工作有关的属官为司户参军、司兵参军、司法参军，其职掌与府的户曹、兵曹、法曹同。府、州的下级行政机关是县。县的行政长官称为县令，其副职为县丞。与治安工作有关的属官有司户、司兵、司法，职掌与州的司户、司兵、司法诸参军同。

关于州县的治安，唐代规定越州县城、官廨垣及坊市垣篱的，都要治罪：越州城者，徒一年，越县城，杖九十。州、县长官不依法式非时擅开闭的，与越罪同。若有警急及收捕盗贼，则允许随时开闭。越官府廨垣及坊市垣篱者，杖七十；侵坏者亦如之。从沟渎内出入者，与越过同罪；越而未过，减一等。坊正、市令非时开闭坊市门者，与越坊市垣篱同罪。依唐代《监门式》规定：京城每夜，分街立铺，持更行夜，鼓声绝则禁止人们通行，晓鼓声动才准通行。如果有

---

① 《新唐书·百官志》。

公事文牒者，可以放行。坊市中有婚嫁之事，持有县司发的文牒的，可以放行。丧病须走向告赴及求医访药等情，带有本坊文牒的，也可以放行。准予通行的，司门者应该给开门。①

（二）各地要冲处所设的关，与地方治安工作有密切关系

各地所设的关，归尚书省刑部的司门郎中、员外郎管辖，“郎中、员外郎之职，掌天下诸门及关出入往来之籍赋，而审其政”②。高祖时，为便利各地交通，发展商业，废除沿河诸关。武德九年（公元626年）下诏说：“关梁之设，襟要斯在，义止惩奸，无取苛暴。近世拘刻，禁御滋章，非所以绥安百姓，怀来万邦者也。其潼关以东，缘河诸关，悉宜停废，其金银绫绢等杂物，依《格》不得出关者，并不须禁”。③ 后来确定全国设关二十六，分上、中、下三等；京城四门关有驿道者为上关；余关有驿道及四面关无驿道者，为中关；其他都为下关。过关要由“过所”作为通行凭证。《唐六典》说：“凡度关者，先经本部本司请‘过所’，在京，则省给之；在外，州给之。虽非所部，有来文者，所在给之。”所说就是唐代“过所”的发放办法。有关关津的治安管理，《唐律·卫禁》中有详细规定，主要包括如下几个方面：不准私度关津；严格“过所”的发放使用；关津不得无故留难不度；有随兵马混过关者，主司与关司都有罪；带违禁物品度关者要从重论处等。

三、基层治安组织与治安管理

唐代县以下的基层组织为乡、里两级。唐代规定百户为里，五里为乡。乡一级组织是虚的，里是实际行施基层政权的单位。里的事务由里正执掌，乡的事务由五个里正联合执掌。

在城市中，相当于乡的组织为坊，除里正外，另设坊正一人，职掌坊门管钥，督察奸非，免除其本身课役。在农村，除里正外，每村另设村正一人，满一百户的大村可设两个村正；村民不满十户的，就隶入大村，不另设村正。村正由里中居民推荐，里长选用，协助里正管理治安工作。

里正的职责，“掌按比户口，课植农桑，检察非违，催驱赋役”。除了催征租赋徭役与监督农业生产这两项任务之外，其中“按比户口”与“检察非违”两项，就是里正所掌管的基层治安工作。

（一）户口的登记与核查制度

按比户口就是查核户口，加强对人民的控制。唐代的户籍管理制度非常严密。户籍不仅关系到治安，而且还直接关系到均田制下居民的受田数额和国家的赋役征发。唐《户令》规定：户籍编造的时间是每三年一次，负责编定的衙门

① 见《唐律·卫禁》“越州镇戍等城垣”条。
② 《唐会要》卷八六，《关市》。
③ 《唐会要》卷八六，《关市》。

是州，户籍的编排是以乡为单位。编好以后，缮写一式三份，州、县各留一份，报送尚书省一份。州衙门依据什么来编定户籍呢？那就是令所属各县报送手实和计帐。手实和计帐是编造户籍的依据。

里正在编造户籍工作中的职责就是收手实，造籍书。“里有手实，岁终，具民之年与地之阔狭为乡帐”。① 手实是牒状一类的文书，用于下呈上。《户令》中所指的手实，是民户申报户口的文书。元稹在《同州奏均田状》中把民户自报手实称为“自通手实状”。对于申报户口的手实，规定主要有以下几个方面：民户在申报手实时要注明户主，并且都要以户主的名义呈报；手实的主要内容为家口、年龄、田地；户主在手实上要保证所报内容属实。

每年年底，里正根据手实中居民自报的年龄及田地面积，编成簿册，名为计帐。计帐每年一造，造时要进行“团貌”（由县司会同乡里阅定形貌）。其办法如延载元年（公元694年）敕文所说：“诸户，口计年，将入丁、老疾、应免课役及给侍者，皆县亲貌形状，以为定簿。一定以后，不得更貌。疑有奸欺者，听随时貌定，以付手实。”

里正有调查了解本里户口变动情况并向上级申报的责任。在户籍工作中要严格遵守下述规定：严禁漏报户口。凡漏报户口（脱户）者，家长徒三年；脱户及虚报年龄，以逃避课役的，徒一年至三年。里正和州县长官也依所辖地区脱漏户口的多少，处以笞刑到三年徒刑。如里正和主管官吏妄自脱漏户口以牟取私利的，以枉法论，处徒、流直至加役流（见“脱户”、“里止不觉脱漏”、“州县不觉脱漏”、“里正官司妄脱漏”诸条）。禁止“相冒合户”。（相冒合户，是指为了逃避课役，而使自己的户口报入有亲属关系的免役户中去的行为）应该负担课役的丁口，如果利用疏远的亲属关系，把户口报入免役户中去，以逃避课役，犯者处徒刑二年，没有课役负担的人，为了“资荫赎罪”而相冒合户的，其情况比逃避课役为轻，但也要减二等论罪。里正以上的主管官吏知情不报者与同罪（“相冒合户”条）。限制析户分居。因为析户分居会影响到朝廷的税负收入。另外，唐律礼的精神也认为析户分居是不孝的行为，除非父母同意。政府对于遵守法令不分户的则给予一些优待：天宝元年（公元742年）唐玄宗敕令州县查勘，一家有十丁以上，允许免除两丁徭役，五丁以上允许免一丁徭役。

（二）临时户口和外出人员的报告制度

首先，唐代在里中推行邻保制度。规定“四家为邻，四邻为保”。平常有远客来止宿，以及保内有人外出，必须告诉保长。

其次，里正对于要求离开本乡外出的人，有责任根据上司的规定进行调查。按规定，离乡外出，必须申请过所（通行凭证），并且有严格的审批手续，须通过里正及有关人员进行调查。里正调查的内容主要包括外出人的户等，奴婢是否有籍，本人外出后何人代承其户，驴马及奴婢的来源等几个方面。关键在于户口

① 《新唐书·食货志》。

的阅实和赋税是否有人代为承担。调查清楚之后，就调查的内容开具证明申报上级官司。官司再根据调查证明的情况进行审批，然后决定是否给予过所。

第六节　唐朝的司法制度

一、司法机关

（一）中央司法机关

唐代皇帝握有最高司法权，普通案件一经皇帝判决，任何机构便不能再加以改正。死刑案件必须经皇帝亲自批准方可执行。另外也只有皇帝才能发布赦免令。皇帝之下中央设有大理寺、刑部，御史台作为监察机构也参与司法。大理寺、刑部、御史台在重大疑难案件审理过程中会联合办案，时称“三司推事”。在京城长安设京兆府，专门负责京畿地区的行政、司法工作。

1. 大理寺。中央最高审判机关，设卿、少卿为正副长官，下设正、丞、司直、评事等。专门负责中央百官犯罪及京城徒刑以上案件。对徒、流刑案件所作判决，必须交刑部复核；死刑案件必须奏请皇帝批准。对刑部移送的地方死刑案件有重审权。

2. 刑部。中央司法行政兼审判复核机关，设尚书、侍郎为正副长官，下设属官，为尚书省六部之一。掌管司法政令，同时兼有复核职能，负责复核大理寺流刑以下及地方州县所报的徒刑以上案件。

3. 御史台。中央监察机关，设御史大夫、御史中丞为正副长官，下设属官。掌管纠察、弹劾百官违法之事，同时负责监督大理寺和刑部的司法审判活动，另外还参与对重要案件的审理。

4. 京兆府。唐初为加强对京畿地区的控制，在京城长安设置京兆府。京兆府以府尹为长官，少府二人为副职。下设法曹司法参军事作为司法辅佐。京兆府尹不但主管京畿地区的行政，而且有权审理京师百官徒刑以下的案件，以及隶属辖区管辖的各类案件。从而具有中央和地方两级司法机关的性质，在唐代整个司法体系中居于特殊的地位。

一般情况下，中央司法由大理寺、刑部和御史台三大司法机关各按职责运作，相互配合、相互监督。唐中期以后，建立了“三司推事”制度。中央或地方遇有重大疑难案件，往往由大理寺、刑部和御史台三大司法机关组成临时法庭，共同审理，必要时，皇帝还命令刑部与中书、门下省集中讨论。如果地方有重大疑难案件又不便移送中央的，由中央派三法司的官员前往当地审理，叫“小三司推事”。由此开后世“三法司”联合审判之先河。由于案件情况不同，三司组成人员亦可以变化，审判地点可在京城，也可在地方。

(二) 地方司法机关

唐代地方设州、县两级地方政权机构，实行行政与司法合一的制度，州、县司法由行政长官兼理。但行政长官属下增设了专门掌管民事和刑事诉讼的官员，这是唐代地方司法的一个重要特征。

县作为最低一级行政机构，也是最低的审判机关，是诉讼程序的第一审级，“凡诸词讼，皆从下始”。县令、丞有权审断一般的刑事和民事案件，其下还设有司户佐和司法佐。司户佐掌田、户、赋役及因户婚田土引发的民事纠纷；司法佐专理刑事纠纷。

州、府行政长官兼管司法，每年巡视属县一次，录囚徒，察狱讼，纠绳不法县吏，发现疑难狱讼及时上报中央或上奏皇帝。在其下设有专职的司法人员——司法参军、司户参军。司法参军主掌律令格式、督捕盗贼、鞫狱定刑，专理刑事诉讼；司户参军则专理田土、户婚之民事诉讼。由此可见，唐代地方州县尽管行政与司法不分，但刑事诉讼和民事诉讼的处理却是有别的。

另外，御史台派到各地行使监察职能的监察御史，必要时也参与各地对重要案件的审判。

二、诉讼制度

唐代在《唐律疏议》的名例律、斗讼律、捕亡律、断狱律及唐令中的捕亡令、狱官令中，有许多条目专门涉及诉讼程序的规定。其内容丰富，自成体系，许多具体制度都较前朝更为丰富。

(一) 诉讼的提起

唐代的诉讼一般因两种情况而提起：

第一种为“举劾”，即由监察机关、各级官吏代表国家纠举犯罪，提起诉讼。对于监察机关、各部门主管官员而言，举劾监察对象和所属官吏的犯罪，是法定的必须履行的义务。“监临主司知所部有犯法，不举劾者，减罪人罪三等。纠弹之官，减二等”①。此外，邻里之间对强盗、杀人，普通人对谋反、谋叛、谋大逆等严重犯罪，都负有向官府纠举的义务。

第二种为“告诉”，即当事人就所受伤害或所涉纠纷向官府提起的诉讼。告诉案件可以由当事人直接向官府提出，也可以由其亲属代为提起。提起时，应向官府呈交“辞牒”，即诉状。唐律对于以“告诉”的形式提起的诉讼者的诉权作了许多限制，如除谋反叛逆以外，子孙不得控告祖父母、父母及其亲尊长；部曲、奴婢不得告主及主之亲属；狱囚除狱官虐待外不得告举他事；年八十以上、十岁以下及笃疾者，除了子孙不孝和被人侵犯外，其余一律不得告诉。

无论是举劾还是告诉，都必须向有管辖权的官府衙门提起诉讼。一般必须自

① 《唐律疏议·斗讼》。

下而上，即由县至州，再由州至中央。否则构成“越诉”罪。举告者及官府受理者“各笞四十”。提起诉讼还“皆须明注年月，指陈实事，不得称疑”①，更不得诬告人，制造社会混乱。唐律实行诬告反坐原则，即“准诬罪轻重，反坐告人”。

在正常的起诉程序之外，唐代还允许两种特殊程序，以加强皇帝对狱讼的控制。一是谋反、谋大逆、谋叛大罪，允许“密告随近官司”；二是重大冤情，可直接赴京城向中央有关部门甚至皇帝本人投诉告状，即直诉。直诉方式有拦截皇帝的车驾、击登闻鼓鸣冤和上表申诉陈情三种。同时，直诉又有严格限制，如直诉不实要杖八十，冲撞了皇帝仪仗的要杖六十等。

唐律里还规定知情者必须告发的情况，如果知道谋反、大逆的，不举告要处绞刑；如果知道谋大逆、谋叛的，不举告要流二千里。根据连保的规定，伍保里有犯罪的也须举报，如果知而不报的，除非是家里只有妇女或年龄在十五以下，否则相关案件是死刑案件要徒一年，流刑案件要杖一百，徒刑案件要杖七十。遇到强盗或杀人犯罪发生，有能力救助而不救助的，也要依据具体情况，处杖八十到杖一百。

另外，唐代对诉讼时效也有规定，一是不能告赦前之事。“诸以赦前事相告言者，以其罪罪之，官司受而为理者，以故入人罪论”②；二是在受理田宅诉讼时有时效限制，唐穆宗年间规定，“经二十年以上不论，不在论理之限”。

（二）诉讼的管辖

我国古代案件的受理，一般采原告就被告的原则，其审判管辖采取基层初审、逐级判决的制度。所有的刑事、民事案件，都必须先到最基层的州县衙门立案、审理。“凡有犯罪者，皆从所发州县推而断之”③。对一般民事案件和笞、杖等轻微的刑事案件，县一级有权作出生效判决；对于徒以上犯罪案件县级审理后提出判决意见，上报州府复审后，州府即可对徒罪案件作出有效判决，但该判决以及对流罪案件的判决意见还应送到尚书省刑部复核。经尚书省刑部复核无误的徒刑案件，即可以执行，而流刑案件还要送中书、门下省详复；死刑案件奏请皇帝裁定。如有冤假错案，徒流案件驳回重审重判，死刑案件转送大理寺重审。

此外，对牵连犯，唐对同级司法机关规定了管辖权限上的划分，涉及通常所说的案件的移送。唐律规定，凡一案涉及两地的，按“轻（指案情）从重”的原则受理；若轻重相等，按“少（指案犯人数）从多”的原则受理；多少相等时则按“后（指发案时间）从先”的原则移送审理；如两地相距百里以上，为不致走漏消息，“各从事发处断之”，违者杖一百。

（三）审判制度

1. 审判回避制度。唐代为防止审判官因亲属、仇嫌关系而在审判中徇私舞

---

① 《唐律疏议·斗讼》。
② 《唐律疏议·斗讼》。
③ 《唐六典·刑部》。

弊，唐律确定了审判回避制度，即“换推”制。主要规定了两种情况下的“换推”，一种为凡主审官与当事人系五服内的亲属或姻亲，系师生关系，或曾为本部都督、刺史、县令者以及此前有仇嫌关系者，均应换推；另一种为同职连署连判的官员之间，如果是大功以上的亲属，也应“换推”。

2. 证据的运用与刑讯制度。唐代法律认定的证据主要有当事人的口供、物证和旁证，其中口供是最重要的。为了取得口供，唐律允许拷讯，并由此规定了拷讯的程序和要求。（1）拷讯必须是在有其他旁证，但事实仍然不清的情况下，由主审官和其他参审官员共同决定，进行拷讯；（2）拷讯只可用常行杖，次数不得超过三次，每次拷讯间隔时间在二十天以上；（3）拷讯总数不得超过二百，杖罪以下不得超过所犯之数；（4）经过法定的拷讯程序，当事人仍不供认的，取保放人；（5）拷讯不得适用于享有议、请、减等特权的贵族官僚及老幼笃疾和怀孕的妇女等。拷讯体现了封建法律的野蛮性，但将其限制在法律许可的范围内，也是一种历史的进步。

另外，在某些情况下，唐律允许不据口供而据证定罪：一是“赃状露验，理不可疑”，罪证确凿，人赃俱获，虽无口供，也可断罪。二是对不能适用拷讯，又未取得口供者，采取“众证定罪”之法。对此断狱律规定“三人以上，明证其事，始合定罪”；若“三人证实，三人证虚”，则应视为疑狱，不能定罪。唐律还规定老、小、重病人等无刑事责任能力人或部分承担刑事责任人不得充当证人，因为这些人不可能承担伪证、错证、诬告的责任。

3. 上诉与复审程序。关于上诉与复审，断狱律规定：“诸狱结竟，徒以上，各呼囚及其家属，具告罪名，仍取囚服辨。若不服者，听其自理，更为审议”。这是说徒刑以上案件审判结束，要向囚犯及其亲属宣告所犯罪名，听取犯人对判决的意见，不服可上诉。因不服提出上诉的，先由原审机关重审。重审后仍不服的，即可逐级上诉直至皇帝，非特殊情况不准越诉。其程序《唐六典》中亦有记载。

（四）刑罚执行制度

1. 一般刑罚的执行。唐朝刑罚的执行也有定制，据唐《狱官令》规定：“诸杖皆去节目，长三尺五寸……笞杖，大头二分，小头一分半。其决笞者，腿臀分受；决杖者，背腿臀分受，须数等。”还规定“其拷囚及决罚者，皆不得中易人”。对笞杖刑的刑具，笞杖部位，行刑人都有明确规定。此外，依照《狱官令》，“诸犯罪者，杖以下县决之；徒以上，县断定，送州；复审讫，徒罪及流，应决杖若应赎者，即决配征赎。”“诸犯徒应配居作者，在京师送将作监，妇人送少府监缝作；在外州者，供当处官役。当处无官作者，听留当州修理城隍、仓库及公廨杂使。”“诸流人应配者，各依所配里数；无重要城镇之处，仍逐要配之、惟得就远，不得就近。”说明在唐代刑罚的执行已经有了非常严密的规定。笞、杖刑，县断后即可执行。徒刑的执行，若在京城，则男犯送将作监，女犯送少府监服劳役；在州县，则送当地官府服劳役。流刑的执行，根据所流里数的不同，分别将犯人押送指定地点服役，稽留不送者有罪。

2. 死刑的执行。唐律规定死刑执行要经过复核程序。唐代沿袭隋初确立的死刑三复奏制度，一切死刑案件经刑部复核后，应送中书省和门下省详议，再奏报皇帝最后核准，才具有法律效力。另据《唐六典》记载：刑部“掌天下刑法，勾复，关禁之政令”，所谓“勾复”，即各地已判决的死刑案呈送刑部“详复”。凡经皇帝最后复核勾划姓名的，即发“勾决”文书通知有关官署执行。贞观初年，唐太宗以“人命至重，一死不可再生”为由，曾一度改京城死刑三复奏为五复奏，即决前一日二复奏，次日又三复奏；各州的死刑案件仍三复奏。但犯恶逆以上罪及部曲、奴婢犯杀主罪的，一复奏即可。到制定《永徽律》时，又法定为三复奏。《唐律疏议·断狱律》规定，“死罪囚，谓奏画已讫，应行刑者，皆三复奏讫，然始下决”。如果“不待复奏报下而决者，流二千里”。即使复奏讫，执行死刑的命令亦已下达，仍须“听三日乃行刑，若限未满而行刑者，徒一年；过限，违一日杖一百，二日加一等”。死刑复奏制度反映了初唐统治者的慎刑思想，以及死刑制度的完善，同时也说明皇帝更加牢固地掌握了生杀大权。

死刑执行时间限制在每年秋分以后、立春以前，这段时间每月的朔、望日、上下弦、二十四节气等，均不得奏决死刑，但谋反、谋大逆与谋叛等重大犯罪及部曲、奴婢杀主的不拘此限。怀孕妇女犯死罪，法律规定产后百日才能执行死刑，官吏违反者判处一年至二年徒刑。此外唐律中还规定了禁止死刑执行的时间，也就是“断屠月”（正月、五月、九月）、“禁杀日”（十直日）不得执行死刑。死刑的执行时刻应该在未时，“宣告犯状，仍日未后行刑”。

此外，唐代《狱官令》还对死刑犯人的押送作有规定，死刑犯人需要按人数配备警备力量押送到执行场所；死刑处决以公开处刑为原则，但是“五品以上，非犯恶逆以上，听自尽于家。七品以上及皇族若妇人，犯非斩者，皆绞于隐处”，体现了“刑不上大夫”的传统；另外还允许死刑犯人在死刑执行前与亲友诀别，“诸决大辟罪……听亲故辞决”。

（五）司法监督制度

1. 录囚制度。唐代沿用了自汉代开始的录囚制度。自武德四年（公元621年），“高祖躬录囚徒”始，至唐太宗时，录囚制度逐步完备。史载李世民“亲录囚徒，闵死罪者三百九十人，纵之还家，期以明年秋即刑。及期，囚皆诣朝堂，无后者。太宗嘉其诚信，悉原之”①，唐除皇帝亲躬外，还规定“诸狱之长官五日一虑囚”，此后为定制。录囚制度既可防止刑狱淹滞，又可借此平反冤狱减免刑罚，作为“慎刑”的方式和皇帝仁政的体现，一直沿用到明代以前。

2. 同职连署制度。唐代要求共同审案判决的官员共同承担错判的责任，因而建立了同职连署制度，以利于互相监督，避免错判，以此来保证办案的质量。唐律规定了同职连署的范围，如大理寺卿、少卿、府、史都在同职连署的范围

① 《新唐书·刑法志》。

内。一旦因公错判案件，承办人承担主要责任，其他人则逐级降等处罚；因私错判，其他人也有失察之责。

3. 法官责任制度。为保证司法审判的公正、合法，使审判达到国家法律的要求，防止官吏滥用职权，徇情枉法，唐律进一步严格了法官责任。唐代规定法官“出入人罪”应当承担刑事责任。断狱律规定，断狱必须据引律、令、格、式正文，依法定罪量刑，不许“出入人罪”。所谓入罪指把无罪断成有罪，轻罪断成重罪；所谓出罪指把有罪判成无罪，重罪判为轻罪。法官故意出入人罪的，以其所出入之罪论处（如：将无罪者处死，则法官应处死刑；将应判徒三年者判为徒一年，则法官要处徒刑二年）；过失出入人罪者，失入减入罪三等论处，失出减出罪五等论处；虽错判但入罪未决，或出罪未放，“及放而还获，若囚自死，各听减一等。”凡断罪应绞而斩，应斩而绞，应绞、斩而自尽，法官处一年徒刑。一般而言，唐律“出人罪”的罪责轻于“入人罪”。

另外，断狱律还规定“诸制敕断罪，临时处分，不为永格者，不得引为后比。若辄引，致罪有出入者，以故失论。”以此防止法官滥用比附。还规定“诸断罪，皆须引律令格式正文，违者笞三十”，要求司法官在判决时要正确引用律文。

（六）监狱制度

唐代中央设置大理狱，关押皇帝诏令逮捕的犯人和中央机关的犯罪官员；京师地区设有京兆府狱和河南狱，关押京畿地区的犯人；地方各州县都有监狱，关押当地犯人。

各个监狱都有专职官吏主持管理，监狱管理已经形成比较详密的制度。罪犯按身份贵贱不同、男女性别不同和所犯罪行轻重不同，分别监禁，分类械系；罪犯的衣食、医药等要有所保障；在押人员的探访有定制。对监狱管理人员违法行为的惩罚有明确规定：“诸囚应请衣食医药而不请给，及应听家人入视而不听，应脱去枷、锁、杻而不脱去者，杖六十；以故致死者，徒一年”，“减窃囚食，笞五十，以故致死者，绞”[①]。此外，如果因失职或管理不善致使在押人员自杀或杀人的，狱官要处徒刑，主管官吏接受犯人财物，引导犯人翻供或为其通风报信的，要按受财枉法罪论处。

（七）唐朝后期司法状况的败坏

唐朝后期，北方的十五道、七十二州均为藩镇所割据，成为完全的独立王国。他们夺取了地方上的一切权力，根本不受朝廷法律的约束。随着政治统一的破坏和中央集权的削弱，藩镇专权愈演愈烈，造成了法出多门、司法失控、执法混乱的局面。藩镇不但使用酷刑，甚至自立严法，严重地破坏了唐初确立的集中统一、缜密规范的封建司法程序，加剧了法令的废弛和刑罚的残酷。此外，唐后期宦官的势力不断增强，他们“挟天子以令诸侯”，擅刑专杀之事史不绝书。同

① 《唐律疏议·断狱》。

时，军事系统介入司法审判也造成了司法的混乱。唐灭亡以后，宦官擅权的现象基本结束，但藩镇专权和军司分权的现象却延续下来，并愈演愈烈，至五代时，中国法制史上出现了最黑暗、最混乱的一段时期。

三、监察制度

（一）监察体制

唐代中央设置了相对独立的专门监察机构——御史台。御史台以御史大夫为长官，以御史中丞二人为辅佐。御史台下设台院、殿院、察院三院，从而完善了从封建中央到地方的行政监察。台院地位比较显赫，设侍御史若干人，负责监察中央百官，参与大理寺的审判及皇帝直接交办案件的审判。殿院设殿中侍御史若干人，专掌纠察朝仪、巡视京都以及朝会、郊祀等，以维护皇帝的尊严为其基本职责。察院设监察御史若干人，执掌地方州县官吏的监察工作（包括行政与司法）。自太宗始，以“道”为监察区，全国共分十道（后增至十五道），每道设监察御史一人（叫巡按史）。监察御史官品不高，但权力很大。同其他的御史一样，都是皇帝的“耳目之官”，行使行政监察的重要权能。

御史台之外，唐代还设置了谏官制度，针对皇帝和决策机关的举动进行自下而上的监督，其谏官分别隶属中书、门下两省，主要有左右散骑常侍、左右谏议大夫、左右补阙、左右拾遗，起居郎、起居舍人、结事中等。唐代谏官职责主要有以下几个方面：一是谏议，从皇帝的个人生活到大政决策提出意见；二是封驳，对皇帝的诏令、中央决策机关制定的政策措施、大臣的奏章认为有不妥，可以驳回要求更正；三是知起居事，对皇帝言行及皇帝和大臣对国家大政的讨论进行记录。

通过御史台自上而下的监察、谏官自下而上的监督，唐代的监察形成了一种比较严密的双向监察制度，对巩固政权的稳定、限制皇帝的极端专制、维护吏治清明起到了很大作用，保证了唐代政权统治的长期稳定发展。

（二）对官吏失职、渎职行为的监察

唐朝各级行政官吏行使职权，被统治者看做在向封建君主与封建国家尽义务。因而对官吏不遵守国家规定的行政规范，玩忽职守，以致出现严重的失职、渎职行为的，都要给予比较严厉的处罚。例如，在官府廨院及仓库内失火者，弃毁符、节、印及门钥者，弃毁制书及官文书者，主守官丢失账簿导致计有错数者，分别给予杖刑乃至绞刑的严厉处罚。

另外，为提高封建国家行政机构的效率，《唐律疏议》严格规定了官府置员数额。凡官署编制过限者，都要追究主管官吏的刑事责任。逾制的，超过一人，杖一百，三人加一等，十人徒二年。此外，严格要求地方刺史、县令职司其守，不得无故私出辖界，若故意违犯以致贻误公事者，要给予杖刑之处罚。至于官吏应当值班而不值班者，应入宫值宿而不值宿者，当蕃不到，以及限期已满不及时

赴任者，都分别规定了笞至徒等不同的刑罚。

分析题：

贞观元年，吏部尚书长孙无忌尝被召，不解佩刀入东上阁门，出阁门后，监门校尉始觉。尚书右仆射封德彝议，以监门校尉不觉，罪当死，无忌误带刀入，徒二年，罚铜二十斤。太宗从之。大理少卿戴胄驳曰：“校尉不觉，无忌带刀入内，同为误耳。夫臣子之於尊极，不得称误，准律云：‘供御汤药、饮食、舟船，误不如法者，皆死。’陛下若录其功，非宪司所决；若当据法，罚铜未为得理。”太宗曰：“法者非朕一人之法，乃天下之法，何得以无忌国之亲戚，便欲挠法耶？”更令定议。德彝执议如初太宗将从其议，胄又驳奏曰：“校尉缘无忌以致罪，於法当轻，若论其过误，则为情一也，而生死顿殊，敢以固请。”太宗乃免校尉之死。①

贞观五年，张蕴古为大理丞。相州人李好德素有风疾，言涉妖妄，诏令鞫其狱。蕴古言：“好德癫病有征，法不当坐。”太宗许将宽宥，蕴古密报其旨，仍引与博戏。持书侍御史权万纪劾奏之，太宗大怒，令斩於东市。既而悔之，谓房玄龄曰：“公等食人之禄，须忧人之忧，事无巨细，咸当留意。今不问则不言，见事都不谏诤，何所辅弼？如蕴古身为法官，与囚博戏，漏泄朕言，此亦罪状甚重，若据常律，未至极刑。朕当时盛怒，即令处置，公等竟无一言，所司又不覆奏，遂即决之，岂是道理。”因诏曰：“凡有死刑，虽令即决，皆须五覆奏。”五覆奏，自蕴古始也。又曰：“守文定罪，或恐有冤。自今以后，门下省覆，有据法令合死而情可矜者，宜录奏闻。”②

结合上述材料分析唐初法律思想的发展。

思考题：

1. 《开皇律》从哪些方面奠定了唐律的基础。
2. 唐初法制指导思想对唐律内容的影响。
3. 从唐律的内容看中国法律儒家化的完成。
4. 唐朝法制的基本精神与历史地位。

---

① 《贞观政要》卷五。
② 《贞观政要》卷八。

第八章 五代宋朝法律制度

导读：自唐玄宗“安史之乱”后，地方藩镇割据势力加强，公元907年，朱温废唐立梁，唐最终亡于藩镇，从此中国再次进入一个大分裂时期，中原地区先后经历梁唐晋汉周五个朝代，周边的割据势力先后建立了十个小国，史称“五代十国”。这一时期是中国历史上法制极其黑暗的时期，但是其立法上刑律统类和编敕的出现，给宋代立法产生巨大影响；另一方面这一时期的严刑酷法也对此后中国刑罚的严酷化发展产生了不良的影响。

公元960年，宋太祖赵匡胤在陈桥兵变中黄袍加身，建立宋朝，定都汴梁（今河南开封），从而结束了持续半个世纪的五代十国分裂状况，天下重新归于统一，史称北宋。1126年，金兵攻占开封，次年宋高宗赵构称帝，定都临安（今浙江杭州），至1279年为元所灭，史称南宋。宋朝共历18帝，前后统治320年。

宋朝政权起于割据政权，又先后与辽、金、西夏、元等少数民族政权对峙，特殊的政治经济情况使得宋朝法制虽然继承了唐律，却又具有自己鲜明的时代特征。在指导思想上重视中央集权，推行义利并重；立法形式多样，强调打击盗贼；行政上强化中央集权，注重制衡；民事、经济领域推行“政丰之术”，[①]法律空前活跃，创新较多；并在此基础上发展了司法制度。宋朝重视法制在治理国家中的重要作用，有“任法”[②]之称，在中国古代民事法律制度发展中贡献突出。

本章应重点掌握五代时期立法形式的创新和发展；宋朝律敕之争的具体表现；宋朝刑法政策上盗贼法方面的变化；宋朝民事立法中婚姻继承方面的发展；宋朝司法制度上围绕制衡原则所作的创新等。

第一节 五代的法律制度

唐朝自“安史之乱”以后，社会经济受到摧残，封建政治日益腐败，起义连年不断，社会矛盾十分尖锐，最后终于爆发了以王仙芝、黄巢为首的全国性农

① 李焘：《续资治通鉴长编》卷四一。
② 《陈亮集》卷一一，《人法》。

民大起义。此次农民起义虽被镇压，但从根本上摧毁了唐王朝的统治。各地藩镇割据势力趁机扩大地盘，拥兵自重，互相攻伐不止。连年的混战，使中央政府根本无法控制。至公元904年，占据黄河流域广大地区且实力最强大的军阀朱温杀唐昭宗，立其十三岁的儿子李柷为帝，公元907年又废李柷自立为帝，国号为梁，史称后梁。此后在中原地区相继出现了后唐、后晋、后汉、后周，史称五代。与此同时，全国各地势力较大的节度使，也先后称王称帝，建立了北汉、吴、吴越、前蜀、楚、闽、南汉、荆南、后蜀、南唐十个封建割据的地方政权，史称十国。五代十国的分裂割据，是唐末藩镇割据的继续与发展。这些地方政权的统治者们出于军事上的需要，对内加重税赋，兼并土地，掠夺财富；对外彼此之间又进行了长达五十多年的割据战争，给社会和人民带来了深重的灾难。

五代十国各王朝的统治，基本上都是短命的，最短的后汉王朝，只统治了四年就退出了历史舞台。虽然如此，除后汉外，各王朝的统治者根据唐律的基本原则和新的历史条件的需要，都进行了制定法律的工作。主要法典有：《大梁新定格式律令》一百零三卷（后梁）、《新集同光刑律统类》十三卷（后唐）、《天福杂敕》三十一卷（后晋）、《大周续编敕》二卷及《大周刑统》二十一卷（后周）。其中《大周刑统》的制定比较审慎，开创了一种新的法典编纂体例与方法，是五代时期封建立法的重要成果，对宋朝及以后的封建立法有重要的影响。

五代时期的立法在法典编撰的形式和内容上都有所变化，概括地讲，法典编撰的形式有所进步，而刑罚的内容则严重倒退。前者表现为出现了编敕和刑律统类这两种重要的立法形式，为统一后的宋朝立法奠定了基础。后者表现为轻罪重罚和死刑法条增多；刑罚执行方式极其残酷和不人道。

一、编敕与刑律统类

（一）编敕

五代时期立法形式的一个特点是编敕较多。在唐朝后期，敕的地位和作用在立法形式中就已经很突出。其原因在于，唐后期社会形势变化很大，出现很多新的犯罪形式，经济社会关系日益复杂。但律是要求保持稳定的法律形式，加之“祖宗之法不可变”思想的影响，所以唐律不可能有太大的修订。于是具有灵活性的编敕这一立法形式开始发展。到了五代时期，各个王朝的统治更加不稳定，皇帝随时因人因事而颁敕处理问题，既可以改律也可以废律，比较方便。敕颁得多了，就要编撰，以避免重复和矛盾。因此编敕就成为一种主要的立法形式。五代时期主要的编敕有前文叙述的：后晋的《天福杂敕》和后周的《大周续编敕》。

（二）刑律统类

刑律统类简称刑统，是指以律为主，将与该条律文有关的敕、令、格、式汇集在一起，加以分类，编在一起的一种立法形式。它是五代时期的一个重要立法成就。据《旧五代史·刑法志》载，后周世宗显德四年（公元957年）五月，中书门下省认为当时使用的法律“文辞古质，看览者难以详明，格敕则条目繁多，检阅者或有疑误。加以边远之地，贪猾之徒，缘此为奸，寖（渐）以为弊”。因此建议由张湜（音时）等11人重新编撰。要求“律令之有难解者，就文训释；格敕之有繁杂者，随事删除。……”在内容上，“其有轻重未当，便于古而不便于今，矛盾相违，可于此而不可于彼，尽宜改正”。至显德五年（公元958年）七月编成。这部新法典的特色是：“用律为主”，律文的主要意义难以理解的，用《唐律疏议》的疏议解释；律文容易明了的，将疏议省略；与律条文相近的令、式、格、敕，依次编在律后。“事有不便与该说未尽者，别（另）立新条于本条之下。其有文理深古，虑人疑惑者，别以朱（红）字训释”[①]。至于朝廷之禁令，州县之常科，各以类分，悉（都）令编附。由于“刑名之要，尽统于兹（此），故定名为《大周刑统》。

《大周刑统》的编修，深受唐宣宗时颁行的《大中刑律统类》的影响。这部刑统颁行后，过去的《刑法统类》及编敕等，凡是该采用的均已用尽，不得再引为司法依据。州县施行的其他行政法规，凡未编入刑统者，由中央各有关部门汇集，送中书门下省审核，奏报皇帝。《大周刑统》的问世，在法典体系上是一大改革，宋王朝的《宋刑统》，其编撰体例即以此为基础。

二、立法内容的变化

（一）轻罪重罚，滥施死刑

五代的统治者虽然多沿用唐律，但对各种犯罪行为所科处的刑罚则普遍加重，多适用死刑。例如，一般盗窃罪，唐律最高刑为加役流，而后晋则沿用唐朝后期窃盗赃满三匹以上决杀的敕令。后唐时规定：其犯窃盗者，计赃绢满三匹以上者，集众决杀；不满三匹者，等第决断。后晋时更甚于后唐，其捕获强盗，按验不虚，即行处死。后汉更为严苛，竟至盗一钱以上者皆死。

五代还以重法惩治制造和贩卖私盐和私酒曲者。后唐贩私盐十斤以上即处死，私自制碱煮盐，不论斤两皆死。后汉规定私自制曲，不论斤两皆死，到后周才改为私自制曲五斤以上处死。

（二）滥用族刑连坐

五代的统治者经常使用族刑连坐之法来屠杀民众，以威吓百姓，如后汉宰相苏逢吉草拟诏书，曾规定：“贼及四邻同保皆全族处斩”。根据后汉时的这一立法，经常发生全村抄斩的暴行，如郓州捕贼使者张令柔将平阴县十七个村的村民全部杀尽。[②] 如此残酷的杀戮，带来了深重的灾难，严重地破坏了社会生产。所以当时就有人反对这种做法，质问：“为盗者族诛，犹非王法，邻保同罪，不亦

---

① 《册府元龟》卷六一三。
② 《文献通考》卷一六六。

甚乎?”

（三）刑罚残酷，极不人道

五代时期，不仅科刑大为加重，死刑泛滥，刑罚手段也极其残忍。五代除沿用唐律的五刑，另增刺面、决杖、配流，更有断舌、决口、断筋、折足等非刑。死刑除腰斩以外，还有凌迟。其中尤以决杖和凌迟刑最为残酷。决杖也可称为杖决，即“决重杖一顿处死”。例如，后晋时《刑部式》规定：“决重杖一顿处死，以代极法”，公开规定用杖决来代替绞斩。凌迟，又称凌持，指零割碎剐，使人慢慢死去的酷刑。它是一种集肉刑与死刑于一体的刑罚。受刑者先受肉刑折磨，然后再受死刑。清朝法学家沈家本考证说：“凌迟之义，本言山之由渐而高，杀人者欲其死亡徐而不速也。”“凌迟”即始于五代，后被宋王朝沿用。

总之，五代十国的各统治者抛弃了隋唐以来所确立的科条简要，刑罚适中的立法原则，恢复肉刑，滥用族刑，罚及无辜，草菅人命，从整个封建法律发展史上来看，不能不说是一种倒退。这种情形，是由当时的封建割据、军阀混战的历史条件所决定的。及至宋朝建立以后，虽然消除了法制不统一的现象，但五代时期的严刑酷法却对其造成了重要的影响。

第二节 宋朝的法律制度

一、社会变化带来法律思想的发展

（一）宋朝社会的深刻变化

唐宋之际，我国社会发生了重大变化，经济关系、政治制度的巨大变化，使得整个社会结构发生了重大变革，门阀制度瓦解，新型的社会结构开始逐渐形成。在经济上，以占田、授田为核心的田制瓦解，土地的私有化程度大大提高，租佃制的小农经济取代了部曲制的庄园经济，土地商品化程度加深奠定了宋朝经济繁荣的基础，同时也带来了社会结构的深刻变化。社会结构上，由于科举选士成为官员任命的主要形式，良贱士庶的界限被打破，不同阶层的升降变得频繁，人身依附性大大减轻，工商业者的身份有明显提高，促成了思想政治上比较开放自由的风气。思想上，以理学为代表的宋学思想，在儒家经典的基础上，融合佛、道两家思想，强调“内省”，着意于知性反省、造微于心性，表现出了较强的独立思考精神，而对应的“永嘉”功利学派强调“以利合义”，主张“务实而不务虚”，对宋代法律思想的开放和活跃有较大影响。政治上，宋朝统治者在反思自唐中后期到五代的割据混乱基础上，加强了中央集权的建设，注重官吏的相互牵制，防止分裂割据，对宋朝法制建设影响深远。

（二）法律思想的发展

两宋时期社会的转型变化带来了宋朝法律思想的活跃和发展，宋朝的统治者非常重视法律在国家治理中的作用，可以说宋朝是中国封建时期懂法的皇帝最多和最讲究法律的一个朝代，这种情况也深刻影响到法律思想方面。

1. 加强中央集权，强调“上下相维，轻重相制”。宋朝统治者在反思唐朝的灭亡和五代的战乱的教训基础上，认为“君弱臣强”是变乱的根源，必须要加强中央集权，强化中央政权是保证政权长治久安的关键。因此在宋朝早期，强化中央集权是法律思想的核心，重视刑事和行政立法，提出“王者禁人为非，莫先于法令”[①]，认为“事为之防，曲为之制”[②]，要求通过制定法令来束缚人们，并使之相互牵制，最终达到强化中央集权的目的。这一思想体现在法制建设上，主要表现为强调中央直接控制地方政务（包括司法），给予“敕”在法律体系中极高的地位，实行“台谏合一”加强对官员的监督，皇帝频繁亲自“录囚”等，可以说加强中央集权是宋朝立法的基本指导思想。

2. 立法尚严，用法贵恕；临下以简，必务哀矜。《宋史·刑法志》记载宋朝“其君一以宽仁为治，故立法之制严，而用法之情恕”。立法尚严，是指宋朝皇帝注重法律在国家治理中的作用，法律制度比较严格，在法律上强调对官吏腐败的重惩，同时对严重危害政权的“贼盗”犯罪等严厉打击，制定了“盗贼重法”、“重法地法”等。用法贵恕指在立法上虽然严厉，但在司法上却强调慎法恤刑，禁止武人干预司法，起用儒臣治理州郡，提出“不敢以苛法督现吏民”，提倡恤民慎刑，注重司法工作的相互监督，到宋中期开始又表现为对官吏犯罪的宽宥处理，以表明皇帝的“至仁之心”。临下以简要求轻刑薄赋，宽简待民，宋太宗在位时多次发诏，要求“各道州府不得以进奉为名，辄有率敛”。务必哀矜则表现为删除了五代以来的严酷条文，宽缓司法，改善了监狱官吏，创设了“折杖法”，减轻刑罚，强调法律的规范性作用，指出“立法不贵太重而贵必行，法必行则人莫敢犯矣。夫欲重则必难行，欲行则不必重。高之台重，而行之不顾此，惟商鞅能之，圣人不能也”[③]。强调法不在重，而在实施。

3. 义利并用，通商惠工，重视财政。宋朝土地私有制的发展极大促进了农业的发展，农业发展又带动工商业的繁荣。同时国内冗官冗兵冗费，给国家财政带了沉重负担，使得这一时期传统的重义轻利、重农抑商的观念发生重大转变。北宋王安石变法时期就明确提出了“利义均重，利义相辅”的观点，指出“利者义之和，义固所为利也”[④]。到南宋“永嘉”功利学派更是主张“以利和义”，提出“善为国者，务实而不务虚”，“既无功利，则道义者，为无用之虚语尔”。[⑤]宋朝时期义利观的变换，促成了宋朝重视经济方面的立法，以立法实现“通商惠工”，发展商贸，来改善国家财政状况，使得两宋时期民事立法和经济立法比较

---

① 《宋大诏令集·政事》。
② 李焘：《续资治通鉴长编》卷一七。
③ 《宋会要辑稿·帝系十一之四》。
④ 李焘：《续资治通鉴长编》卷二一九。
⑤ 《水心文集》。

活跃，在民事立法方面出现很多创新。

二、立法概况

（一）《宋刑统》的编纂及特点

宋太祖建隆四年（公元963年），在当时工部尚书判大理寺卿窦仪等人的奏请下，开始修订新的律典，同年七月修成《建隆重详定刑统》（以下简称《宋刑统》）太祖诏付大理寺刻板模印，颁行天下，成为中国历史上第一部刊版印行的封建法典。

《宋刑统》在命名、体例、编排方面有其不同于以往法典的特色。自商鞅改“法”为“律”后，各朝主要法典都以“律”命名。《宋刑统》在体例上取法于唐末《大中刑律统类》和五代《大周刑统》，它以刑律为主，分类附有唐中期以后至宋初的敕、令、格、式，成为综合性的封建法典。共12篇，30卷，502条。

在编排上，在沿用唐律把法典分为12篇的基础上，进一步将502条律文、疏议、附敕令格式的内容划分为213门，将调整同一社会关系或相近社会关系的律条及有关的敕、令、格、式、起请等条文汇编成一个单位，即门。这样在篇章与条文之间又增加了一个层次。这种编排方式使得宋代立法出现了类似现代刑法典中的分则部分的类罪名。这种编定方法，可以让司法官员在适用法律的时候更便捷，参考更全面。

在内容上，《宋刑统》基本上援用了《唐律疏议》的内容，但删减了《唐律疏议》每篇前的历史渊源介绍部分，根绝当时社会的变化，对部分术语进行了变更，如为了避讳，将“大不敬”改为“大不恭”，此外增加了“臣等起请”条对部分条文进行了修正。

《宋刑统》是有宋一朝的基本国家律典，虽然此后有编敕、编例等法律形式的出现，对其效力有 定影响，但终宋一世，始终有效。

（二）编敕

敕的本意是尊长对卑幼的一种训诫。南北朝以后敕成为皇帝诏令的一种。宋代的敕是指皇帝对特定人或事所颁发的诏令，为一时之权制，不具有普遍的法律效力。但把众多的散敕加以分类整理，删去矛盾重复之处，而后通过一定程序加以公布，使之上升为特定的法律形式，取得普遍的法律效力，即所谓编敕。因《宋刑统》是国家的制定法，具有稳定性、综合性和权威性，是法律体系中的主干。但随着时间的推移，它越来越不适应社会的需要，所以编敕是宋朝最重要的经常性立法活动。自太祖制定《建隆新编敕》后，大凡新皇帝登位或改年号都要编敕。不仅朝廷编敕，而且地方司、路、州、县也有编敕。

宋仁宗之前，基本上“律敕并行”，宋神宗即位之后，起用王安石变法，明令宣布：“律不足以周事情，凡律所不载者，一断以敕。”决心通过发布敕令的方法，强制推行变法改革，进一步提高了敕的地位。

（三）编例

宋朝的例是由汉唐的比、例发展而来的。根据例所调整的对象，分为两种：一种是断例，即审判成例；另一种是事例，又称“指挥”，即中央官署发布的对同类事件具有共同约束力的指令。为了将例提升为具有普遍效力的法律形式，从庆历朝起实行编例，附于庆历编敕之后，神宗时编有《熙宁法司断例》、《元非断例》；哲宗时编有《元符刑名断例》；徽宗时编有《崇宁断例》；南宗时高宗、孝宗、宁宗各朝，编有《绍兴刑名疑难断例》、《乾道新编特旨断例》、《开禧刑名断例》。上述七部断例，是宋朝法律的重要形式。两宋编定的指挥不胜枚举，至南宋孝宗乾道年间（1165 年至 1173 年），已达数千件之多。

由于例能及时反映封建统治者的意志和要求，同时又便于官吏引用，所以其在宋朝地位越来越高。在北宋初期，例只是用于补充法令之不备，即所谓“法所不载，然后用例”，但至北宋后期则出现了“引例破法”的弊端。而至南宋时期，例的地位已高于法令，“当是时，法令虽具，然吏一切以例从事，法当然而无例，则事皆泥而不行”①，以例代法，引例破法，造成适用法律的混乱，严重影响了宋朝的统治。

（四）编制条法事类

“条法事类”是将相关的敕、令、格、式及指挥、申明等，依事分门别类，汇总编排，合为一书，目的是便于检索，它的出现是宋朝法典编纂体例上的又一创新，对《元典章》的形成提供了蓝本。南宋曾编有《淳熙条法事类》、《庆元条法事类》和《淳祐条法事类》。其中《庆元条法事类》（残本）一直流传至今。

三、法律内容的变化

（一）“重典治盗贼”的刑事法律制度

两宋的刑事立法的指导思想重在打击贼盗与惩治官吏犯赃，但前者逐渐由宽而严，由防范而趋于严刑惩治，后者逐渐由严而宽，终于流于放任。刑罚制度也由折杖法的减刑措施，走向肉刑的部分复活。这种发展趋势，反映了宋代社会矛盾的激化和官僚政治的腐败。

1. 盗贼重法。太祖鉴于五代时的盗贼重法深为民害，在制定《宋刑统》时提出“临下以简，必务哀矜”的方针，对窃盗的惩罚较五代为轻，但与唐律相比仍为苛重，以强盗罪为例，《唐律》规定：“盗贼”伤了人才处以绞刑，杀了人方判斩；盗贼同伙中，须手持武器的，流 3000 里。而《宋刑统》则规定，只要与“盗贼”同行，不论持杖（武器）与否，更不论是否伤人、杀人，一概同罪。但宋朝普通法对“贼盗”从重处刑的做法，随着统治危机的加重，已不能满足统治者的需要了，又制定了特别刑法即“重法”来严惩“贼盗”。

---

① 《宋史·刑法志一》。

仁宗时期，土地的大量兼并，对外战争的沉重负担，使阶级矛盾日趋尖锐，出现了“天下盗贼纵横”①，“郡县悉不能制御”② 的严重形势。为了镇压盗贼的活动，仁宗嘉祐七年（1062 年）首立“窝藏重法”，严惩盗贼的窝藏犯。同时将京畿开封府诸县划为“重法地”，凡在重法地犯贼盗罪者加重处罚，借以强化京畿地区的治安。神宗熙宁四年（1071 年）再颁布“贼盗重法”。一是扩大重法适用的地区，二是提出“重法之人”的概念，所谓重法之人主要指武装反抗的农民，也包括统治集团内的某些反叛者。对重法之人的制裁，没有地区限制，一经捕获，不但诛杀本人，而且籍没家产以赏告密者，妻子编置千里外，逢赦亦不移不释。至哲宗时，重法地已占全国二十四路的百分之七十一。“贼盗重法”基本代替了《宋统刑》中的贼盗律，其处刑更加严酷，“重法地分劫盗五人以上，凶恶者方论以重法，（哲宋）绍圣后，有犯即坐，不计人数。”③ 对窝藏犯，神宗时杖配五百里或邻州，哲宗时一并处死。上述“贼盗法”的颁行过程，说明社会危机不断深重，统治者只有乞助于重刑苛法一途。

2. 惩贪墨。鉴于五代以来，官吏贪赃枉法，割据称雄，危害了后周政权的统治。所以宋建国初期“承五季之乱，太祖、太宗颇用重典”④，北宋太祖太宗之世，数百赃吏或被杖杀朝堂，或被腰斩弃市，或刺配沙门，外增脊杖、籍没等附加刑。不仅在刑罚上从重论处，而且限制“请”、“减”、“当”、“赎”等法的适用。一般不以赦降原减。但宋“立法之制严，而用法之情恕”，且以敕破律，治吏之法由重转轻。宋太祖认为文官的贪赃比起武将的叛逆来“其害百不足一”。宋太宗则主张腐败不可避免论，认为“水至清则无鱼，人至察则无徒”。神宗、徽宗更持一种怪论，神宗宽纵贪官的理由是“恐污辱衣冠”，徽宗认为如果对品官和平民一般判刑，就会“将使人有轻百爵禄之心”，正如清人赵翼所评：“恩逮于百官者惟恐其不足；财取于万民者，不留其有余。此宋制之不可为法也。”⑤ 此举既败坏了吏治，也削弱了法律的权威，终于导致宋朝覆亡。

3. 刑罚的变化。宋朝在沿用隋唐刑罚制度的基础上，刑罚开始趋重，创设了一些新的刑罚制度。主要表现为：

（1）折杖法。宋太祖建隆四年（公元 963 年）创立折杖法，作为重刑（除死刑外）的代用刑，即把笞刑、杖刑折为臀杖，依原刑等分别杖七至二十下，杖后释放；徒刑折为脊杖，依原刑等分别杖十三至二十下，杖后释放；流刑折为脊杖，依原刑等杖十七至二十下，并于本地配役一年；加役流，脊杖二十后，就地配役三年。从而使“流罪得免远徙，徒刑得免役年，笞杖得减决数。”但对反逆、强盗等重罪不予适用。折杖法原为减轻刑罚，但从北宋中期开始多有滥用，

① 李焘：《续资治通鉴长编》卷一四三。
② 《宋会要辑稿》兵一一，捕贼二。
③ 《宋史·刑法志一》。
④ 《宋史·刑法志一》。
⑤ 《廿二史札记》卷二五。

在具体执行中流弊颇多，所以后人评价此刑制说："良民偶有过犯，致伤肢体，为终身之辱，而愚顽之徒，虽一时创痛，而终无愧耻。"[①]

(2) 刺配刑。刺配之刑源自隋唐时期的流配刑，后晋天福年间在流配刑的基础上加意刺面，创造了刺配刑，宋初太祖推行"刺配之法"来标榜仁政，即对赦免死罪的案犯，处以"决杖、流配、刺面"三种合用的刑罚，用以补充折杖法推行后死刑与配役刑之间刑差太大的弊病，只是一种补充性刑罚规定。但自仁宗后，该刑使用日益增多，开始逐渐成为常刑之制，至神宗时有关刺配的编敕条款已达200条，而后至南宋孝宗时又曾至500条。刺配刑既复活肉刑，又没有配地远近之限，造成了恶劣影响。

宋代法律对刺配刑的规定非常详细，根据所犯罪行和情节，刺面的部位和记号都有不同，部位有耳后、面、额、背之分，记号有文字和记号之分；根据配役远近，所刺深浅也有不同，有四分、五分、七分之别；杖责数量和部位也有不同。如果所犯罪行较重，就会"既杖其脊、又配其人，而且刺其面，是一人之身，一事之犯，而兼收三刑也。"[②] 此外刺配刑还经常附带罚金、勒停、除名、籍没等附加刑罚。刺配刑种的配役有军役和劳役之分，配地则有地理远近之别，配役期限如果不是注明"永不放还"则有年限的规定，期满或者遇到大赦可以移近或释放。

刺配刑在一定程度上恢复了肉刑的使用，对后世影响极为恶劣，此后明清时期都在某种程度上沿用了此刑，是刑罚制度发展史上的一次倒退。

(3) 凌迟刑。"凌迟"，又写作"陵迟"，俗称"千刀万剐"，是用利刃碎割、残害犯人肢体，使其缓慢死亡的刑罚。凌迟刑首用于五代时期，但属于法外刑。宋代仁宗时，使用凌迟刑处置有关杀人祭鬼的妖术死罪，神宗熙宁以后，成为常刑。南宋时，《庆元条法事类》正式作为法定刑加以规定。

(4) 管置。管置是将犯人安置到一定地区进行改造的刑罚，有点类似现在的管制刑。管置根据所涉案件的情节，分羁管、编管、编置等，其服刑地点按照远近则有本州、邻州、远州的分别，其服刑年限也各不相同。管置主要适用于被勒停、除名的犯罪官员。

(二) 加强中央集权的行政法律制度

宋朝在加强专制主义中央集权的基本国策指导下，建立起庞大的官僚机构，在行政管理体制上进行了一系列变革。以达到"稍夺其权，制其钱谷，收其精兵"这一削弱地方、强化中央的目的。无论中央和地方，均实行分权制，互相制约。宋朝虽然没有仿《唐六典》编纂以典为形式的行政法律汇编，但《庆元条法事类》却也称得上宋代行政法律的总汇。除《庆元条法事类》外，保留至今的还有《吏部七司法》残卷和《景定吏部条例》。

---

① 《宋史·刑法志一》。
② 《大学衍义补·明疏赎之义》。

1. 分割相权，加强监察。宋代的中枢机构出现了一些变化，为强化皇权，宋虽然保留了隋唐以来的三省，但不使之有实任，形同虚设。最高行政管理机关是中书门下，但与唐不同，是脱离三省的独立行政管理机构，“佐天子，总百官，平庶政，事无不统。[①]”但其实际权力却被削弱。其中军权分割给枢密院。宋初以平章事，同中书门下平章事及参知政事为宰相和副相，同枢密院长官枢密使、枢密副史合称宰执。这个称法反映了宋代二府对掌文武大政的体制。财权分割给三司使。盐铁司掌工商收入，兵器制造；度支司掌财政收支，粮食漕运；户部司掌户口、赋税、榷酒等。三司总揽全国贡赋和钱粮出纳，以供庞大的军费、官僚及对外赔偿之需，三司长官被称为计相。

为“纠察官邪，肃正纲纪”，宋朝的监察机关仿唐制，但与唐有所不同。其一，宋朝实行台谏合一。宋代设御史台为最高监察机关，下分台院、殿院、察院。除御史台外，宋还将唐时以规谏皇帝为主要任务的谏院，确立为独立的机关。谏官与御史地位相当，台谏虽属两个系统，宋时谏官也和台官一样，把百官作为监督的对象。其二，台谏之官必须由皇帝亲自任命。宋代改变了唐代由宰相任用御史的做法，由皇帝亲选御史。允许台谏“风闻弹人”，弹劾不当，一般不予追究，纵有薄弱，旋即超升。宋代鼓励台谏监督宰执，以达到防范大臣的目的，成为皇帝控制监视宰相等政府官员的一支重要力量，后来演化为一种明里暗里的政治斗争工具。其三，加强对地方的监察。路一级以监司行监察之权，州则由通判监察，沿边和战事区以走马承受行使监察权。于是形成了以监司为主，辅以通判、走马承受等的地方监察体系。为了保证监察官员履行职责，宋朝规定了监司出巡制度和失察受罚制度。并且对监察官进行再监察，由尚书省监察御史，由御史台监察地方监司官，再由监司监察走马承受，环环相扣。另外，为防范监察官弄权行私，宋代制定了监司互监法，这是宋朝皇帝驾驭大臣的统治权术“异论相搅”在监察制度上的体现。所谓“异论相搅”，就是使政见相左，各不相能的大臣相互纠讦、监视与牵制，从而表现了皇帝对于百官“事为之防，曲为之制”的深心。

2. 地方权收归中央。宋初，地方分州、县两级，后为加强中央对地方的控制，又于州上增置路作为中央派出机构，并将其权一分为四：经略安抚使掌军政之权，称“帅司”；转运使掌财赋之权，称“漕司”；提点刑狱使掌司法监察之权，称“宪司”；提举常平使掌贸易储运及水利建设之权，称“仓司”。四司官吏互不统属，直接对皇帝负责。各政权机关的地方官员由皇帝直接任命文官担任，以防止因武将兼领地方官所造成的拥兵自重的现象再度出现。

路下设置州、府、军、监，属于同一级别的行政机构，其中州为最常见的建制，数量最多，地方官吏三年一换，不得在本地为官。同时皇帝还向各地派出通判官，知州的政令必须要有通判副署才能生效，因此通判又有“监州”之称，

① 《宋史·职官志一》。

用以分割和控制知府、知州的职权。

州下设县，由皇帝任命文官为知县为长官，大的县设有丞、簿、尉等佐官，小县有簿、尉为佐官。县下设乡，由里正等负责治安和税收事务。

3. 官与职分离的“差遣制”。宋朝历代皇帝为使皇权不致旁落，在职官设置上形成了独具特色的“官与职殊”、“名与实分”的“官”、“职”、“差遣”的制度。按照这一制度，一般官员都有两个头衔，一个是“官”，又称“阶官”或“寄禄官”，仍沿用唐朝三省六部制的官名，但这些官名已失去其原来的意义，只是表明一种级别，以确定品秩和俸禄等事。另一个头衔是“差遣”，这才是指官员所担任的实际职务，又称“职事官”，常以判、知、权、提点、监等名称来表示差遣，如知县、参知政事、提点刑狱公事等。差遣何职往往和官阶无关，而是根据朝廷的需要和官员的才能随时任命。

4. 地方治安管理中的“巡尉两司制”和“保甲制”。宋朝治安机构许多借鉴唐朝，同时也有区别于历代治安机构的一大特点：实行“巡尉两司制”的多层次治安机构体系。利用县尉司维持一般城镇的社会治安；依靠巡检司维持大城市、农村、河道、海上、驿道和边境地区的社会治安。这两个机构各自独立，但职能相近，在执行公务时，互相协助，故有“巡尉”之合称。

设置县尉负责社会治安，自秦汉以来，由来已久。宋太祖建隆三年（公元962年）下诏，恢复五代时被废置的县尉一职，每县置一员，具体办事的人员谓弓手，其治所称尉司。巡检司是五代时出现的官称。当时皇帝为了监督地方的军阀势力和维护地方治安，临时差遣亲信将领，带兵驻守于地方。宋不仅沿袭了这一做法，还将其发展成为专掌“训治甲兵，巡逻州邑，擒捕盗贼”的专职的治安缉捕机构。并且将这种派使臣到地方捕捉盗贼的办法，从北宋初，“或数州、数县管界，或一州、一县巡检”①，普及全国，建立一个相当严密的巡检网。随着巡检制度的发展和巩固，宋代的巡检由差遣变成了国家的正式职官，其任务也由最初的捕捉盗贼扩大到兼管一系列其他有关社会治安的事务。此项制度对于维护两宋三百多年的封建统治起了重要的支柱作用。

宋代的巡检司是一种地方机关。宋代地方划分为路、州、县三级，分设三级巡检司，分别接受上级巡检司指挥调度，同时接受同级地方行政长官节制。各级巡检作为朝廷派驻地方的使官多以武官充任，统率军队辅助地方巡逻、守候、捕盗、缉私、消防，还要兼有弹压动乱，监视地方官僚的动向，做朝廷的耳目。除路、州、县设巡检司，在主要河道分段设置巡检。由都巡检统率全河道；沿海、沿边则按区域大小、环境情况设巡检或都巡检；在驿道上设马递铺巡检，专事快马交通，从设置巡检司的不同地域、不同职责看，类似近代交通警察、水上警察和治安警察。在少数民族集居的地区，宋代采取以夷制夷的方法，招募少数民族的人当巡检士兵，并选用少数民族头人充当巡检统率之，这种巡检称本族巡检。

---

① 《宋史》卷一六七，《职官七》。

在尖锐复杂的社会矛盾中，单靠官吏、军队并不能使统治者高枕无忧。宋神宗即位，任王安石为相，全面推行变法。在法律制度方面，王安石采取商鞅“令民为什伍”的办法，特别注意健全地方治安组织，建立保甲制。其实质上是封建株连制的恶性发展，以达到以民制民的目的。宋神宗熙宁三年（1070 年），在京畿地区首先推行保甲法，规定凡畿内居民，无论主户和客户，每十家为一保，五十家为一大保，十大保为一都保，分别设立保长、大保长和都保正。外来居民入保者，可暂时编入同保。新增民户达到十家，则另立一保。一户居民有两丁以上，依法抽取一人充当保丁。保丁根据需要自备弓箭兵器，以使练习武艺，制止犯罪。每一大保每夜轮流选派五名保丁值勤，主要负责警戒盗贼。同保内犯有“强盗、杀人、放火、强奸、略人、传习妖教、造畜蛊毒，知而不告”者，依法予以制裁。宋代的保甲制是由地主掌握的乡土性组织，以半政治、半军事为特色，远远超过了以往的保甲制度。宋代按保甲法建立起了一个严密的基层治安网络。首先在开封、祥符两县试行，接着在开封府十七县实施。稍具规模时，据说盗贼比以前十减七八,[①] 进而推行到北方五路，遂遍及全国，至熙宁九年（1076 年）全国保丁总数达 693 万人。有人认为，“如此，则富者逸居而不虞寇盗”。保甲作为乡村的社会组织，在北宋后期和南宋时期基本固定下来，在有的地方甚至取代了原有的乡里组织。这种制度很显然是一种超强制的治安措施，它使得人人得以相互监督、互相猜疑提防、制造矛盾而人人自危。它以社会和人际关系的高度紧张这种扭曲的心理来维系社会治安秩序的稳定，最能够适合统治者维护社区基层治安的需要，因而为以后历代所效仿。元、明时期的里甲制度以及清的保甲制度都是宋代保甲制的翻版。

5. 宋朝的户籍管理制度。宋朝商品经济繁荣，经济交往活动频繁，人身依附性较低，与外战争又较多，使得宋朝的人口流动性比较强，宋朝的户籍管理也呈现了与前代较大的区别。宋朝户籍管理每三年进行一次全国性的户口统计，统计上报中央的户籍只登记二十至六十岁的男子，女子不登记在册，这是宋朝户籍管理一个重要特点。与户籍有关的簿籍主要有五等丁产簿、丁帐、户贴、户钞、甲册、鼠尾都簿、形势版簿、桑功帐、租税帐等，其中五等丁产簿最为重要，是为了按户等征伐赋役而设。

宋代的户口分类比较详细，按经济状况有主户和客户之分，主户有一定资产和独立经济能力，可以向官方缴纳赋税，按其资产状况分为五等，是宋代户口的基础；客户指没有自有土地、租种地主土地的佃农，与前代相比，宋代客户人身依附不强，有较大自由流动性。按政治状况有官户和民户之分，官户是指品官之家及品官虽死但有恩荫后代的家庭，在宋代官户有一定的特权保护。按居住地点分乡村户和坊郭户，按城乡进行户口划分自此开始，表明宋代的城市有了很大发展，市民作为一个独立阶层被国家所承认。此外宋朝还根据不同职业对户口进行

---

① 《长编》卷二三六，熙宁五年闰七月辛亥。

具体划分，有园户、纸户、井户、市户、匠户、染户、绣户等，种类多达几十种，可以从中看到宋朝手工业的发达。

宋朝根据社会经济的发展需求，在户籍管理法规上有所发展，如针对人口流动性加强的现象，宋朝规定："居作一年，即听附籍"，在一个地方居住满一年，就被列入当地户籍，并承担赋役。宋朝科举发达，但因为各地都有指标限额，故经常会出现有人设法转到指标多的地方去应试，因此多次发布诏令对"冒贯应举"的情况进行整治。但是宋代把户口管理直接联系赋役管理，使得官府与居民在隐漏户口上一直互相斗争，出现了严重的"诡名户"问题，使得宋代户口严重失实，其户籍管理所造成的弊端与其设置初衷严重背离。

宋初行政管理体制的变化虽然加强了中央集权，但却造成了机构重叠，职权分散，冗官充斥，行政效率低下的后果。以至于在宋代，疆域虽远不及唐，而官吏之数为唐的两倍之多。行政机构重叠、官制紊乱又总统于皇帝，是封建社会后期行政管理的发展趋势。

（三）不抑兼并而形成的民事法律制度

在民事立法上，宋朝商品经济的发展与土地的自由买卖和海外贸易的兴起，推动了调整民事法律关系的法令、诏敕的增多，民事法律规范逐渐在法律体系中占有一定的比重。

1. 所有权制度的发展。宋初为稳定社会秩序，安定农民的生活，曾下诏令："垦田即为永业"，"满五年，田主无自陈者，给佃者永业。"① 这就是说，只要农民垦荒或耕种无人认领的土地五年的，国家一律承认其拥有土地所有权。太祖开宝二年（公元969年），进一步规定印契（红契）制度及税契制度，即用官府加盖红印的契据确认土地所有权，以收取契约税的形式保护土地交易的合法性。

宋代的所有权已经有了很大的发展，已经出现了动产所有权（宋称物主权）与不动产所有权（宋称业主权）的区分，《宋刑统》中对动产如宿藏物、阑遗物、漂流物、无主物、生产蕃息等所有权的取得都有了明确规定，此外对涉及不动产所有权转移的租赁、佃种、典、押等形式也有很细致的规定，要求必须到官府登记才能获得法律保护。从有关立法来看，不动产所有权的取得以占有和实际控制为关键，不动产所有权则以管业收租为条件。例如，《宋刑统·贼盗律》中规定："诸山野之物，已加功力，刈伐积聚，而辄取者各以盗论。"由此可见无主物的取得以先占为条件。《宋刑统·名例律》中规定："生产蕃息，本据应产之类而有蕃息，若是典生出举而得利润，皆用后人之功，本无财主之力，即非孳生之物，不同蕃息之限，所得利物，合入后人。其后辗转而得，知情者，蕃息物并还前主，不知情者，亦入后人。"可见宋代对自然孳息和法定孳息已经加以区别了。

2. 典卖。在中国古代土地的买卖始于战国，但有关土地的典卖，唐中叶时

① 《宋史·食货志》。

仅在个别皇帝的诏令中偶尔出现“贴典货卖”的字样。然而至宋朝，典卖不仅成为普遍的现象，并且加以制度化。典卖与一般卖出不同，一般卖出视作绝卖，不能收赎，典卖是活卖，在一定期限内可以收赎，因而典价比卖价低许多。由于典卖土地的绝大部分是农民，因而通过确定典卖制度，地主们廉价地取得了土地的所有权。宋律还严禁“一物两典”，如有重复典卖者，业主、中人、邻人并契上署名人“各计所欺入己钱数准盗论”，还须将钱退还给典主。如果业主无力退还，勒令典契上署名的中人、邻人共同赔偿，典当物仍归第一典权人所有。

宋代法律对典卖的时效问题规定得也非常详尽，总的来看，随着经济流转速度的加快，典卖的赎买期限越来越短。宋太祖时规定：“如是典当限外，经三十年后无文契，及虽执文契，难辨真伪者，不在论理收赎之限，见典主一任典卖。”[①] 后又改为“二十年以上不论，即不在论理之限。”到后来又改为“如十五年外，不令收赎，今详年限稍远，欲乞限十年内许……限满布赎，从之。”[②] 宋代对时效问题已经非常关注了，如“在法：诸典卖田产，年限已满，业主于务限前取赎，而典主故作迁延占据者，杖一百”。[③] 对企图通过拖延时间取得所有权的人要处以杖一百的刑罚。此外宋代还已经有了类似现代时效中止的规定，《宋刑统·户婚律》中“典卖指当论竞物业门”规定：“有故，留滞在外者，即与出除在外之年。”可见宋代的民事法律已经有了很大的发展。

3. 债法的发展。宋初改变了唐朝以来贵族官僚等级世袭占有土地的制度，确立了以契约为纽带的封建土地租赁制度，把原有的部曲转变为国家编户的个体农民，减少了对地主的人身依附关系，提高了他们的法律地位与生产积极性。宋初规定租赁土地的双方必须签订契约，契约中明定地租的方式与数额及佃农的权利与义务。一般地租有两种：（1）定额地租，即不论年成好坏，地主收取定额定量的地租；（2）分成地租，即以收获量为基数，双方按对半或四六分成。地主同时要向国家缴纳田赋。若佃农过期不交地租，地主可于每年十月初一到正月三十日向官府投诉，由官府代为索取。

在债的发生上，两宋时期已经注意到意思真实的重要性，在买卖契约中强调双方的“合意”性，对违背当事人意愿强行签约的，要严格处罚。宋代的买卖契约分绝卖、活卖与赊卖三种，绝卖是一般买卖，活卖即上文所讨论的典卖，赊卖则是指通过预付方式先交付买方出卖物，而收取得出卖物的对价。宋法规定，重要的买卖契约都需要订立书面契约，并在官府登记后才能受到法律保护。

宋代租赁契约分类细致，对房屋的租赁称“租”、“赁”、“僦”等，对人畜车马的租赁称“庸”、“雇”，土地租赁则称“佃”。宋代法律对租赁契约的内容规定得也非常详尽，如房屋租赁中对租赁日期的计算，租金的缴纳，租赁地段的认定等都有明确规定；土地租佃中则必须明确纳租纳税的约定，收租的方式等。

---

① 《宋刑统·户婚律》。
② 《宋会要辑稿·食货一》。
③ 《名公书判清明集·户婚门·取赎》“典主迁延入务”。

宋代法律对借和贷做了区分，借指使用借贷，贷则指消费借贷。不付利息的使用借贷叫“负债”，付息的消费借贷叫“出举”，同时还对高利贷进行了一定的限制。

4. 继承法的变化。两宋时期的继承法律有了很大变化，主要体现在女性继承和户绝继承方面。

宋代财产继承一般以诸子均分为主，同时承认了遗腹子和亲生子享有同等继承权，允许在室女享有部分继承权，一般是男子的一半。

南宋时期在户绝财产的继承办法方面发生了一些变化。户绝是指家无男子承继。在有继子的情况下，如果只有在室女，则继子继承四分之一，在室女继承四分之三；如果除了在室女还有归宗女的，则继子只能继承五分之一；如果没有任何子女，继子也只能继承三分之一，且最高限制不得超过三千贯。如果没有继子的情况下，户绝财产在扣除丧葬费用后由在室女继承；如果没有在室女只有归宗女的情况下，则归宗女只能继承一半财产；如果只有出嫁女的，则出嫁女可以继承三分之一财产。

（四）解除财政危机的经济法律制度改革

宋朝官僚机构日益膨胀和军队的扩充，加上对外输币求和，财政状况入不敷出，出现了严重的财政危机。为解决这一困境，两宋进行多次变法，其目的就是增加中央财政收入。致使宋代财政、金融等立法大大超过前代。

1. 税法。宋代除承袭唐以来两税法外，还承袭了五代“丁口之赋”、“杂变之赋”。此外，在神宗变法期间，又制定与赋税有关的《方田均税法》和《募役法》等，一定程度上缓解了当时的财政危机。宋代除田赋外，商税也是国家财政的重要收入。凡居者市鬻，课以“住税（即市税）”每千钱税十。行者赍贷，课以“过税（即通过税）”每千钱税二十。南宋时更有私立税场，勒索繁多。

2. 禁榷制度。禁榷是宋获取财政收入的重要方法之一。宋代禁榷（专卖）范围有所扩大，除传统的盐、酒、茶外，矾、铁、煤等均列为禁榷物种。据记载，在北宋中期仅盐利一项就占全国财政收入的一半以上。为了打击“与官争利”的商人，“鬻卤盐三斤仍坐死”。

3. 货币律法。宋为了适应商品经济的需要，也为了弥补财政亏空。注重币制改革，其主要目的之一就是通过改变铸币的金属成分、重量、发行量来使货币贬值，以搜刮民财、商财。宋代出现我国历史上最早的纸币——“交子”。除“交子”外，南宋还发行了两种纸币，“会子”与“关子”。并且据《文献通考·钱币考》载：“开宝三年，置便钱务，今商人入钱者，诣务陈牒，即日辇致，左藏库给以券，仍敕诸州，凡商人赍卷至，当日给付，不得住滞，违者科罚。”这一规定表明，古代汇票制度最早起源于宋朝，并对后世产生了重要影响，可见，宋朝货币律法的发达是空前的，它标志着两宋社会经济、商业贸易发展在我国封建时期达到了新的高度。

四、司法制度的变化

（一）加强皇帝对审判权的控制

1. 君主集权的司法机构体系。

（1）中央司法机构。宋初，中央一级司法机构仍承唐制，设大理寺、刑部、御史台三大司法机关。为了加强君主专制，分散司法机关的权力。太宗淳化二年（公元991年）在宫中增置审刑院，由皇帝指派亲信大臣或高级官员出任长官知院事，职责是复核大理寺所裁断的案件，实际上是代表皇帝控制司法，侵夺了刑部原有的权力。这样全国凡上奏案件，须先送审刑院备案，才交付大理寺。刑部断复，而后还要经审刑院详议，最后才由皇帝裁决。

此外，宋初还增设了制勘院和推勘院等临时性的审判机构。负责审理皇帝交办的案件。中央的行政机构，如中书门下、枢密院、三司也都有参与审判的权力。这种司法机构的多元化分散了司法权力，便于皇帝直接控制操纵；但机构重叠、职权重复、降低了办案效率。有鉴于此，神宗熙宁三年（1070年），诏令撤销审刑院，其职权复归刑部。

（2）地方司法机构。宋朝的地方司法机关有路、州、县三级。州县与唐代一样，实行行政、司法合一。县以县令为长官，县丞为辅，法律规定县令为主审官，县可以判决杖刑以下案件。州以知州为长官，通判为辅，下有司法专职属官司法参军、知理参军。法律规定知州为主审官，但实践中通判也可以独立审判。州可以判决流刑以下的案件，流刑以上的案件须提点刑狱司上报大理寺与刑部，各路所设提点刑狱司，不是一级审判机构，而是中央派出的代表中央监督所辖州县司法审判活动的机构，负责复查地方审断案件。“凡管内州府，丨日一报囚账（即案卷），”可以随时前往各州县检查刑狱，举劾在刑狱方面失职的州府官员。通过提点刑狱司的活动，中央加强了对于死刑判决权的控制和对一般审判活动的监督。

2. “御笔断罪”。两宋时期，皇权进一步加强。皇帝经常亲自审理案件，不在诉讼管辖内。皇帝断案往往不依常法，而且使被断之人再无投诉之处，因此很难保证审判的公正。此外如果对“御笔断罪”执行不力者，多以“大不恭”论处。

（二）民事诉讼的制度化

宋朝商品经济的发展，不仅丰富了民事法律的内容，也推动了民事诉讼的发展。

1. 为了使民间细事争端不致影响农业生产，确立了规范民事诉讼的“务限法”。《宋刑统》在传承唐律的基础上作出更为详细的规定：“所有论竞田宅、婚姻、债务之类，取十月一日以后，许官司受理，至正月三十日住接词状，三月三十日以前断遣须毕。”根据这一规定，民事起诉的时间是每年十月一日以后至次年正月三十日之前这一段农闲季节。

2. 为了加快所有权转移过程，适应商品经济的发展，规定了民事诉讼时效。凡“分财产满三年而诉不平，又遗嘱满十年而诉者，不得受理”[①]，“典卖、倚当庄宅物，典当限外经三十年后，并无文契，及虽执文契难辨真虚者，不在论理收赎之限。”[②] 南宋时典卖田宅各类纠纷的诉讼时效更有缩短为二十年、十年、三年、一年者。

（三）独具特色的鞫（审）谳（判）分司制度与翻异别勘制度

1. 鞫谳分司制度。宋代从州到大理寺都实行鞫（审）谳（判）分司的制度，中央大理寺和刑部均设有详断官、详议官，分别负责审讯、检法用法，而后由长官审定断案。州设司理院，由司理参军负责审讯人犯、传集人证、调查事实等审判事务；设司法参军，掌“议法判刑”，即就已经认定的事实，按照有关法律条文定罪量刑；最后由知州亲自断决。在鞫谳分司制度下，检法断刑的官员无权过问审判事务，负责审判的官员也无权检法断刑，两司独立活动，不得互通信息，协商办案。这样“狱司推鞫，法司检断，各有司存，所以防奸也。”但同时也势必造成程序复杂、滞留狱案的不利后果。

2. 翻异别勘制度。翻异是指当事人推翻原来的口供。当事人翻异后，司法机关须重新审理，此称别勘。别勘包括别推和别移两种形式。由别的司法官重新审理，称别推。由别的司法机关重新审理，称别移。翻异别勘制度有利于防止冤案、错案，是宋统治者“慎刑”精神的体现。

（四）重视勘验制度

宋朝比较重视现场勘验。其设有专门的检验官，并规定了详细的《检验格目》和检验部位图（正背人形图）[③]。对现场勘验的重视，推动了法医学的发展。南宋时宋慈的《洗冤集录》是世界上第一部法医学专著，在明代被译为朝鲜、日本、法国、德国、荷兰等数国文字出版，时隔350多年以后，欧洲才出版了一本意大利人所著的法医学著作。

分析题：

熙宁元年八月，诏：“谋杀已伤，按问欲举，自首，从谋杀减二等论。”初，登州奏有妇阿云，母服中聘于韦，恶韦丑陋，谋杀不死。按问欲举，自首。审刑院、大理寺论死，用违律为婚奏裁，敕贷其死。知登州许遵奏，引律“因杀伤而自首，得免所因之罪，仍从故杀伤法”，以谋为所因，当用按问欲举条减二等。刑部定如审刑、大理。时遵方召判大理，御史台劾遵，而遵不伏，请下两制议。乃令翰林学士司马光、王安石同议，二人议不同，遂各为奏。光议是刑部，安石

① 《名公书判清明集》卷五。
② 《宋刑统》卷一三。
③ 《宋史·刑法志二》。

议是遵，诏从安石所议。而御史中丞滕甫犹请再选官定议，御史钱顗请罢遵大理，诏送翰林学士吕公著韩维、知制诰钱公辅重定。公著等议如安石，制曰“可”。于是法官齐恢、王师元、蔡冠卿等皆论奏公著等所议为不当。又诏安石与法官集议，反覆论难。

明年二月庚子，诏：“今后谋杀人自首，并奏听敕裁。”是月，除安石参知政事，于是奏以为：“律意，因犯杀伤而自首，得免所因之罪，仍从故杀伤法；若已杀，从故杀法，则为首者必死，不须奏裁；为从者自有编敕奏裁之文，不须复立新制。”与唐介等数争议帝前，卒从安石议。复诏：“自今并以去年七月诏书从事。”判刑部刘述等又请中书、枢密院合议，中丞吕诲、御史刘琦、钱顗皆请如述奏，下之二府。帝以为律文甚明，不须合议。而曾公亮等皆以博尽同异、厌塞言者为无伤，乃以众议付枢密院。文彦博以为：“杀伤者，欲杀而伤也，即已杀者不可首。”吕公弼以为：“杀伤于律不可首。请自今已杀伤依律，其从而加功自首，即奏裁。”陈升之、韩绛议与安石略同。会富弼入相，帝令弼议，而以疾病，久之弗议，至是乃决，而弼在告，不预也。

八年，尚书省言：“诸获盗，有已经杀人，及元犯强奸、强盗贷命断配之人，再犯捕获，有司例用知人欲告、或按问自首减免法。且律文自首减等断遣者，为其情非巨蠹，有改过自新之心。至于奸、盗，与余犯不同，难以例减。请强盗已杀人，并强奸或元犯强盗贷命，若持杖三人以上，知人欲告、按问欲举而自首，及因人首告应减者，并不在减等例。”初，王安石与司马光争议按问自首法，卒从安石议。至是，光为相，复申前议改焉。乃诏：“强盗按问欲举自首者，不用减等。”既而给事中范纯仁言：“熙宁按问欲举条并得原减，以容奸太多，元丰八年，别立条制。窃详已杀人、强奸，于法自不当首，不应更用按问减等。至于贷命及持杖强盗，亦不减等，深为太重。按《嘉祐编敕》：‘应犯罪之人，因疑被执，赃证未明，或徒党就擒，未被指说，但诘问便承，皆从律按问欲举首减之科。若已经诘问，隐拒本罪，不在首减之例。’此敕当理，当时用之，天下号为刑平。请于法不首者，自不得原减，其余取《嘉祐编敕》定断，则用法当情，上以广好生之德，下则无一夫不获之冤。”从之。①

根据上述阿云案材料，分析宋朝律敕之关系，思考“敕律之争”的本质是什么。

思考题：

1. 宋代的律敕关系。
2. 宋代保甲制度的特色。
3. 宋代刑罚制度的主要变化。
4. 宋代司法制度的主要特色。

---

① 《宋史·刑法志》。

第九章 辽金西夏元法律制度

导读：公元916年，契丹族耶律阿保机建立契丹国，公元947年，辽太宗改国号为辽，定都上京（今内蒙古巴左旗南），至1125年为金所灭，共210年历九帝。1115年女真族完颜阿骨打建立金国，先灭辽，后灭北宋，至1234年被元所灭，共120年历十帝。1038年李元昊称帝建国号大夏，因其位于西方，故又被称作“西夏”，至1227年蒙古灭西夏，共190年历10帝。1206年成吉思汗建立大蒙古国，1271年忽必烈改国号为元，建都大都（今北京），至1368年为明所灭，元顺帝北逃，从成吉思汗算起，共163年历十四帝。

辽金西夏元都是由游牧民族建立的政权，其制自然带有不同程度的民族歧视和民族分治的内容，但是在受到中原汉文化影响后，其法律又不可避免地受到汉族法律文化的影响，又呈现出不同程度的“汉化”特征。由此，这些政权的法律既受唐宋法律直接影响，又保留了浓烈的民族特色，因而也有了很多独具特色的特征。

本章应重点掌握辽金西夏元法律的民族性特征；西夏的《天盛改旧定新律令》；元代的主要立法活动；元代法律的民族不平等性等。

第一节 辽的法律制度

一、立法概况

辽朝是10至13世纪在我国北方广大地区以契丹族为主体建立的王朝。契丹在历史上是一个游牧民族，属鲜卑族的一支。唐朝末年，由于中原地区军阀混战，给了契丹向南扩张的机会，公元916年，契丹族首领耶律阿保机，自称皇帝，建元神册，建立了军事封建的辽朝。统治着北方各族人民。辽针对契丹族“渔猎以食，车马为家”，与汉人“耕嫁以食，城郭以居”的生产、生活方式不同，因此，辽统治者实行分而治之的政策，“官分南北，以国制待契丹，以汉制待汉人”①。神册六年（公元921年），辽太祖阿保机“乃诏大臣定契丹及诸夷之

① 《辽史·百官志》。

法，汉人则断以律令"①。"契丹及诸夷之法"实际上是对契丹诸游牧部落的习惯法进行编纂与整理，同年，耶律突吕不受诏撰《决狱法》，是辽朝第一部成文法。而律令则指唐律。

到第六代君主圣宗耶律隆绪即位时，契丹族基本上完成了从奴隶制到封建制的转变。辽圣宗在辽代历史上以"锐意于治"著称，他重视学习汉文化，为了改革法制，他命人翻译了唐、宋的律令，并在此基础上，对辽国现行的成文法律和习惯法进行了改革，以解决辽初蕃汉异治、贵蕃卑汉、用法不均的问题。太平七年（1027 年），制定《条制》，规定契丹人和汉人犯法"一等科之"，契丹人"犯十恶亦断以律"，从推进了辽代法律封建化的进程。在辽圣宗改革的基础上，辽兴宗耶律宗真于重熙五年（1036 年），命大臣萧德、耶律庶成等"纂修太祖以来法令，参以古制"，编成《重熙新定条制》547 条。这是辽的基本法典。其中确立了死、流、徒、杖四等刑罚，以及优待贵族的"八议"以逐渐取替太祖初年残酷的刑罚。辽代是有名的重刑王朝，据《辽书·刑法志》载，死刑方法有枭磔、生瘗（活埋）、射鬼箭、铁骨朵、投崖、钉割、脔杀等酷刑。枭磔、生瘗、钉割、脔杀均系古已有之，其余则为新创。射鬼箭乃乱箭射杀；投崖是将罪人抛至崖下摔死；铁骨朵是一种特制刑具，以八片熟铁打成，适用于盗窃等罪，五至七下即可毕命。从这时起，辽朝的法律虽仍保留奴隶制法的某些特点，但就基本性质而言，已经是封建制的法律了。

辽道宗耶律洪基于咸雍六年（1070 年），又以"契丹汉人风俗不同，国法不可异施"为由，对《重熙条制》进行了较大规模的修改，"凡合于律令者具载之，其不合者别存之"。共增订为 789 条②，名为《咸雍重修条例》。契丹的法律进一步汉化。道宗大安五年（1089 年），鉴于咸雍条制经多次编增，条文多达 1400 条，以至"条约既繁，典者不能遍习，愚民莫知所避，犯法者众，吏得因缘为奸"③。因此下令："复行旧法"，即继续适用《重熙条制》。

从辽朝立法活动的发展来看，有两个显著的特征：一是从"蕃汉异治"到"国法不可异施"，体现着民族融合的进程；二是由契丹本俗法向汉法转变与发展，从奴隶制法飞速跃进封建制法的进程。

二、辽国法制的主要内容

（一）刑事法律制度

契丹建国前后，只有谋叛和盗窃两项罪名，其后随着社会经济与政治的发展，刑法制度也逐渐完善，由于辽的法典已经失传，我们主要从《辽史》的记载来了解辽法的主要内容。

---

① 《辽史·刑法志》。
② 《辽史·刑法志》。
③ 《辽史·刑法志》。

辽初实行蕃汉异治，对契丹族和汉族实行同罪异罚原则。在经过圣宗、道宗的改制后，辽的法律开始吸收汉族法律文化的内容，民族异治有所缓解，同时开始了法律的汉化，其中最具代表性的事件就是原来只适用于汉人的“十恶”，在辽圣宗统和十二年（公元994年）开始适用于契丹人。这一时期辽律的内容得到很大发展，除了十恶，盗窃外，罪名制度得到较大发展，枉法受赇罪、职事官犯罪、走私罪、伪学御书、强掠人为妻罪、宿卫失职罪、自坏铠甲罪等涉及职制、军事、经济、刑事等方面的罪名。

辽的法定刑分四等：死、流、徒、杖。[1] 和中原的笞、杖、徒、流、死五等不同。尽管辽统治者在刑制改革中借鉴了汉族刑制，但是又保留了大量本族的传统习惯，刑罚比较残酷野蛮。比如在死刑中创设了凌迟刑，沈家本评价说：“凌迟之刑，始见于此，古无有也。”[2] 此外还有生瘗（活埋）、射鬼箭、铁骨朵等刑。另外辽朝还有籍没之法，即收犯人的家属人瓦里，也就是将犯人家属没为官奴，圣宗前，汉人殴契丹人死则本人处死，家属没为奴婢，就是籍没之法的实践。

（二）司法制度

辽的司法制度同样也经历了一个汉化的过程，辽建国后在中央设置“夷离毕”作为专职法官，同时在分管契丹和汉人的北院和南院分别设置兵刑房，主管司法。到圣宗改制后，依照汉制在中央设置大理寺、刑部和御史台等司法机关。

在诉讼制度上，辽太祖时期设有钟院，当事人不服判决可以到此上诉，到圣宗时又设置了登闻鼓院和匦院，允许直诉。

（三）治安管理

辽朝在京畿地区创立了警察的专门机关——警巡院，金元一直沿设。辽代地方行政制度很特别，境内五京列峙，都算京畿。一是上京临横府，二是中京大定府，三是东京辽阳府，四是南京幽州府，五是西京大同府，辽代五京地区为全国政治经济的重心，特创设警巡院专管五京的治安，其长官称某京警巡使，某京警巡副使。辽代设官分北面官、南面官，与汉族官职分左右相似。叶隆礼《契丹国志》载：“北面在牙帐之北，以主番事，南面在牙帐之南，以主汉事”，警巡院属南面官系统。

地方治安任务，为行政官所兼掌。南面州官设有节度使、观察使，团练司、防御史，州刺史等职；县令，丞之下的“尉”是主要负治安之责的官吏。

① 《辽史·刑法志》。
② 《历代刑法考》。

第二节 金的法律制度

一、立法概况

1115年，北方的女真族首领完颜阿骨打建立了金国，并于1125年灭了辽国，随后又南下灭了北宋，并将其疆域扩展至淮河以北的广大地区，成为与南宋时峙的一个少数民族政权。女真族于建国前经历了长期由习俗、习惯法统治的时期。建国篦初，法制简易；“无轻重贵贱之别，刑、赎并行。”依当时习惯法，“轻者笞以柳蒺，杀人及盗劫者，击其脑杀之，没其家赀”，并以家人为奴婢，欲赎者从之。重罪也可赎，但须劓、刵刑。12世纪，金进入中原后，金政权这个从部落形式迅猛发展起来的奴隶制政权，跃进到了封建专制时代，开始了活跃的立法活动。

金熙宗皇统年间（1141年至1149年），以女真习惯法为基础，“兼采隋、唐之制，参辽、宋之法”，制定了《皇统制》，这是金国第一部成文法律。皇统九年（1149年），海陵王完颜亮夺取帝位以后，“又多变易旧制”，于正隆年间，制定率意更改、轻重不一的《续降制书》，与《皇统制》并行。被称作“小尧舜”的金世宗完颜雍即位以后，十分重视立法，力图改革法令不一的混乱状态。大定十七年（1177年）设立专门立法机构，由大理寺卿负责，召集精通法律的人士共同参与，以《皇统制》、《续降制书》（《军前权宜条例》）等为基础进行系统的整理、删改，历时五年，最后完成《大定重修条例》，分12卷，共计1190条。这是金朝建国以来最大的一次立法活动。经过这次法律修订，金国的法律基本上实现了汉化。

金章宗完颜璟是一位彻底推行汉化的皇帝，在明昌元年（1190年）设置详定所作为审定法律的专门机构，命审定律令。明昌五年（1194年），详定所用令制条，参酌时宜，准律文修定，历采前代刑书宜于今者，以补遗阙，取刑统疏文以释之，著为常法，名为《明昌律义》。别编榷货、边部、权宜等事，集为《敕条》[①]。泰和二年（1202年），历经数年修订而成的《泰和律条敕条格式》颁行，这是金朝最具代表性的法典。

二、金国法制的主要内容

（一）刑事法律

金朝立法在建立王朝一百年后才达到统一和完善。值得注意的是，金朝律令

① 《金史·刑志》。

不禁奴婢告主和卑幼告尊长的规定，在中国古代法制史上颇具特色。中原法律基于儒家伦常观念的“同居相为隐”原则限制家族成员之间告诉权，都禁止卑幼告尊长和奴婢告主，唯有金律例外。究其原因，在深层次上，是女真游牧部族人际关系相对平等的传统，而更直接的原因则是金朝当权者出于巩固自己统治地位的现实考虑。金朝战乱频繁，政局动荡。统治集团内部派系林立，权力倾轧剧烈，金代共历十帝，仅在位皇帝就有三人被政敌谋杀。故最高统治者不得不时时注视政敌的动向，防范其不轨活动。另外，金朝也未遵循中原传统的嫡长子继承制。海陵王、世宗、宣帝三帝还是通过政变或利用政变后的混乱局面上台的。“法统”不正使最高统治者对谋反、叛逆言行极为敏感，为消除一切可能危及皇权的隐患煞费苦心。鼓励告奸是防止皇权旁落，消弭反叛，巩固帝位最有效的措施之一。家奴与其主人朝夕相处，对主人的所作所为了如指掌。听任和利用家奴检举、告发主人违法不轨行为，无疑有助于及时打击犯罪活动，维护统治。

金朝刑制基本沿袭唐宋时期的五刑制度，但在具体内容上有所变化。其中笞、杖刑的规定和唐宋律相同，都为五等，但是其赎铜数量则比唐宋多了一倍。徒刑分七等，增加了四年和五年两个刑等，同时被判处徒刑的还要根据刑等决以不等的杖数。

金朝法律与辽国比，在汉化程度上大大加深，到金后期时，其法制水平已经明显提高，开始全面汉化。

（二）治安管理制度

金代警察机构承袭辽五京之制，扩而为六：太祖阿骨打建国时，建都会宁府（今黑龙江省阿城县南的白城）。金夺取了辽的五京，沿用其旧称，共计六京。诸京设警巡院以管理京师治安。警巡院的设官分职，据《金史·百官三》的记载是：“使一员，正六品，掌平理狱讼。警察别部，总判院事。副一员（东、西、北、上京无副使），从七品，掌警巡之事。判官二员，正九品，掌检稽失，签判院事。”

金代地方官吏中诸府、节镇有录事司，置录事一员，判官一员，掌同警巡使；县在县令之下设“尉”；专掌巡捕盗贼，为直接掌管治安工作的官吏。金还沿袭北宋而设专司治安的诸巡检，分为都巡检使和散巡检两种，掌巡检盗贼。金代的基层治安工作，实行保伍制度。《金史·食货志》“户口”条记载：“泰和六年，上以旧定保伍法，有司灭裂不行，其令结保，有匿奸细、盗贼者连坐。宰臣谓旧以五家为保，恐人易为计拘而难觉察，遂令从唐制，五家为邻，五邻为保，以相检察。京府州县郭下则置坊正，村社则随户众寡为乡置里正，以按比户口，催督赋役，劝课农桑。村社三百户以上则设主首四人，二百人以上为三人，五十户以上二人，以下一人；以佐里正禁察非违。置壮丁，以佐主首巡警盗贼。”

第三节 西夏的法律制度

一、立法概况

西夏是由党项民族建立的国家。从唐末开始，经五代到北宋，党项拓跋氏均以中原王朝节度使的身份统辖以夏州（今陕西横山）为中心的五州之地。经过李继迁（元昊之祖父）、李德明（元昊之父）两代人的艰苦努力，实施依辽和宋、用兵吐蕃与回鹘的战略，控制了河西走廊。李元昊继位后积极对宋用兵，于1038年称帝，国号大夏，史称西夏。

西夏立国后一面采择宋制建立官职，一面又设党项官，两个系统并列。同时也有了司法官，开始了法律制度的建设。但由于史料的匮乏，其建国之初的具体立法举措已经不得而知①。但据后来发现的法典残卷来看，西夏建国基本仿制宋法，已经具有一定规模。其在崇宗年间已经制定了具有军法性质的《贞观玉镜统》，在仁宗年间制定了《天盛改旧新定律令》，神宗年间制定了《新法》，其中最为重要的是《天盛改旧新定律令》（以下简称《天盛律令》）。

《天盛律令》是西夏仁宗天盛年间制定和颁发的一部国家法典，是目前可知的第一部用少数民族文字印行的法典。共20卷，分为150门，共1461条，其内容庞大，包括了刑事法、民事法、行政法、诉讼法、军法等内容，在编纂体例上吸收了唐宋法典编纂的经验但又有所创新，通过围绕刑律列出与各条刑律有关的令文，形成律令汇编形式的法典。其编排有分卷，但没有设篇，在卷下直接设门，且无卷名。法律内容上吸收了“八议”、“十恶”、“官当”等制度，但只是作为门存在，而不是作为总则放在篇首。《天盛律令》卷下分门，门下设条，各卷条款全是具体的法律条文，没有附加的注疏，也没有格、式、敕等内容，书写格式清晰，一目了然。从具体法律规定来看，《天盛律令》在借鉴吸收了宋法的情况下，又大量保留了党项族原有的习惯法内容，形成了自身的特色。

二、西夏法制的主要内容

（一）刑事法律制度

西夏刑法受唐宋律影响较深，唐宋法律中的一些原则、罪名也被西夏所用，如“八议”、“十恶”等。同时西夏也结合了本民族的需求和习惯，进行了一定变革，体现了自己的特点，如虽然有“八议”的制度，但是叫法不同，分为议

---

① 元代为宋、辽、金都修有正史，但独不及西夏，西夏为蒙古所灭的时候，其文物典籍也遭到严重破坏，故西夏法制研究长期以来只能依赖旁史的零散记载。直到黑水城西夏文献的出土，为西夏法律研究提供了宝贵史料。

亲、故人、智人、善能、有功、尊上、勇勤、宾客。

体现了游牧骑战民族的特色，如法律中规定了盗杀牲畜的犯罪，规定未经官府同意，擅自屠杀自己所有的牛、骆驼、马等牲畜的，不论大小，杀一头要徒四年，杀二头要徒五年，杀三头以上要徒六年。如果是盗杀五服内亲属的，则一头要徒五年，二头徒六年，三头以上要徒八年。体现了对畜牧业的特殊保护。

在刑罚制度上，虽然也有“五刑”制度，但与唐宋律中的“五刑”完全不同，分为杖刑、短期徒刑、长期徒刑、无期徒刑、死刑五等。其中杖刑四等：七、八、十、十三；短期徒刑八等：三个月、六个月、一年、二年、三年、四年、五年、六年；长期徒刑分三等：八年、十年、十二年；无期徒刑则需要服役十三年，期满后须继续留在服役地；死刑分绞、斩。赎刑时可以选用罚马，也体现了游牧民族的特色。此外还可以在杖刑时，折换成次数较多的细杖。

（二）治安管理制度

西夏的政权机构大体上都是模仿宋朝设置，因此设置有“开封府”掌管京师之安宁，实际上就是都成兴庆府的主官，在其下设置有六曹和左右军巡使、左右厢公事干等官，维持京师治安。设有飞龙院，是专职的治安机关，“专防护宫城，警捕盗贼”①，后来还增设了十六司，如经略司、正统司、皇城司、巡检司等，主要也是负责警卫和治安工作。

地方上西夏实行全民皆兵制，因此地方治安管理也实行军民一体，西夏把全国划分为十二个地方军区，各设置有监军司，负责军区内的治安管理工作。

第四节　元的法律制度

一、立法概况

元朝的立法，经历了从蒙古部落时期到蒙古国时期，再到元朝建立以后这样一个复杂的过程。

（一）《大札撒》的制定

古代蒙古部落首领对众发布的命令称为“札撒”。它来源于蒙古社会长期历史发展过程中形成的种种社会习惯或行为规范（蒙古叫“约孙”，元代通常译为“体例”），1219 年，成吉思汗召集大会，“重新确定了训言、札撒和古来的体例”，② 用蒙古文记录，称为《大札撒》。《大札撒》的原文已经佚失。在一些史籍中，保存了《大札撒》的片段。从这些内容可以看出，《大札撒》实际上是一些习惯法的汇编。其特点一是刑罚严酷，大量适用死刑；二是反映了蒙古法的原

---

① 《西夏书事》卷一一。
② 余大均译：《史集》（第 1 卷第 2 册），商务印书馆 1983 年版，第 197 页。

始性，将一些涉及风俗习惯和迷信禁忌的规定也收入了法条之中。

（二）蒙古国建立以后的立法

蒙古国建立后，为了适应巩固统治政权的需要，成吉思汗采纳了金国降将郭宝玉的“建国之初，宜颁新令”的建议，制定并颁布了《条画五章》“凡出军不得妄杀，刑狱惟重罪处死，其余杂犯量情笞决；僧道无益于国有损于民者禁之”等。是元朝的“一代法制之始。”[①] 1230 年，蒙古新汗窝阔台命耶律楚材修订《便宜十八事》，诏颁天下。1260 年，忽必烈（史称元世祖）继承王位后，加速了本民族法律封建化的进程，曾用金朝的《泰和律》来治理蒙古国。

（三）元朝建立后的主要法律

1.《至元新格》。据《元史·世祖本纪》记载：世祖建元后，于至元八年（1271 年）下令禁用金《泰和律》。至至元二十八年（1291 年），又将历年所颁格例按“公规、治民、御盗、理财等十事辑为一书”，史称《至元新格》，是元代第一部成文法典。

2.《风宪宏纲》。“风宪”一词原为各级行政官员应当加以遵守的道德风范与相应的监察法规。《元史·刑法志》称：仁宗之时，又以格例条画有关风纪者，类集成书，号曰《风宪宏纲》，这是一部有关朝廷纲纪和吏治的法规。其部分内容在明朝的《永乐大典》中得以保存，成为我们研究元朝有关行政管理及监察规定的重要文献。

3.《大元通制》。这部法典是元英宗至治三年（1323 年）以《风宪宏纲》为基础制定的元朝规模最大、最为完备、系统的封建法典，是元朝法律的代表作。《大元通制》共 2539 条，由四部分组成。诏制（即“不依格例而裁之自上者也”相当于“编敕”）94 条；条格（即由皇帝裁定，或中枢机关颁发至下属机关的政令，主要是有关民事、行政、财政等方面的法规）2151 条；断例（即断案通例，定罪量刑的标准，是经皇帝或司法官所判案件的成例，多属刑事法规）717 条；令类 577 条。《大元通制》不是一部唐宋律那样的成文法典，而是一部法规和判例的汇编，是成文法和判例法的结合。

4.《元典章》。元英宗至治二年（1322 年），出现了不是中央政府制定的，而是由地方政府收集了元世祖以来 50 多年间，有关政治、经济、军事、法律等方面的圣旨、条画的汇编而成的《大元圣政国朝典章》（以下简称《元典章》）分前集和新集。《元典章》收录当时原始法律令及判断文献，其史料价值很高。其编排仿照《唐六典》以六部职掌分列法条的体例，对明清会典有很大影响。

5.《至正条格》。这部法典是元末顺帝至正六年（1346 年）颁行的元朝最后的一部法典，这部法典基本沿袭了《大元通制》，计 2900 多条。

---

① 柯劭：《新元史·刑法志》。

二、法律制度的主要内容与特点

元朝是蒙古族凭借军事力量征服建立的国家，它的法制在“汉化”过程中，又以征服亚、欧大陆的统率者自居，怀有强烈的民族优越感，对待各民族人民，在法律制度上十分明确地提出了强烈的民族不平等的立法原则。并且确立了佛教僧侣在法律上的特殊地位。元朝出现了特异的新的等级制度——民族等级和僧俗等级，形成了元朝独具特色的法律制度。

（一）民族等级

元初，依据不同民族将民众的社会地位划分为四等：蒙古人（头等、高贵的民族，最优越的人）；色目人（西夏、回回、“西域”各少数民族，这是第二等人）；汉人（实际包括原金国统治下的汉人、女真人、契丹人）；南人（原南宋统治区域的汉人及西南地区各少数民族，这是第四等人，最下贱的人）。根据这种划分，施行野蛮的民族歧视和民族压迫。

1. 在行政法律规定上，保证官署控制在以蒙古人为首的统治集团手中。到元朝时，中央机构又有一些变化。比较重大的，是正式将三省改为中书一省，其长官为中书令，除由太子担任外不授外人；其下为右丞相和左丞相，再下为平章政事、右丞和左丞、参知政事。从中书令至参知政事皆称丞相。但一般汉人只能任平章政事，色目人可以做左丞相，而右丞相照例应由蒙古人担任。这样，隋唐曾辉煌一时的三省制度，在加强君权的一系列冲击下被归为一省。在职官的任用上，各级行政机关——路、府、州、县的行政长官之上设一个“达鲁花赤”（大意为“总监”）作为最高统治者，由蒙古人担任，在确无适当人选时，可以遴选出身高贵的色目人担任“达鲁花赤”，但汉人、南人则绝对不能担任这个重要职务。倘有汉人、南人投靠蒙古贵族，改名换姓，冒充蒙古人，做了“达鲁花赤”，一经查出，即以“违制”论罪，可以处极刑。元朝选官的重要途经仍为科举，在科举考试方面蒙古人、色目人分为一组，只考两场，汉人、南人分为一组，另辟考场，要考三场。而且同样是科举出身，汉人、南人还要降级使用。

2. 颁布了大量禁令对汉人、南人进行了诸多的限制和防范。例如，严禁汉人、南人私造、私藏武器，违者处死；私藏全副铁甲服装的，也要处死刑；严禁汉人、南人集会结社，至于集众作佛事、鸣锣击鼓、迎赛神社、演唱词话、教习杂戏等活动也一律禁止，违者分等处笞、杖、徒刑；实行夜禁，特别是江南之地，夜晚居民不许点灯、不许闭户、违者处笞刑；等等。元律还一改唐、宋律关于“诬告谋反者反坐”的规定，对诬告他人谋反的人不实行“反坐”，纵容诬告谋反者。

3. 定罪量刑上同罪异罚。元代规定宗室及蒙古人案件，由中央大宗正府专门负责。汉人、南人诉案归刑部，且审判机关的正官亦由蒙古人担任。遇有蒙古人与汉人纠纷案件，多偏袒蒙古人。在法律上明定蒙古人犯罪与汉人同罪异罚。

例如，犯窃盗罪，南人刺额，汉人刺臂（初犯刺左臂，再犯刺右臂，三犯刺项）；而色目人、蒙古人“不在刺字之条”，即便是犯强盗罪，也免刺。如果官吏误将蒙古人刺字，要受杖刑或被撤销职务。蒙古人因争斗或酒醉打死汉人，只是“断罚出征，并全征烧埋银（丧葬费）”。反之在同样情况下，汉人若打死蒙古人，则一律处死并付烧埋银。蒙古人殴打汉人，汉人不能还手，只能“诉于有司”；蒙古人犯罪还享有许多其他特权。例如，蒙古人犯罪，一般不得拷掠、监禁和戴刑具；只有犯了死罪才“监禁依常法”，但“有司勿得拷掠，仍日给饮食”，使之在监狱中也享有特殊的优待。

（二）僧俗等级

蒙古民族崇尚宗教，元朝建立以后，尤尊佛、道二教，并以喇嘛教为国教。元世祖时，封佛教领袖八思巴为国师，后又晋升为帝师，统领全国佛教，他的法旨在西土地区（今西藏、青海一带）与皇帝诏敕并行。僧侣享有法律特权，为特殊的社会阶层。

1. 元朝佛教管理机关宣政院（原名总制院、功德使司）与中书省、枢密院平级。元朝在各路设有行宣政院，既是宗教管理机关，也是最高的宗教审判机关。一切有关宗教，涉及僧侣的案件，概由宣政院审理，并且司法监察机关御史台无权监督宣政院。

2. 元朝法律对寺庙僧侣的财产所有权给予严格保护。元朝的寺庙不仅是供佛诵经之所，同时也是强有力的经济实体。元朝寺庙占有大量的土地和劳动力，其土地的主要来源之一是皇帝“赐田”，此外有些寺庙还利用其特殊地位，强夺民田，兼并土地。而且许多寺庙都有皇帝颁赐的“护持”诏书，僧、尼可凭此享有免除赋税、徭役的特权。

3. 佛教首领经常以修佛事为名干预封建国家权力。《新元史·刑法志》：“赦令历代所同，独以修佛事而释重囚，则惟蒙古有之。”元朝以前的封建王朝出于缓和社会矛盾的意图，通常由皇帝采取大赦的形式，释放对统治阶级危害不大的在押囚犯，以此标榜自己的“德政”、“仁政”，但具体适用时都比较慎重。而在元朝，宗教首领以所谓“放生”而“祈福”为名，随意释放重罪囚犯，乃至死囚。据《新元史·刑法志》记载，从元贞元年（1295 年）到至顺二年（1331 年）的 36 年间，因国师奏请释放罪囚 567 名，其中释放死刑犯 181 名。实际上，国师常借修佛事释放重囚，以收受贿赂，谋取奸利、干预司法。

（三）元朝的治安管理制度

在蒙古族占领中原地区后，为了建立适合统治中原的治安法律制度，在治安防范观念上，元中书令耶律楚材极力主张改变蒙古人的崇尚杀伐的观念，提倡用儒术，施教化，防未患。“欲治其国，先正其心，未有心正而天下不治者也。”“以儒治国，以佛治心。”① 耶律楚材将仁义教化比作“膏粱”，刑事惩罚比作

① 《湛然居士文集·寄万松老人书》。

“药石”，在治安防控中须针对性地予以运用。“高君略启口，确论闻未尝；医术与治道，二者元一方，武事类药石，文事如膏粱，膏粱日日用，药石藏箱中。一朝有急疾，药石施锋芒；病愈速藏药，膏粱复如常。”

在治安机构上，元代的宫廷宿卫，在元世祖时有五卫之设。京师的宿卫军，其用处甚多，用于大朝会，就叫围宿军；用于大祭祀，就叫仪仗军；皇帝车驾巡行时扈从，则叫扈从军；守护皇帝帑藏的，则叫看守军；在夜间警卫的，则叫巡逻军，每年漕运至京师用以弹压的，则叫弹压军。元代以大都为京师，上都为其旧部。专门负责京师治安工作的机构是沿辽、金而设的警巡院。上都设警巡院，归上都留守司兼本路都总管府管辖。有达鲁花赤一员，警巡使一员，副使二员，司吏八人。大都设左、右警巡二院。至元六年（1269 年）设置，归大都路总管府管辖。大德九年（1305 年）又设置“大都警巡院”，管理都城之南的治安。另外，元代设大都路兵马都指挥使司，掌京城盗贼奸伪鞫捕之事，设都指挥使，副指挥使为主官，知事及提控察牍为事务官。明代沿袭其制，改为中、东、西、南、北城兵马指挥司。大都以丽正门为界，以西为宛平县治，以东为大兴县治。各有县尉一员，兼管治安之事。至元二十一年（1284 年）又置“东关厢巡检司”“西北关厢检司”“南关厢巡检司”，各有巡检三员，司吏一人，掌巡捕盗贼奸宄之事。

元代地方治安工作由行政机关兼理。上、下路总管府设达鲁花赤、总管（上路正三品，下路从三品）掌一路之政。散府设达鲁花赤、府尹，掌管府事。上、中、下诸州设达鲁花赤，州尹（上州从四品，中州正五品、下州从五品）掌管州事。上、中、下诸县设达鲁花赤、县尹（上县从六品，中县正七品，下县从七品）掌管县事。诸路总管府中与治安有关的机关为录事司，不立路的散府，则不置录事司，以判官兼理捕盗之事。诸县有“尉”一职，主捕盗之事。又元代于诸县设典史一员，以掌狱囚，如无县丞、主簿，则典史兼任县署的事务官。诸县又各有巡检司之设，置巡检员一员，巡察治安事项。元代基层治安工作仍旧保留了金代的里正、主首制度。又在乡里推行社疃组织。“诸县所属村疃，凡五十家立为一社，不以是何诸色人等并行入社。令社众推举年高晓农事有兼丁（家有男子二人以上）者立为社长。如一村五十家以上，只为一社。增至百家者，另设社长一员。如不及五十家者，与附近村分相并为一社。若地远人稀不能相并者，斟酌各处地面，各村自为一社者听，或三村或五村并为一社，仍于酌中村内选立社长。”①

这样，在自然村基础之上编立的社，便成为严密的地方基层组织，元制将金代里正“劝课农桑”一责划分出来，专由社长承担，成为社的中心任务。在社制的实行过程中，由于社长设于村庄，里正则设于乡都，里正与社长的关系实际上便成为上下级关系。

---

① 《元典章》卷二三，“劝农立社事理”条。

三、司法制度

（一）司法机关

1. 中央司法机关。元在中央设有大宗正府、刑部、御史台、宣政院等司法机关，各执掌有关方面的审判活动。此外，中书省、枢密院、中政院等也从不同方面掌握一定的司法审判权。

（1）宗正府：审理蒙古、色目人和宗室案件。与中书省、枢密院并列，不受御史台监察，成为蒙古王公垄断的中央审判机关。（2）刑部：自隋至宋，刑部一直是中央复核刑案的机关。但元朝取消了大理寺，其部分职权归于刑部。刑部则兼有复核刑案和审理刑案两种职能。（3）御史台：元朝中央监察机关，由于废大理寺，唐宋时期原大理寺与刑部之间监督制约权归御史台。御史台监察司法权得以扩大和加强。（4）宣政院：是宗教管理和宗教审理的最高专门机关。负责审理重大的僧侣案件和僧俗纠纷案件。（5）枢密院与中书省：同掌军政大计，同时负责审理涉军事机密的重要案件。（6）中政院：除负责供应皇室外，还有权审理宫内皇族与侍官、侍卫、侍从的违法犯罪的案件。

从元朝中央司法机关的设置看，各司法机构交错重叠，而且军、政、宗教等各部门同时兼理司法，各机构各领其事，“不相统摄”，造成元朝司法机关的多重建制，严重影响了司法权的统一行使，助长了审判的随意性和擅断性，如元代著名戏剧家关汉卿借窦娥之口，控诉元司法的昏暗。

2. 地方司法机关。在地方，元朝继续实行司法与行政合一的体制。其行省、路及直隶府（州）、散府（散州）、县四级的司法，由同级的行政长官兼理。行省的司法，由行政长官丞相兼理，并设“理问所”专理。州以上为路，各路设推官专掌诉讼。路上设省，省设肃政廉防司使，监督各路司法。元在基层乡里设有“社”，社长对于不听父母教导，为人凶恶者，大书其过于门，改正以后再去掉，如终岁不改，罚在本社服劳役。

（二）诉讼制度的变化

1. 在法典上独立成篇。元朝以前的法律，没有规定“诉讼”的专篇，但至元代已独立成篇。元代诉讼篇与唐律的《斗讼》、《断狱》相比，有两点新变化：（1）民事诉讼与刑事诉讼，程序法与实体法已出现了初步分离的趋势，如对民事诉讼当事人一般不得羁押，军官巡检不得受理民事案件。刑事案件由各级推官审理，民事案件由正官专门审理。（2）规定了一套颇为严格的诉讼制度，如“诉状”的格式，老年少幼残疾之人的代诉等。

2. 诉讼代理制度的出现。近人徐朝阳说：“一般人民许与代理诉讼者，殆自元代始，”[①] 元朝民事代理制度日趋定型，在中国民事诉讼制度史上具有重要意

① 徐朝阳：《中国诉讼法溯源》。

义。据《元史·刑法志·诉讼》载：元朝代理只适用于两类人，女子无代理权。

(1)“诸老废笃疾、事须争诉，止令同居亲属深知本末者代之。”这是矜恤其年老或有疾而不便赴官，自诉能力有限，故许代理。但若遇有“谋反大逆，子孙不孝，为同居所侵侮，必须自陈者，听”，也不限制自诉权。

(2)“诸致仕、得代官，不得已与齐民讼，许其亲属家人代诉，所司毋侵扰之。”这是为退休官员、暂时离任而无官员身份之人免于对簿公堂而设立的一种特权，并要求官府不得“侵扰”其本人。

(3)“诸妇人辄代男子告辩争论者，禁之。”元女子仍无一般的诉权，代理权自然无法享有。

分析题：

至元九年十月，中书兵部来申郑窝窝状招：兄郑奴奴，至元五年身死，抛下嫂王银银并侄社社同居，窝窝未曾娶妻，嫂王银银亦为年小，守寡相从……省部照得至元八年十二月钦奉圣旨：节该小娘根底，阿嫂根底，收者么道。钦此。仰钦依圣旨事意……将王银银吩咐郑窝窝收续为妻。①

大德八年五月，中书省枢密院呈：蒙古军驱王火你赤病故，其妻张秀儿守服六年，有本使菊米粮子将秀儿强要配与火你赤亲侄王保儿为妻。礼部议得：王火你赤妻张秀儿服制已满，其侄王保儿欲行收继，虽系蒙古军驱，终是有姓汉人，侄收婶母，浊乱大伦，拟合禁止。省准。②

（至顺元年九月己亥）敕：“诸人非其本俗，敢有弟收其嫂，子收庶母者，坐罪。”③

结合上述材料，分析元朝法律的民族异制特点。

思考题：

1. 试述西夏《天盛改旧新定律令》的特点。
2. 简述辽、金的立法概况。
3. 简述元代法律的民族压迫和民族歧视特点。
4. 简述元代法律中的僧侣特权法。
5. 简述元代诉讼中的回避和代诉制度。

① 《元典章》卷一八。
② 《通制条格》卷三。
③ 《元史·文宗本纪》。

第十章 明朝法律制度

导读：蒙古贵族的残暴统治引发了元末以红巾军为代表的全国性农民大起义。1368 年，身为红巾军领袖之一的朱元璋在应天（今南京）称帝，国号明，建元“洪武”，后明成祖朱棣改都北京，至 1644 年明朝被农民起义军推翻，历经十六个皇帝共 276 年统治。

明朝处于中国封建社会的后期，政治上君主专制制度高度发展，中央集权模式有了新的变化；经济上则在两宋基础上取得了新的进展，出现了资本主义生产关系的萌芽。这些变化，在明朝的法律制度中都得以充分反映：立法技术提高，新的法典编纂形式出现，强调重典治国原则；法律规范内容得以丰富，在行政上加强中央集权下的君主专制，在刑事上采取“重典治吏”和“轻轻重重”的原则，在民事、经济领域加强对商业活动的调控；司法制度改革，加强中央控制，完善了会审制度，出现了厂卫特务机构干预司法。

本章应重点掌握明朝立法思想的变化；以维护君主专制中央集权制度为中心进行的改革及其变化；“重其重罪，轻其轻罪”的刑法制度；民事立法的新发展；厂卫特务司法对法制的影响。

第一节 立法思想与立法概况

朱元璋在建国之际即着手法制建设，在总结历史经验教训的基础上形成了明朝的立法指导思想：鉴元制，“以猛治国”，主张重典治国；遵唐制，“仿古为治”，力求礼刑并用。先后制颁具有封建社会后期特点的《大明律》、《明大诰》和《明会典》等法律。

一、明朝的立法指导思想

（一）重典治国，强化封建中央集权

明朝是在元末农民大起义后建立起统治的，“起自寒微”的太祖朱元璋总结了两宋以来加强中央集权的经验，反思了元末中央集权削弱的教训，认为正是由于“朝廷暗弱”、“威福下移”，从而导致法制败坏，纲纪废弛，官吏贪腐，社会动荡。面对明初社会经济凋零，官员吏治腐败，农民起义仍不断发生的情形，朱元璋认为他所处的时代仍属于“乱世”。所以他根据自西周以来形成的“三国三

典”原则[①]，主张“吾治乱世，刑不得不重”[②]，在此基础上提出重典治吏和重典治民两个方面的要求，并把重典治吏作为治国的重点。

1. 重典治吏。朱元璋深知治吏在治国中的重要性，深谙“明主治吏不治民”的深刻道理。另外朱元璋出身寒微，长期生活在社会底层，目睹并感受到贪官污吏扰民害民是激起民变的重要原因。他曾告谕群臣说：“从前我在民间时，见州县官吏多不恤民，往往贪财好色，饮酒废事，凡民疾苦，视之漠然，心里恨透了。如今要平之法禁，凡遇官吏贪污蠹害百姓的，决不宽恕”。[③] 当然朱元璋强调“重典治吏”，不仅仅是为了稳定社会秩序，更重要的是为了强化中央集权的君主专制制度，通过“惩创奸顽”，使得“事权归于朝廷”，以实现皇帝的“乾坤独断”。

重典治吏首先体现为以严刑酷法打击不法官吏。重典主要体现在两个方面：打击范围宽广，不区分贪枉还是失职，重臣还是小吏；处罚十分严酷，甚至不惜法外用刑。洪武九年（1376 年）“空印（预先在空白文书上加盖官印的官场陋习）案”，逮捕数百官吏。洪武十八年（1385 年），户部侍郎郭桓与北平二司官吏通同舞弊，吞盗官粮，被告发，此案六部侍郎以下数百人均处死刑，因受牵连入狱的各直省官吏数万人，追赃达七百万石。明太祖甚至还采用“剥皮实草”的酷刑处罚贪官污吏。明初统治者虽然号称恢复汉唐传统，但在官吏优抚方面却取消了“官当”、“除免”等优待官吏的制度。

其次，朱元璋“重典治吏”还有一用心，即防止臣下结党威胁皇位。《大明律》中，特别增设了汉唐宋元刑法中所未有的“奸党”罪。清末律学家兼刑部尚书薛允升，在唐、明律比较中指出：奸党等条，“皆洪武年间增定者也。明祖猜忌臣下无弊不防，所定之律亦苛刻显著，迥不相同”，“只知尊君，不知礼臣”，“凡所以防臣下之揽权专擅，交结党援者，固已不遗余力矣。”[④] 洪武年间，宰相胡惟庸与凉国公蓝玉两案，坐奸党罪被杀的文武官吏及其亲属，达四五万人之多，“当时公侯宿将坐奸党，先后丽法，稀得免者”[⑤]。明成祖朱棣以奸党之名，大肆屠杀建文帝的近臣，“多者三族，少着一族，而方孝孺被族，先及母族、妻族，九族既戮，皆不从，又把朋友、门生等为一族”[⑥]。以后历朝以奸党诛杀大臣之事，史不绝书。用严刑峻法来惩治贪赃官吏，只能收效于一时，不可能改变封建专制集权的本性，也不可能根治封建社会肌体上官吏贪赃枉法的痼疾。朱元璋曾不解地说：“我欲除贪赃官吏，奈何朝杀而暮犯”。[⑦] 另外“重典治吏”政策相当程度上造成了统治阶级内部混乱，洪武年间，文武百官上朝时有“两

---

① 《周礼·秋官·司寇》：“刑新国用轻典，刑平国用中典，刑乱国用重典。”
② 《明史·刑法志》。
③ 《明太祖实录》卷三九。
④ 《唐明律合编》。
⑤ 《明史·汤和传》。
⑥ 《明史纪事本末》。
⑦ 刘辰：《国初事迹》。

怕”：一怕朱元璋的玉带；二怕御史官的绯衣。朱元璋上朝时若将玉带高挂在胸前，上朝的百官便一块石头落了地，皇上今天情绪不错，没有什么大碍。若是朱元璋将玉带揿在肚皮下面，文武百官则个个噤若寒蝉，胆战心惊，因为这是朱元璋要下决心大开杀戒的预兆，当天准有大批官员掉脑袋。而监察都御史上朝时要是穿上绯衣，便意味着在皇上面前要弹劾官员，指不定轮上谁倒霉。所以，文武百官上朝时格外留神“玉带”和“绯衣”这两件东西，只要有其中一件出现，上朝的官吏无不战战兢兢，心惊肉跳。“明初惩元季纵弛，特用重典驭下，稍有触犯，刀锯随之，时京官每旦入朝，必与妻子诀，及暮无事则相庆，以为又活一日。法令如此，故人皆重足而立，不敢纵肆。”① 由于君臣关系紧张，皇帝转而信任家臣——太监，皇帝自己倒逐步成为深居宫中的孤家寡人。特别是由太监掌握的锦衣卫、东厂和西厂等特务组织的出现和横行，排挤了司法机关的地位，使明代司法制度日趋黑暗，社会矛盾逐渐尖锐，震撼了明王朝的统治。

2. 重典治民。朱元璋强调“重典治吏”，同时也丝毫没有放弃“治民”的工作，只是其“重典治民”的侧重点在于镇压胆敢“犯上作乱”的民众。他认为明朝初年农民起义不断的主要原因是历经乱世，民风狡诈，且受蒙元习俗污染，纲常礼教失序。认为明初法制的重要任务之一就是“革元胡俗，去姑息之政，治旧习污染之徒。”② 为此他主张“出五刑酷法以治之，欲民畏而不犯”③，反映在司法上就是与唐律相比的“重其重罪”，即大大加重了对各种“贼盗”犯罪的打击惩罚力度，企图通过严苛的刑罚来制止农民反抗，实现社会的稳定。由此可见，朱元璋的“重典治国”，虽以治吏为重点，却也兼顾了治民。

朱元璋晚年时对“重典治国”政策也有所反思，就其本身目的而言，“重典治国”也只是一时之手段，其目的在于实现“天下大治”，并能制定一部良法为后世所继承，所以他晚年时曾对皇太孙朱允炆说：“吾治乱世，刑不得不重，汝治平世，刑自当轻，所谓刑罚世轻世重也。”但是由于“重典治国”原则适应了当时加强君主专制制度的需要，因而对后世明清时期立法都有深远的影响。

（二）礼法并用，推行明刑弼教

中华法系里包含了根深蒂固的等级特权观念。礼的差等性与法的特权性是中国传统法律文化中最具有特色之处。朱元璋为了加强君主集权，当然采“礼刑并用”的方针。他在颁布《大明律》时曾宣布：“朕仿古为治，明礼以导民，定律以绳顽，刊著为令。”④ 朱元璋之所以要礼法并用，是因为他认识到礼可以弘扬封建道德教化，从精神上约束百姓服从统治，实现法律震慑所达不到的效果，他指出“礼乐者治平之膏粱，刑政者救弊之药石。”认为“以德化天下”同时“张

① 赵翼：《二十二史札记》卷三二。
② 《明太祖实录》卷三九。
③ 《明通鉴》卷一。
④ 《明史·刑法志一》。

刑制具以齐之”才能实现长治久安。[①]《大明律》卷首首次将“八礼图”与“服制图”和“刑制图”并列，使礼教的精神统治力量与法律的强制执行力完美地结合在一起。

在礼法并用的基础上，朱元璋强调“明刑弼教”的重要性。明刑弼教重在明刑，以刑辅教。朱元璋十分重视法制宣传工作，认为“未闻用商、韩之法，可至尧舜之治”。早在吴元年，他就令大理寺卿周桢等人将律令中与人们生活密切相关的部分内容单独辑出并加以解释，形成《律令直解》一书，下发各地。洪武五年（1372年），朱元璋鉴于“田野之民，不知禁令，往往误犯刑宪”，于是下令“有司于中外府州县及乡之里社皆立申明亭，凡境内之人民有犯者，书其过，名榜于亭上，使人有所惩戒。”[②] 下令各地设申明亭，由本里百姓推举正直的里甲老人主持，凡境内之人有犯法者，将其姓名与所犯的罪行张榜公布于亭上，并由“老人”主持轻微诉讼的调解，以更好地发挥法律的教育功能。与申明亭相对，各地城乡普遍设置“旌善亭”，同样设置板榜，定期公布本地的孝子顺孙、贞女节妇事迹。洪武十八年至二十年（1385年至1387年）朱元璋亲自编制了《大诰》四篇。其主要内容是选编官民过犯的案例，以及律外峻令与有关趋吉避凶的训诫，他在颁行《大诰初编》时对臣下说：“万机之暇，著为《大诰》以昭示天下。且曰忠君孝亲，治人修已，尽在此矣。能者养之为福，不能者败之取祸。颁之臣民，永以为训。”[③] 为了广泛宣传大诰的内容要求：“一切官民诸色人等，户户有此一本，若犯笞杖徒流罪名，每减一等；无者各加一等”。[④]同时命令各级学校讲授大诰，科举考大诰，一切乡民集令要宣讲大诰，天下讲读大诰成风。

二、立法概况

（一）《大明律》

《大明律》是明代的基本法典。在朱元璋的主持下，经过三十年几次重要修改而成。《明史·刑法志》概括明初立法活动曰：“盖太祖之律令也，草创于吴元年，更定于洪武六年，整齐于二十二年，至三十年始颁示天下，日久而虑精，一代法始定。”

吴元年律。朱元璋称吴王的元年（1367年），命左丞相李善长等人议订法律，规定以“法贵简当，使人易晓”[⑤] 为修律宗旨，“准唐之旧而损益之”，律文内容按《唐律》取舍编定，其中“吏律十八，户律六十三，礼律十四，兵律三

① 《明太祖实录》卷一六二。
② 《沈寄先生遗书·申明亭》。
③ 《明太祖实录》卷一七六。
④ 《大诰·颁行大诰第七四》。
⑤ 《明史·刑法志》。

十二，刑律一百五十，工律八，命有司刊布中外”，[1] 其体例依《元典章》体例按六部顺序确定。这一编排，奠定了后来《大明律》体例改革的基础。

从洪武元年（1368 年）开始，朱元璋又命儒臣四人与刑部官员给他讲解唐律，日进 20 条，为修订明律作参考。其后陆续于律令中有所增补。到洪武六年（1373 年）冬，朱元璋诏刑部尚书刘惟谦等详定《大明律》，次年二月撰成。这部《大明律》共 30 卷，是按照“一遵唐旧”的精神修订，仿唐律 12 篇体例，但其内容繁于唐律，相比洪武元年律多了 321 条，比唐律也多了 104 条，共 606 条。

洪武二十二年律。自洪武九年至洪武二十二年（1376 年至 1389 年），朱元璋认为律文“犹有未当者”，又命丞相胡惟庸、御史大夫汪广洋及翰林院和刑部官员数次修订明律，使之趋于整齐，并择取若干问刑条例编入律中。这部律典，“改名例冠于篇首，为卷凡三十，为条四百有六十。”[2] 改唐宋旧律的传统体例，形成了以名例、吏、户、礼、兵、刑、工七篇为构架的格局。这一变化是与明朝于洪武十三年（1380 年）废中书省，不再设宰相，而由六部分掌其职权的体制变革相适应的，表明了法律与政治制度休戚相关的联系。

洪武三十年律。洪武二十二年（1389 年）以后，朱元璋又采纳皇太孙的建议，修正律文 73 条。洪武三十年（1397 年）朱元璋命令刑部官员把他亲自编纂的《律诰》的主要条款 147 条附在《大明律》正文之后。至此，《大明律》的编纂工作全部完成，并“刊布中外，令天下人知所遵守”。[3]《大明律》颁发后，明太祖朱元璋曾下诏“令子孙守之，群臣有稍议更改，即从以变乱祖制之罪。”[4]

定本后的《大明律》共 30 卷，四百六十条，具体篇目为：名例一卷，四十七条；吏律二卷，其中职制十五条，公式十八条；户律七卷，其中户役十五条，田宅十一条，婚姻十八条，仓库二十四条，课程十九条，钱债三条，市廛五条；礼律二卷，其中祭祀六条，仪制二十条；兵律五卷，其中宫卫十九条，军政二十条，关津七条，厩牧十一条，邮驿十八条；刑律十一卷，其中盗贼二十八条，人名二十条，斗殴二十二条，骂詈八条，诉讼十二条，受赃十一条，诈伪十二条，犯奸十条，杂犯十一条，捕亡八条，断狱二十九条；工律二卷，营造九条，河防四条。明律篇名源自唐律而又细于唐律，并创设了一些新的篇名，如钱债、犯奸等。同时在刑罚制度上也有所变化，于徒、流之外，增加充军刑；在死刑中增加凌迟处斩刑等，刑罚较唐律严苛。

《大明律》历经三十年而成，其条文简于唐律，其精神严于宋律，是明朝通行不改的封建大法，不仅反映出明初统治者注重立法与严于修律，同时也体现了较前代的重要发展。其体例直接为清律所承袭，也影响了朝鲜李桂成时代的《刑

---

① 《明太祖实录》卷二八。
② 《明史·刑法志》。
③ 《明史·刑法志》。
④ 《明史·刑法志》。

典》和《刑法大全》、日本明治维新时期的《改定律例》、越南阮世祖时期的《嘉隆皇越律例》和宪祖时期的《钦定大南会典事例》等东亚国家的律典修订。

(二)《明大诰》

朱元璋在修订《大明律》的同时，为防止“法外遗奸”，又在洪武年间陆续采辑官民过犯，亲自督导编制了《御制大诰》(简称《明大诰》)四编共236条。包括：洪武十九年颁布的《御制大诰》74条，洪武十九年颁布的《御制大诰续编》87条、《御制大诰三编》43条，以及洪武二十年颁布的《大诰武臣》32条。“大诰”的名称来源于儒家经典《尚书·大诰》篇。该篇的内容是周公东征殷遗民时对于臣民的告诫。明太祖将一些由自己亲自审判、自认为有典型意义的案例，新制定的特别法令，以及告诫、训导臣民的文告编成这四集“大诰”颁布天下。朱元璋借用“诰”的形式，来达到“刑乱国用重典”的目的。

从《明大诰》的内容上来看，有两个突出特点：第一，严刑酷罚。《大明律》本来就是一部重刑的法典，而《明大诰》更是显其刑罚苛重的特色。《唐律》废止了古代墨、劓、髌、宫、大辟五刑，而以笞、杖、徒、流、死代之。《大明律》恢复或使用了大辟、凌迟、枭首、刺字、阉割、枷号等酷刑，而《大诰》又在此基础上扩大了这些酷刑的使用范围。按《大明律》只有“谋反大逆”才治以族诛之刑，只有“谋反大逆”、“谋杀祖父母父母”、“杀一家三人”、“采生拆割人”4条才治以凌迟之罚；而《大诰》中所列族诛、凌迟、枭首各案大多以贪赃扰民等寻常过犯与“叛逆”、“盗贼”同科，此外《大诰》还使用新的肉刑如剥皮、断手、剁指、挑筋等刑名。第二，重典治吏。在《大诰》236条中，治吏之条占80%以上，有关惩治贪官污吏和豪强作恶的案例尤多。此外，《大诰》的规定有优先《大明律》适用的效力。

朱元璋非常重视《大诰》的效力，要求“一切官民诸色人等，户户有此一本，若犯笞杖徒流罪名，每减一等；无者各加一等”①。还要求科举要考大诰，要定期聚集乡民学习大诰。但由于《大诰》刑酷法严，建文帝以后实际上被废除，到明代中叶，附在《大明律》之后的《律诰》也被废止不用。从《明大诰》的运用与废止，说明了重典峻法只是明初特定历史条件下的权宜之计，从长远来看，它并不利于缓和社会矛盾和稳定统治秩序。

(三)《问刑条例》

朱元璋认为《大明律》是积三十年之经验而成，已臻于完善，因此在死时特作遗训：“已成之法，一字不可改易”。② 但是，随着时代的变化和社会的发展，太祖以后各代皇帝遂据“一时权宜”定有不少的条例。明朝的“条例”是指司法部门根据案例拟订的单行法规，经皇帝批准颁布，从实质上来说，和宋代的“敕”性质相同。在明代前期的100年里，条例作为临时性的法而存在，新皇

① 《大诰·颁行大诰第七四》。
② 《皇明祖训序》。

帝一即位就会废除前朝发布的条例。到明孝宗弘治年间，删定《问刑条例》，使之成为“常法”。到明孝宗开始出现了律、例并行的局面。万历十三年（1585年）重修《问刑条例》时，刑部将前期诏令和《捕盗条格》《宗藩军政条例》等共三百八十二条条例附于《大明律》之后，昭告天下，开创了以律为正文，以条例为辅助的律例合编的律典新体例，形成了今天我们所见到的《明律集解附例》。因此，《大明律》又称《大明律例》。改变了唐宋以来法典编纂的惯例，并且对后来建立的清王朝带来直接的影响。

到明朝后期，执法官吏舞文弄法谋求私利，以致“妄引条例，故入人罪”，引起明代司法统治的混乱，加之封建统治者“因律起例、因例生例，例愈繁而弊愈无穷”①，条例的随意无节制的使用，冲击了《大明律》国家大法的地位，《大明律》形同虚设。

（四）《明会典》

《明会典》是一部仿照《唐六典》的体例而编纂的一部更加完善的封建行政法典。它自英宗正统年间开始编纂，至孝宗弘治年间成书。经武宗正德年间的重新修订，正式颁行天下。此后，又历经世宗、神宗两度续纂重修。《明会典》以中央六部为纲，分别记述各衙门编制员额、执掌、隶属及历年事例。它既有法规，又详载事例，内容广泛翔实，为明王朝有效进行行政管理提供了法律依据。

《明会典》在《唐六典》“官领其属”、“事归于职”的体例基础上，根据明朝的政治体制，其体例又有所发展，主要是在六部之中更分司科，在司科之下又表明具体条目，使得《明会典》体例结构更加系统、更符合实际情况，对会典的实际执行有很大帮助。

第二节　行政法律制度

一、行政管理体制

（一）中央行政机关

1. 皇帝。洪武十三年（1380年），朱元璋借左丞相胡惟庸谋反废除了中书省，罢除丞相官职，丞相所属权力归皇帝独揽。在中国历史上沿袭了一千余年的丞相制度和七百余年的三省制度，至此结束。他说：“自古三公论道，六卿分职，自秦始置丞相，不旋踵而亡。汉、唐、宋因之，虽有贤相，然其间所用者多有小人，专权乱政。我朝罢相，设五府、六部、都察院、通政司、大理寺等衙门，分理天下庶务，彼此颉不敢相左，事皆朝廷总之，所以稳当。”这里所说的朝廷，

① 《明史·刑法志》。

实际是指他本人。这样，皇帝就在事实上兼任了宰相，皇权和相权合二为一，从制度上集君权与相权为一身，保证了皇帝的专制独裁。

2. 六部。中书省废除后，吏、户、礼、兵、刑、工六部的职权和地位大大提高，成为直接对皇帝负责，分任朝政的中央最高一级行政机关。

六部各设尚书一人，正二品，左右侍郎各一人，正三品。下置各司设郎中一人，正五品员外郎一人，从五品。

（1）吏部管理选授封勋考课官吏。吏部下设四清吏司。文选司掌官吏班秩迁升、改调之事；验封司掌封爵袭荫、褒赠、吏算之事；稽勋司掌勋级、名籍、丧养之事；考功司掌官吏考课、黜陟之事。

（2）户部管理土田、户口、贡赋俸饷、漕粮、仓储、铸钱、经费、盐价、钞关、国用等事，即管理全国户口田赋财政。

下设十三个清吏司，每司管一省之事，兼领所分两京直隶贡赋及诸司卫所俸饷、边镇粮饷并仓场、盐课、钞关等。各司又分民、度、金、仓四科，分别管理一省土田户口、会计经费、渔盐税课、漕运仓储。

（3）礼部管理科举、礼仪祭祀。礼部下设四清吏司。仪制司掌礼文、仪式、学校、贡举；祠祭司，掌祭祀、赠谥、僧道；主客司，掌国内外朝贡、册封、贸易；精膳司，掌宴筵、牲牢、酒膳、厨役之事。

（4）兵部管理武官选授、军队调遣和训练。兵部下设四清吏司。

一为掌武选司，管武官铨叙功赏；二为职方司，掌军政、舆图、征讨、镇戍；三为车驾司，掌皇家的禁卫、仪仗、车辇，兼管驿船、马政、贡船；四为武库司，供应刀枪火器，也参与清军、勾军、武学等事。

（5）刑部的职责有四：一是总理两京和地方的刑政；二是审定和执行大明律例；三是审理罪犯，断案定刑；四是管理罪囚。

（6）工部掌天下百工、山泽之政令。工部下设营缮、虞衡、都水、屯田四清吏司。

明代六部以户、刑二部最重要，各辖十三司，实行按地区划分辖区的制度，这是前代所没有的，从此打破了隋、唐以来中央机关六部二十四司的体制。户、刑二部机构的扩大，表明了明代君主专制的空前加强。

3. 内阁。权力高度集中的结果虽然有利于皇帝“乾坤独揽”，但是日理万机，却使皇帝不堪其劳。太祖深感“人主以一身统御天下，不可无辅臣。”① 鉴于此，洪武十五年（1382 年）仿宋制从翰林院等文翰机关中选调官员加殿阁大学士衔，执掌草拟诏谕，并备皇帝顾问，但“不得平章国事”。② 太祖时内阁大学士只有正五品，只是皇帝的秘书，“侍左右，备顾问而已”。③ 成祖时，命翰林院侍读、编修、检讨等文学侍从官员入值文渊阁，正式称为内阁，并参与机务，

① 《明太祖实录》卷一三三。

② 《明经世文编》卷二九三。

③ 《明史·职官志·内阁》卷七二。

取得了辅佐皇帝决策的权力。《明会典》记载了内阁制度的形成和运行：“成祖即位，特简解缙、黄淮入值文渊阁，胡广、杨荣、杨士奇、金幼孜、胡俨同入直，预机务，谓之内阁。内阁之名及参预机务自此始。”[①] 宣宗时，为了便于阁臣行使职权，以加强统治效能，选用六部中的某些长官入阁兼领大学士衔，从此，内阁职权渐重。

因太祖曾经定制子孙，不许设置丞相，因此内阁大学士只称“辅臣”，首席大学士称“元辅”或“首辅”，内阁大学士执掌“票拟批答”之权，即草拟谕旨之权。在明代，臣下的奏疏经御览后即发交文渊阁，由文渊阁大学士拟定皇帝的批答意见，再用小票墨书贴于奏疏之上进呈皇帝审定，从整个明朝的历史上看，内阁大学士“上委之圣裁，下委之六部”。只是处于“辅臣”的地位，特别是随着宦官专权的日益加剧，内阁权力的发展进一步限制。皇帝的专制发展到明朝后期呈病态了，明初太祖、成祖还亲理朝政，英宗时，只保留早朝；孝宗曾恢复上朝，而此后，上朝的皇帝就寥寥无几了，乃至世宗，二十余年不理朝政，神宗三十年不理朝政，皇帝疏于政务，却又想强化对臣下的控制，故加强了对宦官的利用，司礼监秉笔太监代替皇帝行使朱批之权，遂成为明朝皇帝行使权力的一种重要方式。据《酌中志》记载：“凡每日奏文，自御笔亲批数本外，皆众太监分批，遵照阁中票来字样，用朱笔楷书批之。”

4. 五军都督府。五军都督府是在继承元朝枢密院制的基础上建立起来的，是明太祖以政府分权实现皇帝集权思想的体现。将都督府一分为五，即中军、左军、右军、前军、后军五都督府。分领在京各卫所及在外各都司、卫所。其中以中军都督府权限范围为最广，掌从驾仪卫；掌京城警卫；审察官舍比试等。但是，五军都督府的职掌几乎没有一项是它可以单独行使的。军事上的，它必须与兵部分掌；钱粮上的，它必须与户部分掌；工程上的，它必须与工部分掌；刑名上的，它必须与刑部分掌；人事上的，它必须与吏部分掌。

5. 通政使司。朱元璋欲仿唐之门下省，于洪武十五年（1382 年），设通政使司。置通政使司是为了“有喉舌之司，以通上下之情，”“政犹水焉，欲其常通，故以通政名官”[②]。通政司设通政使一人，正三品；左右通政各一人，正四品；左右参议各一人，正五品。明代的通政使司的最重要的职能是“出纳帝命”，其目的显然是想通过通政使司把皇帝、内阁、六部、五军都督府等机构沟通起来，使整个中央政府能够运转起来。但后来通政使司实际上成为朝廷负责收管内外奏章的机构。也被称为“银台”。因为宋朝曾经设置过专掌接受章疏的机关谓“银台司”。

（二）地方行政管理体制

地方行政体制，明初沿用元制以行省为地方最高行政机构，总揽所辖省区军

---

① 万历《明会典》卷二九，《职官一》。

② 《古今图书集成》卷三六五。

事、行政、民政、财政和司法权。实际是中央分权给地方，体现了较强的封建割据性。这与加强中央集权发生了矛盾，于是洪武九年（1376 年）朱元璋下令废除行中书省，仿宋制改行省为承宣布政使司，至宣宗宣德三年（1428 年），确立为十三个承宣布政使司。承宣布政使司既是官府名称，又是省一级的行政区划组织。每个承宣布政使司又分设三司，即承宣布政使司（又称藩司，掌行政），提刑按察司（又称臬司，掌刑狱与监察），都指挥使司（又称都司，掌军事），三司各司其事，互不统属，分别对中央负责，这样，在地方实现了行政、司法和军队的"三权分立"。地方三司的设立，一方面，使地方机关职权趋向专一化，从而加强了统治效能；另一方面，由于三司地位平等，虽然共商一省政务，但不统属，直接受皇帝领导，缺乏有效配合，导致行政效率低下，难成大事。因此明朝后期，又添置督抚，成为朝廷特遣的地方大员。为防止督抚权重，明朝对其层层牵制：以巡按御史来监督之，以文臣来节制武臣，总督与巡抚之间相掣肘，等等，因此，明代的督抚一直没有形成割据力量。

一省内又分成若干道，作为监察区而非一级行政机构。根据需要设置一些没有地盘的专职道员，如督粮道、提学道、兵备道、屯田道、盐法道、漕运道和水利道等。①

省以下分为府、（州）县两级。府一般直隶于布政司。省辖府设知府一人为其长官，负责辖境内的"宣风化，平狱颂，均赋役"②。北京的顺天府和南京的应天府直隶于中央。其长官称府尹。州分为直隶州和府属州，前者直接隶属于省，其地位与府相似。后者地位与县相似，又称为散州。其长官为知州。县是明代第三级行政机构。长官是知县，负责一县的养老、祭祀、贡土、宣法、彰善、听讼、治安等事务。明代共有 1171 县。

二、职官管理

（一）职官的选任

明朝官吏的"选举之法，大略有四：曰学校，曰科目，曰荐举，曰铨选。学校以教育之，科目以登进之，荐举以旁招之，铨选以布列之，天下人才尽于是矣。"③ 其中科举考试始终是选官的基本途径。永乐七年（1409 年）下诏，国家重要官员，如御史，必须选任科举正途之人。从此科举任官更加受到重视，明代科举三年一试，分为乡试（省试）、会试（京试）和殿试（廷试）。乡试在各省布政司考试，中试者为举人；次年集于京师称会试，在礼部贡院考试，中试者参加由皇帝主持的在宫廷中进行的殿试（又称廷试），考中者称进士。殿试、会试

① 《明史·职官志·分司诸道》卷七五。
② 《明史·职官志·知府》卷七五。
③ 《明史·选举一》卷六九。

的一甲第一名均称“状元”。每场考试一般以一日为限。[①]

科举考试内容专取四书五经命题，以程、朱理学对经书的解释为准。太宗在位，命胡广等纂《四书五经大全》，为考试文本，规定士子答题须在该书规定的范围之内。明宪宗时，又创设“八股文”，“八股”的格式，只讲求文章形式上的逐段对偶、堆砌雕咏，完全脱离了社会生活的现实，宋儒还能疑经改经，明儒则惟知守《四书五经大全》，以博功名。所以顾炎武曾经痛切地说，“《大全》出而经学亡”，又说“八股之害，甚于焚书”[②]，八股取士制度在专制政权的扶持下，在中国延续了数百年，直到清末变法才被废除。

科举之外，任官的途径还有荐举和捐纳。明朝为了集人事权于中央，实行“廷推”、“部推”制度。明代地方官无论大小，甚至连县杂佐官员如主簿、典史之类都要由中央吏部任命，地方无权自行任免官员。地方大小官员选任的方式略有不同。督、巡由廷推产生。嘉靖以前，推举巡抚有边、腹之别，“内地者，向由吏部会户部；边方者，则会兵部。”[③] 嘉靖十四年（1535 年）后，巡抚皆由吏部、九卿等推选，即所谓“九卿共之，吏部主之。”[④] 但不管哪种方式，重要官员的任命都由吏部报请皇帝批准。明代任用官吏实行回避制度，回避主要包括亲族回避、籍贯回避与职务回避，各种回避都有具体的规定，不得违反。回避制度的逐步完善，表明了明朝对官吏管理的新发展。

（二）职官的考核

明代对官吏的考核有两种，考满和考察。

《考满法》初创于洪武元年（1368 年）。据《大明令·吏令》所载：“凡各处府州县官员任内，以户口增、田野辟为尚，所行事迹，从监察御史、按察司考核明白。开坐实迹申闻，以凭黜陟。”洪武十四年（1381 年）修订《考满法》，最后完成于洪武二十六年（1393 年）。《考满法》规定：内外官任职满三年为一考，六年再考，九年通考黜陟。每次“考满”分上、中、下三等，即“称职”、“平常”、“不称职”，按三次考核的政绩决定去留。[⑤]

《考察法》规定：京官六年一察，称“京察”；外官三年一察，称“外察”。其中的“京察”有“一贪，二酷，三浮躁，四不及，五老，六病，七疲，八不谨”之法。史载：京官自陈其状，由皇帝决定去留。“五品以下老、病者致仕，浮躁不及者降调，疲软不谨者闲住，贪酷者贬为民”[⑥]。万历四年（1576 年）张居正整顿吏治，建议“考察法”分为“定期考察”、“随事考察”、“访察告诫”三种形式。“称职”者升，“平常”者复职，“不称职”者免。

---

① 《明史·选举志一》卷七十。
② 《日知录》卷一六，《拟题》。
③ 《明全要·选举二》。
④ 《明全要·选举二》。
⑤ 《明全典·考功清吏司》卷一二。
⑥ 《续通典·选举三·考绩》。

明朝初年，对官吏的考核执行得比较认真与严格，对于整肃吏治起了重要的作用。但从明朝中叶以后，考核逐渐流于形式，而且积弊日深，从而导致吏治日趋腐败。

三、治安管理制度

（一）皇宫警卫机构

皇宫警卫由皇帝直辖的亲军担任，当时称为“上直亲军”，以“卫”为编制单位。洪武年间置十二卫，到宣宗时扩大到二十六卫，每卫人数无定员，但负责皇帝贴身侍卫和警卫宫廷的计有 8333 人，都是由亲军各卫中挑选的。为了建立强大的皇宫警卫军队，明朝政府对皇宫侍卫的选拔是极其严格的，在要求身体力量的方面，规定选用“年壮力强”者的标准是：“力必二百五十斤（约市斤三百斤）以上”。[1] 而担任皇宫侍卫的大将军却要求“务要身长五尺三寸以上，力胜三百五十斤（约合市斤四百余斤）”。[2] 对宫廷的警卫，各卫还划分了警戒区域。此外，永乐年间在北京东安门设立东厂，成化年间又增设西厂。东、西厂与锦衣卫合称“厂卫”，由宦官监督，直接听命于皇帝，实际上是明王朝为残酷镇压人民而设立的秘密警察。

（二）京师治安机构

明代京师治安机构十分庞杂，负责把守城门和夜间巡逻的有亲军卫和留守卫，负责京师捕盗的主要有锦衣卫、五城兵马司，以及皇帝随时委派的捕盗军队。

1. 亲军卫和其他留守卫。驻京的亲军各卫在担任宫廷宿卫的同时，还负有“巡警京城各门”的职责，此外还有不属于亲军的四十多个留守卫，也负有拱卫京师之责。

2. 五城兵马司。明时京师划作中东西南北五城，五城兵马司是维持京师治安，缉捕盗贼的专门机构，《明全典·五城兵马指挥司》中规定，每司设指挥一员，副指挥四员，吏目一员等，额设弓兵八十名，火甲多名，均由兵马指挥统帅。其主要职责是：（1）缉捕盗贼。“境内有游民，奸民则逮治”；“凡地方或有盗贼生发，即督领弓兵火甲人等擒捕。”（2）维持秩序。“凡军民人等在街市斗殴，及奸淫赌博，撒泼抢夺，一应不务生理之徒，俱许擒。”（3）夜巡。“各司每日轮官二员，赴尚宝司关领铜牌两面。”（4）查缉户籍。“凡地方军匠人等，旧例令各家具于门前置粉壁一面，开写本家籍贯、人口、身役营生，并写不敢窝藏逃军、逃匠、囚徒、盗贼等项，以凭换。”明初，鉴于流民充斥，为防止其扰乱滋事，维护社会治安，国家以严刑峻法处置流民，以落户明籍约束其流动。《大明律》在“人户以籍为定”的基础上，设“禁游食闲民”之法，规定“市井

① 《明全典·京营》。
② 《明全典·将军营》。

绝不许有逸夫”。明加强户籍管理，把天下的百姓划片控制，《大明律》把百姓分为：军户（承担兵役的专户）、民户（承担赋税、劳役的专户）、匠户（为官办手工作坊做工的专户）、灶户（为官府熬盐的专户）。所以，各“户”都是世代承袭，不得擅自改籍，违者便犯了“逃户”、“逃军”、“逃匠”、“逃灶”之罪，都要受到严惩。他们外出探亲、经商等都必须要向当地官府申请“路引”（通行证）。此外，五城兵马司还有梳理衙道沟渠、防火救火、协助刑部、都察院勘验、押解犯人、赃以及禁私盐等职责。

3. 皇帝随时委派的巡捕军队。明初，京师捕盗只设五城兵马司，后添用锦衣卫官校，成化末年开始逐步增调驻京三大营军队中的精锐力量参与京师捕盗。后来又命巡捕官军“各给团牌以便夜巡。”弘治十五年（1502 年），设“巡捕把总都指挥”，总管京师的巡捕军队。后来兵部又设“管理巡捕郎中”，负责供给巡捕军队的马匹、银两；设“督捕郎中”，掌操练巡捕官军，稽考捕务。巡捕军队逐渐统一，称作“巡捕营”。它与五城兵马司的分工是：五城兵马司负责白天，巡捕营负责夜晚，但遇有“贼情重大，仍要协力捕剿，毋以昼夜推诿。”①

（三）地方治安机构

1. 各级地方官与捕盗官。明代政警不分，凡地方文武官俱有捕盗之责。明朝在省设三司（指挥司、布政司、按察司）按军事、行政和司法分工，合管社会治安。“遇有盗情……三司分巡分守”。孝宗以后，地方上设立捕盗通判、捕盗州判、捕盗主簿等警察性机构。明朝为了督使官吏积极维护社会治安，调动他们行使职能的主动性和积极性，非常重视运用奖、惩制度。在奖励捕捉“贼盗”有功人员的同时，对失职人员的处罚非常严厉。凡“临阵擒斩，登时获三名以上，为首准开一级”，“为此……每名赏银五两”，凡“过限不获，各罚俸三月”，因玩忽职守致后果严重者，掌印官，捕盗官“俱斩首”②。

2. 巡检司。明代沿袭宋制在全国各重要城镇设置“巡检司”，“专盘诘往来奸细及贩卖盐犯人、逃军、逃囚、无引（路条或通行证）面生可疑之人。”③ 京郊设五平口、石港口、齐家庄、卢沟桥四个巡检司，每司设巡检一员；带弓兵无定员，主缉捕盗贼，盘查奸伪。“不服盘诘听所司送巡河御史郎中处究治”，“凡军民无引文及内官、内吏来历不明，有藏匿寺院者，必须擒拿送官。仍许诸人首告，得者奖，纵容者同罪。”

3. 里甲制度。县以下基层组织，城中称坊，近城称厢，乡村称里。凡一百一十户为一里，设里长，里下为甲，设甲首一人，负责地方民政、教化、赋税、争讼等事。里还设有老人，“选年高为众所服者，导民为善，平乡里争讼。”④ 里甲长，老人有协助巡检司、弓兵盘查往来，捕获内外逃军、囚徒、无引人及贩卖

① 《明会典·巡捕》。
② 《明全典·巡捕》。
③ 《明全典》卷一二九。
④ 《续通典·食货七》。

私盐人的职责。

(四) 户籍管理制度

户口管理是社会治安管理的基本内容之一，它与封建社会的赋役征发有非常密切的联系，因此明朝对户籍管理非常重视，早在洪武元年朱元璋就对旧有的户籍进行整理。从洪武三年开始，明朝推行了户帖制度，户帖里要注明籍贯、户内人口、姓名年龄、资产状况等内容。洪武十五年开始推行赋役黄册制度，以一百一十户为一里，每一里编一册，里中鳏寡孤独不能承担徭役的人列在册后称零寄户。赋役黄册每十年重造一次，是明代赋役征发的主要依据，与户帖一起是明代最重要的户籍管理资料。此外还有军役黄册、僧道周知文册等用来管理军户和僧道人员。

在户籍管理同时，明朝还推行职业世袭政策，在登记户籍的时候，将民户固定在以军、民、匠等位主体的职业役籍上。《大明律·户律》明确规定："凡军、民、驿、灶、医、卜、工、乐诸色人户，并以籍定。若诈冒脱色，避重就轻者，杖八十。其官司妄准脱户，及变乱版籍者，罪同。若诈称各卫军人，不当军民差役者，杖一百，发边远充军。"此外对于僧道则严格推行度牒制度，需符合充当僧道的条件，并且经过考试后才能得到度牒。

(五) 城市治安管理

明代自中期以后，随着农业生产和手工业市场的发展，商品经济也空前繁荣，促成了明中期以来城市的迅速发展，出现了许多人口达数十万甚至上百万的城市。城市的发展也促进了明代城市治安管理的发展。

明代的城市一般都有城墙和护城河，城内设置有"窝铺"，类似于现代城市中的警亭，负责城内的巡警治安、交通管理、消防管理等工作，所以又叫"警铺"或"火铺"。承担窝铺巡警工作的人，在重要城市由官军、弓兵和地方火甲共同组成；在一般城市则主要由火甲负责。火甲又叫火夫、排门夫，是城市居民对官府负担的一种差役，其主要职责是"在城市关厢巡夜，原为救火防贼"①，有些地方火甲还要承担一定的市场管理职责。

明代城市消防，城市居民和负责巡警的官军、弓兵及地方火甲都有责任，要求每家每户都要设置水缸水桶等防火措施，更铺内也要预备救火器具。同时对引发火灾者严厉处罚，最高可至死刑。

此外，明代继承了历史上沿袭下来的城市宵禁管理制度。对城市的交通设施的维修和管理也已经形成一定制度。

---

① 《去伪斋集》卷五。

第三节 刑事法律制度

一、罪名与刑名的变化

（一）“重其重罪，轻其轻罪”

明律的刑法基本上是沿用唐宋法律，但由于明朝商品经济较为发达，礼教的束缚作用趋于淡化，统治者为了加强封建专制集权，只有求助于刑罚的威慑和镇压。清人薛允升在《唐明律合编》中对两朝的法律进行了比较，“古人先礼而后法律，后世则重州法而轻礼教”，“大抵事关典礼及风俗教化等事，唐律均较明律为重；贼盗及有关币帑钱粮等事，明律则又较唐律为重”，也就是所谓的“轻其所轻、重其所重”。具体来讲，主要表现在以下几个方面：

1. 加重处罚“十恶”罪和强盗罪。

（1）“十恶”罪。明律仍然把“十恶”重罪放置到首要位置，认为这些犯罪“罪大恶极”，一律采取重罪加重的原则。表现在：首先，本人及其亲属的处刑更重，株连范围广。例如，唐律对谋反大逆者处以斩刑，连坐处绞只限父与子（16岁以上），其他都可以没官为奴；而明律对犯谋反大逆者，凌迟处死，连坐处斩扩大到祖父、父、子、孙及伯叔父等。其次，明律的处罚不分情节。唐律注意了对不同情节的区别对待，对“词理不能动众，威力不足率人者”，本人处斩，而其父与子可不处死，子、孙亦不牵连；“口陈欲反之言，心无真实之计者”，只流二千里。而明律则没有这些区分，一律作谋反处理。最后，明律还扩大了“十恶”之罪的范围，凡部民杀死本管知县、知州；军士杀死本管百户、千户、指挥，均属“十恶”中的“不义”罪，一概处以极刑。同时，朝廷还通过奖惩手段来促使人们告发反逆行为。“知情故纵隐藏者，斩。有能捕获者，民授以民官，军授以军职，仍将犯人财产全给充赏。知而首告，官为捕获者，止给财产；不首者，杖一百，流三千里。”

（2）强盗罪。对于强盗罪的处罚，明律也明显较唐律为重。唐律规定：“诸强盗，不得财徒二年；（得财）一匹徒三年，二匹加一等；十匹及伤人者，绞；杀人者，斩。”明律规定：“凡强盗已行而不得财者，皆杖一百，流三千里；但得财者，不分首从，皆斩。”

2. 创设“奸党”罪，严惩臣下结党。奸党罪创设于明太祖年间，其目的是防范臣下结党营私，紊乱朝政。《大明律·吏律》规定：“凡奸邪进谗言，左使杀人者，斩；或犯罪律该处死，其大臣小官巧言谏免，暗邀人心者，亦斩；若在朝官员交结朋党，紊乱朝政者，皆斩，妻、子为奴，财产入官；若刑部及大小衙门官吏不执法律，听从主司指使出入人罪者，罪亦如之。”该条关于“交结朋党，紊乱朝政”的规定，并未在内容上予以具体界定，从而为统治者任意杀戮臣下提供了依据和方便。

3. “思想言论罪”的变本加厉——“文字狱”。文字狱，顾名思义，是指因文字获罪，是变本加厉的思想言论罪。明太祖朱元璋出身卑微，又有和尚及红巾军的经历，深恐文人之讥讪，对奏章行文非常敏感，尤忌“贼”、“盗”、“僧”、“髡”等谐音。“览天下奏章，动生疑忌，而文字祸起”①，如杭州徐一夔（明时的学官）在一封贺表中有“光天之下，天生圣人，为世作则”的谀词，朱元璋却认为“光”即秃头，“圣人”即僧人，是暗示他当过和尚；“则”与贼音近，是讥刺他投过强盗，徐因而被杀。又如尉氏县教谕许元作《万寿贺表》，内有“体乾法坤，藻饰太平”，被认为有讽皇帝“发髡”、“早失太平”之嫌，被论死。因诗词被疑为暗寓讽刺皇帝而丧命的也不乏其例，如僧人来复的谢恩表，内有“殊域”二字，被理解为是骂“歹朱”而遭杀身之祸。用国家的力量甚至不惜动用残酷的刑罚来钳制人们的思想与社会舆论，推行文化思想领域的专制统治，遏制自由思想的兴起，是专制主义的一贯做法，而明朝在这一点上更是变本加厉，这也说明专制主义的强化。明朝文字狱，成为清代文字狱的先声。

4. 严饬官吏。为裁抑臣僚，强化君主专制集权，明律始废除自魏晋以来完备于唐律的“官当、减赎及荫法”。对官吏犯罪实行“重罪加重”原则。

（1）重惩贪官污吏。朱元璋有感于宋、元的积弱之弊，下决心狠治贪赃。“太祖开国之初，惩元季贪墨，重绳赃吏”，他认为“吏治之弊，莫过于贪墨”、“不禁贪墨，则民无以遂其生”。明重典惩贪主要表现在：首先是立惩贪重典。《大明律》沿用唐律原有的“六赃”的罪名，并于律首置“六赃图”，将各种赃罪的具体量刑详细加以罗列。另外，《大明律》还专门设有“受赃”一篇，列有各种赃罪十一条及其具体刑罚。此外，在《库厩律》中又增设了“多收税粮斛面”、“揽纳税粮”、“挪移出纳”、“虚出通关朱钞”等罪名。《大明律》中惩治官吏贪污的条目较唐宋律更加具体，《大明律》的条文比唐律少了四十条，而赃罪的条文却比唐律大大增加。特别能体现重法的是朱元璋亲自颁定的《明大诰》二百三十六条。其内容主要是有关惩治官吏贪污受贿、盗窃等赃罪的典型案例、条例等。朱元璋亲为之序：“今将害民事理昭示天下，诸司有敢不务公而务私，在外贪赃酷虐害吾民者，必穷其源而搜罪之。斯令一出，世世守行之。”其次是行惩贪严刑。《大明律》对赃罪的量刑也明显重于唐律。例如，官吏断结案件以后受财，如已枉断，以枉法赃论，未枉断者，以不枉法赃论，比起唐律中官吏事后受财，按受所监临财物论罪为重。明律对于监守自盗者，不分首从，满四十贯即斩，也较唐律要重。此外，官吏因赃除名罢免之后，不再叙用，这较唐律中因赃免官经过一定年限仍可降级使用的规定要严格。《大明律》对负有监察职责的御史等“风宪官”犯赃，更是较一般官吏的处罚要重：“凡风宪官受财于所按治

① 赵翼：《廿二史札记·明初文字之祸》。

去处求索、借贷人财物，若买卖多取价利及受馈送之类，各加其余官吏罪二等”。明律刑罚本已偏严，《明大诰》更滥施法外酷刑，据明史记载，“凡三诰所列凌迟、族诛者无虑千百，弃市以下数万”。沈家本也指出“《大诰》所列诸峻令：族诛、凌迟、枭令、以寻常过犯与叛逆、贼盗同科：刖足、斩趾、去膝、阉割，即用久废之肉刑；而断手、剁指、挑筋、更非古肉刑之所有。又或一身而兼数刑；或一事株连数百人，皆出于常律之外，其威亦云竭矣。”言“威”而云“竭”，也就是说已经达到了顶点，再没有比这更残酷的了。再有，朱元璋令人毛骨悚然的“剥皮实草”刑，实行“言教不如身教”。据明代叶子奇《草木子》记载：守令贪酷者，许民赴京陈述，罪大的“剥皮实草”；“府、州、卫、县之左，特立一庙，以祀土地，为剥皮之场，名曰‘皮场庙’；官府公座旁，自悬一剥皮实草之袋，使之触目警心”。

（2）严惩官吏失职、渎职的行为。在严惩文武官员失职犯罪方面，例如，“事应奏不奏”，唐律只杖八十，《大明律》则区别军官、文职分别规定：“凡军官犯罪应请旨而不请旨，及应论功上议而不上议，当该官吏处绞；若文职有犯，应奏请而不奏请者，杖一百；有所规避，从重论”。《大明律》还特别规定，官吏应该熟知国家法律，“若有不能讲解、不晓律意者，初犯罚俸钱一月，再犯笞四十附过，三犯于本衙门递降叙用”。

5. 对违犯礼教罪的处刑有所减轻。明朝的统治者也强调礼治，《大明律》将“丧服图”载于律首，以表明对礼的重视。与此同时，在《大明律》中，对违犯礼教的行为的处罚较唐律要轻。例如，“子孙违犯教令”，唐律徒二年，明律降为杖一百；“别籍异财”，唐律徒三年，明律杖一百；“闻父母丧匿不举哀”，唐律流二千里，明律杖六十徒一年。

（二）刑罚的变化

明律规定的刑罚虽然仍是笞、杖、徒、流、死五刑。但死刑增加“凌迟”，流州增加了“充军”，此外，徒、流均附加杖刑。除了法定刑外，明代还有大量的法外酷刑。明代还盛行以役代刑，从一般的死刑到笞刑都允许以罚服劳役来折抵。

1. “充军刑”定为正式刑。“充军”，创建于宋代，明朝将其定为正式刑罚。所谓充军，是将犯人强制迁到边远地区充当军士。除了《大明律》中有关的充军条款外，还颁布了专门的《充军条例》。开始时，充军不分里程、等级，到明末才分为附近（千里以内）、边卫（二千五百里）、边远（三千里）、极边或烟瘴（均四千里外）。充军分为“终身”、“永远”两种，终身充军是指本人充军到死，死后刑罚执行完毕；永远充军是指本人死后，还要罚及子孙，由子孙后代接替继续充军，直至“丁尽户绝”为止。

2. 枷号刑。枷号刑即在罪犯颈项套枷，枷上标明犯人姓名、所犯罪状，令其在监外示众，备受羞辱的刑罚。这种刑罚从北周时开始适用，明代的条例中广泛适用枷号处罚轻微罪犯。这种刑罚的行刑场所基本上在监狱门口或指定的官衙门旁，和在狱内带枷的戒护性质不同。一般采用朝枷夜放、昼施枷夜收监的方式。监外执行的期限有一至三月或半年，甚至永远枷号。明代中后期发展成为重刑。刘瑾所制的枷重达一百五十斤，罪不分轻重，处以枷项发遣的，带上重枷“不数日辄死”。此外刘瑾还创立了“立枷”，又称“站笼”，犯人直立于木笼内，笼顶即套在犯人颈上的枷板，受刑者往往数日内就站死。

3. 廷杖。廷杖即依皇帝旨意，对犯颜直谏或忤旨过犯的官员，杖责于殿阶之下（后行杖于午门外），由宦官监刑，锦衣卫行杖。杖具为木棍，五杖一易人。廷杖隋唐已有，但仅偶一用之，至明则成常制。廷杖既可作主刑，即皇帝判处廷杖若干，立即当廷施刑，打罢了事。也可作附加刑，即除廷杖若干之外，还要充军、流放，直至绞、斩、灭族等。法无定准，全在皇帝的喜怒，任意施行。在明代统治的200多年里，受到“廷杖”的大臣，不计其数。太祖朱元璋，将永嘉侯朱亮祖父子，两人当廷杖死。工部尚书也在廷杖之下毙命。武宗朱厚照正德十四年（1519年），皇帝要南巡，大臣们上朝劝谏，武宗大怒，一次廷杖大臣舒芬等146人，当场打死11人。世宗嘉靖三年（1524年），群臣荐举大礼，惹怒了世宗，一次廷杖丰熙等134人，当场打死16人。

二、刑法原则的变化

（一）律溯及既往

《唐律疏议》规定：“凡犯罪未发，及已发未断而逢格改者，若改重则依旧条，轻从轻法”。而《大明律·明例律》却规定：“凡律自颁降日为始，若犯在已前者，并依新律拟断。”其注云：“此书言犯罪在先，颁律后事发，并依新定律条拟断，盖遵王之制，不得复用旧律也。”

（二）罪刑法定与有限类推（比附）并存的原则

《大明律》中的罪刑法定之原则体现在“断罪引律令”上，“凡断罪，皆须具引律令，违者笞三十。若数事共条，止引所犯罪者，听。其特旨断罪，临时处治，不为定律者，不得引此为律。若辄引致罪有出入者，以故失论。”① 在追究责任时，一般是故意行引此者，以故出入人罪及所增减坐之，过失于引此者，以失出入人罪减等坐之。

《大明律》有限类推体现在“凡律令该载不尽事理，若断罪而无正条者，引律比附，应加应减，定拟罪名，转达刑部，议定奏闻。若辄断决，致罪有出入者，以故失论”②。这里规定，类推须经皇帝裁定，是有限类推。

由于每个类推（比附）案件都要上报朝廷，因此，明朝逐渐将一些具有典型意义的比附方式编在一起，下发给各级官府作为比附定罪的参考。嘉靖年间的《问刑条例》收录了这些方法，称为“比引律条”，共有60多条。比如撕毁宝钞

① 《大明律·刑律》。
② 《大明律·名例》。

(明代的纸币)比照弃毁诏书(皇帝的诏书)处以“斩”,在粮食中掺水掺沙比照在官盐里掺水掺沙处罚;鸡奸比照将污秽物灌入人口处以杖一百等。

(三) 属地原则

对化外人即外国人在中国犯罪,唐律采用属人主义和属地主义相结合的原则,规定同一国籍的外国人相犯,依据其本国的习惯和法律审理;不同国籍的外国人相犯,依据唐朝的法律审理。而明朝只采用属地主义原则,规定“凡化外人犯罪者,并依律拟断”[①],即规定凡外国人在中国犯罪者,一律按明律审断。

(四) 诬告加等反坐

自秦至元,各朝均规定了诬告反坐原则。明朝建立后,加重了对诬告的惩处,将诬告反坐原则发展成为诬告加等反坐原则。“凡诬告人笞罪者,加所诬告二等;流、徒、杖罪加所诬罪三等,各罪止杖一百流三千里。”

第四节 民事、经济法律制度

由于宋代以来商品经济的发展,到明代时,人们的私有观念越来越强,与之相适应的民事、经济立法的内容比宋元更为丰富、成熟。《大明律》虽然仍是“民刑不分、诸法合体”的综合性法典,但有关民事、经济的规定较前代详尽。其中《户律》包括户设、田宅、婚姻、仓库、课程、钱债、市廛七门,且各独立成篇,这与《唐律》载钱债、买卖等民事关系于杂律、视为“拾遗补缺”的杂事,是重大变化。另外在令、条例、榜文、告示、习惯、礼俗中也存在着大量辅律而行的民事、经济法律规范。

一、民事法律制度

明代经济仍然是以农业为主的自然经济。土地是农业经济的根本,有关土地的法律保护仍然是民事法律的重点。

(一) 土地所有权

明代土地所有权形式基本分为“官田”和“民田”两种。

1. 官田——国家土地所有权。“官田”,禁止买卖私占。并按官、田则例起科。其来源包括宋元以来原额官田、战乱中的抛荒地。国家土地所有权行使的主要方式是屯田。屯田即政府利用驻军或募民垦荒种田。明代屯田有军屯、民屯、商屯、戍罪屯、赎罪屯等。按屯田之制,屯田者应向国家交纳税粮“子粒”,并不能占夺、典卖屯田。明初在长期战乱之后,各地荒田数量剧增,国有土地规模前所未有。据《明实录》,洪武时期屯田时最高数达九十万三千三百一十三顷九

① 《大明律附例·名例律》。

十亩，约占全国田数十分之一强。洪武二十一年（1388 年），军屯每年收粮五百余万石，可以满足卫所需要的俸粮，确实收到了寓兵于农和实边的功效。到了明代中叶，随着政治的腐败和屯军的大量逃亡，《明史》称：弘治年间“官田视民田得七分之一”。[①] 屯田之法尽坏，天下不复有屯政矣。于是，将屯田改为民田，成为历史发展的趋势。崇祯时，从法律上确认了屯田的民田化，田主只要向国家交纳税粮便拥有对屯田的占有、使用权。

2. 民田——私人土地所有权。“民田”属于官僚、地主和小自耕农私人所有。由于明初推行垦荒政策，并明确规定：“开垦成田，永为已业”。由于民田允许买卖，并且明律中废除了唐律关于“占田过限”的条款，“田多田少，一听民自为而已。”[②] 明中后期，土地越来越集中，至明末，“田地有力之家，非乡绅，则富民”，“若夫穷民，本无立锥之地。[③]”

明代法律对土地所有权的保护，一方面确认产权，另一方面禁止侵犯、冒认。

明初，为了解决因垦荒造成的产业纠纷，法律确认了垦荒先占者有全部所有权的制度，明代全面确认所有权制度始于洪武十四年（1381 年）黄册制度的推行。“黄册”即户口册，详列各地居民的丁口与产业情况，每年审查一次，洪武二十年（1387 年）又编制“鱼鳞图册”。详细记载每乡每户田亩数及其四至，绘制成图，由于块块相连，形成鱼鳞，故称“鱼鳞图册”。明代法律在确认土地所有权的同时，不许换易、冒认，侵占他人地权，不许盗耕盗卖他人田土，以及其他财产所有权。明律规定：凡盗卖、换易、冒认、侵占他人田宅者，视情处以笞五十至杖八十徒二年之刑；若强占官民山场、湖泊、茶园、芦荡及金银铜场、铁冶者，杖一百流三千里，凡强行占种屯田五十亩以上不纳子粒者，军官调边卫任事，兵士发边卫充军，民人发口外为民；凡盗耕种他人田者，视情处以笞三十至杖八十之刑；凡弃毁他人器物、树木、稼穑者，计赃准窃盗论；凡于他人田园中擅食及损毁瓜果之类，坐赃论。

（二）永佃权

明代中叶以后，土地所有权关系的一个重要发展，是民间出现了永佃权现象。所谓永佃权是土地关系中佃方享有长期耕种所租土地的制度，是用益物权的一种。早在北宋时期，已有永佃权的记载。至明中叶，佃客会通过出高额押佃银，或对田地进行投资经营而获得永佃权，并广泛流行于江浙、江西、安徽、福建等省份。永佃权的确立，使租佃关系复杂化，出现了所有权与耕作权分离的一田二主或一田三主的现象。永佃权人不仅永远占有、使用和收益承租来的土地，而且拥有田面（又称田皮）的所有权，称“皮主”；所有权人对土地的所有权称

① 《正德会典》卷一九。
② 《唐明律合编》卷一三（上）。
③ 杨嗣昌：《杨文弱先生全集》卷三二，《钦奉上传疏》。

为田底权（又称田骨），所有权人为“骨主”。皮主可以转让田皮，招佃收取皮租；骨主也可转让处分田骨，向政府缴纳赋税，收取定额地租，但不能另行退佃、招佃；如要自耕或另行招佃，必须向皮主收买回皮，做到“皮骨归一”才行。“一田二主”这种特殊的永佃权，主要是一种民间习惯，地方性很强。各地的起因、名称都各不相同。

（三）契约制度

相比宋元时期的法律，明代法律大大简化了在土地房屋买卖方面的制度。明代废除了自唐末以来土地房屋买卖“先问亲邻”的法定程序，也废除了元代土地房屋买卖要先经官府批准的法律。明律的《田宅门》只是规定土地房屋买卖必须订立书面契约，契约必须要经过官府加盖官印并交纳契税，以及将土地的赋税负担过户到买方的“过割”这两项程序，才成为“红契”，具有法律效力。

典权的法律关系经过隋、唐、宋、元的历史发展到明已经成熟，典卖田宅首次入律。《大明律·户律·田宅门》规定：盖以田宅质人取其财曰典，以田宅与人而易其财曰卖，典可赎，而卖不可赎也。这条规定不仅使典权法律化而且明确区分了典与卖的界限。然而，对于契约约定期限及限外的收赎年限都没有明文规定，仍旧“任依私契。”

（四）婚姻、家庭、继承制度

明代法律在婚姻、家庭、继承制度方面维持了传统的精神，但也有一些调整。

1. 婚姻、家庭制度的特点。

（1）禁止平民随意纳妾。明律规定：“其民年四十以上无子者，方听娶妾，违者笞四十。”但是该律条并不同时规定“离异”，其娶妾行为本身却无须撤销。一般笞四十的刑罚也可折换为赎刑，这条限制平民娶妾的律条实际意义不大，清律删除了此条。

（2）扩大禁止通婚的亲属范围。在血亲方面和历代法律一样禁止中表婚外，明律尤其强调近亲的姻亲不得结婚。明律规定：“若收父祖妾及伯叔母者，各斩；若兄亡收嫂，弟亡收弟妇者，各绞；”“若娶己之姑舅两姨妹者，杖八十，并离异。”明朝统治者认为兄长死后弟弟娶寡嫂为妻，或弟弟死后兄长娶弟妇为妻，是和父死娶父妾一样的乱伦行为，是由蒙古族带入中原的“胡俗”。

（3）进一步扩大丈夫的权利。明律规定妇女犯罪，除了犯奸罪、死罪要收押监狱外，其他罪名都由丈夫“收管”。并沿袭了元代法律丈夫有权在通奸场所将通奸的妻子和奸夫当场一起杀死，丈夫无罪的规定；丈夫虐待妻子以至于妻子不堪忍受而自杀，丈夫也无罪；丈夫擅自杀死有罪的妻子，仅处杖一百；丈夫殴打妻子，一般不论，致其折伤以上者，比照常人减刑二等；而妻子殴打丈夫，则比常人加刑三等；妻子谋杀丈夫，则凌迟处死。

2. 继承制度的特点。

（1）突出保护直系晚辈亲属财产继承权利的原则。根据《大明令》的规定，财产继承的第一顺序继承人为亲生子，包括妻生子、妾生子、婢生子、奸生子；第二顺序继承人为拟制血亲的嗣子（其首选是亲侄，若无亲侄，依次可选立堂侄、族侄、远方侄、同姓侄辈，禁止立异姓为嗣子）。第三顺序是女儿，在无子又无嗣子可立情况下，由亲生女儿继承遗产。

（2）鼓励寡妇守寡。《大明令》规定：民间平民的寡妇，在30岁以前丈夫死亡，能够守寡直到50岁以上仍未改嫁，就可以申请“旌表门闾”（即“贞节牌坊”），并且可以免除本户的差役。丈夫死后立志守寡的，可以继承丈夫应继承的财产。但是如果以后又改嫁的，就要丧失所继承得到的丈夫家财产以及自己原来嫁妆财物的所有权。

二、经济法律制度

明初，朱元璋为了恢复和发展生产，采取了一系列的经济措施，对明朝的经济发展起了积极的促进作用。但由于传统的重农抑商的政策，明朝后来严厉推行专卖制度，厉行海禁，限制私营手工业，严重阻碍资本主义萌芽的生长，影响了社会生产力的发展。

（一）赋税（役）制度

明代财政收入依然主要来源于赋役税收。明代的赋税种类较多，主要有田赋、商税。

1. 田赋（土地税）役。明初，田赋基本上仿南宋以来的两税法，以亩为计量单位，先征实物，至英宗正统元年（1436年）后改为征银。为保证田赋的征收，特制“鱼鳞图册”。明初设制大抵仿照实行免役法之前的北宋以及元制。为了保证差役与差徭的征发，特制“黄册”。

明朝中叶以后，土地兼并严重，赋役苛烦，负担不均，百姓流亡，国家财税收入明显减少。明神宗万历初年，张居正主持改革，颁布“一条鞭法”，改革税制，并以此作为推行政治改革的一项重要内容。

“一条鞭法”的主要内容是：（1）各项复杂的田赋附征和各种性质的徭役一律合并征银；（2）徭役中的力差改为以银代役，由官府雇人充役；（3）徭役不由户丁分派，而由地亩承担；（4）以县为单位，将全部徭役银分配于一县的田额上。一条鞭法的进步意义在于结束了历史上的三征（粟米、力役、布帛）体系，既是税制的化繁为简，又是由实物税转为货币税，有利于当时商品货币经济的发展。

2. 商税。明代由于商业的发达，为了抑商，明朝开始注重依法征收商税。明代的商税主要包括市税、关税和舶税三种。

明朝统治者为了增加国库收入，对投入流通的产品都依法征收赋税，甚至税监四出，肆意搜刮。《大明律·户律》对匿税者规定了刑事责任：“凡客商匿税及卖酒醋之家不纳课税者，笞三十。物货酒醋一半入官，于入官物内以十分为率三分付告人充赏。”“凡泛海客商舶船到岸，即将货物尽实报官抽分，若停塌沿港士商牙侩之家不报者，杖一百，虽供报而不尽者罪亦如之，物货入官。”

（二）货币制度

明朝货币分钱、钞两种。《大明律》中设有“钱法”、“钞法”两个专条。规定钱、钞由政府统一铸造和印刷。钱由工部宝源局铸造，以文为单位，钞（大明宝钞，纸币）由户部统一印制，以贯为单位，钱、钞相兼行使，具有同等的信用价值，市场交易及各种赋税“并听收受”，违者杖一百。

法律严格禁止私铸铜钱，伪造宝钞。“凡私铸铜钱者绞，匠人罪同”，从犯及知情行用者减一等。里长知情而不告发者杖一百。为从根本上杜绝私铸，朝廷禁止私相买卖和收匿废铜。军民之家除镜子、军器和寺观庵院钏磬等铜器外，其余一律缴售给官府，违者处刑。

对于伪造宝钞，处罚更加严厉。《大明律》规定：“凡伪造宝钞，不分首从及窝主，若知情行使者，皆斩。财产并入官”。里长知而不举发者杖一百，巡捕官知情故纵者与同罪。而检捕者则赏银二百五十两，并给犯人财产。市民如使用伪钞，除追纳赔偿外，并处杖刑。收税人员如不用心验钞，收到伪钞也要杖一百。以后的条例及明初的《大诰》处刑均重于明律，如浙江地区有人伪造宝钞，被捕枭示，自京城（南京）至句容县沿途九十里，尸首相望。但因官府出钞过多，以致“物重钞轻”，民间不愿用钞，加之铸钱掺和铅锡，使民间盗铸日多，“钞法”，“钱法”日坏。以后税收“惟用白银”，并成主要支付手段。

（三）专榷法律制度

专榷即专卖专营。在中国封建社会，历代王朝对于盐、茶等都实行垄断经营。但是，明朝则是第一次将“盐法”、“茶法”纳入国家正式法典《大明律》里。

1. 盐法。明代对盐的专卖实行盐引制，灶户专门负责煮盐，官府收购，商人向官府交纳相应的钱、粮，取得运输、销售的许可证即盐引，再凭盐引到产盐地领盐，然后将盐贩至指定地区出售。对于无引而私贩者，洪武元年的《盐引条例》中规定处绞刑；有军器则斩。《大明律》中减轻至杖一百，徒三年；若有军器者加一等，拒捕者斩。即使是买食私盐者也要处杖一百；转卖者杖一百，徒三年。此外，负有缉私职责的守御和巡检官吏违法渎职，或贩官盐掺和沙土，或盐商不在指定地区而越界贩卖等行为，都被视为犯罪，处以重罚。由于盐乃日常生活不可或缺之物，经营食盐利润可观，再加上官盐供应不足等原因，明朝从始至终私盐犯罪屡禁不止。

2. 茶法。明代国家对茶的控制分官茶与商茶两种方式。官茶即官府向茶农课征茶叶实物，用以与境外少数民族换取马匹，以充军备，主要实行于陕西汉中和四川。商茶是指官府向茶商征收一定比例的茶税，然后发给茶引作为运销茶叶的凭证，主要实行于江南地区。对于违反规定贩私茶者，按贩私盐律治罪。由于茶马交易事关军备国防，所以对贩私茶的实际处罚远远重于私盐犯罪，如洪武末年，驸马都尉欧阳伦就是因贩私茶而被赐死。

第五节　司法制度

一、司法机关

（一）中央司法机关

1. 三法司。明朝中央司法机关为刑部、大理寺和都察院。

（1）刑部。刑部由原来的四个司扩充为十三清吏司，分别受理地方上报案件和中央百官与京师地区的案件。审判结束，须将案卷连同罪犯移送大理寺复核，流刑、充军以下案件，大理寺复核后即定案。死刑案件，经刑部审理、大理寺复核后，须最终报请皇帝"勾决"才能执行。

（2）大理寺。明代恢复设置（元不设大理寺），但只负责复核刑部和在京各机构审理的案件。

（3）都察院。明朝把御史台改称都察院，扩大监察组织和职权，设立左右都御史等官，负责纠举弹劾全国官吏的违法犯罪，并且参与重大疑难案件的审判工作。

2. 司礼监与内阁。明朝的宦官组织极为庞大，有十二监、四局、八司，总称二十四衙门，其中十二监中的司礼监居首领地位。"司礼监"为负责皇帝日常事务，整理传递文件的太监机构。司礼监与内阁共同协助皇帝处理政务，司礼监主内，内阁主外，两者都是皇帝的秘书机关，也同时有司法审判的职掌。

（二）明地方司法机关

明朝地方分省、府、县（州）三级。省设提刑按察使司，长官为按察使，有权审结徒刑案件，流刑以上案件则报送中央刑部批准执行。其副长官副使，佥事则按"道"分巡，号为"分司"或"分巡道"，有权提审、复审所巡地区的一切案件。省承宣布政使司也设有理问所，有权审理有关赋税以及田土债务方面的案件。

府、县两级实行行政司法合一体制，由知府、知县掌管狱讼事务。府一级本身没有任何案件的审结权，只是承上启下，复审州县上报案件。州县有权审结笞杖案件。

二、会审制度

明朝为了加强皇帝对审判权的控制，有助于法律的统一适用，并对司法机关的审判活动予以监督，对重案、疑案以及死刑复核案件实行会审制度。而且这一制度日趋系统和完备。明朝主要的会审制度有：

(一) 三司会审

三司会审是由刑部、大理寺、都察院共同审理重大案件或疑难案件，然后奏报皇帝裁决的制度。其形式和作用类似于唐朝的三司推事。但唐朝的“三司推事”制度，仅仅是针对特别重大的案件而临时采用的。到明朝，三法司会审已成为一种常制，并且，会审案件的范围也大大扩充。实行三法司的会审旨在防止刑部独揽审判大权，而三法司之间的相互制约又有利于皇帝从中控制司法权。

(二) 九卿会审（又称“圆审”）

对三法司审判的死刑囚犯中二次翻异不服者进行的特别审判。死刑囚犯在复审时一次翻供，则改调其他衙门问拟。问拟后囚犯第二次翻供，必须将此情况报告皇帝，由皇帝指定九卿会审，即圆审。明九卿指的是六部尚书及通政使司的通政使、都察院左都御使、大理寺卿。

(三) 朝审

明代对于秋后处决的死刑案件，建立朝审制度加以审核。明英宗天顺三年(1459 年)，“令每岁霜降后，三法司同公、侯、伯会审重囚，谓之朝审”。[①] 自此后，朝审制度正式确立，且“永为实例”。朝审不仅是审核死刑，而且有宽宥之意。对朝审犯人的处理分为“情真”、“缓决”、“可矜”、“可疑”四种类型，除“情真”即情况属实须执行死刑以外，其他三种一般都可免除死刑。从明代中后期朝审的实际来看，朝审中的死囚大多可以缓死或减刑。由于朝审在秋季进行，实际上也就是清代秋审的前身。

应当注意的是朝审中“秋后处决”的死罪一般都是被认为对统治秩序威胁不大的，重大犯罪的死罪都规定为“决不待时”，一经审结即予处死。因此，在司法实践中逐渐在律例所规定的死罪后注明是斩、绞“立决”，还是斩、绞“监候”(监禁等候朝审)。

(四) 热审

热审是在暑热天审理，决遣囚犯，以便疏通监狱的司法制度。其始行于明成祖永乐二年（1404 年），至清朝末年结。永乐二年，只决遣轻犯，后宽及徒、流以下囚犯。明宪宗成化年间（1465 年至 1487 年）始有重罪矜疑、轻罪减等、枷号流放诸例。开始，热审决囚只实行于北京，后又实行于南京，并逐渐推行到“其在外审录，亦依此制”[②]。

(五) 大审

明代自宦官干预司法后，形成一种由皇帝委派太监会同三法司官员审录囚徒的特殊会审制度。其对象主要是累诉冤枉的囚犯。大审始于明宪宗成化十七年(1481 年)，以后制定每 5 年（每逢天干的丙、辛年）举行一次。审判原则与方

---

① 《明史·刑法志二》。

② 《明史·刑法志》。

式同热审相似，因此《明会典》又被称为“五年热审”。大审是一种由皇帝派员复审录囚以示恤刑的刑事审判制度，罪囚往往能够有机会辨明冤枉或获得减免刑罚。五年一次大审事，不仅在两京举行，而且派官到外地会同御史录囚。

明代所实行的上述特别刑事审判制度，在一定程度上有助于减少冤狱的发生，降低刑罚的滥酷程度以缓和阶级矛盾，同时也有助于避免司法官员的擅断。但从总体上看，这并不能改变明朝司法的专制和混乱状况。上述特别刑事审判制度是在皇帝的严格控制下施行的，同时，司法权的极端分散，尤其是厂卫对司法活动的广泛干预和操纵，导致了明朝的司法极为混乱。

三、厂、卫干预司法

厂卫是明代特务机构与宦官组织相互依赖与渗透形成的一种怪胎，是凌驾于法律和司法机关之上的、直接从事镇压的工具。厂、卫干预司法，这是明代的独特现象，也是明代司法滥酷的主要原因与突出表现。

（一）卫

就是锦衣卫，原是皇帝最亲近的近卫军，掌管皇帝出入仪仗、警卫，编制为五六万人，明太祖朱元璋为了加强专制集权，让锦衣卫负责执行廷杖之刑，随后又命他们侦破臣兵的反叛、奸、宄三行，于是锦衣卫变成了特务机关。“卫”下设南、北镇抚司。南镇抚司掌管本卫的纪律及军纪。北镇抚司则负责侦缉大小百官及军民人等的不轨言行并兼理一般诉讼，负责审理皇帝交讯的重大案件，成为皇帝亲自审理案件的预审法庭，设置了监狱和各类逼取口供的刑具。明太祖统治末年曾下令关闭锦衣卫镇抚司囚的监狱，焚毁刑具。但明成祖夺取皇位后又恢复。尔后，锦衣卫不断扩大，至明世宗时期人数增至十五六万之多，其用刑残酷“无甚于此”。

（二）厂

指东厂、西厂和内行厂，是由太监组成的特务机关，专管“缉访谋逆、妖言、大奸恶”等重大案件。东厂是明成祖朱棣于永乐十八年（1420 年）设立的，由于机构设在皇城的东安门外，所以叫“东厂”。在明成祖与建文帝争夺皇位时，宫中宦官建功不小，因此，成祖即位后，信宠宦官，倚为心腹。东厂是由“司礼监”派出提督太监掌管，设有掌刑千户、理刑百户等官职，并有内外勤役长数百人，分别率领 12 班“番役”轮番出动，监视文武百官的日常活动和交接应酬，刺探社会各阶层的动态，称为“打事件”。所获得的情报不分昼夜送入宫内向皇帝汇报。由于受皇帝信任，东厂地位高于锦衣卫，可以经皇帝直接批准秘密逮捕人犯，侦缉案件。

明宪宗成化十三年（1477 年），因各地人民起义不断，甚至影响京师地区的治安。宪宗以东厂侦缉不力，别设厂于灵济宫，称西厂，由宦官汪直任提督，西厂因受皇帝宠用，其权力与人数又超过东厂，他们“四处刺（探）民间阴事”[①]，遭致民众反对，宪宗被迫于成化十八年取消西厂。

内行厂，设于武宗朱厚照正德年间。其时宦官刘瑾专权，为加强特务活动，又增设了内行厂，由刘瑾亲自掌管，权势又在东、西厂之上。并将东、西厂及锦衣卫列为内行厂的监视范围，至刘瑾被诛时废除，虽然只有二年时间，却处死官吏军民几千人。这些多如牛毛的特务，层层侦缉人民，又层层互相侦缉。它们的侦缉、审判活动也从不遵循什么法律，因为在《大明律》等正规法律上并无它们的立法依据。它们凭借皇权势力，不仅直接审理皇帝交办的重大案件，而且还插手普通司法审判机关的司法工作。太祖洪武年间，北镇抚司大权日重，使“法司掣肘”[②]。英宗正统年间，厂卫特务头目以为皇帝“听记”作为说辞，直接坐堂，参与普通司法审判机关的开庭审理，从而导致明朝司法审判工作的混乱。厂卫干预司法是明朝封建专制主义极度发展的产物，它们直接暴露了封建专制统治的虚弱和黑暗。

四、监察制度

明朝的监察制度奠基于太祖时期，这和朱元璋严于治吏的思想是分不开的。明时监察主体非常广泛，中央有都察院、六科和通政司以及它们各自的属员，即各类御史和六科给事中；在地方有巡按御史、督抚以及按察司等。另外，从职能上讲，明代的厂卫等特务机构也兼有监察职能，但是，厂卫特务机构属于法外特设机构，在明朝的监察中起的是负面作用。

（一）都察院

明朝统治者非常重视监察机关的作用。朱元璋说：“国家立三大府，中书总政事，都督掌军旅，御史掌纠察，朝廷纲纪尽系于此，而台察之任尤清要。”[③]正是在这样的思想指导下，朱元璋于洪武十五年（1382 年）对御史台进行了扩大：改其名为“都察院”，设左右都御史，左、右副都御史、左右佥都御史等职官。都察院的职责是“专纠劾百司，辨明冤枉，提督各道，为天子耳目风纪之司。凡大臣奸邪，小人构党，作威福乱政者，劾，凡百官猥茸贪冒坏官纪者，劾；凡学术不正，上书陈言变乱成宪希进用者，劾；遇朝觐考察，同吏部司贤否陟黜；大狱重囚会鞫于外朝，偕刑部，大理谳平之，其奉敕内地，附循外地，各专其敕行事”[④]。由此可见，明朝所设都察院是将纪检、组织、公安、司法职能集于一身。弹劾和照刷文卷是都察院官员履行职权的基本手段。明代御史弹劾之权尤重，宗室诸王或大臣，每被弹劾获罪。永乐十四年（1416 年），太祖子谷王

① 《明武宗·正德实录》。
② 《明史·刑法志》。
③ 《明史·职官志》。
④ 《明史·刑法志》。

朱穗昏僭无道，御史刘观奏劾之，废为庶人。万历中御史刘台劾首辅张居正。明代宦官每每专政，或肆行无道，御史弹劾尤力。成化中汪直开西厂，残虐士大夫，左都御史项忠倡九卿劾之。正德中刘瑾专政，南京御史陆昆偕十三道御史薄彦徽等上疏劾谨，极论其罪。天启中魏忠贤专权，都御史杨涟、左光斗等交章弹劾。明代权奸佞章莫不受到都察院御史的猛烈抨击。照刷文卷是监察御史等履行职权的基本手段。照刷或作吊刷、或称查刷，照刷文卷就是清理公务文书，通过清理核实各公务文书，检查各衙门工作的情况，以验其政事优劣。照刷文卷的具体做法是"逐宗照刷"，即对该衙门的各项文卷一件一件地审阅。如经审阅，某项公务确已完结，并无违反法规之事，则批以"照过"。如该件公务还在办理，并无错误，则批以"通照"。如办事拖沓，该结案而尚未办完. 则批以"稽迟"。办理公务中有失误及严重错误，则批以"失错"或"乾没"等罪名。明制，凡在京大小衙门，直隶州县及在外衙门文卷俱在照刷的范围之内。除了少数有关军机大事的文卷外，内外各司文卷分别由在京的十三道御史和在外的各巡按御史查刷，按具体情况，或两年一次、或一年一次。查刷时，各衙门首领官具报文卷事目，把文卷和公务项目列为目录，交衙门正官署名，然后呈报监察御史查刷。照刷完毕，各衙门官员应接受御史的判词. 迅速改正错误，稽迟者立即办理，失错者尽力补救。否则，御史就要奏告朝廷，追究责任。为加强对地方官吏的监察，宣德十年（1435 年）依当时省制划分全国为十三道，设十三道监察御史一百一十人，分别掌管各地的监察工作。

为了"察纠内外百司之官邪"，朱元璋还建立了御史巡按地方的制度，名为巡按御史。这些官吏是代天子巡狩，凡吏政、刑名、钱谷、治安、档案、学校、农桑、水利、风俗、民隐都是其职责考察范围。《明史·职官志》称："巡按则代天子巡狩，所按藩服大臣，府州县官诸考察，举劾尤专，大事奏裁，小事立断。"

都察院各官除了在院任事外，还要在外担任各种职务。都御史出巡时，常被皇帝特命兼管其他事务。凡兼管行政、民政的叫"巡抚"，兼管军事的叫"提督"，兼管行政、财政和军事的叫"总督"。起初总督和巡抚仅为临时派遣的差使，至嘉靖时，为了加强对内镇压和抵御外患，遂固定设置在内地或边疆地区。由于巡按御史代天子巡狩，因此其地位与地方省级长官平列，甚至知府、知县谒见时要行跪拜礼。弘治以后，巡按御史的权力更大了，侵夺了许多监察之外的权力，如行政方面"凡有大兴革及诸政务、会都、按议、经画定而请于抚、按若总督"；在军事方面"地方战守事宜，巡按得参与谋政"；在治安方面"地方若出现贼盗，巡按要下令征剿"。明代御史位卑权重，完全是皇帝的精心安排。皇帝以御史监督各级官吏，势必赋予他们较大的权力，但同时又要防止御史形成独立的政治势力，所以不得不压低御史的品位。迫使御史紧紧地依附皇权，为巩固绝对专制效劳。如同刑部尚书胡世宁上疏指出的那样，由于巡按御史"秉权太重，行事太过"，省、府地方"乃惟巡按批问词状"，致使"藩臬守令皆不得专行其职，而事皆禀命于巡按矣，甚而巡抚固位者亦不敢专行一事，而承望风旨于巡按矣。”由于巡按御史有弹劾官员的大权，而地方官员或多或少都有短处，怕巡按弹劾，因此不敢各司其职，宁可听命于巡按以求保住乌纱帽。

（二）六科给事中

明朝初期，沿袭前代旧制，仍统设给事中。至洪武六年（1373 年）始按六部分设吏、户、礼、兵、刑、工六科给事中，来监察中央六部的活动。各科设都给事中一人，左右都给事中各一人为副贰。都给事中秩正七品，左右都给事中秩从七品。按规定，凡以皇上名义发出的刺敕，给事中要对之进行复核，若有不妥之处，可以封还奏报。全国各地上报给皇上的奏章，六科要根据分工按类抄报各部，并提出驳正意见。六科之官虽然为七品，但权力极大。他们侍从皇上，每日都有一人值班，站在殿中“珥笔记旨”。皇上交派各衙门口办理的事件，由他们每五天检查督办一次，倘若有拖延不办，或是动作迟缓者，由他们向皇上报告；若各衙门口完成了皇上旨意，便由六科核销。每逢京官考察自陈政绩时，这些给事中还要会同六部进行审核。在考核中，有的官员政绩突出而被皇上召见时，一般要由吏部尚书及相关科的都给事中同相陪面见皇上。

朱元璋建立六科给事中，可谓一箭双雕，既钳制了六部，亦限制了都察院。其用意在于加强皇权，使最高统治者便于从中操纵。同时，给事中与御史之间也有一个相互纠举弹劾的制衡。

（二）地方监察机关

地方监察机关为提刑按察使司，又称“行在都察院”、“外台”。“掌一省刑名按劾之事。纠官邪，戢奸暴，平狱讼，雪冤抑，以振扬风纪，而澄清其吏治”。提刑按察使“周适天下，巡行风俗，上以宣帝命，下以求民瘼，按其官吏能否而进退之”，既有显赫的职权，又有相对的独立性，被称做“此我国家统纪之经纨”。中叶以后，宦官势盛，地方的监察活动也纳入宦官职权范围，由皇帝家奴监察朝廷命官，说明一切纲纪礼法都已荡然无存了。

再加上对于选拔御史和给事中，朱元璋是慎之又慎。他曾说：“御史当用清谨介企之士，清则无私，谨则无忽，介企则敢言。”这就是说，选御史一要品行端正、清廉则无私；二要认真细心、严谨则无疏漏；三要耿直坚定、介企则坚持原则，敢于直言。同时，朱元璋还要求这些监察官的年龄在 30 岁以上，60 岁以下；并且有为官的经历，熟悉官场弊病；通晓民俗风情。御史正式任用前，必须经过一年的试用期，合格之后才能上岗。由此，不难看出朱元璋所设立明代监察制度的特点：“都察院”与“六科给事中”全都是从封建国家行政系统外部进行吏治监察的特殊机制，而监察的目的主要是针对官吏的不法行为。作为封建王朝的最高统治者朱元璋清楚，各级官吏对于特权乃至法外特权及非法利益的追逐，是导致整个官僚机构贪赃枉法腐败变质的重要原因。

从维护封建统治阶级的根本利益出发，为使“朱氏天下”长治久安，朱元璋不得不对官吏的腐败行径加大打击力度。在这种形势下建立的监察制度，不啻在明朝的各级政权机构中布下了一张严密的大网，官吏们的一举一动都在他的监控之下。据吴晗先生《朱元璋传》中记载，官员钱宰奉朱元璋之命进行修订《孟子》书的工作。一日，钱宰下朝回家，因感工作进展顺利，心情颇为舒畅。于是，他便乘兴吟诗一首："四鼓咚咚起着衣，午门朝见当嫌迟，何时得遂田园乐，睡到人间饭熟时。"第二天钱宰上朝，朱元璋一见他便说，你昨日做得一首好诗，只是我并没有嫌你迟到啊，我看还是把"嫌"字改为"忧"字如何？钱宰闻听吓出了一身冷汗，赶忙磕头谢罪。朱元璋说："朕今放汝去，好好熟睡矣"，于是便将钱宰遣送回了老家。再有一例，奸臣严嵩在嘉靖十六年（1537 年）时还处于含而未发的阶段，满朝文武尚无人察觉他的奸佞，但是，监察御史桑乔和给事中胡汝霖就提出了对他的弹劾。上述例证足见明朝监察系统的严密。明朝形成了从中央到地方交叉分工的多元型网络监察体系，使其具有权力制衡和均衡的作用，更起到了纠正官邪的作用。顾炎武在《日知录》一书中对明代监察官评价非常高，认为明中叶以来内忧外患迭至，权奸权阉屡起，而明王朝仍无瓦解之势，其原因之一就是监察系统仍在发挥重要作用。

分析题：

帝初即位，惩元政弛纵，用法太严，奉行者重足而立。官吏有罪笞以上，悉谪凤阳屯田，至万余人。明祖严于吏治，凡守令贪酷者，许民赴京陈诉，赃至六十两以上者，枭首示众，仍剥皮实草，府州县卫之左，特立一庙以祀土地，为剥皮之场，名曰皮场庙，官府公座旁各悬一剥皮实草之袋，使之触目警心。……法令森严，百职厘举，祖训所谓革前元姑息之政，治旧俗污染之徒也。①

我每日早朝晚朝，说了无限的劝诫言语……我这般年纪，说得口也干了，气不相接。若文若武，与中听从者少，怒目不然者多，其心专一害众成家。②

结合上述材料评析明初重典治吏的法律思想。

思考题：

1. 朱元璋重典治吏的主要表现。
2. 朱元璋废中书省的原因及后果。
3. 明朝的治安管理制度。
4. 厂卫干预司法的具体表现。
5. 明代监察制度的作用。

① 《廿二史札记》卷三三。
② 《大诰武臣序》。

第十一章　清朝法律制度

导读：清朝是中国最后一个君主专制的封建王朝，也是中国历史上又一个由汉族以外的少数民族建立的全国性政权。1616 年，努尔哈赤统一女真各部，建立后金政权。1636 年皇太极称帝，改国号为清，改女真族为满洲。自 1644 年满清入关顺治即位至 1911 年宣统皇帝退位，清王朝历十帝，共 267 年。这期间，中国经历了两个不同性质的社会发展阶段，即以 1840 年鸦片战争为界，分为前半段的封建社会和后半段的半封建半殖民地社会。本章所讨论的是 1840 年前的传统封建法律制度。

清初的统治集团富有新兴王朝的朝气和政治远见，面对复杂的阶级矛盾和民族矛盾，采取了“以汉制汉”的策略，全面吸收并接受中原汉族的先进文化，依照汉族伦理道德价值重塑自己形象，同时又运用高压政治手段，镇压反抗，很快巩固了政权。

清朝法律在全面继承明朝法律的基础上，结合时势要求，并参照了满洲的一些习惯加以改造，沿承了中国传统法律制度的基本精神、主要内容和风格特点，同时还纠正了明朝刑罚严苛、宦官干政与特务司法的一些弊端。作为一个少数民族建立的政权，在维护中央司法权威时又能坚固少数民族的特殊性要求，在法律的民族统一上有较大贡献。但清王朝毕竟是以满族贵族集团为核心的君主专制政权，其法律不仅在专制制度上有进一步发展，还带有浓厚的民族压迫性，清中叶以后，封建法制的落后与野蛮，封建狱政的黑暗，逐渐成为社会生活中的突出矛盾之一。1840 年，随着帝国主义侵华的炮声，清政府逐渐丧失司法主权。在清初康乾盛世发出最后耀眼一闪的中华法系，至此开始了解体的过程。

本章应重点理解清初“参合满汉”的立法指导思想；了解清朝的法律体系，特别是律与例的关系；掌握刑罚制度的变化和诉讼制度中会审制度的完备；能辨析清朝法律中的民族压迫和民族统一的表现，以及作为封建社会末期法律制度的落后性。

第一节　立法思想与立法概况

一、立法指导思想

清朝的法律制度是在满族入关完成军事统一，建立全国性政权以后，用了近百年的时间，才最终形成的。其立法过程与清朝统治从建立走向全盛的历程几相一致。清朝初年最高当权集团指导立法的思想可以用一句话来概括地表达，即“详译明律，参以国制”[①]。奉行这一立法指导思想有其深刻的客观社会根源，也是满族上层统治者审时度势、明智决策的表现。

后金在关外建国不久，努尔哈赤就曾命令属下汉官呈写明朝的法规律例，择宜推行。皇太极继位后也一再强调要“仿古制”，取“古圣王治成法”。这说明，关外时期的满族最高统治者就已经意识到，在自身不及为满洲社会迅疾的封建化过程提供相应文化的条件下，学习和借鉴汉族先进的封建文化，有利于满洲社会的进步。“参汉酌金”是清朝最显著而且也是一贯坚持的立法指导思想。

满族入关以前，并无系统的封建法。在迅速封建化的过程中，曾进行过一些反映变动中的政治经济关系的立法，如禁止“纵畜入田”、不得乱役农夫有违农时、允许粮食自由买卖等。比较重要的有《离主条例》和《崇德会典》。前者在一定程度上给予奴仆以人身自由，反映了阶级关系的变化；后者则把多种零散的法令整理汇编成较为规范的法律文件。入关以后面对封建法制文明高度发达的广大汉族地区，这些简单粗略的规定显然是难以满足需要的。在政治上推行“以汉治汉”策略的同时，清朝统治集团在法制上迅速作出了一个抉择。顺治元年(1644年) 6月，清兵占领北京后，摄政王多尔衮即下令：“自后问刑，准依明律”。这一事实具有耐人寻味的多重意义。它既说明清初统治集团十分善于在变幻莫测的政治局势中，把握影响全局的重要政务，也反映他们对于统治区域内法律秩序的高度重视。而更为深远的意义在于，它是满族入主中原以后首次表明对“明律”的开明政策，实际上也是对整个汉族先进文化的开明政策。作为摄政王而实际掌握清朝最高权力的多尔衮，在新形势下一如既往地继承了努尔哈赤、皇太极在关外时期对汉文化的既定方针。为清朝初年立法思想的确立奠定了基调。

随着政权建设的展开，清初统治集团的立法指导思想变得更为清晰完整。政局基本稳定以后，多尔衮接受一些满、汉大臣的建议，按照历朝历代新建立时的传统做法，着手进行全面的创制立法工作。他就编纂清律进一步提出了“详译明律，参酌时宜”的方针。顺治三年（1646年），清入关以后第一部仿历代封建王朝“以刑为主，诸法合体”的基本法典完成，定名为《大清律集解附例》。顺治皇帝在御制序文中通告该法典的编纂动机和过程，述及编纂时遵循的方针是：“详译明律，参以国制，增损剂量，期于平允”[②]。与乍入关时沿用明律治罪的方针相比较，摄政王多尔衮和顺治帝在正式着手编制法典时，进一步提出了在继承明律的同时，要结合变化了的时势和清朝统治的实际情况，进行改进的思想。

清朝前期封建法制建设所取得的成就，是在这一思想指导下长期实践的结果。满族社会发展晚但急剧封建化的特性，使得清朝前期最高统治阶层与封建社

① 《大清律解》，法律出版社1999年版，第1页。
② 《大清律解》，法律出版社1999年版，第1页。

会后期中原地区腐朽没落的汉族地主阶级有着明显的不同，在一定程度上有着处于上升阶段的新兴封建主阶级的特点。他们富于朝气，对新鲜事物保持着一定的敏感，清醒地懂得如何利用各种有利的手段，最大限度地发挥维护自身统治的功效，并采纳以儒家伦理哲学为核心的汉族传统文化为新建立的清朝统治服务。

二、《大清律例》与《清会典》

（一）《大清律例》

1.《大清律例》的制定。《大清律例》前身为《大清律集解附例》和《大清律集解》，前者颁行于顺治四年（1647年），后者颁行于雍正六年（1728年）。因不合或不能尽合清朝统治的实际情况而不得不重加修订。《大清律集解附例》是清朝首次颁行的法典。分名例、吏、户、礼、兵、刑、工七篇，全律459条，律文后附有条例。从体例到内容均沿用《明律》。尽管清廷一再强调要"参酌时宜"、"参以国制"，但几乎完全照抄《明律》。比如明初期制定有《大诰》，《明律》中有"依大诰减等"的规定。而清朝并没有《大诰》，《大清律集解附例》中却将"依大诰减等"的规定原文照录；再如名称套用了明中叶以后《大明律集解附例》律名，但实际内容又并无"集解"等。法典解决了"清承明制"，为清律奠定了基本格局，但许多地方不合"时宜"和"国制"。

《大清律集解》是雍正时期运用康熙以来立法经验修订《大清律集解附例》而成。雍正继位伊始即命专人修律，至雍正三年（1725年）奏定，五年刊成，六年颁行，仍沿用《明律》七篇体例。在修订过程中根据现实情况对律文进行了删、并、改、增，定为436条，又将康熙年间所作注疏载于相应的律条之后，以便按清廷的意图来解释律文，同时使内容与名称中"集解"两字相符。修订中还将新旧条例824条分为原例、增例、钦定例三类附于相关例条之后[①]。其中原例为历朝旧例，增例为康熙时《现行则例》，钦定例为雍正时定例，使用中可以相互比较。

清朝的统治到乾隆继位时臻于全盛。满汉融合渐深，满族统治上层中精通和善于运用汉文化于清朝统治者人才辈出。封建政治经济发展，总结经验，纂修一部新法典的条件成熟了。《大清律集解》尚未能解决的中华"旧律"与"时宜"尽相一致问题也显得突出。乾隆元年（1736年）开始，对《大清律集解》逐条重加考订，前后费时5年，终于完成最后一部清律《大清律例》。这次修律，附于律条之后的条例总数大量增加，这些例是清朝建立以来律条运用经验的概括，附于律条之后，起到补充和细化律条的作用。最终完成了中华传统与"时宜"的结合，使两者融为一体。

《大清律例》承袭《明律》所创体例，以名例居首，统领吏、户、礼、兵、

---

① 田涛、郑秦：《〈大清律例〉之"点校说明"》，法律出版社1998年版，第4页。

刑、工六律，共436条。律首沿袭明朝旧制附有六赃图、五刑图、狱具图、丧服图诸图，律条之下附相关的条例，共计1409条。法典继承了《明律》在中国封建法制史上所创的全部成就，又融进了清王朝的统治经验，它是中国最后一部封建法典。

《大清律例》于乾隆五年（1740年）颁行。翌年经乾隆谕旨称其为“以（已）定之宪章”，并令不得“以一人之臆见妄思变易”、“不得擅改成书”[①]。从此律文不得再行更改，唯律条后所附之条例可以随时间推移、情况变化而作相应的修改。乾隆十一年（1746年）又确立定期修例制度，规定律中所附条例五年一小修，十年一大修。但是随着清朝统治由盛而衰的变化，实际上并未实行这一制度。

2. 清朝的律例关系。清朝沿用了明朝的法典编纂模式，其主要法典都是采用律例合编的形式，将律例同时规定在国家的基本法典之中，将例附在律文后面，以补律的不足。这种律例合编的法典编纂形式正是清朝时律例关系的最佳体现，即以律为主导，以例辅律，律例并行。“律垂邦法为不易之常经，例准民情因时以制宜”[②]，清朝的律例关系非常复杂，归纳起来有以下几点：

其一，律例并行，都是国家的重要法律规范，同时存在于国家基本法典之中。《大清律集解附例》的编纂就是为了解决律例分编导致相互抵触的问题，通过律例合编实现律和例的协调统一，保障了它们在国家法制生活中的指导性地位。

其二，以例辅律，律为国家最重要的根本性的法律规范，是主体，例则是针对律文因其固定性而呈现出的过于僵化来对其进行变通，以适应社会情况的变化。原则上来说，例的基本精神、价值取向必须要与律一致，例的修订应以律为标尺。

其三，以例补律，例有更强的灵活性，可以根据社会发展的需要，及时灵活变通，在不违背律所确定的基本原则下，可以及时根据实际需要作出新的规定，以补充律文之不足。一些原则性规定的律文，其具体实施也需要例加以具体化，使得律文具有了实际的可操作性。

其四，“以例破律”的现象不多，从《刑案汇览》所记载的案例来看，大多数案件是引律断案的。即使在一些具体问题中存在有“以例破律”的情况，也大多仅是量刑上的轻重之分，而不是是非之别。

总的来说，清代律例并举的形式，是一种比较成熟的法典编纂方式，从清代司法实践来看，在判决书中也常见先引律文，其后又补以例文加强说明，说明律例并举的模式也在实践中得到了认可。

（二）《清会典》

自唐朝以来封建法典的“二水分流”之势，被清朝加以继承并大大发展。

---

① 田涛、郑秦：《〈大清律例〉之“点校说明”》，法律出版社1998年版，第6页。

② 《刑案汇览·序》。

为了全面继承明朝法制，强调自身中华皇统合法继承者的地位，使皇权独尊的专制体制法典化，同时也为了规范行政管理体制，提高行政管理的效能，康熙时，仿照《明会典》制定了《清会典》，也称《康熙会典》。其后又一再续修，计有《雍正会典》、《乾隆会典》、《嘉庆会典》、《光绪会典》，合称“五朝会典”。

《清会典》在体系上继承《明会典》以官统事、以事隶官的结构形式，即按国家机关分目，目下记载有关的则例、事例。全书以宗人府为首，以下分别是内阁、六部、理藩院、都察院、通政使司、内务府以及其他寺、院、府、监等目。乾隆时，唯恐典例并载导致后人变乱祖制，将目之下的例抽出，单独汇编成册，以示“例可通，典不可变”。所以乾隆时会典实际一分为二，有《乾隆会典》100卷，《乾隆会典则例》180卷，遂成为固定的体例。至嘉庆时，有《嘉庆会典》80卷，《嘉庆会典事例》920卷；光绪时，有《光绪会典》100卷，《光绪会典事例》1200卷。例的数量不断扩大，反映了随时间推移，清朝对社会生活行政管理的深入和强化。

《清会典》详细记载了清朝自开国至光绪年间各级行政机关的建制、职掌、活动原则、事例等各种制度、规则，不仅是清朝行政法规大全，也是中国封建社会最完备的行政法典。

（三）清朝的其他法律形式

1. 各部院则例和地方则例。为了使政府各部门的职掌与活动规范化，清廷还责成各部院纂修本部门的则例。则例是清朝重要的法律形式，大部具有行政法的性质。清朝纂修则例是从康熙时开始的，以后各代清帝多承袭这一传统，或补空阙，或加修订。比较重要的则例有：

《刑部现行则例》于康熙十九年（1680年）为解决律与清朝现实不符，以及调整律与条例的轻重不一而制定。在清朝初期曾发挥重要作用，后被并入正律以内。

《钦定吏部则例》主要内容是各部的职掌、官员的任用和品级，以及对各部违法行为处分的规定。首颁于雍正十二年（1734年），乾隆、嘉庆年时都有修订。乾隆时期还有与之相应的《钦定吏部处分则例》、《六部处分则例》、《钦定吏部铨选官吏则例》等。

《钦定户部则例》是关于户部的职掌和国家户口、田赋、库藏、仓庚、漕运、盐法、参课、钱法、关税、廪禄、兵饷、蠲恤、杂支等方面的规定。乾隆四十一年（1776年）编成，后经多次修订。

《钦定礼部则例》是关于仪制、祠祭、主客、精膳等国家礼仪制度的规定。乾隆三十五年（1770年）编成，后多次增续。

《钦定中枢考》是关于武职官员品级、升迁和军政的规定，属军事行政法性质。康熙十一年（1672年）由兵部编成，雍正、乾隆时均有修订。嘉庆时按内容分为《八旗则例》、《绿营则例》和《处分则例》三类。

《钦定工部则例》是关于营膳、船政、河防、水利和军火等方面的规定。乾隆十四年（1749 年）编成，嘉庆、光绪时曾予修订。

除此以外，清中央各部院则例类型的法规还有《理藩院则例》、《宗人府则例》、《兵部督捕则例》、《钦定学政全书》、《钦定赋役全书》、《科场条例》等。

清朝法律体系中还出现了地方性的单行法规，在形式上也属于则例类型。其中有多省的条例，如《江苏省例》等。这是清朝行政立法中一项创造性的成就。

2. 民族区域单行法。清朝是中国历史上统一的多民族国家发展的重要阶段。清朝的法律制度在巩固国家统一和适应多民族共同相处方面创造了历史的新经验。鉴于少数民族不同的习俗和社会发展水平，清朝中央政府内设有处理少数民族事务的理藩院，还为某些少数民族聚居地区制定了特别的单行法规，如《蒙古律例》《钦定西藏章程》《回疆则例》《西宁青海藩夷则例》等。这些单行法规开始带有临时性质。例如，雍正十一年（1733 年）制定的适用于宁夏、青海、甘肃等地少数民族的《西宁青海藩夷则例》，原拟实行五年后改用《大清律》，但实行中一再展期，直至乾隆十三年（1748 年）经刑部奏准，作为定制，此后不必再请展期。说明清政府对如何处理少数民族地域法律事务，是在实践中取得经验的。民族区域单行法的设置，既照顾了各少数民族不同的特点，又加强了中央政府对少数民族区域的司法管辖，为治理多民族国家积累了丰富的经验，也在客观上促进了少数民族地区的社会进步和经济发展。

三、旗人特权的法律化

清朝的统治实质上是以满族贵族为主体的满汉地主阶级联合专政。为了实现对广大汉族人民的统治，满洲贵族不能不联合汉族地主阶级，标榜“满汉一体”；为了维护满洲贵族自身的阶级利益，他们又把自己扮演成全体满族利益的代表，极力保持民族的差别和特权。清朝法律制度的特点之一，是通过立法形式使旗人在政治经济和司法上的特权制度化、法律化。所谓旗人，包括满族和实际已经满化了的满洲蒙、汉八旗人。

（一）政治方面

清朝官制形式上实行满汉复职制，中央六部等某些机构的重要长官设满汉各一名，但实权握于满官之手，汉官是点缀而已。为了保证满洲贵族对国家要害部门的控制，清朝在任官上特别设立官缺制度，将官职分为满官缺、蒙古官缺、汉军官缺和汉官缺四类，根据固定的官缺补授官职。国家要害部门的官职，均为满官缺，如理藩院、宗人府及掌握钱粮府库、火药库的官职，各省驻防将军、都统、参赞大臣、盛京五部侍郎等职务，均为满官缺，汉官无权问津，这是其一；凡有满官缺，汉官不得补任，但汉官缺却可由满官补任，这是其二。官缺制度把官职的分配固定下来，保证满洲贵族在政权组织中始终占据优势，牢固地控制国家机器。

（二）经济方面

入关以后清统治者曾特许满洲贵族和八旗官兵，以暴力强行圈占土地，并在法律上给以承认和保护。抢夺而来的土地和房产称为“旗地”、“旗产”。八旗官兵的生活和作战用的马匹、军械均依赖土地的收入。为了维护八旗军的经济基础和旗人的经济特权，清朝法律禁止旗地的典卖典买。但由于种种原因，康熙帝在位后期，旗人私典田产与汉民的现象日益增长。至雍正七年（1729年），清廷通过上谕重申法律规定，禁止典卖旗地，违者治罪。此后，乾隆、嘉庆、道光、咸丰一再下诏禁止旗地旗产的典卖，违者治罪。自雍正开始，清政府还多次出巨资强力回赎已典卖的旗地。

圈地和保护旗地旗产是清政府统治者推行的最野蛮的政策和最落后的制度之一。清兵攻下北京以后，随着满族贵族和满蒙汉八旗官兵及其随从人员、奴仆大量涌进关内，遂开始大规模的圈占土地。从顺治元年（1644年）到顺治四年（1647年）曾三次大规模的圈占土地。此后大规模的圈地虽然停止，但零星的圈地事件仍不断发生。清廷先是下令圈占“无主荒田”，后来“不论有主无主”一律圈取。不但圈占土地，“圈一定，则庐舍、场圃、悉皆屯有”①。失去土地的百姓离乡背井，妇子流离，哭声满路。有一家人同日自缢死者；有先投儿女于河，而后自投者；有得钱数百，卖其子女者；有刮树皮撅草根而食者；而冻饿至死，僵死路旁者更是不计其数。在圈来的旗地上，最初大部分实行的是落后的农奴制度，由身份不自由的奴仆耕种，取代了中原地区较先进的封建生产方式，毁坏了生产力。对旗地旗产的法律保护，终成为不利于清朝统治的因素。致使大部分八旗子弟游手好闲，不思进取，八旗军很快就失去战斗力。至咸丰初年，清廷不得不开放禁令，除奉天一省外，余皆准民人买卖旗地旗产。

（三）司法方面

法律明定旗人享有与普通民人不同的特权。在司法管辖上，旗人虽与普通民人一样适用《大清律例》，但旗人案件由司法系统以外的专门机关审理；皇族宗室案件由宗人府审理；上三旗旗人的案件由内务府慎刑司审理；京师普通旗人案件由步军统领衙门审理；地方上旗人案件由满洲将军和副都统审理等。满汉之间的诉讼，一般司法机关可以审理，但却不能做出有效力的判决，只能将审拟意见送相关专理旗人案件的机关最终决定。在刑罚的执行上，旗人享有减等和换刑的优待。减等，如旗人被判斩立决的，可以减为斩监候换刑，如旗人依律判决笞刑或杖刑的，可换成鞭责；依律判决徒刑、流刑、充军刑的可换为短时间的枷号，其中流刑、充军刑也只在原地枷号，无须徙往远方边地。这些都是传统中华封建法中所没有的，体现了清朝满洲贵族为主体的封建统治的特点。归根到底仍然是封建等级特权制度，反映了满洲贵族的意志，并不符合下层满族人民的根本利益。

---

① 姚文燮：《圈占记》，《皇朝经世文编》卷三一，载戴逸主编：《简明清史》（第一册），人民出版社1980年版，第198页。

第二节 清律的主要内容与特点

一、行政立法的演进

（一）强化和完善专制统治体制

清承明制实际也就是继承已近两千年的封建法制。由《清会典》而法律化的清朝行政管理体制，在强化和完善专制皇权方面较之明朝又有发展，使中国历史上的封建君主独裁更加绝对化，制度保障更为周密，达到了前所未有的水平。

1. 中央行政机关。清入关后即逐步仿照明朝建立了一套中央行政管理机构。皇帝之下有内阁、六部、寺、院、监、府及通政使司等。

清初与明朝不同的是沿袭了它在关外时实行的"议政王大臣会议"制度。有关国政往往由八旗旗主组成的议政王会议拟议具奏，然后交六部执行。这种由一色满洲贵族决定军国大政的做法不利于争取和依靠汉族地主官僚的支持，尤其是与大一统的帝权独尊的专制体制相冲突。从康熙中经雍正到乾隆时期，经过激烈斗争终于废止了"议政王大臣会议"。清除这一氏族军事民主制的残余制度，保证了清朝君主集权专制体制的顺利发展。

清朝行政管理中枢机构与明朝不同之处还在于内阁以外又有军机处的设置。顺治十五年（1659 年）仿明制设立内阁，由四殿二阁组成。四殿为：中和殿、保和殿、文华殿、武英殿；二阁为：文渊阁、东阁。中经周折，最后在乾隆时确立由三殿三阁组成的内阁。三殿为：保和殿、文华殿、武英殿；三阁为：文渊阁、东阁、体仁阁。清朝的内阁与明相同，虽居于六部之上，却不是一级行政建制，不能以自己的名义对六部发号施令。它只是皇帝的秘书处，与宋元时统辖六部的"中书省"性质迥异。内阁是明太祖废丞相制的产物。实行内阁制既消除了相权对君权的威胁，又解决了皇帝孤身一人君临天下、日理万机，视不所及、文不所达、力不能胜的矛盾。

清朝内阁的组成人员有：大学士、协办大学士、内阁学士、侍读学士、典籍、中书等，数额不定，由皇帝随机决定。职责是为皇帝顾问，草拟诏令，处理公文等。顺治时仿明朝压低大学士品秩的旧例，将大学士的官品从最初的二品降为五品，以防其权过重。雍正时又改定大学士为正一品官。遇有国家重大典礼时，"率百寮以将事"，地位颇为显赫，其实权力并不大。但也并不能就此让皇帝放心。

康熙时常抽调翰林到他读书的乾清宫南书房当值，以便随时帮助处理政务，多时达八九人。久而久之，"南书房"成为无形秘书机构的名称，当值的翰林被冠以"南书房行走"的头衔。此举首开剥夺内阁职权先例。雍正七年（1729 年）

对西北用兵，因需处理紧急军务，而内阁远在太和门外，不仅办事不便且容易泄漏军事机密。于是在宫内设军机房，以安全及时地处理紧急军务。此后遂成为常设，命名军机处，至西北之战结束也未予撤销。军机处人员无定额，由皇帝从亲王、内阁大学士及六部尚书、侍郎中指定，冠以“军机”、“军机章京”头衔。首席军机大臣只称“领班”，以示军机处只有为皇帝参谋的职责，并无决策与独立向下发号施令的权力。

军机处为皇帝起草的诏旨，有的发往内阁，再由内阁发至有关各部院贯彻执行，称为“明发”；有的则不经过内阁，由军机大臣亲自密封，交驿传直达督抚，称为“廷寄”。

军机处的设立，剥夺和分散了内阁的职权。但是军机处同内阁一样并非一级行政建制，只是皇帝的秘书班子。清朝行政管理中枢机构的这些变化，进一步突出和强化了皇权，同时又保证了封建国家最高决策和管理机关的工作效能，是中国历代封建王朝中枢机构最为完备的形态。

2. 地方行政机关。清朝的地方行政管理机构分为省、府、县三级。

省为地方最高一级行政机关，设总督、巡抚为行政长官。府和县的行政长官分别为知府、知县。清朝与省同一级的地方行政单位还有京城和陪都所在地的顺天府和奉天府，以及东北、外蒙、新疆等驻防将军辖区和西藏办事大臣辖区。与府同级的则有直隶州，与县同级的有州等。

清朝的地方行政管理体制也体现出中央集权与专制统治的加强。它在省一级改变了明朝都指挥使、布政使、按察使三官互不辖属，各自直隶于中央政府有关部门的组织形式，设督抚代表皇帝总揽地方政务，便于皇帝集中指挥各地的军政要务。为了防止督抚之权过重，省以下各级官吏的任免由皇帝通过中央吏部控制。省一级行政管理机构除保留布政使（也称藩司、藩台）和按察使（也称臬司、臬台）以牵制督抚以外，清初还有布政使司派出副官分别驻守省内各地，称为“守道”，由按察使司派副官巡查省内各地，称为“巡道”。守道、巡道也称为道员或道台。至乾隆时期改为专设分守道、分巡道，免其二司副官的身份。此外还依业务性质设置专业道员，如督粮道、盐法道、兵备道、海关道等。这些措施既细化和加强了地方的行政管理，也防止了督抚权力的过分集中。总督和巡抚之间，也存在着一定的权力牵制。清朝巡抚仅为一省之行政长官，总督一般统辖两省以上。总督品秩高于巡抚，但在实职上总督、巡抚却为平级。一般由总督所辖的行省，不另设巡抚；但也有督抚并置以互相制约的，完全由皇帝根据需要而灵活决定。

（二）继承和发展了封建职官制度

中国的封建职官制度自汉唐至宋明经长期的发展和不断的改进，已臻于完善。清朝在总结以往经验的基础上加以全面的继承。《清会典》和各部则例中对于官吏的选拔、任免、品秩、俸禄、职责、考核、监督、奖惩等都作了明确而严格的规定。

1. 职官的选任。在官吏的选拔和任用上，清朝在制度上坚持采纳了科举为主的方式，即以通过公开考试取得任官资格的制度为主。官吏的入仕大致分为“正途”和“异途”。科举入仕被称为正途。参加科举考试得中“举人”或“进士”后，就取得了任官的资格。再通过吏部的铨选考试，才能取得实际的官职。高级官员的任职一般由皇帝特简或大臣会推。大臣推举官员要承担相应的法律责任。所谓“异途”是指通过捐纳和恩荫两种方式取得官职。为了弥补财政之不足和平衡汉族士大夫的势力，清朝建立之初即允许以钱物捐官。捐官有几种方式，既可以捐虚衔，也可以捐监生资格，还可以以监生资格捐取实际职务。恩荫是依靠父母的功劳而获取官职，主要适用于三品、四品以上高级官员的子孙。顺治时规定，文官在京四品，在外三品，武官二品以上，各送一子入国子监读书，业满依父母品级授相应官职。清中期以后，被视为正途的科举制和吏部铨选制受到严重冲击，生员资格多靠捐纳获得，卖官鬻爵盛行，种种舞弊行为充斥官场，吏治急剧腐败。这种状况的产生固然有着深刻的历史原因，但清初以法律形式承认捐纳的合法性，无疑起了推波助澜的作用。

2. 职官的考核。对于官员的考核，均为每三年一次。考核由吏部考功司主持，相关的官署协办。具体办法是：京官三品以上，先自陈政事得失，由吏部填写表格，考核结论，由皇帝裁定；三品以下官，各由主管长官出具考语，注明考核结论，交吏部汇总后，会同都察院复核确定结论。地方官总督、巡抚先自陈得失，考核结论由皇帝确定；以下各官，由主管考官出具考语，注明考核结论，或报吏部复核，或由督抚复核后报吏部。

考核的标准，顺治四年（1647年）定为“四格八法”（后改为“四格六法”）。四格指：才、守、政、年。才，分长、平、短三等；守，分廉、平、贪三等；政，分勤、平、怠三等；年，分青、中、老三等。八法指八种突出的不合格的情况，分别是贪、酷、罢软无力、不谨、年老、有疾、浮躁、才力不及。

考核的结果，也须按规定分出等次。京察合格的分三等：称职、勤职、供职；大计合格的分二等：卓异、供职。对于考核不合格的处分是：贪、酷者革职提问，罢软、不谨革职，年老、有疾休致，浮躁、才力不及降职调用。

清朝对官吏的考核，程序规范，内容精要，标准明确，简便易行，是中国封建职业官僚制度长期发展的经验总结，对于保证封建统治机构的运行，提高国家管理的效能，发挥了一定的作用。但是由封建统治和封建官僚队伍的本性决定，无论制度怎样完善，也是不可能真正贯彻执行的。在清朝统治还处于上升阶段的初期，康熙即发现考核中走过场，草率从事乃至弄虚作假的现象普遍存在。各部门、地方报来的考核结果，“一等、二等甚多”，他不相信：“岂无一才力不及不称职者?”于是下诏，今后如发现考核结果为一等二等的官员不称职则将考核时具保之官一并治罪。在一定程度上抑制了考核中不负责任和舞弊的现象。但随着清中期以后封建制度的衰败，政治的黑暗，官场的腐败，民生的凋弊，使得三年一度煞有介事的京察大计实际上成为对清朝的一种讽刺。

（三）清朝的京师治安管理制度

1. 京师治安机构及其职责。京师是全国的政治、经济、文化的中心。清朝统治者在京师设有人数众多的治安队伍。市内及近郊主要由步军统领衙门和五城兵马司掌管，远郊区治安主要由顺天府率大兴、宛平二县掌管。

步军统领衙门的首领为步军统领，只有部院内亲信大臣才能担任此职。由步军统领统帅的军队分为两部分：一部分是八旗的步兵组成的步军营，另一部分是京城绿营的马步兵组成的巡捕五营。步军营守卫的具体职责有：（1）夜晚击柝巡逻；（2）稽察夜行者；（3）防火；（4）捕盗；（5）掌司门禁；（6）掌守马道栅栏；（7）掌司白塔信炮等。由京城绿营的马步兵组成的巡捕五营专司京师捕盗。

2. 维护京师治安的主要制度。为了维护京师治安，清王朝制定了严苛的禁令。例如：禁邪教。清代以儒、佛、道为正教，其余诸教（如白莲教、闻香教等）皆是邪教，“若不立法严禁，必为治道大蠹”，令各级官员设法缉捕，穷究奸状，于定律外，加等治罪；禁“无籍棍徒捏造是非，粘写揭帖，衅诬诈骗者”；禁“抢夺妇女拐骗幼子”；禁“捏造俚歌刊刻传诵沿街唱和”；禁“私设窑子诱拐人口”；禁“聚众抢夺路行妇女”和“迷拐男妇子女”；禁“书吏……任意讹造无影之词”。禁赌博、禁鸦片，甚至造纸牌者，开鹌鹑圈、斗鸡坑、蟋蟀盆者，都要“严行禁止”。清代还很重视对市场的管理，如乾隆五十一年（1786年）发布禁令：各处晓市必须到日出后才能摆货交易，以杜绝歹徒乘早晨人少兜卖赃物，违者要受到处罚。

（四）清朝的户籍管理制度

清朝统治者在入关之初就采用了保甲法编审户籍，其基本方法是在州县城乡十户立一牌长，十牌立一甲长，十甲立一保长。每户发给甲牌，书写姓名丁口，户内丁口出入时都要注明。客店也需要立簿册登记过往旅客的基本情况。到清代中叶后，保甲户籍管理还被推广到了部分少数民族地区。

清朝对定居的人口管理严密，定居人户要设有门牌和保甲册。门牌上要书写户主姓名、户内成员组成、同居住的亲友情况、职业、功名、雇工奴婢人数，同时还要在门牌上注明所属保甲的情况。门牌需要悬挂在各家门首，以便随时核查，如户内情况有所变动要及时报告更正。

此外清朝对流动人口管理严密，将厂灶矿丁、棚民寮户、流寓客商、渔民商船、僧侣道士、乞丐等都列入流动人口，根据不同情况加以管理。例如，商船上要设置和门牌类似的粉牌，注明船主、舵工、水手的具体情况，注明商船所属地区等；对流寓客商，有聚集会所的设置客长管理，在客商聚散的乡镇市集上设立临时保甲，在大的商业市区则分省设立客长管理本省客商等。

二、刑事立法的演进

（一）刑事政策及刑法原则

清朝在“详译明律，参以国制”思想的指导下，刑事政策上继承了汉以来德主刑辅的基本方略。标榜德政，鼓吹以德化民，把刑罚制裁看成弼助德教保民转化的手段。但清朝继承的实际只是宋明以来的政策，与汉唐时期宣扬轻刑的封建刑事政策有所不同。清朝统治者不遗余力地推崇传统的伦理哲学，在刑事法律中贯彻维护纲常伦理的原则，但它以纲常名教化民的全部宗旨都在于要人绝对无条件地服从清朝皇帝的统治，而所谓的以刑弼教则无异于重刑威吓的代名词。这是封建社会后期历朝刑事政策的共同点，是阶级对抗日益激化的表现，清朝也不能例外。在推行德政的口号下，清朝刑事立法的严厉和刑罚方法的残酷野蛮，在历朝封建法律中是居于前列的。

（二）刑制的变化

清朝的刑罚制度，沿用笞杖徒流死的五刑制度。笞刑自10至50分为5等。杖刑自60至100，也分为5等。徒刑自1年起，分为5等，每等加半年，至3年止。流刑自2000里起，分为3等，每等加500里，至3000里。死刑分为绞、斩两等，其中又有立决和监候之分。

但与此同时却又承袭了宋、明以来刑制转酷的倾向，增加了一些严厉的刑种，并且恢复了封建社会全盛时期早已经废止的野蛮酷刑，如枭首、凌迟等。

1. 充军刑和发遣刑。清朝的充军从明朝沿袭而来，是发配罪犯戍边的刑罚。强度重于流刑。分为附近、近边、边远、极边和烟瘴5等。附近为2000里，近边为2500里，边远为3000里，极边和烟瘴为4000里。

发遣是发往边远地区作为驻防士兵役使的奴隶。其刑罚强度又高于充军刑。

2. 枷号和刺字。枷号是承袭明朝的“枷项游历”。枷本来是防止犯人逃跑的械具，古代早已有之。明朝时对某些伤及伦理、风化的犯罪，将犯人带枷游行示众，以期对社会起到儆戒作用。清朝将其定为正刑，用于优待旗人。旗人犯罪判处徒1年，以枷号20日作为替代，每等增加5日，徒3年只需执行枷号40日。被判流刑、充军的，流2000里换为枷号50日，每等加5日；充军附近，换为枷号70日，每等增加5日等。其后枷号的使用逐渐打破旗汉界限，适用范围和刑罚强度都大大增加。依清律条例规定，枷重25斤，执行时令犯人带枷立于衙门之外、城门口或其他公共场所。既是严厉的身体刑，又是毁损犯人人格的耻辱刑。

刺字是毁损人肢体的残废刑之一，也即中国古代的墨刑（黥刑）。汉朝初年刑制改革时视其为“不仁”之刑，予以废止。但在历史上绝迹多年之后，又于宋朝以“刺配”的形式复活。明朝时有“刺字”之名。在清朝，刺字成为经常使用的附加刑。初时只用于强盗，其后凡强盗、窃盗、凶犯、逃军、外遣、改发等，例行刺字。清朝刺字有刺面、刺臂之分。有的刺所犯事由，有的刺服役地点等。

3. 凌迟、枭首和戮尸。凌迟是碎割肢体致人死亡的生命刑。通过延长行刑的过程和犯人毙命的过程，加剧精神和肉体上的痛苦来提高死刑的刑法强度。中国奴隶制时代即有此刑。秦汉时称磔。汉初刑制改革以后，法定的死刑为弃市，腰斩，枭首，立法上已废止此种酷刑。五代的混乱局面中复出现。至宋朝又取得法定死刑的地位。明律中有关凌迟的律和例共计13条。清律不仅全部加以承袭，还陆续增加到22条。

4. 枭首。枭首即执行斩刑后悬首示众。秦汉死刑之一。南北朝时期废止。清律复行，并对斩后须枭首的在条例一一注明。枭首以示罪重，但实际上其适用范围不断扩大，强盗、窃盗或京城内外的劫盗判为斩刑立决的，即规定枭示。

5. 戮尸。戮尸是为惩罚死者生前犯罪行为而对尸体使用的刑罚。依法律，如死者生前所犯应处凌迟，不论是犯罪事发前已死亡还是在等待执行时死亡，都须执行戮尸。

刑制的严酷化是宋以来封建刑法发展的历史趋势，是封建制度没落的表现。清朝的刑事立法延续了这一趋势。以凌迟而言，封建统治阶级力图在极刑的基础上进一步提高刑罚强度，以加大刑事打击的威慑力，反映出没落阶级无可奈何，穷凶极恶的心理状态。酷刑制度是法律中最落后，最野蛮的内容。

（三）罪名与量刑的特点

由于贯彻“详译明律”的指导思想，法律所设置的罪名大体上与明律相同，继承了汉唐以来刑法发展的成果，强调维护纲常名教，具有强烈的伦理法色彩。但并没有完全照抄照搬明律。结合清朝自身所处的不同历史环境，清律的罪名体系在个别方面有所损益。为不同罪名设置的相应的量刑标准，也有所调整。尤其是通过附于各条律文之后的条例，为量刑规定了不少以往所没有的细则。继续和发展了明律量刑“重其所重”的趋势。表现出封建社会后期随着社会主要矛盾的激化，封建主阶级强化刑事镇压，借助高压手段以防止政权被颠覆的时代特点。

清律罪名设置与相应的量刑规定的新变化，主要有以下几个方面：

1. 清律在名例律中规定有谋反、谋大逆两个罪名，并列为十恶之首，但罪名的构成有其特色。刑律贼盗门下则专列谋反大逆条文，具体规定对谋反和大逆两罪的处罚标准。依规定：凡谋反及大逆，但共谋者，不分首从，皆凌迟处死。祖父、父、子、孙、兄、弟，及同居之人，不分异姓；及伯叔父、兄弟之子，不限籍之同异，年16以上，不论笃疾、废疾、皆斩。其（男）15以下，及母、女、妻妾、姐妹、若子之妻妾，给付功臣之家为奴。财产入官。这一量刑标准同于明律，重于唐律。主要表现在：正犯处以凌迟，刑罚强度高于唐律；株连犯中成年男性成员全部处死刑，范围大于唐律，株连犯以斩刑处死，刑罚强度也高于唐律的绞刑。谋反和谋大逆主要是企图推翻封建政权和封建政权最高代表皇帝的犯罪，对这两种犯罪的刑事制裁明显加重，反映法律维护封建政权的力度大为提高。除此以外，清朝统治期间还通过比附的形式扩大反逆罪的范围。例如，以往至多是“大不敬”罪的“上书奏事犯讳”、“奏疏不当”等，往往被冠以“丧心病狂”、“妄议朝政”等罪名，比照“大逆”罪处刑。

清朝统治期间，尤其是康、雍、乾三代还曾比附大逆罪条，处理了为数众多的文字狱，制造了许多骇人听闻的冤案。所谓文字狱实质上是封建当权者为巩固其政治统治，而在意识形态领域全面推行专制主义，兴起的惩治异端思想的案件。在中国封建社会历史上屡见不鲜。清朝是满族贵族建立的封建政权，镇压具有民族意识的反清活动，是清朝前期巩固政权的重要方面，这种镇压也扩及意识形态和思想文化领域，并且由于其矛盾的特殊性而酿成了灾难性的文字狱惨祸。

例如，江西举人王锡候《字贯》一案。王编《字贯》本是为简化《康熙字典》便于查阅，不想被人告为叛逆。江西巡抚海城再三审阅，也看不出其中有叛逆之意。于是上奏朝廷先革去王锡候举人头衔，拟进一步审问定罪。未曾想乾隆亲审案卷，竟然发现《字贯》凡例中列了康熙、雍正庙号和御名而未避讳，认为这是“深堪发指”的大逆行为。其结果不仅王锡候一家祖孙7人被处死，连“巡抚大人”海城也因未看出悖逆行为，被斥为“有眼无珠”，处以极刑。由于惧获“失察”之罪，清朝各级官吏凡遇文字之案，就会倾巢出动，抄家捕人，不敢稍有懈怠。在处理上苛求挑剔，宁可将无罪入于有罪，株连的人众则宁多勿少。这又助长了冤案的产生，呈现出愈演愈烈之势。成为清朝前期政治生活中一大景观。

以反逆重罪惩治异端思想，收到了强化清朝政治统治的效果，但同时也严重窒息了思想自由，造成了万马齐喑的可悲局面，极大地阻碍了这一时期社会的进步，对于国家的长治久安产生了消极的影响。乾隆以后清朝由盛而衰，这也是重要原因之一。

2. 严惩奸党罪，巩固君主专制制度。清朝的君主专制体制是在学习中原汉族政治文化的过程中逐步形成的。入关建立清朝以后，还曾在一段时间里保留了议政王大臣会议。经过反复较量才最终确立君主大权独揽的专制体制。最高当权者研究历代封建王朝的经验教训，并结合自身统治的实践和需要，建立了防止臣下结党串联和宦官干涉的严密制度。

清律不仅全部承袭了明律首创的关于奸党罪的全部条款，还通过条例的形式加以补充和完善。清律规定若在朝官员交接朋党，紊乱朝政者，皆斩。妻子为奴，财产入官。清律严禁京官与地方官的交接，依《吏部则例》规定：内外官员除至亲好友世谊乡情允许往来外，官场上的各类交结一律禁止。外官赴任前谒见京官，或至任所后差人来往交结京官者，一律革职；京官接见外官，或接见其所派之人，或派人赴外官任所交结来往，也一律革职查办。同时禁止京官与各地方富豪交往，违者革职，情节严重者处斩。以防止形成干扰国政的政治势力。

考虑到清朝自身的历史和特点，清当权者严密注视八旗王公的行止动向，严防其相互之间串通结党，建立威胁皇权的集团。清律规定，现居外官的各旗人员来京办事，不得谒见本旗王公，违者杖一百，该王公交宗人府按违制议处。康熙时还在各旗设立直接听命于皇帝的都统一职，负责掌管旗务，监视和控制各旗旗主。

鉴于历代宦官乱政的教训，清律规定严禁大臣和各级官吏交结内侍。凡诸衙门官吏，若与内官及近侍人员互相交结，漏泄事情，夤缘作弊，而扶同奏啟者，皆斩，妻、子流二千里安置。清朝自顺治皇帝始，还特立铁牌，严禁太监干政，规定太监结交官员，奏言外事者，凌迟处死。

严惩官吏交结朋党，严惩奸党罪的规定，反映了明、清时期封建皇权的进一步巩固，这既是总结封建统治长期经验教训的结果，也是封建社会后期维护地主阶级政治统治的客观需要，具有鲜明的时代特点。

3. 强化治安秩序，力图社会稳定。清朝统治时期，封建社会末期的各种矛盾错综复杂，并经常处于激化状态。为了使社会保持一定的治安秩序，清律加重了对某些行为的处罚，还增加了某些新罪名。主要有以下几点：首先是加重对强盗、窃盗犯罪的处罚。清朝建立以后，即使是康雍乾盛世，社会相对承平时期，多地的盗案也频频发生。有关“民风犷悍”、“人情狡悍”，富室遭抢，甚至过往官员被劫的奏报，不绝于书。为此，清律律文承袭明律的规定，强盗但得财者，不分财之多少，不分首从，皆斩。窃盗得财，一两以下，杖60。依赃值而加刑，得财120两以上，绞。窃盗初犯，于右小臂膊上刺窃盗二字；再犯，刺左小臂膊；三犯者，绞。除律文正条以外，所附条例又详列强盗、窃盗的各种不同情节，并做出相应的处罚规定。依条例：“凡执有弓矢军器，白日邀劫道路，赃证明白者，俱不分人数多寡，曾否伤人，依律处决，于行劫处枭首示众。”“其江洋行劫大盗，俱照此例立斩枭示。”康熙帝在位时，为缓和矛盾，曾“法外施仁”，对强盗案，除为首起意并伤人者处斩外，余俱减等发落。雍正时，基于畿辅重地近来盗案较他省居多，不得不下令：直录盗案事发，仍照旧例，不分首从皆斩。还规定凡越境捕捉盗匪，不必先行知会，可以一面密拿，一面移文关会以期迅速。

其次是严禁民间结社和传播邪教。清朝统治时期，社会经济关系的变化，带来了社会阶级结构的变化，分散的个体小生产者成为人数众多的社会阶层。其中包括农村中的佃农和城市手工业工人。这些人虽然人身获得了自由，但是政治上经济上仍然处于社会的最底层。为自身生计，佃农抗租，手工业工人“勒加工价”、“倡众歇作”的事件，已是一种比较普遍的社会现象。开始只是个别的分散的斗争，但为对抗强大的封建势力，下层群众逐渐在共同利益的基础上相互联系，利用各种形式团聚集合起来。各种民间组织呈现骤然增加之势。封建社会久已存在的各种秘密宗教，也乘机发展势力。尽管许多民间组织追求的只是经济目标，针对的只是个别地主、工厂主，并无反清政治目的，但其危及封建秩序的安定。尤其是秘密宗教的介入，使清朝统治者倍感不安。清律对此规定了严厉的刑罚制裁措施。下层群众的集合往往采取演戏、赛会、成立会馆、拜把、歃血结盟等多种形式。清律打击重点针对歃血结盟、拜把等结社形式。《大清律例》谋反条附例规定："凡异姓人但有歃血结盟结拜兄弟者，照谋反未行律，为首者拟绞监候，为从减一等。若聚众至20人以上，为首者绞，为从发云、贵极边烟瘴充军。其无歃血订盟焚表情事，止序齿结拜兄弟，聚众至40人以上，为首者绞监候；40人以下，20人以上，为首者杖100，枷号2个月，为从者，各减一等。"①显然，清统治者认为，特别是歃血结盟是最危险的民间结社形式。在宗法血缘观念和神道观念具有悠久历史的社会里，以这种名义结成的组织，往往比较坚固，其成员之间的关系极为紧密，成员彼此之间以及成员个人对组织承担着以死相报的义务，因而极易产生反社会的行为。除此以外，清律也严禁其他形式的集会、聚众行为。凡聚众抗粮、佃户联合抗租、商人罢市、士子罢考等，聚众至40人或50人者，为首者斩立决，为从者绞监候。如果"哄堂塞署，逞凶殴官"，为首者斩决就地枭示，同谋者斩立决，为从者绞监候，即使因威胁裹挟被迫同行者，也要各杖100。

清朝统治时期是中国历史上民间宗教最活跃的时期之一。清朝的民间宗教主要为白莲教和天地会两大系统。白莲教有悠久的历史，产生于隋唐以前。元朝末年韩山童曾通过传播白莲教，烧香聚众，发动了声势浩大的元末农民大起义。明朝末年又有徐鸿儒领导的白莲教起义。清朝入关后，白莲教又成为一支重要的抗清力量。在清朝的严刑禁止之下，白莲教的组织分散为许多支派，著名的有闻香、大乘、龙华、混元、无极、无为、先天、收元、八卦、清水、三阳、善友、九门、十门、燃灯等。天地会是在清朝建立以后新出现的。开始只是穷苦劳动群众的自助组织，后来发展成大江以南重要的反清秘密组织。为了躲避官府的查禁，天地会在各地方也用了许多不同名称，如添弟会、小刀会、合义会、三点会、三合会等。

民间宗教的性质比较复杂。当封建社会阶级矛盾激化的时候，它们往往成为反抗封建统治斗争的组织形式，这种时候往往有大批下层劳动人民涌入，改变它的组织成分和教义，使之带有一定的革命性。在平时，它们也经常成为农民革命隐藏和积蓄力量，宣传革命主张的有力工具。但由于具体社会背景不同和支派流派的不同，许多民间宗教又带有严重的保守性和反社会性。它们的教义中充斥着迷信和荒诞的内容。组织内部等级森严被少数世袭的传教家族把持，成为其敛财工具，且实行教主崇拜，要求成员绝对服从教主。因而也对正常的社会秩序和普通的百姓造成危害。清律对民间宗教的打击从根本目的而言，是为了镇压农民革命，维护清朝的封建专制统治，但应该看到，在一定的条件和意义上也带有维护正常社会秩序的性质。清律吸收了明律在这方面的立法成果，将官方认可的正当

① 《大清律例·刑律·贼盗》，载曾宪义、郑定、赵晓耕主编：《中国法制史》，中国人民大学出版社2000年版，第220页。

宗教和民间秘密宗教加以区别，《大清律例》“禁止师巫邪术”条规定：“凡师巫假降邪神，书符咒水，扶鸾祷圣，自号端公、太保、师婆，及妄称弥勒佛、白莲社、明尊教、白云宗等会，一应左道异端之术，或隐藏图像，烧香集众，夜聚晓散，佯修善事，煽惑人民，为首者，绞；为从者，各杖一百，流三千里。”这一规定列举了作为邪教罪行打击的各种行为，并且比较准确地界定表述了这类行为的特征。针对邪教传播的特点，清律还以条例形式做了不少补充立法。例如，针对邪教经常宣传世界末日将临，只有入教方能避灾，附例规定：“习天文之人若妄言祸福煽惑人民者，照律治罪。”针对邪术看病经常致死人命的情况，规定：“凡端公、道士作为异端法术，医人致死者，照斗杀律拟罪。”清律还针对邪教在各类不同人群中渗透传播极为迅速的特点，规定了官、吏、军、民、僧道人等，如有知情不举、窝藏接引、为从学习等情事，也要严刑处治。

最后是规定了兴贩与吸食鸦片罪。中国是最早受到贩毒活动侵害的国家。早在17世纪初，明末时，葡萄牙商人就利用占据澳门的便利条件，向中国贩运供消遣食用的鸦片。清朝建立后，社会上已有许多吸毒成瘾的人。康熙时清廷已察觉到这一问题。雍正七年（1729年）清朝第一次颁布禁烟令规定：兴贩鸦片烟者，照收买违禁货物例，枷号一月，发边卫充军；私开鸦片烟馆引诱良家子弟者，照邪教惑众律拟绞监候；为从杖一百，流三千里。船户、地保、邻佑人等，俱杖一百，徒三年。兵役人等籍端需索，计赃照枉法律治罪。失察之汛口地方文武各官并不行监察之海关监督，均交部严加议处。

从18世纪20年代开始英国东印度公司为解决贸易逆差，不顾中国政府的禁令，向中国贩运鸦片，逐渐取代葡萄牙商人的地位。开始只是通过转手贸易赚取巨大差价。1757年控制了人口2000万的印度孟加拉地区后，强迫当地人种植罂粟，由公司就地加工成鸦片，就近运入中国。把整个孟加拉变成生产鸦片的巨大工厂。英国输入中国的走私鸦片数量陡增。从每年数百箱增加到每年数千箱、上万箱，到鸦片战争前达到每年4万箱左右。鸦片走私给中国造成了灾难性的后果。全国吸食鸦片的人数迅速增加，据道光时的统计在200万人以上。吸食鸦片者遍及社会各个阶层，上自官府缙绅，下及工商优隶，以及妇女、僧民、宫中太监、路边乞儿。整个民族被侮为“东亚病夫”。鸦片的毒害还造成国库白银大量外流，社会经济严重破坏，军队失去战斗力，官场腐败之风愈加滋漫。

自雍正发布第一个禁烟令以后，清政府多方设法禁止鸦片烟毒。嘉庆时期，曾先后颁布十几道有关禁烟的法令。禁毒的范围从禁止兴贩鸦片扩大到禁止吸食鸦片。道光继位以后，一度把主要精力放在禁烟上。道光三年（1823年）为惩处禁烟不力的官吏制定颁布《失察鸦片烟条例》，规定各地官员因失察而使鸦片走漏的，一百斤以上，罚俸一年；一千斤以上，降一级留任；五千斤以上，降一级调用。直到鸦片战争前夕，道光十九年（1839年），清政府还颁布《严禁鸦片烟条例》39条。实行禁种、禁制、禁运、禁贩、禁吸等全面禁毒。为禁烟运动提供了强有力的法律武器。

但是在此前很长一段时间里，清廷没有意识到鸦片走私的猖獗，根源在于各国列强对国际鸦片走私的支持。禁毒重点在很长时间里并没有放在打击国际鸦片走私活动方面。此外，面对前所未有的毒品犯罪，在禁毒方法上也存在着经验不足的问题。以致丧失了遏制鸦片烟毒的有利时机。《严禁鸦片烟条例》总结了以往的教训，在禁毒立法方面创造了有益的经验。但是鸦片战争中国失败，随之而来的是鸦片的破禁和驰禁，严禁条例也就形同废纸了。直到清末光绪再次禁烟，推行“十年禁烟计划”时，它的规定才被吸收到《禁烟章程》中，重新执行。

三、民事、经济立法的演进

（一）民事立法形式的新趋向

清朝民法既是中国古代民法的最后形态，又是向近现代民法转型的过渡形态。

清朝初年民事立法延续明朝的体例，民事制定法载于《大清律例》、《清会典》中。《大清律例》中有田宅、钱债、婚姻等条目，并在律条后增加了若干条例。但这些规范仍没有分清与刑法的界限，违法行为仍被视为犯罪，要承担一定的刑事责任。

在民事法律体系上，清朝继承中国古代法的传统，在国家制定法以外，大量适用家法族规、礼俗惯例等民间习惯法。除与制定法抵触者外，国家承认其法律效力。

但是清朝处于封建社会末期，商品经济客观上不以人的意志为转移地有了超越以往的发展，社会内部的经济交往关系日趋复杂化，传统的立法方式已经远不能适应社会发展的需要。这又使清朝的民事立法在继承传统的基础上，出现新的变化。除《大清律例》、《清会典》有关民事的规范较前有所增加以外，清朝统治进入中期以后，民事立法还出现了集中化、单一化的趋势。其典型表现是《户部则例》的制定和不断修订。《户部则例》自乾隆四十一年（1776 年）制定颁行后，至清末反复修改达 14 次。每次修改都增强了作为民事部门法的色彩[①]。标志着清朝在民事立法形式上，有了超越中国古代传统的发展，向着制定民法典迈进了一步。

（二）民事权利主体的扩大

中国封建社会严格的等级结构和人身依附制度，极大地限制了处于社会下层人民作为独立权利主体，参加民事活动的资格和领域。特别是为数众多“律比畜产”的奴隶，被法律确认为权利客体。清入关以后伴随着圈地推行所谓“投充”政策，迫使失去土地的汉人成为无地的佃农，甚至沦为听凭旗地主人处置的农奴。一度使社会关系严重倒退。与此同时，清初又继承了明律中有关各类贱民的

① 张晋藩著：《清代民法综论》，中国政法大学出版社 1998 年版，第 26 页。

制度。但是随着清朝政治统治的巩固，迫于各方面的压力和社会经济发展的需要，清朝统治者又采取了一系列立法措施，对传统的封建身份制度作了一定程度的修改，总体上削弱了广大下层人民对国家和私人封建主的人身依附关系。这些立法措施主要包括：

1. 发展自耕农，保护佃农的人身权利。从清世祖顺治时起，为了改变战乱带来的土地荒芜、经济凋弊的不利局面，即采取了奖励垦荒的政策，规定所垦的荒地为开垦者合法所有，6 年内免收赋税。这是清人关后发展自耕农的肇端。

康熙继位后，继承这一政策，并进一步延长免课赋税时间为 10 年。又把约二十万顷明朝藩王的土地，授予土地上原为藩王耕种的依附农，作为其合法占有的土地，称为“更名田”。这些措施大大提高了农民生产和垦荒的积极性。在几十年内，全国各地经济乃至人身独立的自耕农数量大为增加。

在扩大自耕农的同时，清统治者又以立法的形式调整主佃关系，肯定了租种他人土地佃户的人身权利。雍正时定条例严禁田主将佃户欺压为奴，随田买卖；严禁田主私刑拷打佃户、强占佃户妻女、任意役使佃户等，违者治罪。佃户可以自由退佃。同时规定佃户必须如数向田主交租，违者除杖责以外，由官府将所欠之租照数追给田主。不论其实际执行如何，在法律上确认了佃户人身不依附于田主的独立地位。

2. 开豁贱籍。中国封建社会中贱民是一个广大的身份不独立、人身不自由、与良民不平等的社会阶层。清律继承明律，保留了良贱同罪异罚、禁止良贱通婚等，确认良贱不平等的条款。清朝的贱民包括奴婢、娼优、隶卒、乐户、丐户、疍户、惰民以及手工业工人等。贱民不列入普通户籍，而另立贱籍。

清朝自康熙始，康雍乾三代曾多次下令开豁贱籍，使部分贱民转成编户齐民。如康熙五十三年（1714 年）规定近 10 年以来所买奴婢，准其以原价赎出为民。至雍正、乾隆时又多次颁布上谕，允许奴婢赎身为民，解除奴籍，改入民籍。对奴婢以外的贱民，也采取了允许其改业脱离贱籍，与“编民同列”的政策。部分贱民豁免改入民籍以后，还可以与普通良民一样入仕做官。或者其后代可以为官，如乾隆时规定乐户、丐户、惰民、疍户，开豁后经报官改业，四世后可“报捐应试”。清朝还废除了手工业工匠“匠籍”制度。使这一阶层全部转为民户，解除了对封建国家的人身依附，成为自由民阶层。

通过这些立法措施，不仅被开豁的相当数量的贱民基本上取得了民事权利主体的资格，数量更为广大的未开豁贱民的法律地位也不再是固定不可变的。这一深刻变化归根结底是封建社会经济发展客观要求在法律制度上的反映。

（三）物权制度的发展

清律中的物权制度秉承中国传统封建法，尤其直接取材于明律，基于中国以农业立国，其中关于所有权的立法仍以土地所有权为核心。土地所有权派生的佃权、典权等用益物权，以及质权、抵押权等担保物权内容也比较丰富。在用语上清律沿用中国古代民法的惯用术语，不动产称为“产”、“业”或“产业”。不动产所有人称为“业主”、“房主”、“田主”、“地主”等。动产称为“物”、“财”或“财物”。动产所有人称“物主”、“财主”等。

清朝的土地所有权制度基本同于明朝，有国家土地所有权和私人土地所有权两种形式。清初通过承受、圈地、抄没、带地投充、垦荒等途径，建立了国家土地所有制。形成了大大小小的公地。国家还拥有山林、河流、湖泊、矿山、盐滩的所有权。在清朝统治的大部分时间里，旗地由清律例规定，不允许典卖和长租，实际上属于国有土地。直到咸丰二年（1852 年）颁行《旗地买卖章程》，变通旗民交产，《大清律例》中禁律才在实际上废弛不行。清朝私人所有的土地包括宗室的土地和其他贵族官僚的土地。庶族地主和自耕农也拥有部分土地。清初实行垦荒和“更名田”，使全国自耕农的私有土地有较大的增加。中国历史上商业资本流向土地的习惯性趋势，在清朝中叶以后也十分明显，商人经商获利，往往用来购置田产，形成不同于一般封建主的土地所有者阶层。

清朝法律对土地所有权的保护可以分为确认产权，禁止侵盗两个方面。其中为确认产权建立了相当严格的文凭印契制度。土地的丈量、垦报、过户、纳征均有文册记载。发生产权纠纷时，要详细核查文凭印契，记载不清的还要实地勘查。对于盗卖国有土地和他人田宅的、盗耕种公私土地的，除追偿非法所得以外，给予刑罚制裁。

田宅典卖活动，到了清朝统治时期成为广为盛行的社会经济现象。清律对于典权作了进一步的规范。典权人通过支付典价，获取使用、收益之权。在一定期限内占有他人不动产，期限届满，出典人回付典价，赎回典产。典卖与卖（绝卖）的不同在于能否回赎。清初实际交易中往往不区分典卖与绝卖。本为绝卖，卖主往往又提出回赎。大量典卖交易也不限定回赎期限，出典人多是钱到即赎，致使典权人的经营权益得不到保障，不仅经常引起纠纷，也不利于这一经济活动的正常开展。对此清初统治者一再采取立法措施。一方面，指出“以价易出，约限将田回赎者，曰典”，明确了典卖只是使用权的转移，从而明确典权用益物权的性质。另一方面，宅买卖契约规定为要式契约，如系典契，务须注明“回赎”字样。如系卖契，也务须注明“永不回赎”字样。对于以往既未注明“绝卖”字样，也无“回赎”字样的陈年老契，30 年以外的以绝产论，30 年以内的听其照例找贴回赎。其后又规定了民人典卖田宅，回赎期限统以 10 年为率，但旗产的回赎期限为 20 年，以防止因无力回赎而造成旗产的流失。为了解决民间因回赎而日益增多的纠纷，清律就典物的回赎做了周密的规定：赎期届满，听业主回赎，若典主托故不肯放赎者，笞 40，限外递年所得花利追征给主，依价取赎；若期满业主无力回赎，许找贴一次，另立绝卖契纸；若典主不愿找绝，业主可别售他人，归还典价。

永佃权制度是清朝物权制度中的重要内容。永佃是以交付佃租为代价，永久使用、收益他人土地之权，属于用益物权。佃主只要按约交租，田主就不得解除租约，收回土地。田主即使出卖田产，佃主也不丧失其权利。除耕种外，佃主还可以占有土地上的孳息物，如盖房造坟，收获土地上的自然生成物等。由此而发展到“一田二主”的事实。同一块土地的上层即田皮，由佃主享有其使用收益权，下层即田骨，由原田主所有，皮主和骨主各自处分其所有权。永佃权制度自宋朝出现，在中国曾长期流行，直到清末修律制定的近代民法《大清民律》草案，以及中华民国南京国民政府的民法典都将永佃权列为物权之一。清朝是土地永佃现象普遍流行的时期，也是调整永佃权成熟的时期。

清代永佃权的取得一般有以下几种途径：开垦官私荒地并长期耕种和改良，从而获得该土地的永佃权；预付高额押金后每年纳租；田主逃亡期间耕种其地从而获得永佃权；小土地所有者低价出售或以田抵债，换取永佃权等。清政府为提高土地利用率，发展农业生产，增加封建国家财政收入，对土地永佃关系采取了鼓励政策，并从法律上给以保障。以上谕形式规定田主出售土地，原佃户子孙亦可照旧耕种，不许易佃；还规定在土地买卖契约中，应注明原佃户姓名、租粮数目及“永佃不变”字样等。但另一方面，清政府对“一田二主”现象采取了抑制政策。在某些地方性条例中，从法律上对永佃权做出规范，将其限定为交租而永久耕种土地，并享有地上孳息物之权。佃主转让、典押、出卖、继承佃权。并进一步明确佃主拖欠地租，田主可撤佃。对于旗地，则严禁“私行长租”，不得实行永佃。

民法中典权和永佃权的异军突起，深刻地反映了中国封建社会后期特有的社会矛盾。一方面，商品货币经济的发展不可避免地要求加快土地房屋等不动产的流转，另一方面，自然经济条件下形成的转流的观念，又顽固地抵制其进入商品流转领域。两者冲撞和折中，是田宅典卖和土地永佃现象盛行的客观经济社会原因。

（四）契约制度的发展

清朝建立时，中国的封建制度已处于末期。商品经济快速发展，社会内部的经济交往关系日益广泛和复杂。民间各种各样的契约形式也随之丰富起来，客观上要求取得法律的承认和保护。这使清朝的契约制度较明朝又有新的发展。

清朝民间契约的种类是各式各样的。根据遗存的大量清代契约档案资料，流行于清代社会的主要契约形式是买卖契约、典当契约、借贷契约、雇佣契约、租赁契约、找贴契约、租佃契约、伙资契约等。当时仅流行于台湾地区的契约形式就有分家析产契约、典契约、赠与契约、托付契约、过继承嗣契约、胎借契约、对换房屋契约、书田契约、共有契约等。①

为了规范民间契约的关系，清政府采取相应的立法措施，颁行了有关条例、章程。并通过印制官版契约纸规定立约的程序、内容要件以至契卷的书面格式。一般包括标的、价金、期限、立约人权利义务、违约处分、中人附署、保人附署等。例如，土地买卖契约，要写明土地的数量、地点、价金以及是否绝卖等项内

① 张晋藩著：《中华法制文明的演进》，中国政法大学出版社 1999 年版，第 573 页。

容。还必须履行“过割”手续。所谓“过割”就是将原土地所有人交纳赋税的义务转移给买方的手续。按清律规定，买卖土地、房屋、奴婢等重要标的物的契约，必须报官备案，履行交纳契税的手续后才发生法律效力。清律规定契税的交纳有一定期限。买方持契约呈放官府并交纳契税后，官府将印制的契尾钤印前半幅粘于契纸之后，后半幅骑编号裁下，留于官府存档。

清朝法律对有些契约的内容要件有特别的规定。比如田宅买卖契约，如系绝卖，必须注明“永不回赎”字样，如系典卖，必须注明回赎期限。再如借贷契约，清律规定了“一本一利”的最高利率，即利息按时累计，最高不得超出本钱。

清代契税经官府钤印的契约称红契，民间未经投税和官府钤印的契约，称白契。红契是正规的契约，受法律的严格保护。白契对立约人双方同样有约束力，但发生诉讼时，其效力不如红契。

（五）婚姻家庭制度和继承制度

清朝在婚姻家庭方面与周秦、汉唐乃至宋明的中国传统制度一脉相承，以维护亲亲、尊尊和男女有别的宗法伦理原则为基本特点。仅据时代条件的变化略有调整。

在婚姻关系成立方面，清律以历代相传的基本原则作为实质性的要件。“父母之名，媒妁之言”是婚姻关系成立的不可少的要件。清律明文规定：“嫁娶皆由祖父母、父母主婚，祖父母、父母俱无遮，从余亲主婚。其夫亡携女适人者，其女从母主婚。”凡未经尊长同意自主结婚者，不但不为法律承认，当事人还要受杖八十的刑事处罚。除此以外婚姻关系成立还有一系列排除性要件。首先是同姓不婚。凡同姓男女结婚不仅要强制离婚，男女双方和主婚人还要受杖六十的处罚。同姓又同宗者处罚更为严厉，即使娶同宗无服亲，也要杖一百；娶同宗缌麻以上亲者，以奸论罪，处罚可重至死刑。其次是尊卑不得为婚。即外姻有服亲属之间，有尊卑名分关系的不得为婚，违者以亲属相奸论罪。但清律在所附条例中放宽了对外姻亲属相婚的限制。依明律和清律本条，娶已之姑舅两姨姐妹者，杖八十，并强制离异。清律本条后所附条例则规定，外姻亲属为婚，除尊卑相犯者，其姑舅两姨姐妹听从民便。也就是从法律上允许同辈表兄弟姐妹之间近亲结婚。说明封建法律对同姓为婚和亲属结婚的限制，完全是出于维护宗法伦理，而非出于对医学和优生知识的了解。最后是良贱不得为婚。家长为奴娶良人为妻，杖八十，并强制离异，奴自娶者，罪亦如之；将奴婢假冒良人与良人为夫妻者，杖九十，并强制离异。此外还有其他种种排除性的要件，如祖父母、父母犯死罪被囚禁，子孙不得嫁娶；居丧不得嫁娶；吏不得娶乐人为妻妾；僧道不得娶妻妾等。把中国历代封建婚姻制度维护纲常伦理，无视当事人意志的专制横蛮的种种规定一览无余。

除上述实质性要件以外，清律还规定了婚姻关系成立的形式要件，即必须遵守礼制所规定的各种程序和仪式，其中关键环节是立婚约和下聘财。《大清律例》户律婚姻条规定："凡男女定婚之初，若有参、已、病、老、幼、庶出、过房、乞养等，务要两家明白通知，各从所愿，写立婚书，依礼聘嫁。若许嫁女已报婚书，及有私约，而辄悔者，女家主婚人笞五十；其女归本夫，虽无婚书，但曾受聘财者，亦是。"①

关于婚姻关系的解除，清律沿用中国历代封建法七出三不去和义绝的规定，片面授予男方休妻权。另外还承袭了唐朝以来封建法关于和离的规定，"若夫妻不相和谐，两相愿离者，不坐。"但实质上决定权仍在男方。法律规定，若夫无愿离之情而妻擅自离去，即构成"背夫在逃"，杖一百，听由丈夫将其嫁卖。

在家庭制度上，清律继续维护以父权和夫权为核心的封建家长制和严格区分嫡庶尊卑的宗法等级制。家长由家庭中辈分最尊的男性担任，拥有家庭财产的支配权和家政的决定权。夫妻关系以男尊女卑、权利不平等为原则。丈夫对妻子有监管权；夫妻间人身侵犯，同罪异罚；丈夫可纳妾，妻子则须对丈夫尽片面守贞的义务。妻妾之间应嫡庶之分而形成尊卑差别，妻尊而妾卑。妻所生之子为嫡出，妾所生之子为庶出，从而又形成诸子之间的不平等关系。凡卑幼冒犯尊长，均被视为有逆天伦而从重处罚。家长与子孙，父母与子女之间，以后者对前者的绝对服从为原则。家长、父母拥有对子孙儿女的教令权，如不服从，可私用家法惩戒，也可送交官府，由官府按照家长父母的意愿，酌情罚处。

在继承制度上，清朝也集历代继承制度之大成，相应地达到完备的程度。清朝的继承仍包括身份继承和财产继承两种。

身份继承，又分为宗祧继承和封爵继承。宗祧是祖庙之称。宗祧继承实质上是对宗支血统的承认。宗祧得到代代继承，宗支才得以绵延不断。清代在宗祧继承上形成了一套严格而又明确的顺序。嫡长子为法定的第一顺序继承人，嫡长子亡故立嫡长孙。以下依次为嫡次子、嫡次孙、庶长子、庶长孙、庶次子、庶次孙，循序继承。清律专设立嫡子违法之条，违者杖八十。以国家强制力来保障这一继承制度。嫡庶子孙全无的家庭则需要立继，以实现宗祧继承。清律立嫡子违法条附例一规定："无子者，许令同宗昭穆相当之侄继承，先尽同父周亲，次及大功小功、缌麻。如俱无，方许择立远房及同姓为嗣。"也就是说，立继的第一顺序人为同父兄弟所出亲侄，以下由近及疏依次为同宗大功侄、小功侄、缌麻侄。如俱无，方许择立远房及同姓为嗣。

清朝标榜以儒道治天下，因而十分强调宗祧继承的肇始原义，强调血缘关系，禁止以养子、义子为嗣，但允许兼祧，即由一子继承同宗两家宗祧，也称"独子承祧"。

封爵继承是世袭贵族爵位的继承，它的前提是宗祧继承，因此继承的顺序与宗祧继承相同。

在财产继承方面，首先要看家长在临终前对遗产分配所作的安排。只有在家

① 《大清律例·户律·婚姻》，法律出版社1999年版，第202页。

长生前未就遗产分配作出决定时，才根据法律分割家产，实行法定继承。清朝沿用了财产诸子均分的原则，并以附例的形式做了比较周密而明确的规定。《大清律例》在卑幼私擅用财条附例一中规定："嫡庶子男，除有官荫袭，先尽嫡长子孙、其分析家财、田产不问妻妾婢生，止以子数均分。如别无子，立应继之人为嗣，与奸生子均分。无应继之人，方许继承全分。"可以看出，清律在财产继承上完全不区分嫡庶子，连婢女所生子也有平等的财产继承权。同时还承认了私生子在财产继承上享有相当于同宗应继承人的权利。但女子的继承权仍受到极严格的限制，在以上同一条文附例二中对女儿继承财产的条件也有明确的规定："户绝财产，果无同宗应继之人，所有亲女承受。"依此规定，只有在缌麻以内均无可立继为嗣的同辈男性成员时，女儿才可以继承遗产。

在财产继承方面，《大清律例》通过律文后的附例还设定了各种特殊情况下，财产继承关系的原则。如立继为嗣以后又生亲子，家产由亲子与原立继之子均分；赘婿得与同宗应继者均分家产；夫死改嫁者，财产归原夫家；夫死无子守志妇女可继承丈夫财产等。这些规定既详尽又明确，是以往封建法典都没有的。

(六) 赋税立法和工商立法

1. 对国家赋税制度的改革，是清朝在经济立法上具有历史意义的重大成就。清朝的赋税制度改革是一次彻底废止人丁税的创新。清初援用旧制，实行的仍然是田赋、丁银两税并行的赋税征收办法。康熙时期，清朝统治已得到巩固，国家政治稳定，经济恢复并出现繁荣的景象。但是另一方面，随着经济流通的加快，土地集中的现象也显现出来，失地农民日渐增多，旧赋税制度的不合理性又成为突出的社会矛盾。占有大量土地的少数封建主和贵族往往利用各种手段逃避田赋，而失去土地和生计的大量农民却还要承担沉重的人丁税。失地造成的人口流动又使国家对丁银的计征遇到严重困难。这种情况阻碍着国库收入的增加，而且是威胁社会安定的潜在因素，因而促使清廷下决心改革。首项改革措施发布于康熙五十二年（1713 年）。清政府下诏宣布："嗣后直隶各省地方官遇编审之期，察出增益人口，只将实数另造册奏闻，其征收钱粮，但据五十年丁册为常额，续生人丁永不加赋。"这就是著名的"盛世滋丁，永不加赋"。依照这一规定，一是新增人口不再征收人丁税，二是国家此后每年的丁银收入以康熙五十年（1711 年）为准，成为一个常数，不再增加，便于在彻底废除人丁税的下一步改革中，将该部分丁银收入用其他方式计征消化。雍正继位以后，开始正式推行进一步的改革措施，所谓"摊丁入亩"，即把康熙是固定下来的每年丁银收入额，分摊到各地田赋中去，不再征收人丁税，通过提高土地税来弥补因此而来的亏空。最终彻底废除人丁税。由于数额巨大，因此摊丁入亩经历了较长的过程。

这次改革改变了当时赋税承担不合理的状况，减轻了下层劳动人民的负担，具有一定的进步性。尤其是彻底废除了伴随封建制度而生，已有两千年历史的人丁税，把国家赋税简化为财产税，大大放松了对下层人民的封建性人身束缚，为资本主义生产方式的孕育提供了充裕的自由劳动力，符合社会发展的客观进程，因而具有重要历史意义。但是清朝的经济立法带有两重性。在对工商业的政策及相关立法上，封建保守倾向在一定程度上占据着上讯，阻碍了先进资本主义生产方式的成长。

2. 有关手工业管理的立法。清朝废除手工业工人的匠籍制度，匠户编入民籍，在法律上获得了人身自由。官办手工业中实行了雇募制。与此同时放宽了民间经营手工业的限制，除铸造货币、打造武器、烧制瓷器的行业，以及供宫廷消费和内务府造办处所属各类作坊由官府经营外，民间手工业有了较为广阔的经营领域。但是官营手工业仍然占据着主导地位，而且对民间手工业又在立法上限制其发展规模。以纺织业作坊为例，法律规定作纺织机不得超过百张，每张织机纳税 50 金，织坊的开办须经官府批准许可。

再如造船业。民间备造一船须先报官府批准，由乡官、族长、邻舍作保；船的大小、构造皆不得违式，船造好后须由官府检验并登记备案；严禁将船卖给外国人，违者造船人及卖船人皆立斩。

再如矿冶业。清初甚至曾一度鼓励民间开矿。康熙中后期政策法令发生变化。康熙四十三年（1704 年）发布上谕，认为开矿事宜不易于地方，事后有请开采者，俱不准行。无异于实行全面的矿禁。尽管没有严格执行，但对矿冶业的管理极为严格。民间申请开矿须由地方官查明商人姓名、籍贯、取具甘结，由藩司发给执照，方准开采。倘有私挖，即行封禁并照例治罪。清政府还通过半官半民的方式，实际上把民间某些手工业纳入官办系统，如对江南制造业实行的“领机给贴”，对云南铜矿业实行的“放本收铜”。所谓“放本收铜”，即要求民间开采铜矿借用官方资本，实质上就是攫取铜矿的所有权。对未领官方工本的铜矿，由官铜店以低价强制收取其所产之铜。如敢私相买卖，不仅没收其铜，还要照例治罪。

3. 有关商业和外贸管理的立法。清朝商业和外贸管理的政策法令同样表现出两重性。清初一度采取相当开明“利商”、“恤商”政策，康、雍、乾三朝皇帝都有安抚、体恤商民的言论，与传统抑商和鄙视商人的观念明显有别。商贾作为四民之一的法律地位有所提高。不仅如此，还通过法律手段严厉打击贵族、官僚以及具体管理税卡、关津的官吏阻挠自由经商、欺压、掠夺、勒索商民的行为，以保证和促进商业的发展。康熙时曾下令，凡王公贵族文武官员的家人强占关津要地，不容商民贸易者，在所犯之地枷号示众三月，民人责四十板，旗人鞭一百，纵容家人的王公贵族罚银，将军督抚以下文武官员革职。但几乎就在同时，传统的重农抑商观念也为清初统治者所接受。雍正皇帝曾在上谕中表示，士农工商四民中，士以外，农为贵，工商皆末，因为士、工、商“皆赖食于农”。重农抑商由此成为政策，并转化为法律制度。清朝法律制度对商业发展的抑制主要表现在两方面，一是广设钞关，重征商税；二是重要商品的官营禁榷。清朝设户部 24 关，工商 5 关负责关税。《户部则例》有“关税”五卷，“税则”二十九卷，占整个法规三分之一以上。《大清律例》“户律”下设“课程”一门，规定了“匿税”、“舶商匿货”、“人户亏税课程”等条，并附有相关条例，对各种逃避商税的行为进行处罚。《户部则例》甚至规定：“关税短缺令现任官赔缴”。促使钞官吏员宁多勿少，肆意苛求，以增课为能事。税种上，又在关税以外增设其他名目，如牙税、落地税、契税等。商税之多和重，超过以往任何一代王朝，成为封建社会末期一种特有的经济立法现象。

清朝实行禁榷的商品除盐、铁、茶以外，还有金、银、铜、锡、硝、硫黄等。管理上较以往各朝更严。私营私贩禁榷商品的处罚也更为严厉。清律附例中规定，凡拿获私盐犯人，一定要逐加追讯，买自何地、买自何人、途中有哪些窝点等。凡买主、卖主、主管盐场的场司、沿途的窝主、知情不行首报的灶丁等，均照兴贩私盐例治罪。沿途失察的官吏一并题参议处。日常生活中用途最广，可有丰厚获利的商品都纳入官营范围，将民间商业资本排除在外。

在外贸方面清朝初年严法禁海，严重遏制了海上对外贸易的发展，但也有开放之举。顺治十二年（1655 年），为镇压活跃于沿海的抗清力量，首颁禁海令，禁止片帆下海，违者以通敌罪论处。此后顺治十八年（1661 年）、康熙元年（1662 年）、康熙十七年（1678 年）又三次发布迁海令。强制闽广苏浙沿海居民内迁五十里，越界立斩。致使四千里海岸线人烟绝迹。[①]

但康熙二十二年（1683 年）统一台湾后，即于次年宣布开放海禁，“令出洋贸易”。并于康熙二十四年（1685 年）定广东澳门、福建漳州、浙江宁波、江南云台山四榷关与外国通商。清初政治军事性质的全面禁海至此告一段落。

然而算至鸦片战争前，对于海外贸易的局部性的限制，时松时紧，从未完全解除。在海禁初开的几十年中，仅禁止粮食、兵器、火药、船只等作为出口商品，禁规相对宽松，东南沿海的外贸、商业、手工业、造船业一度呈现蓬勃发展之势。康熙五十六年（1717 年）内地米价因大米的偷运出口而上涨，曾再颁禁海令，停止与南洋贸易。并采取限制出海华人滞留定居南洋的严厉措施。乾隆二十二年（1757 年）下令关闭三关，只留广州一关对外通商。这一格局一直延续到鸦片战争中国失败，与英国签订《南京条约》，被迫允许“五口通商”止。

除采取限制出口商品种类、数量，限制通商口岸等方式以外，清朝还设立“公行”制度，垄断对外贸易。“公行”也称“十三行”、“洋货行”，是政府特许的官商组织。依条例外国商船职能与“公行”进行交易，不得与其他中国商人自由贸易。外商上岸必须住在公行中，由行商承办一切通商事务，进口货物由行商报验交税，出口货物由行商采购放行。乾隆、嘉庆时期，有关来华外商管理的条例日趋严密。不仅《大清律例》增纂相关条例，还先后颁布《防夷五事》、《民夷交易章程》等，按规定，甚至禁止外国商人坐轿，禁止外国妇女进城等。至于中国船只出海，则严防夹带商品货物。船只出洋需经官方检验，分别书刻字样，舵工水手人等俱发给腰牌，刊明姓名、年貌、籍贯。每船携带粮食按每人每

① 张晋藩著：《中华法制文明的演进》，中国政法大学出版社 1999 年版，第 586 页。

日米一升，并余米一升计算。入口时呈验亦如此。以至于规定船只出洋，须十船编为一甲，取具联环保结。一船为非，余船并坐。

清朝政府工商立法保守性的原因是比较复杂的。首先是政治原因。清朝的历史背景极为特殊，巩固政权的任务极其艰巨。前期的全面禁海，主要由于抗清力量以台湾为基地活跃于东南沿海。以后又与西方的殖民势力在沿海的骚扰、走私、鸦片贸易不无关系。清政府限制造船业的规定中，有禁止造大船，禁止造可出海的先进船只的规定，乍看似难以理解，实质就是怕其为抗清力量所用。它对矿冶业的严密限制也完全出于维持治安的考虑。雍正帝就矿藏开采一事曾明白表示："人聚众多，危害甚巨。从来矿徒，皆五方匪类。"这一席话对清政府为何如此严格地限制民间矿冶业，无疑是最明确的注脚。其次是传统重农轻商观念的影响。清廷初入关时对商业的重视以及对商人的开明态度，表明在当时他们尚未受那种观念多少影响。但从关外到关内，清廷骤然面对亿万人口的吃饭问题。为发展农业，又回到传统的以牺牲商业为代价的老轨道上。雍正曾说："朕观四民之业，士之外农为最贵。凡士工商贾，皆赖食于农，故农为天下之本务，而工商皆其末也。"① 最后是世界知识的缺乏。

第三节 司法制度

一、司法机关

（一）普通司法机关和审级制度

清朝的司法制度也是在继承明制的基础上进一步完善的。它是中国封建司法制度的最后形态，以周密、多注和完备为特点。

清朝中央司法机关仍为刑部、大理寺和都察院，合称三法司。三机关的分工也沿用明制，即刑部负责审判，大理寺负责复核，都察院负责监察。三大机关分工明确，互相配合又互相制约。遇重大案件，由刑部尚书、大理寺卿和都察院左都御史会审决定，如三机关意见达不成统一，则奏请皇帝裁决。因此三法司也可以看做皇帝之下，封建国家中央最高审级。

但所谓刑部负责审判，只是就它与大理寺和都察院的分工而言。刑部并不是专职审判机关，它同时又是司法行政机关。刑部的职责包括：统一审核各省上报的刑案；审理京师地区案件；审理朝廷官吏犯罪案件和皇帝钦发案件；负责筹办每年的秋审；负责律例的修订工作。可见它同时又是司法行政机关，还负有立法方面的职能。在司法审判方面，刑部为三法司中起主导作用的机关。在清朝，刑

① 《清世祖实录》卷五七，引自张晋藩《中华法制文明的演进》，中国政法大学出版社 1999 年版，第 586 页。

部的正副长官与其他中央机关一样，为满汉复职制。刑部尚书有满汉两名。刑部的机构主要有：根据当时全国省制而分设的十七省清吏司，分理各省刑狱和其他司法事务；负责筹办秋审大典的秋审处；负责修订法律的律例馆等。

大理寺自明朝改为复核机关以来，已经失去了唐宋时作为掌握中央审判权机关的重要作用。但它有复核权，如认为判决不适当，大理寺可驳回再审。同时又有会审权，并可受理冤案等。

都察院的主要职责是监察百官，其中包括对司法官和司法审判活动的监督。清朝都察院以左都御史和左副都御史为正副长官，将右都御史作为地方大员总督、巡抚的兼衔。清朝都察院的十五道监察御史，分为监察其所辖各地的刑狱。由于对口监督六部的六科给事中并入都察院中，其中的刑科给事中成为负责监督刑狱的主要机构。凡经刑部、大理寺办理的案件，都察院认为有误，可以纠弹。此外，都察院也有重案的会审权。

清朝的地方各级行政长官和历朝历代一样，仍然是统揽一切政务的地方最高长官。刑名为其职责之一，因此有一级地方行政机关，就有一级司法审判。清朝的地方司法审判机关分为县、府、省按察司、督抚四级。

县，以及与县平行的州，为最基层政权机关，在司法上为第一审级。凡有关户婚、田宅等民事纠纷的案件，以及轻微的刑事案件，也即笞杖以下的案件，州县可自行做出有效判决。徒刑以上的案件，州县也为受理机关，需要履行侦查、取证、缉捕和审问的职责，要根据律例有关规定拟定罪名和刑罚，然后上报到府一级政权机关。

府，以及和府平行的直隶州，为州县的上一级政权机关，在司法审判上为第二审级。职责是复审州县上报的徒刑以上的刑事案件，并受理当事人不服州县判决的上诉案件。徒以上案件经府一级复审后，继续转上级复审。

省按察司，也称臬司，是省一级专负刑名之责的机关。在司法审判上为第三审级。其职责是对府一级报来的徒以上案件再次复审后商报督抚。

总督、巡抚为省一级最高长官，在司法审判上为第四审级，也是地方最高审级。对于履经复审的徒刑案件，督抚复审后可以做出生效的最后决定。但要上报刑部备案。军流及死刑案件经督抚复审后，转报中央刑部。

刑部为第五审级。对于各省报来的军流案件，刑部有权做出判决，但要由大理寺复核。报来的死刑案件，刑部可“奉旨”核拟，然后将核拟意见分别送大理寺、都察院，邀其参核，也称会谳，大理寺、都察院核毕副署后，将材料退还刑部，由刑部一并奏请皇帝批准。经皇帝批准的死刑立决案件，由专人将执行令传至犯人所关押的州县，立刻行刑，死刑监候案件，则留待秋审时处理。以上情况简言之，即民事财产纠纷和笞杖刑案件，由州县一级决断；徒刑案件由省一级总督、巡抚决断；军、流刑案件由刑部中央决断；死刑案件由中央刑部、大理寺、都察院三法司会办奏请皇帝决断。凡刑事案件都要由州县一级首先审理并逐步上报复审，直到有权作出判决的一级为止。如徒刑案件，要由州县初审，然后逐级上报经府、省按察司二级复审，最后到总督、巡抚一级作出生效判决。而凡死刑案件在皇帝作出判决以前，已经过了州县、府、按察司、督抚、三法司等各级的多次复审。

此外，京师地区的案件，笞杖以下由五城察院了断；徒以上须报刑部。刑部可以就其中徒、流案件作出判决，但要由大理寺复核；死刑案件则要由三法司派官员先行会审，称“会小法”，然后由三法司长官会审定谳，称“会大法”，奏请皇帝决断。

清朝的司法审级制度比较有代表性地表现出清朝整个法制的成熟和完备。严格的审级、周密的程序、统一的规范，都是总结中国封建司法体制长期发展经验，并加以完善的结果。其中既体现了皇权思想，也体现了传统慎刑思想。应该说，是封建司法体制发展可能达到的最高水准。

（二）特别司法机关

清朝统治期间，旗人的案件和满族以外其他少数民族案件，由普通司法机关以外的专门机关审理。可审理旗人案件的中央机构，如宗人府、内务府等。各旗的都统衙门有权审理属下旗人的户婚、田宅民事纠纷和笞杖徒流刑案件，死刑案件则须会同刑部审理。顺治康熙时期，宗人府独立审理宗室觉罗案件。乾隆以后规定须会同户部或刑部审理。

清朝的理藩院是中央政府管理蒙、藏、回疆等少数民族地区事务的机构，同时也是上述少数民族地区司法审判事务的中央管理机关。但理藩院复核死刑案件须会同三法司。在少数民族地方，盟、旗等最高行政机构，同时也就是该地方最高司法机构。实行政教合一体制的西藏，清朝任命驻藏大臣与达赖喇嘛共管政务，赋予驻藏大臣管辖西藏地方司法事务的最高权力。

（三）清朝司法机关中的胥吏和幕僚

清朝是封建末代王朝。封建制度所滋生的各种腐败现象在清朝中期以后渗透到政府肌体的方方面面，在司法领域也不例外，其中胥吏和幕僚暗中上下共手操纵司法，也是清朝法制中十分突出的现象。

胥吏在中国古代国家机关中有着悠久的历史。《周礼》六官各有自己的属吏，包括府、史、胥、徒等。《唐六典》规定，中央政府六部二十四司，每司都设有数额固定的胥吏。例如，令史、书令史、计史、亭长以及掌固等若干人。其中令史掌管文书档案；书令史负责文书抄写誊录；计史掌财会出纳；亭长掌管官署门户开闭；掌固负责仓库保管及官署房屋修缮等。这些人有固定的编制，但没有品秩。在清朝，国家机关中这类人员称书吏、书差、书办、都办等。其中负责刑名的人数尤多，称为刑名书吏。他们负责收受呈词、立案、挂号、堂审笔录、拟写差票、草撰文稿、整贮档案等，多为读过书而举业不成之人，被官府雇佣，领取“工食银两”。百姓告状首先要与他们直接打交道。因而收受好处费就成了他们的主要收入。他们把持着诉讼的多个环节，有充分的便利条件谋取私利，说事过钱，包揽词讼，舞文弄法，甚至卖放强盗，诬执平民。案件对他们来说是发财的机会。如何处理全凭贿赂的多少。清代衙门的官员是经常调动的，而胥吏则固定不动，有的终身在一个衙门当差。成为那里吸食民脂民膏的蠹虫。

幕僚，或称幕友，是清朝官场特有的一种人。他们是帮助官员处理政务的私人顾问，并非官员，却又遍布于大小各级衙门中，成为清代一种奇特的社会现象。一个地方官就任，毫无例外的要聘请幕友，少则三五人，多则十几人。清朝通过科举步入仕途的官员，往往是只会八股而不通政务；清朝只要求官员异地为官，官员到达任所往往是人地生疏，举步维艰。此外清朝靠捐纳和恩荫入仕者也不在少数，这些人就更无处理政务的能力。这些都成为幕友存在的条件。幕友以谙熟衙门业务和通达当地官场的关系网见长成为为官者不可缺少的助手。尽管幕友随现任官而进退，但下任官到任，往往还是不得不聘请他们。这样幕友也就成为一种职业，父子相承，师徒相传。清朝的地方长官必须亲自审案。而真正熟悉和懂得律例的人却很少，加之清律例条文极其繁杂又经常变化，如不作专门职业性的研习，很难审断案件。于是刑名幕友便成为幕僚中的特殊者，也称“刑名师爷”。他们精通律例、审判程序、公文程式和官场诀窍，成为案件事实上的处理者，现任主官往往只是在案卷上签发而已。久而久之，刑名幕友成为专吃官司饭的一个特殊阶层。幕友之间多有上下师承和同乡关系，形成一种关系网。可以与上级衙门通气，可以操纵下级衙门。一有案子发生，他们便暗中串通，商议如何借审断之机进行敲诈，往往官府还未开审，案子的判决已由他们“内定”。

这些人不仅遭到社会各界的痛恨，连清统治集团也深知其危害，却无根本的治理办法。这与封建政治体制，官僚的产生方式，人才培养机制等制度问题紧密相关，已不是清朝统治者所能改变的了。因此，只好睁一眼闭一眼，听之任之。

二、会审制度

（一）会审制度的发展

会审制度在中国古代有悠久的历史，它是防止法官擅权和防止错案的有效措施，也是慎刑思想的表现。明朝对历史上的会审制度有所总结，形成了热审、朝审、大审等制度。使会审案件的范围、种类、会审的参加者等，在一定程度上法定化。但明朝会审制度仍存在着明显的不完善之处。清朝在沿用这些制度时进行了重要的改革，使会审达到前所未有的制度化程度。

清朝的改革主要是把明朝的大审和朝审制度改革为一年一度的秋审和朝审。明朝的大审是仿古代录囚而来，它适用于每年等待秋后执行的死刑已决犯，但大审每隔五年一次，对地方上的死刑犯由刑部、大理寺派员至多省，会同巡按御史审理；在京的死刑犯则由司礼监太监，召集三法司在大理寺会审。这种方法显然存在许多问题。突出的矛盾是每隔五年一次大审，并不能使每年秋后执行的死刑案件都受到检查，不过是蜻蜓点水而已。并且由中央普遍派员到地方检查，耗费大量人力，也难以推行。明朝的朝审虽然每年一次，但它主要适用于在京的在押死刑犯，所审案件的范围极其有限。而参加会审的官员却极为庞杂，且由吏部主持会审，三法司反成陪衬。可以说明朝的两大会审制度，主要是在宣传上收到标榜统治者推行仁政的效应，其实实际意义并不大。

清朝改革措施包含以下内容：首先是明确地把死刑区分为立决和监候两类。监候不等于等待秋冬行刑，而包含有需进一步复审的含义。这样，对缓决死刑的复审就成为一项制度。其次是把大审改为秋审，确定为专门适用于各地方死刑监候案件的复审制度，仍为每年一次。同时规定复审的具体工作，由原管部门承担，而把结果上报审核。使巨大的工作量分散，以便该项制度切实可行。最后是进一步明确了复审后的结果和参加会审的官员的范围。

（二）秋审大典

秋审是清朝最重要的会审制度，也是适用于全国各省死刑监候案件的复审制度。其具体程序大致如下：

首先是原审各州县审核办理案件注册，并将案犯解送省城。在省一级，先由按察司复审核实，提出处理意见报督抚，督抚再次复审并决定处理意见。与发案时逐级上报复审不同，这次复审主要是依性质、情节等，对案件进行分类。督抚复审后，将案件分为情实、缓决、可矜、留养承祀四类。

所谓情实，即案情属实，定罪量刑恰当，不杀不足以申法纪者；所谓缓决，是案情属实，但情节较轻，可杀可不杀，留明年秋审再决；所谓可矜，是情罪属实，但有可能从宽处理的情节，减刑免于处死；所谓留养承祀，是指犯人为独子，而其父母、祖父母年老无人奉养，请皇帝决定是否可释放奉养父母。

督抚确定案件的处理意见后，向皇帝上奏题本。皇帝以本人名义转发三法司，以示郑重。三法司接题本后，实际由刑部对案件再次逐一审核，并制作案情概要，随同刑部关于实、缓、矜、留的处理意见，分送都察院、大理寺，各部尚书、通政使司等审核。

在这一切必备的程序完毕后，于秋八月选定日期，在天安门前金水桥西，实行九卿会审，也即秋审大典。届时由书吏对上千案件一一唱名，并宣布拟定的处理意见。由于参典官员事先都已对案件进行了审核，在大典上只是集体通过而已，所以一天的会审实际上只是举行一个仪式或典礼，以示隆重。而实质性的工作则是在大典之前，由下而上逐级进行的再次复审工作。

大典完毕之后，刑部要以参加会审大典全体官员的名义向皇帝呈报处理意见，由皇帝作出最后决定。皇帝批示认可的可矜及留养承祀案件，即确定为免除死刑；皇帝批示认可的缓决案件，留待明年秋审再议，若经三次秋审缓决，也等于免除死刑减等处罚。皇帝批示情实的案件，在对案犯执行死刑之前，还要履行复奏的程序。乾隆时将历来的三复奏，改为一复奏。在复奏中皇帝若再次批准执行死刑，则要实行勾决仪式，由皇帝亲自或由内阁大学士代替，以朱笔在案犯名字上打勾，死刑即可以执行。秋审制度是清朝在审判制度方面对中国古代法制的重大发展。

（三）朝审和热审

清朝的朝审实际上可以看做秋审的一个组成部分。只是其复审的案件属于京师地区的死刑监候案件。这些案件案发时是由刑部会同大理寺、都察院处理的。朝审前，同样要再次复核。朝审与秋审同月举行，稍晚于秋审，其他形式均与秋审同。

热审是处理积案的一种会审、复审制度。于每年小满后十日至立秋前一日举行。由大理寺左右两寺官员会同各道御史及刑部承办司，审理发生在京师地区的笞、杖刑案件。以克服案件迁延时日、久拖不决，未决案犯长期关押、狱满为患的现象。在封建司法专横之下，长期关押未决犯的现象是司空见惯的。热审的直接目的是防止因暑热和拥挤引发狱中疫病。但将其作为一种例行的制度而长期执行，在客观上起到了减轻长期羁押未决犯人的作用，有一定的积极作用。

三、监察制度

清朝中央的监察机关仿明制为都察院。都察院以左都御史和副左都御史为正副长官。下有十五道监察御史分别负责各地方官的监察（清末因省区增加而有二十二道）。右都御史和右副都御史作为地方总督，巡抚等的兼衔。雍正时，将明朝为监督六部官员而创设的独立监察组织“六科给事中”，并入都察院。六科给事中与十五道监察御史合称科道。清朝监察制度的特点，一是监察权的集中，二是监察的严密，除军机处外，内外各机构官员无不在监察官的监督范围之内，且有固定的对应关系。例如，京畿道监察御史除负责本道监察以外还负责对内阁等机构的监察；其余如河南道监察京吏部、詹事府、步兵统领；江南道监察户部、京仓等；浙江道监察礼部及本院；陕西道监察兵部、翰林院六科等；山东道监察刑部、太医院等；陕西道监察工部；湖广道监察通政使司、国子监；江西道监察光禄寺；广东道监察大理寺；云南道监察理藩院等。六科给事中除分掌对应各部的监察以外，也要兼理其他机构监察。例如，礼科，除监察礼部以外，还兼负责对宗人府、理藩院、太常寺、光禄寺、鸿胪寺、国子监、钦天监的监察。意图通过这种严密的对应关系，将全国从中央到地方大大小小官员的活动都置于皇帝的监视之下。其完备性堪称历代王朝之最。

分析题：

杨乃武与小白菜案

杨乃武与小白菜案是当时震惊全国的冤案。后此案被改编成戏剧、小说、电视等多种艺术形式，现在可谓妇孺皆知。清同治十二年（1873年）十月，浙江省余杭县所在地余杭镇发生一起命案，豆腐店伙计葛品连暴病身亡。知县刘锡彤怀疑本县举人杨乃武诱奸葛品连之妻毕秀姑，毒毙葛品连，对杨乃武与毕秀姑重刑逼供，断结为“谋夫夺妇”罪，上报杭州府衙和浙江省署。杭州府与浙江省也照原拟断结，上报刑部。后经杨乃武之姐杨淑英二次京控，惊动朝廷中一批主持正义的官员，联名上诉。朝廷下旨，由刑部开棺验尸，才真相大白，冤案昭雪。

“仵作沈详率将病死发变尸身误报服毒，致入凌迟重罪，殊非寻常疏忽，可比合拟检验不实，失入死罪未决，照《律》递减四等，拟杖八十，徒二年。

已革余杭县知县刘锡彤，虽讯无挟仇索贿情事，惟始则任听仵作草率相验，继复捏报擦洗银针，涂改尸状，及刑逼葛毕氏等诬服，并嘱令章睿函致钱宝生诱勒具结，罗织成狱，仅依失于死罪未决本律拟徒殊觉轻纵，应请从重发往黑龙江效力赎罪，年逾七十，不准收赎。

杭州知府陈鲁，于所属州县相验错误毫无觉察，及解府督审，率凭刑讯混供具详定案，复不亲提钱宝生究明砒毒来历，实属草菅人命……‘厥咎维均’，俱应依承审官草率定案，证据无凭，枉坐人罪例各拟以革职。

巡抚杨昌浚据详具题，不能查出冤情，京控复审，不能据实平反，意涉瞻循；学政胡瑞澜，以特旨交审要案，所讯情节既有与原题不符之处，未能究诘致死根由，详加复验，草率奏结，几致二命惨罹重辟。惟均系大员，所有应得处分，恭候钦定。

杨乃武讯无与葛毕氏通奸确据，但就同食、教经而论，亦属不知远嫌，又复诬指何春芳在葛家顽笑，虽因图脱己罪，并非有心陷害。究系狱囚诬指平人，有违定制，律应杖一百；业已革去举人，免其再议。”①

结合此案分析清朝的司法制度。

思考题：

1. 《大清律例》的制定过程及律文与条例的关系。
2. 清代刑制的变化。
3. 清代前期的禁烟立法。
4. 清代民事立法形式的新趋向和民事权利主体的扩大。
5. 清代的会审制度。

① 《刑部奏折·浙江民人葛品连身死案审明定拟由》。

第十二章 清末法律变革

导读：1840 年英国以中国禁烟为由发动可耻的侵略战争，战争以中国的失败告终，并被迫与帝国主义签订了丧权辱国的《南京条约》。鸦片战争的失败，是中国历史的转折点，西方列强对中国所进行的全面侵略，在严重损害中国民族利益的同时，也引发了中国社会全方位的深刻变革，中国社会进入了近代化进程，从此中国从一个主权独立的封建国家，开始蜕变为一个半封建半殖民地社会。由于这种变化是被动开始，中国的近代化进程缺乏强大的内在动力和合适的外部环境，中国近代化的进程充满曲折，中国法律近代化的过程也同样具有曲折性。

同时中国原有的封建法律制度在国际环境和国内环境急剧变化之中日益过时。首先，不适合地主阶级与买办资产阶级实行联合统治的需要，又遭到了来自新的阶级力量即民族资产阶级的反对；其次，在中国门户开放，被卷入世界经济和政治旋涡条件下，封建法制不足以调整更加广阔和丰富的社会关系；最后，它还遭到列强的恶意的攻击和压力。中国法律的近代化又成为一种不可逆转的必然趋势。清末所发生的法律变革，从根本上说，就是这种趋势的反映。

清末法律变革在这样的一种内外交困的局面下进行，新兴的力量尚不够强大，传统的文化理念和政治势力则依然强大，外来的列强又在虎视眈眈，法律改革的仓促性使清末变法修律存在很多不完善的地方甚至应该批判的地方，但是清末法律变革开始了中国法律的近代化进程，为了后来的中华民国及此后的中国法律制度建设积累了丰富的经验，提供了重要的借鉴。

本章应重点掌握清末法律变革所引发的法观念大冲突和大辩论；清末修律的主要情况；“预备立宪”的主要进程；清末法律变革的意义与影响；法律半殖民地化的主要表现等。

第一节 法观念的更新与修律

一、西法东渐与法观念的更新

（一）西方法律、法学的输入与传播

鸦片战争战败，中国各界受到巨大震动，这使得封建知识分子和官僚中部分

爱国人士和开明人士首先从唯我独尊的大国天朝迷梦中惊醒过来，环顾周围世界，提出了向先进国家学习的历史课题。

到19世纪60年代，开始了以“新政自强”为标榜的洋务运动，西学的输入也被提上了日程，并被包括在“洋务”之中。在北京，由洋务派在清政府中央的代表恭亲王奕忻奏请设立了京师同文馆。上海、广东等地也先后设立翻译馆、同文馆、西学馆等。这些机构一方面培养洋务人才，另一方面则主要译述西方近代兵、农、工、医等各科书籍。但同时，也出版印行西方在华传教士等翻译的社会学说书籍。1864年，京师同文馆出版了由美国传教士丁韪良翻译的惠顿所著《万国公法》一书，这是近代中国译出的第一部西方法律专书。此后三十年，洋务派的译书机构相继出版了外国法律与法学著作十几部。其中丁韪良所译除上述一部以外，还有《公法会通》、《公法便览》等。再如供职于江南制造局的英国传教士傅兰雅，也是热心译介西方法律的有名人士，其所译有《公法总论》、《各国交涉公法》、《各国交涉便法》等。这些译书的广泛流传，使中国社会得以用直观的方式了解西方资本主义法律和法学。其中近代国际法知识，还成为清政府对外交涉谈判的依据，在一些场合争得了有利的结果，唤起许多人进一步全面了解西法的愿望。

在西法东渐过程中，甲午中日战争是分界线。中国战败宣告了洋务运动的破产和新政自强希望的破灭。民族生存的危机大大加速了人们寻求救国真理的步伐，使得西方法律法学的输入陡然进入到更高的阶段，输入的方式、途径、内容、范围和数量规模都有了极大发展，同时，大量的民间译书局、出版社、杂志社于19世纪最后几年相继成立并参与译介西方法律法学，改变了仅由几家官办译书机构印行少数传教士译书的局面。

这一时期，在日本东京聚集着一大批旅日华侨，其中有留学生，还有不少受清政府通缉被迫流亡者。他们痛恨腐朽的封建统治，力主革新，甚至倡导推翻清政府的政治革命，创办了许多激进的中文杂志。利用日文资料丰富的有利条件，这些杂志转译刊载了许多西方法律法学著作，许多法学名著经连载后被刊印成单行本出版发行。例如，1900年创刊的《译书汇编》，从创办到1903年，三年中登载和发行单行法学译作27种之多，仅此一项在数量上就远远超出甲午战争之前三十年洋务派译书机构所译。

译著的种类也不像甲午战争之前那样局限在国际公法和英、美等少数国家的一两种部门法，而扩及近二十个国家的宪法和多种部门法、单行法。尤其是在留日学生转译的西方社会学说著作中，一系列奠定西方资产阶级政治法律制度基本原理的经典名著，首次被译为中文并流传到中国，如约翰·穆勒的《自由原理》、孟德斯鸠的《万法精理》、卢梭的《民约论》、斯宾塞的《原政》（今译名《代议政体》）等。

西方资产阶级政治法律学说的迅速传播，大大加深了中国人对西法的了解，为法观念的更新提供了思想资源。

（二）资产阶级改良主义运动与法观念的更新

甲午一战，使中国通过“师夷长技”和办理洋务来摆脱民族危机，实现自强的希望彻底破灭。资产阶级改良主义思潮迅速高涨起来并逐渐发展成一场声势浩大的资产阶级政治改良运动和思想解放运动。维新思想中包含着新的法观念，主要为两个方面：

一是民权观念。资产阶级改良运动与以往任何变法的不同在于，它把改革的矛头直接指向封建专制制度。改良派认为，中国之所以弱，根本原因在于实行专制政体。上体过尊，下情不达，一君与大臣数人治理国家，虽有四万万民众，却无权过问国事，以致民众视国事如秦越。因此中国要自强，就必须从根本上学习西方国家，兴民权，用君主立宪政体取代君主专制政体，实现“君民共主”。

二是宪政和法治观念。改良派指出，实现“君民共主”的立宪政体，需要设议院、开国会、立宪法，行三权分立。议院与国会是使“人君与千百万国民合为一体”的机构，君与民通过国会共议一国之政法。为了使政体完备，还要有行政之官和司法之官。这一政体的合法性，则要由宪法来确立，因此首先必须立宪法以定国是。改良派极其重视宪法，主张实行宪法之治。他们设想的“君民共主”国，国民、官吏和君主都要遵守宪法。所谓“立宪法以同受其治”。

这些观念突破了中国传统法观念中纲常名教的基本原则，为全面仿照资本主义各国、构建近代新法体系奠定了思想基础。尤其是从 1895 年发动“公车上书”到 1898 年在光绪帝支持下实行变法，以康有为、梁启超等人为首的资产阶级改良派采用上书请愿、办报纸、组织学会等多种方式，在朝廷内外和全国各地大张旗鼓地宣传维新思想。这种新的法观念不仅在社会上，也在封建官僚队伍内广为传播。维新运动的高涨和新思想新观念的广泛传播，使顽固守旧势力深感震惊和不安。正当光绪帝下诏变法，维新运动达到高潮之际，洋务派后期代表人物张之洞抛出《劝学篇》一书，颁行各省，提出“中学为体，西学为用”的纲领与维新理论相抗衡。书中宣扬“三纲为中国神圣相传之至教”，“不可变者，伦纪也”，振振有词地论证维新派兴民权、开议院的主张“无一益而有百害”，挑起两种思想的论战。

维新运动最终遭到以那拉氏为首的顽固势力的镇压。在光绪帝支持下采取的改革措施，除所办京师大学堂仍保留外，全部撤销。但是作为一场思想解放运动，维新运动所树立的民权、宪政、法治等观念，被资产阶级革命派接受发展为要求民主、自由、共和的革命理论，封建统治集团内部革新派的形成，在后来的法律变革中起了重要作用。

二、法律变革概况

（一）发布变法上谕

清末的法律变革，在形式上是当权统治集团主动推行的改革，它开始于那拉氏的新政。身为皇太后而掌握清廷实权的那拉氏，曾经在1898年无情地镇压了戊戌变法，并且软禁了支持变法的光绪皇帝。1900年，爆发了举世震惊的义和团运动，八国联军以镇压义和团为名攻占北京，那拉氏携光绪逃往西安。1901年1月，在与列强达成屈辱的议和条件后返京时，那拉氏以光绪名义发布上谕称："世有万古不易之常经，无一成罔变之治法。大抵法积则弊，法弊则更"，"欲求振作，须议更张"[①]鼓励臣下参酌中西政要，就"如何而国势始兴，如何而人才始出，如何而度支始裕，如何而武备始修，当因当革，当省当并，各举所知，各抒己见"。[②]这就是所谓新政的开始。1901年4月21日，清政府设立督办政务处，作为总理新政的机关，任命庆亲王奕劻等人为督办政务大臣。

新政的措施除练兵、筹款；调整官制，裁撤闲衙冗员；废八股，兴学校；奖励留学外修律，还有在与进占北京的八国联军和谈时，英国曾提出，只要中国修订法律，"与各国改同一律"，英国就允弃其在华领事裁判权。1901年《中英追加通商航海条约》第12条载："一俟查悉中国律例情形及其案断办法，及一切相关事实，皆臻妥善，英国允弃其领事裁判权。"1902年清政府的代表吕海寰、盛宣怀在上海与各国修订商约，美、日、葡等国也相继同样表示。这实际上是列强经历了义和团反帝运动以后，为缓和中国人民反抗情绪而作的虚假承诺，也反映了它们要求清政府改革法律使之与各国接轨的意图。这些承诺在清政府内引起了极大反响，幻想把修律作为"变法自强之枢纽"。直隶总督袁世凯、两江总督刘坤一、湖广总督张之洞旋即联名奏请清廷修律，并会保刑部左侍郎沈家本为修订法律大臣。同年5月清廷发布修律上谕，称："现在通商交涉，事宜繁多，著派沈家本、伍廷芳将一切现行律例，按照交涉情形，参酌各国法律，悉心考订，妥为拟议，务期中外通行，有裨治理。"[③]至此，修律成为新政的一项重要内容。

从清廷的上谕看，其修律的指导思想是"务期中外通行"。只是要对照参考各国法律来损益"现行一切法例"，使其既适应与世界各国频繁通商交往这一新环境，又适应清朝政府统治的需要。事关君主专制政体的立宪问题，在最初推行新政时，仍然是讳莫如深的，丝毫未予提及。

（二）预备立宪

1906年9月，在推行了五年新政以后，清廷又宣布预备立宪。以那拉氏为首的保守集团对待变法的态度之所以发生进一步变化，不是偶然的。首先是基于人民反抗斗争的压力。在推行新政期间，全国各地人民群众的反压迫反剥削的斗争不但没有减缓，反而有愈演愈烈之势。不少地方的抗捐抗税斗争发展成农民的武装暴动，暴力反抗有成为群众主要斗争形式的趋势。在人民群众反抗斗争的推动下，中国民族资产阶级中主张用革命手段推翻清朝统治的呼声越来越高，逐渐形

① 中国史学会编：《义和团》（第4册），神州国光社1951年版，第81页。
② 中国史学会编：《义和团》（第4册），神州国光社1951年版，第82页。
③ 《大清法规大全·法律部》卷首，第1页。

成了一个新的政治派别，即资产阶级革命派。他们组织各种秘密革命团体，出版革命刊物，号召用武力推翻清朝专制统治。1905 年，在孙中山领导下，一些革命团体联合成立了中国同盟会，这是中国历史上前所未有的资产阶级革命政党。同盟会提出了“驱逐鞑虏，恢复中华，建立民国，平均地权”的十六字纲领，正式提出了从根本上推翻封建君主专制制度，实现民主共和，在中国建立资产阶级共和国的主张。局势的发展使清廷保守集团本能地意识到，对清朝帝制的最大威胁，并不来自于君主立宪的主张而是来自革命党人的武装斗争。促使其态度发生变化的另一因素是清朝统治集团内部明显地发生分化，一批原来并不支持康、梁的上层贵族官僚，开始倾向于实行君主立宪制。1904 年的日俄战争，日本以区区小国战胜沙俄，给了仍然活跃于国内外的立宪派以鼓吹君主立宪的新借口。他们积极宣传：“日本以立宪而胜，俄国以专制而败”，并且以俄国因战败而引发的 1905 年革命警告清廷，如不速下决心立宪，就有和俄国一样爆发革命的危险。一些地方督抚和驻外使臣甚至也犯颜上书，奏请立宪。

形势迫使清廷保守集团的首领那拉氏作出选择。1905 年底，对于立宪心存疑虑的那拉氏派载泽等五大臣出洋考察政治，并设立考查政治馆。五大臣中 4 人于 1906 年回国，认为立宪可行。针对顽固派大臣的反对，载泽特上密折，力主立宪。他认为实行立宪有大利三端：“皇位永固”、“外患渐轻”、“内乱可弭”。之所以说“皇位永固”，是因为立宪之国君主，神圣不可侵犯，故对行政不负责任，偶有行政失宜，或遭到议会反对，不过政府大臣辞职，别立一新政府而已，因而相位旦夕可迁，君位万世不改。之所以说“外患渐轻”，是因为中国遭外国敌视，既由国势之弱，也由政体之殊，一旦改行宪政，外国就会由鄙我转为敬我。之所以说“内乱可弭”，是因为会党纵横，甚者倡为革命之说，其煽惑人心的理由就是政体专务压制，官皆民贼，吏尽贪人，民为鱼肉，无以聊生。故从之者众。如果改行宪政，那就是世界公认的公平正义文明政体，言革命，没有了借口；欲倡乱，而人不肯从。不必再从事缉捕搜拿，内乱自然冰消瓦解。

出自皇室宗支载泽之口的这番话，无疑给予那拉氏深刻的印象。为回击顽固派大臣反对立宪的种种责难，载泽在密折中又强调：“宪法之行，利于国，利于民，而最不利于官”，“在外各督抚，在内诸大臣，其权必不如往日之重，其利必不如往日之优，于是设为疑似之词，故作异同之论，以阻挠于无形。彼其心，非有所受于朝廷也，保一己之私权而已，护一己之私利而已。”①

为了进一步打消那拉氏的疑虑，载泽还提出，可仿行日本之做法。日本于明治十四年宣布宪政，二十二年始开国会。因此，中国“今日宣布立宪，不过明示宗旨为立宪之预备。至于实行之期，原可宽立年限。”② 载泽认为这样做的好处在于：“惟先宣布立宪明文，树立风声，庶心思可以定一，耳目无或他歧，既有

① 《清末筹备立宪档案史料》，中华书局 1979 年版，第 173 页。
② 《清末筹备立宪档案史料》，中华书局 1979 年版，第 125 页。

以维系望治之人心，即所以养成受治之人格。”①

经过激烈的争论，清廷终于于1906年9月1日发布《宣示预备立宪先行厘定官制谕》，正式宣布预备立宪。

该上谕内容反映了清朝统治集团迫于内外强大压力，经过反复争论达成的一致。它表明了清廷仿行宪政的意向。上谕称：“我朝自开国以来，列圣相承，谟烈昭垂，无不因时损益，著为宪典。现在各国交通，政治法度，皆有彼此相因之势，而我国政令积久相仍，日出阽险，忧患迫切，非广求智识，更订法制，上无以承祖宗缔造之心，下无以慰臣庶治平之望”，并称：“各国之所以富强者，实由于实行宪法”。因此，“时处今日，惟有及时详悉甄核，仿行宪政”。但同时又以“目前规制未备，民智未开”，不能“操切从事，涂饰空文”为由，提出实行宪政必须先作各方面的预备：“必从官制入手，亟应先将官制分别议定，次第更张，并将各项法律详慎厘定，而又广兴教育，清理财务，整饬武备，普设巡警，使绅民明悉国政，以预备立宪基础”。至于究竟何时实行宪政，则不予明定期限，只是说：“俟数年后，规模粗具，查看情形”，“妥议立宪实行期限，再行宣布天下”，要“视进步之迟速，定期限之远近”。该上谕特别强调宪政的原则是“大权统于朝廷，庶政公诸舆论”并严申士庶人等在预备期内“各明忠君爱国之义，合群进化之理，勿以私见害公益，勿以小忿败大谋，尊崇秩序，保守和平”②。

预备立宪一方面有故作姿态，以抵制革命的用意，另一方面也有继续推行自新政以来的政治变革的意图。这道上谕发布以后，清政府开始采取的一系列改革措施，包括官制改革和修律，均被纳入到预备立宪的范围。

1908年，清廷宣布预备立宪以九年为期，公布了《钦定宪法大纲》。同年拟定了《逐年筹备立宪事宜清单》，将修改法律和编定新法工作列入清单中，作为实行宪政前的预备工作，限期完成。

（三）修律活动

清末法律变革中，设立了专门负责修律和编定法典的机构。1902年委派沈家本等为修订法律大臣后，清政府即决定设立修订法律馆，于1904年正式办公，专门负责修律。1905年设立考查政治馆，负责考查各国宪政的具体工作。宣布预备立宪以后，于1907年又将考查政治馆改为宪政编查馆，负责编定宪法草案，并拥有审核其他法律的重要权力。修订法律馆所订法律草案和各部院、各省所订法规，均须交宪政编查馆审核，并由其奏请清廷裁定、颁行。

从宏观上看，清末法律变革主要包括以下几个方面：

其一，围绕预备立宪的宪政活动，公布了《钦定宪法大纲》、《资政院院纲》、《咨议局章程》、《宪法重大信条十九条》等宪法性文件。

其二，删改旧律例。沈家本等被任命为修律大臣后，着手修订旧律例。又提

① 《清末筹备立宪档案史料》，中华书局1979年版，第125页。

② 《清末筹备立宪档案史料》，中华书局1979年版，第43～44页。

出在完成全面修订以前，旧律例中重法亟应先行删去，以免授外人以口实，被訾为不仁。经奏请清廷同意，废除了旧律中凌迟、枭首、戮尸等酷刑；删除了刺字法；变通笞杖为罚金；修改缘坐各条，宽免不知情者；流徙以下，禁止刑讯。以后又取消满汉区别各条，实行满汉一体通行刑律。1910 年 5 月完成全面修订《大清律例》，颁行《大清现行律例》。

其三，制定新法。为参酌各国法律，使修律达到中外通行的目的，沈家本等在修订法律馆开馆工作后，聘请了东西各国"精通法律之博士律师以备顾问"，又"调取留学外国卒业生从事翻译"。不仅翻译了几个主要资本主义国家的法典，如德意志刑法、裁判法；俄罗斯刑法；日本现行刑法、改正刑法、陆军刑法、海军刑法、刑事诉讼法、监狱法、裁判所构成法等，还翻译了一系列外国特别是日本的近代法学著作。同时又组织人力对中国法律历史源流进行系统的考订，两相对照展开中西法律和法学的比较研究。在这一基础上逐步开展分部门起草制定新法的工作。

光绪三十二年（1906 年）三月，沈家本、伍廷芳向清廷具奏进呈编定的《刑事民事诉讼法》，拟请先行试办。这是清末修律中修订法律馆完成的第一部近代部门法典草案。沈家本在奏章中说明："泰西诉讼之法，均系另辑专书，复析为民事、刑事二项"，"以故断狱之制秩序井然，平理之功如执符契"，而中国旧制则不然，"诉讼断狱，附见刑律"，这是外人对我"时存歧视"的重要原因。"日本旧行中律，维新而后，踵武泰西，于明治二十三年间，先后颁行民事、刑事诉讼等法，卒使各国侨民归其钤束，借以挽回法权"。因此，在华洋讼案日益繁多的形势下，中国要想通过修律收回治外法权，借鉴日本的经验，制定独立的诉讼法是势在必行的。沈家本在奏章中还就该法采用陪审员制度和律师制度特作说明，指出这是"各国通例"，是"我法所未备，尤为挽回法权最要之端。"

清廷于次月发布上谕，将该诉讼法草案交各地督抚参议，谕中称："该大臣所纂各条，究竟于现在民情风俗能否通行，着该将军、督抚、都统等体察情形，悉心研究，其中有无出格之处，即行缕析条分，据实具奏。"① 翌年，各省先后复奏，均要求暂缓施行。这是清末修律中第一部遭到保守势力反对的新法典，虽然没有遭到强烈的攻击，却因为各省督抚的抵制而被搁置起来，始终未能颁行。然而，该草案首次提出了将程序法从实体法中分离出来的立法构想，区分民事法与刑事法的立法构想，成为此后修律过程中制定新法典所遵循的原则。到 1911 年辛亥革命爆发前夕，清政府基本上完成了以各部门法典为基础，辅之以数量众多的相应单行法规的新的成文法体系。其中重要的新法典或法典草案有：《大清新刑律》、《大清民律草案》、《大清商律草案》、《大清刑事诉讼律草案》、《大清民事诉讼律草案》、《大理院审判编制法》、《法院编制法》等。

---

① 《中华民国立法史》，中国政法大学出版社 2000 年版，第 982 页。

第二节 清末法律变革的重要内容及其影响

一、现代宪政立法的开端

(一)《钦定宪法大纲》

1908 年 8 月，清廷宣布预备立宪自当年起，以 9 年为期，并公布了《钦定宪法大纲》。

《钦定宪法大纲》全文 23 条，包括正文“君上大权”14 条和附录“臣民权利义务”9 条。这种结构形式正是清廷提出的“大权统于朝廷”原则的体现。

正文部分首先规定清帝国的根本政治制度为皇帝制。其第 1 条规定：“大清皇帝统治大清帝国，万世一系，永永尊戴。”第 2 条规定：“君上神圣尊严，不可侵犯。”

从第 3 条到第 14 条规定了皇帝的各种权力，包括：

颁行法律、发交议案、发布诏令之权。“凡法律虽经议院议决，而未奉诏命批准颁布者，不得见诸施行。”“在议院闭会时，遇有紧急之事，皇帝得发代法律之诏令。”(第 3 条、第 12 条)

召集、开闭、停展及解散议院之权。解散之时，即令国民重行选举议员。“其被解散之旧议员即与齐民无异，倘有抗违，量其情节以相当之法律处治。”(第 4 条)

设官當禄、黜陟百司之权。“用人之权操之君上，而大臣辅弼之，议员不得干涉。”(第 5 条、第 11 条)

总揽司法之权。“委任审判衙门，尊钦定法律行之。”(第 10 条)

爵赏与恩赦之权。“恩出自上，非臣下所得擅专。”(第 9 条)

统率陆海军及编定军制之权。“君上调遣全国军队，制定常备兵额，得以全权执行。凡一切军事，皆非议院所得干予。”(第 6 条)

宣战、媾和、订立条约及派遣使臣与认受使臣之权。“国交之事，由君上亲裁，不付议院议决。”(第 7 条)

制定皇室经费之权。“皇室经费，应由君上制定常额，自国库提支，议院不得置议。”(第 13 条)

《钦定宪法大纲》君上大权部分，参考了日本宪法。但删掉了日本宪法限制天皇权力的大部分条款。这样的立宪，近乎于用根本法的形式给君主专制制度批上一件合法的外衣。与旧制度稍有不同的是，《钦定宪法大纲》对皇帝废改法律的权力有所限制，其第 11 条规定：“惟已定之法律，非经议院协赞，奏经钦定时，不以命令更改废止。”第 10 条在规定皇帝总揽司法权的前提下规定：司法权

“委任审判衙门遵钦定法律行之，不以诏令随时更改。”

附录部分列举了臣民享有的政治权利、人身权利、诉讼权利、财产权利和居住权利，同时列举了臣民应当履行的纳税义务、当兵义务和遵守国家法律之义务。例如，“臣民中有合于法律、命令所定资格者，得为文武官吏及议员”（附录第1条）。“臣民于法律范围以内，所有言论、著作、出版及集会结社等事，均准其自由”（附录第2条）。“臣民非按照法律规定，不加以逮捕、监禁、处罚”（附录第3条）。“臣民可以请法官审判其呈诉之案件”（附录第4条）。“臣民应专受法律所定审判衙门之审判”（附录第5条）。“臣民之财产及居住，无故不得侵扰”（附录第6条）等。依其措辞，臣民的自由与权利，都是君上恩准与恩赐的。

《钦定宪法大纲》从体例结构到条文内容，突出的特点是重君权，轻民权，与民主宪政相距甚远。但是它用根本法的形式规定君权和民权，在形式上还是宣布了君主立宪政体的合法性，这在中国历史上是第一次，从而揭开了中国宪政立法的序幕。

（二）《咨议局章程》和《资政院院章》

1906年清廷宣布预备立宪后，拟仿照三权分立原则改革国家机构，在加快行政官制改革的同时，决定设立资政院和各省咨议局作为将来成立议院的基础。1908年7月，清廷首先颁布了《咨议局章程》。1909年8月又颁布了《资政院院章》。

1.《咨议局章程》。章程全文共12章62条。第一章为总纲。第二章到第五章是关于议员额数、资格、任期及补缺、改选、辞职等的规定。第六章到第八章规定咨议局的职任权限、会议、监督等事项。第九章到第十一章规定咨议局的庶务、经费和对议员的罚则。第十二章为附则。

总纲规定：“咨议局钦遵谕旨，为各省采取舆论之地”，以指陈通省利病，筹计地方治安为宗旨。

章程规定咨议局议员由各州县选举产生，但选举资格有性别、年龄、财产、学历和职业等方面的限制。凡本省籍贯之男子，年满二十五岁以上，曾在本省办理学务及其他公益事务满三年以上，著有成绩者；或曾在本国或外国中学堂及与中学同等或中等以上之学堂毕业得有文凭者；或有举贡生员以上之出身者；或曾任实缺职官文七品、武五品以上未被考革者；或在本省有五千元以上之营业资本或不动产者，有选举咨议局议员之权。凡非本省籍贯之男子，年满二十五岁，寄居本省满十年以上，在寄居地方有一万元以上之营业资本或不动产者，亦得有选举咨议局议员之权。

关于被选举权，章程规定：凡属本省籍贯或寄居本省十年以上之男子，年满三十岁以上者，得被选举为咨议局议员。

章程对选举权和被选举权资格做了特别限制，规定凡有下列情事之一者，不得有选举权及被选举权：品行悖谬，营私武断者；曾处监禁以上之刑者；营业不正者；失财产上之信用，被人控实，尚未清结者；吸食鸦片者；身家不清白者；不识文义者。

章程规定对官吏、军人、巡警、僧道、各学堂肄业生停止选举权与被选举权。还规定停止现任小学堂教员之被选举权。

章程规定，咨议局设议长一人，总理全局事务；设副议长二人，佐理全局事务。咨议局职任权限包括议决本省应兴应革事件、预决算、税法公债、本省权利存废、选举资政院议员等。但各省督抚对咨议局议案有“裁夺施行之权”。同时督抚对咨议局还有召集、停会、奏请解散之权。

2.《资政院院章》。全文共10章65条，另有附录2条。

第一章为总纲，规定资政院“钦遵谕旨，以取决公论，予立上下议院基础为宗旨”。资政院设总裁二人，总理全院事务，由皇帝从王公大臣中特旨选任；设副总裁二人，佐理全院事务，由皇帝从三品以上大员中特旨选任。

第二章为议员，规定了资政院议员的人选、定额、选举原则和任期等事项。资政院议员分两种，一种是钦选议员，由皇帝从年满三十岁的宗室王公世爵、满汉世爵、外藩王公世爵、宗室觉罗、各部院衙门官、硕学通儒及纳税多额者中钦选，共一百人；另一种是互选议员，由各省咨议局议员通过互选产生，由各省督抚复加选定咨送资政院，也是一百人。

第三章为职掌，规定资政院的职掌是议决国家的预算、决算、税法、公债和法律，但宪法不在此限，军机大臣和各部行政大臣可以对资政院议决的事项提出反对，所有议决都必须奏请皇帝裁夺。

第四章到第六章，分别为资政院同行政衙门、各省咨议局和人民的关系。

第七章到第十章，分别为资政院会议、纪律、秘书厅官制和经费等。

清末《咨议局章程》和《资政院院章》，是中国历史上最早公布的有关国家议事机构的组成、职权、选举产生的法律文件。由于尚未制定正式宪法，所以文件规定咨议局和资政院都不是正式议会，而只是议会的预备，体现了清廷预备立宪的策略和步骤，即先由皇帝颁布钦定宪法，再依钦定宪法召集议会，而不是先召开议会，由议会制定宪法。

《咨议局章程》颁布不久，光绪和那拉氏先后死去。醇亲王载沣之子溥仪即位，改元宣统。因溥仪年幼，由载沣摄政，继续推行预备立宪的政策方针。发布《重申仍以宣统八年为实行宪政谕》，坚持以9年为期实行宪政。并命令各省在1909年内一律成立咨议局。到1909年9月，除新疆以外各省都成立了咨议局。1910年9月，清廷又正式成立了资政院。由溥伦、孙家鼐任总裁，沈家本任副总裁。

（三）《宪法重大信条十九条》

1911年10月10日，同盟会影响下的革命党人发动武昌起义，成立湖北军政府，吹响了辛亥革命的号角。到10月底以前，短短十几天时间里，先后又有5省宣布独立。已无法控制局势的清廷预感到灭顶之灾即将降临。慌乱之中，一面急忙下诏罪己，一面又调兵镇压起义。此时，驻兵滦州的清新军将领张绍曾和蓝天蔚等人联合致电清廷，提出十二条政纲，要求在年内召开国会，制定宪法，由国会公选内阁总理等，否则，将兵进北京。雪上加霜的清廷不得不再次下“罪己诏”，并命令资政院从速起草宪法。11 月 3 日，清廷正式公布资政院在三天时间里匆忙草成的《宪法重大信条十九条》（以下简称《十九信条》），并宣布立即施行。

《十九信条》是清廷在走投无路的情况下被迫颁行的，它与《钦定宪法大纲》有很大不同。《十九信条》虽然仍企图以君主立宪政体的形式继续保持清朝的帝位和皇统，规定了“大清皇统万世不易”、“皇帝神圣不可侵犯”等，但基本上模仿了英国宪法的虚君议会制。与《钦定宪法大纲》相比，皇帝的权力大为削弱，国会的权力则大为加强。它规定：“皇帝之权以宪法所规定者为限”，而宪法则由资政院议决，国会修正；总理大臣由国会公举，皇帝任命；官制官规以法律定之；国家预算、决算、皇室经费以及对外宣战、媾和、签订国际条约均须国会议决；军队虽直接由皇帝统率，但对内使用时应依国会议决之特别条件，此外不得调遣。还就国会与政府的关系规定：总理大臣受国会之弹劾时，非国会解散，即内阁辞职。但一次内阁不得为两次国会之解散。就这些规定而言，《十九信条》所勾画的已经是比较典型的资产阶级议会政治。但是，《十九信条》对人民的权利只字未列，完全暴露了清末仿行宪政从一开始就具有反民主的实质。

清朝统治者从宣布预备立宪到最后颁布《十九信条》，迈出的每一步归根到底都是人民群众革命斗争的结果。它在革命形势的逼迫下先后颁行的一系列宪法性文件，虽然揭开了中国宪政立法的序幕，但远远落后于历史前进的步伐。

《十九信条》颁行以后，经资政院推举，清廷任命袁世凯为总理大臣，组织内阁，企图以此来挽救清朝灭亡的命运。但是随着武昌起义的枪声，民主共和已经成为中国历史发展不可逆转的潮流。1912 年 2 月，清帝逊位。清末仿行宪政最后设计出的议会制君主立宪方案终告失败。

二、现代行政立法的尝试

（一）官制改革

中国古代，行政法尤其是行政组织法就颇受重视，且相当完备发达。清末法律变革受这一传统的影响，把官制改革、建立现代国家行政组织体系作为一项重要内容。清末官制改革始于 1901 年，到 1906 年预备立宪开始后，加速步伐。

1. 厘定官制。1901 年，清廷首先将 1861 年设立的总理各国事务衙门改为外务部。1903 年设立掌管工商事务的商部。1905 年又设立学部和巡警部。这些改革都作为其推行新政的组成部分。

1906 年在正式宣布预备立宪的同时，清廷把厘定官制作为预备立宪的首要措施。令载泽、世续、徐世昌、袁世凯等人组织编制馆，拟定官制草案，并派奕勘等总司核定。编制馆提出厘定官制的宗旨大略是仿君主立宪国通例，遵行立法、行政、司法三权分立原则，唯议院现在遽难成立，先厘定行政、司法两方面的官制。清廷批准这一宗旨大略，但在审定拟就的官制草案时，提出了五不议的原则，即军机处事不议，内务府事不议，八旗事不议，翰林院事不议，太监事不议。这样一来，所谓厘定官制，基本上只是按近代国家行政职责划分方式来调整合并封建六部等机构、改变某些机构的名称和官职的名称而已，较具实质性的变化仅是把大理寺改为大理院，作为最高审判机关，以示司法与行政的分立。

1906 年 11 月，清政府公布厘定后的中央官制，原军机处与内阁仍为皇帝的办事机构不变，下设十一个部，即外务部、吏部、民政部、度支部、礼部、学部、陆军部、法部、农工商部、邮传部、理藩部。与改革以前相比，原来的吏户礼兵刑工六部只剩下吏部和礼部，其他四部，有的职责和名称都发生改变，如刑部改名法部，不再负审判之责，改为司法行政机关；有的被拆散，原有职责分归新的机构，如户部不再存在，其管理户籍的部分与巡警部合并，改为民政部，其管理财政的部分则扩大为度支部。整个中央行政机关的职责划分与面目发生了很大的变化。

编制馆还曾拟议设七院一府，即资政院、典礼院、大理院、都察院、集贤院、审计院、行政裁判院和军咨府。但清廷最后只允准设大理院（原大理寺）、都察院、资政院和审计院。其中都察院和审计院，也属于中央行政机关。

官制改革中，清政府中央各部官职名称也作出相应改变，称大臣、副大臣、左右丞、参议、参事等，废除了旧的尚书、侍郎、郎中、员外郎等名称。

在新建和调整行政机关过程中，清政府制定和颁行了数量众多的行政组织法规来规范新体制，使之制度化，法律化。例如，《民政部官制章程》（1906 年）、《度支部职掌员缺章程》（1907 年）、《学部官制》（1906 年）、《陆军部官制》（1907 年）、《法部官制》（1907 年）、《农工商部职掌员缺章程》（1906 年）、《邮传部职掌员缺章程》（1907 年）、《都察院整顿变通章程》（1907 年）、《各省官制通则》（1907 年）、《各省巡警道官制并分课办事细则》（1907 年）等。比较系统地规定了改建后新行政机关的建制、职掌、办事规则以及官员选拔、任用、考核和奖惩的办法。

2. 颁行《内阁官制》。清政府在预备立宪过程中，始终坚持先颁布钦定宪法，后召开国会的原则，以便在确保专制皇权的前提下实行钦定的“宪政”。因此它所采取的一系列措施，包括厘定官制、成立咨议局和资政院等，都丝毫没有改变封建专制统治方式。与此同时，革命的形势却有了急速的发展。清政府为筹集庚子赔款大大加重了对人民尤其是农民的剥削。农民抗捐抗税的斗争从此始终伴随着晚清的统治，经常处于白热化的状态，并频频演变成暴力斗争。乘着农民斗争的形势，1910 年 2 月和 1911 年 4 月，孙中山在广州又发动了两次武装起义。从根本上推翻清朝封建统治的呼声越来越高，这种形势加速了统治阶级和当权派内部的分化。1910 年，立宪派连续三次发动请愿，要求提前召开国会，组织责任内阁。全国大部分省的督抚公开表示支持立宪派的请愿运动，电请清廷设立国会和组织责任内阁。陷于孤立的清廷只好同意把原定宣统八年的预备立宪期限提前到宣统五年，而且同意在国会召开前先成立新内阁，取代军机处和旧内阁，于是在1911年5月颁布了《内阁官制》及《内阁办事暂行章程》。

《内阁官制》是根据《钦定宪法大纲》规定的原则制定的，参考了德国和日本的做法。全文共19条，其基本内容如下：

第一，规定内阁的组织。内阁由国务大臣组成，国务大臣包括总理大臣和下列各部大臣：外务大臣、民政大臣、度支大臣、学务大臣、陆军大臣、海军大臣、司法大臣、农工商大臣、邮传大臣、理藩大臣。

第二，规定国务大臣的职责。国务大臣的职责是“辅弼皇帝，担负责任”。

第三，规定总理大臣的权限。内阁总理大臣秉承皇帝的旨意“定政治之方针，保持行政之统一”；可以暂停各部大臣的命令或处分；可以就所管事务对各省长官及各藩属长官发布训示；可以就所管事务监督指挥地方长官及各藩属长官，暂停其命令或处分。

第四，规定内阁的权限。应经内阁会议讨论事件包括：法律案、敕令案、官制、预算案、决算案、预算外之支出、条约及重要交涉、奏任以上各官之进退、各部权限之争议、特旨发交及议院移送之人民陈请事件、各部重要行政事件，按照法令应经阁议事件、内阁总理大臣或各部大臣认为应经阁议事件等。

第五，规定皇帝对内阁的控制权。内阁总理大臣制定政治方针，必须“秉承宸谟”；内阁总理大臣暂停各部大臣、各省长官及各藩属长官的命令或处分，必须奏请皇帝裁夺；有关军机、军令事项，由陆军大臣和海军大臣自行奏报皇帝，承旨办理后再报告于内阁总理大臣；变通内阁官制必须奏请皇帝特旨裁夺。

清廷在颁布内阁官制同日，即任命庆亲王奕劻为总理大臣，大学士那桐、徐世昌为协理大臣，组织新内阁并裁撤军机处与旧内阁。内阁统辖十个部，即外务部、民政部、度支部、学部、陆军部、海军部、法部、农工商部、邮传部、理藩部。

新内阁总理大臣1名、协理大臣2名、各部大臣10名，共13名国务大臣组成，满族贵族占9名，且其中6名为皇族，这就是清末有名的“皇族内阁”。“皇族内阁”实际上是清末预备立宪从开始就确立的宗旨的必然产物。

“皇族内阁”成立以后，在全国各界引起了强烈的反响，对它尤为不满的是寄希望于君主立宪的康梁党徒，他们再度发动请愿，提出“以皇族组织内阁，不合君主立宪公例”，要求重行改组内阁，但遭到清廷的坚决拒绝。这说明，任何宪政若不和民主相联系，都是没有意义和前途的。

（二）管理法规

在预备立宪过程中，还制定了近代形式的单行行政管理法规。例如，《结社集会律》、《违警律》、《户口管理规则》、《各学堂管理规则》等。

《钦定宪法大纲》规定臣民必须“于法律范围以内”行使各项权利。清政府制定的大部分行政管理法规都是从这一点出发的，即防止一旦实行宪政，人民的权利“漫无限制”。

例如，《结社集会律》规定，男子未满二十岁者、妇女、各学堂教习、学生、不识文义者、僧及其他宗教师、曾处监禁以上之刑者、常备军人及征调期间之续备军人、巡警、官吏等，都不得参加政事结社及政事集会。还规定，凡政事结社，应由首事人事先将其宗旨、名称、会章、办事处、发起人和佐理人的姓名、履历、地址以及入社人数等，呈报巡警官署或地方官署，在京的须转呈民政部核准，在地方的须转呈督抚核准后报民政部存案；凡政事集会，须先定倡始人，由倡始人于开会前一日，将上列内容呈报会场所在地巡警官署或地方官署。还规定，政事结社人数以一百人为限，政事集会人数以二百人为限。

再如，《学堂管理通则》对学生规定了“十不准”，包括：不准干预国家政治及本学堂事务，妄上条陈；不准离经叛道，妄发狂言怪论，以及著书妄谈，刊布报章；不得私充报馆主笔及访事人；不准私自购阅俾官小说、谬报、逆书，凡非学科内参考书，不准携带入堂；不准聚众要求、停课罢学；不准联盟纠众立会、演说及潜附他人堂会；不准干预地方词讼及抗粮阻捐等事；不准逾闲荡检，故犯有伤礼教之事；不准任意阻挠、抗不遵行本学堂增添规则、新施禁令；不准传布谣言、捏造黑白及播弄是非，等等。

这种以限制权利为宗旨的现代行政管理立法，对以后民国时期的行政管理立法影响甚大。它们是钦定宪法的产物，但是它们的影响并没有因钦定宪法的失败而完全消除。

三、刑事立法的发展和礼法之争

（一）《新刑律草案》与《大清现行刑律》

清末对刑法的改革始于删除旧律即《大清律例》中重法数端，包括凌迟、枭首、戮尸、缘坐、刺字等野蛮的刑罚和制度。不久沈家本等就参考各国法律，按照诸法分立的方式起草新法典。

1907年10月，在沈家本的主持下，聘请日本法学家冈田朝太郎为顾问，修定法律馆草成《新刑律草案》，分总则、分则，先后奏呈于清廷，审核颁行，这是清末刑法最重要的改革。《新刑律草案》与《大清刑事民事诉讼法》一样是一部完全新式的法典，但是由此引起了一场激烈的争论。

当清廷将《新刑律草案》咨交各部院及督抚签注意见时，甚感不满的保守势力，以军机大臣张之洞为首对其发起了猛烈的攻击，指责它败坏礼教，有悖于伦理，要求对法典草案中“有伤伦理之处”全行改正。对此，清廷表示：“中国素重纲常，故于干犯名义之条，立法特为严重”，责令沈家本等“条本此意”，对草案进行修改。这样《新刑律草案》也像《大清刑事民事诉讼法》一样，被搁置下来。

1908年3月，沈家本鉴于新律颁布尚须时日，奏请清廷继续删定《大清律例》，认为这已是“万难再缓”之事，并提出将删定后的律例定名为《现行律例》，待将来新律颁布之日，再行作废。这样，经对《大清律例》修改、修并、续纂，于1910年5月15日完成并颁行了《大清现行律例》。

《大清现行律例》与《大清律例》相比较，向着现代刑律前进了一步。一是在体制上它取消了吏、户、礼、兵、刑、工六律的律目，分为30门，共389条，附例1327条；二是将旧律中继承、分户、婚姻、田宅、钱债等纯民事条款抽出编排，不再科刑，这部分条文称“现行律民事有效部分”或“现行律民法独立部分”；三是删除良贱同等异罚条款和满人减等换刑的规定；四是增设了新罪名，如妨害选举罪，破坏铁路、电讯罪等；五是改革了刑罚制度，取消笞刑、杖刑，将刑制改为由罚金、徒、流、遣、死五个刑种组成的新五刑制。

但《大清现行律例》仍然保留着旧律中不少制度，如十恶之条仍置律首，规定谋反大逆者，不分首从皆斩，知情故纵隐藏者皆绞；再如卑幼犯尊长、妻妾犯夫、雇工人犯主等从处重罚，反之则从轻处罚。此外在体例上，它仍把程序法与实体法规定在一起。它比旧律有很大的进步，同时也能被保守势力所接受。

（二）《大清新刑律》及其立法成就

《大清现行律例》颁行8个月后，1911年1月25日，《新刑律草案》屡经非难、波折，终被钦准颁行，定名为《大清新刑律》，成为中国历史上第一部正式颁行的现代刑法典。

在体例上，《大清新刑律》模仿了日本明治维新以后第二部刑法典，即日本新刑法。它分为总则、分则两编。总则17章，分则36章，共411条。第一编总则各章分别是法例、不为罪、未遂罪、累犯罪、俱发罪、共犯罪、刑名、宥减、自首、酌减、加减刑、缓刑、假释、恩赦、时效、时例、文例；第二编分则每一章为一类犯罪，以罪名作为章名。整部法典层次简单、结构完整、内容清晰明了，便于掌握和运用。在当时资本主义各国刑法典中，这是最新的体例。

在刑法原则上，《大清新刑律》采用法律面前人人平等、罪刑法定、罪及自身、不溯及既往等资产阶级刑法最重要的原则。它在正文中取消了旧律因服制、官秩和良贱带来的量刑的区别，实行同罪同罚；总则第一章第一条规定：“本律于凡犯罪在本律颁行以后者，适用之。其颁行以前未经确定判者，亦同；但颁行以前之法律不以为罪者，不在此限”；总则第二章第十条规定：“法律无正条者，不问何种行为，不为罪”等。还引进了缓刑、假释等现代资产阶级刑罚制度。

在刑罚制度上，《大清新刑律》确立了以自由刑为主体的近代刑罚制度，体现了资产阶级刑罚人道主义原则。律中规定刑罚分主刑和从刑。主刑有罚金、拘役、有期徒刑、无期徒刑、死刑；从刑为褫夺公权、没收。有期徒刑采用分等制，共分五等；死刑采用唯一原则和绞杀的行刑方法。

在罪名上，《大清新刑律》分则36章规定的各种罪基本上采用了近代各国通用的犯罪分类和罪名表述法。值得提出的是分则第二十一章，专章规定了鸦片烟罪，对制造、贩卖、意图贩卖而收藏、自外国贩运鸦片烟等行为处以徒刑并罚金；对吸食鸦片烟者处以有期徒刑、拘役或罚金，表达了打击这一危害近代中国甚巨的毒品犯罪的正义立场。

（三）“礼法之争”与“暂行章程”

《大清新刑律》制定过程中发生的争论史称“礼法之争”。争论的一方称“礼教派”，以张之洞和宪政编查馆参议劳乃宣为代表。另一方称“法理派”，以沈家本为代表。1907 年，《新刑律草案》因遭张之洞非难被搁置后，由法部在草案正文后附加了“附则”五条，补充正文，以示维护伦纪纲常。分别是：

1. 犯加害于皇帝、颠覆政府、通谋外国、意图利敌国或害帝国、杀尊亲属、伤害尊亲属等罪处死刑者，仍用斩。

2. 犯损坏遗弃盗取尸体、损坏遗弃盗取尊亲属尸体、发掘尊亲属坟墓等罪，应处二等以上徒刑者，得因其情节仍处死刑。

3. 犯强盗、因窃盗而当场施强暴等罪者，得因其情节仍处死刑。

4. 奸无夫妇女者，处五等有期徒刑、拘役或一百元以下罚金，妇女相同者，亦同。

5. 对尊亲属有犯，不得适用正当防卫之例。

1909 年《新刑律草案》改名为《修正刑律草案》连同“附则”再次由沈家本奏请颁行。这次则遭到劳乃宣的激烈反对。劳乃宣认为，维护伦纪的条款作为附则附于律后，是本末倒置。要求将旧律有关伦纪各条，逐一修入新律正文。他认为：“礼教可废，则新刑律可行；礼教不可废，则新刑律必不可行”。并且将其意见写成说帖，四处传播。在他的鼓动下，清政府中央机关和各省的守旧官员纷纷对《新刑律草案》进行攻击。为了反驳礼教派的攻击，沈家本写了《书劳提学新刑律说帖》，得到宪政编查馆、修定法律馆中多人以及日本法学家冈田朝太郎、松冈义正等的支持。双方相持不下。《大清新刑律》最终在僵持的局面下颁行。其分则部分在资政院投票中未获通过，但并未按照礼教派的要求修改而与总则一起颁行。清廷表示；“俟资政院明年开会，仍可提议修正。”事实上这部法典并不合清廷当权者之意。

围绕着新刑律的争论，是戊戌变法时期“中体西用”与维新思想争论的延续。争论的实质是新法究竟以伦纪纲常为原则还是以西方资产阶级平等自由观念为原则。法理派在这场斗争中虽然一再让步，但新刑律在总体上贯彻了法理派的意志。

四、现代民商立法的探索

（一）制定《大清民律草案》

清末修律之初并未重视制定独立民法典。但沈家本考虑到各国诉讼之法均分为民事、刑事二项，“凡关于钱债、房屋、地亩、契约及索取赔偿者，隶诸民事裁判”，为了与各国改同一律，便于交涉，收回治外法权，他起草完成了《大清刑事民事诉讼法》，在诉讼法领域率先确立民刑分立体制。这意味着实体法的改革也必然循着民刑分立的方向去发展。但当时沈家本等仍然认为“各法之中，尤以刑法为切要”，因而首先着手起草刑法典，未考虑制定民法事宜。

1907 年，清政府民政部向清廷奏请制定民法，认为：“东西各国法律，有公法、私法之分。公法者，定国与人民之关系，即刑法之类是也；私法者，定人民与人民之关系，即民法之类是也。”这说明变法进行到这一步，制定现代独立民法典的问题，已经不能不提上日程。同年，清廷命沈家本、俞廉三等人组织修订法律馆制定民法。到 1911 年 9 月，修订法律馆委托日本法学家松冈义正起草的民法典总则、债权、物权三编完稿，由礼学馆起草的亲属、继承两编也随后完成。修订法律馆将两者合在一起，定名《大清民律草案》，并将前三编缮成黄册，奏请清廷饬下内阁核定。后两编原准备会同礼学馆商定后，再行奏进。就在此时辛亥革命爆发。

《大清民律草案》虽然没有正式颁行，但作为中国历史上第一部独立的现代民法草案，为民国时期民法的制定奠定了基础。它的编制过程本着四条原则：“注重世界最普遍之法则”、“原本后出最精确之法理”、“求最适于中国民情之法则”、“期于改进上最有利益之法则”。这为中国以后如何制定民法，提供了有益的经验。

《大清民律草案》共五编，1569 条。

第一编总则，分为法例、人、法人、物、法律行为、期间及期日、时效、权利之行使及担保等八章。分别对自然人的权利能力、行为能力、责任能力、住所、人格保护、法人的意义和成立要件、法人的民事权利、社团法人、财团法人以及意思表示、契约行为、代理行为、取得时效、消灭时效等民法的基本范畴和术语作了规定。

第二编债权，分为通则、契约、广告、发行指示券、发行无记名证券、管理事务、不当得利、侵权行为等八章。规定了债权的标的、效力、让与、承认、消灭以及各种形式的债的意义和当事人的权利义务等。

第三编物权，分为通则、所有权、地上权、永佃权、地役权、担保物权、占有等七章。主要规定了各种形式财产权的法律保护及财产使用内容等。

第四编亲属，分为通则、家制、婚姻、亲子、监护、亲属、扶养之义务等七章。对亲属关系的种类和范围，家庭制度、婚姻制度、未成年人和成年人的监护、亲属间的扶养等作了规定。

第五编继承，分为通则、继承人、遗嘱、收留财产、无人承认之继承、债权人或受遗人之权利等六章。规定了自然继承的范围与顺位、遗嘱继承的办法与效力、未确定继承人的遗产的处置办法及对债权人和受遗人利益的法律保护。

草案的前三编仿照德国、日本、瑞士等大陆法系民法典，采纳最普遍的法则和最新的民法原理。例如，贯彻了私有财产所有权不可侵犯、契约自由、过失致人损害应予赔偿等资产阶级民法的基本原则。后两编在采纳资产阶级民法关于家庭婚姻继承的基础原理的同时，注重与中国的传统和礼教民俗相结合。例如，规定了家长制："家政统摄于家长"，"家长以一家中之最尊长者为之"，妇女只有在"家中无男丁或有男丁而未成年"时，才得为家长等。又如，在婚姻制度方面对传统的包办原则给予一定宽容，规定男子不满三十岁，女子不满二十五岁，无论结婚、离婚都须经父母同意，否则无效。再如，继承编中规定了继承权不可抛弃，即便不利于受继人也不得抛弃等。《大清民律草案》在注重中西结合，用立法手段推行渐近式改革方面所做的这些初步探索，值得后人研究。

（二）制定商律

清末新政中，商事立法处在一种比较特殊的地位。由于通商事务的迅速发展，中国资本主义工商业的兴起以及清政府的政策由抑商向"通商惠工"的急剧转变，商事立法在清末新政中处于先行的地位。加上民法的起草制定相对滞后，在立法上演成民商分立的格局。

早在1901年3月，出使俄奥国大臣杨儒就在奏折中向清廷提出了制定商律的建议。同年6月，两江总督刘坤一、湖广总督张之洞联名奏请变法，也特别指名要求派专官定"矿律、路律、商律和交涉刑律"。1902年清廷在决定全面修律前夕，即发布谕旨提出："近来地利日兴，商务日广，如矿律、路律、商律等类，皆应妥拟专条"。商事立法遂被正式提上日程。1903年清政府设立商部，制定商法的工作即由其负责。

1904年1月，清廷颁行商部起草的《钦定大清商律》。《钦定大清商律》由《商人通例》和《公司律》两部分组成。前者共9条，是关于商人身份、商事活动原则的规定，具有商法总则的性质。它规定，凡经营商务、贸易、买卖、货运者，均为商人，第一次对商人的意义作了法律上的界定。后者共131条，包括公司分类及创办呈报法、股份、股东权利、董事、查帐人、董事会议、众股东会议、账目、更改公司章程、停闭、罚例等11节，是关于公司的设立、组织、活动、解散以及股东权利义务的规定。作为商法典，其内容不够完整，但仍不失为中国第一部独立的商法。继《钦定大清商律》以后，清政府相继颁布了一系列单行商事法规：1904年的《公司注册试办章程》、《商标注册试办章程》；1906年的《破产律》、《奖励商勋章程》；1907的《华商办理实业爵赏章程》；1908年的《银行通则条例》等。这些立法带有应急的特点，但毕竟使当时的商事立法初具规模，为商品经济的发展创造了较好的条件，也为完整的商法典的制定奠定了基础。

1908年，修订法律馆聘请日本法学家志田钾太郎起草《大清商律草案》，1909年起陆续完稿。全文五编分别为：总则、商行为、公司律、票据法、海船律；共1008条。这是一部内容完整的商法典，但过多地移植了日本商法，脱离当时中国的实际。由于追求内容的完整以致起草过程较长，至辛亥革命爆发，尚未全部定稿。整部商律草案未及颁行。

鉴于《大清商律草案》久拖未行，清政府农工商部在组织民间商会进行商场实际调查的基础上，编制《改订商律草案》，分总则和公司两编，其内容较《钦定大清商律》有较大改进，但也未及颁行，清政府便已告覆亡。

五、现代诉讼立法的努力

（一）制定诉讼法

清末修律开始后，沈家本等人认为日本在明治维新以后所以能收回治外法权，与其诉讼制度的改革完善关系甚大。1906年4月，修订法律馆在沈家本主持下完成的第一部新法草案就是诉讼法，即《大清刑事民事诉讼法》。

《大清刑事民事诉讼法》共五章260条。第一章总纲，规定刑事诉讼与民事诉讼的区别、诉讼时限、诉讼公堂、各类惩罚等。第二章刑事规则，规定逮捕、拘役、搜查、传唤、关提、拘留、取保、审讯、裁判、执行、开释等刑事诉讼程序和规则。第三章民事规则，规定传唤、诉讼标的与诉讼、审讯、拘提被告、判案后查报产物、监禁被告、查封在逃被告产物、减成偿债及破产物、和解等民事诉讼程序和规则。第四章刑事民事通用规则，规定律师、陪审、证人、上诉等。第五章中外交涉案件，规定中外交涉案件依当时条约审讯。由于引进了大量资本主义国家的诉讼原则和制度，如公开审判制度、陪审制度、律师制度等，在清廷咨交各部院和地方督抚参议时遭到反对被废置不用。《大清刑事民事诉讼法》采用刑事诉讼和民事诉讼合一的体例，反映出起草者在尝试分部门的新立法形式时，还没有完全摆脱中国旧制诸法合体固有模式的影响。但是《大清刑事民事诉讼法》的起草，完成了程序法与实体法的分离，它是中国历史上第一部独立的程序法草案。

1908年清廷将《刑事民事诉讼法》列入预备立宪逐年筹备清单，限期实施。同年，清政府法部奏请会同修订法律馆对该法草案进行修改。1911年1月，修订法律馆相继完成重新起草的《大清刑事诉讼律草案》和《大清民事诉讼律草案》。

这次草案不仅在形式上分别制定刑事诉讼法与民事诉讼法，在内容上也更加详备，更加明晰地体现出两者的不同性质。

其中《大清刑事诉讼律草案》，共六编515条。第一编总则，设审判衙门、当事人、诉讼行为三章；第二编第一审，设公诉、公判二章；第三编上诉，设通则、控告、上告、抗告四章；第四编再理，设再诉、再审、非常上告三章；第五编特别诉讼程序，设大理院特别权限之诉讼程序、感化教育及监禁处分程序二章；第六编裁判之执行。

《大清民事诉讼律草案》，共四编800条。第一编审判衙门，设事务管辖、土地管辖、指定管辖、合意管辖、审判衙门职员之回避拒却及引避五章；第二编当事人，设能力、多数当事人、诉讼代理人、诉讼辅佐人、诉讼费用、诉讼担保、诉讼救助七章；第三编通常诉讼程序，设总则、地方审判厅之第一审诉讼程序、初级审判厅之诉讼程序、上诉程序、再审程序五章；第四编特别诉讼程序，设督促程序、证书程序、保全诉讼、公示催告程序、人事诉讼五章。

由于清朝的灭亡，这两部诉讼法都未及颁行，但在民国北京政府时期，一再被作为制定刑事、民事诉讼法的蓝本，甚至略修改即冠以新名，付诸施行。对中国近代诉讼法的形成和发展，提供了基本的模式和框架，发挥了重要的历史作用。

（二）制定法院编制法

清廷宣布预备立宪后，形式上决定采用三权分立的方式来组织政权机构。需要建立独立于行政机关以外的司法审判机关。1906 年，清廷改刑部为法部，作为司法行政机关，不再负审判之责；又将大理寺改名大理院，作为全国最高审判机关，并负解释法律监督各级审判之责。在地方，清政府把省按察司改为提法司，作为司法行政机关，从 1907 年 3 月开始，在京师和各省设立高等审判厅、在府设立地方审判厅、在州县设立初级审判厅。

1906 年清廷颁行大理院拟定的《大理院审判编制法》，分总纲、大理院、京师高等审判厅、城内外地方审判厅、城谳局等五节，共 45 条。它适用于中央大理院和京师地区的地方审判机关。

同年，由于诉讼法颁行受阻，而“各级审判厅开办在即”，法部奏请以直隶总督袁世凯奏定的《天津府属审判厅试办章程》为基础，参照修订法律大臣沈家本所拟定之《法院编制法》草案，起草《各级审判厅试办章程》，翌年颁行。

《各级审判厅试办章程》共五章 120 条。第一章总纲；第二章审判通则，设审级、管辖、回避、厅票、预审、公判、判决之执行、协助等八节；第三章诉讼，设起诉、上诉、证人、鉴定人、管收、保释、讼费等六节；第四章各级检察厅通则；第五章附则。这是合法院组织法与诉讼程序法于一体的单行法规，适用于正式法院组织法颁行前的过渡时期。

在大理院和法部提出上述立法的同时，修订法律馆在沈家本主持下拟定的《法院编制法》经宪政编查馆核定完毕，于 1910 年 2 月奏准颁行。

《法院编制法》共十六章 164 条。第一章审判衙门通则；第二章初级审判厅；第三章地方审判厅；第四章高等审判厅；第五章大理院；第六章司法年度及分配事务；第七章法庭之开闭及秩序；第八章审判衙门之用语；第九章判断之评议与决议；第十章庭丁；第十一章检察厅；第十二章推事及检察官之任用；第十三章书记官及翻译官；第十四章承发吏；第十五章法律上之辅助；第十六章司法行政之职务及监督权。

《法院编制法》是适用于全国审判机关的统一的法典，在形式上规定根据资产阶级国家司法独立原则和现代诉讼制度、诉讼程序来建立新的审判组织体系。它是清末修律中唯一正式颁行而又比较完整正规的有关司法审判的法典。

从法律和法律草案的规定来看，清末法律变革确立了一系列新的诉讼和司法审判的原则、制度。首先是独立审判原则，《大理院审判编制法》规定："自大理院以下，及本院直辖各审判厅、局，关于司法裁判，全不受行政衙门干涉，以重国家司法独立大权，而保人民身体财产。"

在诉讼制度与审判制度上，实行区分刑事诉讼与民事诉讼的原则、公开审判原则、回避制度、辩护制度、合议制度等。

在司法审级上实行四级三审制。初级审判厅为第一审的案件，不服，可以上诉到地方审判厅直至高等审判厅，至高等审判厅为终审；地方审判厅为第一审的案件，不服可以上诉到高等审判厅直至大理院。

这些是基本上脱离了封建诉讼和审判制度的模式。当然，许多规定还只是停留在立法上，未及实行或者没有真正实行。

六、近代警察制度的萌芽

(一) 近代警察机关的建立

世界近代警察制度是伴随着近代资本主义国家一起产生和发展起来的。鸦片战争以后，在中国强行攫取了租借地的列强各国，在租界中设立各种市政管理机关，其中包括设立"巡捕房"等机构，把近代警察制度带进了在中国的租界。但是直到清末改行新政以前，清政府并没有专门的警察组织和制度。近代国家由警察部门管理的各项事务，分属其他性质的政府机关管理。例如，社会治安秩序由军事机关管理，京师归步军统领衙门和五城兵马司指挥管理，地方则由绿营兵管理。直到20世纪初，清政府才首先在京师设立近代警察机构，并逐步建立起全国的警察制度。

1901年，清政府以八国联军占领北京期间所设"安民公所"为模式，建立"善后协巡营"，作为暂时协助军队负责保安巡察的组织。不久又将其改建为常设的政府机构，名"工巡总局"，从而建立了中国最早的近代警察机构。与此同时，又命庆亲王奕劻主持，聘请日本驻顺天府警务衙门事务长官川岛浪速协助开办了北京警务学堂，以训练培养巡警。

从1902年起，清政府开始在全国范围筹建地方警察机构。这一年直隶总督袁世凯奏请在天津设立巡警局，经清廷批准后，在天津市内和天津附近四乡分别设立巡警总局。并在保定也设立巡警局。不久，清廷发布谕旨，令各省仿照直隶筹办巡警，作为所推行新政的一项内容。各地根据清廷旨意相继于省城及市政要地设置警察机构。设于省城的称省巡警总局或省警察总局，除主管全省的警政以外，同时负责省会的地方警务。设于各州、县的或称巡警局，或称警察局。随着全国的警察组织初具规模，清廷于1905年设立巡警部，作为统管全国警政的中央政府机关。这是旧六部体制以外的全新中央政府机关，也是清末全面厘定官制以前建立的少数几个中央行政机关之一。

(二) 近代警察制度的形成

世界各国近代警察在体制、职责权限、法律规范等许多方面都存在很大差异，清末创设警察制度时受到其中多方面的影响，在确定警察的职责范围时，历经变迁，才逐步定型下来。

最早在京师设立善后协巡营的目的，是填补步军统领衙门等遭破坏的政府机关的空白，进行保安巡察，维护大变乱之后的社会秩序。但是，一方面因为临时急需，另一方面受八国联军安民公所和租界巡捕制度的影响，善后协巡营还要审理判决一部分民刑案件，并负责公共土木工程营缮。在改称工巡总局，被确立为常设国家机构以后，司法审判职责，以及市政营缮的职责也成为其常行的职责。不仅使警察机构的职责范围颇为宽泛，并且与司法审判机关相混合。

但是稍后建立的各地地方警察机构由于仿行日本警视厅模式，其职责范围主要包括保安巡察、户口清查和侦缉三个方面，相对集中和专门化，并且使警察参与司法活动的行为限制在侦察范围内，明确了警察机构与司法机关的界限。

确定职责范围，实质是确定警察职能和性质的问题。清政府中央巡警部设立后，全国警察组织的职责范围得到了明确。巡警部设警政、警法、警保、警学、警务五司，肯定了各地方警察机构创设过程中所确定的警察职责范围。京师的工巡总局随之改组为内城巡警总厅和外城巡警总厅，不再兼理司法审判和市政营缮职责。预备立宪宣布以后，清政府加快了官制改革的步伐。警察制度也有进一步的发展，主要表现在以下几个方面：

一是1906年将巡警部改为民政部，除承担原巡警部的职责以外，将户部掌管的户籍、疆里、保甲等事务划归民政部；将工部掌管的公共工程营缮，如城垣、道路、桥梁的营缮划归民政部，取消户部和工部。这样政府中央警察机关的职责虽然因增加了公共营缮事务而显芜杂，但却进一步明确了警察机关属于政府行政机关的性质。而且从此以后有关户籍管理的全部事务，都划入警察职责范围以内，成为一个固定的模式，产生了长远的影响。与此同时出入疆里的事务也划入警察职责范围以内。

二是裁撤各省巡警总局，在省级改设巡警道，由督抚直接管辖，兼受民政部的领导和监督。进一步明确省级警察机关作为省一级政府职能部门的性质和接受双重管理的体制。这也成为一种模式，影响到以后中国的警察管理体制。

三是新规定了警察机关与司法机关的关系。1907年开始设立各级审判厅，并先后颁行了《各级审判厅试办章程》和《法院编制法》。其中规定：各检察厅检察官得调度司法警察；刑事厅票由检察官或预审推事指挥司法检察官执行之；检察官遇有现行犯，事关紧急时，得指挥巡警、兵弁搜索逮捕等。这些规定增加了警察在司法事务上的职责。依照检察厅调度司法警察章程，警察机关自行区长以下各级巡官、巡长、巡警均须履行司法警察职责，服从检察官和预审推事调度，执行逮捕人犯、搜索证据、解送人犯、取保传人、检验尸体等职务，或由检察官临时调度，或派部分人员常驻检察厅以供差遣。

七、清末修律的历史意义与影响

清末修律在中国法律发展史上具有重要意义。这次修律基本上完成了中国法制由古代向近代的转型。

在形式上，除制定《钦定宪法大纲》、《十九信条》等宪法性文件以外，修律仿照资本主义大陆法系的模式，制定和起草了刑法典、民法典草案、刑事诉讼法典草案、民事诉讼法典草案和法院编制法等新的实体法和程序法，用分部门的法律体系取代诸法合体的法律体系，实质上否定了与专制集权的政治统治形式相适应的法律体系结构形式，实现了私法与公法的分离，弱化了政治权力对社会民事活动的干预。

在内容上，近代资本主义法的基本原则和制度在新法中占据着主导地位，如法律面前人人平等原则、罪刑法定原则、保护私有财产原则、契约自由原则、私法自治原则、司法独立原则、公开审判原则以及陪审制度、辩护制度、律师制度等。

修律发生在戊戌变法和震惊中外的义和团运动之后，是清政府面对来自国内外的各种压力，特别是国内资产阶级革命活动的强大压力而推行的改革，是当时特定的形势和阶级力量对比的产物，也是清政府内部革新与守旧两种势力较量的结果。

在群众斗争高涨的背景下，清政府内以沈家本为代表的革新派，在修律中发挥了主要的作用。修律带来的中国法制近代化具有历史进步意义。

沈家本主持修订法律馆，在修律中贯彻了“参考古今，博稽中外”的指导方针，并以“弃其糟粕，而撷其英华”作为对中外法律取舍的原则，在一定程度上分别从外国资本主义法和中国传统法中吸取了民主性的精华和艺术性的精华，形成了适合于中国社会的近代法文化模式，以至于修律中制定和起草的主要法律和法律草案，在清朝灭亡以后被民国政权稍加删改就作为有效法律实施，并成为中国近现代法律进一步发展的基础，产生了深远的影响。

第三节　清末法制半殖民地化的表现

一、领事裁判权的确立

（一）领事裁判权的主要内容

领事裁判权是指一国通过驻外领事等对处于另一国领土内的本国国民根据其本国法律行使司法管辖权的制度。这是一种治外法权。它的存在，形成对国家属地优越权的例外或侵犯。外国在中国的领事裁判权，是在以英国为首的西方列强强迫中国签订的不平等条约中所规定的一种非法特权，其主要内容有以下几方面：一是当事人为中外混合的案件中，如中国人为原告，外国人为被告，由领事法庭按其本国法律审判；反之，则由中国法庭按本国法律审理，即所谓“被告主义”。二是单纯外国人诉讼案，如果当事人属于享有领事裁判权的一国侨民，则完全由该国领事法庭审理，中国方面不得过问。三是外国人混合案件中，一般也适用“被告主义”，如当事人双方国家都享有领事裁判权，归被告所属国家的领事审判；如被告所属国不享有领事裁判权，则由中国法庭审理。总之，从理论上说享有领事裁判权国家的侨民在中国犯罪，或与他国人涉讼，中国官员和法律都不能对其管辖和制裁。

（二）外国在华领事裁判权的确立

外国在华领事裁判权发端于中英《南京条约》之后的《江南善后章程》中，其第七款规定：“英国商民既在各通商口岸，难保无与内地居民人等交涉狱讼之事，应即明定章程，英商归英国治理，华民由中国讯纠，卑免衅端。他国商民，仍不得援以为例。”

而后在1943年7月22日的中英虎门《五口通商章程》中作了更具体，更具有可操作性和权威性的规定，得到了正式确立：“英人华民交涉词讼一款：凡英商禀告华民者，必先赴管事官处投禀，候管事官查明谁是谁非，勉力劝息，使不成讼。间有华民赴英官处控告者，管事官均应听讼，一例劝息，免滋小事酿成大案……倘遇有交涉讼词，管事官不能劝息，又不能将就，即为秉公定断，免滋讼断。其英人如何科罪，由英国议定章程，法律发给管事官照办。华民如何科罪，应治以中国之法。”此时领事裁判权仅限于五个通商口岸，但在随后的《虎门条约》中，英政府将此条规定扩大到在内地远游的英人身上，扩大了领事裁判权的适用范围。

1844年，美国强迫中国订立了《中美五口贸易章程》（即《望厦条约》），将领事裁判权从五个通商口岸扩大到更多中国沿海港口，此后法、俄、日等二十多个国家也都援引英美之例，强迫中国与之签订不平等条约，相继取得了在华领事裁判权。

（三）行使领事裁判权的机构

在取得在华领事裁判权后，西方列强开始在中国直接设立各自的司法机构，来行使领事裁判权。这种司法机构通常由这些国家的“海外司法系统”来处理，一般设立领事法院作为一审基层法院，由领事或使馆人员组成法院；其次设立上诉法院，如英国在中国设立“英国驻华高等法院”作为二审法院，法国则规定设在越南的西贡法院是驻华领事法院的上诉法院，而通常的最高上诉法院则是他们本国的最高法院。

二、观审制度与会审公廨

（一）观审制度

所谓观审制度，是西方列强取得在华领事裁判权以后确立的强行干预中国司法审判的制度。按早期不平等条约的规定，涉外诉讼一般接受被告一方国家司法管辖。但在1876年《中英烟台条约》签订后，西方列强强迫中国政府接受了观审制度，扩充了原来的领事裁判权。观审制度规定，在原告是外国人，被告是中国人的案件中，原告所属国领事官员也有权前往“观审”，中国承审官应以观审之礼相待。如果观审官员认为审判、判决有不妥之处，有权提出新证据，再传原证，甚至参与辩论。

（二）会审公廨

1853年，英、美、法三国驻上海领事在小刀会起义期间，擅自修改了《上海租地章程》，自行另订了《上海英美法租界地章程》，并依据章程设置了“工部局”和巡捕房，攫取了租界内的司法管辖权，此后进一步明确了中国政府如要对租界内的中国人行使管辖权，必须要先得到外国领事的同意。为后来会审公廨制度的出现奠定了基础。

1864年，英美租界内设置了“洋泾浜北首理事衙门”，由苏松太兵备道（俗称上海道台）委派官员会同英国领事审理租界内发生的华人案件。其具体办法是：上海道遴选的官员任主审官，由英国副领事任陪审官；凡租界内的华人犯案，由中国官员单独审理；凡有华洋之间的案件，均需有外国陪审官陪审。如陪审官和主审官发生分歧，由上海道会同领事最后裁决。在审理案件中，外国领事名为陪审，但只要案件涉及他们的利益，外国陪审官实际上就成了主审官，中国主审官倒成了摆设。法庭判决书由审判官盖印后，再由审判官和外国陪审官签字。

1868年4月，根据上海道台和英美等领事商订的《洋泾浜设官会审章程》，在英美租界设立了会审公廨，此后又在汉口、哈尔滨、厦门鼓浪屿等地设立了会审机关。该章程的规定：纯属外国人的案件，只由外国领事审理；原告为中国人，被告为外国人的案件，由外国领事“主审”，中国会审官只能“观审”；其余案件名义上由外国领事和中国会审官“会审”，但实权仍操纵在外国领事手中。会审时适用的法律，任凭外国领事从各帝国主义国家法律中选择，这样就在中国出现了“外人不受中国之刑章，而华人反就外国之裁判“的怪现象。

会审公廨名义上仍然是中国的司法机构，但会审本身就已经是对中国司法主权的一种破坏，更何况此后列强在1911年乘中国会审官逃匿之际，完全控制了会审公廨，可以说会审公廨是中国近代法律半殖民地化的典型现象。但是在注意会审公廨的半殖民地特征基础上，我们也要注意会审公廨制度也给中国传入了近代的诉讼制度，对中国法律的近代化有一定的促进作用，尽管这并不是设立此项制度的初衷。

分析题：

“苏报案”

《苏报》于1896年创建于上海，创办人胡璋（1848－1899）是安徽桐城人，近代著名画家。《苏报》在日本驻沪总领事馆注册，主笔邹弢。《苏报》“初立主变法，颇为读者欢迎，嗣复中于康、梁学说，高唱保皇立宪之论，时人多以康党目之。”光绪二十八年（1902年），“学界风潮”出现，《苏报》敏感地捕捉到了这点，及时增辟“学界风潮”专栏，在言论上加以同情和支持，无形中成为鼓动学潮的旗手。从此《苏报》的言论转趋激烈，行文中更逐渐流露出民族感情和仇满思想。次年四月十七日，在《敬告守旧诸君》一文中，《苏报》首次出现正式倡导革命的言论，称“居今日而欲救吾同胞，舍革命外无它术，非革命不足以破坏，非破坏不足以建设，故革命实救中国之不二法门也。”同年五月，邹容《革命军》、章炳麟《驳康有为书》出版，《苏报》为文披介。为《革命军》的介绍有如下的评论：“其宗旨专在驱除满族，光复中国，笔极犀利……若能以此书普及四万万人之脑海，中国当兴也勃焉。”

清廷对此极为恼火，认为“此书逆乱，从古所无”，“务令逆徒授首，不使死灰复燃”。于是政府决定对《苏报》采取行动，“复有《苏报》刊布谬说，而邹容所作《革命军》一书，章炳麟为之序，尤肆无忌惮”，所以政府饬令查禁密拿。因华官在租界内拘提中国犯人，其拘票须经领事副署，并由捕房协拿，因此在江督魏光焘的命令下，江苏巡抚恩寿同候补道俞明震赴上海，会同上海道袁树勋向领事团交涉副署拘票。起初各国领事以案犯为国事性质，坚持不允，后达成协议：“所拘之人，须在会审公堂由中外官会审，如果有罪，亦在租界之内办理。”

光绪二十九年（1903年）闰五月五日，“苏报案”起。会审公廨交请巡捕房执行，中西警探多人到《苏报》馆拘拿案犯，章炳麟、邹容等五人相继被捕。巡捕房按往例将案犯章炳麟等送至会审公廨，闰五月二十一日，由谳员知府孙士鳞和陪审员英领署翻译迪理斯（B. Giles）会同审讯，清廷的律师是古柏（A. S. P. White－Copper）和哈华托，章、邹等请律师博易（Harold Browett）和琼斯（Loftus E. P. Jones）为其出庭辩护，使清吏甚为惊异。

先由古柏提出控诉《苏报》馆条款，谓《苏报》“故意诬蔑今上，挑诋政府，大逆不道，欲使国民仇视今上，痛恨政府，心怀叵测，谋为不轨。”引用的《苏报》所登的文字证据有：“贼满人”、“杀满杀满之声已腾众口”、“今有二百六十年四万万同胞不共戴天之大仇敌，公等皆熟视而无睹乎”、“革命之宣告殆已为全国所公认，如铁案之不可移”等。此外，又指责《苏报》捏造上谕。至于邹容《革命军》的第一、二章，古柏认为文中多污辱朝廷词句，大逆不道。

6日后续审。原告律师以“另有交涉事机”为由，要求政府将交涉事机议妥后，再定期会审。谳员和陪审员都同意，于是章、邹等人仍还押候讯（清廷交涉事机其实是“章、邹必应永远监禁……能在华界监禁最好”。后因领事团不允，便退而求其次在会审公廨设“额外公堂”重新审理。其间传言，上海道曾设伏劫持未果，外务部亦动用20万贿银未成，以沪宁路权交易亦未成。

当年十月十五日至十九日，所谓“额外公堂”开庭四次，主审者是上海县（知县）汪懋琨，会审者是谳员邓文堉和英领署翻译迪理斯。上海县宣判邹容、章炳麟科以永久监禁之罪。领事团对此发生异议，相持不能解决，而被告方面以“久系囹圄，在法律及人道均属不合”，要求立将控案撤销。北京外务部方面深恐此案劳而无功，遂允予采纳英使意见，从宽办结。

光绪三十年（1904年）四月初七，会审公廨复讯。上海县汪懋琨赴会审公廨，会同谳员和英副领事德为门（Twymen）复讯，当庭改判：章炳麟监禁三年，邹容二年，罚作苦工，自上年到案之日起算，期满驱逐出境，不准逗留租界。

光绪三十一年（1905年）二月二十九日，邹容病40日后死于狱中，距出狱仅余70天。同年，清廷宣布废止科举。光绪三十二年（1906年）五月初八，章炳麟出狱，后赴日本任中国同盟会机关报《民报》编辑。

结合本案分析“会审公廨”制度，分析中国近代法律的半殖民地化的表现及影响。

思考题：

1. 《宪法十九信条》与《钦定宪法大纲》的区别。
2. 《大清新刑律》及其立法成就。
3. 外国在华领事裁判权制度。
4. 清末修律的历史意义。

政宣告了资产阶级改良道路的破产和君主立宪主张的失败。20 世纪初，在与资产阶级改良派的论战与斗争中，资产阶级革命派逐渐取得优势。列强的侵略，清廷的腐败，使帝国主义与中华民族的矛盾、封建主义与人民大众的矛盾日益激化。资产阶级民主革命已成为不可逆转的历史大势。资产阶级革命派的法律思想在很大程度上是这一历史大势的现实反映。它的传播，直接地起着反对专制的作用，它的完备，则为建设新的民主共和提供了思想依据。资产阶级革命派的法律思想体现在孙中山、宋教仁、章太炎、邹容等人的政治主张中，其中又以孙中山的法律思想最为典型、最成体系、影响最大。孙中山（1866 年至 1925 年）被誉为中国民主革命的伟大先行者，中华民国的缔造者、“国父”，他的学说，是近代中国资产阶级革命的重要指导思想，又为各时期的反动统治者所援引、标榜、篡改、利用。

（一）“三民主义”的立法指导思想

1. 民族主义。孙中山认为民族主义是三民主义的首要问题，其基本任务是反对封建专制，推翻满清王朝，建立近现代民族国家。“满政府穷凶极恶，今已贯盈。义师所指覆彼政府，还我主权”。[①] 同时强调民族主义的目的在于推翻掌握政权的满族贵族的统治，反对民族压迫也反对民族复仇。在革命实践中，民族主义又增加了反对帝国主义、争取民族独立的内容。孙中山认为要想取得民族独立，首先要推翻清政府统治，“故欲免瓜分，非先倒满清政府，别无挽救之法”。[②] 民族主义在对外方面是寻求中华民族的独立及中国与其他国家的平等，在对内方面是寻求国内各民族的平等。民族主义的精髓是要以新的资产阶级民主国家取代旧的封建专制国家。民族主义蕴涵着反帝反封建的精神，其具体主张有取消列强在华特权、废除领事裁判权、恢复关税自主权、收回租界与失地等。

2. 民权主义。民权主义是民族主义的深入发展，是三民主义的核心。它不仅反对满清的封建帝制，而且反对整个封建专制，不允许任何形式的独裁君主的出现。民权主义包括“主权在民”与“直接民权”两个方面。孙中山的旧民权主义理论基本没有超出西方的“天赋人权”理论，即主张人人平等，天赋人权。后来到新三民主义阶段，孙中山的民权主义开始强调反帝反封建，认识到了西方民主制度的局限性，在此基础上，孙中山提出了著名的“五权宪法”论，从中国政治制度史上来看，具有划时代的意义。

3. 民生主义。民生主义是三民主义中最具特色之处。孙中山周游西方诸国时，看到了资本主义制度下贫富分化的社会危机，为防患于未然，他提出了民生主义革命纲领。民生主义以解决“土地”和“资本”两大问题为核心，以“平均地权”、“节制资本”为手段。孙中山主张通过赎买解决土地不均问题，反对夺富人之田为己有，又主张通过国家资本主义形式解决资本垄断问题。孙中山还

---

① 《孙中山全集》（第 1 卷），中华书局 1981 年版，第 296 ~ 297 页。
② 《孙中山全集》（第 1 卷），中华书局 1981 年版，第 254 页。

第十三章 中华民国法律制

导读：鸦片战争后，中国人民反对满清王朝统治的斗争风起云
烈。1911 年 10 月 10 日，辛亥革命爆发。1911 年 12 月 29 日，宣告独
表在南京集会，推举孙中山为临时大总统。1912 年 1 月 1 日，孙中
华民国”成立。南京临时政府的成立，宣告在中国实施了两千多年的
终结，中国政权体制和法律体系的近代化进程进入了全新的发展阶段
政府虽然仅存在三个多月，但它颁发了一系列重要法律，开创了资产
制建设的先河，在中国法律发展史上占有重要地位。

自 1912 年到 1927 年的北洋政府是北洋军阀袁世凯篡夺辛亥革命
立起来的，但其先后为不同派系的军阀集团所掌控，他们一方面借助
和政体的外衣确立自己合法地位，另一方面则投靠帝国主义列强，以
己政权权威，其法律具有明显的封建性和买办性。但就法律制度建设
时期的法律近代化改革取得重要进展，清末法律变革的重要成果被保
改进，法律创制活动较多，为后来的民国六法体系的确立奠定了基础

1927 年 4 月 18 日，蒋介石在“四·一二”反革命政变后，在
“国民政府”。到 1928 年 12 月 29 日，张学良宣部东北“易帜”，南京
名义上统一了全国。南京国民政府以孙中山的三民主义和“以党治
思想，从法律制度发展角度来看取得了较大的成果，形成了以《六
主体的比较完整的法律体系。该法律体系主要参考、借鉴和移植大陆
度，同时也部分地吸收了英美法系及苏俄法律中的若干因素。中华民
度是中国法律近代化的产物之一，它的制定与运作的经验及教训，在
明的演进历程中有极重要的意义。同时与国民党政权阶级本质相适应
律本质上是为了维护地主和官僚资本利益的，具有很浓的法西斯统治

本章应重点了解与掌握《中华民国临时约法》的制定背景与意义；
期的立宪活动；国民党时期的民法与刑法；中华民国宪法的发展历程及其

第一节 南京临时政府的法律制度

一、资产阶级革命派的法律思想

资产阶级革命派的法律思想指导着南京临时政府的法律实践。戊

宣布要制定劳工法、养老之制、育儿之制，通过抚恤废疾、普及教育等法令的实施来实现民生主义，完成社会革命，最终做到“家给人足，四海之内无一夫不获其所”。

（二）“自由、平等、博爱”法律观

1. 对专制的批判。孙中山认为，专制之下无平等可言。人民没有发言权，不论受到如何不公、如何残暴的对待，在专制下是无从申诉的。官吏一语等于法律，人民备受压迫。统治者将闽粤蛋户、浙江惰民、河南丐户及被罚为奴的义民、剃头匠、优娼、隶卒等均划为贱民，其子孙也不能与一般平民平等，这一情形是专制之害的表现之一。

2. 对法治的鼓吹。革命的目的，不仅在于推翻封建专制，废除封建法律，而且应谋求建立自由、平等、博爱的法治国家。首先，民主政治靠法律尤其是宪法来保障，宪法由国会制定。经历了袁世凯暗杀宋教仁、曹锟贿选等事件后，孙中山认识到宪法绝非万能，认识到推行宪法的先决问题，在于民众能否拥护宪法。其次，应用法律形式规定和保障人民各项权利。南京临时政府成立后，孙中山以临时大总统身份发布命令，废止各类封建性法律，颁行了一系列以自由、平等、博爱为宗旨的法令。实现民族平等、主权在民。最后，为保证法治的实现，孙中山主张司法独立。他谴责清朝司法滥施刑罚、抑制人民讼权的弊害，明令禁止刑讯，指出审判不应偏重口供而应视证据充实与否。南京临时政府成立后，孙中山力图建立民主的司法机关，强调司法独立并在《临时约法》中确立了这一原则。

（三）五权宪法

“五权宪法”是孙氏的独创。“希望在中国实施的共和政治，是除立法、司法和行政三权外还有考选权和监察权的五权分立的共同政治。”[①] 孙中山认为西方国家将纠察权隶属于立法权的方法存在许多局限，因而中华民国应借鉴中国古代的监察御史制度，使执掌监察权的机构独立。孙中山另设的考选权与监察权，与传统的三权处于相并列的地位。“五权宪法”的核心是把政权与治权分开，由人民掌握“政权”，政府实施“治权”。政权包括选举权、罢免权、创制权、复决权，“治权”采用五权分立体制，五权之间相互独立、相互制约，与此相应，中央政府分设五院，实行五院制。“五权宪法”的精神，即“直接民权”。

按照五权宪法理论，孙中山对政府组织模式进行了构造：按五权设置五院为中央政府，分别是行政院、立法院、司法院、考试院、监察院；由人民投票选举总统组织行政院；选举代议士组织立法院；其他三院由总统得立法院同意后委任，但不对总统、立法院负责。而五院都对国民大会负责，在此基础上五院相互制衡监督。

这种理论是孙中山在对西方议会制度弊端评析基础上形成的，他认为：“现

---

① 《孙中山全集》（第1卷），中华书局1981年版，第319页。

在立宪各国，没有不是立法机关兼有监督的权限，那权限虽然有强有弱，总是不能独立，因此生出无数弊病。”“况且从正理上说，裁判人民的司法权独立，裁判官吏的纠察权反而隶属于其他机关之下，这是不恰当的。”① 他同时认为中国传统的考试制度不但合乎平民政治，也适应现代民主政治，通过考试选拔人才，可以防止滥选和徇私。

孙中山的五权宪法理论带有很浓的理想主义色彩，并且后来被国民党反动派所歪曲盗用，但是他的目的在于努力克服西方代议制的弊病，富有民主主义和民权主义气息，具有历史进步性。

（四）权能分治理论

孙中山在五权分治理论基础上，进一步提出权能分治理论，也就是由人民掌握政权，政府实施治权。他把国家权力分为“政权”和“治权”，“政权”包括选举、罢免、创制、复决四权，“治权”指行政、立法、司法、考试、监察五权。人民直接行使政权，也就是所谓“直接民权”，要“用人民的四个政权，来管理政府的五个治权”。他认为，“要把中国改造成新中国，必须把权和能分开。政权完全交到人民手内，要人民有充分的政权，可以直接去管理国事，这个政权就是民权”；治权要“完全交到政府的机关之内，要政府有很大的力量，治理全国事务，这个治权就是政府权”。②

为了保证人民能真正掌握权利，关键在于保证人民掌握选举、罢免、创制、复决等四权，通过选举和罢免权管理政府官吏，通过创制和复决权管理法令，这样，政府的一举一动人民都可以进行指挥，人民有了这四项权利，才算真正的拥有民权。

（五）“建国三时期”论

孙中山认为中国封建专制制度源远流长、根深蒂固。在这种国情下，要创建新的民国，任务极其艰巨，必须有计划、有步骤地进行。

1. 军政时期，实行军法之治，是军政府督率国民扫除旧治的时代。这一时期，军队与人民共同接受军法的约束，地方行政由军政府总揽，以求扫除积弊。军政时期一般以三年为限，对一些不足三年而较早地达到破旧立新局面的地方，也可以提前解除“军法之治”。

2. 训政时期，解除军法之治，实行约法之治，是军政府授地方自治权于人民，而且总揽国事之时代。这一时期，军政府对于人民之权利义务，人民对于军政府之权利义务，都规定在约法中，军政府与地方议会及人民一体遵行，违法者应负法律责任。训政时期一般以六年为限，六年期满即解除“约法之治”。

3. 宪政时期，实行宪政之治，是军政府解除权柄，由宪法规定的国家机关分掌国家权力的时代。该时期以前两时期为前提。“军政府解兵权、行政权，国

① 《孙中山全集》（第1卷），中华书局1981年版，第320页。
② 《孙中山全集》（第9卷），中华书局1986年版，第347页。

民公举大总统及公举议员以组织国会，一国之政治，依于宪法行之。”①

孙中山的法律思想，是资产阶级民主主义与近代中国实际相结合的产物，也是中国最具有代表性的资产阶级法律思想，虽含有空想的成分，但其理论相对来说是较完善的。它与其他资产阶级革命家的法律思想一样，除具有反封建性、民主性、民族性与反帝性之外，亦有明显的阶级局限性。资产阶级革命派的法律思想影响着资产阶级革命派的法律实践，影响了中华民国尤其是南京临时政府法制的面貌。但在当时的国际国内斗争形势之下，由于其阶级局限性，这些法律思想的落实大成问题。

二、《中华民国临时政府组织大纲》

起义成功后，各省军政府根据各自的地方形势，颁布了大量的法令、条例、章程，对巩固胜利成果、稳定社会秩序、恢复社会经济、推进革命事业起了积极作用。从1911年11月15日至12月31日，各省军政府代表先后在上海、汉口、南京集会，最后制定并颁布了《中华民国临时政府组织大纲》，设有“临时大总统”、“参议院”、“行政各界”及“附则”4章，共21条，后修订三次。它第一次以法律形式宣布废除封建帝制，确立共和政体，实行三权分立，但因其未确立人民权利，所以还不能称为临时宪法，仅为中央政府组织法，属于宪法性文件。其基本内容如下：

临时大总统既是国家元首，又是行政首脑。依据大纲，在参议院同意下，临时大总统代表国家行使下列权力：统率海陆军，宣战，媾和，缔结条约，制定官制官规，任免国务员及外交专使，设立临时中央审判所。同时，临时大总统还在中央行政各部的辅佐下，负责行政事务。对参议院议决的事项，临时大总统可行使否决权，要求参议院复议。临时大总统、副总统由参议院选举。

参议院为国家立法机关。参议院除对临时大总统的上述权力行使同意权外，还有权议决暂行法律、预算、税法、公债及临时人总统交议事项。在临时大总统对参议院的决议行使复决权时，如到会议员三分之二以上仍持原议，临时大总统应予执行。参议院由每省各派三名参议员组成，未成立前，暂由各省军政府代行其职权。

临时中央审判所为中央司法机关，由临时大总统征得参议院之同意而设立。

由上可知，《中华民国临时政府组织大纲》规定的政体为三权分立下的美国式的总统制，采取一院制的议会制度，参议院是类似于西方国会的立法机关。该大纲为以孙中山为首的中华民国南京临时政府的建立提供了法律依据，是其政权合法性的形式基础，以此为依据，1912年元旦，中华民国南京临时政府成立，孙中山为首任临时大总统，黎元洪为副总统。该大纲是资产阶级革命派的纲领性文件，也是《中华民国临时约法》的基础。

---

① 《孙中山全集》（第1卷），中华书局1981年版，第297～298页。

三、《中华民国临时约法》

(一) 临时约法起草的背景

参议院成立后，即着手起草临时约法。该时期，革命形势发生变化。南京临时政府与袁世凯达成妥协，袁氏逼清帝退位并表示赞成共和，孙中山辞职，参议院选举袁世凯为临时大总统。该临时约法是在孙中山即将去职的情况下，由参议院编辑委员会匆忙制定的，是革命派与立宪派、反革命派势力相互间妥协的结果，革命派指望以此限制即将就职的袁世凯的权力；立宪派欲以此终结革命，向袁世凯乞取利益；以袁世凯为代表的反革命派，为夺取政权，亦不公开表示反对，而是作暂恪遵临时约法。

(二) 临时约法的主要内容

1912年3月，《中华民国临时约法》（以下简称《临时约法》）制定并由孙中山以临时大总统名义公布，包括“总纲”、“人民”、“参议院”、“临时大总统”、“副总统”、“国务员”、“法院”和“附则”7章，共56条。其主要内容如下：

其一，规定了中华民国是一个主权独立、统一的多民族国家。总纲明确宣示中华民国的领土范围为二十二行省、内外蒙古、青海、西藏。这在中国法律史上首次以根本法规定了中国的领土疆域。在列强试图分裂中国的背景下，《临时约法》在领土问题上采取的列举法具有针对性、现实性，反映了中国人民争取国家主权独立的愿望，有利于加强国民的领土意识，促进了民族觉醒，弘扬了民族团结的精神。

其二，首次规定了人民的权利和义务。人民的各项权利被置于“总纲”之后，“参议院”之前，以此表明南京临时政府对民权的重视，也是民族主义的直接体现。依据《临时约法》，中华民国人民一律平等，无种族、阶级、宗教之区别；人身受法律保护，非依法律，不受逮捕、拘禁、审问、处罚；住宅非依法律，不得侵入或搜索；人民有言论、著作、游行、结社、通信等自由；人民有权控告官吏的违法行径，有请愿、陈诉、诉讼的权力；有应任官考试、选举与被选举权，同时有当兵、纳税之义务。《临时约法》还宣布，人民有保有财产及营业的自由，这反映了法律对私有财产的确认与保护，有利于打破封建官办或官商合办对民族资本的束缚与剥削。

其三，规定了中华民国的政体。在肯定了《中华民国临时政府组织大纲》确立的民主共和国家体制的基础上，明文规定“中华民国之主权，属于国民全体”。为约束袁世凯的权力，《临时约法》改《组织大纲》的总统制为责任内阁制。“中华民国以参议院、临时大总统、国务员、法院行使其统治权。”参议院的权力有所增加，可向国务员提出质询，并要求其出席答复；当临时大总统有谋叛共和行为时，国务员有违法行为时，均可对其行使弹劾权。临时大总统的权力受到掣肘，“国务员于临时大总统提出法律案、公布法律及发布命令时，须副署之。”这样，临时大总统的实际职能相当于责任内阁制国家的国家元首。法院为司法机关。为保证独立审判权的行使，《临时约法》规定，“法官在任中不得减俸或转职，非依法律受刑罚宣告或应免职之惩戒处分，不得解职。”当大总统被参议院弹劾时，该案由最高法院审判，可见法院有制约临时大总统的权力。

其四，规定了《临时约法》在法律体系中具有最高效力地位与严格的修改程序。附则规定，“中华民国之宪法由国会制定，宪法未实施以前，本约法之效力与宪法等。本约法由参议院三分之二以上，或临时大总统提议，经参议员五分之四以上之出席，出席四分之三之可决，得增修之。”该规定的意图，是以修订程序的严格性来保障约法的稳定性，使其免于被轻易地破坏。

（三）临时约法的特点

《中华民国临时约法》与《中华民国临时政府组织大纲》相比，呈现出了三个明显的特点：其一是削弱了总统权力，改总统制为责任内阁制；其二是扩大了参议院权力，增加了对总统的监督制衡的能力；其三是规定了严格的修改程序以保护临时约法。这种修改的主要目的是保护辛亥革命的成果，防止袁世凯的独裁。

（四）临时约法的历史意义

《临时约法》是中国近代资产阶级民主共和国宪法性文件，是中国近代资产阶级宪政运动的结晶，在中国宪政史上具有里程碑式的意义：

其一，临时约法不仅宣判了清王朝封建专制统治的死刑，而且以根本法的形式废除了中国延续两千年的封建君主专制制度，确立起资产阶级民主共和国的政治体制。明确宣布主权在民，初步建立了三权分立政体，用民主共和制代替了君主专制，是中国近代民主革命取得的最重大成果。

其二，在思想上使民主共和的思想深入人心，树立帝制非法、民主共和合法的观念；确立了资产阶级自由平等原则，规定了国民的基本权利和义务，赋予人民广泛的民主自由权，对促进人民觉醒，反抗专制特权有积极作用。

其三，以国家根本大法的形式保护财产权利，确认资本主义关系为合法，有利于民族资本主义的发展和社会生产力水平的提高，具有巨大的社会进步意义。

其四，强调中国是一个领土完整、主权独立、统一的多民族国家，启发爱国主义的民族感情，防止帝国主义侵略。

其五，它在二十世纪初年的亚洲各国当中，是一部最民主、最有影响的资产阶级民权宪章，在亚洲近代资产阶级宪政运动史上具有重要历史地位。

（五）临时约法的局限性

《临时约法》的历史局限性也非常明显。这是由中国民族资产阶级先天具有的软弱性和妥协性决定的，其立法的仓促性也使得它给后来的宪政传统造成了许多负面的影响：

其一，没有明确对帝国主义殖民侵略的态度，只是空泛的谈论民族独立和民主共和。缺乏有关土地制度方面的改革措施，使得土地所有制没有得到解决，没有彻底的反封建的明确规定。这种妥协性是最后失败的重要原因之一。

其二，《临时约法》是根据当时条件下交出政权的急迫需要，在法律价值的追求上，表现出工具主义的趋向，使宪法成为从事某种政权追求的工具。这就违反了人民主权、代议民主的宪法本意。而且《临时约法》表现出在争取权力焦点问题上的过分关注，而将其余做轻率处理的态度，对北洋政府视宪法为儿戏起到不良先例作用

四、其他主要法令

（一）关于保护私产的法令

《临时约法》中保护私产的规定，由临时政府以行政法令的方式具体化。1912年1月，内务部颁行《保护人民财产令》。该法令宣告：“（一）凡在民国势力范围之人民，所有一切私产，均归人民享有。（二）前为清政府官产，现入民国势力范围者，应归民国政府享有。（三）前为清政府官吏所得之私产，其本人确无反对民国之实据，而其财产在民国势力范围之下者，应归民国政府保护，俟该本人投归民国时，将其财产交该本人享有……”这些规定对分化敌对势力、维护社会秩序起到了积极作用。1912年3月，发布《大总统令各都督保护人民生命财产电文》，该法令规定：“各省光复以来，各地方行政长官及带兵将领，良莠不齐，每每凭借权势，凌虐乡里。有非依法律辄入民家宅，搜索银钱、衣物、书籍据为己有者，有托名筹饷，强迫捐输，甚至虏人勒赎者；有因小忿微嫌，而擅行逮捕人民，甚或枪毙籍没，以快己意者。”上列情势，其实也反映了当时社会的种种现象。对此混乱情形，该法规定：“人民有受前项疾苦者，许其按照临时约法来中央平政院陈诉，或就近向都督府控告，一经调查确实，立予尽法惩治，并将罪状宣示天下，以昭儆戒。”

（二）关于人权保护的法令

1912年3月，临时政府公布《大总统通令开放蛋户惰民等许其一体享有公权私权文》。该法令依据“天赋人权，胥属平等”原则，取消所谓“贱民”身份，宣布蛋户（水上居民）、惰民（任婚丧喜庆等杂役的居民）、丐户（行乞为生者）、义民（奴）、剃发者、优娼、隶卒等，“对于国家社会之一切权利，公权若选举、参政等，私权若居住、言论、出版、集会、信教之自由等，均许一体享有。”同月，还公布了《大总统令内务部禁止买卖人口文》、《大总统令外交部妥筹禁绝赎卖猪仔及保护华侨办法文》。这些法令的执行与实施较为困难，但确实起到了传布民权观念、培养民权意识的作用。

（三）关于社会改良的法令

临时政府为摒除社会恶习、改良社会风气，颁行了一系列法令，以促进良风

美俗的形成，1912 年 3 月公布了《大总统令内务部晓示人民一律剪辫文》、《大总统令禁烟文》。此外，临时政府重视教育改革，这与当时重视新学的思想潮流有关，也是资产阶级革命派的主张。1912 年 2 月，临时政府公布《普通教育暂行办法》十四条，该法令反对封建主义的教育制度，提出了资产阶级的教育方针，鼓励兴办女学，规定初等小学可以男女同校，学校的各种教科书必须合乎共和国宗旨，清朝实行的奖励出身的制度一律废止等。临时政府以法规形式推进教育改革，体现出临时政府视教育改革为社会改良的关键认识。

（四）关于经济发展的法令

针对战争造成的四野荒芜、人畜流散景象，1912 年 3 月，临时政府公布《大总统内务部通饬各省慎重农事文》，试图恢复生产，稳定农村秩序。此外，临时政府认为，“一政之成，非财不可，欲立根本之国，宜先注重实业。”① 临时政府宣布了振兴实业的方针，在工、矿、林、渔、商、金融等实业领域实行新法，如《商业注册章程》、《内务部令巡警总监保护树林文》、《暂行印花税法》、《暂行印花税施行法章程》、《公债执行简章》、《发行公债办法》、《中国银行则例》、《金库则例》等。这些法令表明，中国法律传统的抑商特征在制度层面已基本改观，这些法令也是构建中国近代经济法律体系的有益尝试。

（五）在吏治、治安与军政方面的法令

临时政府努力完善行政官制、建立近代文官制度。1912 年 1 月制定的《中华民国临时政府中央行政各部及其权限》规定，临时政府下设陆军部、海军部、外交部、司法部、财政部、内务部、教育部、实业部、交通部等机构。临时政府还制定了《文官任命令草案》、《文官考试令草案》、《外交官及领事官考试令草案》等，初步确立了文官经考试而任用的原则。这些草案虽未能形成正式法律并公布实施，但均为北洋政府法制所继承。孙中山认为，民国政府不再是“君主的私人”，而是“国民的公仆”。② 1912 年 3 月，公布的《临时大总统关于慎重用人致内务总长令》指出，吏治的腐败，是满清灭亡的重要原因，故民国以澄清吏治为当务之急。孙中山颁布《为民服务通令》，要求官员“各宜清白乃心，束身自爱，毋负本大总统殷切之告诫之意。”③ 临时政府还公布了《大总统令内务部通知各官署革除前清官厅称呼文》等，对官场与民间的称呼、礼仪做了具有民权主义特征的改良。

临时政府时期，各省先后裁撤前清设置的巡警道，改设军事巡警厅或省会警察厅。军事巡警厅设总监，省会警察厅设厅长，分别为一省最高警察长官。省会以外的治安，一般由地方行政长官负责。鉴于民国草创伊始的复杂环境，维持治安往往也是驻军的职责，甚至军纪松弛即为危及治安的原因之一。1912 年 1 月，

---

① 中国史学会编：《辛亥革命资料》，上海人民出版社 1957 年版，第 148 页。
② 《孙中山选集》（上卷），人民出版社 1956 年版，第 80 页。
③ 《孙中山集外集》，上海人民出版社 1980 年版，第 680 页。

陆军部颁行《维持地方治安临时军律》十二条，同年2月颁行《禁止私自招兵募饷文》、《陆军部通饬各军队严禁军人冶游聚赌文》等，反映了临时政府对兵痞扰民这一传统社会常见现象的整治决心。这些军律，对维护社会治安、稳定民心、严明军纪具有积极作用。

（六）关于司法改革的法令

资产阶级革命派在革命过程中对于满清司法的黑暗与腐败往往有切身的体验。在改革司法制度方面，临时政府较为积极。1912年3月2日，临时政府颁布了《大总统令内务司法两部通饬所属禁止刑讯文》，申明“刑罚之目的，在维持国权，保护公安”，规定“不论行政司法各官署，及何种案件，一概不准刑讯，鞫狱当视证据之充实与否，不当偏重口供。其以前不法刑具，悉令焚毁。”1912年3月11日，临时政府颁布《大总统令内务部司法部通饬所属禁止体罚文》，规定“不论司法行政各官署，审理及判决民刑案件，不准再用笞、杖、枷号及他项不法刑具，其罪当笞杖、枷号者，悉改科罚金、拘留。”此外，临时政府以法令形式反对株连，改良监狱，禁止非法逮捕拘禁，确立罪刑法定、不溯既往等原则，引进了西方的公开审判、律师辩护、陪审等具体制度，在推行司法独立方面也有尝试。

自1912年1月至3月，南京临时政府存续的时间极短。短短三个月中，临时政府制定草案、颁布法令的数量大且覆盖面广，这表明资产阶级革命派试图以法制为基础巩固政权，建立新的社会秩序。这是中国近代史上唯一的资产阶级共和国性质的政权。它制定和颁布了中国近代史上唯一的资产阶级共和国性质的宪法性文件——《中华民国临时约法》。在中国内外交困之际，这些资产阶级法令，在当时的现实生活中通常难以彻底实施，有的还被反动势力公然废弃。资产阶级革命派领导的辛亥革命的成果被代表封建买办阶级利益的袁世凯所窃取，南京临时政府建立资产阶级法律体系、法律秩序的努力从总体上看归于失败。但南京临时政府法制在中国法律的近代化、传统法律的现代转型方面，有着深刻的历史意义。

第二节　北洋政府的法律制度

从1912年4月袁世凯主政到1928年4月奉系张学良宣告“改旗易帜”、服从南京政府，是北洋政府的存续期间。袁世凯窃取临时大总统职位后，迁都北京，组成“中华民国政府”。为了同近代史上其他宣称延续了中华民国“法统”因而正宗的“国民政府”相区别，按政府所在地地名又称“中华民国北京政府”。由于袁世凯在晚清以统领北洋军队著称，北京政府组成人员又以袁氏部属为主，在袁氏死后，北京政府又被出身于北洋军队的各派系军阀如直系、皖系、奉系所把持，故亦称“北洋政府”。“北洋政府”号称“中华民国”，实则代表封建地主买办阶级利益，又受帝国主义的支持与操纵。在与军阀混战相伴的北洋法制发展历程中，法律创制活动也取得了一些成就，为南京国民政府法律体系的形成和确立提供了基础。多元混杂，是北洋政府法制的特点，封建性与买办性则是其根本特征。

一、立法思想与法律形式

（一）立法思想

1. 沿用清末旧法。北洋政府的首脑，通常是前清旧臣，与清帝国存在千丝万缕的联系。北洋政府的立法活动以援用前清法律为起点。袁氏刚宣誓就职，即发布《暂准援用前清法律及新刑律令》。“现在民国法律未经议定颁布，所有从前施行之法律及新刑律，除与民国国体相抵触各条应失效外，余均暂行采用，以资遵守。”① 北洋政府在制定法律时，一般以清末新政府的法律或法律草案为基础，这是由北洋政府的阶级性质所决定的，但也与清末修律的成果保持了发展的连续性，是法律继承的表现。

2. 借西方资本主义的法律形式，掩盖军阀独裁专制之实。北洋政府是以军事实力为后盾的军阀专政的工具。但辛亥革命后，民主共和观念的传播日益普遍，成为舆论的主流。为了使军阀反动统治有“合法”外观，历届北洋政府的把持者均格外关注“立宪”，争相摆出“共和”与“民主”的姿态。另外，西方经济、政治、文化等各种势力的冲击，刺激了中国近现代生活方式、社会关系的变革。法律在调整华洋往来、规范各种新型社会关系时凸显其重要性。因此，北洋政府不仅在宪法与宪法性文件方面有大量的成果“问世”，而且在其他部门法方面也注意采用西方资本主义国家的立法原则，甚至直接搬用西方立法。

3. 隆礼与重刑。所谓隆礼，是倡导封建礼教的伦理纲常；所谓重刑，即以严刑峻法镇压人民的反抗，这是中国古代法律传统中的“德主刑辅”治国方略在近代的延续。“隆礼与重刑”的重新出台，也反映出北洋政府的封建性。在隆礼方面，袁世凯于1912年9月宣称：“中华民国以孝悌忠信礼义廉耻为人道之大统，政体虽更，民彝无改。”他呼吁国民“恪守礼法，共济时艰。”② 北洋政府还通令全国各学校一律恢复尊孔读经，且将尊崇孔子之道写入宪法草案。在重刑方面，北洋政府采用“特别法优于普通法”的原则，制定了一系列以镇压革命为目的的单行法规，破坏一些较文明的正式法律的施行，以维护其军阀独裁统治。

（二）法律形式

北洋政府除了制定宪法及宪法性法律、修订刑事、民事、商事等各种法典的草案外，还制定了大量的单行法规，这些法律、法规是北洋政府法律体系的主要组成部分。在法律形式或称法律渊源方面，北洋法制的特点，是重视判例和解释

① 《临时公报》，中华民国北京政府印行，1912年3月11日。

② 徐有明编：《袁大总统书牍汇编》，广益书局1914年版，第17～18页。

例的作用。北洋政府的判例即大理院的典型判决。北洋政府的解释律是大理院对法律的解释及对各法院所提疑难问题的答复。判例和解释例是法律的补充形式，与法律具有同等效力，可作为判案依据在司法过程中援用。

二、宪政立法

(一)《中华民国宪法草案》及其流产

1913年4月8日，中华民国第一届国会按照《中华民国组织法》成立。国会在参议院和众议院中各选出了十名宪法起草委员，组成宪法起草委员会，以北京天坛祈年殿为办公场所。1913年10月31日，《中华民国宪法草案》出台，又称“天坛宪草”、“民二宪草”，共11章113条。

“天坛宪草”是国民党议员与袁世凯集团相斗争、相妥协的产物。在斗争方面，“天坛宪草”继续规定三权分立的原则，保证民主共和制的实行，防止大总统极权的形成；继续规定责任内阁制，并扩大国会权力，使国会不仅拥有立法权，而且拥有弹劾甚至审判大总统、副总统的权力。在妥协方面，“天坛宪草”规定“国民教育以孔子之道为修身大本。”以“孔教”入宪，显然与资产阶级革命派的一贯立场相悖。另外，“天坛宪草”一方面赋予总统以发布紧急命令权、赋予政府以财政紧急处分权，另一方面又从参议院与众议院中选出二十名委员组成国会委员会，以便在上述两项权力行使时进行议决，制约行政权力。

袁氏对民主共和本无真心。“天坛宪草”束缚了袁氏手脚，使其深为不满。袁氏遂指使各省军阀伪造“民意”，呈请反对宪草并解散国会。1913年11月4日，袁氏下令解散国民党，取消国民党党员的议员资格。由于被取消资格的议员达430多人，超过国会议员总数一半以上，故国会名存实亡。1914年1月10日，国会议员被饬令回籍，国会正式解散，“天坛宪草”宣告流产。

(二)《中华民国约法》及其实质

复辟帝制是袁世凯的目的，为扫清法律上的障碍，袁世凯以亲信组成“约法会议”，修改资产阶级革命派的《临时约法》，拟定新约法草案。在美国宪法顾问古德诺的参与下，按照袁氏的授意，《中华民国约法》于1913年5月1日公布，又称“袁记约法”，它的公布使《中华民国临时约法》自然失效。

《中华民国约法》共10章，分“国家”、“人民”、“大总统”、“立法”、“行政”、“司法”、“参议院”、“会计”、“制定宪法程序”、“附则”，计68条。与《临时约法》及“天坛宪草”相比，其特点是改责任内阁制为总统制，且总统权力被扩大至与皇帝相似的地步。“袁记约法”取消了以前有牵制总统权力作用的内阁总理，设置了附属于总统的国务卿，又废除了国会制，设置立法院。立法院为立法机关，有议决法律预算、募集公债等职权，但受总统领导，无权弹劾总统，而总统可解散立法院。又设参政院，为总统咨询机构，在立法院未成立前，由参议院代行其职。总统的权力，除与一般西方总统制国家相同的部分外，其独特处一是行使权力无须其他国家机关议决或同意，二是并无任期限制。1915 年 12 月 31 日，袁世凯改国号为中华帝国，以次年为洪宪元年，所谓人民的权利与自由，徒化泡影。

（三）《中华民国宪法》及其特点

袁世凯做了 83 天皇帝后，可耻地死去。袁氏亡后，其所属各派系军阀竞相争夺入主北洋政府的权力，为此兵祸不断。1922 年 6 月，直系军阀以军事实力为后盾，控制了北洋政府。为了获得政权合法性，军阀们以“再造共和”的功臣自许，宣布恢复“法统”，废止“袁记约法”，再行《临时约法》，重开国会，继续“天坛宪草”的修订。讨论“天坛宪草”期间，直系曹锟急于做大总统，于 1923 年 6 月逼迫现任大总统黎元洪辞职离京，同时令直系开始筹备贿选。在讨价还价、威逼利诱下，直系军阀与国会议员就选票价格与付款方式达成协议。10 月 5 日，曹锟如愿当选为总统，时称“贿选总统”，国会亦被称为“猪仔国会”。10 月 10 日，曹锟公布《中华民国宪法》。这是中国历史上第一部正式的成文宪法典，历史上又称“贿选宪法”。《中华民国宪法》共 13 章，141 条，其基本内容如下：

1. 规定中华民国的国体永远为民主共和国。该宪法规定：“中华民国永远为统一民主国”。“中华民国主权，属于国民全体。”“国体不得为修正之议题。”

2. 规定中华民国的政体为责任内阁制与国会制。该宪法规定：“国务院以国务员组织之”。“国务总理及各部总长，均为国务员。”“国务总理之任命，须经众议院之同意。”“国务员赞襄大总统，对于众议院负责任；大总统所发命令及其他关系国务之文书，非经国务员之副署，不生效力。”“中华民国之立法权，由国会行之。”“大总统由国会议员组织总统选举会选举之。”众议院在认为大总统、副总统有谋叛行为或国务员有违法行为时，可按法定程序弹劾之，这是国会制的特征。但也有总统制的部分内容，如总统既是国家元首，又是政府首脑；国务员不是由国会产生，而是由总统任命，其任命除国务总理外，亦无须国会同意等。

3. 规定了中央与地方的权限划分及地方自治制度。该宪法以“国权”和“地方制度”两章来划分中央政权与地方政权的权限，确立地方自治制度。“中华民国之国权，属于国家事项，依本宪法之规定行使之；属于地方事项，依本宪法及各省自治法之规定行使之。”“省法律与国家法律抵触者无效。”“省不得缔结有关政治之盟约。”“省不得自置常备军，并不得设立军官学校及军械制造厂。”“省因不履行国法之义务，经政府告诫，仍不服从者，得以国家权力强制之。”

从体例、篇章结构、条文内容等方面看，《中华民国宪法》有其较完备、较先进的一面，然而除了它的产生方式使其备受非难之外，它的制定和颁布，也并不影响军阀的专制、独裁统治。正如毛泽东所说：“曹锟不是颁布过宪法吗？但是民主自由在何处呢？”[①] 这是对北洋宪政的简短、有力评断。北洋政府的宪政

① 《毛泽东选集》（第三卷），人民出版社 1991 年版，第 736 页。

文本与社会现实之间的差距，反映了中国宪政历程中的艰辛与尴尬，也反映出中国法律的近代化面临着深刻的社会矛盾与历史文化困境。

三、行政立法

（一）近代文官制度的建立

北洋政府的官制采取文武分途的原则。文官包括普通文官（行政官）和特别文官（外交官、司法官、法院书记官、监所官、技术官和警察官等）。监所官与警察官属于特别文官系列。

1. 文官的等级。按任用程序的不同，北洋政府将中央行政官分为特任、简任、荐任和委任四级。特任官由大总统以特令任命，如总理、各部总长。简任官由大总统直接选任，如各部次长、局长。荐任官由各主管长官推荐，呈请大总统任命，如各部局长、科长。委托官由主管长官直接任命。这种任用方法，一方面为援引私人、提携亲戚故旧留下了制度空间，另一方面易于形成任用者与被任用者之间的个人效忠关系。

2. 文官的考试。1919 年 6 月 20 日，北洋政府公布《文官高等考试法》、《文官普通考试法》。文官考试每 3 年举行一次，分为高等考试和普通考试两种。参加高等考试通常须有 3 年以上高等学校学历与毕业文凭。参加普通考试须有技术学校以上毕业文凭，或经地方考试及格取充选士，或曾任委任官以上文职。考试的内容均为国文相应专业学科及口试。考试录取后再行学习，成绩优良者获得候补官员资格。

3. 文官的纪律。1913 年 11 月 9 日，北洋政府公布《官吏服务令》，规定官吏的法定义务：必须服从长官的合法命令；保守机关秘密；遵守法定工作时间；不论与职务是否有关系，不得接受或由亲属接受或以其他名义接受与本人有统属关系者赠与的财物；不得兼充公私商业执事人员及报馆执事人员；遇有涉及本身或其家族之事件应行回避；不得有除惯例以外的酬宴等。

4. 文官的惩戒。北洋政府制定了《文官惩戒条例》及《纠弹条例》。所有官吏如犯有违宪、违法、行贿、受贿、营私舞弊等行为者，由隶政厅纠弹，交平政院审理，由平政院按情形交惩戒机关或司法机关。文官惩戒机关为惩戒委员会，惩戒的方式有褫职、降等、减俸、记过、申诫。

（二）近代治安行政管理法规的制定

在治安行政方面，北洋政府制定了大量的警察法规。这些法规，按其内容大致可分为三类。其一是关于警察机关的设置、组成和职责权限的组织法规。例如，《京师警察厅官制》（一九一四年八月二十九日）、《京师警察厅分区规则》（一九一四年八月三十一日）、《地方警察厅组织令》（一九一三年一月八日）、《地方警察厅官制》（一九一四年三月二十九日）、《水上警察厅官制》（一九一九年三月三十日）等。其二是调整警察机关日常活动的办事规程和勤务规例，如一九一三年至一九一四年间发布的《京师警察厅办事细则》、《京师警察厅会议规则》、《勤务与督察处办事规则》、《勤务督察施行细则》和京师各区警察署《办事规则》。对于公文程式、勤务分配以及办公、会议、报告等项制度，都有具体规定。例如，按规定，守望值勤不得无故离开岗位三丈以外，非遇暴风雨雪不能进入避风阁，站岗不准倚墙靠壁，不准与人闲谈，巡逻要按规定线路巡行，既不能随意越出，也不能私自缩短，中途不得停留观赏店铺陈列商品和擅入人宅。其三是具体的治安管理法则，包括户籍管理、营业管理、危险物品管理以及有关建筑、消防、卫生、医药等治安管理法规。北洋政府的治安管理法规，大多旨在限制和剥夺人民政治权利，维护其统治秩序。例如，《治安警察条例》规定，禁止未成年人、女子、陆海军军人、警察官吏、僧道及其他小学教员、学校学生加入政治结社或举行集会，禁止工人要求增加工资的集会和罢工，限制群众的屋外集合和集体游戏，如有违反，轻则科以罚金，重则判处徒刑。《预戒条例》规定，主管行政官署必要时，可以对拒不履行行政义务者行使行政间接强制与直接强制措施。间接强制措施有代执行和 30 元以下罚金，直接强制措施有对人身的管束，对物有扣留、使用、处分、限制使用，对住宅及其他场所得侵入搜索。这些以强化治安为口号的行政法规，往往对底层民众持戒备与防范态度，使人民的权利与自由受到破坏。

另外，在财政金融、宗教文物、文化外交等领域，北洋政府借鉴西方行政法的内容，颁行了一系列行政法规。

四、刑事立法

（一）刑事立法的主要内容

1.《暂行新刑律》的公布。北洋政府将《大清新刑律》加以删修，即为《暂行新刑律》，作为中华民国的刑律颁布施行。《暂行新刑律》删除了“侵犯皇帝罪”一章和有关特别保护皇权的条款，删除了原“暂行章程”5 条；对带有明显帝制色彩的文字进行了修改，但实质内容变动不多。

2. 刑法草案的制定。1915 年，“第一次刑法修正案”较多地增加了尊卑亲属在刑法适用上的不平等的内容，以体现“隆礼”的意图。又专设“侵犯大总统罪”一章。该草案因其较明显地贯彻了袁世凯的旨意，故在袁氏亡后未被公布。

1918 年，“第二次刑法修正案”由修订法律馆总裁董康、王宠惠主持，采用了较多的资产阶级刑法原则。该草案亦未公布，但成为南京国民政府制定刑法典的蓝本之一。

3. 刑事特别法的颁行。为镇压军民对封建军阀统治的反抗，惩治扰乱北洋统治秩序的广大民众，北洋政府颁行了大量的单行刑事法规，对刑律作补充和修正。主要的刑事特别法规如《陆军惩罚令》、《惩治盗匪法》、《私盐治罪法》、《徒刑改遣条例》、《易笞条例》、《陆军刑事条例》、《海军刑事条例》、《科刑标准条例》等。

（二）刑事立法的主要特征

1. 维护封建尊卑关系。除《暂行新刑律》沿用《大清新刑律》中维护封建尊卑关系的相应部分外，北洋政府制定的《暂行新刑律补充条例》规定："尊亲属伤害卑幼，仅致轻微伤害者，得因其情节，免除其刑"；"刑律第十五条（即关于正当防卫的规定）于尊亲属不适用之。"

2. 保护列强在华利益。《暂行新刑律》规定了"妨害国交罪"专章，该章对列强在中国的政治、经济利益详加保护，对中国人民反对帝国主义的斗争残酷镇压。

3. 镇压军民反对军阀统治的活动。《暂行新刑律》以"内乱罪"、"妨害秩序罪"等应对人民的革命斗争。其《陆军刑事条例》与《海军刑事条例》规定，即使不是陆海军军人，如果违犯该条例，亦按其治罪。由此，无论军民，均被置于军法统治之下。

4. 恢复部分封建刑罚。《徒刑改遣条例》规定，凡无期徒刑及五年以上有期徒刑之内乱、外患、妨害国交、逮捕监禁人脱逃、放火决水、伪造货币、伪造文书印章、发掘坟墓、强盗、略诱再犯、窃盗再犯、诈欺取财再犯等罪，得改为发遣，改遣犯人须出本省足三千里。

《易笞条例》规定，凡奸非罪、和诱罪、窃盗罪、诈欺取财罪、赃物罪及常业罪，应处三月以下有期徒刑、拘役，或一百元以下罚金折科监禁者，得因其情形，易以笞刑；易笞以十六岁以上六十岁以下之男子为限，但对曾充或现充官员或有相当身份者不适用之。

《徒刑改遣条例》和《易笞条例》使传统的封建性刑罚手段又被恢复使用。在《易笞条例》中，对官僚阶层予以特殊对待。两条例在袁世凯死后虽被废止，但笞刑在实践中常被运用。

五、民事、经济立法

（一）主要的民事、经济立法

1.《大清现行刑律》的民事有效部分。《大清现行刑律》仍采用民刑不分的传统编纂方法。1914年大理院上字第304号判例规定，"民国民法典尚未颁布，前清之现行律除制裁部分及与国体有抵触者外，当然继续有效。至前清现行律虽名为《现行刑律》，而除刑事部分外，关于民商事之规定，仍属不少，自不能以名称为刑律之故，即误会其已废。"① 该民事部分被称为《现行律民事有效部分》，包括服制图、服制、名例、官役、田宅、婚姻、犯奸、斗殴、钱债以及《大清户部则例》中有关户口、租佃等部分。

① 《大理院判例要旨汇览》第一卷，大理院编辑处1919年12月，民法第1页。

2. 民律草案的制定。1914 年，法律编查会在《大清民律草案》的基础上参酌各国民法及各省民事习惯，修订民律草案，至 1925 年由修订法律馆完成，有总则、债、物权、亲属及继承五编，1320 条，称为“民律第二次草案”。因段祺瑞政府垮台，该草案未能正式通过。

3. 民事、经济法则的颁行。北洋政府采用民商分立的原则。在民事法规中，较重要的如《清理不动产典当办法》、《著作权法》、《不动产登记条例》等。在商事、经济法规中，较重要的如《公司条例》、《商人通例》、《商会法》、《证券交易所法》、《商标法》等。修订法律馆还先后起草了公司法、破产法、票据法、保险法等法律草案，然而均未能形成正式生效的法典。

（二）民事、经济立法的特点

北洋法制在民事、经济立法方面最显著的特点，是既保留中国本土固有的民事经济活动的一些传统，又大幅度地移植西方法律制度的相关内容，并对民商事法律传统进行一些近代化的改造。

移植西方法律的情形，在经济立法方面最明显。例如，公司破产、保险、交易所等，是传统社会中未有的新生事物，均属舶来品。对与其相关的法律关系，缺乏本土现成的立法经验，因而北洋政府不得不援引西方法制成果对这些新型法律关系加以调整。

对传统的因袭，主要体现在婚姻家庭制度上，如大理院私上字第 2 号判例规定：“现行律载，嫁娶应由祖父母、父母主婚；祖父母、父母俱无者，从余亲主婚；是婚姻不备此条件者，当然在可以撤销之列。”大理院上字第 766 号判例规定：“家政应统于尊长，尊长关于财产权当然得代表卑幼。”大理院上字第 148 号判例规定：“卑幼对财产之处分行为乃无权行为，依法非经尊长之追认不生效力。”上述判例对卑幼民事权利的剥夺，对婚姻自由原则的否定，正是封建法制的内容。

在对中国民商事法律传统改造方面，通常经由民商事判例、解释例进行。例如，1915 年上字第 282 号判例规定：“实业先尽亲房之习惯即属限制所有权之作用，则于经济上流通及地方之发达均有障碍，即难认为有法之效力。”① 1914 年上字第 101 号判例规定：“商号负债不能涉及家产之办法，于交易安全实有妨碍，纵令显属旧有之习惯，亦难认为有法之效力。”依照近现代民法的理论、原则及法律条文，以民商事习惯为主体的中国民商事传统法律被加以改造。从北洋政府的民事、经济法制来看，“西学东渐”后，因华洋往来杂处，社会关系、法律关系必然地呈现近代化、多元化的趋势，中西法律文化的融汇与冲突在法的制定、实施等环节时有体现。

---

① 《大理院判例要旨汇览》第一卷，大理院编辑处 1919 年 12 月，民法第 2 页。

六、司法制度

（一）司法机关

1. 普通司法机关。北洋政府的普通司法机关与清末大体相同，即在中央设立大理院，作为最高审判机关；在地方分别设立高等审判厅、地方审判厅、初级审判厅，作为地方各级审判机关。审判制度为四级三审制。实行审检合一原则，即在各级审判厅内，相应设置各级检察厅，行使检察权。

然而北洋政府并未建立初级审判厅，本属初级审判厅受理的案件，转由地方审判厅的分厅受理，或者由县知事兼理。县知事兼理司法的体制，又经历了演变。

1913 年，北洋政府设置审检所机构。1914 年，将审检所取消后又设置兼理司法县公署，这是由县知事兼行审判权和检察权的县级司法与行政合一的机构。1917 年，作为对兼理司法县公署的改进，设置了县司法公署，由审判官和县知事共同组成。在县司法公署中，审判官负责审判，县知事负责检察，各司其职。

2. 特别司法机关。包括军事审判机关和特别区法院。根据《陆军审判条例》和《海军审判条例》，军事审判机关分为高等军法会审、军法会审和临时军法会审。特别区法院包括热河、察哈尔、绥远三个特别行政区的都统署审判处，外蒙古部分地区镇抚使署审判处，以及哈尔滨特别区域审判厅。

3. 行政诉讼机关。北洋政府的行政诉讼体制在中国近代立法史中占独特地位。借鉴大陆法系国家将行政法院系统单列的做法，北洋政府在普通司法机关之外，专设行政诉讼机关——平政院。1914 年 3 月 31 日，袁世凯以大总统令公布《平政院编制令》。平政院直属于国家元首，对行政诉讼案件行使审判权，但平政院不受理因不法行政行为造成损害赔偿的案件。

1914 年 5 月 17 日，北洋政府公布《行政诉讼条例》。同年 7 月 20 日，将其修正公布为《行政诉讼法》。该法取消了平政院的监察职能，使其成为专门审理行政诉讼的机关。

（二）诉讼制度

1. 民事诉讼法。北洋政府前期，要求各级审判厅援用前清《民事诉讼律草案》中关于管辖、回避的规定。1921 年 11 月，北洋政府又以前清《民事诉讼律草案》为基础，制定公布了《民事诉讼条例》。1927 年 1 月，北洋政府公布《民事简易程序暂行条例》。

2. 刑事诉讼法。北洋政府规定了在刑事诉讼中须援用前清《刑事诉讼律草案》中关于管辖、审理、执行及回避各编。1920 年 10 月，为求简易刑事案件的迅速处理，北洋政府公布《处刑命令暂行条例》，规定凡 5 年以下有期徒刑、拘役、罚金案件，经检察官申请，可直接由审判官以命令处刑，而不必审判。1921 年 11 月，北洋政府以前清《刑事诉讼律草案》为基础，制定并公布了《刑事诉讼案例》。1922 年 1 月，北洋政府公布《刑事简易程序暂行条例》，废止《处刑命令暂行条例》。

3. 行政诉讼法。1914 年 5 月，北洋政府公布《行政诉讼条例》，同年 7 月，修订为《行政诉讼法》。行政诉讼针对行政机关的违法决定或处分提起，除对中央或地方各级行政官署损害人民利益之违法处分，人民可直接向平政院起诉外，对其他行政官署损害人民权利的违法处分，行政相对人须按诉愿法的规定，经两次诉愿后，才可向平政院提起。按照 1914 年 5 月公布施行的《诉愿条例》及同年 7 月修正公布的《诉愿法》，人民对于中央及地方各级行政官署所作的违法或不当之处分，致人民利益有损害时，有权向原处分行政官署的直接上级行政官署提起诉愿；已诉愿后，仍不服直接上级行政官署的决定，有权向直接更上一级行政官署提起再诉愿；对再诉愿仍不服，可向平政院提起行政诉讼。平政院实行公开审判制，回避制、合议制，以庭审为主，在一定条件下也可采用书面审，一审终审。

（三）司法制度的特征

北洋政府的司法制度，具有军事审判、范围扩大化、县知事掌握审判权、军阀官僚操纵审判、注重保护外国人的领事裁判权及其他司法特权等特征。此外，在清末司法改革的基础上，北洋政府的司法制度继续沿近代化方向发展。例如，在司法独立原则的确立方面，除以宪法性文件加以规定外，北洋政府还公布了《司法官考试令》、《司法官惩戒法》、《司法官官等条例》等法规，对司法官规定了比行政官更严格的考试资格，更专业化的考试科目，赋予司法官更高的社会地位，实行更严厉的惩戒方式。在律师制度方面，1912 年 9 月 16 日，北洋政府公布了《律师暂行章程》，这是中国历史上正式公布的第一部律师法，它规定了取得律师资格的条件、律师的登记、律师的职权与义务、律师组织及对律师的惩戒等内容。这些立法，使北洋政府法律体系的近现代色彩更浓。立法的近代化固然容易获得，而法的实际运作方式的近代转型却难轻易达成。在实际司法过程中，反动势力对正式的司法制度的恣意破坏和干扰，使这些先进的立法难以施行，成为独裁的假面具与专制的装饰物。

第三节 南京国民政府的法律制度

一、立法指导思想与立法概况

1927 年 4 月 12 日，以蒋介石为首的国民党右派背弃孙中山的联俄、联共、扶助农工的新三民主义路线，发动以“清共”为目的的“四·一二”反革命军事政变。4 月 18 日，蒋介石集团宣布成立南京国民政府。南京国民政府在从 1927 年到 1949 年的统治期间，其法制在清末、北洋法制的基础上有较大发展。

相形之下，南京国民政府法制的大陆法系特征更加鲜明。

（一）立法思想

1. “以党治国”是国民党政府立法的指导思想。在名义上，南京国民政府极力标榜其法律制度的指导思想是三民主义学说。1929 年 3 月 12 日，国民党第三次全国代表大会通过了《确定总理遗教为训政时期中华民国根本法决议》，确定孙中山先生的三民主义、五权宪法、建国方略、建国大纲以及地方自治理论为中华民国最高根本法。此后，南京国民政府的所有重要立法在条文中均自称依据三民主义学说制定。南京国民政府借用了孙中山先生的从“军政”、“训政”到“宪政”的演进理论，然而无论“训政”还是“宪政”，实质上都是以蒋介石为首的国民党反动派的专制统治。

2. 兼采中外立法是南京国民政府立法的主要方针。南京国民政府提出“参酌世界立法趋势”，“继承本国固有法源”，主张参考、借鉴世界各国的最新立法成果，同时亦有意继承、保存经清末和北洋政府时期延续下来的法律传统中的若干成分。自清末以来，新学日盛，精通外国法律的人才已有相当的积累，这为南京国民政府借鉴与吸收西方法律尤其是大陆法系法律中的适宜因素提供了人才条件。一批法学家为此付出了辛劳，其立法上的成果也是显著的。南京国民政府的法律体系在较短的时间内能够初步完备，即与这一立法方针有关。

（二）立法概况

在清末与北洋政府既有法律体系的基础上，南京国民政府初步建立起比较完备的近代法律体系。南京国民政府时期的法学家通常将其称为“六法”。所谓“六法”，如同中国近代法律中的许多专业术语一样，源于日本。对“六法”有两种划分，一种是分为宪法、民法、刑法、民事诉讼法、刑事诉讼法以及法院组织法；另一种是分为宪法、民法、刑法、民事诉讼法、刑事诉讼法及行政法，通常采用的是第二种划分。

南京国民政府法律体系的建立与发展过程，大体经历了三个阶段。

1. 从南京国民政府建立到抗战爆发。该时期共持续了十年，立法主要有三方面的内容。其一是宣布暂准援用以前施行的各种实体法、程序法。其二是制定和公布了各项基本法律，初步建立立法体系。其三是制定和公布了大量针对新民主主义革命活动的单行法规，镇压中国共产党领导的革命斗争。该时期处于所谓“训政”阶段，仅有《训政时期约法》这一宪法性文件而无正式宪法，其他五法均已颁行。

2. 抗战期间。该时期因国共两党实现了第二次合作，国民党一方面要标榜抗日，另一方面要限制共产党的发展。这在立法上的体现，一方面是制定惩办汉奸、实行国家总动员等以抗战为目的的战时性法律，另一方面又发布了一些旨在“防共、限共、溶共”的法令。该时期的立法形式主要是单行法。

3. 从 1945 年 8 月到 1949 年 9 月的第三次国内革命战争时期。抗战胜利后，国内阶级矛盾上升为主要矛盾。南京国民政府一方面召开“国大”，制定“宪法”，宣布由“训政”时期进入“宪政”时期，另一方面又制定和颁行大量的“戡乱法”，为其内战目的服务。

（三）法律形式

南京国民政府的法律形式，有成文法、判例和解释例。其成文法包括宪法性法律、一般性法律以及细则、规则、办法、命令等具体性法令。按法律的适用范围，又可分为特别法和普通法。普通法适用于通常时期，效力及于全体公民，特别法适用于特定时期、特定地域、特定人员，其效力高于普通法。与北洋政府法制相同，南京国民政府的最高司法机关也制定判例和解释例，作为成文法的补充形式。判例和解释例，也是断案依据，是法律体系的重要组成部分。另外，蒋介石的手谕和命令，也是南京国民政府法律形式的一种。国民党中央执行委员会于1939年2月8日通过的《国防最高委员会组织大纲》规定，国防最高委员会委员长对于党政军一切事务，可不依平时程序以命令为便宜之措施。这样，蒋介石以委员长名义发布的命令、手谕，均可不受任何机关与程序的制约而发生法律效力。

二、宪政立法

（一）《训政纲领》及其内容

南京国民政府统一全国后，于1928年8月召开国民党二届五中全会，宣布军政时期结束，“训政”时期开始。1928年10月3日，国民党中央执行委员会第172次会议通过了《训政纲领》，以之为“训政”时期的政纲。该纲领的基本内容为，在“训政”时期，由国民党全国代表大会代为行使政权，其闭会期间，由国民党中央执行委员会行使政权，同时训练国民逐渐行使政权；治权之行政、立法、司法、考试、监察五项，由国民政府行使；国民政府受国民党中央执行委员会政治会议的指导和监督。

国民党的《训政纲领》，自称是根据孙中山遗教制定，实则与孙中山“训政”思想的本意相去甚远。孙中山反复重申其“主权在民”思想，指出国家政权真正掌握在人民手中，“训政”只是一个暂时的过渡期，但蒋介石集团的“训政”，以“训政”为借口，长期剥夺人民的各项权利。

（二）《中华民国训政时期约法》及其主要内容

蒋介石集团与李宗仁、阎锡山、冯玉祥等集团之间的权力与利益冲突，引发了新的军阀混战。1930年8月，反蒋集团以蒋介石政府迟迟不颁行约法为由，在北京另立国民政府，起草约法。为维持其民国法统承续者的地位，1931年3月2日，国民党中央委员会议议决，由国民会议制定约法，6月1日，国民政府公布《中华民国训政时期约法》。该约法分“总则”、“人民之权利与义务”、“训政纲领”、“国民生计”、“国民教育”、“中央与地方之权限”、“政府之组织”和“附则”8章，计89条。其基本内容如下：

1. 确立国民党一党专政的国家体制。“总纲”规定：“中华民国之主权属于国民全体”。但在“训政纲领”一章中，重申了《训政纲领》的精神，规定国民党全国代表大会和中央执行委员会为最高权力机关。约法的解释权亦属于国民党中央执行委员会。

2. 确立以国民政府主席为首的五院制政府体制。“政府之组织”一章规定，国民政府设行政、立法、司法、考试、监察五院，行使相应治权。国民政府设主席1人，委员若干人，由国民党中央执行委员会选任，国民政府任命。五院院长由国民政府主席提请国民政府任免。

3. 规定人民的各项民主权利。“人民之权利与义务”一章规定，中华民国国民无论男女、种族、宗教、阶级之区别，在法律上一律平等，享有一系列权利和自由，人民不按法律不得被逮捕、拘禁、审问、处罚等。但赋予上述权利的条款往往附有可以依法律加以限制或停止的规定。另外，关于选举、罢免、创制和复决的权利，必须在完全自治之县的人民始得享有。

4. 规定了以发展国家资本主义为主的基本经济政策。“国民生计”一章规定，国家奖励及保护各种民营事业，发展农业经济，尤其强调国家兴办煤、油、金、铁等矿业及航空业等对国民生计意义重大的产业。这一规定为国家大力发展国家资本主义、扩充官僚资本、垄断重要国民经济部门提供了基本的法律依据，但孙中山“平均地权”的民生主义思想并无体现。

5. 规定了中央与地方的权限及实行县自治的制度。中央与地方权限的划分，采用孙中山提出的“均权主义”，各地方可制定法规，但不得与中央法律相抵触；可以科税，但不能妨害中央收入来源；省长受中央指挥，负责该省行政，并监督省内各县自治。所谓县自治，内容包括县设立筹备自治县，完成调查人口、测量土地、修筑道路、训练民众行使政权、选举自治机关实施自治等事项。

（三）《中华民国宪法草案》及其主要内容

《中华民国宪法草案》又称“五五宪草”，于1936年5月5日公布。“五五宪草”是在“九一八”事变之后全国人民强烈要求实行“宪政”，团结抗日的背景下制定的。该宪草在文字上和形式上更具资产阶级民主外观。其内容包括“总纲”、“人民民主权利与义务”、“国民大会”、“中央政府”、“地方制度”、“国民经济”、“教育”和“宪法之实施与修正”等8章148条。相对于《中华民国训政时期约法》，该宪草的特殊之处在于，其一，确立了五院制与总统实权制的政治体制，总统既是国家元首又是政府行政首脑；其二，宣布实行“平均地权”与“节制资本政策”，由于抗战全面展开，国民大会不能如期召开，“五·五宪草”未能付诸审议。

（四）《中华民国宪法》及其内容

抗战胜利后，在全国人民争民主的浪潮中，国民政府于1946年1月10日在重庆召开政治协商会议，中国共产党派周恩来率代表团参加。1946年12月25日，国民大会通过了《中华民国宪法》并于1947年元旦颁布，该宪法共14章

175 条，是中国近代半殖民地半封建政权所制定的最完备的宪法。该宪法的基本内容和特点如下：

1. 以“民有、民治、民享”的民主共和国之名，行一党专政、个人独裁之实。宪法赋予总统至上的权力，从条文语辞上看，“主权在民”、“五权分立”、“国会制”、“内阁制”都有所规定，但都不确切，事实上国民大会职权被缩小，五院亦成为蒋氏的办事机构。

2. 以赋予人民民主自由之名，行法西斯统治之实。该宪法在“保障民权”的口号下，规定了国民的民主权利，甚至确立了国家赔偿责任。一方面是资产阶级宪法原则、民主制度在“纸上的法”中愈来愈完备，另一方面是压迫与剥削在社会现实的“活的法”中依旧大行其道，这是国民党政权难以逆转的法的制定与实施之间的深刻矛盾。

3. 打着“平均地权”、“节制资本”的旗号，维护封建土地剥削和四大家族等官僚资本的经济垄断地位。宪法在“基本国策”一章的“国民经济”一节，明确规定了“人民依法取得之土地所有权，应受法律之保障与限制”，从法律效果上看，该规定实则肯定了封建的土地所有制度。1946 年制定的《土地法》，进一步完善了封建租佃制度。另外，宪法规定：“附着于土地之矿及经济上可供公众利用之天然力，属于国家所有”。“公用事业及其他独占性之企业，以公营为原则。”“金融机构应依法受国家之管理。”这些规定使官僚资本能以“国家资本”的名义获得对国民经济命脉的独占。官僚资本借用国家政权的力量，限制了中国民族资本主义经济力量的发展。

三、行政立法

南京国民政府的行政法既包括行政法律，又包括行政规章，由于其调整社会生活中方方面面的庞杂而多变的行政法律关系，故难以形成统一的成文法典。在“六法”体系中，行政法占重要位置。

（一）公务员法

南京国民政府以“公务员”代替了北洋时期的“文官”概念。自 1929 年起，南京国民政府陆续颁布了有关公务员管理的系列法规，以规制公务员考试、任用、考绩、退休、抚恤、奖励、惩戒等活动，如《弹劾法》（1929 年 5 月）、《考试法》（1929 年 8 月）、《公务员考绩法》（1929 年 11 月）、《公务员惩戒法》（1931 年 6 月）、《公务员服务法》（1939 年 10 月）等。

1. 公务员的考试。为完善公务员考试录用体制，南京国民政府先后制定了《文官高等考试法》、《文官普通考试法》、《外交官领事考试法》、《监试法》、《襄试法》等法规。《文官普通考试法》规定，中华民国年满 20 周岁以上男子，要参加文官普通考试必须具备的四种资格。文官普通考试第一试考国文，第二试按行政职与技术职分别考试，第三试为相应专业的口试。《考试法》共 18 条，规定凡是候选及被任命的人员，应该领有证书的专门职业或技术人员，都必须经过考试确定其资格。国民要参加普通考试的，必须是经立案的公私立中等以上学校毕业的，或具有同等学历，经过考试及格的。普通考试与高等考试每年或隔年举行，第一试为国文及国民党党义，第二试为分科科目，第三试为面试及成绩审查，考试及格则由考试院颁发及格证书。《监试法》规定，在考试时，由监察院派出监试委员。考场内外的警卫及隔离、试卷的密封、密封号册的保管、试卷的交发、试卷的点收、密封的开拆、成绩的审查、及格者的公示等事项，由监试委员加以监督检查，场内如有潜通关节、替换、毁损遗失试卷，场外如有顶替传递试卷等舞弊情形，监试委员应提出弹劾案，由典试委员长或襄试处主任处理。考毕，由监试委员将监试情形呈报监察院。

2. 公务员的任用。公务员按任命形式可分为高等官与普通官。凡由中国国民党中央执行委员会、政治委员会以及国防最高委员会选任或由国民政府直接、间接任命者为高等官。高等官又分为特任、简任、荐任三种。由所属官署直接任命者为普通官，仅有委任一种。按对国家施行方针是否有决定作用或重大影响，公务员可分为政务官与事务官，前者可以决定或影响国家施政方针，须经中央政治会议决议任命，后者则是执行既定方针的公务员。1933 年3 月，国民政府公布《公务员任用法》及《公务员任用法施行条例》，该法将“简任官”、“荐任官”、“委任官”改为“简任职公务员”、“荐任职公务员”、“委任职公务员”，明确规定考试及格人员的优先任用，规定任用程序分试署与实授，试署满一年的才可以实授。

3. 公务员的权利、义务及惩戒。与北洋时期相比，南京政府的法规中，在权利方面缺少对公务员身份保障的专门规定，在义务方面增加了道德义务，如《公务员服务法》要求“公务员应诚实、清廉、谨慎、勤勉，不得有骄纵、贪惰、奢侈、放荡及冶游、赌博、吸食烟毒等足以损失名誉之行为”。公务员的惩戒，由监察院向惩戒相关机关提起，选任政务官的惩戒机关为中央监察委员会，其他政务官的惩戒机关为国民政府，事务官则为司法院下属的惩戒委员会，惩戒种类分为免职、降职、减俸、记过、申诫五种。

（二）警察与治安法规

南京国民政府时期，警察组织进一步扩充，职权也进一步增大。在中央，以内政部为全国警察的最高主管机关，所属的警政司拥有管理各种警察、特务、保卫团的编练、外事活动登记、检查报纸杂志、电影和“剿匪”清乡等统治、镇压职能。在地方，各省以民政厅和警务处总辖一省警政，首都设警察厅，特别市、省会、省辖市和县设警察局，基层设派出所。此外，还有特别警种，如司法警察、矿业警察、渔业警察、森林警察、铁路警察、公路警察、税务警察以及秘密警察等。警察的权力触角，伸及社会各个角落。庞大的警察系统是维护南京国民政府统治的一支重要力量。

1. 警察的组织体系。按照1928 年12 月公布的《内政部组织法》，内政部为警察最高主管机关，该部隶属于行政院。部内机构几经变更，但警政司作为全国警察行政的中枢机关却始终保留未动，且其组织规模和职责权限较清末民政部警政司和北洋政府内务部的警政司都有扩展，内政部警政司主管警察制度的厘定，警察机关的区划设置，警察经费的筹划，警察官吏的任免、晋升、培训、考核、奖惩等。内政部直辖的警察机关，一是警察高等学校（1937 年 8 月改为中央警官学校），二是首都警察厅，首都警察厅下设有局、所，另外还编设保安、消防、交通、税务等专业警察队以及警察训练所。

从省、市、县到区、乡、镇，国民党政府建立了各级地方警察系统。按照 1929 年 6 月公布的《省警务处组织法》，各省设警务处，隶属于民政厅。警务处长的选任，内政部规定须至少具备以下资格之一：（1）在国内外警察专门学校或警官高等学校三年以上毕业，曾担任荐任以上警官者；（2）在国内外大学或专门学校学习政治法律学科三年以上毕业，曾担任荐任警官二年以上具有警察学识与经验者；（3）军官学校毕业曾任中校以上军职，并确有警察学识与经验者。1937 年 11 月，《省警务处组织法》被修正，规定省警务处直隶于省政府，并相应提高该处官员的官阶。省会和行政院直辖市以及省政府直辖市，分设警察局，分别隶属于各市政府，局内设总务科、行政科、司法科和督察处，于必要时增设外事科和其他专科。局外则设立分局，分局以下设警察分驻所和派出所，划分相应的警管区，另设侦缉队、消防队、交通警察队、水警队和保安警察队等。

在上述省会和市以外的重要商埠或其他工商业繁盛发达地区，设有“特种公安局”。直到 1936 年 7 月，按《各级警察机关编制纲要》，这些“特种公安局”才改名为警察局，直隶于省主管机关。县警察机关采取两种组织形式，一是单独设立县警察局，二是不单独设局，在县政府里置警佐室，主管全县警务。县警察机关的职责包括：（1）全县警察的编练、调遣与考核奖惩；（2）警察装备的管理与勤务配备；（3）户口调查、保安正俗、消防、交通、卫生以及农村渔猎，名胜古迹的维护；（4）违警处理与司法协助；（5）保甲长及国民兵队训练的协助以及警察与保甲工作联系的规划和指挥；（6）其他警卫事项。

在县以下，区、乡、镇设立警察局的分支机构，区警察所设于区公署所在地，由所长、所员、督察员、巡官、警长、警士组成。在未设区公署的地方，必要时也设区警察所，直隶于县政府，重要乡镇于 1941 年前也设有警察所。后改为由乡、镇公所的警卫股主任掌理地方警察事务。在这一整套地方警察系统外，各县还以保甲制度为依托，以“人民自卫”的名义，编设了保卫团，以弥补警力的不足，加强对人民群众的监视与控制。

2. 警察的考绩、奖惩与训练。南京国民政府时期，警察的考绩一般分为初核与复核，初核由主管长官指定若干高级职员组成“考绩委员会”实施，最后由主管长官复核。不能组成“考绩委员会”时，直接由主管长官进行。考绩内容分工作、操行、学识三项，分别评定分数，根据分数予以奖惩。惩罚包括降级、免职、减薪、记过和申诫，奖励除晋级、增薪、给予奖状外，还有记功、明令嘉奖、发给奖金等，南京国民政府还沿用北洋政府的做法，对“著有政绩”的警政人员颁发警察奖章。

在中央与地方，设有警官学校或警士教练所（后改称警察训练所），用以培训警官和长警。警官高等学校是全国警察最高教育机关，以培养高级警政骨干为目标，每年招生一次，报考者年龄在二十岁以上，三十岁以下，还须符合以下条件之一：(1) 警官学校毕业；(2) 公立或私立法政学校毕业；(3) 公立或私立高中或大学预科毕业；(4) 陆军军官学校毕业。学制为三年，设本科和警犬、指纹、电气、建筑等专科，开设三十余门课程，如警察学、警察法令、勤务要则、国际警察、行政警察、司法警察、交通警察、消防和卫生警察、侦探学、军事学、监狱学、法学通论、比较宪法、行政法、刑法、民法、诉讼法、国际法、政治学、社会学、市政学、法医学、户籍学、战术和操练等。浙江、云南等省亦在省会所在地设立以造就初级警官为宗旨的警察学校，隶属于民政厅管辖。

3. 治安法规的制定。内容细密是南京国民政府治安法规的特点。1928 年 7 月公布并实施的《违警罚法》是南京国民政府制定的大量的治安法规的代表。所谓违警，是扰乱公共秩序、危及公共安全的行为，其行为的社会危害性未至应受刑罚的程度。违警行为的种类极多，对违警行为的制裁方式以罚金、拘留为主。例如，《违警罚法》第 33 条规定：“有下列各款行为之一者，处十五日以下之拘留或十五元以下之罚金；一、违背法令、章程营工商之业者；二、违背法令、章程开设戏园及各种游览处所者；三、旅店确知投宿人有刑法上重大犯罪行为，不秘密报告公安局、所者；四、旅店确知投宿人将有刑法上重大罪犯之举动，不秘密报告公安局、所，尚未达刑法第一百六十二条之犯罪者。”第 34 条规定：“有下列各款行为之一者，处十日以下之拘留或十元以下之罚金；一、婚姻、出生、死亡及迁移，不依法令、章程报告公安局、所者；二、建筑物之建筑修缮，不依法令、章程呈请公安局、所准许，擅兴土木，或违背公署所定图样者；三、旅店、会馆及其他供人住宿之处所，不将投宿人姓名、年龄、籍贯、住址、职业及来往地方登记者；四、群众会合公安局、所有所询问，不据实陈述或令其解散不解散者；五、死出非命或发现来历不明之尸体，未经报告公署勘验，私行殓葬或移置他处者。旅店及其他供人寄宿之处所，六个月以内在同一管辖地方，违背前项第三款至三次以上者，得勒令歇业。”第 35 条规定：“有下列各款行为之一者，处五日以下之拘留或五元以下之罚金；一、于私有地界外建设房屋、墙壁、轩楹等类者；二、房屋及一切建筑物势将倾圮，由公署督促修理或拆毁而延宕不遵行者；三、毁损路旁之植木、路灯或公署物品者；四、于学校、博物馆、图书馆及一切展览会场或其他供人居住之处所聚众喧哗，不听禁止者；五、于道路或公共处所擅吹警笛者；六、于道路或公共处所高声放歌，不听禁止者；七、于道路或公共处所酗酒、喧噪或卧者；八、于道路或公共处所口角纷争，不听禁止者。九、于禁止出入处所擅行出入者；十、潜伏无人居住之屋内者；十一、深夜无故喧哗者；十二、藉端滋扰铺户及其他营业处所者；十三、经公署定价之物加价贩卖者；十四、凡夫役、佣工、车马等预定佣值赁价，事后强索加给，或虽予未预定，事后讹索至惯例最高额以上，或中道刁难者。违犯前项第十三款、第十四款者，其加价所得之金钱没收之。”

四、刑事立法

南京国民政府成立之初，仍沿用北洋政府的《暂行新刑律》。1928 年 3 月 10 日，南京国民政府公布了在《暂行新刑律》基础上删修而成的《中华民国刑法》，亦称“旧刑法”，有总则、分则二编，总则有 14 章，分则有 34 章，共 387 条。1934 年 10 月，新的刑法修正案完成。1935 年 1 月 1 日，新刑法由国民政府公布，有总则、分则二编，总则有 12 章，分则有 35 章，共 357 条。

（一）新刑法的特点

1. 吸收了世界各国新的刑法理论和刑法原则。新刑法除了规定清末刑法既有的罪刑法定主义、刑罚人道主义及罪责自负等原则外，还采纳了 20 世纪 20 年代以来德国、意大利等大陆法系国家刑法中的主观主义和社会防卫主义学说，注重发挥刑法的预防与教育机能。主观主义注重对犯罪嫌疑人主观态度的考察。社会防卫主义认为，传统的刑罚报应论不足以保障社会的安全，对那些不能施以刑罚制裁但又具有社会危害性或潜在社会危险性的人，应施以刑罚以外的一定的保安措施，即保安处分。新刑法“保安处分”第一章规定，对未满 14 周岁或心神丧失者危害社会的行为不予刑罚处罚，但须送入感化院或相当处所施以感化教育或监护；对犯有吸毒、故意传播性病或麻疯病等罪的人，应于刑罚执行前送入相当处所强制治疗，对因酗酒、游荡或懒惰成习而犯罪者，有犯罪习惯或以犯罪为常业的人，应于刑罚执行完毕或赦免后，进入相当处所强制戒酒或强制劳动。1929 年 12 月公布的《反省院条例》创设了类似于保安处分的反省制度，主要针对的是有进步倾向的青年和革命志士，所谓反省，也即被监禁。该条例规定，凡违反《暂行反革命治罪法》或《危害民国紧急治罪法》者，或依《共产党人自首法》应送反省院者，于审判前或刑罚执行中或执行后，应送入反省院反省，最低期限为 6 个月，最高期限为 5 年。

2. 继承了中国法律传统中的封建主义的某些因素。由于民权主义的影响，新刑法进一步减小了北洋政府刑法与旧刑法中的封建礼教内容。例如，在刑法适用上，实行男女平等，将旧刑法中的“有夫之妇与人通奸，处二年以下有期徒刑”改为“有配偶而与人通奸，处一年以下有期徒刑”。但是，儒家礼制的影响在新刑法中并非完全消除，如新刑法加重对侵犯尊亲属犯罪的惩罚。对直系血亲尊亲属犯“诬告罪”、“侵害坟墓尸体罪”、“伤害罪”、“遗弃罪”等，须加重原刑罚的二分之一处刑。犯人的配偶、五宗等内之血亲或五宗等内之姻亲犯有便利犯人脱逃、藏匿犯人有湮灭证据等罪，可以减轻或免除处罚；这一规定事实上与儒家传统中的“容隐”观念相契合。这些规定客观上具有维护以父权为中心的家族秩序的功能。

3. 采用了新的立法技术。这主要体现于法典的编纂更趋科学化。在条文间的内在逻辑上，新刑法更为严谨。例如，新刑法改变了旧刑法只规定作为的犯罪而缺少对不作为形态犯罪的规定状况。在刑罚适用上，旧刑法只规定短期自由刑可改处罚金，而新刑法则规定短期自由刑与罚金刑之间可因受刑人的实际情况互易科罚。在体例结构方面，新刑法也有变化。

（二）特别刑事法规的制定

南京国民政府在不同历史时期针对其实际需要而制定的特别刑事法规，是整个刑法体系的重要组成部分。特别刑事法规一般不遵循通常的立法程序，而是直接由国民政府颁布，或由军事委员会等部门制定公布，适用于特定期间、特定地点、特定的人或事。大量颁行特别刑事法规，是南京国民政府立法活动的重要特征。从总体上看，这些法规比刑法更为严厉地限制人民民主权利，镇压人民革命斗争。第二次国内革命战争期间的特别法规如1927年11月18日公布的《惩治盗匪暂行条例》、1928年3月7日公布的《暂行反革命治罪法》、10月20日公布的《共产党人自首法》、11月公布的《惩治绑匪条例》、1929年9月25日公布的《陆海空军刑法》、1936年6月3日公布的《禁烟治罪暂行条例》、《禁毒治罪暂行条例》等。

抗战期间的特别法规如1937年12月10日公布的《惩治汉奸条例》、1938年6月27日公布的《惩治贪污暂行条例》、1942年2月公布的《妨害国家总动员惩罚暂行条例》、1940年6月29日公布的《妨害兵役治罪条例》等。

第三次国内革命战争时期的特别法规如1947年12月25日公布的《戡乱时期危害国家紧急治罪条例》、1949年6月21日公布的《惩治叛乱条例》、1948年3月11日公布的《惩治走私条例》等。

五、民事、经济立法

（一）民商立法概况

1. 民法典的制定。1929年1月，立法院成立民法起草委员会。民法起草委员会以北洋政府第二次民律草案与法制局起草的亲属、继承两编为基础，参照德、意、法、日、瑞士等大陆法系国家的民法典，根据国民党中央政治会议陆续议决的民法各编立法原则，先后草拟了总则编、债编、物权编、亲属编与继承编等五编草案，分别交由国民政府于1929年5月23日、1929年11月20日、1930年12月26日分三次公布，至此，《中华民国民法》诞生，它是中国历史上正式颁行的第一部民法典。

2. 商事法规的制定。民法起草委员会决定采用“民商合一”原则，对能够合并到民法中的商业行为，如仓储、承揽、运输等，在民法典中规定，对不宜并入民法的商业行为，分别制定单行商事法规。

（1）《票据法》。于 1929 年 10 月 30 日公布，共 5 章 139 条，分“总则”、“汇票”、“本票”、“支票”、“附则”各章。

（2）《公司法》。于 1929 年 12 月 30 日公布，共 10 章 361 条，主要规定了公司的种类、公司的组织结构、公司的解散、清算以及对外国公司权利的确认。

（3）《保险法》。于 1929 年 12 月 30 日公布，共 3 章 82 条，修正公布于 1937 年 1 月 11 日，修正后共 4 章 98 条，分“总则”、“损失保险”、“人身保险”、“附则”等章。

（4）《海商法》。于 1929 年 12 月 30 日公布，共 8 章 174 条，分“通则”、“船舶”、“海员”、“运送契约”、“船舶碰撞”、“救助及捞救”、“共同海损”、“海上保险”各章。

（二）民商法的特点

1. 采用民商合一的编纂体例。清末与北洋政府时期，均采用民商分立的原则。1929 年 5 月，民法总则颁布后，立法院向国民党中央政治会议提交编定民商统一法典的提案。国民党中央政治会议通过了《民商法划一提案审查报告》，送交立法院。报告认为，采用民商合一体例的理由有：中国自古以自然经济为主，无独立的商人阶级，不必单独规定商法；商法有关事项极为广泛且不确定，很难以总则统率全体；在民商分立国家，商法在适用中仍须援引民法通则，民商合一已成世界趋势等。

2. 吸收世界民法新体例与新原则中的有关因素。19 世纪末 20 世纪初，西方国家的各项立法逐渐由个人权利本位趋向于社会权利本位。在民法立法中，表现为对所有权神圣、契约自由、过错责任原则予以一定的限制或修正。国民党中央政治会议认为三民主义之民生主义恰与这些新原则相契合，因而自称民法采用“保护公益原则”与“保护弱者原则”。该法规还借鉴了苏联、泰国等国民法典的编纂体例与内容。

3. 保留了封建礼教的残余因素以及若干仍然具有现实合理性的传统民法制度。在亲属分类法中，摒弃了传统的五服制度，在继承法中废除了宗祧继承，但封建主义的内容并未清除。男女在民事权利上仍有不平等规定，如妻以本姓冠以夫姓，共同财产往往由夫管理，对未成年子女行使亲权以父亲的决定为准；赘婿的民事权利与普通家庭中妻子相同；在继承制度中，规定养子女对父母、养父母遗产的继承只能是婚生子女的一半等。典权、永佃权是中国传统民法中的重要制度。典权的设立往往在于救济出典人之急，出典人有回赎权，不至于即刻丧失不动产所有权。永佃权的设立亦多有保护佃户利益的功能。“家”在传统中国以及中国传统法文化中居核心地位，亲属法专列“家”为一章，保留并改造了传统宗族制度。

（三）经济立法概况

南京国民政府的经济法律法规的成就，主要体现在财政金融管理方面。就本质而言，南京国民政府的经济法是为以四大家族为代表的官僚、买办资产阶级服务的垄断法，是盘剥和限制广大劳动人民、民族资产阶级的掠夺法。

1. 赋税管理制度。第二次国内革命战争时期，国民政府废除了货物通过关卡即缴税的厘金制，实现关税的自主化。该时期国民政府的赋税收入主要有三大来源，即关税、盐税和统税。除以上三种税收外，国民政府还有田赋、印花税、烟酒税、所得税、行税、土地税等税种。

抗战军兴，海关进出口关税收入锐减，国民政府被迫调整税制，如扩大原海关税种中转口税的征收范围；扩大统税的征税地区与征税货物品种；实行食盐专卖，取消盐税；田赋收归中央，改征实物；开征过分利得税与遗产税。

第三次国内革命战争时期，发动内战导致军费激增，南京国民政府财政出现巨额赤字。为挽救财政危机，政府大量增税，如调整原有各税的征收方案；加重纳税者负担；开征全国统一新税，增设地方性新税种之类。

2. 金融管理制度。1927 年 10 月，南京国民政府公布《中央银行条例》。1935 年 5 月，该条例经修正后，改称为《中央银行法》并颁行。1938 年 3 月，公布了《中央银行管理外汇办法》。1947 年 2 月，公布了《取缔基金投机买卖办法》。这些经济法规，使中央银行获得了外汇、黄金管理与经营、国库代理与货币发行的垄断特权，具备代表国家进行金融控制和金融管理的真正的中央银行职能。近代中国的中央银行制度基本完善。

根据 1947 年 9 月修正公布的《银行法》，专业银行分为五种，即收受普通存款与办理一般放款、汇兑及票据承兑或贴现的商业银行；对农、工、矿或其他生产、交通事业经营的实业银行；以复利方法收受以储蓄为目的的定额存款的储蓄银行；以信托方式收受动用或经理款项及财产的信托公司；按照传统钱业习惯经营商业银行业务的钱庄。南京国民政府的专业银行制度是对清末以来的专业银行制度的继承和发展。

南京国民政府的货币制度，充分暴露了国民党政权的阶级本质。国民政府初期，仍沿用北洋时期的货币制度。1933 年，国民政府实行银元本位制，禁止“银两”流通。1935 年 11 月，为减少财政赤字，摆脱金融危机，在美国帮助下，实行了法币制，即把由四大家族掌握的中央、中国、交通三银行（后增加中国农民银行）发行的纸币定为“法币”，所有货币流通均用法币，所有银行均须向上述银行兑换法币，实行白银国有，实际上是官僚资本所有。1948 年，在军事危机与经济危机互相促动的时期，恶性通货膨胀使法币疯狂贬值，国民党政权又废除法币，发行所谓“金元券”。1948 年 8 月，南京国民政府公布了《金元券发行办法》、《人民所有金银、外币处理办法》等法令，规定凡持有金银或外币者，均须在指定时间内以法定比价兑换成金元券，否则没收。这使国民党政权在不足两个月内即从人民手中掠夺了价值两亿美元的金银和外币。

六、司法制度

（一）诉讼制度

1. 民事诉讼制度。南京国民政府先后制定了两部《民事诉讼法》，第一部于1930年2月和1931年2月分两次公布，共5编600条。另外，还规定了一系列民事诉讼特别法，如1940年1月公布的《强制执行法》，1941年4月公布的《民事诉讼费用法》，1940年7月公布的《非常时期民事诉讼法补充条例》等。

南京国民政府的《民事诉讼法》规定的程序有：法院管辖、当事人资格、诉状程式、辩论程序、第一审程序、第二审程序、第三审程序、抗告程序、督促程序、保全程序、公示催告程序、人事诉讼程序等，大体采用了当事人主义的诉讼架构，如有“当事人得以合意停止诉讼程序”、“法院不得就当事人未声明之事项为判决”、“调解依当事人之申请行之”等规定。

2. 刑事诉讼制度。《刑事诉讼法》亦先后有两部，第一部于1928年7月公布，共9篇513条，第二部于1935年7月公布，于1945年12月修正，共5编516条，其他的刑事诉讼特别法规如1928年6月公布的《特种刑事临时法庭诉讼程序暂行条例》、1929年8月公布的《反革命案件陪审法》、1930年3月公布的《陆海空军审判法》、1947年7月公布的《非常时期刑事诉讼条例》等。

1935年1月公布的新《刑事诉讼法》，包括“总则”、“第一审”、“上诉”、“抗告”、“再审”、“非常上诉”、“简易程序”、“执行”、“附带民事诉讼”各章。其内容特点，如限制自诉权，规定对于直尊亲属或配偶不得提起自诉；规定秘密侦查制度；规定辩护制度；规定保释制度，即由羁押之被告的辅佐人或辩护人具保声请，而且出具的保证书以管辖区域内殷实之人或商铺所具者为限，并应记载保证金额及依法缴纳之事由。《刑事诉讼法》还确立了“自由心证”原则，规定“证据之证明力，由法院自由判断之”，所谓自由心证，指法律对证据材料的证明力及证据的取舍不作具体规定，交由法官根据自己的自由意志依其内心确信而判断。

3. 行政诉讼法。1932年11月，南京国民政府在北洋政府《行政诉讼法》的基础上制定并公布了新的《行政诉讼法》，共27条。1942年7月，国民政府修正该法。《行政诉讼法》规定了行政诉讼的提起、审理、判决、执行等内容。对行政法院的判决与裁定，当事人不得上诉，但可请求再审。对判决之执行采用行政程序而非司法程序。《行政诉讼法》对有关程序未作规定者，准用民事诉讼法。

（二）司法机构

南京国民政府成立后，沿用北洋政府后期的四级三审制与审检合署制，在不设法院的各县则仍由县长兼理司法。这一司法体制一直延续到1935年《法院组织法》施行。

1. 普通司法机关。普通法院分地方法院、高等法院和最高法院三级。地方法院设于县或市，区域辽阔的县或市设地方法院分院。高等法院设在首都、省会、直辖市和特别区域；其区域辽阔者，设高等法院分院。高等法院管辖内乱罪、外患罪及妨害国交罪等案的第一审诉讼，以及不服地方法院及其分院判决的上诉。最高法院设于首都，管辖不服高等法院及其分院的裁定或判决的上诉以及非常上诉案件。普通法院实行三级三审制，第三审仅为法律审。最高法院，高等法院采用合议制，除重大案件外，地方法院一般采用独任审判制。法院之间为监督而非隶属关系，各级法院院长只负责全院的行政事务，不能干预法官审判。

2. 特别司法机关。主要有特种刑事法庭、军事审判机关与行政法院。1928年，国民政府在各省、市设立"特别临时地方法庭"，在南京设立"特种刑事中央临时法庭"，分别审理所谓反革命犯罪的第一审案和上诉审案。次年11月，该机构被撤销，其职能转由军法机关行使。1948年4月，国民政府公布《特种刑事法庭组织条例》。根据该条例，南京成立了"中央特种刑事法庭"，与最高法院并行，隶属于司法院。各省市设立"高等特种刑事法庭"，负责审理《戡乱时期危害国家紧急治罪条例》所规定的犯罪案件。军事审判机关有三种，即军法会审机关、普通军事机关和县长或地方行政长官兼理。南京国民政府的行政法院于1933年成立，掌理全国行政诉讼审判事务。与北洋政府的平政院一样，南京国民政府的行政法院仍采大陆法系体制，且行政法院只设立于首都，极不符合中国版图辽阔、交通不便、民贫政繁的实际情形。这使行政法院应受职能的发挥大打折扣。

3. 司法行政机关。南京国民政府的司法行政机关在五院成立以前为司法部，直属国民政府；1928年11月五院成立时隶属司法院，更名为司法行政部，属司法机关；1931年12月，改属行政院，为行政机关；1934年10月，仍隶司法院；1942年12月，重隶行政院。该部管理全国的司法行政事务，其主要职能有：法院的设置与废止、管辖区域划分的变更，司法机关职员的编制、任免、奖惩、抚恤、考绩、训练与教育，律师与公证管理，监狱管理，民、刑事诉讼之行政事项，特赦、减刑及缓刑事项，对地方最高级行政长官执行司法行政事务予以指示与监督等。关于该部对司法活动的监督，包括对被监督人之职务上的事项发命令使之注意，对被监督人废弛职务、侵越权限或行止不检的行为加以警告，并有权对有上述行为的被监督人依《公务员惩戒法》办理。关于该部对各地最高级行政长官执行司法行政事务的监督，《司法行政部组织法》规定："司法行政部就主管事务对于各地方最高级行政长官之命令或处分，认为有违背法令或逾越权限者，得提经行政院会议议决后，停止或撤销之。"在死刑的执行方面，《刑事诉讼法》规定司法行政部有最后复核权。

（三）司法制度的特点

1. 司法院享有广泛的职权。作为国家最高司法权力机关，司法院享有监督司法审判、行政审判、司法行政、官吏惩戒、解释法令、变更判例等各项职权。

2. 民事诉讼中规定了法院调解制度。清末《民事诉讼律草案》与北洋政府的《民事诉讼条例》中均未规定法院的调解职能。1930年1月20日，南京国民政府公布《民事调解条例》，规定第一审法院附设民事调解处，由法官担任调解主任；凡初级管辖及涉及人身关系的诉讼，非经调解程序不得起诉；法官主持之调解结果与法院判决具有同等效力。新《民事诉讼法》将该条例纳入其中，规定凡适用民事诉讼简易程序案件以及涉及人身关系的诉讼，起诉前应经法院调解；其他民事案件则由当事人于诉讼前向法院申请；调解的效力相当于诉讼之和解，具有法律效力。

3. 领事裁判权被最后废除。鉴于北洋政府时因法典不完备而给列强以保留领事裁判权的借口，南京国民政府建立后，在很短的时间内就完成了除宪法以外各项法典的制定。英、美、法等主要列强仍以各种理由拒不取消该项特权。1942年12月，太平洋战争爆发，美国成为中国的盟国，故于1943年1月11日与中国签订《中美关于取消美国在华治外法权及处理有关问题的条约》。同日，英国也与中国签订了相关条约。随即比利时、挪威、巴西、法国、瑞士等国也纷纷取消了在华领事裁判权。至此，在中国延续了百年之久的领事判权制度被最后取消，故南京国民政府将1月11日定为国家的司法节。但美国很快又通过南京国民政府制定的专门法规部分恢复了其在华的司法特权。根据1943年10月1日公布的《处理在华美军人员刑事案件条例》，"依互惠精神，对于美军人员在中国境内所犯之刑事案件，归美军军事法庭及军事当局裁判"。

4. 特务机构的发达。国民党的特务机构有三大系统。一属国民党中央委员会系统，全称"国民党中央执行委员会调查统计局"，简称"中统"，1947年后改称"党员通讯局"或"内政部调查局"。二属国民政府军事委员会系统，全称"国民政府军事委员会调查统计局"，简称"军统"，1946年后其核心部分被改组为"国防部保密局"。三属国民政府国防部系统，在抗战期间称"军令部二厅"，在解放战争期间称"国防部二厅"。其中，"中统"在以陈果夫、陈立夫为首的"CC系"（以二陈姓氏拼音为名）基础上建立，"军统"在以戴笠为首的"复兴社"的基础上建立。"军统"极为活跃，还办有"中美特种技术合作所"，即"中美合作所"，其任务是帮助蒋氏集团训练和装备特务系统。国民党的特务渗透进国家的各个领域，以秘密逮捕、暗杀、严刑逼供为能事，炮制了一系列镇压共产党人、民主人士和爱国者的惨案、血案、冤案。特务组织参与司法的黑幕，表明了南京国民政府司法制度的黑暗，在中国法制史上留下了极不光彩的一页。

分析题：

民国第一大案：姚荣泽杀人案

周实和阮式都是南社社员、同盟会会员，都曾为宁属师范学校的学生，后来周实到两江师范学校继续读书，阮式返回家乡。辛亥武昌首义后，周实决定回乡参加革命运动。他约同阮式召集地方学生数十人组织成巡逻队，协助地方民团维持秩序。武昌首义，各省纷纷响应。前清军督练公所参议蒋雁行被推为江北临时都督，通令山阳及附近各县选举代表赴清江浦开会，讨论各地光复事宜。山阳县令姚荣泽不愿遵从都督府的政令到清江浦开会，于是山阳县的士绅便推举周实等五人去参加会议。周实等人回来后，召开了有数千人参加的光复大会，周实在会上作了发言，阐明了光复的缘由。阮式则谴责姚荣泽既不赴清江浦开会，又不参加光复大会的消极对抗行为，并痛斥了劣绅的恶行。阮式的行为引起了山阳县士绅的忌恨。后来，当姚荣泽率领卫队来到漕署，阮式斥问其前些天为何不到会场开会，并严加诘问其原来所管理的钱币的数目及其存放地点时，姚荣泽无言以对，非常狼狈。回去后他便和部下商量除去周实和阮式的对策。后来在山阳县流言四起，传周实、阮式要杀官劫绅，导致各士绅人人自危，赶到姚荣泽处商量对策，欲除掉周实、阮式。一日上午，何钵山邀请周实参加午宴，饭后周实告辞回家，经过学宫时，遇到一人手持姚荣泽函件，邀请周实到学宫议事。周实进入学宫后，周域邠持枪向周实射击，周实身中五弹而亡。下午，民团督队官、参将杨建廷诱骗阮式，说周实有要事与阮式商量。结果阮式刚一出门就被杨建廷的人抓起来，押到学府剖腹致死。

姚荣泽在杀死周实、阮式后，污蔑二人是土匪，威胁两家亲属画押具结。不久周实的父亲周鸿翥被判处监禁十年。阮式的两个哥哥和一个弟弟被迫逃到镇江躲避。镇江都督林述庆因为曾经听周实说山阳县光复有阻力，怀疑周、阮之死另有原因，便派军队到达山阳县，询问姚荣泽有关周实、阮式的死因。姚荣泽害怕，便以母亲生病为由辞去了县司法长的职务，逃往通州总司令张察处躲避。姚荣泽逃跑后，被释放的周实的父亲周鸿翥和周实的好朋友周人菊等到达南京为周实、阮式申诉，后又来到上海向沪督陈其美申诉。

案件审理

姚荣泽杀人后，南社社员、著名诗人柳亚子等人在《民立报》、《太平洋报》披露姚案，舆论哗然，群情激愤。由此，原本一件普通的刑事案件，因为与“破坏革命事业”联系在一起，变得复杂起来，在由谁管辖、如何审理、怎样辩护等方面引发了一场大争论。

1. 管辖权之争。介于事件的性质和影响，作为大总统的孙中山特致电苏督，命其秉公办理。1912年2月初，周父等又来到上海向沪督陈其美申诉。由于周实与陈其美都是南社社员，故陈其美行文通州，希望张察捉拿姚荣泽到上海来审理，但被张察拒绝。江苏都督程德全持有孙中山的总统令，也声称将秉公核办，不会将姚荣泽解押来沪。由于直接交涉没有结果，陈其美便给总统府、司法部去函，要求在上海审理姚荣泽案。孙中山以“该案系在沪军督处告发，且顾振黄等已在沪候”为由，要求新任苏督庄蕴宽将姚案改归沪军都督彻底查办。接着又命令张察将姚荣泽及其卷宗押解到上海。这样，对该案的管辖权由原来的通州、苏州转归上海。

在案件转交由沪军都督审理以后，旅沪淮安绅士60多人欲为双方调停，以息事宁人。他们致信司法总长，建议对姚荣泽科以罚款，为周实、阮式两人建祠出书。受害人周实、阮式的家属也致信伍廷芳，愿意接受旅沪绅士从中调停，私了此案。面对姚荣泽案件双方要求和解的愿望，陈其美致电大总统和司法总长，坚决要求将姚荣泽严厉惩罚。

2. 裁判官之争。在案件移交沪军都督府以后，陈其美认为他有权选派人员审理，便单方面委任沪军都督府军法司长蔡寅为临时庭长，日本法律学士金泯澜等为民国代表。时任司法总长的伍廷芳很快就向临时大总统孙中山就陈其美来电以及审理姚荣泽案件，提出自己的意见。他认为民国初立，国人的一举一动都备受世界的关注，因此对于姚荣泽这一重大案件，必须严格依照法定程序办事。对于姚荣泽案的审理，应当组织临时裁判所，由司法部选任裁判官和陪审员，决定委派陈贻范为所长，丁榕、蔡寅为副所长，组成合议裁判所。另外设陪审员三人或五人，临时酌定。

对于伍廷芳的观点，陈其美表示对任命陈贻范为所长原无反对的意思，只是都督府早已经对外宣称由蔡寅担任临时庭长，如果更换，对社会各界不好交代。因此陈其美提出由蔡寅担任正所长，由陈贻范、丁榕二人任副所长，审理姚荣泽案。关于派出民国代表一事，陈其美称，由于姚荣泽是抵制革命，反对人民，并非寻常的故意杀人问题，因此特派律师代表民国，以昭慎重之意。

最后为争取早日开庭，伍廷芳采取变通策略，提出撤销正副裁判所长的称谓，对裁判官，只规定座次，陈贻范居中、蔡寅居左、丁榕居右。

3. 辩护律师之争。在确定了裁判官之后，双方又就是否允许聘请外国律师一事展开了争论。伍廷芳认为可通过允许外国律师在中国法庭出庭办案的方式，为中国律师参与租界法庭办案提供先例。他主张必须选一名精通西方法律和裁判制度的主审官，以体现新兴的民国是一个文明的国家。可以看出，伍廷芳允许外国律师出庭辩护是出于向西方诸国昭示民国初建后的依法办事的新气象，他已经把这个案件的审理上升到事关收回领事裁判权和民国司法主权的高度。

陈其美对伍廷芳所提出允许姚荣泽聘请外国律师参加诉讼的主张，坚决不同意。其理由：一是案件与外国人不相干；二是“禁止外国人为本国的律师”为一切文明国的通行做法；三是允许外国律师出庭，恐怕日后成为外国干涉民国司法的借口，因此必须加以限制。

伍廷芳在再次向陈其美就律师问题作出解释之后，继续做好审理前的各项准备工作，并拟定于3月16日开庭审理。沪军都督府军法司司长蔡寅以时间太紧张为由，建议暂缓一周。陈其美3月15日回到上海，对伍廷芳关于准许姚荣泽聘请外国律师一事再次致函伍廷芳，称“姚荣泽一案，聘用外国律师，敝意绝对的以为不可”。同时，陈其美告知伍廷芳，审理的一切事宜除了还有四个证人未到沪以外，都已经准备就绪，定于3月23日开庭。

4. 审判结果。经过一番争论和准备，姚荣泽案终于在上海南市市政厅开庭。作为民国的第一次公开审判，本案的审理基本上是按照西方模式进行的。经过三次审理，陪审团认定姚荣泽谋杀成立，丁榕据此宣布：判处姚荣泽死刑，两周内执行。双方可以作最后陈述。姚荣泽的律师请求陪审团施恩，丁榕说可由陪审团上书总统请求赦免，原告律师则在最后提出赔偿费用、保护证人等要求。丁榕宣布：如果总统赦免了姚荣泽，那么姚荣泽需要向周、阮的家属各赔偿2000元，另外罚金1000元。又由于周、阮家属都参与了庭外刑事和解，各处罚金400元。

审判结束后，陪审团七人合议姚荣泽要求上书总统赦免其死罪的请求，其中四人同意。于是这四人联合上书总统，请求总统对姚荣泽的命案实行大赦，姚荣泽以此被免于死刑，改为终生监禁。对此，姚荣泽主动缴款10000元，作为对周实、阮式抚恤以及建祠安葬的费用。大赦令遭到了来自民间的强烈反对，但是没有结果。后来，陈其美在各界的要求下主持了周实、阮式的迁葬和建祠。而姚荣泽在监狱里服刑不足3个月就遇特赦被释放出狱。①

结合此案评析民国初年近代司法制度改革的努力。

思考题：

1. 南京临时政府司法改革的举措。
2. “天坛宪草”、“贿选宪法”、“五五宪草”之比较。
3. 北洋政府刑事法律的特点。
4. 北洋政府诉讼制度的特点。
5. 南京国民政府的立法特征。
6. 南京国民政府司法制度的主要内容。

---

① 马晓莉：《民国第一大案：姚荣译杀人案》，载《中国审判》2008年第7期。

第十四章 新民主主义时期人民民主政权的法律制度

导读：1921 年中国共产党成立。从 1927 年开始，中国共产党领导中国人民为彻底完成反帝、反封建的新民主主义革命任务，展开了英勇的武装斗争，创立了多个革命根据地，相应地建立了人民民主政权。其中，1927 年至 1936 年，中国共产党在第二次国内革命战争时期建立了苏维埃工农民主政权（1931 年 11 月在江西瑞金宣告成立的中华苏维埃共和国是其中心），各革命根据地一般被称为苏区；1937 年至 1945 年为团结抗日，实行国共合作，随着抗日统一战线的形成，各革命根据地的民主政权转变为抗日民主政权，由于其大多位于省交界处，故一般称为边区（陕甘宁边区政府是其中心）；1946 年至 1949 年，第三次国内革命战争时期，各解放区建立的人民民主政权，各根据地一般称为解放区。1949 年 4 月 21 日中国共产党领导的中国人民解放军占领南京，中华民国南京政府被推翻。1949 年 10 月 1 日，中华人民共和国成立，定都北京。

在新民主主义革命时期的各个历史阶段，中国共产党领导的各革命根据地的人民民主政权进行了一系列的法制建设，创立了人民民主法制。它以马克思主义法学理论为指导，与中国国情和新民主主义革命各发展阶段的任务相结合，以宪法、土地、经济与民事立法、刑事立法等为主要内容。它集中体现了党的主张和人民的意志与利益，开创了中国法制史上崭新的法制类型。它不仅保障了新民主主义革命的胜利，而且为中华人民共和国成立后社会主义法制的建立奠定了基础。

本章应重点掌握人民民主政权法律发展概况；不同时期的土地立法内容；马锡五审判方式的内涵与实质；人民警察机构的任务、性质及作用；革命根据地法制建设的历史意义和经验教训等。

第一节 工农民主政权时期的法律制度

一、法制概况

1927 年，大革命失败后，中国共产党继续领导人民革命，举行了南昌、秋收和广州等一系列武装起义。以毛泽东为代表的中国共产党人创造性地把马列主义普遍真理与中国的具体实践相结合，创建了工农红军，开辟了农村革命根据地，到1931年底，苏区已发展到十几个，包括三百多个县境的广大地区，大苏区主要有湘赣、湘鄂西、鄂豫皖、陕甘等，最大的苏区是位于闽赣边界的中央苏区，极盛时曾拥有250万人口，21个县城。苏区逐步建立起乡、区、县、边区各级工农民主政权（红色政权）。尤其是1931年11月，在江西瑞金召开了第一次全国苏维埃代表大会，宣告成立中华苏维埃共和国，并选举出以毛泽东为主席的临时中央政府。新成立的临时中央政府很快就颁布了以《中华苏维埃宪法大纲》为主、包括其他部门法律在内的多项法律，为建立起统一的工农民主政权的法律体系奠定了依据。1934年1月第二次全国苏维埃代表大会又对上述部分法律进行了修订。但是，由于“左”倾路线的影响，这一时期的立法和执法、司法都表现出激进的“左”的倾向，这一错误倾向直到中国工农红军长征到达陕北，才逐步得到纠正。

二、宪法性文件

（一）《中华苏维埃共和国宪法大纲》的制定

1927年国共合作的国民革命失败后，中国共产党深刻认识到只有拿起武器，建立革命根据地政权，才是中国革命的必由之路。继“八·七”会议和南昌起义、广州起义、秋收起义之后，党在全国各地先后建立了十几个革命根据地，各革命根据地的工农民主政权大都发表了自己的纲领。例如，1927年上海起义胜利后制定的《上海特别市临时政府纲领草案》、南昌起义的《八一宣言》、广州起义的《广州苏维埃宣言》。1929年，湘鄂赣边革命委员会发布《湘鄂赣边革命委员会革命纲领》。为了统一各革命根据地工农民主政权纲领，建立全国苏维埃政权，1930年5月，在上海召开了全国苏维埃区域代表大会，决定准备召开全国工农兵苏维埃代表大会，并着手拟制《中华苏维埃共和国国家根本法（宪法）大纲草案》九节。1931年11月7日，第一次全国苏维埃代表大会在江西瑞金召开，正式通过《中华苏维埃共和国宪法大纲》（以下简称《宪法大纲》），宣告中华苏维埃中央临时政府的成立。1934年1月召开第二次全国苏维埃代表大会，对原宪法大纲第一条进行了修订，增加了“同中农巩固的联合”这一项带有原则性的规定，对扩大工农民主政权的社会基础和纠正”左”倾错误具有重要意义。

（二）《宪法大纲》的基本内容

两次通过的《宪法大纲》都是17条，主要内容如下：

1. 确定中华苏维埃共和国的政权性质是工农民主专政。大纲第2条规定：中华苏维埃所建设的，是工人和农民的民主专政国家。苏维埃全部政权是属于工人、农民、红色战士及一切劳苦民众和他们的家属……只有军阀、官僚、地主、豪绅、资本家、富农、僧侣及一切剥削人的人和反革命分子是没有选举代表参加政权和政治上自由的权利的。并在该条中注重了对我国少数民族权利的保护，规定满、蒙、回、藏、苗、黎等，在苏维埃法律前一律平等，皆为苏维埃共和国的公民。

2. 确定政权的组织形式是“议行合一”的工农兵苏维埃代表大会制度。大纲第3条规定：“中华苏维埃共和国之最高政权为全国工农兵苏维埃代表大会，[①]在大会闭会期间，全国苏维埃临时中央执行委员会为最高政权机关，在中央执行委员会下组织人民委员会，处理日常政务，发布一切法令和决议案。”这种确定实行民主集中制，“议行合一”的工农兵苏维埃代表大会制度，既实行了广泛的民主，使政府集中处理政务，又形成了不同于西方资本主义国家宪法规定的三权分立，是我国人民代表大会制度的雏形。

3. 确定苏维埃国家的基本任务和各项政策。大纲第1条规定：中华苏维埃共和国的基本法（宪法）的任务，在于保证苏维埃区域工农民主专政和达到它在全中国的胜利。为此，第6条规定要颁布消灭封建剥削制度的土地法。第8条宣布不承认帝国主义在华的政治上、经济上的一切特权，否认反革命政府的一切外债，帝国主义手中的银行、海关、矿山、工厂一律收归国有，统一中国。

4. 确定苏维埃公民的基本权利。大纲规定，苏维埃公民有如下权利：(1) 参政权利。规定苏维埃公民，在十六岁以上者皆有苏维埃选举权和被选举权。(2) 武装自卫权。手执武器参加革命战争的权利，只能属于工农劳苦民众。(3) 其他民主权利。例如，公民在苏维埃法律面前一律平等；保证工农劳苦民众言论、出版、集会、结社的自由；实行妇女解放为目的，承认婚姻自由；保证工农劳苦民众有受教育的权利；工人享有实行8小时工作制、社会保险，农民有权获得土地和劳动保护等权利；发展民族文化和民族语言，实行政教分离，保证宗教信仰自由，等等。

（三）《宪法大纲》的特点和意义

1. 大纲与历史上的一切“约法”、“宪法”根本不同，是共产党领导人民制定的第一部宪法性文件，是中国宪政运动史上的最新创举。

2. 大纲具有国家根本法的性质并兼有施政纲领的特色。它把革命人民已经争得的成果，用根本法的形式确认下来，并指出今后的奋斗目标，规定了中央工农民主政府的各项方针政策，因而它便成为当时工农民主政府领导人民进行反帝反封建斗争的伟大纲领。

3. 这个宪法大纲也存在一些“左”倾错误的规定，如“一切剥削者均无参政权”的政策，“一切剥削者的政治自由，在苏维埃政权下都绝对禁止”。同时还实行了过左的土地政策、劳动政策、经济政策和过“左”的肃反政策，使革

---

① “苏维埃”是俄文 coBeT 的音译，即指会议或代表会议，是俄国工人阶级在1905年革命时期创造的一种政权组织形式。俄国十月革命后以此名称，组织工农兵代表会议作为革命政权形式，当时中国共产党沿用了该名称来组织工农民主政权。

命遭受重大损失。

尽管如此，这部宪法大纲的制定和实施，在中国宪政运动史上仍然具有划时代的伟大意义。(1) 大纲是一部由各民族劳动人民当家做主、确立人民民主制度的根本大法，开创了人民制宪的先河。(2) 大纲调动了根据地人民的革命积极性，鼓舞了广大人民群众为工农民主政权的巩固和革命战争的胜利而英勇奋斗；同时也为全国人民指明了前进的方向。这一宪法大纲是人民制宪的最初尝试，为后来革命根据地的制宪工作，提供了宝贵的经验教训。其成功的经验被后来的制宪工作所继承，某些过"左"的错误也起了前车之鉴的作用。

三、警察与治安管理制度

(一) 人民警察制度

我国人民民主政权的警察史，是同中国共产党领导的，通过武装斗争逐步夺取政权的革命斗争紧密相连的。中国共产党从建立之初，就面临着在反动统治下如何保卫自身的存在和发展的问题。例如，1921 年，中国共产党召开第一次全国代表大会时，就有专人负责做保卫工作。随着党的组织、事业的发展和人民军队、人民民主政权的建立，具有独创意义的中国人民警察制度在党、军队和政权中以最初保卫机关的形式逐步创立起来。因此，我国的人民警察史（传统习惯称人民公安史）可以追溯到建党之初，与党的历史一样长。我国的人民警察制度就是这长期历史经验的总结，是具有中国特色的人民警察制度。

工农民主政权时期，是中国共产党领导的人民警察制度的创建时期，虽然没有人民警察这一称谓，但这一时期具有警察职能的机构主要有：

1. 中央特科。1927 年，国民党反动派发动"四·一二"反革命政变，中国共产党的许多组织遭到破坏，无数党员惨遭屠杀。在血的教训面前，同年 12 月党中央领导机关在所在地上海，建立党的第一个保卫组织——中央特科，由当时任中央军委书记的周恩来亲自领导和主持。中央特科先后建立了四个科，即总务科、情报科、行动科、交通科。

中央特科以情报工作为核心，坚持精于隐蔽的原则，在保卫、情报、保密等工作中创造和积累了十分宝贵的经验。这一时期，中央特科的主要任务：(1) 保卫党的中央领导机关和一些重要会议；(2) 打入国民党敌特机关，掌握了解敌情动态，防范敌特破坏，争取对敌斗争的主动权；(3) 营救被捕同志，惩办叛徒，配合了中央苏区的武装斗争。1931 年 4 月，由于当时中央特科负责人之一顾顺章在武汉被捕叛变，使党中央、中央领导人和中央特科严重暴露，遭到破坏，损失惨重。但是中央特科的历史表明，中国共产党在白色恐怖统治下注重培养隐蔽斗争干部方面，为以后公安保卫工作的发展起了重大的历史作用。

2. 国家政治保卫局。大革命失败后，党相继发动了南昌起义、秋收起义和广州起义，并在起义指挥机构、临时工农革命政权和革命根据地建立了相应的政治保卫局、肃反委员会等警察保卫机关。1931 年 11 月，中国苏维埃共和国临时政府在江西瑞金成立。同时也成立了工农民主政权的第一个上下统一的保卫机构——国家政治保卫局，负责苏区工农民主政权、军队的保卫和社会治安管理工作。另外还建立了内务人民委员部，下设民警管理局和刑事侦查局，分别具体执行维护社会治安和刑事犯罪侦探任务，国家政治保卫局先后在各根据地苏维埃政权和红军部队中设立分局，在其内部设有侦查部、执行部、政治保卫队、红军工作部和白区工作部。由于一些根据地的民警和刑事侦查机构未能建立或不健全，许多地方的治安、侦查工作实际上仍由国家政治保卫局具体负责完成。

国家政治保卫局成立后，主要任务是：（1）以公开和秘密手段同军事，经济方面的反革命破坏活动进行斗争。（2）镇压盗匪的破坏活动。（3）查禁卖淫、赌博、吸毒等社会丑恶现象。（4）加强户口、进出苏区、经济活动秩序等方面的治安管理。有力地维护了苏区的社会治安和革命秩序，并配合了反“围剿”军事斗争，保卫了工农革命政权和人民军队的安全。苏维埃政权赋予国家政治保卫局对反革命和刑事犯罪有侦查、逮捕、预审方面的权力，并在内部职能上将侦查与预审、公安保卫与审判处置分开，促进了工农民主政权和根据地民主主义革命法制建设。

由于王明“左”倾错误路线影响，国家政治保卫局在组织上搬用苏联国家政治保卫局“垂直领导”的体制，规定了局长是单一、完全集权的代表，分局长、特派员只能由上级保卫局任命、隶属并对本局和上级保卫局负全责；有侦查、逮捕、拘留至审讯、制裁的一切权力，地方及红军指挥机关，无权改变或停止国家政治保卫局的命令，保卫局在政权和红军中派有其代表机关，分局长必须列席苏维埃主席团会议等。这样做的结果首先是使国家政治保卫局成了自成体系、有特殊权力、凌驾于地方党政军领导之上、严重脱离党和人民的“垂直领导”的独立体系。其次是不正确的过分夸大了保卫工作的特殊性，助长了神秘主义、孤立主义和特权思想。“垂直领导”的错误体制和肃反扩大化的严重错误，给党和革命带来严重损失。国家政治保卫局和王明“左”倾错误路线直到遵义会议重新确立毛泽东在党和红军中的领导地位后才得以停止和纠正，这一教训也为以后确定正确的公安保卫工作的方针、政策作出了警示。

（二）治安管理

1931 年在中央政府人民委员会内务部设立了民警管理局，下设民警分局、所。苏区的治安管理机构在极其严酷的对敌斗争环境下，积极组织民警队维护社会治安秩序，查禁赌博，吸毒和贩毒，配合保卫部门打击国民党派遣的特务、奸细和暗藏的反动分子。此外，还发动群众，组织赤色委员会、儿童团，负责巡查放哨、盘问可疑人、监视反动分子、土豪劣绅，沉重地打击了敌人，保卫了苏区的社会秩序，有力地支援了反“围剿”的斗争。

四、刑事法规

(一) 刑事立法的概况

工农民主政权从产生的那一天开始，就面临着敌我斗争的紧张形势，为了巩固新生政权，保障工农的人身财产安全，保证红军顺利开展革命军事活动，苏区的刑事立法的主要任务，就是以反革命犯罪作为打击的重点。因此，专门制定了《中华苏维埃共和国惩治反革命条例》。此外，各苏区都曾先后公布肃反条例，如1930年6月闽西苏维埃颁布的《惩办反革命条例》、1934年颁布的《湘赣省苏区惩治反革命暂行条例》、1934年《川陕省苏维埃政府肃反执行条例》等。其中赣东北地区在1931年制定的《赣东北特区苏维埃暂行刑律》，是这一时期革命根据地唯一的一部普通刑事法典。

(二)《中华苏维埃共和国惩治反革命条例》

1934年4月8日，颁布的适用于全苏区的《中华苏维埃共和国惩治反革命条例》（以下简称《条例》），在当时是影响最大的刑事法律。共41条，其要点是：

1. 规定反革命罪的概念和种类。该条例第2条规定："凡一切图谋推翻或破坏苏维埃政府及工农民主革命所得到的权利，意图保持或恢复豪绅地主资产阶级的统治者，不论用何种方式都是反革命行为。"第3条至30条具体列举了各项主要反革命罪行的种类，如组织反革命武装侵犯苏区或在苏区内举行反革命暴动、勾结帝国主义国民党军阀抵抗红军行动者、组织反革命团体、破坏苏维埃、意图维持或恢复反动统治者等。

2. 规定了刑罚的种类。即死刑、监禁、没收财产、剥夺公民权和驱逐出境五种。当时由于形势动荡，没有规定无期徒刑。

3. 规定本条例适用的一般原则。（1）适用范围："凡犯本条例所列举各罪者，不论中国人外国人，不论在中华苏维埃共和国领土内或在领土外，均适用本条例以惩罚之。"（2）再犯加重原则：凡犯本条例所列各罪，经法庭判处监禁，又再犯本条例所列之罪者，加重处罚。（3）减轻或免除处罚者：未遂犯得减轻处罚；胁从犯罪者得减轻或免除处罚；年龄在十六岁以下、十四岁以上犯本条例之罪者，得减轻处罚（未满十四岁的幼年人交由教育感化院教育）；"自首分子"、"自新分子"，得减轻处罚。但应指出，该条例规定"凡对苏维埃有功绩的人其犯罪行为得按照本条例各该条文的规定减轻处罚"。实践证明，这条规定是不正确的，到抗日战争时期这一条得到了纠正。（4）规定适用类推的原则："凡本条例所未包括的反革命犯罪行为，得按照本条例相类似的条文处罚之。"

《条例》是苏区根据地肃反工作最基本的法律依据。苏区的肃反工作，经过多年的斗争，清除了一些反革命分子，给反动势力以沉重打击。但是，由于缺乏经验，特别是由于"左"倾机会主义采用过"左"的肃反政策，使肃反工作出现了扩大化的错误，给革命事业带来严重危害。“左”倾错误的主要表现及其教训是：主观主义地对形势作了完全错误的估计，夸大敌情，怀疑一切，导致“肃反中心论”的错误大搞刑讯逼供，造成大量冤假错案，严重破坏革命法制；大搞肃反中的孤立主义、神秘主义。错误的肃反政策和干部政策中的宗派主义纠缠在一起，“钦差大臣”式的中央代表独揽一切，实行个人专断。

（三）《赣东北特区苏维埃暂行刑律》

根据现有史料，这是革命根据地制定的唯一一部刑法典。分为总则、分则两编，共计149条。

“总则”14章的章名是：本法的效力、不为罪、未遂罪、累犯罪、俱发罪、共同犯罪、刑名、宥减、自首、酌减、加减例、假释、时效、时例。在“刑名”中规定主刑有：（1）死刑；（2）有期徒刑，分为五等。从刑有：（1）夺公权；（2）没收财产。

“分则”共22章，其章名是：藏匿罪人及埋没证据罪，伪证及诬告罪，放火、决水及妨害水利罪，危险物罪，妨害交通罪，伪造货币罪，伪造文书及印文罪，伪造度量衡罪，鸦片烟罪，赌博罪，奸非罪，妨害饮水罪，妨害卫生罪，杀伤罪，堕胎罪，遗弃罪，略诱及和诱罪，窃盗及强盗罪，诈欺取财罪，毁弃损坏罪，私擅逮捕监禁罪，骚扰罪。

该刑律是在赣东北特区试行的制裁一般刑事犯罪的刑法典，对以后制定刑法具有非常高的参考价值。

值得一提的是，1932年12月中央执行委员会：《关于惩治贪污浪费行为》第26号训令规定，凡工作人员玩忽职守而浪费公款，致使国家受到重大损失者，即构成浪费罪。

五、土地、劳动方面的立法

（一）土地立法

1. 土地立法概况。苏区的土地立法，是根据1927年中共中央“八七”会议明确提出土地革命的方针而进行创制的。党深深认识到土地革命是中国革命的基本内容，不打倒地主阶级，不消灭封建剥削制度，就无法动员广大农民群众投入到反帝、反封建的斗争中去。因此，各苏区工农民主政权对土地立法非常重视，陆续制定了一些土地法规，按照制定的时间，大体上划为三个阶段。

前期。1928年12月，毛泽东领导制定的《井冈山土地法》共9条。该土地法规定：“没收一切土地归苏维埃政府所有”，以人口或劳动力为标准，男女老幼平均分配。但是，由于缺乏经验，“这个土地法有几个错误：（1）没收一切土地而不是只没收地主土地；（2）土地所有权属政府而不是属农民，农民只有使用权；（3）禁止土地买卖。这些都是原则错误。”①

中期。1929年4月的《兴国土地法》。较之《井冈山土地法》，其内容有一个原则性的变更，就是把“没收一切土地”改为“没收一切公共土地及地主阶级的土地”。

后期。1931年11月《中华苏维埃共和国土地法》。

2.《中华苏维族共和国土地法》的基本内容。该法于1931年12月1日中华工农兵苏维埃第一次全国代表大会上通过，共14条。基本内容如下：

（1）确定没收土地财产的对象和范围。第1条规定：“所有封建地主、豪绅、军阀、官僚以及其他大私有主的土地，无论自己经营或出租，一概无任何代价地实行没收”。第3条规定：“中国富农性质是兼地主或高利贷者，对于他们的土地也应该没收”。第4条规定：“没收一切反革命的组织者及白军武装队伍的组织者和参加反革命者的财产和土地”。此外，还规定：没收一切封建主、军阀、豪绅、地主的动产与不动产，以及富农多余的房屋、农具、牲畜等。宣布一切高利贷债务无效。

（2）规定了土地财产的分配办法。被没收来的土地，经过苏维埃由贫农与中农实行分配。雇农、苦力、劳动贫民，均不分男女，同样有分配土地的权利。应选择最有利于贫农、中农利益的方法，或按劳动力与人口多寡进行分配。红军应分得的土地由苏维埃政府代为耕种。

（3）原则上确定农民的土地私有权。第12条规定：“现在仍不禁止土地的出租与土地的买卖，苏维埃政府应严禁富农投机与地主买回原有土地”。第10条规定：“一切水利、江河、湖沼、森林、牧场、大山林，由苏维埃管理，来便利于贫农中农的公共使用。”

苏区土地法中也存在极“左”路线的表现。如第1条规定：“被没收土地的以前的所有者，没有分配任何土地的权利”。第3条规定：“富农在没收土地后，如果不参加反革命活动，而且用自己劳动耕种这些土地时，可以分得较坏的劳动份地”。即所谓“地主不分田，富农分坏田”的错误政策。毛泽东后来总结这一经验教训时多次指出：在土地政策方面，对于十年内战前期和中期所采取的，也分配给地主一份和农民同样的土地，使他们从事耕种，以免流离失所或上山为匪破坏社会秩序，这样的正确的政策，加以否定，也是错误的。② 红军长征到达陕北后，土地革命进入一个新的阶段。中共中央于1935年12月发布《关于改变对富农策略》的决定，1936年7月又发布了《关于土地政策的指示》，纠正了“左”倾错误，使土地立法进入健康发展阶段，

（二）劳动立法

1. 劳动立法概况。苏区的劳动立法是根据1928年7月党的第六次全国代表

① 《毛泽东农村调查文集》，人民出版社1982年版，第37页。
② 《毛泽东选集》（合订一卷本），人民出版社1964年版，第750页。

大会通过的“十大政纲”中确定的实行八小时工作制、增加工资、失业救济、社会保险的劳动立法原则而进行创制的。各苏区工农民主政权先后按照这一立法原则制定过劳动法规。最早的劳动法是1929年10月闽西上杭县第一次工农兵代表大会通过的《上杭县劳动法》。之后较完整的有1930年3月闽西第一次工农兵大会通过的《劳动法》。1930年5月，全国苏维埃区域代表大会通过的《劳动保护法》。1931年11月，第一次全国苏维埃代表大会依据《宪法大纲》通过的《中华苏维埃共和国劳动法》，这部劳动法典在经过一年多的实践后，又进行了较大的修改，于1933年10月重新颁布。此外，还公布了《中华苏维埃共和国违反劳动法令惩罚条例》，作为新劳动法的配套性法规。

2.《中华苏维埃共和国劳动法》的基本内容。《中华苏维埃共和国劳动法》共12章75条。其要点是：

（1）废除劳资关系中的封建剥削及不合理的制度和习惯。规定雇用工人须经工会和失业劳动介绍所介绍，并根据集体合同执行。禁止私人设立工作介绍所。集体合同是由职工会与雇主所订立的劳动契约。劳动合同是由一个或几个工人依照劳动法令和集体合同与雇主订立的劳动协定。还规定劳资纠纷，由劳资双方代表组成评判委员会或由劳动部的仲裁委员会和平解决。凡违反劳动法的案件，由人民法院的劳动法庭审理。

（2）确定工时、工资。规定工作时间每日不超过八小时，危害身体健康的工作须减至六小时，夜工减少一小时。并有一定的休假制度。还规定工资不得少于劳动部规定的最低工资额。计件工资由工会与雇主按每日平均生产率与中等工资的标准予以规定。禁止雇佣十四岁以下男女童工，禁止十八岁以下男女工及怀孕和哺乳女工做夜工。女工产前产后休息六至八星期，工资照发。

（3）实行劳动保护与社会保险制度。规定所有机器须设置防护器，工厂须发给工人工作服。实行社会保险，由雇主支付社会保险基金。

（4）建立工会组织赋予工人民主权利。规定雇主对于工会机关活动不得有任何阻碍，县、区各级地方工会，在各企业、作坊、乡村设立工会的支部或小组，工会享有宣布及领导罢工，代表工人签订集体合同，成立特别机构监督私人企业的生产等权利。规定工人有选举、集会、参加工会等权利。

劳动法的实施，大大改善了苏区工人阶级的社会地位和生活状况。但是，在劳动法中也存在极“左”的错误。特别是1931年11月通过的劳动法规定不分城市乡村，不分手工作坊和农村雇工，一律机械地实行八小时工作制，过多的休假日，过高的工资福利，滥用“总同盟罢工”等，使不少私人企业倒闭，农民因雇不起短工而贻误农时。这些不仅影响到根据地的生产供应，有碍红军的作战行动，而且也使工厂中的师徒关系紧张，并影响到工农之间的团结。针对上述问题，1933年10月重新修订公布的劳动法，对农村雇用辅助劳动力的中农、贫农、小船主、手工业者和合作社，采取灵活变通办法，调整了过高的福利要求，对学徒制度重新作了修订。这些修改都是必要的，但是由于当时“左”倾路线仍占统治地位，劳动立法中的“左”倾错误并没有得到彻底纠正。[①]

六、婚姻继承法规

（一）婚姻立法概况

政权、族权、神权、夫权这四大绳索是束缚旧中国妇女的枷锁。土地革命运动的深入开展，从根本上动摇了几千年来的这一压迫妇女的制度，工农民主政权正是在此基础上，颁布了一系列婚姻法规与妇女解放的法规，在苏区建立起中国历史上前所未有的新型婚姻与家庭制度。

早在中国共产党成立之初，党就非常重视妇女解放的问题。例如，1922 年，《中国共产党第二次全国代表大会宣言》中明确提出废除一切束缚女子的法律，女子在政治上、经济上、社会上、教育上一律享有平等权利。同时，在另一决议案中还提出“制定保护妇孺的法律”。1923 年 6 月，中国共产党第三次全国代表大会通过的《妇女运动决议案》进一步提出了“母性保护”（即保护母亲）以及“结婚离婚自由”等项原则。此外，同年 8 月，中国社会主义青年团第二次代表大会决议案中，还明确提出反对蓄婢，反对买卖人口，反对纳妾及重婚，反对童养媳的恶俗。在苏维埃临时中央政府成立前后，各苏区工农民主政权已先后制定了一些婚姻法规。其中有：1930 年闽西第一次工农代表大会通过的《婚姻法》；1931 年湘赣苏区的《婚姻条例》、《鄂豫皖工农第二次代表大会婚姻问题决议案》。尤其是 1931 年 12 月根据《中华苏维埃共和国宪法大纲》的规定制定颁布的《中华苏维埃共和国婚姻条例》、1934 年 4 月 8 号经修订后公布为《中华苏维埃共和国婚姻法》，乃工农民主政权婚姻立法之代表作。根据上述通过的婚姻法规，议案其基本内容主要有：

（二）《中华苏维埃共和国婚姻法》

《中华苏维埃共和国婚姻法》共 7 章 21 条。其要点是：

1. 确立男女婚姻以自由为原则，废除一切包办强迫和买卖的婚姻制度，禁止童养媳，实行一夫一妻，禁止一夫多妻与一妻多夫。

2. 关于结婚的规定。双方自愿，男子须满二十岁，女子须满十八岁。禁止男女在三代以内亲族血统的结婚。禁止患精神病及疯瘫者的结婚。男女结婚须同到乡或市区苏维埃进行登记，领取结婚证。

3. 关于离婚。婚姻条例规定：凡男女双方同意离婚的，即行离婚，男女一方坚决要求离婚的，亦即行离婚。关于离婚问题的特别规定。婚姻法第 11 条规

---

① 经验证明，教条主义者不顾中国国情，脱离农村革命根据地的实际情况，机械地照搬别国大城市经验，肯定是行不通的。毛泽东一再告诫说：“对于上层小资产阶级和中等资产阶级经济成分采取过“左”的错误的政策，如像我们党在一九三一年至一九三四年期间所犯过的那样（过高的劳动条件，过高的所得税率，在土地改革中侵犯工商业者，不以发展生产、繁荣经济、公私兼顾、劳资两利为目标，而以近视的片面的所谓劳动者福利为目标），是绝对不许重复的。这些错误如果重犯，必然要损害劳动群众的利益和新民主主义国家的利益。”参见《毛泽东选集》（合订一卷本），人民出版社 1964 年版，第 1151 页。

定：红军战士之妻要求离婚，须得其夫同意。但在通信便利的地方，经过两年其夫无信回家者，其妻可向当地政府请求离婚。离婚亦采登记形式。

4. 关于离婚后妇女及子女的特殊保护。离婚后的男女应各自处理婚前属于各自的财产和债务；结婚满一年的共同财产包括土地，由男女双方及子女按人口分配；婚后所负的共同债务由男子独自清偿；离婚后，女子未再行结婚，并缺乏劳动力或没有固定职业，因而不能维持生活者，男子必须予以帮助。对子女的抚养权由女方决定，抚养费由男方承担三分之二。私生子女享有合法子女同等的权利。

（三）继承法规

1923 年 6 月，中国共产党第三次全国代表大会通过的《妇女运动决议案》，破天荒地提出了"女子应有遗产继承权"。1925 年 1 月，中国共产党第四次全国代表大会又通过了《关于妇女运动决议案》，进一步提出："女子应有财产权与继承财产权"。

中国共产党关于继承权的原则主张，在工农运动中和第一次国共合作时期制定的有关文件中加以推行，并得到相应地发展。1927 年 4 月，上海工人第三次武装起义中建立的上海市政府制定的《上海特别市临时政府政纲草案》规定："保障女子之继承权"。1927 年 2 月江西省农民代表大会通过的《农村妇女问题决议案》也提出"女子有继承财产权"。以法律形式确定了财产继承制度，尤其是女子享有的财产继承权。在我国继承立法史上，无疑是个划时代的贡献。

七、新型司法体制和审判制度

（一）司法制度

1. 司法机关的发展概况。在苏维埃临时中央政府成立以前，初创的各工农政权审判机关由于处于萌芽时期，其名称并不一致，组织系统也不统一。例如，省港大罢工中建立的会审处、军法处和特别法庭。会审处直属于省港罢工委员会。依照《会审处组织法》，会审处设有承审员、书记员若干人，由罢工工人选举产生，是专门审理破坏罢工案件的初审机关。依照《会审处办案条例》，特别法庭成立后，会审处只负责处理轻微的刑事案件或违纪案件。军法处直属于省港罢工委员会纠察队委员会。依照《纠察队军法处组织法》，军法处设主任和讯问员、录事员、差遣若干人。凡纠察队之违法人员，军法处有权直接进行审理。非纠察队之犯法人等，由军法处审明后，即连同原供转送会审处审判。特别法庭是省港罢工委员会经与广州国民政府交涉后，共同建立的专门审理破坏罢工重要案犯的司法机关，也是会审处的上诉审级。由国民政府特派审判委员三人，罢工委员会选派陪审员三人组成。又如，1927 年春，在农民运动高潮中，湖南、湖北两省分别建立了省、县两级审判土豪劣绅特别法庭或审判土豪劣绅委员会。依照《湖北省审判土豪劣绅委员会暂行条例》的规定，由省县两级的国民党党部、政府和农民协会各选派委员二人，另由工会、商民协会、妇女协会、学生联合会各选派委员一人组成。该条例还特别规定“上举各人民团体有未成立者，其委员从缺。但无县党部及县农民协会之组织者，则不适用本条例”。可见，农民协会在其中居于十分重要的地位。

1931 年 12 月，中央执行委员会发布《处理反革命案件和建立司法机关的暂行程序》（以下简称《暂行程序》），基本统一了苏区司法机关的组织系统。1932 年，中央执行委员会又发布了《军事裁判所暂行组织条例》和《裁判部暂行组织和裁判条例》（以下简称《裁判条例》），进一步完善了工农民主政权的司法组织系统。

2. 中华苏维埃共和国成立后的司法体制。

（1）中央临时最高法庭。中央临时最高法庭代行最高法院的职权。其职权是对一般法律作法定的解释；审查各省裁判部及高级军事裁判所的判决和决议；审查中央执行委员以外的高级机关职员在执行职务期间内的犯法案件的审判，不服省裁判部或高级军事裁判所的判决而提起上诉的案件。最高法院内设立民事法庭、刑事法庭及军事法庭，但最高法院始终未建立。司法行政权由司法人民委员会行使。

（2）省、县、区裁判部。采取双重领导原则，除受上级司法机关领导外，并受同级政府主席团的领导。各级裁判部内设立刑事法庭、民事法庭，必要时得组织巡回法庭到肇事地点审理具有重要意义的案件。均由三人组成，裁判部长或裁判员任主审，另两人为陪审员。案情简单的案件，由裁判员一人独任审理。各级裁判部下设看守所，以监禁未决人犯和判处短期监禁的犯人，另专设劳动感化院，以监禁判处长期监禁的犯人。

（3）军事裁判所。在红军中设立初级军事裁判所和高级军事裁判所。前者设在军部、师部指挥部，后者设在中央革命军事委员会内。专门审理现役军人及作战地区的违法案件。

（4）检察机关。采取“审检合一制”，即将检察机关附设在审判机关之内。最高法院内设正副检察长各一人，检察员若干人。省、县设检察员若干人，区不设检察员。在军事裁判所所在地，设立军事检察所。检察机关负责刑事案件的预审、起诉事宜，代表国家向法庭提起公诉。

（5）司法行政机关。在中央采取“分立制”，即由最高法院专管审判工作，在人民委员会下设立司法人民委员部，专管司法行政工作；在地方采取“合一制”，即由各级裁判部兼司法行政工作。工农民主政权在实际运用中实行的是审判权与行政权合一的制度。

（二）审判制度

1934 年 4 月公布的《中华苏维埃共和国司法程序》（以下简称《司法程序》）与《暂时程序》及各司法机关组织法等法规共同确立了工农民主政权的审判制度。这一制度的主要内容有：

1. 审判合议制和人民陪审员制度。审判案件要由裁判员和两名陪审员组成的合议庭进行。简易案件可实行独任审判，一般案件都应实行合议制，由裁判部长或裁判员为主审，其余两人为陪审员，合议时以多数人的意见为准，若争执不决时以主审意见为准，如陪审员坚持保留自己的意见，可持意见报上级裁判部。陪审员由职工会、雇农会、贫农团及其他群众团体选举，军事审判陪审员则由士兵选举，审判完毕即回原处。

2. 审判人员的回避制度。《裁判条例》规定：审判人员与被告人有家属亲戚关系或私人关系者，不得充任该案件的主审或陪审。

3. 公开审判原则。"审判案件必须公开"，尚有秘密关系时，可用秘密审判的方式，但宣布判决时仍然须作公开。允许公民旁听，经主审同意，旁听群众可以发表意见。

4. 辩护制度。《裁判条例》规定："被告人为本身的利益，可派代表出庭辩护，但须得法庭的许可"。《川陕省革命法庭条例草案》规定，被告的辩护人必须是劳动者，有公民权的人，一切剥削阶级分子没有担负辩护人的资格。

5. 两审终审制度。《司法程序》规定"苏维埃法庭为两级审判制，即只限于初审、终审两级"，"任何案件经过两审后，不能再上诉"。

6. 上诉制度。《裁判条例》规定：如被告人不服第一审判决，可在十四天内（后改为七天），向上级司法机关提起上诉。基本实行两级终审制。但检察员有不同意见而提出抗议者，由司法机关再审一次。

7. 死刑审批复核制度。《裁判条例》规定，县、省裁判部都有死刑判决权，但得分别由其直接上级审判机关批准才能执行，与省政府割裂的县和未与中央苏区打成一片的省，其裁判部可不经批准执行死刑。1934 年，由于根据地政治、军事形势严峻，新公布的《司法程序》将死刑的判决权下放到区裁判部和区肃反委员会，并废除死刑批准制度，一律改为上诉制度。凡上诉期满犯人不上诉的原审机关立即执行死刑。

（三）调解制度

人民调解制度，是中国共产党领导人民在革命根据地创建的依靠群众解决民间纠纷，实行群众自治的一种组织制度。它是人民司法工作的必要补充和得力助手，是在我国民间排难解纷的历史传统的基础上，加以改造而形成的一种具有中国特色的重要制度。

人民调解制度，发端于第一次国内革命战争时期的工农运动中。例如，1921 年 9 月浙江萧山县《衙前农民协会章程》第 5 条规定："凡本会会员有私人是非的争执，双方得报告议事委员，由议事委员调处和解；倘有过于严重的争执，由全体委员开会审议解决"。[①] 1923 年 1 月，彭湃领导建立的广东海丰总农会中，专门设立"仲裁部"，其任务是调解处理会员间及会员与非会员间的一切纷争。

① 《新青年》第九卷第四期，附录第 2～3 页。

1926年10月发布的《中共湖南区第六次代表大会宣言》规定，由乡民大会选举人员，组织乡村公断处，评判乡村中之争执。

在工人运动中，也建立了类似的组织。1923年《安源路矿工人俱乐部办事细则》规定："凡本部部员间或部员与非部员间所发生之纷争，均由裁判委员会处理"。①

第二节　抗日民主政权时期的法律制度

一、法制概况

1937年震惊中外的"七七事变"爆发后，日本帝国主义加紧了侵略中国的步伐。中国共产党为了民族的利益和国家的生存，发起和建立了广泛的抗日统一战线，同国民党实现了第二次合作。并将中华苏维埃共和国中央临时政府西北办事处改组为陕甘宁边区政府，工农红军和南方游击队分别编为八路军、新四军，开赴抗日前线，在日伪军占据的后方，先后开辟和建立起晋察冀、晋冀鲁豫、晋西北、山东、苏皖等大小十八个敌后根据地，建立起乡、县、边区各级抗日民主政权。当时中央所在地的陕甘宁边区，是所有这些抗日根据地的指导中心。至1940年，根据地已拥有近一亿人口。

抗日民主政权时期是中国新民主主义法制建设的重要发展阶段，其法制有着突出的特点。这一时期没有中央革命政府，各根据地抗日民主政权的法制建设都是在党中央的政策指导下，因地制宜，从实际情况出发发展起来的。例如，出于统一战线的考虑，在某些公开场合下，各抗日民主政权有选择地宣布承认国民政府的"六法"，并对其中个别对人民有利的条文也予以援用。但各边区抗日民主政权实际上拥有完全独立的立法权。在党的抗日民族统一战线政策的指导下，各边区参议会和政权结合本区域实际情况，独立自主地制定和颁布了大量的法规、法令、单行条例。这些法律规范性文件不仅在实际上排斥、否认了国民党政府法律在各根据地的效力，并且还纠正了工农民主政权时期苏维埃法制中的"左"倾错误，继承和发扬了苏区的优良传统，进一步确立了保障人权等进步的法律原则，创造了新狱政制度以及"马锡五"审判方式和人民调解制度，建立了专门的人民警察队伍，明确了治安保卫工作任务等，使抗日民主政权的人民民主法制得到新的发展。

二、宪法性文件及边区政权组织

抗战期间，陕甘宁边区政府和其他新开辟的抗日根据地民主政府根据党的民

① 《刘少奇与安源工人运动》，中国社会科学出版社1984年版，第86页。

族统一战线总方针和《抗日救国十大纲领》，分别制定了各边区的施政纲领和人权条例，主要有：1939年4月的《陕甘宁边区抗战时期施政纲领》；1941年9月的《晋冀鲁豫边区政府施政纲领》；1942年10月的《对于巩固与建设晋西北的施政纲领》；1943年1月的《晋察冀边区目前施政纲领》；1944年2月的《山东省战时施政纲领》等。尽管各个施政纲领适用地区、时期不同，但其基本精神和内容却是一致的，也都是边区政府的立法基础。其中最主要的施政纲领是1945年5月由中国共产党边区中央局提出，经中共中央政治局批准，同年11月陕甘宁边区第二届参议会正式通过施行的《陕甘宁边区抗战时期施政纲领》（以下简称《施政纲领》）。

（一）《施政纲领》的基本内容

该施政纲领共21条，主要内容是：

1. 规定了边区政府的总任务。即团结边区内部各社会阶级、各抗日党派，发挥一切人力、物力、财力、智力，为保卫边区、保卫西北、保卫中国、驱逐日本帝国主义而战。

2. 规定了抗日民主政权的性质。早在1940年，中共中央作出的《抗日根据地的政权问题》的指示中就提出，在抗日时期，我们所建立的政权的性质，是民族统一战线。这种政权，是一切赞成抗日又赞成民主的人们的政权，是几个革命阶级联合起来对于汉奸和反动派的民主专政。《施政纲领》根据这一指示明确规定：抗日根据地政权是一切赞成民主的人们的政权，是几个革命阶级联合起来对于汉奸和反动派的民主专政。这一专政性质既与地主资产阶级的反革命专政有区别，也和土地革命时期的工农民主专政有区别。

3. 规定了权利保障的法制原则。施政纲领第6条规定，保证一切抗日人民（地主、资本家、农民、工人等）的言论、出版、集会、结社、信仰、居住、迁徙之自由权，除司法系统及公安机关依法执行其职务外，任何机关、部队、团体不得对任何人加以逮捕审问或处罚，而人民则有无论用何种方式，控告任何公务人员非法行为之权利。为了具体实施这项人权规定，边区政府于1942年2月专门发布了《陕甘宁边区保障人权财权条例》22条，详细规定了对于人权财权的各项保护措施。例如，保障边区一切抗日人民的私有财产权及依法之使用及收益自由。任何机关、部队、团体不得非法征收、查封、侵入或搜捕；司法机关或公安机关逮捕人犯应有充分证据，依法定手续执行；逮捕人犯不准施以侮辱、殴打及刑讯逼供、强迫自首，审判采取证据主义，重口供等。

此外施政纲领还规定了抗日民主政府的各项方针政策。包括实行减租减息的土地政策，调节劳资关系的劳动政策，实行男女平等的婚姻政策，发展工农业生产的经济政策和税收政策，推行有利于人民的文教卫生政策，以及团结抗日的民族政策、侨务政策和外事政策等。

（二）政权组织形式

参议会制度是我国人民代表大会制度在抗战时期特定历史条件下变通的政权

组织形式。施政纲领规定：边区各级参议会，为边区各级之人民代表机关。由参议会选举产生同级政府委员会。陕甘宁边区政府管理全边区政务，受边区参议会监督。

政权组织实行“三三制”原则，即在政权机关的人员分配上，规定共产党员占三分之一，非党的左派进步分子占三分之一，不左不右的中间派占三分之一。这一政策反映在施政纲领中即第5条规定：“在候选名单中确定共产党员只占三分之一，以便各党派及无党派人士均能参加边区民意机关之活动与边区行政之管理……共产党员应与这些党外人士实行民主合作，不得一意孤行把持包办”。上述规定对于纠正“左”倾关门主义，调动党外人士参政议政的积极性，发挥了重要作用。

同时施政纲领根据民族平等原则，首次规定建立蒙、回民族的自治区。尊重蒙、回民族的宗教信仰与风俗习惯。为新中国建立民族区域自治制度打下了坚实的基础。

三、警察与治安管理制度及其特点

这一时期，党和抗日民主政权为了深入敌后，开辟敌后抗日根据地，建立抗日民主政权，面对日伪汉奸和国民党投降派，党和民主政权领导下的警察制度及治安管理工作进入了新的发展与逐步成熟时期。

（一）人民警察制度

1. 具有警察职能的机构和警察机构。

（1）中共中央社会部。1939年，中共中央书记处作出决定，在党的高级组织中建立社会部。党中央建立中共中央社会部（以下简称中社部），是当时历史条件下领导全党、全军和各抗日根据地保卫工作的最高领导机构，各中央局亦先后建立社会部。其任务：一是与敌伪特务奸细作斗争，防止其混入党政军内部。二是保障党的政治军事任务的完成和组织的巩固。三是开展对敌情报收集的工作，掌握敌方的动向，进行锄奸宣传和培养锄奸骨干。四是在军队中设立锄奸部，负责军队和尚未建立抗日民主政权的新辟根据地、游击区的锄奸保卫工作。

（2）延安市公安局、延安市警察队。1937年10月，中共中央所在地延安市建立了市公安局，1938年5月又组建了市警察队，统一着专门的黑色警察制服。其任务：一是负责维护延安市区街道的治安、交通秩序。二是清查户口、管理市场。三是调解纠纷。四是警卫党政机关和重要会议。五是广泛发动群众开展锄奸保卫工作。六是打击日寇、汉奸和国民党的特务及盗匪的破坏活动。这是党和政府领导下最早、较正规的着装的人民警察队伍。同时各抗日民主政府设立保安处、人民公安机关，负责维护各边区的社会治安和公共秩序。这些警察机关为革命根据地的巩固和发展作出了卓越的贡献。

2. 公安保卫工作的领导体制。鉴于苏区国家保卫局超越、凌驾党委和政府领导的严重错误的教训，1939年党中央在《反奸细斗争的决议》中作出明确规定："加强领导保卫部门的工作"。并视之为党工作不可分割的组成部分。"各级锄奸保卫工作的部门，同时是各级党政组织的一个重要组成部门"。各级公安局是各级政府的组成部分，"在各级政府的领导下，秉承上级公安局的方针进行工作"。提醒"务必使公安局与政府不要形成对立的形势。"这些规定表明，公安保卫机关及其工作必须置于党中央，地方党委、政府的双重领导之下；公安机关内部的上下级是领导与被领导的关系，是在服从党、政领导下实现的。

（二）治安管理制度

抗战时期，陕甘宁边区政府下设民政厅和保安处执行警察职能，民政厅负责边区的警察行政，户口调查统计、社会治安秩序、禁烟禁毒等事务；保安处主要负责侦查、锄奸、保卫等工作。延安市公安局内设治安科。治安科的主要任务是查户口，查旅店、锄奸反特；维护辖区内的社会治安秩序等。在边区下属各分区的督察委员会公署内，设民政科、报案科（后改为保安处），县设民政科（股）、保安科（股）负责地方治安工作。其他根据地一般设边区公安局、县公安局。当时边区各级治安管理部门的主要任务是是保卫抗日民主政权、保障人民权利、镇压敌特汉奸、清查户口、缉捕盗匪、维护社会治安秩序等。尤其是基层政府还组织了锄奸委员会或锄奸小组，协助维护和支持边区政府的治安工作，使边区社会秩序井然，很少发生刑事案件。

四、刑事立法

抗战时期各民主政权刑事立法的特点是：从统一战线客观需要出发，都不同程度地使用南京国民政府刑法，但适用的范围仅限于普通刑事犯罪。新的刑事立法大多为一些单行法规，如陕甘宁边区政府制定的《惩治汉奸条例》、《惩治盗匪条例》、《惩治贪污条例》等，晋察冀边区制定的《汉奸自首单行条例》、《破坏坚壁财务惩治办法》等。还有《山东省战时除奸条例》、《晋冀鲁豫边区汉奸财产没收处理暂行办法》、《苏中行政公署、苏中军区司令部联合公布处理汉奸军事间谍办法》等。除抗日法规以外，这一时期党制定的抗日政策的许多规定具有独特的针对性、可行性，并且弥补了刑事法规许多不足之处。

（一）刑事法律的指导方针

这一时期颁布的单行法规重点惩治的是危害抗战和边区秩序的犯罪。其中汉奸罪是所有犯罪中最为严重的犯罪，是抗日民主政权打击的重中之重。因此，抗战时期刑事立法的指导原则是："应该坚决地镇压那些坚决的汉奸分子和坚决的反共分子，非此不足以保卫抗日的革命势力。但是决不可多杀人，决不可牵涉到任何无辜的分子。对于反动派中的动摇分子和胁从分子，应有宽大的处理"。[①]

① 《毛泽东选集》（合订一卷本），人民出版社1964年版，第725页。

依照这一总的指导原则逐步形成以下指导方针：

1. 分清敌友，划清罪与非罪的界限。各边区是敌特破坏的中心目标，必须时刻提高革命警惕，严防敌探奸细的破坏。但敌探奸细只是少数，而绝大多数的军人、干部和群众是坚决要求抗日的。因此，要“不放过一个敌探，不错办一个好人”。把镇压少数敌探汉奸与保护全体抗日人民的民主权利有机地结合起来。

2. 必须加强共产党的领导，贯彻群众路线。抗战时期，全面加强了党对锄奸工作的领导。各级公安机关都置于党中央和各级党委的实际领导之下。同时大力开展群众性的锄奸宣传工作和革命法制教育，建立群众性的锄奸组织，订立锄奸公约。经常性的锄奸工作与突击式的大规模的群众锄奸运动相结合。并充分发挥专门机关的威力，使之与群众运动相结合。

3. 实行镇压与宽大相结合的方针。1942 年 11 月 6 日，中共中央在发布的《关于宽大政策的解释》中，对镇压与宽大相结合的方针，作了全面系统的阐述。明确指出，对于已经证实是坚持破坏民族利益的分子，必须依法严办。对于一些曾有破坏行为而真心悔改者，必须采取宽大政策。同时还要区别首要分子与胁从分子。“镇压与宽大是必须同时注意，不可缺一”。即必须镇压的要坚决予以镇压，能够宽大的要尽量宽大。

4. 严禁逼供信。1943 年 8 月 15 日《中共中央关于审查干部的决定》中，提出了“九条方针”，其中特别提出必须反对“逼供信”。指出：“这种错误思想的余毒，在许多干部中，特别是在保卫工作干部中，至今还是严重的保存着”；因此必须“肃清这种主观主义的错误思想。”①

5. 适用刑法必须坚持人人平等的原则。1937 年 10 月，延安发生了红军干部黄克功因逼婚而枪杀青年女子刘茜一案。毛泽东针对此案在同年 10 月 10 日《致雷经天的复信》② 中明确指出，必须以被告人犯罪行为的危害大小，作为定罪科刑的主要根据。果断地摈弃了对有功绩者犯罪得享受减免刑罚的特权。这一复信体现了在法律面前人人平等的原则，成为中国革命法制史上具有理论意义和历史影响的重要文献。从此以后，在革命根据地的立法中，不仅再没有出现类似“唯功绩论”的规定，而且对于共产党员和革命干部提出更加严格的要求。例如，1941 年《陕甘宁边区施政纲领》第 8 条规定：“共产党员有犯法者从重治罪。”

（二）《陕甘宁边区抗战时期惩治汉奸条例（草案）》

该条例草案于 1939 年制定，共 13 条。主要规定：凡有下列行为之一者，即以汉奸论罪：企图颠覆抗日政府，阴谋建立傀儡政权者；破坏人民抗日运动者；

---

① 《中共中央文件选集》（第 12 卷），中共中央党校出版社 1986 年版，第 329 ~ 330 页。

② 毛泽东在复信中指出以下要点：（1）“黄克功过去斗争历史是光荣的，今天处以极刑，我及党中央的同志都是为之惋惜的。但他犯了不容赦免的大罪……”（2）“正因为黄克功不同于一个普通人，正因为他是一个多年的共产党员，是一个多年的红军，所以不能不这样办。共产党与红军，对于自己的党员与红军成员不能不执行比较一般平民更加严格的纪律。”参见《毛泽东书信选集》，人民出版社 1983 年版，第 110 ~ 111 页。

进行各种间谍特务活动者；买卖藏运军火图谋叛乱者或组织领导叛乱者；携枪哗变投降敌人者；施放信号显示敌人轰炸或射击目标者；破坏交通或扰乱金融者；造谣或以文字图画宣传破坏抗战者；杀害抗日干部或毒害人民生命者；组织领导土匪扰乱或乘机纵火抢劫者。

犯上述各款之罪，视情节轻重，判处有期徒刑或死刑，并没收本犯之全部财产或处以罚金。

（三）《山东省惩治战争罪犯及汉奸暂行条例》

该暂行条例于 1945 年 8 月公布实施，共 7 条。其要点是：

1. 有下列行为之一者，处死刑或十年以上有期徒刑，褫夺公权终身：在战争期间自始至终效忠日本军国主义，罪大恶极，为人民所痛恨者；日本军部、特务机关、联络部、宪兵队之主官或主谋者；于日本宣布投降后，组织拒降，坚决抵抗或残杀人民者；伪军、伪警、伪政权组织之主官或主谋，并积极破坏民族解放事业者；残杀、虐待战争俘虏者；组织叛变投敌或叛变投敌者；制造惨案屠杀人民者；为敌捕捉壮丁、招募劳工之主谋主使者；组织破坏我方之前线或后方而发生损害或为敌掠夺军事器材、资财、粮食之主谋主使者；通缉在逃之战争罪犯、卖国奸贼而拒捕者。

2. 除前条各款之外的通敌破坏抗战之汉奸，以及上述某些条款的从犯或未遂犯，得处一年以上十年以下有期徒刑，褫夺公权期间与刑期同。包庇、隐匿、纵容上述两条所举之罪犯者，分别处二年以上十年以下有期徒刑，或三年以下有期徒刑。

五、土地劳动方面的立法

（一）土地立法

为了适应包括地主在内的抗日民族统一战线的形成与巩固，陕甘宁边区在 1937 年 4 月就停止了没收地主土地的政策。1937 年 8 月 15 日，中国共产党发布《抗日十大纲领》，提出“减租减息”，将土地立法原则由消灭封建剥削制度，改为减轻封建剥削程度。减租减息（简称“双减”）成为抗战时期各抗日民主政权土地立法的特点和中心内容。根据这项政策，边区民主政权允许地主（包括一部分有土地的开明绅士）只要赞成民主改革，愿意实行减租减息，愿意抗日，可以不没收土地。这样不仅减轻了农民的负担，改善了农民的生活，有利于动员农民抗日，同时也起到了团结地主参加抗日的作用。这一时期，各抗日民主政权颁布了一系列有关减租减息的法规和法令。其中较重要的有 1941 年 11 月的《晋冀鲁豫边区土地使用暂行条例》，1944 年 12 月的《陕甘宁边区地权条例》，《陕甘宁边区土地租佃条例》等。

上述土地法的基本内容为：

1. 保护土地所有权。

(1) 在土地已经分配的区域，土地为一切依法分得土地人所有；在土地未经分配区域，土地仍为原合法所有人所有。“依保证人民土地私有制的原则，凡合法土地所有人在法令限制范围内，对于其所有土地有自由使用、收益和处分(买卖、典当、抵押、赠与、继承) 之权。”

(2) 公有土地包括：军事及要塞区域的土地；公共交通的道路；公共需用的河流和其他天然水源地；凡不属于私有的矿产地、盐池、荒地、森林、名胜、古迹等；依法没收归公的土地；其他未经人民依法取得所有的一切土地。公有土地一般由当地县市政府统一登记管理，其所有权属于边区政府，任何个人或团体不得侵占。

(3) 合法土地所有人不在当地时，土地可以由他的亲属或代理人代管；没有代管人时，可以由政府代管，并招人耕种，在他本人回归时，须发还其土地，并酌量发还其地租。

2. 减轻地租以保护土地租佃关系。所谓减租，即根据减租法令，要求地主按法定减租率减少法令颁布前确定的地租额。各边区原则上实行“二五减租”，即比照抗战前原租额减收25%。陕甘宁边区政府根据“二五减租”原则，还就不同的租佃形式，分别规定了不同的减租率，最多可减至45%，最少的减10%。

3. 减轻利息以保护借贷关系。抗日民主政权禁止各种形式的高利贷剥削。各边区减租减息条例要求在现存的借贷关系中，把利息减轻到社会经济条件所许可的程度，计息标准一般不得超过年利的15%。债务人复息已超过原本一倍的，停利还本；超过两倍的，本利停付，借贷关系视为消灭。

(二) 劳动立法

为了适应包括资产阶级在内的抗日民族统一战线的要求，各边区抗日民主政权在劳动立法时采取了既保护工人利益，又强调团结资产阶级（包括一部分有生产资料和资金的开明绅士）参加抗日，发展生产，并在一定条件限制下鼓励资本主义发展的立法原则。

毛泽东在1940年12月25日为中共中央写的对党内的指示《论政策》中，明确指出：“关于劳动政策。必须改良工人的生活，才能发动工人的抗日积极性。但是切忌过左，加薪减薪时，均不应过多。在中国目前的情况下，八小时工作制还难于普遍推行，在某些生产部门内还须允许实行十小时工作制。其他生产部门，则应随情形规定时间。劳资间在订立契约后，工人必须遵守劳动纪律，必须使资本家有利可图”。“至于乡村工人的生活和待遇的改良，更不应提得过高，否则就会引起农民的反对、工人的失业和生产的缩小”。[①] 各边区民主政权根据上述精神，在1941年后陆续制定了劳动保护条例或保护农村雇工的决定。较典型的单行劳动法规有《晋冀鲁豫边区劳工保护暂行条例》、《晋察冀边区行政委员会关于保护农村雇工的决定》、《晋西北改善雇工生活暂行条例》、《山东省改

① 《毛泽东选集》(合订一卷本)，人民出版社1964年版，第724页。

善雇工待遇暂行办法》等。

具有代表性者，应属《晋冀鲁豫边区劳工保护暂行条例》。① 该条例经边区临时参议会通过，边区政府于1941年11月1日公布施行，并于1942年、1944年多次修正公布。共7章45条。各章名称是：总则、工资、作息时间、劳动保护、劳动合同、职工会、附则。其要点是：

1. 工人有组织职工会的权利。职工会得代表工人提出各种要求及代表工人同资方订立集体合同。资方如有打骂、虐待、侮辱工人等，职工会得代表工人提出抗议及解决办法。职工会应教育工人提高劳动热忱，保障劳动纪律。此外，还规定工人享有言论、出版、集会、结社、参军、参政及抗日之自由和一系列权利。

2. 工资标准一般依照各地生活状况，除工人本身外，以再供一个人至一个半人最低生活之必需费用为标准。劳动合同内规定的工资，资方不得借故减少或拖欠，工人亦不得在合同外再有额外要求。

3. 工作时间。公私工厂、矿场及作坊工人以十小时为原则。因工作性质必须延长时，至多不得超过十一小时。一般手艺工人、运输工人、店员及学徒，以及农村雇工、家庭雇工，得依习惯行之。

4. 劳动保护。矿厂应切实注意清洁卫生，如工作有碍工人健康及安全者，须有必要之卫生防护设备。还规定了工人因工作致伤、致残、致死的治疗抚恤办法。

5. 保护女工、青工和童工。凡年在十六至十八岁之青工及十二岁以上之童工，其工作须以不妨害其身体健康与教育为原则。工作时间须较成人减少一至二小时。女工分娩前后应给予两个月的休假，工资照发；给婴儿哺乳者，每天应给予适当的哺乳时间。青工、女工与童工如与一般工人做同样工作，且效能相等者，应给予同等工资。

六、婚姻家庭继承立法

各边区抗日民主政权婚姻立法的特点是，根据本地情况，继承苏区婚姻法精神，并利用南京国民政府民法典中的有关条文，制定了一些婚姻方面的单行法规。较为典型的有1939年4月的《陕甘宁边区婚姻条例》，1942年1月的《晋冀鲁豫边区婚姻暂行条例》，1943年1月的《晋察冀边区婚姻条例》，1943年6月的《山东省保护抗日军人婚姻暂行条例》，1945年3月的《山东省婚姻暂行条例》等。这一时期也没有制定统一的全国性的婚姻法规，而由各边区的抗日民主政府分别制定婚姻法规，但在大政方针上是一致的，只是在具体内容上有较大的

---

① 说明：过去一般是以《陕甘宁边区劳动保护条例（草案）》作为抗战时期劳动立法的代表性文件。据查该条例是在上述《论政策》发布以前由陕甘宁边区总工会拟定的，并未通过立法程序，尤其是其中许多规定与中央的劳动政策不相符合，故不应作为该时期劳动立法的代表性文件。

灵活性，各地区根据其实际情况，作出某些具有本地特点的规定。

（一）婚姻立法

1. 全面地规定了婚姻立法的基本原则。一是男女平等的原则。《山东省婚姻暂行条例》规定："本条例根据山东省战时施政纲领男女平等、婚姻自由及一夫一妻制之原则制定之。"晋察冀边区行政委员会《关于我们的婚姻条例》指示信明确指出：男女在社会上、政治上、经济上、家庭地位上，一律平等，这是边区新民主主义社会的一种表现。二是婚姻自由原则。《陕甘宁边区婚姻条例》规定：男女婚姻以本人之自由意志为原则，禁止包办、强迫、买卖婚姻。《晋察冀边区婚姻条例草案》规定：男女婚姻须双方自由、自主、自愿，第三者不得干涉。三是一夫一妻制原则。《晋察冀边区婚姻条例》规定：严格实行一夫一妻制，禁止重婚、纳妾、蓄婢及类似一夫多妻或一妻多夫之各种婚姻。《晋冀鲁豫边区婚姻暂行条例》规定："禁止租妻及伙同娶妻"。四是保护妇女儿童原则。《晋冀鲁豫边区政府施政纲领》规定：禁止虐待及侮辱妇女，保护产妇，保育儿童，严禁打胎及溺婴，禁止童养媳及早婚等恶习。这些婚姻立法原则的明确规定，为新民主主义婚姻制度奠定了坚实基础。

2. 原则性地吸收国民党政府民法中亲属编的部分内容。《晋察冀边区婚姻条例》第1条规定："本条例根据中华民国民法亲属编之立法精神，适应边区具体环境制定之"。第31条规定："民法亲属编与本条例不相抵触者，仍得引用之"。

3. 法定最低婚龄。对婚龄的规定，各地呈现多样化的趋势，某一地区前后也有不同的规定，基本是男二十岁，女十八岁[①]。这种灵活性的规定，在当时贫穷落后、文化教育水平低下的历史条件下顺应了人民群众的传统理念、风俗习惯等，是完全必要的。

4. 设立"订婚"、"解除婚约"专章。如《晋冀鲁豫边区婚姻暂行条例》第二章"订婚"，第三章"解除婚约"。晋绥边区和山东省婚姻条例中皆有"订婚"专章。主要规定：不到订婚年龄不得订婚（订婚年龄比结婚年龄男女各小1岁）；订婚须男女自愿，并须到村以上政府登记；订婚后有一方不愿继续婚约或结婚者，均得请求解除婚约；解除婚约须向区级以上政府声请备案。本来订婚并非结婚的必经程序，但在一向经济、文化教育、科学落后有订婚习俗的大多数边区，将订婚作为一种过渡办法，纳入法制化的轨道，是符合实际情况的。

5. 具体列举离婚之条件。各地婚姻条例均规定：男女双方愿意离婚者，得向当地乡市政府请求离婚登记，发给离婚证。各地所列离婚条件多寡不等，最多的14条（晋绥边区），最少的8条（晋察冀），陕甘宁边区为10条。1939年陕甘宁边区的10条是：有重婚之行为者；感情意志根本不合，无法继续同居者；

① 例如，陕甘宁边区，1939年规定"男满二十岁，女满十八岁"，1944年修正婚姻条例时，对婚龄未作明确规定，到1946年规定为"男至二十岁，女至十八岁"。晋察冀边区1941年也规定为"男满二十岁，女满十八岁"，到1943年即改为"男至二十岁，女至十八岁"。此外，还规定"男满十八岁，女满十六岁"（晋冀鲁豫、晋西北、淮海区等），或"男满十八岁，女满十七岁"（山东省）。

与他人通奸者；虐待他方者；以恶意遗弃他方者；图谋陷害他方者；不能人道者；患不治之恶疾者；生死不明过一年者，但在不能通信之地方以二年为期；有其他重大事由者。1944 年陕甘宁边区又增加一项“男女一方不务正业，经劝阻无效，影响他方生活者”。并将第 9 条改为“生死不明已过三年者”。晋察冀边区还补充有：“充当汉奸者”，“因犯特种刑事罪被处三年以上之徒刑者”。晋察冀边区规定：“妻受夫之直系亲属虐待致不能同居生活者”，“吸食毒品或有其他不良嗜好，经屡劝不改者”等。这种列举离婚条件的优点是，通俗易懂有利于群众自警自律，一目了然。

6. 对抗日军人婚姻的特殊保护。各地婚姻条例均规定：一方为抗日军人者，法律则予以特别保护，如果杳无音讯，对方不得擅自解除婚约；抗日军人婚姻的解除，必须经抗日军人本人同意；确知抗日军人死亡、逃跑、投敌或无音讯超过法定年限，配偶始可实行嫁娶；抗日军人之配偶或未婚妻（夫）擅自解除婚约或婚姻，与他人订婚、结婚者，婚约、婚姻无效，政府并一发追究当事者的刑事责任。

（二）继承立法

工农民主政权时期的继承法规，虽然在原则上承认男女都有平等的继承权，但并没有适用于实践中。到抗战时期，依照保障抗日人民的合法财权的原则，继承权问题相应地突出起来。为此，陕甘宁边区政府在抗战初期拟制了《陕甘宁边区继承处理暂行办法》共 19 条，作为内部试行。各边区抗日民主政府在推行女子享有与男子平等的继承权时，针对存在的问题，发布了几个相关的法规。例如，1943 年 6 月 5 日晋察冀边区《关于女子财产继承权执行问题的决定》，1945 年 3 月《山东省女子继承暂行条例》，同年 5 月《冀鲁豫行署关于女子继承等问题的决定》。

1.《陕甘宁边区继承处理暂行办法》的主要内容。遗产除配偶互相继承外，其他法定继承人的顺序依次是：直系血亲卑亲属（子女、孙子女、曾孙子女）、父母、亲兄弟之子女、祖父母；被继承人无亲生子女，而有遗嘱处分其遗产，或指定兄弟之子女一人或一人以上为继承者，从其遗嘱。同时还规定，遗嘱用口头或书面为之。口头遗嘱应有第三人证明，书面遗嘱应由遗嘱人签名，不能签名者，由第三人代之。有两次以上遗嘱者，以最后遗嘱为准；被继承人生前所抚养之人，在继承开始时，有请求酌给遗产之权利，但以受抚养人无生活能力者为限；胎儿为继承人时，应保留其应继份，如未经保留，其他继承人不得分割遗产；继承人得限定以继承之遗产，为偿还被继承人债务之范围；继承遗产，自被继承人死亡之日开始；继承权被侵害时，被侵害人或其代理人得请求复回之，其请求复回权之时效，自知悉侵害时起，为一年，不知者，自被侵害时起，为五年；继承人以不正当手段取得继承权者，无效。其触犯刑法者，依刑法处断。

2. 关于妇女继承权执行问题的若干法规。晋察冀边区、山东省、晋鲁豫行署均对妇女继承权执行问题作了规定，其要点有：

配偶双方之遗产，有互相继承权；被继承人生前有女无子，他死亡后的全部遗产，都归其女（不论一女多女、已嫁未嫁）继承；已嫁或未嫁女子应继承的财产，有继承权之女子，有权向原遗产继承人请求分割；有继承权的寡妇，得携带她应继承之财产改嫁。寡妇本人财产，任何人不得阻止其带走等。

可见，在抗日根据地，继承法已有很大改革，特别是妇女的继承权已开始得到保障，这些规定为我国社会主义继承法的制定奠定了基础。

七、司法制度与诉讼制度

（一）司法体制

1. 司法机关发展概况。为了顾全与国民党统一战线的大局关系，1939 年 9 月，司法委员会及各级裁判部撤销。陕甘宁边区政府及以后陆续建立的其他各边区政府，开始建立起新的司法机关体制。中央和地方两级司法机关相对比较稳定，此外也有一些独立审级出现，检察机关也实行“审检合署”。值得注意的是，边区抗日民主政权在初期名义上实行三级三审制（即县地方法院为一审，边区高等法院为二审，国民党政府最高法院为三审），但边区法院从未与国民党政府最高法院发生任何诉讼上之关系。以后各边区都改为自行终审，如陕甘宁边区和比较大的边区实行三级三审；山东省则以县司法处为一审，专署设地方法院为二审，全省暂以高级审判处代行高等法院实行三审。

2. 司法机关体制。抗战时期，各边区司法机关的设置大同小异。陕甘宁边区的司法体制是：

（1）边区高等法院。受边区参议会和边区政府委员会的领导和监督，院长由边区参议会选举产生，管理全边区的审判工作和司法行政工作。内设民事法庭、刑事法庭，必要时设立巡回法庭。此外，还有书记室、看守所和劳动感化院等机构。1942 年至 1944 年曾一度设置边区政府审判委员会，专司解释法令、受理不服高等法院判决的上诉案件以及死刑复核案件。

（2）高等法院分庭。边区政府为了便利群众上诉，于 1943 年 3 月决定在各分区专员公署所在地设置边区高等法院分庭，代表高等法院受理不服各该分区所辖县司法处一审判决而上诉的民刑案件，为第二审级的司法机关。庭长由专员兼任。

（3）县司法处和地方法院。除少数地方（如延安市）设立地方法院外，大部分县皆在县政府内设立司法处，是负责审理初审民刑案件的基层司法机关。处长由县长兼任，另设有审判员、书记员。

3. 检察机关。实行“审检合一制”，检察处附设在高等法院内，县一级只设检察员，负责行使检察职权。1941 年春，陕甘宁边区曾一度成立边区检察处，“独立行使检察职权”。后因实行精简而撤销，仍在法院内设立检察员，或由各级行政首长和公安人员代行检察职权。

（二）审判制度

各边区抗日民主政权的审判机关除严格按照各民主政权规定的审级终审外，

实行公开审制制度，但均应有人民代表参加；实行人民陪审制度，可由群众团体、参议会选举产生，也可由机关、部队选派代表或由司法机关聘请公正人士担任；实行辩护制度，经法院和被告本人同意，可以自己辩护，也可以请群众团体、有知识的人和近亲属到庭辩护；实行上诉制度，民事案件上诉期限一般为20天，刑事案件上诉期限一般为10天；此外还实行复核制度和审判监督制度。

(三) 巡回审判与马锡五①审判方式

在战争环境中为了方便人民群众诉讼，各边区抗日民主政权的司法机关都建立了巡回审判制度。巡回审判制度是抗日边区司法工作民主化和群众化的重要表现，"马锡五审判方式"就是这一制度的具体实践。

马锡五审判方式的基本特点是：

1. 实事求是，客观、全面、深入社会，实地调查，反对主观主义的审判作风。马锡五从事审判工作，本着一切从实际出发的精神，不带任何条条框框，除时时处处依靠群众调查案件事实外，还吸收群众中有威望或有能力的人直接参与案件的审理。力求客观、全面、细致地进行调查研究，多方面听取各种舆论、呼声和意见，搜集一切有关的人证物证，然后经过审慎地分析研究，实事求是地找出是非曲直的客观根据，公正合理地处理案件。

2. 认真贯彻群众路线，紧紧依靠群众，实行审判与调解相结合。马锡五审判方式最根本的经验，就是认真贯彻群众路线。首先，在调查案情时，要善于依靠群众，以平等的态度，耐心倾听各方面的意见，设身处地地体会群众的感情与要求。其次，在处理纠纷时也要依靠知情的群众，向当事人说理说法，力求做好当事人的思想工作，消除原被告两造的对立情绪。这样的判决，既合乎政策原则，又顺乎法理人情；既能使双方当事人服判，又能取得周围群众的同情和拥护。

3. 实行简便利民的诉讼手续，全心全意为人民服务。马锡五在实行巡回审判时，没有首长和法官架子，从不敷衍，不拖拉，不怕麻烦，不管早晨晚上，地头河边，随时随地同群众谈话，受理案件，了解案情，一切以便民利民为原则。同时，马锡五到下层处理案件，从不发号施令，或者粗暴训斥下级干部，而是诚恳谦虚，平易近人，以身作则。通过审理典型案例，对下级干部进行言传身教，帮助总结提高其政策思想水平，明确制度，改进工作。

(四) 人民调解制度

抗战时期，是人民调解制度发展的重要阶段。各地的抗日民主政府发布了许多有关调解工作的组织条例或工作办法，如《陕甘宁边区民刑事件调解条例》(1943年6月)，《晋西北村调解暂行办法》(1942年3月)，《山东省调解委员会

---

① 马锡五（1898年至1962年）中国著名的人民司法工作者，"马锡五审判方式"的创造者。陕西省志丹县人。1930年参加革命，1935年加入中国共产党。马锡五长期从事人民司法工作，抗日战争时期兼任陕甘宁边区高等法院陇东分庭庭长时，经常深入群众，巡回审理，就地办案；实行审判和调解相结合；反对主观主义的审判作风，坚持法律原则，忠于事实真相。由于他执法严正，刚直不阿，深受人民群众欢迎。

暂行组织条例》（1941 年 4 月），《苏中区人民纠纷调解暂行办法》（1945 年 5 月）等。其主要内容有：

1. 调解组织形式。基本上有以下三种：（1）民间自行调解。即由双方当事人邀请亲友或民众团体或公正人士进行调解。（2）调解组织调解。主要是由村政府或村调解委员会主持调解，必要时也可由区调解委员会或县政府民政科进行调解。（3）司法机关调解。已起诉到县司法处的案件，如认为必要时，也可在法庭进行调解。

2. 调解的范围。凡因债务、物权、婚姻、继承等而发生的一般民事纠纷和轻微的刑事案件，都可进行调解。但法律另有规定者除外。

3. 调解工作的三原则。即双方自愿，不许有任何强迫；要遵守政府政策法令，照顾民间善良习惯；任何人不愿调解或不服从调解，有权向县司法处或地方法院起诉。

第三节　解放区民主政权的法律制度

一、法制概况

抗日战争胜利后，国民党发动派立即发动了反共内战，中国人民在中国共产党领导下进行了 3 年多的解放战争。各解放区域迅速扩大，从边区发展为包括数省市的大区，建立了人民民主政权。各解放区人民民主政权除继续沿用抗日民主政权的大部分法律外，还先后颁布了新的宪法原则和解放区人民政府的施政纲领以及制定了很多法律、法令。同时，中共中央制定发布的很多政策以及军政部门发布的文告、指示也具有法律性质。

这一时期各解放区人民政权制定的法规、法令和建立的执法机构也发展到一个新阶段，如颁布了《中国土地大纲》，重新规定没收地主土地归农民所有；根据新民主主义的三大经济纲领，各解放区人民政府颁布了没收官僚资本，保护民族工商业等项具体的民事、经济法令；在刑事立法上形成了“首恶者必办，胁从者不问，立功者受奖”的新刑事原则；在司法制度上，实行各级审检分立的制度；在司法程序上体现了保护人权的精神；尤其是 1949 年 2 月中共中央发布《关于废除国民党六法全书与确立解放区司法原则的指示》，为当时的法制建设指明了方向。同时在工作重点转向城市，隐蔽战线斗争更趋白热化的状态下，各大城市都建立了人民警察机关，明确治安管理任务，从而稳定了社会秩序，巩固了新生的革命政权。

二、宪法性文件及政权组织

这一时期，各解放区人民民主政权相继制定了一系列宪法性文件。例如，

1946年4月的《陕甘宁边区宪法原则》(以下简称《宪法原则》)、1946年8月的《东北各省市民主政府施政纲领》、1947年4月的《内蒙古自治政府施政纲领》、1947年10月的《中国人民解放军宣言》、1948年8月的《华北人民政府施政方针》(以下简称《施政方针》)。这些文件为进一步加强解放区的政治建设，捍卫人民的胜利果实起到保障作用，也为解放全中国做好了准备，同时为后来制定《中国人民政治协商会议共同纲领》积累了可贵的经验。

(一) 宪法性文件

1.《陕甘宁边区宪法原则》基本内容。《宪法原则》其主要内容分为：政权组织、人民权利、司法、经济、文化五部分，共21条。

(1) 人民权利。规定人民享有政治上的各项自由权利和武装自卫权；妇女除享有与男子平等权利外，还应照顾妇女的特殊利益；边区人民不分民族一律平等。在少数民族聚居地区可组织民族自治政权，在不与省宪抵触原则下，订立自治法规。

(2) 发展经济。规定“应保障耕者有其田”，即准备实施彻底的土地改革。还规定劳动者有职业，企业有发展机会；要有计划地发展农工矿各种实业；用公营、合作、私营三种方式组织所有的人力、资源，促进经济繁荣；欢迎外来投资并保障其合理利润。

(3) 科学文化教育卫生。规定要普及并提高一般人民之文化水准，从速消灭文盲；实行免费的国民教育和高等教育，普及为人民服务的社会教育；发展卫生教育与医药设备，减少疾病与死亡现象；保障学术自由，致力科学发展。

(4) 司法独立。各级司法机关独立行使职权，除服从法律外，不受任何干涉。这一规定在当时是一项创新了的非常重要的法制原则；人民有不论用任何方法控告失职的任何公务人员之权；对犯法人员采用感化主义。

2. 政权组织形式。《宪法原则》规定“边区、县、乡人民代表会议(参议会)为人民管理政权机关”。这就确定了解放区人民政权的各级权力机关，准备由抗战时期的参议会，逐步过渡到人民代表会议制度。还规定人民以普遍、直接、平等、无记名方式选举各级代表，各级代表会选举政府委员。各级政府对同级代表会负责，各级代表对选举人负责。各级代表会每届大会应检查上届大会决议执行的情况。这一规定为中华人民共和国的人民代表大会制度奠定了基础。

(二)《施政方针》的基本内容和政权组织形式

《施政方针》是中华人民共和国成立前夕，在中国较具代表性的解放区人民政府的一个纲领性文件。

1.《施政方针》的基本内容。《施政方针》由序言、军事方面、经济方面、政治方面、文化教育方面、关于新解放区与解放城市的政策六部分组成，其主要内容有：

(1) 确定了华北人民政府的总任务。规定，为解放全华北而斗争，继续以人力、物力、财力支援前线，配合解放军，争取全国的解放；有计划、有步骤地进行各种建设工作，恢复和发展生产；继续建设为战争和生产服务的民主政治，培养干部和建设人才，以奠定新中国的基础。

（2）规定了华北人民政府的经济政策。即在农村实行土地改革，确认农民分得土地的所有权，并且发展农民的生产互助合作组织。对工商业实行发展生产、繁荣经济、公私兼顾、劳资两利的方针。

（3）规定对新解放区和新解放城市的政策。即对新解放区和新解放的城市采取保护和建设的方针。对敌方人员及普通人民区别对待。消灭反动武装，逮捕惩处破坏活动分子，对于一切遵守人民解放军和人民政府法令的人民和团体，不论其为劳动者、资本家或地主（包括逃亡地主在内），一律予以保护。没收一切官僚资本企业，对其他私人财产和工商业一律加以保护。禁止蒋币流通。

2. 政权组织形式。《施政方针》确定各级人民代表会议制度，必须使各民主阶层，包括工人、农民、独立劳动者、自由职业者、知识分子、自由资产阶级和开明绅士都有他们的代表参加，并使他们有职有权。各级人民代表大会选举产生各级人民政府，建立村、县、大区人民政权。《华北人民政府组织大纲》还规定，华北人民政府委员会之委员由华北人大选举。政府委员会下设各部及委员会，以及华北人民法院、华北人民检察院。这一组织机构形式成为中央人民政府的雏形。

三、人民警察制度和治安管理

（一）人民警察制度

这一时期，党领导全国人民和中国人民解放军同国民党反动派及其代表的封建地主、官僚资产阶级进行了决定中国前途的大决战。党领导的警察机关和保卫工作重点转向城市。各大解放区先后在建立了人民政权的地域建立人民警察机构，为夺取全国解放，建立人民共和国，为国家的管理和建设奠定基础，人民警察制度进入前所未有的大发展时期。

1. 人民警察机构。

（1）东北解放区于1946年4月在哈尔滨市建立人民政权，随后建立起全国最早的中心城市人民警察机关——哈尔滨市公安局。与此同时，中共东北局建立了东北局社会部，各地人民政权相继建立了公安局。1946年9月，党领导的东北各省市行政联合办事机构行政委员会成立，设立公安总处。1949年1月，辽沈战役结束后东北局社会部进入沈阳。东北公安总处改为东北公安部、各省设公安厅。

（2）华北解放区于1948年5月8日，随着华北局和华北人民政府的成立，建立中共华北局社会部和华北人民政府公安部。1949年7月，中央决定在华北社会部和华北公安部的基础上组建中央军委公安部。

（3）西北解放区于1949年5月至9月在陕、甘、青、宁、新各省会市成立军管会，下设公安处，随着人民政府的成立，建立了公安局。新中国成立后，西北行政委员会公安部和省、区人民政府公安厅建立。

（4）华东解放区、中南、西南地区的人民警察制度都是随着解放战争的最终胜利和新中国的成立分别建立各大局社会部，各省、市、县、公安厅、局。

2. 人民警察机关的任务。各地公安机关在各级人民政府的领导下，配合人民解放军争取人民革命的最后胜利，以此彻底摧毁反动政权的各种社会基础。

在农村：（1）支持广大贫苦农民进行土地改革和清匪反霸斗争，保卫人民政权和人民的胜利成果。（2）肃清潜伏的敌特和国民党及土匪残余武装。（3）取缔反动的会道门。（4）镇压暴乱，维护地方与支援前线的交通要道的治安。（5）收缴敌特电台和散失的枪支弹药等。

在城市：（1）配合解放军对相继解放的城市实行军管。（2）摧毁国民党反动派一切旧政权机构和旧警察机关，建立健全新型的人民警察机关，并对旧警察人员进行改造和安置。（3）搜捕战争罪犯和隐藏的敌特组织和分子。（4）收缴电台和武器。（5）对反动党团特进行登记，取缔一切反动党团特组织和对其中少数反动骨干分子、死不悔改分子进行管制。（6）打击各类刑事犯罪。（7）整顿社会治安秩序。（8）严格各企业事业单位内部保卫工作。（9）恢复交通、电讯、商贸和生产，建立新的生产、生活革命秩序。（10）整治市容卫生，治理满目疮痍的城市，安定社会，保证人民安居乐业等。同时总结最早回到人民手中城市的接管经验，举办训练班为接管大城市做准备。注重培训公安保卫与情报干部。警察队伍的不断发展壮大，为建立全国统一的人民警察机关和制度打下了牢固的基础。

（二）治安管理

人民公安机关随着解放区的不断扩大和一大批大、中城市的陆续解放，及时地将治安管理工作的重点由农村转向城市。面对受着战争创伤，社会混乱，生产难以维持的大、中城市，当时各解放区人民政府的治安管理部门的主要任务是：配合有关部门除匪反霸、防奸反特、处罚违警行为、管理枪支弹药、整顿社会秩序、处理乞丐游民，清除毒、赌、黄、淫，建立群众治安组织等。各解放区的治安管理工作稳定了后方社会秩序和生产，巩固了新生的人民政权，支援了前方人民解放军彻底消灭反动统治，为解放全中国作出了贡献。同时也为解放后的人民共和国开展治安管理工作奠定了基础，积累了十分宝贵的经验。

四、刑事立法

各解放区人民民主政权的刑事立法比抗战时期又有了进一步发展。刑事立法主要由各解放区人民民主政权和人民解放军以宣言、命令、布告等形式予以公布。例如，1947 年 10 月的《中国人民解放军宣言》、1948 年《惩办战争犯罪的命令》、《中共中央关于军事管制问题的指示》和华北人民政府颁布的《关于重大案件量刑标准的通报》、《解散所有会道门封建迷信组织的布告》等。

（一）关于取缔一切反动组织、镇压反革命活动的规定

此时，刑事立法的主要任务，是取缔一切反动组织、镇压反革命活动，以保证人民解放斗争取得最后胜利。其主要内容是：

1. 肃清政治土匪。这是新解放区对敌斗争的一项重要任务。各地军政机关采取"军政结合，剿抚兼施"的方针，讨平了大批土匪武装，并捕办了一些重要匪首。《辽北省惩治土匪罪犯暂行办法（草案）》，具体规定了对各类土匪罪犯的处刑办法。

2. 镇压地主恶霸。为了保卫土地改革的顺利进行，1948 年 1 月晋冀鲁豫边区的《破坏土地改革治罪暂行条例》规定：凡带头组织或勾结反动武装，对农民进行报复、倒算，杀害干部和农民，或有其他严重危害农民利益者处死刑，次要分子处劳役。通过"清匪反霸"斗争，在广大城乡镇压了一批压在人民头上的"地头蛇"、"南霸天"等恶棍。

3. 惩治战争罪犯。1947 年 10 月发布的《中国人民解放军宣言》，根据"首恶者必办，胁从者不问，立功者受奖"的方针，提出对战争罪犯的处理原则。1948 年 11 月又发布《惩处战争罪犯》的命令，具体列举了以战犯论处的各项罪行。据此陆续逮捕了一批国内战犯，到中华人民共和国成立后分批加以审理。

4. 取缔一切反动党团一切特务组织，解散反动会道门等封建迷信组织。

（二）刑罚的主要变化

1. 产生了新的刑种管制。1948 年 11 月发布的《中共中央关于军事管制问题的布告》中提出："在解散反动党团之后，对登记后的少数分子实行管制（每日或每星期向指定机关报告其行动）"[①]。从此将"管制"定为一项新的刑种，由政法机关负责在全国加以推行、实施。管制在以后的《中华人民共和国刑法》中被发展成为独立的主刑之一。

2. 取消"回村服役"办法。抗战时期对某些刑事罪犯采用"回村服役"的办法，曾发挥过积极的作用。但在执行中也存在一些弊端，并与新形势的发展不相适应。为此，华北人民政府为了加强革命法制，于 1949 年 1 月特明令宣布取消回村服役办法，并规定以后区村政府一律不得再羁押人犯。

3. 增加无期徒刑。因解放区社会秩序日益稳定，司法制度日趋健全，所以在许多刑事立法中增加了无期徒刑的规定。

此外，各解放区人民政权还分别制定了《惩治贪污条例》、《禁烟禁毒条例》、《严禁乱抓乱杀肉刑逼供的训令》、《惩治杀伤犯暂行办法》、《惩治关于婚姻与奸害罪暂行条例》，以及惩治扰乱金融罪和破坏森林罪的单行刑事法规等。

---

① 《中共中央文件选集》（第 14 卷），中共中央党校出版社 1987 年版，第 425 页。

五、土地、劳动立法

(一) 土地立法

1.《中国土地法大纲》的产生和内容。抗战胜利后，中共中央根据国际国内形势和阶级关系的变化，为了满足农民的土地要求，于1946年5月4日发布了《关于土地问题的指示》(即“五四指示”)，决定由减租减息政策转变为没收地主土地分配给农民的政策。1947年7～9月，中国共产党在河北平山县召开全国土地会议，制定了《中国土地大纲》，于1947年10月10日公布。基本特点是：肯定了“五四指示”中关于“没收地主土地分给农民”的原则，修改了对某些地主照顾过多的条款，同时也避免了苏区犯过的“地主不分田，富农分坏田”的政策错误。该大纲共16条，其重要内容是：

(1) 实行耕者有其田。规定要“废除一切地主的土地所有权”，实行耕者有其田的土地制度。“废除一切乡村中在土地制度改革以前的债务”。

(2) 确定土地财产的分配办法。规定以乡或行政村为单位，按乡村人口，不分男女老幼，统一平均分配，由政府发给土地所有证。

(3) 规定了保护土改的司法措施，对破坏土地法大纲实施的罪犯，组织人民法庭进行审理和判决。

各解放区人民政府根据上述原则，制定了具体条例和补充办法。到1949年6月止，大约在一亿五千万人口的地区，完全废除了封建土地制度，实现了“耕者有其田”。

2. 新解放区的减租减息条例。解放战争后期，对不具备实施土地改革条件的新解放区，仍然实行减租减息政策。例如，1948年10月8日《中共中央中原局减租减息纲领》和《中原新解放区减租减息条例》规定，所有地主、旧式富农及一切机关、学校、祠堂、庙宇、教会所出租之土地，一律按原租额减去二成半。减租后租额最高不得超过土地正产物的千分之三百七十五。在解放前农民向地主、旧式富农所借之旧债，一律按月利一分计息清偿。其清偿办法，基本上沿用抗战时期的规定。

(二) 劳动立法

1947年12月5日，毛泽东在《目前形势和我们的任务》一文中指出，新民主主义国民经济的指导方针，必须紧紧地追随着发展生产、繁荣经济、公私兼顾、劳资两利这个总目标。这也是解放区劳动立法的指导方针。1948年8月第六次全国劳动大会在哈尔滨召开。大会通过了《关于中国职工运动当前任务的决议》和《中华全国总工会章程》。该决议和章程的基本内容如下：

1. 确定解放区职工运动的任务。指出，解放区的工人阶级已成为国家政权的领导阶级，职工成为企业的主人。应选派优秀代表到国家各种领导机关中去。决定在国营企业要建立工厂管理委员会和职工代表会，讨论决定一切有关生产及管理的重大问题，积极完成生产任务。在私营企业的职工应遵守劳资双方订立的劳动契约，督促资方执行政府法令。

2. 实行适合战时经济条件的劳动福利政策，包括：工厂实行八至十小时工作制。特殊企业或特殊情况，经当地政府批准可延长或缩短，但最多每日不得超过十二小时。农业工人、手艺工人及店员的劳动时间，可照习惯办理；工资必须保障普通职工的最低生活水准，即连同本人在内，要能维持两个人的生活。同时还规定要采取等级工资制及计时、计件工资制；禁止使用未满十四岁的童工，学徒不得超过三年。女工产前产后休假四十五天。女工实行同工同酬的原则；改善工厂卫生安全设备。伤老病残等医疗津贴抚恤暂由工厂和工会负责办理。有条件的地方可创办劳动保险。

3. 劳动契约与劳动争议处理原则。规定由劳资双方依照平等自愿协商原则，签订集体劳动契约，经政府批准后，适用于同一行业的各个工厂商店。内容包括：劳动条件，职工的任用、解雇与奖罚，劳动保护与职工福利，厂规要点等内容。劳动争议的处理方法为协商调解及仲裁。不服仲裁者，得向法院起诉。

4. 决定恢复中华全国总工会。依照《中华全国总工会章程》的规定，中国境内之职工团体，凡赞成本会章程者，均得加入本会为团体会员。凡在各企业、机关、学校中工作，以劳动收入为主要生活来源，并依法取得职工身份之体力劳动与脑力劳动者，不分民族、性别、宗教信仰，赞成本会章程自愿入会者，均得加入本会所属之各种工会为会员。各解放区人民政府根据全国劳动大会的决议精神，先后制定了许多单行的劳动法规。①

六、婚姻家庭继承立法

（一）婚姻家庭立法状况

解放战争初期，部分老解放区基本上沿用抗战时期制定的婚姻条例，如华北人民政府宣布，原晋察冀边区和晋冀鲁豫边区制定的婚姻条例，继续有效。有些地区重新修订了婚姻法规，如1946年修正颁布《陕甘宁边区婚姻条例》，1947年7月修正《山东省婚姻暂行条例》。对于新解放地区，参照老区的规定，制定了婚姻法规，如《辽北省关于婚姻问题暂行处理办法（草案）》、《关东地区婚姻暂行条例（草案）》和《旅大市处理婚姻案件办法草案》等。这一时期婚姻条例的结构和内容，与以前大同小异。以《关东地区婚姻暂行条例（草案）》为例，

---

① 如《东北公营企业战时劳动保险条例》、《东北行政委员会公营企业工薪标准及支付办法的指示》、《哈尔滨市工厂管理委员会暂行办法》、《华北区老病弱退职人员待遇办法》、华北解放区《关于在国营、公营工厂企业中建立工厂管理委员会与工厂职工代表会议的实施条例》、《陕甘宁边区政府规定废除煤矿生产大班制办法的命令》、上海市军管会《关于复业复工纠纷处理暂行办法》等。此外，1949年7月召开的全国工会工作会议通过的《关于私营工商企业劳资双方订立集体合同的暂行办法》、《关于劳资关系暂行处理办法》和《劳动争议解决程序的暂行规定》等，都是中华人民共和国成立前后处理劳动问题的重要法规。

共八章49条。章名是：总则、订婚、解除婚约、结婚、夫妻之权利与义务、离婚、子女与财产、附则。

在这个时期的婚姻立法中，针对当时出现的问题，强调了以下各点：

1. 华北人民政府司法部对婚姻自由政策的解释。进入城市之后，有人歪曲或误解婚姻自由政策，出现了一些违反婚姻法的行为。为此，华北人民政府司法部重申：凡挑拨他人夫妇不和而鼓动离婚者，或与有配偶之人通奸者，如一方告发，证据确实，得依法惩处。如经正式离婚后，依照婚姻自由原则，同任何人订婚与结婚，他人不能限制。同时，对城市离婚财产和扶养费问题作出规定：男女结婚以前，各自的财产（包括互相赠与部分），离婚后仍归各人所有；结婚后共同积蓄的财产，一般应各分一半，但也依所出劳动力多少，多分或少分。如离婚后女方不能维持生活时，男方应依家庭经济情况，酌给一部分扶养费。

2. 规定干部离婚的处理原则。在这一时期内，干部提出离婚者居于突出地位。为此，各地专门制定了一些法规，如1946年晋察冀行政委员会发布《在外工作人员声请离婚程序的命令》、冀南行署的《关于处理婚姻问题的几个原则》、1949年绥远省的《关于干部战士之解除婚约及离婚手续一律到被告所在地之县政府办理的通令》等。这些命令、原则规定：（1）干部离婚，同群众离婚一样，必须坚持“夫妻感情意志是否根本不合”的基本原则；（2）凡干部单方提出离婚者，不论男方或女方，均须直接向被告所在地之县政府提出（个人直接到县政府提出），或以书面形式提起离婚诉讼。如双方自愿离婚者，得共同向县政府声请解决，不得私下了结；政府受理干部离婚声请时，应根据双方当事人所持理由及条件作出准与不准的决定。当事人应服从县政府的决定，不得无理取闹，以势压人。如对判决不服，可依法上诉。但任何干部未取得正式离婚手续前，不得以任何形式或借口，擅自结婚，违者以重婚论罪。

3. 重申保障革命军人的婚姻。凡革命军人的妻室，不论已婚未婚，在未得其丈夫同意正式离婚或解除婚约前，任何人不得与其非法结合；过去造成既成事实者，在法律上一概无效，并须追究责任。如有故意违犯，应给予刑事处分。

（二）继承法规的发展变化

1. 华北人民政府司法部有关分家继承问题的解答。

（1）新民主主义革命时期的继承权，同封建宗法社会的继承权不同。宗法社会的继承权是由父系直系血亲享有。如无直系血亲，则归旁系血亲享有。在革命根据地，特别是经过土地革命按人口平分土地之后，土地财产是组成家庭成员所共有的。家庭成员不分男女老少都对属于自己的那份土地具有所有权。因此，继承权仅限于家庭成员所享有，而该家庭以外的亲属，均不应享有继承权（遗嘱继承除外）。

（2）无论男女或已婚未婚，既然在土改中按人口分得财产，在分家析产时，自应按人口分，不能按股分。妇女出嫁或离婚，原则上应准许带走，任何人不得干涉。同时还规定，在分家时，必须给老人留下足够的生活份额，使其生活得到必要保障。

(3) 土改中女儿在娘家分得土地财产，与母亲的财产共同经营，母亲死后，其女儿不仅有权处理自己分得的土地财产，并有权继承其母亲的遗产，本族近亲属无权继承。

该解答在妇女继承权问题上强调了男女平等原则，是解放区人民政府继承法的鲜明特点，使妇女的经济权益得到了切实保护。

2.《哈尔滨市处理继承办法草案》的主要内容。该草案于1949年由哈尔滨市人民政府制定，供内部试行，共13条，是在新民主主义革命时期解放区制定的比较详尽的继承法规。其主要内容是：

(1) 规定法定继承人的范围和顺序：第一，配偶（包括已同居多年事实上已属于夫妻关系的姘居）；直系卑亲属（主要是指子女，包括养子女）；无劳动能力的父母；在被继承人临死前曾连续受被继承人抚养一年以上之丧失劳动能力者。第二，有劳动能力的父母。第三，祖父母。第四，兄弟姐妹。第五，与被继承人同一经济生活单位，且又为生活所必需者。同时规定同顺序之继承人有数人时，原则上按人数平均继承。但法院得参照各继承人经济情况按其生活需要进行分配。女子与男子享有平等继承权，不因出嫁或寡妇改嫁而受影响。继承人之一，在被继承人生前死亡，其应继承份额，可由该继承人之继承人代位继承。

(2) 规定遗嘱继承或遗赠，即财产所有人在不侵害未成年人或丧失劳动能力人的继承范围内，得以遗嘱的形式将其财产赠与国家机关、社会公益团体（非封建迷信团体）或经济地位显然低于继承人的个人。

(3) 继承开始时间。遗产继承自被继承人死亡时开始。如果被继承人失踪满五年（特殊情形如遭遇特别灾难者满三年）时，法院得宣告为死亡人。死亡宣告后，其遗产即可由其继承人开始继承。继承人如不知被继承人死亡或被继承人所在不明时，法院应通知或公示催告。限期（规定一年）呈报，承认继承。如逾期不呈报时，视为放弃继承权。此外，还规定无继承人之财产，收归国库。

综上所述，不难看出，新民主主义的继承制度，是在废除封建宗法制度的基础上逐步形成的。从上述规定中，反映出我国根据地的继承立法包含有以下基本原则：一是坚持男女平等的原则。二是坚持养老育幼、团结互助的原则。三是权利与义务相一致的原则。在确定继承范围、顺序及份额大小时，既考虑婚姻血缘关系，也应考虑到互相抚养的权利义务关系。

七、司法体制与诉讼制度

（一）司法机关的新发展

解放战争时期，根据实际斗争的需要，先后成立了以下几种司法机关：

1. 土地改革中的人民法庭。这是土地改革中设立的临时司法机构，审理一切违抗或破坏土地改革法令的犯罪案件。各解放区在土地改革中都设立了人民法庭，人民法庭由农民代表大会选举的人员及政府委派的人员联合组成，一般设在基层。人民法庭有权判处罚金、剥夺公权、劳役、有期徒刑、无期徒刑、死刑的刑罚。但其所判死刑案件须经省或县政府核准执行。

2. 军事管制时期的军事法庭。在新解放城市的军事管制委员会下设立军事法庭，负责审判重大的反革命案件。军事法庭的判决，经大行政区人民政府批准，为最后的判决，多由军事委员会布告执行。

3. 各级人民法院的建立。在土地改革完成的地区，即着手组建经常性的人民法院。例如，东北解放区于1948年决定成立三级人民法院，即东北高级人民法院，各省、特别市人民法院和市、县人民法院。大城市解放之后，也建立市人民法院。例如，北平市于1949年1月31日和平解放后，在摧毁、接管旧司法机关之后，于3月8日正式成立北平市人民法院，受理一般民刑案件。

解放区民主政权继续沿用人民陪审制度。

4. 司法行政机关。解放战争后期，华北和东北人民政府相继成立司法部，主管全区的司法行政工作，包括法院与监所的设置，司法干部的铨述与教育，民事行政，刑事行政，犯人的管教，法规编纂等。但省以下司法行政工作，仍由各级法院兼管。

（二）人民调解制度

解放战争后期，人民调解制度已推广到全国广大解放区，适应新形势发展的需要，华北人民政府于1949年2月25日发布了《关于调解民间纠纷的决定》，这是新民主主义革命时期人民调解制度日趋统一和完善的重要标志。该决定针对当时各地在推行调解工作中存在的主要问题，强调调解的重要作用，具体规定了调解的组织、调解的范围以及调解工作必须遵守的原则。

这时的人民调解制度，不仅推行到广大农村，而且在大城市中也开始试行。例如1949年3月15日天津市人民政府制定的《天津市调解仲裁委员会暂行组织条例》和《关于调解程序暂行规程》规定：

1. 设立天津市调解仲裁委员会、区调解股和街调解委员会。

2. 凡属本市发生的一般劳资、合伙、房租、婚姻、借贷、继承纠纷事件，均由区或街的调解组织进行调解。

3. 凡属外侨、劳资重大争议与情节较复杂的纠纷，区街调解组织须及时报市调解仲裁委员会，区街不得擅自处理。

4. 当事人之一方不服调解时，市调解仲裁委员会可以进行仲裁。如当事人之一方不服仲裁之裁定时，须于指定时间内向司法机关起诉，逾期不起诉者，须执行仲裁书中之裁定。

5. 事件轻微又须迅速完结者，得依两方当事人言词上首肯为和解之成立；重要者则须制作和解笔录。调解成立后，即发生法律效力（双方同意废止者除外）。

分析题：

闻名全国的“刘巧儿”故事，来自马锡五的一个真实案例。陇东华池县城壕张邦塬的农民封彦贵，有个女儿叫封捧儿，还未出生时就与张金财家指腹为婚，4岁的时候（1928年）被父亲许配给华池上堡子张湾村农民张金财的次子张柏，定下了娃娃亲，但尚未过门。1942年，待女儿成大姑娘时，封彦贵后悔当初订婚时没有收财礼，于是教唆女儿以“婚姻自主”为借口，提出与张柏解除婚约。同时，暗自把女儿许配给城壕南塬的张宪芝之子，得了法币2400元，银洋48块。张金财家得知此事，遂向华池县政府告发。娃娃亲、买卖婚姻，都是当时边区政府禁止的封建婚姻。于是，县司法处判处撤销后一个婚约。1943年2月，封捧儿到一亲戚家吃喜酒，与张柏第一次见面，封捧儿当面表示愿意与张柏结婚。而封彦贵又把女儿许配给庆阳玄马湾贯山根底的地主朱寿昌，得了法币8000元，银元20块，还有4匹哔叽。封捧儿不愿屈从父命，暗中将此情况告知张家。于是，张金财纠集20多人，趁封彦贵赶庙会的机会，登门抢亲，连夜成婚。第二天，封彦贵就把张家告到县里。县司法处认为，张家搞封建婚姻派警卫队把张金财和抢亲的人抓到县里，未经详细调查，就判处张金财徒刑6个月，还宣布张柏同封捧儿的婚姻无效，一桩美满婚姻就这样被拆散了，群众议论纷纷。而封捧儿更是痛心欲绝，适逢马锡五到华池县巡视工作，便向马专员口头上诉。马锡五在审明案情，听取意见之后，召集当地群众进行公开审判，除讯问各当事人的要求和理由外，还广泛征询群众的意见，代表法庭当场宣判：一、封彦贵违反边区婚姻法，屡卖女儿，所得财礼全部予以没收，并科以劳役半年，以示警戒；二、黑夜聚众抢亲，惊扰四邻，有碍社会秩序，判处为首者张金财徒刑半年，其他附和者给予严厉批评教育，以明法制；三、封捧儿和张柏基于自由恋爱而自愿结婚，按照边区婚姻法规定，其婚姻有效。①

结合本案分析边区婚姻法原则，评述马锡五审判方式的主要内容。

思考题：

1.《中华苏维埃共和国宪法大纲》的内容、特点及意义。

2.《陕甘宁边区施政纲领》与《陕甘宁边区保障人权财权条例》的主要内容。

3.《陕甘宁边区宪法原则》的主要内容。

4.《中华苏维埃共和国土地法》的主要内容、特点。

5. 镇压与宽大相结合的刑事政策的发展过程。

6. 马锡五审判方式与调解制度的主要内容。

7. 人民民主政权警察的性质、任务和作用。

---

① 赵昆坡、俞建平：《中国革命根据地案例选》；张希坡：《中国婚姻立法史》；赵晓耕：《中国法制史原理与案例教程》。

主要参考文献

1. 张晋藩主编:《中国法制通史》, 法律出版社 1999 年版。

2. 张晋藩著:《中华法制文明的演进》(修订版), 法律出版社 2010 年版。

3. 曾宪义主编:《中国法制史》, 法律出版社 2000 年版。

4. 游绍尹主编:《中国法制通史》, 中国政法大学出版社 1990 年版。

5. 张晋藩主编:《中国法制史》, 中国政法大学出版社 2002 年版。

6. 叶孝信主编:《中国法制史》, 北京大学出版社 1996 年版。

7. 张晋藩主编:《中国法制史》, 群众出版社 1991 年版。

8. 郭建等著:《中国法制史》, 上海人民出版社 2000 年版。

9. 萧伯符主编:《中国法制史》, 人民法院出版社、中国人民公安大学出版社 2003 年版。

10. 赵昆坡编著:《中国法制史》, 北京大学出版社 2002 年版。

11. 马小红主编: 《中国法律思想发展简史》, 中国政法大学出版社 1995 年版。

12. 朱绍侯主编:《中国古代治安制度史》, 河南大学出版社 1994 年版。

13. 中国社会科学院法学研究所法制史研究室:《中国警察制度简论》, 群众出版社 1985 年版。

14. 陈智勇著:《中国古代社会治安管理史》, 郑州大学出版社 2003 年版。

15. 陈鸿彝主编:《中国治安史》, 中国人民公安大学出版社 2002 年版。

16. 陈国平著:《明代行政法研究》, 法律出版社 1998 年版。

17. 蔡枢衡著:《中国刑法史》, 广西人民出版社 1985 年版。

18. 陈寅恪著:《隋唐制度渊源略论稿》, 中华书局 1963 年版。

19. 杨鸿烈著:《中国法律发展史》, 上海商务印书馆 1933 年版。

20. 瞿同祖著:《中国法律与中国社会》, 中华书局 1981 年版。

21. 沈家本著:《历代刑法考》, 中华书局 1985 年版。

22. 程树德著:《九朝律考》, 中华书局 1963 年版。

23. 《睡虎地秦墓竹简》, 文物出版社 1978 年版。